雷达技术丛书

监视雷达技术

王小谟　罗　健　匡永胜　陈忠先　等◎编著

電子工業出版社
Publishing House of Electronics Industry
北京 · BEIJING

内 容 简 介

本书中的监视雷达主要指地面对空监视雷达。监视雷达是应用最早、使用最广泛的军用雷达，无论是发挥的作用、装备的数量，还是使用的国家和地区范围，监视雷达都是对空警戒监视系统中的主要装备。

本书作者结合多年从事监视雷达装备技术的科研实践，对监视雷达技术进行了系统阐述和介绍，重点介绍了监视雷达所必需的基本理论知识，监视雷达系统设计基本方法和采用的关键技术，以及最新的监视雷达技术发展成果。

本书可供从事雷达研制领域的科技人员和雷达专业的高校师生阅读和参考，也可供从事雷达装备使用和维修的部队官兵学习参考。

图书在版编目（CIP）数据

监视雷达技术 / 王小谟等编著. —北京：电子工业出版社，2024.1

（雷达技术丛书）

ISBN 978-7-121-46355-6

Ⅰ.①监…　Ⅱ.①王…　Ⅲ.①监视雷达　Ⅳ.①TN959.1

中国国家版本馆CIP数据核字（2023）第175471号

责任编辑：董亚峰　　特约编辑：刘宪兰
印　　刷：天津嘉恒印务有限公司
装　　订：天津嘉恒印务有限公司
出版发行：电子工业出版社
　　　　　北京市海淀区万寿路 173 信箱　邮编：100036
开　　本：720×1 000　1/16　印张：35　字数：744.8 千字
版　　次：2024 年 1 月第 1 版
印　　次：2024 年 1 月第 1 次印刷
定　　价：220.00 元

凡所购买电子工业出版社图书有缺损问题，请向购买书店调换。若书店售缺，请与本社发行部联系，联系及邮购电话：（010）88254888，88258888。

质量投诉请发邮件至 zlts@phei.com.cn，盗版侵权举报请发邮件至 dbqq@phei.com.cn。

本书咨询联系方式：（010）88254754。

"雷达技术丛书"编辑委员会

总　序

雷达在第二次世界大战中得到迅速发展，为适应战争需要，交战各方研制出从米波到微波的各种雷达装备。战后，美国麻省理工学院辐射实验室集合各方面的专家，总结第二次世界大战期间的经验，于1950年前后出版了雷达丛书共28本，大幅度推动了雷达技术的发展。我刚参加工作时，就从这套书中得益不少。随着雷达技术的进步，28本书的内容已趋陈旧。20世纪后期，美国Skolnik编写了《雷达手册》，其版本和内容不断更新，在雷达界有着较大的影响，但它仍不及麻省理工学院辐射实验室众多专家撰写的28本书的内容详尽。

我国的雷达事业，经过几代人70余年的努力，从无到有，从小到大，从弱到强，许多领域的技术已经进入了国际先进行列。总结和回顾这些成果，为我国今后雷达事业的发展做点贡献是我长期以来的一个心愿。在电子工业出版社的鼓励下，我和张光义院士倡导并担任主编，在中国电子科技集团有限公司的领导下，组织编写了这套“雷达技术丛书”（以下简称“丛书”）。它是我国雷达领域专家、学者长期从事雷达科研的经验总结和实践创新成果的展现，反映了我国雷达事业发展的进步，特别是近20年雷达工程和实践创新的成果，以及业界经实践检验过的新技术内容和取得的最新成就，具有较好的系统性、新颖性和实用性。

“丛书”的作者大多来自科研一线，是我国雷达领域的著名专家或学术带头人，“丛书”总结和记录了他们几十年来的工程实践，挖掘、传承了雷达领域专家们的宝贵经验，并融进新技术内容。

“丛书”内容共分3个部分：第一部分主要介绍雷达基本原理、目标特性和环境，第二部分介绍雷达各组成部分的原理和设计技术，第三部分按重要功能和用途对典型雷达系统做深入浅出的介绍。“丛书”编辑委员会（简称编委会）负责对各册的结构和总体内容审定，使各册内容之间既具有较好的衔接性，又保持各册内容的独立性和完整性。“丛书”各册作者不同，写作风格各异，但其内容的科学性和完整性是不容置疑的，读者可按需要选择读取其中的一册或数册。希望此次出版的“丛书”能对从事雷达研究、设计和制造的工程技术人员，雷达部队的干部、战士以及高校电子工程专业及相关专业的师生有所帮助。

“丛书”是从事雷达技术领域各项工作专家们集体智慧的结晶，是他们长期工作成果的总结与展示，专家们既要完成繁重的科研任务，又要在百忙中抽出时间保质保量地完成书稿，工作十分辛苦，在此，我代表“丛书”编委会向各册作者和审稿专家表示深深的敬意！

本次“丛书”的出版意义重大，它是我国雷达界知识传承的系统工程，得到了业界各位专家和领导的大力支持，得到参与作者的鼎力相助，得到中国电子科技集团有限公司和有关单位、中国航天科工集团有限公司有关单位、西安电子科技大学、哈尔滨工业大学等各参与单位领导的大力支持，得到电子工业出版社领导和参与编辑们的积极推动，借此机会，一并表示衷心的感谢！

中国工程院院士
2012 年度国家最高科学技术奖获得者 王小谟

2022 年 11 月 1 日

前　言

现代监视雷达面临的威胁目标和电磁环境日趋复杂，不仅需要适应极度隐身飞行器、高突防能力弹道导弹、临近空间高超声速飞行器、低空无人机蜂群等不断涌现的新质威胁，面对基于数字射频存储器（DRFM）等新技术形成的组合式灵巧干扰，还要满足新型防空反导作战样式对监视雷达综合探测能力的新需求，其装备技术创新能力和体系运用能力受到严峻挑战。

军用雷达自 20 世纪 30 年代问世以来，无论从发挥作用、技术种类、品种数量，还是使用的国家和地区范围来看，监视雷达都是排在第一的位置。特别是近十几年，随着计算机技术、集成电路技术、固态功率技术和数字波束技术的发展，催生了以数字阵列监视雷达为代表，以多功能相控阵雷达为主流，辅以外辐射源雷达、双基地雷达、MIMO 雷达的新体制监视雷达簇。随着一批新型监视雷达的出现，监视雷达的技术水平和战术性能达到了一个新的高度，已经成为防空反导和空间攻防作战中不可缺少的主要装备。本书是作者根据自己从事的监视雷达设计实践、研制工作经验和心得，结合监视雷达研制所必需的基本理论和最新的雷达技术发展成果编著而成。

全书共 11 章，第 1～4 章为监视雷达所必需的基本理论和计算方法，如监视雷达各种工作模式下的作用距离计算、信号检测与目标跟踪、监视雷达在各种环境下杂波抑制及计算等，给出了经过实际雷达装备检验的最新技术发展成果，同时给雷达设计师提供了工程计算常用方法和图表。第 5 章主要针对监视雷达面临的复杂电磁环境采取的各种反对抗技术与措施，从监视雷达抗干扰采用的各种技术措施入手，给出了各种 ECCM 设计手段和相应的抗干扰量化评定与计算方法。第 6 章主要介绍监视雷达的系统设计方法，从监视雷达所承担的使命任务出发，聚焦监视雷达空域覆盖、时间资源和测量精度设计这三个最主要的系统设计要素进行阐述。第 7 章介绍三坐标监视雷达的设计方法，从技术路径方法上介绍了多种三坐标雷达的设计原理。第 8 章介绍数字阵列监视雷达。数字阵列监视雷达体现了监视雷达的最新技术发展，也是目前大多数新研制监视雷达采用的技术体制。数字阵列监视雷达发射、接收波束均通过数字波束形成技术实现，具有灵活的波束形成和波束控制能力，可以极大提高监视雷达的探测性能和抗干扰能力，具有优良的多功能、多目标跟踪和测量精度等。第 9 章介绍双基地和 MIMO 两种特殊体制监视雷达，这两种体制监视雷达均已获得实际应用。第 10 章介绍外辐射源监视雷达，它是利用非合作式辐射源进行目标探测的监视雷达，该雷达具有优良的探测性能、抗干扰性能、低截获性能和抗打击毁伤能力等。第 11 章介绍监视雷达总体工程设计的基本方法。

本书的第 1、6、7 章初稿由王小谟编写，其中第 1 章由孙文峰修改并整理，第 6、7 章由罗健修改并整理；第 2、3 章初稿由陈忠先编写，由罗健修改并整理；第 4、5 章初稿由匡永胜编写，第 11 章初稿由匡永胜、江凯编写，其中第 4、11 章由罗健修改并整理，第 5 章由孙文峰修改并整理；第 8 章由罗健编写；第 9 章初稿由刘克胜编写，由罗健修改并整理；第 10 章由郑恒编写；全书由罗健完成统稿工作，孙文峰完成部分排版工作。在全书编写过程中，“雷达技术丛书”编委会主任、本书第一作者王小谟院士对全书编写工作进行了详细指导，并亲自审查了全书。明文华、杨广玉、靳俊峰、张孟达、张远、李正等参与了有关章节的相关工作。

在本书的编写过程中，得到了中国电子科技集团公司第三十八研究所的大力支持，编委会副主任吴剑旗院士审查了书稿并给出了具体建议；也得到了电子工业出版社的鼎力支持和帮助；在此向他们表示衷心的感谢！同时也向所有参与编写、审校工作及关心、支持、帮助本书编写和出版的各位专家表示衷心感谢。

鉴于作者水平有限，本书难免存在不足和错误之处，敬请广大读者批评指正。

作　者

2023 年 6 月

目　录

第1章　概论 ………… 001

1.1　概述 ………… 002

1.1.1　监视雷达的概念 ………… 002

1.1.2　监视雷达的发展历程 ………… 004

1.1.3　中国监视雷达的发展 ………… 005

1.2　监视雷达的工作原理与系统组成 ………… 009

1.2.1　监视雷达的工作原理 ………… 009

1.2.2　监视雷达的系统组成 ………… 012

1.3　监视雷达的主要性能指标 ………… 017

1.3.1　工作频率 ………… 017

1.3.2　威力覆盖范围 ………… 023

1.3.3　分辨率和精度 ………… 027

1.3.4　数据率 ………… 031

1.3.5　抗干扰能力 ………… 032

1.3.6　目标容量 ………… 032

1.3.7　目标识别能力 ………… 032

1.3.8　雷达可使用度 ………… 034

1.4　监视雷达的使命任务 ………… 034

参考文献 ………… 034

第2章　监视雷达作用距离计算 ………… 036

2.1　雷达方程 ………… 037

2.1.1　单基地雷达方程 ………… 037

2.1.2　单基地雷达方程修正因子 ………… 039

2.1.3　单基地搜索雷达方程 ………… 042

2.1.4　单基地跟踪雷达方程 ………… 043

2.1.5 有源干扰下的单基地雷达方程 …… 043
2.1.6 无源干扰下的单基地雷达方程 …… 046
2.1.7 组合干扰下的单基地雷达方程 …… 050
2.1.8 双基地雷达方程 …… 051
2.1.9 外辐射源雷达方程 …… 052
2.1.10 多输入多输出雷达方程 …… 055
2.1.11 无源雷达方程 …… 056
2.2 工程计算方法 …… 057
2.2.1 常用工程计算方法 …… 057
2.2.2 系统噪声功率计算 …… 064
2.2.3 系统损失计算 …… 070
参考文献 …… 087
第3章 监视雷达信号检测与跟踪 …… 088
3.1 信号检测基础 …… 089
3.1.1 匹配滤波器 …… 090
3.1.2 虚警概率与检测概率 …… 093
3.1.3 脉冲串积累检测 …… 098
3.1.4 目标 RCS 起伏 …… 103
3.2 自动检测处理 …… 113
3.2.1 概述 …… 113
3.2.2 非相参积累检测 …… 118
3.2.3 滑窗检测 …… 122
3.2.4 序贯检测 …… 127
3.2.5 恒虚警率检测 …… 129
3.2.6 检测前跟踪 …… 135
3.2.7 宽带检测技术 …… 139
3.3 目标跟踪 …… 142
3.3.1 多目标跟踪 …… 142
3.3.2 机动目标跟踪 …… 151
3.3.3 慢速目标跟踪 …… 154
3.3.4 杂波区目标跟踪 …… 155
参考文献 …… 157

第 4 章　监视雷达的杂波抑制 …… 158

4.1　概述 …… 159
4.2　杂波类型及其特性 …… 160
4.2.1　地杂波 …… 162
4.2.2　海杂波 …… 168
4.2.3　气象杂波 …… 175
4.2.4　箔条杂波 …… 182
4.2.5　仙波 …… 185
4.3　杂波抑制处理 …… 188
4.3.1　杂波抑制基本方法 …… 188
4.3.2　杂波抑制性能指标 …… 190
4.3.3　CFAR 处理 …… 193
4.4　改善因子的计算及其限制 …… 197
4.4.1　杂波内部起伏对改善因子的限制 …… 198
4.4.2　雷达参数对改善因子的限制 …… 200
4.4.3　系统改善因子的计算 …… 209
4.5　监视雷达杂波抑制设计 …… 210
4.5.1　天线波束设计 …… 210
4.5.2　系统动态范围 …… 212
4.5.3　杂波图和系统虚警的控制 …… 213
4.5.4　切向运动和慢速目标的处理 …… 214
4.5.5　监视雷达杂波抑制设计实例 …… 215
参考文献 …… 220

第 5 章　监视雷达反对抗技术 …… 221

5.1　概述 …… 222
5.1.1　现代战争的特点 …… 222
5.1.2　雷达面临的对抗威胁 …… 223
5.2　监视雷达的 ECCM 设计 …… 237
5.2.1　ECCM 总体设计 …… 238
5.2.2　天线 ECCM 设计 …… 238
5.2.3　发射机 ECCM 设计 …… 239
5.2.4　接收机 ECCM 设计 …… 239
5.2.5　信号处理 ECCM 设计 …… 240

5.2.6 数据处理 ECCM 设计 243
5.2.7 雷达组网 ECCM 技术 244
5.3 监视雷达 ECCM 效能评估 244
5.3.1 抗干扰改善因子 245
5.3.2 综合抗干扰能力 245
5.3.3 抗干扰品质因素 246
5.3.4 压制系数 247
5.3.5 自卫距离 247
5.4 监视雷达的反隐身技术 248
5.4.1 目标的雷达隐身技术 249
5.4.2 反隐身技术 250
5.5 监视雷达的反 ARM 技术 255
5.5.1 ARM 简介 255
5.5.2 雷达的反截获技术 259
5.5.3 雷达反 ARM 技术 262
5.5.4 雷达诱饵技术 263
5.5.5 ARM 告警技术 270
参考文献 272
第 6 章 监视雷达系统设计 273
6.1 空域覆盖设计 274
6.1.1 能量优化配置 274
6.1.2 能量利用因子 277
6.1.3 空域覆盖设计 281
6.2 时间资源设计 286
6.2.1 雷达资源的约束关系 286
6.2.2 驻留时间与搜索波束数 287
6.2.3 数据率与波束宽度 289
6.3 精度设计与误差分析 291
6.3.1 基本概念 291
6.3.2 测距误差 294
6.3.3 方位误差 296
6.3.4 仰角误差 298
6.3.5 测速误差 305

6.4 工作频率选择 …… 307
参考文献 …… 309

第 7 章 三坐标监视雷达 …… 310

7.1 概述 …… 311
7.1.1 三坐标雷达的概念 …… 311
7.1.2 三坐标雷达的高度计算 …… 313
7.2 频率扫描三坐标雷达 …… 314
7.2.1 频率扫描原理 …… 315
7.2.2 单波束脉间频率扫描三坐标雷达 …… 319
7.2.3 多波束脉内频率扫描三坐标雷达 …… 320
7.2.4 多波束脉间频率扫描三坐标雷达 …… 322
7.3 堆积多波束三坐标雷达 …… 323
7.3.1 堆积多波束原理 …… 324
7.3.2 抛物面堆积多波束三坐标雷达 …… 326
7.3.3 阵列多波束三坐标雷达 …… 330
7.4 相位扫描三坐标雷达 …… 333
7.4.1 相位扫描原理 …… 333
7.4.2 单波束相位扫描三坐标雷达 …… 334
7.4.3 多波束相位扫描三坐标雷达 …… 337
7.4.4 频率相位扫描三坐标雷达 …… 340
7.5 数字波束形成三坐标雷达 …… 341
7.5.1 数字波束形成原理 …… 341
7.5.2 数字波束形成三坐标雷达 …… 342
7.6 发展前景 …… 346
参考文献 …… 348

第 8 章 数字阵列监视雷达 …… 349

8.1 概述 …… 350
8.1.1 数字阵列雷达基本原理 …… 350
8.1.2 数字阵列雷达技术的特点 …… 352
8.2 系统设计 …… 354
8.2.1 系统组成 …… 354
8.2.2 主要工作模式的波束设计 …… 355

8.2.3 关键技术 …… 358
8.3 波束形成技术 …… 360
8.3.1 接收 DBF 技术 …… 360
8.3.2 发射 DBF 技术 …… 364
8.4 有源阵面技术 …… 368
8.4.1 数字阵列雷达天线设计技术 …… 369
8.4.2 数字收/发系统与 DAM 设计 …… 375
8.4.3 通道幅/相校正技术 …… 384
8.5 先进设计与处理技术 …… 389
8.5.1 系统能量分布与多功能模式设计 …… 390
8.5.2 先进处理技术 …… 395
8.6 发展前景 …… 400
参考文献 …… 401

第 9 章 双基地和 MIMO 监视雷达 …… 403

9.1 双基地监视雷达 …… 404
9.1.1 双基地雷达基本原理 …… 405
9.1.2 双基地雷达的电子对抗能力 …… 417
9.2 目标的双基地 RCS …… 422
9.2.1 点目标的双基地 RCS …… 422
9.2.2 隐身目标的双基地 RCS …… 424
9.3 双基地雷达的关键技术 …… 427
9.3.1 时间、相位和空间同步技术 …… 427
9.3.2 显示校正技术 …… 433
9.3.3 数据融合处理技术 …… 435
9.4 双基地雷达的应用 …… 438
9.4.1 区域防御双/多基地雷达 …… 438
9.4.2 反隐身栅栏雷达 …… 439
9.4.3 分布式协同探测双基地雷达 …… 440
9.5 MIMO 监视雷达 …… 441
9.5.1 典型 MIMO 雷达系统 …… 442
9.5.2 正交编码 …… 442
9.5.3 脉冲与孔径综合 …… 443
9.5.4 系统分辨性能 …… 446

9.6 SIAR 系统的组成与性能 …… 446
9.6.1 SIAR 的系统组成 …… 447
9.6.2 SIAR 的基本性能 …… 448
9.7 SIAR 信号处理分系统 …… 450
9.7.1 处理方案 …… 451
9.7.2 幅/相校正 …… 451
9.7.3 距离模糊函数 …… 453
9.7.4 长时间相干积累 …… 454
9.7.5 自适应数字波束形成 …… 456
9.8 SIAR 系统和发展前景 …… 458
9.8.1 试验系统 …… 458
9.8.2 发展前景 …… 462
参考文献 …… 463
第 10 章 外辐射源监视雷达 …… 464
10.1 目标定位原理 …… 465
10.1.1 单源目标定位原理 …… 465
10.1.2 多源目标定位原理 …… 466
10.1.3 距离和的测量 …… 467
10.1.4 角度测量 …… 468
10.2 可用外辐射源分析 …… 469
10.2.1 调频广播信号 …… 469
10.2.2 模拟电视信号 …… 474
10.2.3 OFDM 调制数字广播电视信号 …… 478
10.3 系统组成 …… 483
10.4 关键技术 …… 484
10.4.1 直达波与多径干扰抑制技术 …… 484
10.4.2 弱信号相干检测技术 …… 492
10.5 参数测量精度 …… 493
10.5.1 距离和测量精度 …… 493
10.5.2 角度测量精度 …… 494
10.5.3 接收距离测量精度 …… 494
10.6 发展前景 …… 495
参考文献 …… 497

第 11 章　监视雷达总体工程设计 ······ 498

11.1　总体工程设计 ······ 499

11.1.1　雷达系统框图的拟定 ······ 499

11.1.2　各分系统方案和指标的确定 ······ 500

11.1.3　全机主要时序的确定 ······ 504

11.1.4　全机控制关系的确定 ······ 505

11.1.5　全机接口关系的约定 ······ 507

11.1.6　通信和外部接口设计 ······ 509

11.1.7　连接线缆设计 ······ 510

11.2　可靠性和维修性设计 ······ 512

11.2.1　可靠性的基本概念 ······ 512

11.2.2　可靠性模型 ······ 514

11.2.3　可靠性预计和指标分配 ······ 516

11.2.4　可靠性设计 ······ 520

11.2.5　维修性设计 ······ 524

11.3　BITE 设计 ······ 526

11.3.1　BITE 的意义和作用 ······ 526

11.3.2　BIT 的基本方法 ······ 528

11.3.3　性能监视内容 ······ 530

11.3.4　故障的诊断和隔离 ······ 530

11.3.5　监测点的设置 ······ 532

11.4　供配电设计 ······ 533

11.4.1　供电分配 ······ 534

11.4.2　初级电源的选择 ······ 534

11.4.3　低压电源的选择 ······ 535

参考文献 ······ 536

缩略语 ······ 538

第1章 概论

本章的主要内容，一是介绍监视雷达的概念和发展历程；二是对监视雷达的工作频率、威力覆盖、数据率、精度和分辨率、抗干扰能力、目标容量、目标识别能力、工程能力等核心技/战术指标进行初步讨论，为后面的详细论述做准备；三是阐述监视雷达的基本原理和组成，使读者了解监视雷达在技术发展不同阶段其组成发生的变迁；四是阐述监视雷达的使命任务，使读者了解监视雷达平时和战时都在具体干些什么。

1.1 概述

本节首先介绍监视雷达的基本定义和概念，后续简单回顾世界和中国监视雷达的发展历程。

1.1.1 监视雷达的概念

众所周知，雷达（Radar）是一种利用电磁波对目标进行探测和定位的电子设备。监视雷达（Surveillance Radar）顾名思义是一种履行监视功能的雷达，但一直以来，业内并未给出监视雷达的严格定义。“监视”一词的字面含义是“从旁严密注视、观察、跟踪”。据此，本书对监视雷达的定义为：对给定空间范围内的所有特定目标进行搜索和跟踪的雷达。

目前比较常用的主要有下列 6 种典型监视雷达，不同监视雷达的工作方式、观测目标类型和观测空间如表 1.1 所示。

表 1.1 典型监视雷达的工作方式、观测目标类型和观测空间

监视雷达类型	工作方式	观测目标类型	观测空间
对空监视雷达	全方位机械扫描，边扫描边跟踪（Track While Scan，TWS）	航空器	大气层内
对海监视雷达	扇区机械/相位扫描，TWS	舰船、海上低空航空器	海面和海上低空
空间监视雷达*	相控阵、搜索屏、搜索同时跟踪（Track And Search，TAS）	空间碎片、卫星、弹道导弹	大气层外
战场监视雷达	合成孔径雷达成像+地面动目标显示（Ground Moving Target Indication，GMTI）	港口、机场、车辆、船舶等静止/慢速目标	低空、地面和海面
航路监视雷达	全方位机械扫描和 TWS	航路上飞行的民航飞机	民用航路
场面监视雷达	全方位机械扫描和 TWS	机场起降的民航飞机	机场地面

*相控阵体制的空间监视雷达既能广域搜索，又能精密跟踪，机械随动体制的抛物面天线空间监视雷达则属于典型的精密跟踪测量雷达范畴。

为了加深对监视雷达定义的理解，下面对 3 组关键词进行解读。

1）给定空间

监视雷达探测范围（又称“威力范围”）限定在所需探测目标的空间范围内，且最大作用距离和空间覆盖范围必须满足雷达设计的需求。对空监视雷达的最大作用距离一般在 300～500km 范围内，探测目标高度一般在 30000m 以下。超视距雷达是一种特殊的监视雷达，天波超视距雷达的最大作用距离可达 3000km。岸对海监视雷达的主要探测对象是舰船，目标的雷达散射截面积（Radar Cross Section，RCS）较大，考虑阵地海拔高度，其最大作用距离一般是雷达的测试视距。空间监视雷达探测的是大气层外的空间目标，理论上作用距离越远越好，一般低轨空间监视雷达的最大作用距离在 1500～6000km，高度空间监视雷达的最大作用距离可达到 40000km。

2）所有特定类型目标

首先，监视雷达对确定空间范围进行探测时，必须始终保持对整个空间范围的搜索能力，监视雷达一般采用方位机械扫描方式确保空间搜索能力，这是监视雷达与精密跟踪测量雷达和制导雷达的本质区别。其次，探测空间内目标类型很多，包括飞机、导弹、无人机、巡航导弹、临近空间飞行器等，监视雷达均要求对搜索空间的多类目标具有探测能力。设计监视雷达时不可能兼顾所有目标类型，只能重点对特定类型的目标进行探测。例如，地面和舰载监视雷达主要针对航空器和巡航导弹进行探测，由于受到地球曲率的限制，放弃了对车辆和舰船的探测；预警机上的监视雷达由于视野开阔，既可以探测航空器和巡航导弹，又可以探测车辆和舰船。

3）搜索和跟踪

搜索和跟踪是监视雷达的 2 项基本功能。

搜索，就是监视雷达在给定空间内对目标的发现过程。一般将整个探测空间划分为若干个小空间（相控阵雷达称其为“波位”），雷达天线依次对这些小空间辐射能量，并对回波信号进行处理，实现对整个探测空间的搜索。监视雷达完成一次全空域搜索所需的时间称为目标数据更新时间（单位为 s），其倒数称为数据率（单位为 Hz）。监视雷达信号处理的任务，是通过抑制噪声、杂波和干扰，判定目标是否存在，并对存在的目标进行位置和运动参数估计。监视雷达发现目标不是通过单个脉冲回波实现的，往往需要通过一串回波脉冲的积累以提高信噪比。目标回波通过检测门限电平（阈值）后，成为一个个孤立的点，在监视雷达显控（显示控制）画面上称为“点迹”。监视雷达存在测距和测角误差，因此目标的点迹位置参数也是带有误差的。

跟踪，就是监视雷达对已发现的目标进行确认和对运动轨迹获取的过程，它通过跟踪算法将机动目标的点迹连接起来，成为目标的运动轨迹。跟踪算法要同时实现对机动目标位置参数的多点联合估计和滤波，既能去除不符合运动规律的虚假点迹，又能获得比单点测量高得多的参数估计精度。

如何划分搜索空域，并以适当的数据率和精度完成目标探测任务，是监视雷达系统设计师需要平衡和处理的三个最重要要素，后续章节将详细分析。

在表 1.1 列出的 6 种典型监视雷达中，对空监视雷达的出现时间最早，世界各国装备部署量最多，技术体制类型也最为丰富。因此，鉴于本书篇幅有限，主要针对对空监视雷达技术进行论述。机载监视雷达和超视距监视雷达的设计技术分别在本套丛书的《机载雷达技术》《地波超视距雷达技术》《天波超视距雷达技术》中进行介绍。

从军事用途上看，对空监视雷达主要执行警戒（两坐标雷达，发现敌机并通报其距离、方位）、警戒+引导（三坐标雷达，发现目标并通报其距离、方位、高度，引导战斗机迎敌）、目标指示（精度较高的三坐标雷达，发现目标并根据测量获得的距离、方位、高度，引导地空导弹武器系统打击目标）三类基本任务。所以，本书描述的对空监视雷达包括警戒雷达、警戒引导雷达、目标指示雷达、对空情报雷达和防空雷达等。目前的对空监视雷达已实现防空反导一体化，既能在天线机械扫描时执行各种对空监视任务，又能在天线停转时利用两维电扫描完成战术弹道导弹（Tactical Ballistic Missile，TBM）的探测任务。

1.1.2 监视雷达的发展历程

雷达作为一种军事装备始于 20 世纪 30 年代，距今已有近 90 年的历史，但对雷达原理的探索和发现，还要追溯到 19 世纪末。1864 年，麦克斯韦提出电磁场理论，并预见电磁波的存在；1887 年，赫兹通过实验证实了麦克斯韦的预言；1903 年，赫尔斯迈耶探测到了从船上反射回来的电磁波；1922 年，马可尼在实验的基础上第一次较为完整地描述了雷达的工作原理；1925 年，美国霍普金斯大学的伯瑞特和杜威第一次在阴极射线管的荧光屏上观测到了从电离层反射回来的短波窄脉冲回波；1930 年，美国海军研究实验室（Naval Research Laboratory，NRL）的汉兰德采用连续波雷达探测到了飞机；1935 年，英国人用一部 12MHz 的雷达探测到了 60km 外的轰炸机。

雷达在经历了早期的探索研究和实验验证之后，在第二次世界大战中正式投入使用。1937 年，英国在英伦岛东南部正式部署了由 60 部监视雷达组成的“本土链”防空雷达网，工作频率为22～28MHz，对飞机的探测距离大于250km，对阻止和拦截德国的轰炸机发挥了重要作用。英国的本土链监视雷达如图 1.1 所示。

1938 年，美国信号公司研制了第一部防空火控雷达SCR-268；1941年，美国生产和部署了近100部SCR-270/SCR-271米波监视雷达；1943 年，在大功率磁控管研制成功后，微波雷达正式问世。

图 1.1　英国的本土链监视雷达

雷达从一开始投入实战使用，就充分显示出它的强大生命力，就像第二次世界大战期间，人们把雷达誉为“第二次世界大战的天之骄子”一样形象和生动。

第二次世界大战后，随着各种喷气式作战飞机的快速发展和电子干扰设备的使用，监视雷达的技术和装备也得到了快速发展，雷达的各项技/战术指标都有了大幅度的提高，使用的范围也更加广泛。在军用方面，监视雷达已成为现代战争中必不可少的重要信息化武器装备，可实现对目标的探测、跟踪、识别、指示等功能，还可以进行火力控制、战场侦察、打击效果评估和引导歼击机作战等。在民用方面，监视雷达对海上航行、空中交通管制、公路交通管制、资源探测、深空探测、气象预报、环境监测及水灾、虫灾和森林火灾的探测等，都具有十分重要的作用。

1.1.3　中国监视雷达的发展

本节对中国监视雷达的发展阶段进行了初步划分，仅供读者参考。

1949 年中华人民共和国的成立，迎来了中国雷达发展的鼎盛时期。中国的雷达工业是从 1950 年建立第一个雷达工厂开始的。先是进行雷达仿制，同时也开展了自行研制工作。在中国政府的高度重视和几代科技人员的不懈努力下，历经了 70 多年的风风雨雨，中国的雷达工业从无到有，从小到大，从弱到强，已形成一个较为完整的科研生产体系，雷达技术取得了长足的进步，许多领域已赶上和接近国际先进水平，中国的监视雷达已开始步入世界先进行列。在国际市场上，中国监视雷达的质量和价格都有一定的竞争力。

中国的监视雷达发展大致上可分为 4 个时期，从 20 世纪 50 年代的 406 监视雷达开始到 70 年代中期是第一个发展时期，这是一个打基础和全面掌握雷达技术的时期。这个时期以仿制和跟踪为主，监视雷达主要采用非相参技术体制和模拟电路，并开始了全相参雷达体制的研究，雷达设备和电路系统十分复杂。这一时期监视雷达的主要技术发展一是向高频段扩展，从米波扩展到分米波、厘米波和毫米波；二是改善在地杂波中的检测性能，研制了各种模拟的延时线，用于雷达的动目标显示（Moving Target Indication，MTI）和脉冲压缩；三是尽量提高功率孔径积来提高雷达的作用距离。雷达的性能在后期有了很大的提高。

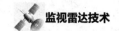

中国最早自行研制成功的两型监视雷达，分别是 1955 年研制成功的 406 米波监视雷达和 1956 年研制成功的 402 微波监视雷达[1]，如图 1.2 所示。它们都采用电子管，没有反杂波对消电路。

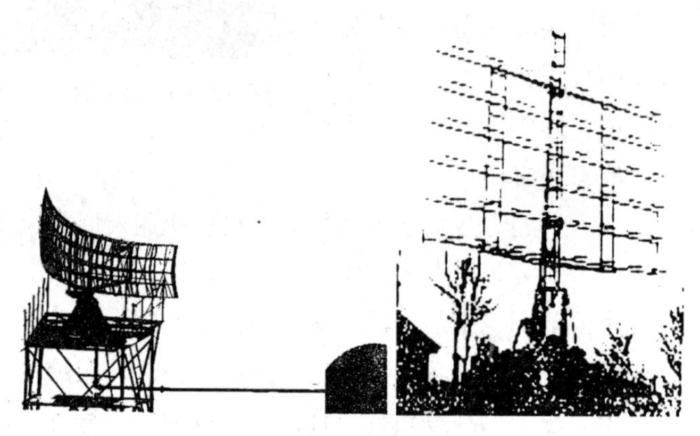

（a）402 微波监视雷达　　（b）406 米波监视雷达

图 1.2　20 世纪 50 年代研制的两型监视雷达

20 世纪 60 年代初，中国又研制成功了具有代表性的 408 远程监视雷达，如图 1.3 所示。该雷达作用距离超过了 300km，用背对背的抛物柱面天线来提高数据率，两个天线用 1.5 倍的频差来补偿地面反射形成的盲区，用镍延时线做动目标显示（MTI）的二次对消器，具有一定的反杂波能力，是当时较先进的监视雷达。20 世纪 60 年代，中国也开始了对三坐标监视雷达的研制，该雷达工作于 S 波段，采用脉内频率扫描体制和慢波馈源照射抛物柱面反射体，实现了仰角频率扫描三坐标监视功能。该雷达选用宽带多腔大功率速调管作为全相参功率放大链，用熔石英延时线作为 MTI 对消器，以及用硅晶体管计算机进行数据处理。

从 20 世纪 70 年代后期，随着电子器件水平和工业基础能力的提高，迎来了雷达发展的第二个时期。这个时期主要以跟踪和追赶为主，这是一个追赶世界先进水平和掌握各种新体制雷达技术的时期。20 世纪 80 年代初，中国研制成功了第一部实用的机动三坐标雷达 JY-8（简称 JY-8 雷达），如图 1.4（a）所示。JY-8 雷达也是中国第一部实现了数字化和计算机控制的自动化雷达系统，工作频段为 C 波段，采用堆积多波束三坐标和频率分集体制，使用了同轴磁控管发射机、中规模集成电路的二次对消器，以及恒虚警率杂波图的自动检测设备和 DJS-130 计算机。20 世纪 80 年代后期，中国又研制成功了新型的可移动式中远程三坐标雷达 JY-14，它采用堆积多波束三坐标体制、全相参宽带多腔速调管发射机、脉冲压缩及频率分集技术，具有宽频带、自适应频率捷变、低副瓣、恒虚警率检测、自动侦察干扰分析等技术特点，全面提高了监视雷达系统的抗干扰能力，如图 1.4(b)所示。

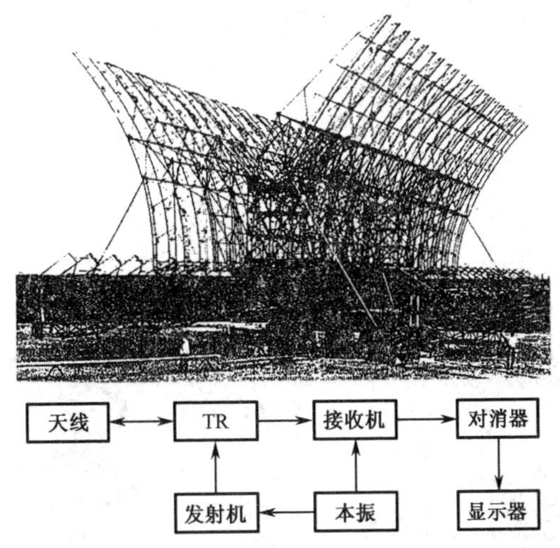

图 1.3　20 世纪 60 年代的 408 远程监视雷达

（a）机动三坐标雷达 JY-8

（b）中远程三坐标雷达 JY-14

图 1.4　20 世纪 80 年代研制的三坐标监视雷达

图 1.5（a）所示为这期间研制成功的先进远程警戒雷达 YLC-4，该雷达工作频段为 UHF（Ultra High Frequency，超高频）频段，可获得较大的功率孔径积，同时采用全固态发射机和低副瓣天线。图 1.5（b）所示的 JY-9 是一部性能较好的低空监视雷达，它兼顾了低空和 10000m 的中空目标探测，其赋形天线反射面的副瓣电平低于−30dB，采用全相参行波管（Traveling-Wave Tube，TWT）加前向波管放大器（Crossed-Field Amplifier，CFA）发射机，其改善因子优于 45dB，且雷达具有多种架设方式。

20 世纪 90 年代后期，在需求牵引和技术推动下，中国的监视雷达从跟踪和追赶研究走向自主创新阶段，进入监视雷达发展的第三个时期。图 1.6（a）所示为 L 波段全固态相控阵三坐标雷达 YLC-6，其天线采用一维相控阵平面阵列形式，由 16 排线阵组成，每排与一个全固态 T/R 组件连接，数字移相器控制天线波束在仰角上扫描，具有灵活的工作模式和较高的可靠性。图 1.6（b）所示为 JYL-1 机动三坐标雷达（简称 JYL-1 雷达），该雷达工作在 S 波段，采用数字波束形成（DBF）技术，其低仰角波束在不同距离设计了不同的加权系数以产生不同的波束，可达到距离和反杂波性能的最佳匹配。JYL-1 雷达的研制成功，标志着中国监视雷达的研制水平已进入了当时的国际先进水平行列。

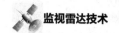

（a）先进远程警戒雷达 YLC-4

（b）低空监视雷达 JY-9

图 1.5　远程警戒和低空监视雷达

（a）L 波段全固态相控阵三坐标雷达 YLC-6

（b）JYL-1 机动三坐标雷达

图 1.6　相位扫描和 DBF 三坐标雷达

进入 21 世纪以后，在需求牵引和技术推动下，中国的监视雷达进入自主创造阶段，也就是监视雷达发展的第四个时期。一方面，随着隐身飞机、巡航导弹和无人机的大量应用，监视雷达面临新的挑战；另一方面，雷达系统理论和探测技术不断发展，固态功率器件技术得到了快速发展，超大规模集成电路的应用规模和计算速度不断提高，推动了监视雷达技术的快速发展。这一时期，中国监视雷达与国外发达国家的监视雷达发展基本处于并跑和部分领跑阶段。以数字阵列技术为代表的新型监视雷达技术体制获得广泛应用，产生和派生了 10 余型地基数字阵列监视雷达，也产生了双基地监视雷达、综合脉冲孔径监视雷达和外辐射源监视雷达等一批新体制监视雷达。同时，监视雷达也向着防空反导多功能一体化、环境自适应处理、自适应抗干扰等技术方向发展。随着协同探测和组网探测等技术在监视雷达中的应用发展，更加丰富和发展了监视雷达的技术体制和装备形态。

1.2　监视雷达的工作原理与系统组成

本节主要描述监视雷达的工作原理与系统组成，其中监视雷达的系统组成结合监视雷达的发展历程进行介绍。

1.2.1　监视雷达的工作原理

监视雷达的基本工作原理与其他各种技术体制雷达基本相同，如图 1.7 所示，发射机产生的大功率微波信号，通过天线向空中发射出去，辐射的电磁波信号碰到飞机目标后，形成多向散射回波信号，其中后向散射回波信号被监视雷达天线接收，经接收机进行滤波和放大后，送信号处理系统进行杂波抑制和恒虚警率处理，然后进行目标检测和信息提取，获得目标相对监视雷达所处的位置（距离、方位角、高度）和速度等参数。

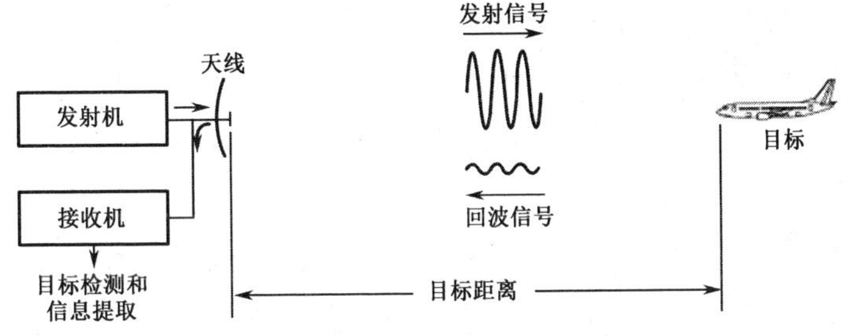

图 1.7　监视雷达的基本工作原理示意图

1. 测距原理

监视雷达测距的物理基础是基于电磁波在空间的等速、直线传播。在此基础上，目标相对监视雷达的径向距离 R 可用测量目标回波时延获得，即

$$R = \frac{1}{2} c \cdot t_R = 0.15 \cdot t_R \quad (\mathrm{m}) \tag{1.1}$$

式（1.1）中，$c=3\times10^8$ m/s 是电磁波在自由空间中的传播速度，t_R 是目标回波时延（单位为 ns）。

工程上，监视雷达并不是依据目标回波时延 t_R 的测量值，用式（1.1）来直接计算目标的距离，而是将距离量程范围（一般略大于最大作用距离）按照距离分辨单元的大小进行划分，取目标回波中心最接近的那个距离单元对应的距离为目标的径向距离。距离分辨单元的大小取决于雷达发射的信号波形参数，具体计算方法见 1.3.3 节。监视雷达的工作环境并不满足自由空间假设，由于大气层不同高度和地区分布的电子密度不同，其非均匀性对电磁波的传播会带来影响，大气折射会造成测距误差。探测距离越远，影响程度越大，一般对最大作用距离在 600km 以内的对空监视雷达，大气折射形成的测距误差可忽略。但是，对最大作用距离达到数千千米的导弹预警和空间监视雷达来说，则必须采用精确位置已知的定标星对测距误差进行修正。

2. 测角原理

雷达测角的物理基础是基于雷达天线的定向辐射和电磁波的直线传播特性。监视雷达为了获得较好的测角能力，采用方向性很强的天线，波束主瓣宽度通常不超过 3°，通过在天线主瓣内发射、接收和处理电磁波，获得较高精度的测角能力。

监视雷达的方位角测量和仰角测量的物理基础一致，但测角采用的技术方法不同，下面分别阐述。

1）方位测角原理

监视雷达在方位上一般采用机械扫描方式实现全方位搜索。如图 1.8 所示，天线放置在一个带高精度方位码盘的水平转台上，方位码盘可以输出天线法线方向相对正北的方位角，经信号处理后可计算接收的目标回波相对波束主瓣中心的偏离角（有正有负），两者相加即为目标方位角 α

$$\text{目标方位角}\,\alpha = \text{方位码盘读数} + \text{天线方位波束主瓣偏离角} \tag{1.2}$$

式（1.2）中，目标的天线方位波束主瓣偏离角估计方法可参考文献[2]。

工程上，约定监视雷达的目标方位角坐标系为极坐标系，以正北为方位角 0° 方向，计数方法为“北偏东××度”。

方位上采用数字波束形成（DBF）进行扫描的监视雷达，如第 8 章介绍的数字阵列监视雷达、第 9 章介绍的双基地和 MIMO 监视雷达，其方位测角基本原理和机械扫描的监视雷达是一致的，只是方位角基准不是从方位码盘读出，而是通过波数控制（波控）参数计算得到的。

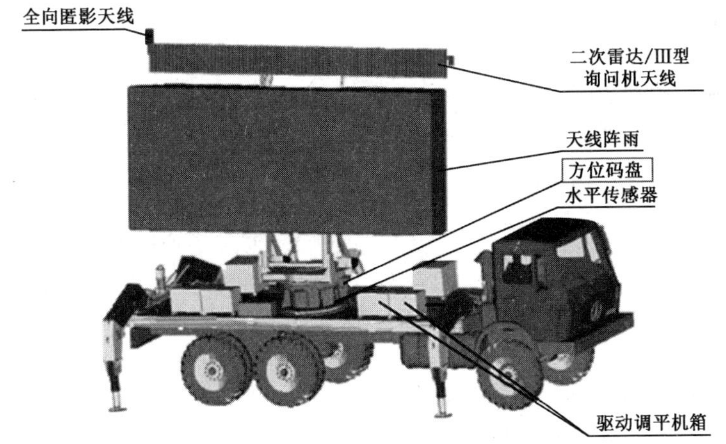

图 1.8 监视雷达方位测角原理图

2）俯仰测角原理

三坐标监视雷达为了获得目标的高度参数，必须测量目标的仰角。为此，三坐标监视雷达天线在需要搜索的俯仰范围（一般不超过 30°）内形成十多个波束，如图 1.9 所示，通过相邻两个波束所接收的目标回波进行联合处理（目标仰角估计方法有相位法和振幅法两类[2]），以获得目标相对雷达的仰角。目标仰角与目标高度的换算方法将在 7.1.2 节介绍。三坐标监视雷达的俯仰多波束形成方法常见的有频率扫描、堆积多波束、相位扫描和数字波束形成四种，分别在 7.2 节、7.3 节、7.4 节和 7.5 节介绍。

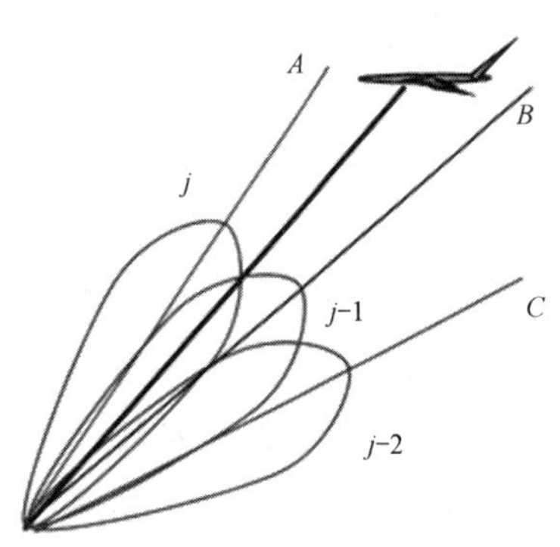

图 1.9 监视雷达俯仰测角原理图

两坐标监视雷达为了解决测高的应用需求，设计了一种专门用于测高的监视雷达，专用测高监视雷达一般采用方位宽波瓣俯仰窄波瓣的垂直向长条状天线，其方位上在两坐标监视雷达引导下随动转向，仰角上采用窄波束机械扫描，形成在仰角上的窄波束扫描并获得目标的仰角参数，两部雷达联合处理形成目标的三坐标测量能力。这种专门测高的雷达，其俯仰测角原理与三坐标雷达是一致的，只是由于俯仰波束宽度更窄，仰角测量精度往往比三坐标雷达的更高。

大气折射造成的电磁波传播路径弯曲自然也会对监视雷达测角带来影响，这种影响不仅与目标距离有关，而且与雷达视线的仰角有关。目标距离越远，带来的测角误差越大。同样地，空间监视雷达的测角误差也需要用定标星来进行标定，而对空监视雷达经常忽略大气折射的影响。

3. 测速原理

雷达测速的物理基础是目标的运动特性或者目标运动产生的回波多普勒效应。目标的运动特性即测量单位时间内以不同目标点迹的空间移动距离进行目标速度的估计，其在目标速度精度要求不高的监视雷达中较多采用。利用目标运动对电磁波调制产生的多普勒效应告诉我们，目标运动不仅对散射电磁波信号产生幅度衰减和时间延迟，还会产生频率偏移，即多普勒频移，它由式（1.3）计算，即

$$f_{\mathrm{d}} = \frac{2v_{\mathrm{r}}}{\lambda} \tag{1.3}$$

式（1.3）中，f_{d}为多普勒频移，v_{r}为目标相对雷达径向速度或径向速度分量（一般取向站飞行为正，背站飞行为负），λ为雷达信号波长。

因此，雷达只要测量出多普勒频移f_{d}，就能很容易地算出目标的径向速度。但在工程上和测距一样，雷达并不是直接准确测量f_{d}然后用式（1.3）计算目标径向速度的，而是采用多普勒滤波器组，将 0 频道至脉冲重复频率（Pulse Repetition Frequency，PRF）划分为若干多普勒通道（一般至少有 10 个通道），如果某个多普勒通道检测到目标，就用该通道的中心频率作为目标的多普勒频率估计值。

当采用多普勒频率方法进行雷达测速时，必须满足雷达 PRF 值大于目标最大速度值对应的多普勒频率值的条件，否则将会出现多普勒测速模糊。低 PRF 监视雷达，一般采用目标运动特性进行目标速度测量，也可以将目标运动特性测量和多普勒频率方法相结合，利用目标运动特性测量进行粗测量并解多普勒频率的方法获得速度测量模糊值。对于采用脉冲多普勒（Pulsed Doppler，PD）体制的监视雷达，由于不存在多普勒模糊，可以直接采用多普勒频率方法获得精度较高的目标速度测量值。

1.2.2 监视雷达的系统组成

监视雷达的基本系统组成是随着电子器件发展而不断变化的，所以本书将监视雷达组成的发展过程与不同时代的监视雷达相结合。

1. 第一代监视雷达[3]

第一代监视雷达的基本技术特征是非相参体制、电子管设备和大功率收/发开关等，其系统结构相对简单，由雷达天线、发射机、接收机和显示器四大部分组成，如图 1.10 所示。第一代监视雷达由无线电通信系统发展而来，工作在米波（Very High Frequency，VHF；甚高频）频段，作用距离一般在 200km，测距精度只

有千米量级。雷达天线体积庞大，在方位上做 360°机械旋转，仰角上只有一个宽波束覆盖，不具备测高能力。接收机和发射机均采用大功率磁控管，虽然可以发现远在 200 多千米外的飞机，但受到多径效应的影响低空性能很差。发射机发射非相参单一载频脉冲串，不具备频率捷变抗干扰能力。接收机仅能实现单个脉冲的匹配滤波和包络检波。发射机和接收机完全用模拟电路来实现。显示器采用阴极射线管（CRT），依靠显示器余辉暂留效应实现多个脉冲的非相参积累。不具备频率捷变抗干扰和杂波抑制能力，受多径效应影响和缺乏杂波抑制处理使低空探测性能较差，近距离目标淹没在地杂波中难以被发现。

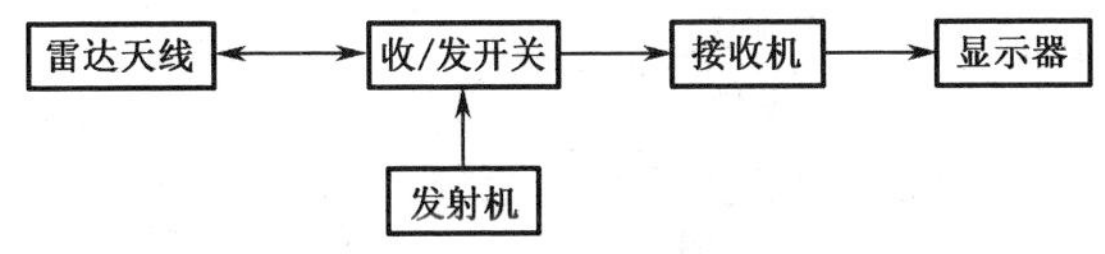

图 1.10 第一代监视雷达系统组成结构图

2. 第二代监视雷达[3]

第二代监视雷达的基本技术特征是全相参技术体制，采用中大规模集成电路和计算机处理，具有较完备的雷达信号处理功能，其典型系统组成结构如图 1.11 所示。

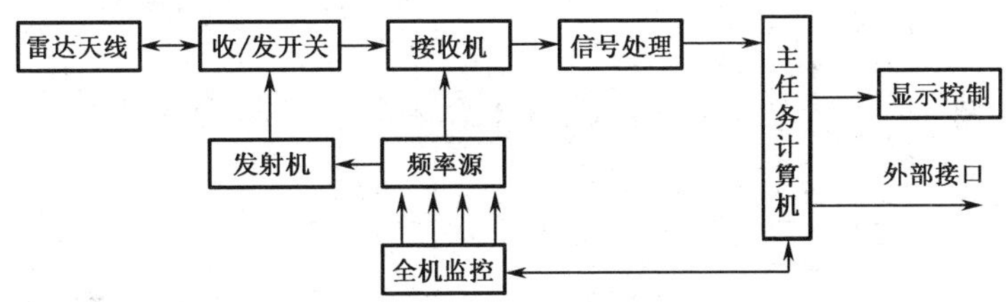

图 1.11 第二代监视雷达典型系统组成结构图

与第一代监视雷达相比，第二代监视雷达的技术进步主要体现在 5 个方面：

（1）采用数字电路和计算机技术，对目标回波信号进行信号处理，全面提升了雷达探测性能和反杂波性能，出现了第一代监视雷达没有的信号处理设备。

（2）发射机大量使用可靠性更高、工作频率更高的速调管（Klystron）、行波管（TWT）、前向波管放大器（CFA）等，而且这些功率放大器能输出峰值功率达上千千瓦至兆瓦，可采用发射相参脉冲串进行积累检测，支持监视雷达工作在全相参模式，出现了第一代监视雷达没有的频率源设备。

（3）雷达频率源和信号处理分机可产生线性调频、非线性调频、相位编码等复杂波形，与此配套的脉冲压缩、恒虚警率（Constant False Alarm Rate，CFAR）检测、动目标显示（MTI）等信号处理新技术的蓬勃发展和应用，大幅提升了监视雷达的作用距离和测距精度，并使监视雷达具备了一定的杂波抑制和抗干扰能力。

（4）天线制造水平和控制、测量精度的提高，使得天线副瓣电平大幅降低，提高了雷达的抗副瓣干扰能力。同时采用了机内测试设备（BITE），使得监视雷达的可靠性、维修性和可用性都有了质的跃升，促进了监视雷达的整体性能改善。

（5）第二代监视雷达主要采用频率扫描、堆积多波束等三坐标监视雷达体制，受当时器件水平的限制，主要依靠硬件设备堆积的方法实现雷达的仰角测量。

3. 第三代监视雷达[3]

第三代监视雷达的基本技术特征是超大规模集成电路、全固态、相控阵等。该系统主要由收/发阵列天线、发射系统、频率源、频综器、接收/处理系统、天线伺服系统和电源与配电设备等组成，其中接收/处理系统包括信号处理、数据处理等，一般由超大规模集成电路板和高性能计算机组成。其典型系统组成框图如图 1.12 所示。

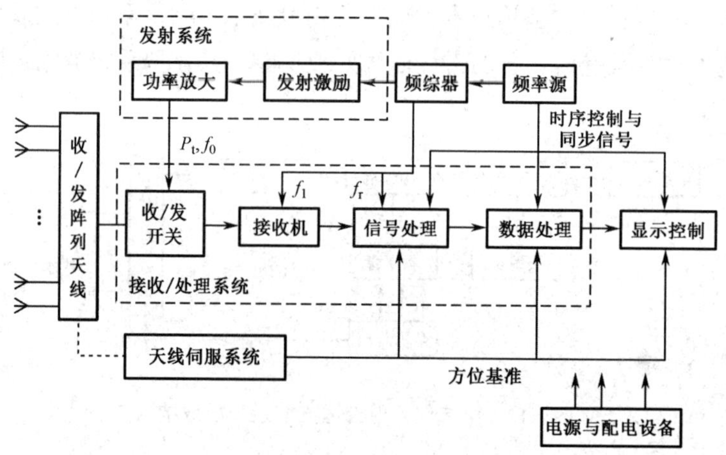

图 1.12　第三代监视雷达典型系统组成框图

与第二代监视雷达相比，第三代监视雷达的技术进步主要体现在 4 个方面：

（1）大规模集成电路的蓬勃发展和应用，大幅提升了监视雷达的数字信号处理能力。一方面，信号处理分机通过多路并行处理，实现了大时宽带宽积信号的数字脉冲压缩，以及复杂的杂波和干扰抑制等算法，监视雷达的复杂电磁环境适应能力得以大幅提升；另一方面，卡尔曼滤波技术的发展和应用，促使监视雷达出现了独立的数据处理分机，实现了目标航迹滤波和自动跟踪，不仅进一步提高了监视雷达的目标参数估计精度，而且使得监视雷达首次具备了情报自动录取能力，从此，监视雷达可同时跟踪的目标批次数量达到上百批。

（2）固态功率器件的发展和应用，促使监视雷达发射机的物理形态发生了革命性变化，传统的单极功率放大器模式被彻底抛弃，出现了由多级功率放大链组成的全固态发射机，工作可靠性得以大幅提升。

（3）相控阵天线技术的发展和应用，平面阵列天线优异的波瓣性能和极低的副瓣电平使得传统的反射面天线被淘汰，三坐标监视雷达很快抛弃了传统的反射面天线而使用平面相控阵天线，利用无源或有源相位扫描实现对俯仰空域的搜索和测角。这使得监视雷达在空间搜索覆盖、数据率和测量精度等方面获得了更好的效能，也催生了数字波束形成（DBF）技术在监视雷达中的应用。

（4）机电液一体化天线和大阵面自动折叠技术的发展，使得天线的架设和撤收时间由数小时降低到数十分钟至 10 分钟，大幅提升了监视雷达的机动性能和战时生存能力。

4. 第四代监视雷达

进入 21 世纪，随着微波器件、处理芯片、算法软件等方面的技术进步和成本下降，推动了两维有源相控阵技术和数字阵列雷达技术在对空监视雷达中的推广应用，形成了典型的第四代监视雷达，其基本技术特征是阵列数字化、多功能一体化、工作模式多样化、环境自适应能力和目标跟踪识别能力。第四代监视雷达在技术体制和结构形态上具有两种典型产品代表，即两维有源相控阵体制监视雷达和数字阵列体制监视雷达。

采用常规有源相控阵体制的第四代监视雷达的典型系统组成结构如图 1.13 所示。

与第三代监视雷达相比，第四代监视雷达的技术进步主要体现在 3 个方面：

（1）采用计算机控制发射功率分配网络和接收波束形成网络，实现了方位和俯仰、发射和接收同时数字波束形成的能力，波束形状控制和波束指向自由度都得到了空前提高，搜索和跟踪得以分离，监视雷达摆脱了机械扫描对搜索/跟踪方式的限制，为自适应调整工作模式参数、同时完成多种探测任务打下了基础。

（2）高性能处理芯片和计算能力使各种复杂的空域、时域、频域联合滤波算法得以应用，信号处理分机与数据处理分机融合为数字信号处理分系统，大幅提高了监视雷达的探测能力、环境适应性和抗干扰能力。

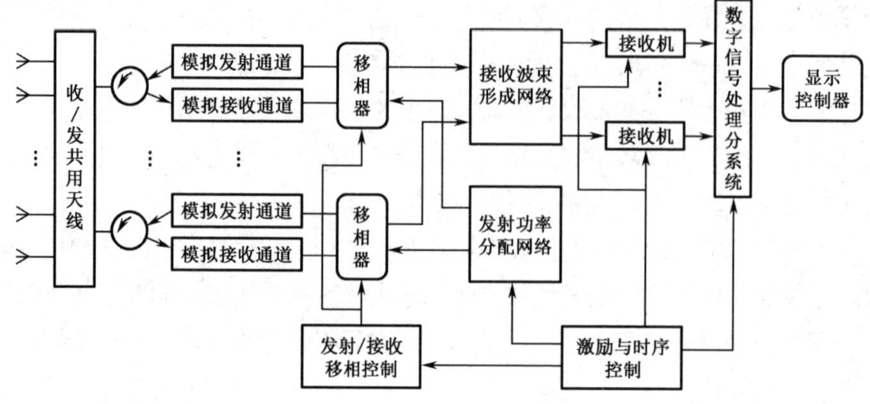

图 1.13 第四代常规有源相控阵监视雷达典型系统组成结构框图

（3）具备宽带处理、运动特征和基于多普勒信息的目标特征提取能力，使监视雷达具备了较强的目标架次分辨和属性判别能力。

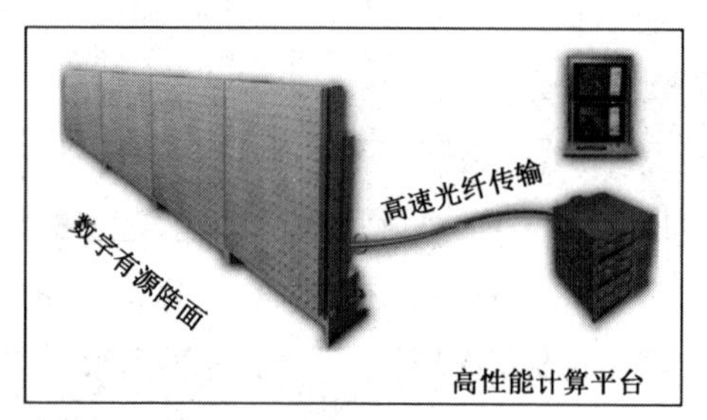

图 1.14 数字阵列监视雷达系统架构图

数字阵列监视雷达是监视雷达发展的最新形态，其系统架构和设备形态得到极大简化，如图 1.14 所示，主要功能模块只有数字有源阵面和高性能计算平台两个部分，中间用高速光纤相连。

与第四代常规有源相控阵监视雷达相比，数字阵列监视雷达的技术进步主要体现在 4 个方面[4]：

（1）天线波束扫描所需的移相器被直接数字式频率合成器（DDS）中的芯片所替代，在波形产生中直接将波束扫描相移量加权到相位控制字中，使相位控制精度大幅提高。

（2）在一个功能模块中利用 DDS 和数字信号处理器等器件完成波束形成和波束空间扫描功能，替代了复杂的波束形成和波束控制网络，使得天线阵面集成度更高、质量更小、波束控制更加灵活。

（3）发射采用 DDS 在数字域形成任意波形，接收采用高速模拟/数字转换器（ADC）或射频直接采样技术将模拟信号变为数字信号，使得整机的数字化程度大幅提升。

（4）用光纤代替射频电缆成为雷达射频系统的主要传输手段，降低了射频传输损失并获得了较好的电磁兼容性。

采用数字阵列体制的第四代监视雷达典型系统组成框图如图 1.15 所示。

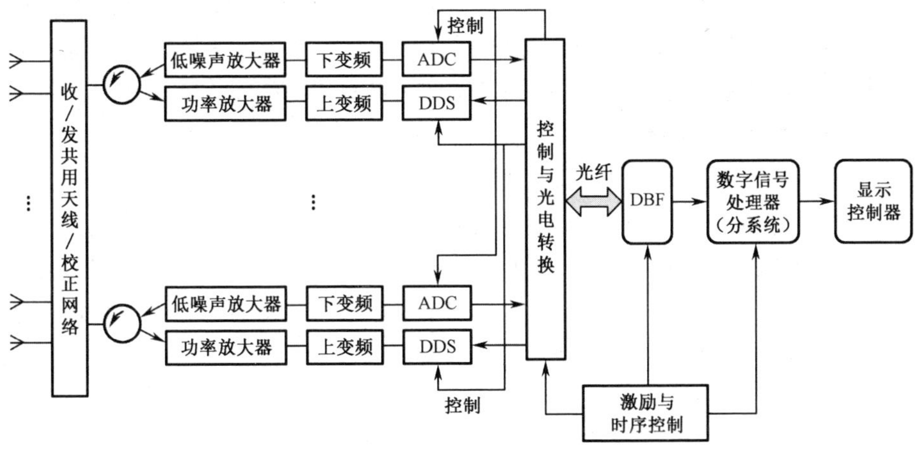

图 1.15　采用数字阵列体制的第四代监视雷达典型系统组成框图

1.3　监视雷达的主要性能指标

经过几十年的发展和应用，监视雷达有一整套较完备的战术、技术指标体系，一般由用户在雷达的技术设计需求中明确提出。本节主要讨论影响雷达设计的 8 个方面的主要性能指标，并对这些指标的内涵进行详细分析。

1.3.1　工作频率

随着信息时代各种无线电业务的开展，人们越来越认识到无线电频率资源与水、土地、矿藏等资源一样，是关系到国民经济和社会可持续发展的稀缺重要战略资源，有限的频率资源供需矛盾日益突出，这对频率资源的科学规划和合理利用提出了更高要求。为了充分、有效地利用频率资源，保证各种无线电业务的正常进行，避免相互干扰，各种电子信息设备包括军用设备都应该遵循公共的规定。频率是雷达非常重要的参数，雷达设计师在选择设计雷达的频率时也必须遵守这些规定。下面介绍这些规定，并讨论雷达频率的标识方法。

1. 频率的标识

国际上无线电频率的管理组织是国际电信联盟，英文缩写是 ITU（International Telecommunication Union）。该组织是为了全球各成员国或地区之间能顺利进行电信事业的发展和通信的合作而成立的。其工作主要分为 3 个部分：ITU-R 为无线通信部分，工作目的是确保合理、公平、有效、经济地使用频谱和卫星轨道资源；ITU-T为电信标准化部分；ITU-D为电信发展部分。ITU-R的建议是命令，由各主权国家在法律上接受。与ITU-R的建议保持一致，是国际上的要求。

中国目前的无线电频率管理机构是工业和信息化部的无线电管理局。中国人民解放军也有专门的频率管理机构。

ITU颁发的ITU-RV.431建议，对无线电频带和波段的命名做了规定[5]。

在此基础上，信息产业部在2006年10月16日修订并颁发了《中华人民共和国无线电频率划分规定》[6]（以下简称部规，见表1.2），部规和ITU颁发的ITU-RV.431建议是一致的，14个频带的带号、频率范围的划分完全相同。部规和ITU-RV.431-7标准仅有两点差别：一是部规中规定了相应的中文统一名称，二是细化了ITU-RV.431-7中ELF的名称。带号-1，0，1，2这4项，在ITU-RV.431-7中统称为ELF，部规把ITU-RV.431-7中的ELF给予了至低频（TLF）、极低频（ELF）、超低频（SLF）3个名称。

表1.2　部规频率命名规定[6]

带号	频带名称		频率范围	波段名称	波长范围
-1	至低频	TLF	0.03～0.3Hz	至长波或千兆米波	10000～1000Mm
0	至低频	TLF	0.3～3Hz	至长波或百兆米波	1000～100Mm
1	极低频	ELF	3～30Hz	极长波	10～1Mm
2	超低频	SLF	30～300Hz	超长波	10～1Mm
3	特低频	ULF	300～3000Hz	特长波	1000～100km
4	甚低频	VLF	3～30kHz	甚长波	100～10km
5	低频	LF	30～300kHz	长波	10～1km
6	中频	MF	300～3000kHz	中波	1000～100m
7	高频	HF	3～30MHz	短波	100～10m
8	甚高频	VHF	30～300MHz	米波	10～1m
9	特高频	UHF	300～3000MHz	分米波	10～1dm
10	超高频	SHF	3～30GHz	厘米波	10～1cm
11	极高频	EHF	30～300GHz	毫米波	10～1mm
12	至高频	THF	300～3000GHz	丝米波或亚毫米波	1～0.1mm

说明：

1．无线电频谱分为如表1.2所示的14个频带，无线电频率以Hz（赫兹）为单位，其表达方式为：

- 3000kHz以下（包括3000kHz），以kHz（千赫兹）表示；
- 3MHz以上至3000MHz（包括3000MHz），以MHz（兆赫兹）表示；
- 3GHz以上至3000GHz（包括3000GHz），以GHz（吉赫兹）表示。

2．以上频率范围含上限，不含下限。后面的表均按此规定。

雷达的使用起源于第二次世界大战，从那时起雷达工程师就用字母来表示雷达的频段。雷达频段的这套表示方法，不但方便，而且符合雷达的技术规律，且每个频段都有自己的特点。美国电气与电子工程师协会（Institute of Electrical and Electronic Engineers，IEEE），在 1976 年第一次对雷达频率表示方法做了详细规定，2002 年 9 月发布的 *IEEE Std 521™-2002* 雷达频段标准中，保持了 1976 年的雷达频段的表示方法[7]，并取消了 1976 年规定的 225～390MHz 的 P 频段的标识。2006 年新部规的 1.10 节《常用字母代码和业务频段》对应表中，对从 L～V 频段的 *IEEE Std 521™-2002* 雷达频段标识也给予了确认。

20 世纪 70 年代，美国国防部曾提出用电子战使用的 ABC…频段名称来统一雷达和电子战的频段名称，但最终未得到广泛推广应用。雷达和电子战装备都有自己的技术特点，应该各自使用符合自己特点的字母来标识频段。为了方便对照，3 种标准规定的频率名称及频率范围表示方式列于表 1.3 中，其中将 IEEE 的标准视为 ITU 的建议和部规的细化；而电子战的频率划分是另一系列，根据电子战全频的特点，各频段基本以倍频程来划分，每一个频段再等分为 10 个小频段，技术上更适合电子战宽带的特点。由于雷达的频段和雷达体制密切相关，如 X 频段在机载火控雷达中得到广泛应用，如果用 I 和 J 两个频段来表示就会感到混乱，同时 ABC…频段标识也没有被 ITU 和 IEEE 接纳，没有得到中国的标准和规定认可，因此建议中国国内雷达界仍采用 2006 年部规和 *IEEE Std 521™-2002* 雷达频段标准[8]中对雷达频段名称的规定。

表 1.3　三种标准规定的频率名称及频率范围表示方式对照表

<table>
<tr><th colspan="3">国际电信联盟的建议</th><th colspan="2">IEEE 的雷达标准</th><th colspan="2">电子战的规定</th></tr>
<tr><th>带号</th><th>频率名称</th><th>频率范围</th><th>频率名称</th><th>频率范围</th><th>频率名称</th><th>频率范围</th></tr>
<tr><td>7</td><td>HF</td><td>3～30MHz</td><td>HF</td><td>3～30MHz</td><td>A</td><td>0～250MHz</td></tr>
<tr><td>8</td><td>UHF</td><td>30～300MHz</td><td>VHF</td><td>30～300MHz</td><td>B</td><td>250～500MHz</td></tr>
<tr><td rowspan="3">9</td><td rowspan="3">UHF</td><td rowspan="3">300～3000MHz</td><td>UHF</td><td>300～1000MHz</td><td>C</td><td>500～1000MHz</td></tr>
<tr><td>L</td><td>1～2GHz</td><td>D</td><td>1～2GHz</td></tr>
<tr><td rowspan="2">S</td><td rowspan="2">2～4GHz</td><td>E</td><td>2～3GHz</td></tr>
<tr><td rowspan="6">10</td><td rowspan="6">SHF</td><td rowspan="6">3～30GHz</td><td>F</td><td>3～4GHz</td></tr>
<tr><td rowspan="2">C</td><td rowspan="2">4～8GHz</td><td>G</td><td>4～6GHz</td></tr>
<tr><td>H</td><td>6～8GHz</td></tr>
<tr><td>X</td><td>8～12GHz</td><td>I</td><td>8～10GHz</td></tr>
<tr><td>Ku</td><td>12～18GHz</td><td>J</td><td>10～20GHz</td></tr>
<tr><td>K</td><td>18～27GHz</td><td>K</td><td>20～40GHz</td></tr>
</table>

续表

国际电信联盟的建议			IEEE 的雷达标准		电子战的规定	
带号	频率名称	频率范围	频率名称	频率范围	频率名称	频率范围
11	EHF	30～300GHz	Ka	27～40GHz	K	20～40GHz
			V	40～75GHz	L	40～60GHz
			W	75～110GHz	M	60～100GHz
			mm	110～300GHz	N	100～200GHz
					O	200～300GHz

2. 雷达可使用频率

雷达可使用的频率范围与所在地区有关，国际电信联盟的《无线电规则》将世界划分为三个区域，中国位于第三区域，这些中国的部规均给予了承认。

中国的部规将全国划分为 3 个地区，即中国内地、中国香港和中国澳门地区。各地区规定的可使用频率略有不同，详细规定可查阅 ITU 和部规的频率分配表。为了读者方便，表 1.4 中列出了 2006 年部规中中国内地和 ITU 建议中，第三区域对于无线电定位频率使用的具体规定。

表 1.4　雷达可使用频率

2006 年部规名称		IEEE 中对雷达的标识		雷达可用频率	
带号	频带名称	名称	频率范围	部规[注1]	ITU 规定[注2]
6	中频 MF	—	300～3000kHz	1606.5～2000kHz	1606.5～2000kHz
7	高频 HF	HF	3～30MHz	[注3]	[注4]
8	甚高频 VHF	VHF	30～300MHz	64.5～74.6MHz	—
				75.4～108MHz	—
				138～148MHz	—
				150～156MHz	—
				162.05～216MHz	—
				223～328.6MHz	223～230MHz
9	特高频 UHF[注5]	UHF	300～1000MHz[注6]	335.4～399.9MHz	—
				400.15～406MHz	—
				410～606MHz	420～450MHz
				798～960MHz	890～942MHz
		L	1～2GHz	1215～1400MHz[注7]	1215～1400MHz
				1427～1533MHz	—
		S	2～4GHz	2450～2690MHz[注8]	2450～2500MHz
				2700～3400MHz	2700～3500MHz

续表

2006 年部规名称		IEEE 中对雷达的标识		雷达可用频率	
带号	频带名称	名称	频率范围	部规(注1)	ITU 规定(注2)
10	超高频 SHF	C	4～8GHz	5250～5925MHz(注9)	5250～5925MHz
		X	8～12GHz	8.5～10.68GHz	8.5～10.68GHz
				10.7～11.7GHz	—
		Ku	12～18GHz	13.25～14GHz	13.4～14GHz
				15.7～17.7GHz	15.7～17.7GHz
		K	18～27GHz	23～23.6GHz	—
				24～24.65GHz(注10)	—
11	极高频 EHF	Ka	27～40GHz	31.8～36GHz	33.4～36GHz
		V	40～75GHz	40～40.5GHz	—
				59.3～64GHz	59～64GHz
				66～71GHz	—
		W	75～110GHz	76～77.5GHz	76～77.5GHz
				78～81GHz	78～81GHz
				92～100GHz	92～100GHz
		mm	110～300GHz(注11)	136～155.5GHz	136～155.5GHz
				231.5～235GHz	231.5～235GHz
				240～248GHz	240～248GHz

注 1：现有无线电定位业务应尽早移出 1535～1544MHz、1545～1645.5MHz、1645.5～1660MHz、1850～1880MHz、2085～2120MHz、3400～3800MHz、5925～6425MHz、7500～8185MHz、14～15.35GHz 频带，从 2005 年年底起不能启用新设备，但现有设备可用至设备报废为止（CHN18）。（CHN××）是部规中原注解号。

注 2：基于 ITU 无线规定的 S5 款，分配无线电定位的频率。

注 3：2～64.5MHz 可有限制地用于无线电定位业务，不得对其他业务产生有害干扰（CHN4）。

注 4：ITU 没有分配 HF 的定位频段。

注 5：ITU 和部规的 UHF 到 3000MHz，雷达只把 UHF 用到 1000MHz，更高的 UHF 则使用 L 和 S 表示。

注 6：在 1976 年的划分中，350～1550MHz 曾称为 P 波段，2003 年取消此标识。

注 7：1270～1375MHz 频带使用的无线电定位业务可用于风廓线雷达（CHN17）。

注 8：考虑到 IMT-2000 全球移动通信应用的需求，现有无线电定位业务应尽早移出 2500～2690MHz 频带（CHN20）。

注 9：无线电定位业务需与水上无线电导航业务协调后方可使用 5470～5650MHz 频带（CHN22）。

注 10：24.45～24.65GHz 频带可用于无线电定位次要业务，但应逐步移出（CHN24）。

注 11：ITU 和部规均未分配 275GHz 以上的频率。

3. 频率选择

监视雷达的工作频率是一个非常重要的参数，其频率的选择首先要符合国家标准和有关的规定。目前常规监视雷达常用的频段是 VHF 到 C 波段。选择的原则是考虑雷达的威力、精度、机动能力和抗干扰能力等因素。一般来说，频率越低越有利于减少大气衰减，增大雷达探测威力，硬件成本也越低，但低频段雷达的体积越大，测量精度和机动性越差，反之则相反。因此，监视雷达的频率选择考虑各种因素折中选取。

从频率角度划分监视雷达，一般可粗分为短波（HF 频段）雷达、米波（VHF 频段）雷达和微波（UHF，L，S，C，X 频段）雷达 3 种。

1）短波（HF 频段）雷达

雷达发展初期由于受到大功率器件最高频率的限制，因此雷达工作频率设置得都比较低，如第二次世界大战前夕，英国第一部雷达的工作频率只有 12MHz。它的主要缺点是天线体积庞大，工作带宽窄，其频段的波长比飞机尺寸大，一般在目标散射的瑞利区，目标的 RCS 会比在微波波段时小，目前监视雷达一般已不采用此频段。但该频段具有较好的电离层反射特性，这个特性可成为设计天波超视距雷达的合适频段。此外，地波超视距雷达也使用 HF 频段。天波超视距雷达和地波超视距雷达作为一种特殊监视雷达，其设计方法请参见本套丛书的《天波超视距雷达技术》《地波超视距雷达技术》。

2）米波（VHF 频段）雷达

雷达发展初期的天线由于器件和制造水平的限制一般由半波振子组成阵列，因此早期监视雷达大多工作在 VHF 频段。这个频段比较适合于远距离监视雷达，但由于米波雷达的波束宽、带宽窄，使得其测量精度相对较低，所以在微波雷达发展后，在较长一段时间里不被人们重视。但是，飞行器的雷达隐身技术日益成熟后，米波波段的雷达由于具备天生的优良反隐身性能而重新被世界各国所重视，通过不断的技术创新，新一代米波雷达采用数字阵列技术克服了低空盲区过大和测量精度不够高的缺点，通过采用液压传动等结构设计技术较好地解决了天线口径大、机动能力不足的问题，至此，米波雷达重新焕发出强大的生命力。

3）微波（UHF, L, S, C, X 频段）雷达

20 世纪 40 年代世界发明了磁控管以后，微波雷达就开始进入监视雷达的应用范围。由于在 L 和 S 频段的雷达天线面积适中，又可以得到适当的精度，因此在地面监视雷达中，普遍使用这两个频段。当前，远程对空监视雷达首选 L 频段，其次是 UHF 频段；在强调机动性和精度都较好时一般选用 S 频段；在强调反隐身探测能力时首选 VHF（米波）频段，其次是 UHF 频段。而在 C 频段，因有着更高的机动性和精度，但有较严重的气象杂波干扰，因而宜作为精确制导雷达和气象雷达的选用频段，如美国的 PAC-3 防空导弹系统中的 AN/MPQ-53 多功能相控阵雷达。X 波段的雷达由于天线孔径小，比较适合应用于要求体积小、精度高而非远距离的应用场景，如机载火控雷达、地空导弹制导雷达、炮瞄雷达

等。随着X波段功率器件和制造技术的发展，X波段已开始进入远程监视雷达领域。X波段由于具有大工作带宽的优势，在导弹目标识别中可发挥宽带目标识别能力的优势，在弹道导弹防御和空间目标监视雷达中获得较多的应用，如美国国家导弹防御（National Missile Defence，NMD）系统中的陆基导弹防御用目标识别雷达GBR、海基导弹防御用目标识别雷达SBX、战区高空区域防御（THAAD）系统的制导雷达AN/TPY-2等。

1.3.2 威力覆盖范围

威力覆盖范围是表征监视雷达探测能力的核心性能指标，其探测覆盖范围的外部轮廓形状，不考虑地球曲率影响，是一个以探测距离为远界、以目标高度为高界的扁圆柱状的立体空域，如图1.16所示。最大作用距离R_{max}是这个立体空域的一个远域指标参数，其他参数还包括方位角范围、仰角范围、近距盲区等。监视雷达要探测这个立体空域的所有目标，就必须把探测能量充满整个立体空域。

对空监视雷达要实现立体空域的搜索，天线一般在方位上做360°匀速机械旋转，如果不考虑不同方位角上的阵地地形差异对探测距离的影响，其方位上的威力覆盖范围应该是一个半径为最大作用距离R_{max}的圆。因此，设计、计算和考核对空监视雷达的威力覆盖范围一般在任意方位面给出其垂直剖面（仰角）威力覆盖范围图（也称“威力图”）即可。

对空监视雷达探测的主要目标是空气动力目标，其最大升限高度一般不超过25km，因此，一般对空监视雷达的最大可探测目标高度设置为30～40km。

监视雷达的探测威力空域覆盖示意图如图1.17所示。一般要求在该威力图所示粗线的面积内，达到用户规定的给定目标模型的检测概率和虚警概率。垂直探测范围由最大探测高度H_{max}、最大作用距离R_{max}、最大仰角φ_{max}和最小仰角φ_{min}组成，而H_{max}和R_{max}在仰角φ_0有一个交点，在此交点以下，最大作用距离R_{max}随仰角变化不大，可以认为是常数；在此交点以上，如果高度限制在H_{max}以下，最大作用距离R_{max}随仰角的增大而迅速减小。因此，R_{max}是仰角φ的函数。

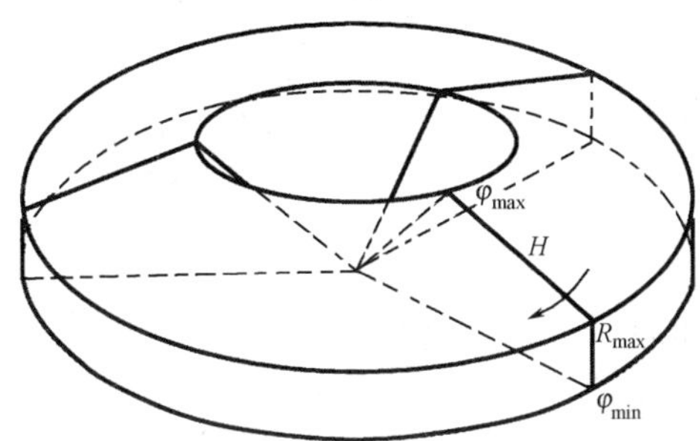

图1.16 监视雷达的威力覆盖范围

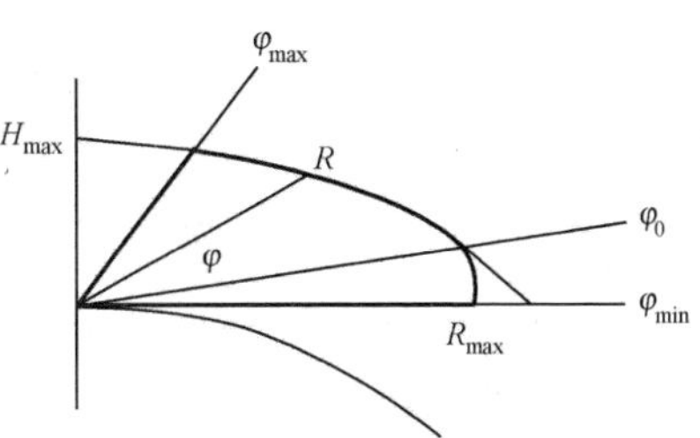

图1.17 监视雷达的探测威力空域覆盖示意图

给定最大探测高度 $H_{\max}$ 和最大作用距离 $R_{\max}$，参照图 1.17，考虑地球曲率的几何关系，利用余弦定理，可推导出在最大探测高度 $H_{\max}$ 时，距离 R 和仰角 φ 的关系为

$$R(\varphi)=\begin{cases}R_{\max} & \varphi_{\min}\leqslant\varphi<\varphi_0\\ \rho_e\left[\left(\phi+\sin^2\varphi\right)^{1/2}-\sin\varphi\right] & \varphi_0\leqslant\varphi\leqslant\varphi_{\max}\end{cases}\tag{1.4}$$

式（1.4）中

$$\phi=\frac{H_{\max}}{\rho_e}\left(2+\frac{H_{\max}}{\rho_e}\right)\tag{1.5}$$

$$\varphi_0=\arcsin\left(\frac{H_{\max}}{R_{\max}}-\frac{R_{\max}}{2\rho_e}-\frac{H_{\max}^2}{2R\rho_e}\right)\tag{1.6}$$

式中，ρ_e 为地球等效半径，大气折射的影响包含于等效地球曲率之中。

按式（1.4）的关系，以 R 和 h 为坐标绘制的距离—高度—仰角图即为雷达威力图。雷达威力图有多种计算方法，不同计算方法之间的差异主要在于大气折射率的取值方法和选取精度值不同，以及地形影响的计算方法等不同。若在取地球等效半径 $\rho_e=8490\text{km}$ 的基础上，根据气象条件做参数微调，就可以满足监视雷达的设计要求。

下面介绍一种实用的雷达威力图计算和绘制方法。

在地心坐标系中，当距离值远大于高度值时，式（1.4）可近似为

$$h\approx R\sin\varphi+\frac{R^2}{2\rho_e}\tag{1.7}$$

把式（1.7）映射到图 1.18 所示的以雷达站为圆心的直角坐标系中。该图中，O 为雷达站的位置，O' 为地心，$O'O$ 为地球等效半径 ρ_e，Of 为目标高度，$O'd$ 为 ρ_e+h，Oe 为地球表面，Od 为视距。

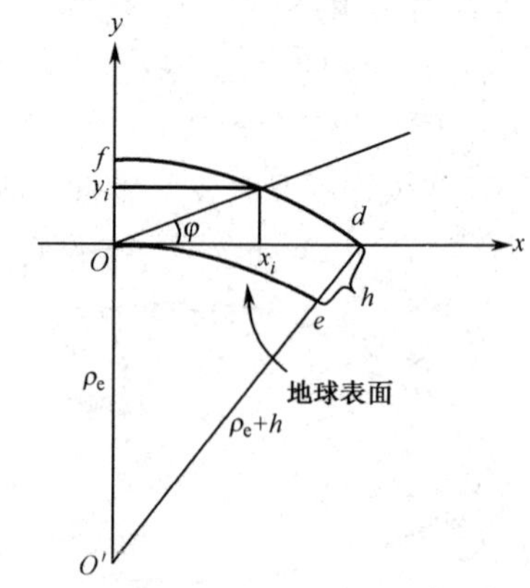

图 1.18　映射的雷达直角坐标系

设距离线是一组平行的直线 x_i，仰角线为从原点开始的射线，此射线要符合式（1.7），但不一定是直线，如图 1.18 所示。高度线是圆心在 y 轴上的一组圆弧 $\widehat{fd}$，它应符合圆方程，即

$$x^2+\left(y-b\right)^2=c^2\tag{1.8}$$

式（1.8）中，b 为圆心的偏移，c 为圆的半径。

因每条等高线同时也要满足自然空间的条件式(1.7)，则在图 1.18 所示的直角坐标系中，

高度为 h、仰角 φ 为零的 d 点，按式（1.7）的距离应为视距，即

$$R_0 = \sqrt{2\rho_e h} \tag{1.9}$$

设坐标的比例因子为 k_x 和 k_y， k_x 是单位长度的自然距离， k_y 是单位长度的自然高度，则距离和高度的实际长度为 $R_{01} = k_x R_0$ 和 $h_1 = k_y h$ 。圆的等高线应通过坐标为 $f(0,h_1)$ 和 $d(R_{01},0)$ 的点，把这两点的坐标代入式（1.8），则为

$$\begin{cases} 0^2 + (h_1 - b)^2 = c^2 \\ R_{01}^2 + (0 - b)^2 = c^2 \end{cases}$$

由此可解出这段圆弧的圆心偏移和半径是

$$b = \frac{h_1^2 - R_{01}^2}{2h_1} \tag{1.10}$$

$$c = \sqrt{b^2 + R_{01}^2} \tag{1.11}$$

凡参数满足式（1.10）和式（1.11）的圆方程式（1.8），称为高度为 h 的高度线方程。

等高线可以按如下步骤进行绘制：

【步骤 1】确定 x 和 y 的比例，选择比例系数 k_x 和 k_y，即单位长度的距离和高度值；

【步骤 2】给定高度 h，用式（1.9）算出视距 r_0；

【步骤3】在图1.18所示的坐标系中， $h_1 = k_y h$ 和 $R_{01} = k_x R_0$ ，将其代入式(1.10)和式（1.11），并计算出 b 和 c，再将 b 和 c 代入式（1.8），就得到高度为 h 的高度线方程；

【步骤 4】按照得出的高度线方程，给定一组 x，由此解出相应的一组 y 值，连成曲线即为 h 的等高线。

仰角线可以按如下步骤进行绘制：

【步骤 1】给定仰角 φ；

【步骤 2】通过设 x_i 算出 $R_i = x_i / k_x$ ；

【步骤 3】把 φ 和 R_i 代入式（1.7），算出高度 h_i；

【步骤 4】用上述等高线的绘制方法，建立高度为 h_i 的高度线方程，然后利用此方程设置 x_i，并按高度线方程解出 y_i；

【步骤 5】重复步骤 2 至步骤 4，算出一组 (x, y)，即为仰角 φ 的仰角线。

注意用这种方法画出的仰角线，在高度拉开时，不是直线，但仍然符合式（1.7）。

波瓣图可以按如下步骤进行绘制：

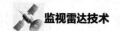

【步骤 1】给定波瓣函数 $e = f(\varphi - \varphi_0)$，其中 φ_0 为波瓣指向；

【步骤 2】给定 φ_i，计算式 $R_i = R_{\max} f(\varphi - \varphi_0)$，其中 $R_{\max}$ 是最大作用距离；

【步骤 3】由 φ_i 和 R_i 计算出高度 h_i，然后建立高度 h_i 的高度线方程；

【步骤 4】由 $x_i = R_i k_x$，按高度 h_i 的高度线方程解出 y_i；

【步骤 5】重复步骤 2 至步骤 4，得到与上述等高线及仰角线相匹配的波瓣图。

用以上方法所绘监视雷达的常用垂直威力图如图 1.19 所示。

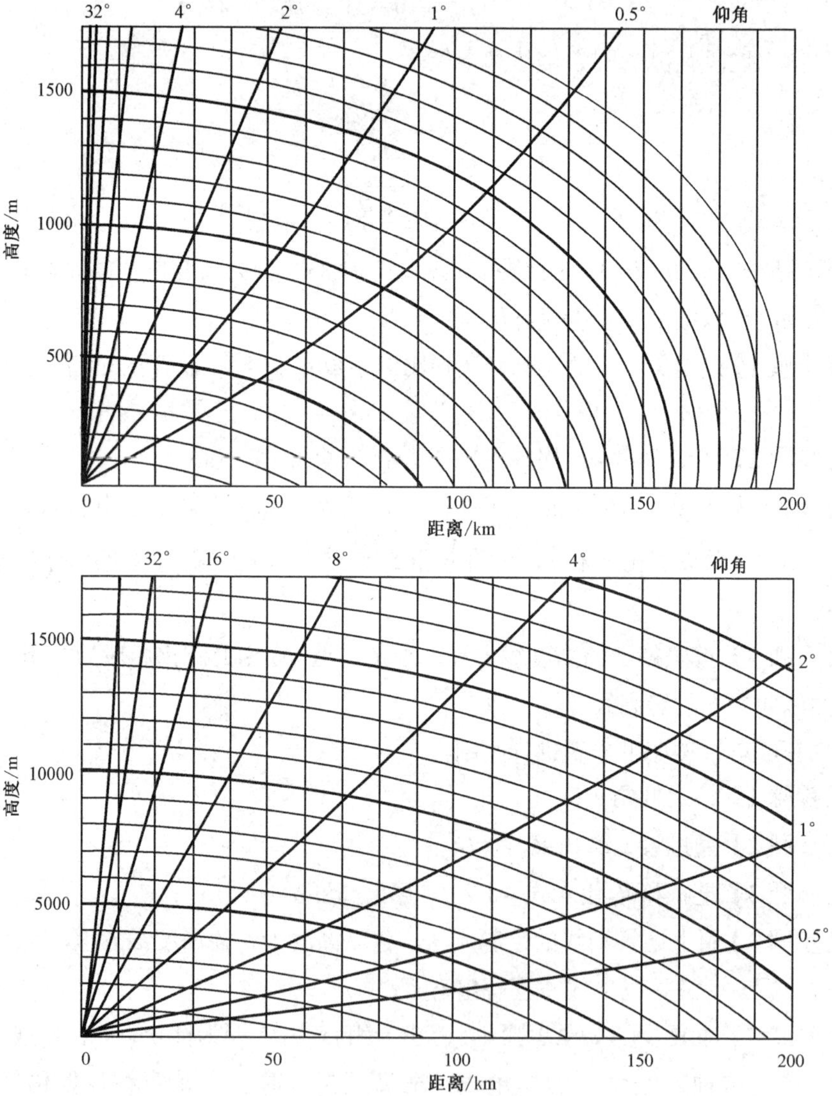

图 1.19　监视雷达常用垂直威力图

1.3.3 分辨率和精度

监视雷达分辨率是指在各种环境下，区分或判别两个或两个以上邻近目标的能力。精度是测量每一个目标的位置准确度，可用测量误差表示。分辨率和精度是监视雷达的主要指标，不同的雷达技术体制和不同的测量方法有不同的结果，需要雷达设计师精心设计和选择。

分辨率和精度又可细分为距离、方位角、仰角、高度和速度的分辨率和精度，但这些可统一归纳为距离、角度、速度 3 个方面。距离、速度的分辨率和精度，与雷达波形的设计和处理密不可分，而角度的分辨率和精度则与雷达天线波束宽度密切相关。目标的测量是和检测同步进行的，而目标分辨产生于目标被发现以后。一般监视雷达分辨率的极限取决于雷达发射波形和雷达天线波束的形状，而精度的极限不仅取决于雷达波形和天线波束宽度，还取决于目标信噪比的值。采用不同的技术体制和方法可获得不同的精度误差，一般测量误差都是分辨率的几分之一至几十分之一，但对波形和波束的选择原则都是一样的。监视雷达的分辨率和精度将在第 6 章做详细讨论。

角分辨率的取决因素相对比较简单，它取决于雷达天线的波束宽度和目标信噪比。一般来说，角分辨率与一个波束宽度相当，而角精度按不同的测量方法在 1/8～1/30 个波束宽度之间。

距离和速度分辨率与雷达波形密切相关，它可以通过信号波形的模糊函数来进行分析。模糊函数是评价雷达分辨率的良好工具，它的物理意义是两个相同信号在延时间隔 τ 后的关联程度。分辨率是指可分辨的能力，而模糊就是指不能分辨的意思。设信号波形为 $s(t)$，其模糊函数可定义为

$$\chi(\tau, f_{\mathrm{d}}) = \int_{-\infty}^{+\infty} s(t) s^{*}(t+\tau) \mathrm{e}^{\mathrm{j}2\pi f_{\mathrm{d}} t} \mathrm{d}t \tag{1.12}$$

式（1.12）中，f_{d} 为多普勒频率。τ 越大，模糊函数 χ 越小，关联程度就越小，说明越容易分辨。反过来，χ 越大，模糊度越高，分辨率也就越差。详细推导和讨论可参阅文献[8]，下面只取一些常用的典型波形进行讨论。

1. 单一载频矩形脉冲

脉冲宽度为 T、载频为 f 的矩形脉冲信号表示为

$$\begin{cases} s(t) = \mathrm{e}^{\mathrm{j}2\pi f t} & 0 \leqslant t \leqslant T \\ s(t) = 0 & \text{其他} \end{cases} \tag{1.13}$$

其模糊函数的模为

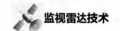

$$
\begin{cases}
\left|\chi(\tau, f_{\mathrm{d}})\right| = \left|\dfrac{\sin\left[\pi f_{\mathrm{d}}\left(T-|\tau|\right)\right]}{\pi f_{\mathrm{d}}}\right| & |\tau| \leqslant T \\
\left|\chi(\tau, f_{\mathrm{d}})\right| = 0 & \text{其他}
\end{cases}
\tag{1.14}
$$

图 1.20 所示为按式（1.14）计算的结果。

单一载频矩形脉冲的模糊函数 χ 的三维图如图 1.20（a）所示。设当 χ 下降 3dB 以下时为可分辨，则以 f_{d} - τ 平面沿轴−3dB 的截面图如图 1.20（b）所示。在该图中，时间轴 $\tau \geqslant T$ 为可分辨。对常规脉冲雷达而言，脉冲宽度越窄，距离分辨率越高。我们用多普勒频率测速度，研究多普勒的分辨率，就代表了速度的分辨率。从频率轴可见，$f_{\mathrm{d}} \geqslant 1/T$ 为可分辨，它与距离分辨率相反，脉冲宽度越窄，多普勒的分辨率就越差。如果雷达的脉冲宽度为 1ms，多普勒分辨率约大于 1MHz。对采用单一载频矩形脉冲的雷达而言，脉冲宽度越窄，距离分辨率越高，而多普勒分辨率则越差，距离分辨率与多普勒分辨率是相互制约的关系。

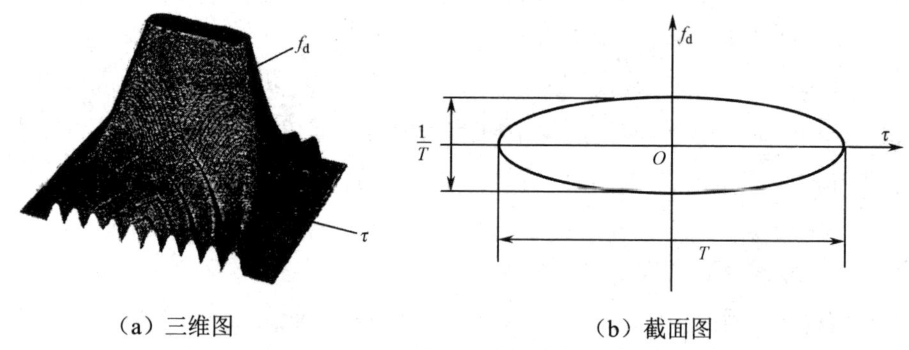

（a）三维图　　　　（b）截面图

图 1.20　单一载频矩形脉冲的模糊图

2. 线性调频矩形脉冲

采用线性调频信号可以较好地解决上述距离分辨率和多普勒分辨率两者兼顾的问题。线性调频矩形脉冲的信号表示为

$$
\begin{cases}
s(t) = \mathrm{e}^{\mathrm{j}2\pi(f+bt)t} & 0 \leqslant t \leqslant T \\
s(t) = 0 & \text{其他}
\end{cases}
\tag{1.15}
$$

式（1.15）中，b 为调频斜率，其模糊函数的模为

$$
\begin{cases}
\left|\chi(\tau, f_{\mathrm{d}})\right| = \left|\dfrac{1}{\pi f_{\mathrm{d}} - b\tau}\sin\left[\left(\pi f_{\mathrm{d}} - b\tau\right)\left(T-|\tau|\right)\right]\right| & |\tau| \leqslant T \\
\left|\chi(\tau, f_{\mathrm{d}})\right| - 0 & \text{其他}
\end{cases}
\tag{1.16}
$$

式（1.16）的计算结果如图 1.21 所示。显然 χ 的三维图与常规脉冲雷达相比，转

了一个角度并压窄了许多，压缩的倍数即为压缩比 $\Delta f \cdot T$ 。这时的距离分辨率为 $1/\Delta f$ ，多普勒分辨率近似为 $1/T$ 。

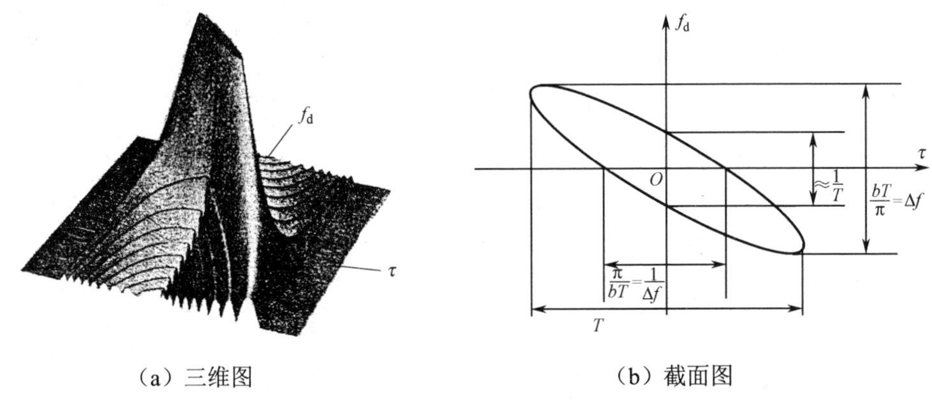

（a）三维图　　（b）截面图

图 1.21　线性调频矩形脉冲的模糊图

从以上结果可见，线性调频信号较好地解决了距离与多普勒分辨率的矛盾，通过增加脉冲宽度可得到较好的多普勒分辨率，而提高距离分辨率则依靠增加调频带宽来解决。

3. 伪随机相位编码信号

伪随机相位编码信号可以得到更为理想的模糊函数。伪随机序列码是一组 1 和 −1 以不规则间隔出现的序列。雷达信号常用 1 和 −1 代表对高频载波的同相和反相调制，称为伪随机相位编码序列。伪随机相位编码信号可表示为[10]

$$s(t)=\sum_{n=1}^{N}U_n\left[t-(n-1)t\right]\mathrm{e}^{\mathrm{j}\varphi_n}\mathrm{e}^{\mathrm{j}2\pi ft} \qquad 0\leqslant t\leqslant N\tau \tag{1.17}$$

式（1.17）中，U_n 是幅度为 1、宽度为 τ_0 的矩形脉冲，φ_n 为 0 或 π，N 为脉冲数。

令

$$s_n(t)=U_n\left[t-(n-1)t\right]\mathrm{e}^{\mathrm{j}\varphi_n}$$

其模糊函数为

$$\chi(\tau,f_\mathrm{d})=\sum_{n=1}^{N}\int_{-\infty}^{+\infty}s_n(t)s_n^*(t+\tau)\mathrm{e}^{\mathrm{j}2\pi f_\mathrm{d}t}\mathrm{d}t \tag{1.18}$$

式（1.18）中，s_n^* 表示 s_n 的共轭函数。伪随机相位编码信号及其模糊图截面如图 1.22 所示，它的距离分辨率为码元宽度 τ_0 ，速度分辨率为总脉冲宽度的倒数 $1/(N\tau_0)$ ，是一个同时具有高距离分辨率和高多普勒分辨率的理想信号波形。

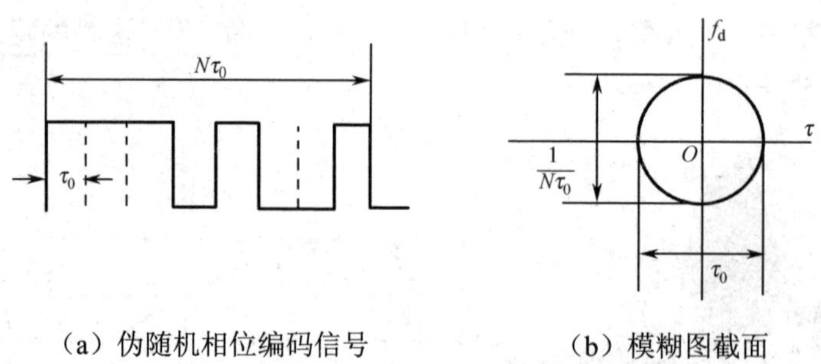

（a）伪随机相位编码信号　　（b）模糊图截面

图 1.22　伪随机相位编码信号及其模糊图截面

4. 单一载频矩形脉冲串

在脉冲体制搜索雷达中，通过天线波束扫描，接收的回波是脉冲宽度为 T、载频为 f 的脉冲串信号，设 N 是脉冲串包含的脉冲个数，t_r 是脉冲串的脉冲重复周期，脉冲串的总长为 t_0，$t_0 = Nt_r$，则此脉冲串信号可表示为

$$\begin{cases} s(t) = \sum_{n=0}^{N-1} u(t - Nt_r)\mathrm{e}^{\mathrm{j}2\pi ft} & 0 \leqslant t \leqslant NT \\ s(t) = 0 & \text{其他} \end{cases} \tag{1.19}$$

其模糊函数的模为

$$|\chi(\tau, f_d)| = \sum_{k=-(N-1)}^{N-1} \left| \frac{\sin[\pi f_d (T - |\tau - kt_r|)]}{\pi f_d} \right| \cdot \left| \frac{\sin[\pi f_d (N - |k|) t_r]}{\sin(\pi f_d t_r)} \right| \tag{1.20}$$

图 1.23 所示为式（1.20）中当 $N = 3$ 的计算结果。可以看到脉冲串的模糊函数出现了多峰，峰的距离维间距为 t_0，速度维的间距是 $1/t_r$，模糊函数的截面由一个中心椭圆和多个小的椭圆组成。小椭圆距离维的轴长为 T，其距离分辨率仍为脉冲宽度 T；小椭圆速度维的轴长则为 $1/(Nt_r)$，它意味着速度的分辨率比单脉冲时的速度分辨率大为提高，但出现了周期性的速度模糊。为了避免速度模糊，可以通过加大脉冲串的长度 N 和提高重复频率，使工作区控制在主峰附近来解决。但矛盾的是，在提高重复频率的同时，又加大了距离模糊，因此在设计脉冲多普勒体制时，要精心选取重复频率与脉冲串的长度。

为了保证上述各种分辨率和精度的指标，雷达设计师通常要选择合适的技术参数，如波束宽度、脉冲宽度、重复频率、脉冲个数和发射波形等。

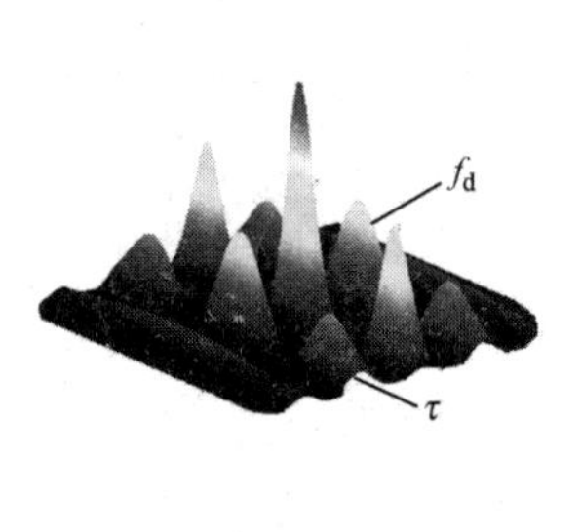

（a）三维图

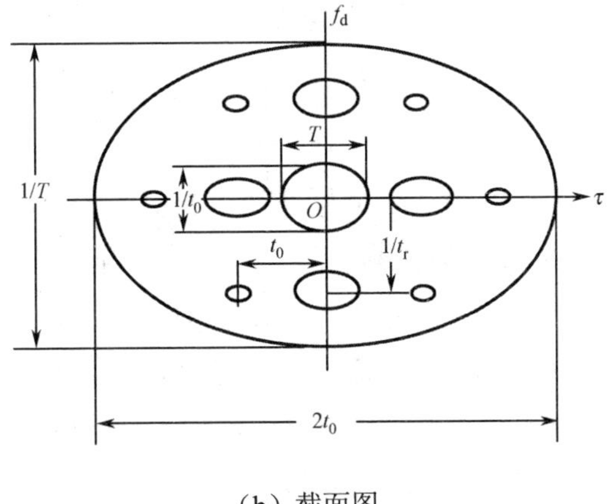

（b）截面图

图 1.23 单一载频矩形脉冲串的模糊图（ N=3 ）

1.3.4 数据率

完成对给定空域内所有目标扫描一次的时间称为搜索时间 t_s，其倒数为搜索数据率 D。相控阵雷达的跟踪模式所完成的时间为目标的跟踪时间，一般称为跟踪数据率。监视雷达所指的数据率，大多是搜索数据率，在机械旋转扫描体制监视雷达中，数据率一般就是指天线的方位转速。

数据率是监视雷达的重要指标，数据率越高，目标探测数据更新率越高，对机动目标的跟踪/识别能力越强，但高数据率将消耗雷达的设计资源，给设计资源的优化带来较大的限制。首先，给定空域的目标搜索和检测性能取决于空域中辐射能量的合理分布，该能量除以搜索时间就是功率。这意味着数据率和空域中分布的能量是同等重要的参数。对于覆盖大空域的雷达来说，高数据率会引起雷达功率成倍地增加。所以对雷达探测性能的评价和比较，不能只看雷达作用距离一个参数，除作用距离外，应当对空域覆盖和数据率做全面的比较。

提高监视雷达数据率的另一个限制就是搜索时间。人们知道，检测目标都需要一定的观测时间，在监视雷达搜索设计中，不管这个波束位置有没有目标，都需要一定的驻留时间去观测和检测目标。因高精度带来较窄的波束宽度，监视雷达如果要同时满足大空域、远距离覆盖和高精度测量的要求，覆盖搜索空间需要更多的波束位置，搜索驻留时间会更长，此时搜索时间将会成为雷达设计的难点。

因此，空域、分辨率（精度）和数据率是对监视雷达的最基本的性能要求，也是雷达设计中需要综合优化的最核心的 3 个重要参数，将在第 6 章详细讨论。

1.3.5 抗干扰能力

监视雷达除自身优化设计满足指标要求外，还必须能够适应日益复杂的恶劣工作环境。

对监视雷达探测性能和生存能力的挑战来自以下几个方面，即复杂电子干扰、隐身/极度隐身目标、无人蜂群目标和反辐射导弹（ARM）等。监视雷达必须具有抗干扰、反隐身、反蜂群和抗摧毁的能力，将在第5章详细讨论。

相比之下，雷达抗地/海杂波、气象/云雨杂波等无源杂波的性能，可以用改善因子来统一度量。但应注意改善因子并不是度量抗杂波的唯一指标。改善因子是指通过雷达的相关处理，可以消除杂波干扰的倍数。雷达设计师一直在努力提高改善因子，但有时会忽视另一个重要因素，就是进入雷达的杂波强度。影响杂波强度设计的因素就是分辨单元的面积（方位和距离分辨率的乘积）和表面的反射特性。减小分辨单元的面积，与提高改善因子的作用是一样的，处理得当，有时还会收到更好的效果，这也是雷达设计师需要控制的参数，要尽量降低从空间进入的各种干扰信号。全面度量监视雷达的抗杂波干扰性能，不仅要看能够消去多少杂波干扰，还要看进来多少杂波干扰，这些将在第4章详细讨论。

1.3.6 目标容量

监视雷达的目标容量又叫目标处理容量，是指监视雷达在给定虚警概率条件下应该具备的最大点迹处理数量和最大航迹处理数量，一般用 N 点/帧和 M 批/帧来度量。

对监视雷达来说，一方面，探测空域内目标数量众多，真实点迹/航迹多；另一方面，各种有源/无源干扰、杂波剩余和噪声引起的虚警，使雷达数据处理过程中有可能面临大量虚假点迹，因此要求监视雷达的数据处理系统具备相应的目标容量，防止大量点迹输入时，造成系统处理能力饱和，不能正常工作。目标处理容量通常取决于两个方面，一是数据处理硬件的计算能力，如运算速度、内存大小等；二是数据处理算法和处理策略，如点迹过滤算法、抗点迹饱和策略、航迹跟踪算法等。

监视雷达的数据处理方法见本套丛书的《雷达信号处理和数据处理技术》分册，本书不再赘述。

1.3.7 目标识别能力

雷达目标识别技术是指雷达依据目标的 RCS 的起伏特性、目标运动特性和采用特定的波形及其处理，对单个目标或目标群进行识别分析，确定目标的数量、种类、型号等属性的技术。目标识别能力已成为现代监视雷达的必备功能，其结果的准确性、实时性、稳定性直接影响防空作战的指挥决策。

监视雷达目标识别主要针对非合作目标，首先用询问机确定目标的敌我属性；其次是对目标进行粗分类，确定目标的种类，依据目标运动的轨迹特性和运动参数区分空气动力目标、临近空间目标、弹道目标等。再次，对同一类目标，还可依据 RCS 的特性区分为大型目标、中型目标、小型目标；最后，针对每种目标进一步进行精细化的区分。例如，对于空气动力目标，可进一步区分为直升机、螺旋桨飞机和喷气式飞机；对于空间目标，可进一步区分为卫星、箭体和碎片等。目标识别能力与监视雷达所能提供的资源密切相关，通常在目标识别中采用的目标特征有回波波形、运动参数、RCS 序列、高分辨一维距离像（HRRP）、微多普勒参数、逆合成孔径雷达（Inverse Synthetic Aperture Radar，ISAR）图像等，针对不同的目标识别需求，所采用的特征组合方式也不同[10]。

需要说明两点：首先，监视雷达的目标识别能力与目标距离密切相关，只有在距离较近时才有足够的信噪比用于提取微动特征和一维距离像特征，距离足够近时才能进行 ISAR 图像特征提取，因此监视雷达的目标识别能力随着目标距离由远及近而逐步提高。其次，监视雷达的目标识别能力与目标属性空间样本数量相关，当需要识别的目标属性空间样本数量增多时，每一类目标的正确识别率会下降。综上，正确识别率并非唯一表征监视雷达目标识别能力的指标，还必须同时给出识别距离和具体的目标属性空间样本。

由于目标特征获取与雷达波形、时间资源和任务场景密切相关，当前，监视雷达发起目标识别任务的方式分为自动和手动两种。自动目标识别任务根据雷达获取的信息自动进行特征提取，完成目标的识别任务；手动目标识别任务需要雷达操作员在显示控制器（显控）界面上发起人工识别请求，从而获取目标信息并进行特征提取，完成目标的识别任务。手动目标识别主要是由于识别目标需要更多的雷达资源，如对脉冲重复频率、驻留时间等有特定的要求，导致雷达不能同时对所有的目标进行识别。在自动目标识别中，雷达可以根据初步识别结果，筛选重点关注目标，从而给这些目标以更多的雷达资源，获得更加精细的识别结果。

监视雷达的目标识别理论方法详见本套丛书的《雷达目标识别技术》分册，本书不再赘述。

1.3.8 雷达可使用度

监视雷达的基本性能确定之后，就进入了工程设计和研制阶段。工程设计不是仅仅达到设计指标就完成任务了，还必须满足用户的使用要求，如雷达的功耗、体积、质量、机动性、安全性和雷达装备的可靠性、维修性、可测试性、保障性等要求，统称为雷达的可使用度。目前对于雷达可使用度设计已有较为完善的方法和手段，这将在第 11 章中详细讨论。

1.4 监视雷达的使命任务

监视雷达是世界各国国土防空预警探测系统的核心装备，担负着国土防空警戒监视的重要任务，其主要使命阐述如下。

（1）对空警戒监视。在复杂电磁环境中搜索和跟踪敌方有人/无人作战飞机、巡航导弹、战术弹道导弹（TBM）等目标，为国土防空作战提供情报支持。

（2）航空兵训练保障。以航空兵训练计划为基础，依靠监视雷达和二次雷达/敌我识别器，为航空兵飞行训练提供空情保障和监督。这是监视雷达平时的基本职能。

（3）辅助民航进行空中管制。以民航飞行计划为基础，依靠监视雷达和二次雷达获取实时情报，并融合 ADS-B（Automatic Dependent Surveillance-Broadcast，广播式自动相关监视）、气象等情报，为民航航班提供情报保障，并进行持续监视和异常情况处置。

（4）监视雷达在较低的战备等级下，一般采用公开频率点（简称频点）开展日常战备值班；监视雷达工作在最高战备等级下，启用隐蔽频率点和各种电子对抗措施，打开告警雷达和有源诱饵，并做到有情必报。

参考文献

[1] 国防科技名词大典（电子）[M]. 北京：航空工业出版社，2002.

[2] 丁鹭飞，耿富录，陈建春. 雷达原理[M]. 5 版. 北京：电子工业出版社，2014.

[3] 郭建明，谭怀英. 雷达技术发展综述及第 5 代雷达初探[J]. 现代雷达，2012, 34(2): 1-3,7.

[4] 吴曼青. 数字阵列雷达的发展与构想[J]. 雷达科学与技术，2008, 6(6): 401-405.

[5] Nomenclature of the frequency and wavelength bands used in telecommunications. Rec[S]. ITU-RV431-7k, 2000.

[6] 中华人民共和国信息产业部. 中华人民共和国无线电频率划分规定[S]. 2006-10-16.
[7] IEEE Std™-2002. Radar Systems Panel of IEEE Aerospace Systems Society[S]. 2002-9-12.
[8] BERKOWITZ R S. Modern Radar[M]. New York: John Wiley & Sons Inc., 1965.
[9] 向敬成，张明友. 雷达系统[M]. 北京：电子工业出版社，2001.
[10] 孙文峰. 雷达目标识别技术述评[J]. 雷达与对抗，2001(3): 1-8.

第 2 章
监视雷达作用距离计算

作用距离是雷达最核心的性能指标。作用距离与雷达技术体制、雷达设计参数、目标与环境特性等密切相关。雷达方程是计算雷达最大作用距离的基本公式。本章围绕监视雷达作用距离计算方法和参数选取进行讨论，给出雷达方程的基本形式，针对监视雷达不同技术体制、不同环境和干扰条件下雷达方程的形式变化，以及雷达方程中主要参数选取方法和应用条件等，给出雷达作用距离计算时常用的工程计算方法，详细分析雷达各种参数、目标模型、大气传播衰减模型和各类损失计算等。

2.1　雷达方程

本节首先推导雷达信号在自由空间传播时的典型雷达方程，以便确定最大作用距离与雷达参数、目标散射特性和环境因素之间的关系，然后再逐步讨论各种实际环境条件对单基地脉冲雷达（简称单基地雷达）作用距离的影响。在分析单基地雷达方程后，再分析双基地雷达方程、外辐射源雷达方程等不同技术体制雷达方程。

2.1.1　单基地雷达方程

经典单基地雷达方程在 Blake[1]、Barton[2]和 Skolnik[3]等经典的雷达著作中都有详细推导，并对单基地雷达方程的参数选择和应用条件等做了详细分析。为了表示目标位置与雷达之间的空间关系，通常采用的坐标系是以雷达天线为原点的修正球坐标系(R, θ, φ)，如图 2.1 所示，坐标 R、θ和φ分别表示目标离原点的径向距离（斜距）和两个正交角坐标（即方位角和仰角）。在标准的球坐标系中除 R 表示径向距离外，φ表示余纬，θ表示经度。余纬范围是 0°～180°，而仰角范围是-90°～+90°。经度与方位角范围相同，都是 0°～360°，但两者方向相反，方位角按顺时针方向增加，而经度则按逆时针方向增加。对于地面雷达而言，仰角 0° 相当于水平方向，方位角 0° 相当于正北方向（绝对方位）或任意参考方向（相对方位）。

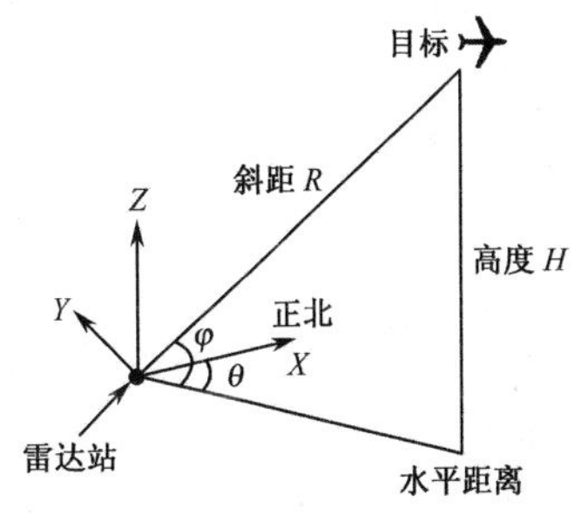

图 2.1　常用雷达坐标系（假定直角坐标系的 X 轴指向正北）

雷达方程的推导过程通常假定探测目标为点目标，即目标的最大线尺寸小于雷达的分辨单元尺寸（对于天线波束宽度为β rad、脉冲宽度为τ 的雷达，其在距

离 R 处的分辨单元的横向宽度为 $R\beta$，分辨单元的径向长度为 $c\tau/2$，其中 c 为电磁波传播速度）。同时还满足目标位于雷达天线的远场区，即目标到雷达天线的距离大于 $2D^2/\lambda$，这里的 D 表示天线的孔径尺寸（对于抛物面天线，D 就是天线口径的直径），λ 表示波长。

设单基地雷达的发射信号功率为 P_t，发射天线增益为 G_t，目标的雷达反射截面积（RCS）为 σ，雷达天线的有效接收面积为 A_r，雷达天线向自由空间发射信号探测目标，在天线最大增益方向接收距雷达 R 处的目标的回波信号功率为

$$P_r = \frac{P_t G_t}{4\pi R^2} \cdot \frac{\sigma}{4\pi R^2} \cdot A_r \tag{2.1}$$

式（2.1）表明，雷达接收的回波信号功率是 3 个因子的乘积：第一个因子表示雷达发射信号在目标处的功率密度；第二个因子表示 RCS 为 σ 的目标散射信号在雷达天线处的散度，前两个因子的乘积就是目标后向散射信号返回雷达天线处的功率密度；第三个因子是接收天线的有效接收面积，它与目标散射信号功率密度的乘积就是雷达接收的回波信号功率。

如果雷达要可靠地检测目标，接收的回波信号功率 P_r 必须超过最小可检测信号功率 $S_{\min}$。当 $P_r = S_{\min}$ 时，就可得到雷达探测该目标的最大作用距离 $R_{\max}$，这时式（2.1）可以表示成单基地雷达方程，即

$$R_{\max}^4 = \frac{P_t G_t A_r \sigma}{(4\pi)^2 S_{\min}} \tag{2.2}$$

由此可见，目标后向反射的回波信号功率与目标到雷达距离的 4 次方成反比。这表明，单基地雷达的回波信号经过往返路程的双程传播，能量衰减很大。式（2.2）是基于自由空间传播的单基地雷达基本方程。

接收天线的增益 G_r 与天线有效接收面积 A_r 的关系为

$$G_r = \frac{4\pi A_r}{\lambda^2} \tag{2.3}$$

将式（2.3）代入式（2.2），并考虑信号传输损失和处理损失 L_s，可得自由空间单基地雷达方程为

$$R_{\max} = \left[\frac{P_t G_t G_r \lambda^2 \sigma}{(4\pi)^3 S_{\min} L_s}\right]^{1/4} \tag{2.4}$$

式（2.4）给出了作用距离和各系统参数间的关联关系，但方程中有 2 个不能准确预定的量——最小可检测信号 $S_{\min}$ 和雷达反射截面积 σ。其中，最小可检测信号 $S_{\min}$ 是随机热噪声统计平均值，它与检测概率和虚警概率取值相关；雷达反射信号具有各向散射异性的特性，且随着目标姿态角快速变化，雷达反射截面积 σ 又是

一个与入射工作频率密切相关的值，一般是小观测视角的统计平均值；L_s 是信号传输和处理过程中引入的损失因子，它包括信号检测前系统各项损失之和与检测处理损失之积。一般单基地雷达共用发射和接收天线，$G_t = G_r = G$，$G_t G_r = G^2$。

2.1.2 单基地雷达方程修正因子

1. 方向图修正因子

雷达工作环境一般不满足自由空间的假设条件，雷达辐射的电磁波受地面多径反射的影响，低仰角天线波束还会因地面或海面的反射产生干涉效应，以及因干涉产生波瓣分裂导致天线增益变化等。在实际工程计算中，一般对式（2.4）采取多种因子修正，以得到相对准确的计算结果。为了解决这些问题，雷达方程中引入了方向图传播因子 F_t 和 F_r。其中，F_t 是从发射天线到目标的方向图传播因子，F_r 是从目标到接收天线的方向图传播因子。

方向图传播因子 F 的基本定义为

$$F = \left| \frac{E}{E_0} \right| \tag{2.5}$$

对于 F_t，式（2.5）中的 E 是目标实际受到雷达发射波束照射的电场强度，E_0 是自由空间中发射波束方向图在最大增益方向上与目标相同距离处的电场强度。对于 F_r，式（2.5）中的 E 和 E_0 通常用接收天线输出端上的信号电压表示。E 定义为实际测到的信号电压，E_0 则是在以下 3 项限定条件下测到的信号电压：①接收路径上为自由空间传播；②目标处于接收波束方向图的最大增益方向；③目标受到的照射与实际非自由空间的情况相同。第③项限定是为了避免接收方向图传播因子中含有发射路径的诸因子。

雷达方程中的天线增益是指实际目标方向的天线增益，雷达天线在不同仰角对应的天线增益是不同的。由于方向图传播因子包含了天线方向图的影响，因此可以定义雷达方程中的 G_t 和 G_r 都是波束最大点上的天线增益，而天线方向图的影响可以用天线方向图因子表示，它把天线辐射场在自由空间的相对场强定义为雷达坐标系中仰角 φ 和方位角 θ 的函数，即

$$\boldsymbol{f}(\theta,\varphi) = \frac{\boldsymbol{E}(\theta,\varphi)}{E_{\max}} \tag{2.6}$$

由此可见，方向图传播因子 F 也是方位角 θ 和仰角 φ 的函数，也可写成 $F(\theta,\varphi)$ 的形式。但应注意，$\boldsymbol{f}(\theta,\varphi)$ 与 $F(\theta,\varphi)$ 不同，$\boldsymbol{f}(\theta,\varphi)$ 是一个向量。天线增益可写成

$$G(\theta,\varphi)=G_{\max}\left|\boldsymbol{f}(\theta,\varphi)\right|^2 \tag{2.7}$$

式（2.7）中，$|\boldsymbol{f}(\theta,\varphi)|$在天线波束最大值方向等于 1，在其他方向上小于 1。

雷达方程中的天线增益和方向图传播因子一般不用方向角函数的形式表示，所以考虑方向图修正因子的单基地雷达方程表示为

$$R_{\max}=\left[\frac{P_{\mathrm{t}}G_{\mathrm{t}}G_{\mathrm{r}}\lambda^2\sigma F_{\mathrm{t}}^2F_{\mathrm{r}}^2}{(4\pi)^3S_{\min}L_{\mathrm{s}}}\right]^{1/4} \tag{2.8}$$

式（2.8）的推导过程表明，单基地雷达的最大作用距离和使用的信号波形与信号调制形式无关，无论对连续波信号还是脉冲信号都适用。

2. 可见度因子

对于没有干扰信号和随机平稳噪声的情况下，接收机的热噪声电平是决定监视雷达接收机最小可检测信号功率的基本因素。当回波信号功率电平低于或接近于热噪声电平时，由于噪声本身的随机起伏特性和目标、环境的不确定性，不能确定接收机输出电压的起伏是由目标回波信号还是由噪声产生的，而这与接收机增益大小无关，因为线性接收机会对信号和噪声同样放大。因此，在计算雷达作用距离时，重要的参数不是信号功率本身，而是信号在接收机输出端的信噪比。

最小可检测信号功率$S_{\min}$的定义是：按给定检测概率P_{d}和虚警概率P_{fa}时，检测目标所需的最小可检测信噪比$(S/N)_{\min}$乘以接收机噪声功率。接收机噪声功率$N_0=kT_0B_{\mathrm{n}}F_{\mathrm{n}}$，其中，$k$ 是玻尔兹曼常数1.38×10^{-23} J/K，T_0是接收系统环境温度，一般取室温 290K，B_{n}是接收机带宽，F_{n}是接收机噪声系数。因子T_0F_{n}可用系统噪声温度T_{s}表示。则$S_{\min}$表示为

$$S_{\min}=kT_0B_{\mathrm{n}}F_{\mathrm{n}}\left(\frac{S}{N}\right)_{\min}=kT_{\mathrm{s}}B_{\mathrm{n}}\left(\frac{S}{N}\right)_{\min} \tag{2.9}$$

早期监视雷达利用显示器视频积累余辉来观测目标时，通常称$(S/N)_{\min}$为可见度因子 $V_{\min}$。将式（2.9）代入式（2.8），并用 $V_{\min}$ 表示$(S/N)_{\min}$，则通用单基地雷达方程为

$$R_{\max}=\left[\frac{P_{\mathrm{t}}G_{\mathrm{t}}G_{\mathrm{r}}\lambda^2\sigma F_{\mathrm{t}}^2F_{\mathrm{r}}^2}{(4\pi)^3kT_{\mathrm{s}}B_{\mathrm{n}}V_{\min}L_{\mathrm{s}}}\right]^{1/4} \tag{2.10}$$

由此可见，雷达的作用距离与可见度因子 $V_{\min}$ 的 4 次方根成反比。$V_{\min}$ 相当于雷达的目标检测门限，$V_{\min}$ 数值越小，目标检测概率越高，但同时雷达系统的虚警概率也越大，所以必须依据检测概率和虚警概率合理选择 $V_{\min}$。

3. 接收带宽修正因子

监视雷达为了测量目标距离和进行相关处理，一般采用脉冲技术体制发射脉冲信号，对采用矩形脉冲的常规监视雷达，宽度为 τ 的单一载频矩形脉冲，通过 FFT（Fast Fourier Transform，快速傅里叶变换）分析表明：$1/\tau$ 信号带宽内含有该脉冲绝大部分能量，即雷达接收机带宽达到 $1/\tau$ 带宽量级，就能接收脉冲信号的绝大部分能量，往往是接收信号可检测性的一个更准确度量。如果接收机带宽小于该值，则接收机输出端的信号功率和噪声功率均会减小；反之，若接收机带宽大于 $1/\tau$ 的值，将会增加接收机的噪声功率。因此，当输入的信号功率和噪声功率谱密度给定时，接收机输出端产生最大信噪比的最佳带宽为

$$B_{\mathrm{n(opt)}} = \frac{\alpha}{\tau}(\alpha \approx 1) \tag{2.11}$$

式（2.11）中，α 表示信号最佳带宽校正系数。因此，可见度因子可以表示为

$$V_{\min} = \frac{S}{N} = \frac{S}{kT_{\mathrm{s}}B_{\mathrm{n}}} \approx \frac{S\tau}{kT_{\mathrm{s}}} = \frac{E_{\mathrm{r}}}{N_0} \tag{2.12}$$

式（2.12）中，S 是信号功率，N 是噪声功率，E_{r} 是信号能量，N_0 是单位带宽内的噪声功率（即噪声功率谱密度）。这表明，可见度因子等于接收信号能量与噪声功率谱密度之比，且是接收带宽的函数。当 $B_{\mathrm{n}} = B_{\mathrm{n(opt)}}$ 时，$V_{\min}$ 为其可能取得的最小值，通常用 V_0 表示。而一般情况下，$B_{\mathrm{n}} \neq B_{\mathrm{n(opt)}}$，$V_{\min}$ 与 V_0 的关系可表示为

$$V_{\min} = V_0 C_{\mathrm{B}} \tag{2.13}$$

式（2.13）中，C_{B} 称为接收带宽修正因子。当接收机带宽与信号带宽匹配时，$C_{\mathrm{B}} = 1$，否则 $C_{\mathrm{B}} > 1$。

将式（2.11）至式（2.13）代入式（2.10），可得到工程适用的典型单基地脉冲雷达方程为

$$R_{\max} = \left[\frac{P_{\mathrm{t}}\tau G_{\mathrm{t}} G_{\mathrm{r}} \lambda^2 \sigma F_{\mathrm{t}}^2 F_{\mathrm{r}}^2}{(4\pi)^3 kT_{\mathrm{s}} V_0 C_{\mathrm{B}} L_{\mathrm{s}}}\right]^{1/4} \tag{2.14}$$

4. 积累检测因子

随着雷达数据处理中处理能力和计算机算力的提高，监视雷达都设计有自动检测目标处理器，这种自动检测目标处理器的设计是以统计检测理论为基础的。这种情况下，检测目标信号所需的最小功率信噪比通常称为检测因子，并用符号 D_0 表示。检测因子 D_0 的定义与可见度因子 V_0 的定义相似，但 D_0 在计算多个脉冲积累检测对信噪比的改善时较常用。在相参积累情况下，n 个脉冲积累检测的信噪比改善可表示为

$$D_0(n)=D_0(1)/n \tag{2.15}$$

式（2.15）中，$D_0(n)$ 是 n 个脉冲相参积累检测的检测因子，$D_0(1)$ 是单个脉冲检测的检测因子。

当监视雷达采用非相参积累检测时，积累检测的效率会下降，积累检测效率可表示为

$$E_{\mathrm{i}}(n)=\frac{D_0(1)/n}{D_x(n)}=\frac{D_0(n)}{D_x(n)} \tag{2.16}$$

式（2.16）中，$D_x(n)$ 是 n 个脉冲非相参积累检测的检测因子。显然，用非相参积累检测因子 $D_x(n)$ 表示雷达参数，单基地脉冲雷达方程可以表示成更通用的形式，即

$$R_{\max}=\left[\frac{P_{\mathrm{t}}\tau G_{\mathrm{t}}G_{\mathrm{r}}\lambda^2\sigma F_{\mathrm{t}}^2F_{\mathrm{r}}^2}{(4\pi)^3kT_{\mathrm{s}}D_x(n)C_{\mathrm{B}}L_{\mathrm{s}}}\right]^{1/4}=\left[\frac{nE_{\mathrm{t}}E_{\mathrm{i}}(n)G_{\mathrm{t}}G_{\mathrm{r}}\lambda^2\sigma F_{\mathrm{t}}^2F_{\mathrm{r}}^2}{(4\pi)^3kT_{\mathrm{s}}D_0(1)C_{\mathrm{B}}L_{\mathrm{s}}}\right]^{1/4} \tag{2.17}$$

式（2.17）中，$E_{\mathrm{t}}=P_{\mathrm{t}}\tau=\int_0^{\tau}P_{\mathrm{t}}\mathrm{d}t$ 是发射信号的能量。该式表明，雷达作用距离只与发射信号能量相关，计算时只要知道脉冲功率和发射脉宽即可，不用考虑信号波形和不同的信号脉压比。

2.1.3 单基地搜索雷达方程

监视雷达一般均为搜索雷达，搜索雷达要求雷达必须在时间 t_{s} 内完成对立体角为 Ω 的空域的连续搜索。设天线波束的立体角为 $\beta_{\mathrm{b}}\approx\varphi_{\mathrm{V}}\theta_{\mathrm{H}}$，天线波束扫描在每个波束位置的驻留时间为 t_0，一般搜索过程设计为等检测概率搜索，即搜索过程波束序贯扫描，波束无须重叠也不能跳跃，则总扫描时间为 $t_{\mathrm{s}}=t_0\Omega/\beta_{\mathrm{b}}$。根据天线增益的定义，$G_{\mathrm{t}}=4\pi/\beta_{\mathrm{b}}$，则天线增益可表示为

$$G_{\mathrm{t}}=\frac{4\pi}{\beta_{\mathrm{b}}}=\frac{4\pi t_{\mathrm{s}}}{\Omega t_0} \tag{2.18}$$

将式（2.18）代入式（2.17），发射能量 $nE_{\mathrm{t}}=P_{\mathrm{av}}t_{\mathrm{d}}$，接收天线增益 $G_{\mathrm{r}}=4\pi A_{\mathrm{r}}/\lambda^2$，可得单基地搜索雷达方程为

$$R_{\max}=\left[(P_{\mathrm{av}}A_{\mathrm{r}})\cdot\frac{t_{\mathrm{s}}}{\Omega}\cdot\frac{\sigma F_{\mathrm{t}}^2F_{\mathrm{r}}^2}{4\pi kT_{\mathrm{s}}D_0(1)C_{\mathrm{B}}L_{\mathrm{s}}}\right]^{1/4} \tag{2.19}$$

式（2.19）表明，搜索雷达的最大作用距离与平均发射功率 P_{av} 和有效天线孔径面积 A_{r} 的乘积 $P_{\mathrm{av}}A_{\mathrm{r}}$ 的 4 次方根成正比，与搜索空域的搜索速率 Ω/t_{s} 的 4 次方根成反比，而与雷达工作频率无直接关系。功率孔径积 $P_{\mathrm{av}}A_{\mathrm{r}}$ 的数值大小是搜索雷达的最大资源约束，受各种设计参数选择和边界条件的限制。与工作频率无关可解释为，通常随着 A_{r} 的增大或频率的提高，天线波束变窄，搜索波束位置数也会增

加，当搜索空域的搜索速率 Ω/t_{s} 不变时，增加搜索波束位置数会缩短波束驻留时间 t_0，增加的天线增益得益会因此被抵消。在搜索雷达中，$R_{\max}$ 不仅取决于发射功率和天线增益，还与搜索空域、数据率有密切关系，这将在第 6 章做详细讨论。

2.1.4　单基地跟踪雷达方程

对于采用机相扫工作模式（同时具备机械扫描雷达和相控阵雷达的特点）的监视雷达，或具有数字波束形成能力的监视雷达可产生跟踪波束。跟踪雷达方程即在给定观察时间内连续观测目标，设雷达在时间 t_{G} 内连续观察并跟踪一个目标，则发射信号能量为 $nE_{\mathrm{t}}=P_{\mathrm{av}}t_{\mathrm{G}}$，发射天线增益 $G_{\mathrm{t}}=4\pi A_{\mathrm{t}}/\lambda^2$，接收天线增益 $G_{\mathrm{r}}=4\pi A_{\mathrm{r}}/\lambda^2$，将以上关系代入式（2.17），可得单基地跟踪雷达方程为

$$R_{\max}=\left[\left(P_{\mathrm{av}}A_{\mathrm{r}}\right)\cdot\frac{A_{\mathrm{t}}}{\lambda^2}\cdot\frac{t_{\mathrm{G}}\sigma F_{\mathrm{t}}^2F_{\mathrm{r}}^2}{4\pi kT_{\mathrm{s}}D_0(1)C_{\mathrm{B}}L_{\mathrm{s}}}\right]^{1/4} \tag{2.20}$$

式（2.20）表明，跟踪雷达的最大作用距离取决于平均发射功率和有效天线孔径面积的乘积 $P_{\mathrm{av}}A_{\mathrm{r}}$，并与跟踪时间 t_{G} 成正比。

2.1.5　有源干扰下的单基地雷达方程

上述雷达方程只考虑自然环境影响，而监视雷达常常会收到敌方故意施放的有源干扰信号。其中，噪声压制干扰是最简单有效的一种有源干扰样式，其带宽通常大于监视雷达的接收机带宽，因此其对雷达检测性能的影响就像自然界的“天线噪声”的影响一样，可以用等效噪声功率谱密度来表示。

设干扰机的发射功率为 P_{j}，干扰机的天线增益为 G_{j}，干扰机的干扰带宽为 B_{j}，干扰机到雷达的距离为 R_{j}，干扰信号的极化匹配因子为 δ_{j}，干扰信号的单程传播损失因子为 L_{j}，雷达天线对着干扰机方向的有效面积为 A_{r}'，雷达接收机的信号带宽为 B_{n}，则雷达接收到的干扰信号功率为

$$P_{\mathrm{rj}}=\frac{P_{\mathrm{j}}G_{\mathrm{j}}}{4\pi R_{\mathrm{j}}^2}\cdot\frac{A_{\mathrm{r}}'}{\delta_{\mathrm{j}}L_{\mathrm{j}}}\cdot\frac{B_{\mathrm{n}}}{B_{\mathrm{j}}} \tag{2.21}$$

式（2.21）表明，雷达接收的干扰信号功率是 3 个因子的乘积：第一个因子表示雷达天线上的干扰信号功率密度；第二个因子是雷达天线的有效面积与极化失配损失和干扰信号传播损失之比，它与雷达天线上的干扰信号功率密度的乘积就是雷达天线接收的干扰信号功率；第三个因子表示雷达接收机的信号带宽与干扰机的干扰带宽之比，它与前两个因子的乘积表示雷达系统接收的干扰信号功率。当 $B_{\mathrm{n}}\geqslant B_{\mathrm{j}}$ 时，干扰信号功率可全部被雷达接收，这种干扰为瞄准式干扰；当 $B_{\mathrm{n}}<B_{\mathrm{j}}$ 时，干扰信号功率只有部分被雷达接收，这种干扰为阻塞式干扰。

考虑$G_r' = 4\pi A_r'/\lambda^2$，干扰信号功率谱密度为$N_j = P_j/B_j$，因此雷达接收的干扰信号功率谱密度$N_{rj}$为

$$N_{rj} = \frac{P_{rj}}{B_n} = \frac{N_j G_j G_r' \lambda^2 F_j^2 F_r'^2}{(4\pi)^2 R_j^2 \delta_j L_j} \tag{2.22}$$

式（2.22）中，G_r'是雷达天线对着干扰机方向的天线增益，F_j是从干扰机到雷达的方向图传播因子；F_r'是雷达在干扰机方向的方向图传播因子。

干扰功率在雷达接收机输入端的等效噪声温度T_j可表示为

$$T_j = \frac{N_{rj}}{k} = \frac{N_j G_j G_r' \lambda^2 F_j^2 F_r'^2}{(4\pi)^2 k R_j^2 \delta_j L_j} \tag{2.23}$$

因此，雷达接收机的系统噪声温度可表示为$T_s' = T_s + T_j$。

将式（2.23）代入式（2.17），可得有源干扰情况下的单基地雷达方程为

$$R_{\max} = \left[\frac{E_t G_t G_r \lambda^2 \sigma F_t^2 F_r^2}{(4\pi)^3 k T_s' D_x(n) C_B L_s} \right]^{1/4} \tag{2.24}$$

式（2.24）中，$D_x(n)$是用信号功率与干扰功率之比表示的积累检测因子。

1. 自卫式干扰

自卫式干扰（Self-Protection Jamming，SPJ）是指目标自身携带干扰机施放的干扰，这时，干扰信号从雷达天线的主瓣进入。干扰机到雷达的距离R_j与目标到雷达的距离（目标距离）R相同，满足$R_j = R$，$G_r' F_r'^2 = G_r F_r^2$，且$T_j \gg T_s$，$T_s' \approx T_j$。考虑从干扰天线到雷达接收天线的方向图传播因子$F_j \neq 1$，式（2.24）可简化为

$$R_{ss} \approx \left[\frac{E_t G_t G_r \lambda^2 \sigma F_t^2 F_r^2}{(4\pi)^3 N_{rj} D_x(n) C_B L_s} \right]^{1/4} = \left[\frac{E_t G_t \sigma F_t^2 \delta_j L_j}{4\pi N_j G_j F_j^2 D_x(n) C_B L_s} \right]^{1/2} \tag{2.25}$$

式（2.25）中，R_{ss}一般称为雷达的主瓣干扰“烧穿”距离，当$R > R_{ss}$时，雷达不能发现目标。由于雷达系统损失因子$L_s \approx 2L_j$，且目标距离较远时，$F_t \approx F_j$，式（2.25）可进一步简化为

$$R_{ss} \approx \left[\frac{E_t G_t \delta_j}{8\pi D_x(n) C_B} \times \frac{\sigma}{N_j G_j} \right]^{1/2} \tag{2.26}$$

式（2.26）中，第一项是与雷达性能有关的参数，第二项是与带干扰机的目标有关的参数。令式（2.26）第一项表示为

$$a^2 = \frac{E_t G_t \delta_j}{8\pi D_x(n) C_B} \tag{2.27}$$

则 R_{ss} 可进一步表示为

$$R_{ss} = a\left(\frac{\sigma}{N_j G_j}\right)^{1/2} \tag{2.28}$$

式（2.28）表明，R_{ss} 与干扰信号功率谱密度 N_j 的二次方根成反比，因此自卫式干扰机需要的干扰功率比雷达探测目标需要的发射功率要小得多。

2. 远距离支援干扰

远距离支援干扰（Stand-Off Jamming，SOJ）是指干扰机在远离目标的位置进行远距离支援干扰，也称为掩护式干扰。干扰机信号通常从雷达天线的副瓣进入，干扰机到雷达的距离为 R_j ，目标到雷达的距离为 R_s ，掩护式干扰机通常干扰功率很强，$T_j \gg T_s$ ，$T_s' \approx T_j$ 。考虑从干扰天线到雷达接收天线的方向图传播因子 $F_j \neq 1$，式（2.24）可以简化为

$$R_s = \left[\frac{E_t G_t G_r \lambda^2 \sigma F_t^2 F_r^2}{(4\pi)^3 N_{rj} D_x(n) C_B L_s}\right]^{1/4} = \left[\frac{E_t G_t \sigma F_t^2 R_j^2 \delta_j L_j}{4\pi N_j G_j F_j^2 G_s F_s^2 D_x(n) C_B L_s}\right]^{1/4} \tag{2.29}$$

式（2.29）中，R_s 被称为雷达的副瓣“烧穿”距离，$G_s F_s^2 = G_r' F_r'^2 \big/ \left(G_r F_r^2\right)$ 是雷达天线在干扰机方向的副瓣增益。考虑 $L_s \approx 2L_j$，式（2.29）可进一步简化为

$$R_s = \left[\frac{E_t G_t \delta_j F_t^2}{8\pi D_x(n) C_B G_s F_s^2} \cdot \frac{\sigma R_j^2}{N_j G_j F_j^2}\right]^{1/4} = \left(\frac{R_{ss} R_j F_t}{F_s F_j}\right)^{1/2} \cdot \left(\frac{1}{G_s}\right)^{1/4} \tag{2.30}$$

式（2.30）中，R_{ss} 与主瓣“烧穿”距离的表达形式相同，是一个与雷达参数有关的距离因子。由于干扰机与目标不在同一方向，当雷达探测目标时，R_s 与 R_j 的二次方根成正比，与 G_s 的 4 次方根成反比。因此，雷达与干扰机的距离越远，雷达天线的副瓣电平越低，雷达在干扰环境下的探测距离值就越大。

如果目标与干扰机在同一方位角，但不在同一仰角，且目标在雷达天线主瓣内时，$R_s \neq R_j$，$F_t \approx F_s \approx F_j \approx 1$，若设 $G_s \approx 1$，式（2.30）可以简化为

$$R_s \approx \sqrt{R_{ss} R_j} \tag{2.31}$$

3. 欺骗式干扰

欺骗式干扰（Deception Jamming，DJ）也称灵巧干扰，干扰机对接收的雷达信号直接转发或通过延时和多普勒偏移产生干扰信号，发射一种与雷达回波信号相似的干扰信号，因此，欺骗式干扰有时又称为转发式干扰。转发式干扰信号与干扰飞机自身的反射信号功率有很大区别：干扰飞机通常采用隐身措施后，反射

信号的幅度很小，而欺骗式干扰信号经干扰机放大后的转发回波信号幅度值很大。若欺骗式干扰信号从天线主瓣进入，则欺骗式干扰与目标方位指向相同，但干扰信号采用延时处理后产生虚假距离欺骗式干扰信号；若欺骗式干扰信号从天线副瓣进入，则会使欺骗式干扰信号在距离和方位上都偏离真实目标回波信号。由于欺骗式干扰信号的带宽与雷达信号带宽相似，即 $B_{\mathrm{j}} \approx B_{\mathrm{n}}$ ，当雷达接收的假目标信号信噪比大于检测门限时，即可产生干扰作用，故其作用距离可表示为

$$R_{\mathrm{j}}^2 = \frac{P_{\mathrm{j}} G_{\mathrm{j}} A_{\mathrm{r}}'}{4\pi P_{\mathrm{rj}} \delta_{\mathrm{j}} L_{\mathrm{j}}} \approx \frac{P_{\mathrm{j}} G_{\mathrm{j}} G_{\mathrm{r}}' \lambda^2 F_{\mathrm{j}}^2 F_{\mathrm{r}}'^2}{(4\pi)^2 k T_{\mathrm{s}} D_x(n) \delta_{\mathrm{j}} L_{\mathrm{j}}} \tag{2.32}$$

式（2.32）中，$D_x(n)$是相对于接收机内噪声的积累检测因子。

欺骗式干扰机通过控制转发信号的时延和多普勒偏移，可同时产生多个假目标，使雷达系统很难辨认和区分真假目标，因此干扰效果十分明显。雷达系统抑制欺骗式干扰信号可以采取快速捷变、灵活波形设计、天线变极化和降低天线副瓣、副瓣匿隐等措施，相关内容详见第 5 章。

2.1.6 无源干扰下的单基地雷达方程

无源干扰的主要形式是敌方施放的金属箔条云等杂波干扰，一般也包括云雨等雷达环境杂波干扰。金属箔条云相当于无源偶极子反射雷达辐射的电磁波，从而产生一个很强的杂波干扰回波信号，降低雷达对真实目标的发现能力。无源干扰杂波的许多特性与接收机噪声的特性相似，如它们的振幅和相位也是随机起伏的。在大多数情况下，它们具有与热噪声相似的概率密度函数，但是，它们的起伏变化速度很慢，也就是说干扰信号的频谱很窄，远小于接收机的带宽。

杂波背景信号的强度一般用其平均功率电平来表示。通常杂波干扰电平远比噪声电平大，目标信号在杂波背景中被检测时，一般可以忽略热噪声的影响，此时雷达方程中基于噪声背景的检测因子用信号/杂波比代替。由于杂波的起伏速度很慢，杂波信号在脉冲重复周期时间间隔内通常是相关的，所以目标信号在杂波背景中的脉冲积累效果很差。而且有些杂波具有“尖峰”特性，它们的统计特性与热噪声的统计特性不同，与目标回波具有相似性。

在杂波背景中分析雷达的最大作用距离，实质上是研究目标回波功率与杂波功率随距离变化的规律，从而确定在多远距离能得到必需的信号/杂波比。在雷达方程中，发射功率与天线增益对目标和杂波的影响相同。但是，目标与杂波散射体的 RCS 不同，目标与杂波空间位置不同，因此天线方向图因子对目标和杂波回波信号幅度具有不同的影响。

设目标的 RCS 为σ_{t}，回波信号功率为S，方向图传播因子为$F_{\mathrm{t}} = F_{\mathrm{r}} = F$；

杂波的 RCS 为σ_c，回波信号功率为C，方向图传播因子为$F_t = F_r = F_c$。如果目标在雷达作用距离内的任意位置，杂波与目标在同一雷达分辨单元，且回波信号无距离模糊，则由式（2.8）可得信杂比为

$$\frac{S}{C} = \frac{\sigma_t F^4}{\sigma_c F_c^4} \tag{2.33}$$

式（2.33）表明，信杂比与雷达作用距离无关，但实际上杂波的 RCS(σ_c)是作用距离的函数。按照杂波散射体的分布特性，σ_c与距离的关系有两种情况：一种是面杂波，这种杂波散射体分布在两维表面上，如地杂波和海杂波就是典型的例子；另一种是体杂波，这种杂波散射体分布在三维空间内，如气象杂波和金属箔条云就是典型的例子。由于这两种杂波具有不同的距离关系，所以有两种不同的距离方程。

1. 面杂波干扰

面杂波的杂波反射面积σ_c可以用单位面积内的平均面积A_σ和面杂波反射率系数σ^0来表示，即

$$\sigma_c = \sigma^0 A_\sigma \tag{2.34}$$

面杂波反射率系数σ^0将在第 4 章中详细讨论。A_σ是雷达波束面分辨单元在散射表面的投影。如果面杂波分布是均匀的，且充满整个波束覆盖范围，则雷达到杂波单元的距离为

$$R_c \approx \sqrt{2\rho_e h_r} = 4130\sqrt{h_r} \quad \text{(m)} \tag{2.35}$$

式（2.35）中，$\rho_e = 8.49 \times 10^6$是有效地球半径，$h_r$是雷达天线距地面的高度。

对于地面雷达，A_σ的横向宽度取决于雷达的水平波束宽度θ_H，径向宽度取决于雷达的脉冲宽度τ（见图 2.2）。如果雷达观测地表面时的入射余角（擦地角）为ψ，入射余角较小时，A_σ可近似表示为

$$A_\sigma \approx \frac{c\tau}{2} \times \frac{R_c \theta_H}{L_p} \sec\psi \tag{2.36}$$

式（2.36）中，L_p是波束形状损失。

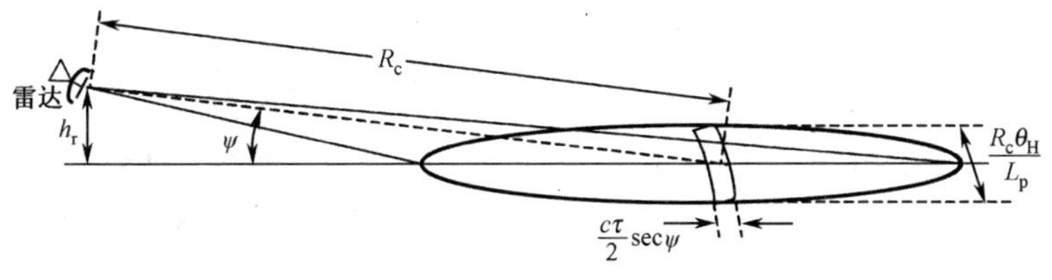

图 2.2　地基雷达的面杂波分辨单元

对于空基雷达（如机载雷达、气球载雷达等），入射余角较大，A_σ 的横向宽度取决于雷达的水平波束宽度 θ_{H}，径向宽度取决于雷达的垂直波束宽度 φ_{V}（见图 2.3）。A_σ 可近似表示为

$$A_\sigma \approx \frac{R_{\mathrm{c}}^2\theta_{\mathrm{H}}\varphi_{\mathrm{V}}}{L_{\mathrm{P}}^2}\csc\psi \tag{2.37}$$

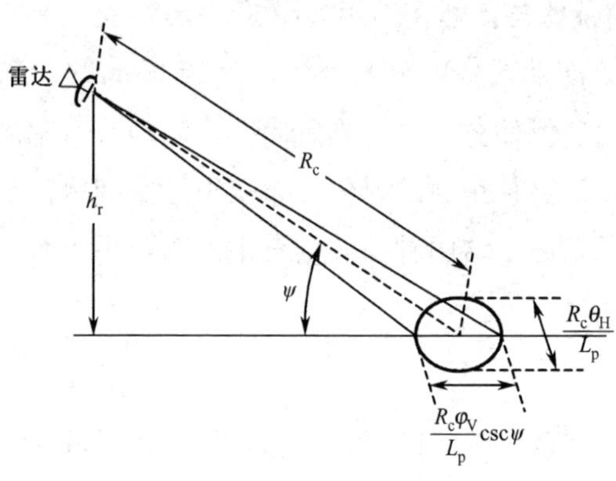

图 2.3　空基雷达的面杂波分辨单元

式（2.36）和式（2.37）都是在假定距离分辨单元远小于观测距离的情况下得出的，它们在能给出相同结果的入射余角 ψ_1 处相交，即

$$\psi_1 = \arctan\frac{2R_{\mathrm{c}}\varphi_{\mathrm{V}}}{c\tau L_{\mathrm{P}}} \tag{2.38}$$

在入射余角较小时，式（2.36）的计算结果值比式（2.37）计算的结果值小，反之则相反。由此可见，对于任一给定的 ψ 值，应该用计算结果值较小的那个式子计算 A_σ 值。将以上关系代入式（2.33），则地面雷达的信杂比为

$$\frac{S}{C} = \frac{2\sigma_{\mathrm{t}}F^4L_{\mathrm{p}}}{\sigma^0 c\tau R_{\mathrm{c}}\theta_{\mathrm{H}}F_{\mathrm{c}}^4\sec\psi} \tag{2.39}$$

如果取检测因子 $D_0(1)=S/C$，且不存在距离模糊，则地面雷达对面杂波区目标的最大作用距离可表示为

$$R_{\max} = \frac{2\sigma_{\mathrm{t}}F^4L_{\mathrm{p}}}{\sigma^0 c\tau\theta_{\mathrm{H}}D_0(1)F_{\mathrm{c}}^4\sec\psi} \tag{2.40}$$

式(2.40)中，发射功率虽然没有直接出现，但发射功率必须足够大，使面杂波的回波功率大于接收机噪声功率，该雷达方程才能成立。另外，天线增益也是用波束宽度 θ_{H} 的隐函数来表示的，这表明雷达波束的分辨单元越小，面杂波反射强度越弱，雷达探测目标的作用距离就越远。由于面杂波的回波功率通常远大于目标的回波功率，且 σ^0 和 ψ 等参数均与作用距离有关，因此式（2.40）不能直接用

于监视雷达最大作用距离的计算。

如果雷达采用 MTI/MTD（Moving Target Detection，动目标检测）或 PD 处理等抑制杂波干扰措施（关于监视雷达杂波抑制方法的讨论见第 4 章），那么最终限制雷达最大作用距离的因素是经过杂波抑制处理后的剩余杂波。经过杂波抑制处理，目标检测的信杂比将得到数十分贝的改善。MTI/MTD 或 PD 处理的杂波抑制性能通常用杂波改善因子 I_s 来描述，其定义是系统输出信杂比与输入信杂比之比。考虑 MTI/MTD 或 PD 处理后，地面雷达对面杂波区目标的作用距离可表示为

$$R_{\max}=\frac{2I_s\sigma_t F^4 L_p}{\sigma^0 c\tau\theta_H D_0(1)F_c^4\sec\psi} \tag{2.41}$$

式（2.41）中，c 为常数，表示光速。

2. 体杂波干扰

体杂波的杂波反射面积 σ_c 可以用单位体积内的平均散射截面积 η 来表示，即

$$\sigma_c=\eta V_\sigma \tag{2.42}$$

式（2.42）中，V_σ 为雷达波束的空间分辨单元，η 为体杂波的反射系数，它通常小于体杂波分布的空间体积 V_c（见图 2.4）。如果雷达的脉冲宽度为 τ，水平和垂直半功率波瓣宽度分别为 θ_H 和 φ_V，则在距离 R_c 处，雷达波束的空间分辨单元为

$$V_\sigma\approx\frac{c\tau}{2}\cdot\frac{R_c^2}{L_p^2}\theta_H\varphi_V \tag{2.43}$$

式（2.43）中，L_p 是波束形状损失。

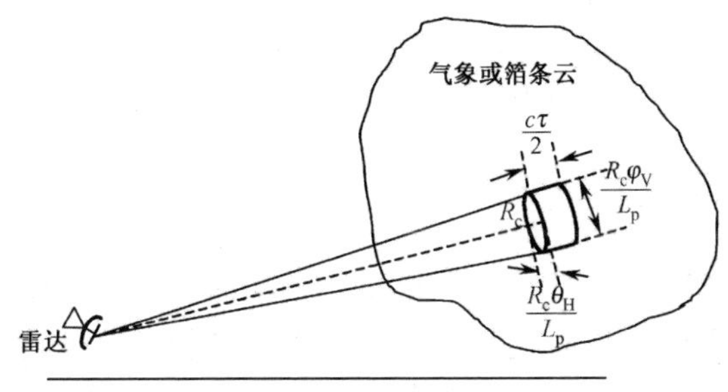

图 2.4　体杂波分辨单元

将式（2.43）代入式（2.33），则同一分辨单元的目标信杂比为

$$\frac{S}{C}=\frac{2\sigma_t F^4 L_p^2}{\eta c\tau R_c^2\theta_H\varphi_V F_c^4} \tag{2.44}$$

如果取检测因子 $D_0(1)=S/C$，且不存在距离模糊，则雷达对体杂波区目标

的作用距离可表示为

$$R_{\max}^{2}=\frac{2\sigma_{\mathrm{t}}F^{4}L_{\mathrm{p}}^{2}}{\eta c\tau\theta_{\mathrm{H}}\varphi_{\mathrm{V}}D_{0}(1)F_{\mathrm{c}}^{4}} \tag{2.45}$$

如果雷达采用 MTI/MTD 或 PD 处理抑制杂波干扰，则雷达对体杂波区目标的作用距离可进一步表示为

$$R_{\max}^{2}=\frac{2I_{\mathrm{s}}\sigma_{\mathrm{t}}F^{4}L_{\mathrm{p}}^{2}}{\eta c\tau\theta_{\mathrm{H}}\varphi_{\mathrm{V}}D_{0}(1)F_{\mathrm{c}}^{4}} \tag{2.46}$$

式（2.46）中，I_{s} 是雷达系统对体杂波的改善因子。

3. 距离模糊杂波干扰

当雷达的发射功率很大或脉冲重复周期较短时，雷达会收到距离超过第一个脉冲重复周期的杂波回波。产生距离折叠的二次地物回波，也称距离模糊杂波干扰。这种距离模糊的杂波回波常出现在较近的距离上，虽然其回波强度比近距离杂波的强度弱，但这种杂波干扰也足以限制雷达系统的探测能力。在有距离模糊面杂波干扰的情况下，如果面杂波的反射率是均匀的，则雷达作用距离可表示为

$$R_{\max}^{4}=\frac{2\sigma_{\mathrm{t}}F^{4}L_{\mathrm{p}}}{\sigma^{0}c\tau\theta_{\mathrm{H}}D_{0}(1)\sec\psi}\sum_{i}\frac{I_{\mathrm{s}i}R_{\mathrm{c}i}^{4}L_{\mathrm{ac}i}}{F_{\mathrm{c}i}^{4}} \tag{2.47}$$

式（2.47）中，$I_{\mathrm{s}i}$ 是雷达对不同模糊距离杂波的改善因子，$R_{\mathrm{c}i}$ 是不同模糊距离的杂波距离，$L_{\mathrm{ac}i}$ 是不同模糊距离的电波大气传播衰减，$F_{\mathrm{c}i}$ 是不同模糊距离的杂波方向图因子。

当空中存在距离模糊体杂波干扰时，雷达的作用距离可表示为

$$R_{\max}^{4}=\frac{2\sigma_{\mathrm{t}}F^{4}L_{\mathrm{p}}^{2}}{c\tau\theta_{\mathrm{H}}\psi_{\mathrm{V}}D_{0}(1)}\sum_{i}\frac{I_{\mathrm{s}i}R_{\mathrm{c}i}^{2}L_{\mathrm{ac}i}}{\eta_{i}F_{\mathrm{c}i}^{4}} \tag{2.48}$$

式（2.48）中，η_i 是不同模糊距离杂波的反射率。

2.1.7 组合干扰下的单基地雷达方程

当单基地雷达同时受到阻塞式有源干扰和云雨环境杂波干扰时，通常采用脉组频率捷变抑制有源干扰，同时采用多普勒处理抑制云雨杂波干扰，可以定义一个有效的干扰噪声比，以确定干扰信号强度。

设雷达受到多部阻塞式噪声干扰机的干扰，干扰机功率分别为$(P_{\mathrm{rj}1},P_{\mathrm{rj}2},\cdots,P_{\mathrm{rj}n})$，且雷达受到的面杂波干扰功率为$P_{\mathrm{c}1}$，体杂波干扰功率为$P_{\mathrm{c}2}$，那么雷达受到的干扰噪声比可表示为

$$\frac{J_{\mathrm{s}}}{N_{0}}=1+\sum_{i=1}^{n}\frac{P_{\mathrm{rj}i}}{N_{0}}+\frac{P_{\mathrm{c}1}}{I_{\mathrm{c}1}N_{0}}+\frac{P_{\mathrm{c}2}}{I_{\mathrm{c}2}N_{0}} \tag{2.49}$$

式（2.49）中，$N_0 = kT_s B_n$ 是雷达的内部噪声功率密度，I_{c1} 和 I_{c2} 分别是雷达对面杂波干扰和体杂波干扰的系统改善因子。

如果雷达探测目标的信噪比为 E_r/N_0，那么目标的信号干扰比（简称信干比）E_r/J_s 大于积累检测因子 $D_x(n)$ 时，雷达方程可以由式（2.17）表示。

2.1.8　双基地雷达方程

双基地雷达是发射机和接收机分置在两个不同位置的雷达系统，其工作原理见 9.1.1 节。为了获得较好的双基地探测效能得益，其收/发站间的距离 L 值较大，其值与雷达的探测距离在一个量级。由于双基地雷达也是双程电波传播，因此双基地雷达方程的推导过程与单基地雷达方程相似。首先，由发射站雷达天线向探测空间辐射一个信号，该信号照射目标后产生二次散射，因目标回波信号具有多向散射特性，接收站雷达天线可接收相应的散射回波信号，该回波信号的大小由目标的双基地 RCS σ_b、双基地角 β 和电波传播的路径决定。如果目标与发射站的距离为 R_T，目标与接收站的距离为 R_R，则双基地雷达方程可表示为

$$(R_T R_R)_{max} = \sqrt{\frac{P_t \tau G_t G_r \lambda^2 \sigma_b F_t^2 F_r^2}{(4\pi)^3 kT_s D_x(n) C_B L_s}} \tag{2.50}$$

式（2.50）中，$P_t\tau$ 是发射信号能量，G_t 和 G_r 分别是发射、接收天线增益，λ 是波长，T_s 是接收系统噪声温度，$D_x(n)$ 是 n 个脉冲非相参积累检测的检测因子，C_B 是带宽修正因子，L_s 是系统的双程损失，F_t 是从发射天线到目标的方向图传播因子，F_r 是从目标到接收天线的方向图传播因子。

在式（2.50）中，R_T 和 R_R 取值须满足以下两个基本条件限制，即

$$|R_T - R_R| \leqslant L \tag{2.51}$$

$$|R_T + R_R| \geqslant L \tag{2.52}$$

此外，实际雷达观测目标时，目标必须处于天线的远场区。

当双基地雷达发射、接收天线的波束指向始终对准目标（即发/收方向图传播因子等于 1）时，乘积 $R_T R_R$ 为常数，其等值线所形成的几何轮廓在任意包含发射站、接收站轴线的平面内都是卡西尼（Cassini）卵形线。在实际情况中，这些条件不可能始终得到满足，详细分析见第 9 章相关内容。

双基地雷达方程的另一个特点是目标的 RCS 必须采用双基地的 RCS σ_b，它的定义与单基地的 RCS 的定义不同，详见第 9 章。单基地的 RCS 取决于目标的后向散射，它是姿态角（即观测目标的方向）的函数，$\sigma_m = \sigma_m(\theta,\varphi)$。双基地的 RCS 取决于目标的双基地角 β，它是发/收两地波束姿态角（收/发波束指向不同）的函数，即 $\sigma_b = \sigma_b(\theta_t,\varphi_t;\theta_r,\varphi_r)$。

2.1.9 外辐射源雷达方程

外辐射源雷达是一种利用外部辐射源信号（如广播和电视信号）作为发射信号进行目标探测的监视雷达，是一种特殊体制的双基地雷达，其体制特点、定位原理、测量精度、系统设计、关键技术、发展前景等将在第 10 章介绍，这里仅给出其在噪声背景和干扰背景下的雷达方程。

1. 噪声背景下的外辐射源雷达方程

外辐射源雷达的探测威力可由双基地雷达距离积方程来表示，即

$$(R_t R_r)_{\max} = \sqrt{\frac{P_t T_c G_t G_r \lambda^2 \sigma F_t F_r}{(4\pi)^3 k T_s D_0 C_B L_t L_r}} \tag{2.53}$$

式（2.53）中，$R_t R_r$ 为双基地雷达距离积；P_t 为辐射源发射功率；T_c 为单次相参积累时间；G_t 为发射天线功率增益；λ 为波长；G_r 为接收天线功率增益；σ 为目标双基地的 RCS；F_t 为从发射天线到目标路径的方向图传播因子；F_r 为从目标到接收天线路径的方向图传播因子；k 为玻尔兹曼常数（1.38×10^{-23} J/K）；T_s 为接收系统噪声温度；D_0 为检测因子；C_B 为带宽修正因子；L_t 为发射损失，是发射机输出功率与实际传到天线端功率之比；L_r 为回波接收和处理检测的总损失。

$P_t T_c$ 体现了外辐射源雷达长时间积累的特点。大多数外辐射源是连续波信号，单次相参积累时间为T_c，理论上积累总能量可以表述为功率与时间的乘积。而实际信号是起伏的，尤其表现在经过载波调制后，辐射信号的瞬时带宽、功率强度的变化。如果无法准确测量和计算各种辐射源的非平稳性，一般只能够采用经验统计的积累损失来表述，并可以将其归集到信号处理损失中。

检测因子 D_0（也称可见度系数）可表示为

$$D_0 = E_r / N_0 = P_t T_c / (k T_s) \tag{2.54}$$

式（2.54）中，E_r 是单次检测处理获得的目标回波能量，N_0 是单位带宽噪声功率。E_r 和 N_0 都是在滤波器输出端的测量值。

系统噪声温度可表示为

$$T_s \approx T_a + T_0(L_r F_n - 1) \tag{2.55}$$

式（2.55）中，L_r 表示天线输出馈线损失，F_n 表示接收机自身噪声系数，$T_0 = 290\text{K}$，T_a 表示接收天线输出端噪声温度，即

$$T_a = (0.876 \times T_a' - 254)/L_a + T_0 \tag{2.56}$$

式（2.56）中，T_a' 表示天线噪声温度，L_a 表示天线损失。

在典型的外辐射源（如 87～108MHz 的调频广播）频段，太阳噪声、银河系

噪声等环境噪声较强。天线噪声温度取决于接收天线波瓣内各种噪声源的噪声温度，当波束内充满相同温度的噪声源时，天线噪声温度与天线增益和波束宽度无关。如果各噪声源的温度不同，那么合成的天线噪声温度就是各种噪声源温度的空间角度加权平均。太阳相对于雷达观测点的张角约为0.53°，在 VHF 频段100MHz带宽内，太阳宁静时在该张角的等效噪声温度约为106K，在爆发后数小时内噪声温度约为107K。宇宙噪声分布如图2.5所示，其中主要为银河系噪声。银河系中心的噪声最强，最强区域相对于雷达观测点的张角约为3°×3°。该图中等温线数值为 200MHz 频率噪声温度，箭头标示区域数值已按照公式 $T_F = T_{200} \cdot (200/F_{MHz})^{2.5}$ 换算到 $F = 100$ MHz 频率对应的噪声温度。当接收波束指向太阳、银河系中心噪声最大区域时，背景噪声将比设计噪声(全空域平均噪声)高。

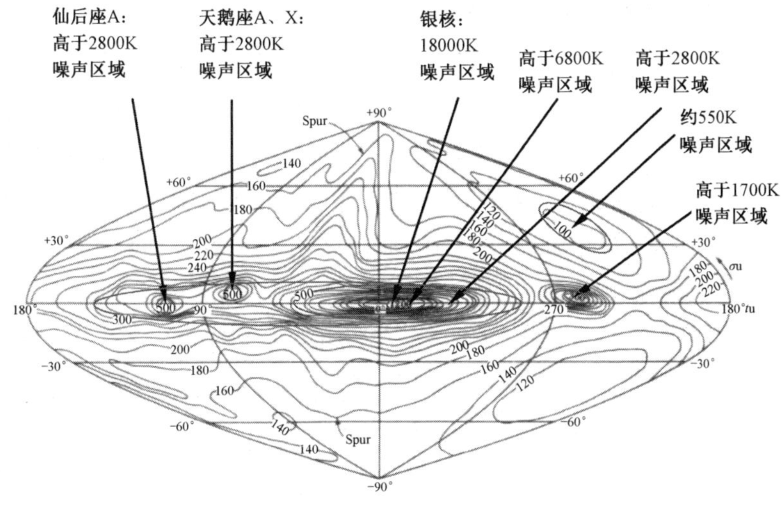

图 2.5　宇宙噪声分布

传播因子 F_t 和 F_r 的定义是：目标位置处的场强 E 与自由空间中发射天线和接收天线波束最大增益方向上距雷达同样距离处的场强 E_0 之比。这两个因子说明目标不在波束最大值方向上的情况（G_t 和 G_r 是最大值方向上的增益），以及自由空间中不存在的各种传播增益和传播损失。

当目标的 RCS 一定时，对一个固定参数的外辐射源雷达系统，定义常数

$$k_b = \frac{P_t T_c G_t G_r \lambda^2 \sigma F_t F_r}{(4\pi)^3 k T_s C_B L_t L_r} \tag{2.57}$$

则式（2.53）可表示为

$$(R_t R_r)^2_{max} = \frac{k_b}{D_0} \tag{2.58}$$

式（2.58）表明，对一定的接收信噪比，外辐射源雷达探测目标的辐射源和接收站的距离乘积为一常数，对应检测信噪比的目标位置为一卡西尼卵形线。对不同的信噪比可得到一组卡西尼卵形线，随着收/发基线的增大，等信噪比卵形线逐渐收缩，该卵形线可能会演变成双纽线，最终断裂为围绕发射站和接收站的两个部分。

外辐射源雷达测量的是目标的距离和，表示目标位于焦点为发射站和接收站的椭球面上。双基地平面与该椭球面相交，构成等距离和椭圆，称为距离等值线。因此，外辐射源雷达的距离等值线和等信噪比曲线不共线，距离等值线上的每个目标位置的信噪比是变化的。

2. 干扰背景下的外辐射源雷达方程

由于调频广播和电视等典型外辐射源的发射信号为连续波体制，外辐射源雷达的回波通道中存在较强的直达波干扰。

实际环境中，其他辐射源的频率有时会非常接近（如不同调频广播电台之间的中心频率间隔只有 200kHz），甚至完全相同（如单频网）。在当前有限的频谱资源条件下，这种情况更加常见。这些形成了外辐射源雷达中的同频或邻频干扰。

类似于有源干扰情况下的单基地雷达方程式（2.24），直达波干扰和同频（邻频）干扰对外辐射源雷达检测性能的影响，可以用等效噪声功率谱密度来表示。

设干扰辐射源的发射峰值功率、天线增益及发射损失因子分别为 P_{tj} 、 G_{tj} 和 L_{tj} ，工作波长为 λ_j ，从干扰辐射源到接收站的距离为 R_{Lj} ，干扰信号的极化匹配因子为 δ_j ，从干扰辐射源到接收站的方向图传播因子为 F_{tj} ，接收站天线在干扰方向的增益和方向图传播因子分别为 G_{rj} 和 F_{rj} ，干扰信号带宽为 B_j ，接收站的接收带宽为 B_n ，则接收站接收到的干扰信号功率谱密度为

$$N_{rj} = \frac{P_{rj}}{B_n} = \frac{P_{tj} G_{tj} G_{rj} \lambda_j^2 F_{tj} F_{rj}}{(4\pi)^2 R_{Lj}^2 \delta_j L_{tj} B_j} \tag{2.59}$$

若直达波干扰（或同频/邻频干扰）的对消比为 L_c ，则干扰功率在外辐射源雷达接收机输入端的等效噪声温度可表示为

$$T_j = \frac{N_{rj}}{k} = \frac{P_{tj} G_{tj} G_{rj} \lambda_j^2 F_{tj}^2 F_{rj}^2}{(4\pi)^2 k R_{Lj}^2 \delta_j L_{tj} B_j L_c} \tag{2.60}$$

这样，干扰环境下的外辐射源雷达方程可以表述为

$$(R_t R_r)_{max} = \sqrt{\frac{P_t T G_t G_r \lambda^2 \sigma F_t^2 F_r^2}{(4\pi)^3 k T_s' D_{0j} C_B L_t L_R}} \tag{2.61}$$

式（2.61）中， $T_s' = T_s + T_j$ 表示系统噪声温度， D_{0j} 表示信号功率与干扰功率之比的检测因子。

2.1.10 多输入多输出雷达方程

多输入多输出监视雷达（简称 MIMO 雷达）是利用多个发射天线同步发射相互正交波形，同时利用多个接收天线接收回波信号并进行综合处理的一种新型体制雷达，本书第 9 章将做详细介绍。MIMO 雷达具有空间分集、波形分集、频率分集、极化分集和编码分集等分集得益，可显著提高雷达的检测、跟踪、参数估计和识别能力。MIMO 雷达天线既可以是独立的单元天线，也可以是天线子阵，MIMO 雷达按照天线布置的“远近”分为集中式 MIMO 雷达和分布式 MIMO 雷达两大类。鉴于目前没有分布式 MIMO 雷达系统装备实例，本节仅讨论集中式 MIMO 雷达方程和相关参数选取依据，对分布式 MIMO 雷达不展开讨论。

雷达方程定量地描述了雷达作用距离和雷达系统参数、目标特性及环境特性的关系。对于 MIMO 雷达，设有 N_t 路发射单元和 N_r 路接收单元，每个发射单元信号带宽为Δf，接收天线可以与发射天线共用或者相互独立，即收/发单元数可以相同，也可以相异。每个发射通道频率不同，同时多载频发射且相互正交，发射波束在空间是相互独立的，没有波束合成和功率合成得益，则每个接收天线单元的来自任意一路发射信号分量所对应的雷达方程为

$$R_{\max}^4=\frac{P_t G_{t(i)} G_{r(i)} \sigma\lambda^2}{(4\pi)^3 S_{\min(i)}} \tag{2.62}$$

式（2.62）中，$G_{t(i)}$ 为单个发射天线阵元的增益，$G_{r(i)}$ 为单个接收天线的增益，$S_{\min(i)}$ 为任意单个发射单元、单个接收单元接收的最小可检测信号噪声功率比。

$$S_{\min(i)}=P_{s-r(i)}\big/P_{N-\Delta f} \tag{2.63}$$

式（2.63）中，$P_{s-r(i)}$ 为单个单元接收的信号功率，$P_{N-\Delta f}$ 为单个单元信号带宽为 Δf 的噪声功率。

由 MIMO 雷达的工作原理可知，接收时，N_r 路接收单元可进行 DBF 波束合成，信号同相相加，则整个 MIMO 雷达接收的回波信号功率增加 N_r^2 倍。设发射脉冲宽度为 τ，每个发射单元信号带宽为 Δf，则合成发射信号总带宽为 $B=N_t\Delta f$，且满足 $\tau\Delta f\approx1$，得时宽带宽积 $N_t=\tau B$。对于 N_t 个发射阵元采用基于正交基的频率步进多载频发射信号，如线性调频信号，对时宽带宽积 $N_t=\tau B$ 的信号采用脉压比为 N_t 的脉冲压缩后，信号峰值功率提高 N_r^2 倍（忽略加权损失）。MIMO 雷达发射采用正交信号，接收采用 DBF 技术，目标观测时间取决于相参积累脉冲时间。

设在一个波位驻留时间内（不出现跨距离、多普勒单元）积累脉冲数为 N_p，则相参积累后信号功率增加 N_p^2 倍，对 MIMO 雷达的 N_t 个发射信号进行脉冲压

缩，对 N_{r} 个接收单元信号进行 DBF 和对 N_{p} 个积累脉冲数进行相参积累，信号功率得益为

$$G_{\mathrm{mimo}}=N_{\mathrm{t}}^2N_{\mathrm{r}}^2N_{\mathrm{p}}^2 \tag{2.64}$$

则回波信号总功率为

$$P_{\mathrm{mimo}}=P_{\mathrm{s-r}(i)}G_{\mathrm{mimo}}=P_{\mathrm{s-r}(i)}N_{\mathrm{t}}^2N_{\mathrm{r}}^2N_{\mathrm{p}}^2 \tag{2.65}$$

而对 MIMO 雷达的 N_{t} 个发射信号进行脉冲压缩，对 N_{r} 个接收单元信号进行 DBF 和对 N_{p} 个积累脉冲数进行相参积累，则 N_{t} 个发射单元、N_{r} 个接收单元的 MIMO 雷达系统最小可检测信号噪声功率比为

$$S_{\min(i)}=P_{\mathrm{mimo}}/P_{N-B} \tag{2.66}$$

式（2.66）中，P_{N-B} 为带宽为 $B=N_{\mathrm{t}}\Delta f$ 的噪声功率，对于非起伏平稳噪声，噪声功率一般可由噪声带宽表示，单个接收单元接收的信号功率表示为 $P_{\mathrm{s}(i)}$，则有 N_{t} 路发射单元，每个发射单元信号带宽为Δf，N_{r} 路接收单元的 MIMO 雷达方程为

$$R_{\max}^4=\frac{P_{\mathrm{t}(i)}G_{\mathrm{t}(i)}G_{\mathrm{r}(i)}\sigma\lambda^2}{(4\pi)^3S_{\min(i)}} \tag{2.67}$$

2.1.11　无源雷达方程

无源雷达是自己不发射信号而只接收信号的外辐射源信号的无源探测定位系统。这种系统的布站方法与双/多基地雷达相似，所以无源雷达方程只表示单个接收站的探测能力。为提高目标定位精度，无源雷达通常采用双站或多站交叉定位来确定目标在参考坐标系中的位置，其系统通过测量目标辐射电磁信号到达各接收站的到达时间和到达角，来确定目标的位置坐标。

如果目标辐射的电磁信号功率为 P_{s}，目标发射天线的有效孔径面积为 A_{st}，雷达接收天线的增益为 G_{r}，雷达的最小可检测信号为 $S_{\min}$，信号的极化失配因子为 δ_{p}，电磁波的单程传播损失因子为 L_α，则无源雷达方程可表示为

$$R_{\max}=\sqrt{\frac{P_{\mathrm{s}}A_{\mathrm{st}}G_{\mathrm{r}}}{4\pi S_{\min}\delta_{\mathrm{p}}L_\alpha}} \tag{2.68}$$

由于 $A_{\mathrm{st}}=G_{\mathrm{st}}\lambda^2/(4\pi)$，$\lambda=c/f$，$S_{\min}$ 可以用式（2.9）表示，考虑雷达天线最大增益方向不可能始终对准目标，且系统存在带宽失配损失，因此式（2.68）可进一步表示为

$$R_{\max}=\sqrt{\frac{P_{\mathrm{s}}G_{\mathrm{st}}G_{\mathrm{r}}c^2F_{\mathrm{st}}^2F_{\mathrm{r}}^2}{(4\pi)^2f^2kT_0F_{\mathrm{n}}B_{\mathrm{n}}(S/N)_{\min}C_{\mathrm{B}}\delta_{\mathrm{p}}L_\alpha}} \tag{2.69}$$

式（2.69）中，F_{st} 是从目标辐射天线到雷达接收天线的方向图传播因子；F_r 是从雷达接收天线到目标的方向图传播因子；f 是辐射源的信号频率，它一般在接收系统的工作带宽内；T_0 是接收系统环境温度；F_n 是接收机噪声系数；B_n 是接收机噪声带宽；$(S/N)_{min}$ 是最小可检测信噪比；C_B 是带宽失配因子。

式(2.69)表明，无源雷达的作用距离与辐射功率和接收机灵敏度的二次方根分别呈正、反比关系，因此这种系统具有较大的探测潜力。

2.2　工程计算方法

本节介绍监视雷达最大作用距离的工程计算方法。为了便于计算，对下面计算中的单位统一说明如下：距离采用千米（km）和海里（n mile）两种基本单位，1n mile= 1.852km = 6076.1ft，1ft = 0.3048m；角度采用弧度（rad）和度（°）两种基本单位，1 rad = 57.296°。

2.2.1　常用工程计算方法

在工程应用中为了简便，以单基地雷达距离方程为例，若方程中各参数都采用雷达实际工作时的单位，就能把所有常数和单位换算因子合并成一个常数，并用距离常数 C_R 来表示，于是单基地雷达的距离方程可表示为

$$R_{max} = C_R\left(\frac{P_t\tau G_t G_r \sigma F_t^2 F_r^2}{f^2 T_s D_x C_B L_s}\right)^{1/4} \tag{2.70}$$

式（2.70）中，玻尔兹曼常数 k 已包含在 C_R 中。当 R_{max} 的单位为 km 时，$C_R = 239.3$；当 R_{max} 的单位为 n mile 时，$C_R = 129.2$。式（2.70）右边括号内各参数的定义如下：

P_t 为发射脉冲功率（kW），τ 为发射脉冲宽度（μs），G_t 为发射天线功率增益，G_r 为接收天线功率增益，σ 为目标的 RCS（m^2），F_t 为从发射天线到目标的方向图传播因子，F_r 为从目标到接收天线的方向图传播因子，f 为雷达工作频率（MHz），T_s 为系统噪声温度（K），D_x 为检测因子，C_B 为带宽修正因子，L_s 为系统损失因子。

上述参数中没有写明单位的参数为无量纲的物理量。对式（2.70），工程计算一般采用对数形式，即

$$R_{max} = \text{anti lg}\Big[C_{lg} + \big(10\lg P_t + 10\lg\tau + G_t + G_r + 10\lg\sigma + 20\lg F_t + 20\lg F_r - 20\lg f - 10\lg T_s - D_0 - C_B - L\big)/40\Big] \tag{2.71}$$

式（2.71）中，C_{lg} 是类似式（2.70）中 C_R 的常数。当 R_{max} 的单位为 n mile 时，$C_{lg} = 2.111$；当 R_{max} 的单位为 km 时，$C_{lg} = 2.379$。

在工程计算中，发射脉冲功率 P_t 通常是通过测量发射平均功率 P_{av} 然后除以占空比 D（等于脉冲宽度与脉冲重复频率之积）来确定的，$P_t\tau$ 等于发射脉冲能量 E_t。

天线功率增益（G_t, G_r）通常是实际测量得到的，而根据理论计算出的方向图增益是方向性因子。如果要把方向性因子直接代入雷达方程计算，需乘以天线损失因子，使其变成天线功率增益。一般反射面天线的欧姆损失可以忽略不计，因此其方向性因子等于天线功率增益，而采用强制馈电的阵列天线的欧姆损失不能忽略，在计算时必须考虑损失因子。

方向图传播因子(F_t, F_r)主要用于分析电波传播对雷达探测性能的影响。如果雷达的发射和接收不是同一个天线，且 G_t 和 G_r 最大增益的仰角也不同，那么必须说明是哪一个仰角上的作用距离。这个角度可以是最大增益乘积 G_tG_r 的方向，也可以是某个选定的仰角。这时方向图传播因子在所选的方向上不一定等于 1。

如果雷达探测低空目标，由于地面或水面反射会产生多径效应，因此在目标处的电磁场强度就是直达波和反射波的干涉结果。实际上由于反射波的干涉作用，空间一些位置的场强会加强，一些位置的场强会减弱。天线波束方向图在干涉作用下会产生仰角波瓣分裂，使雷达探测距离随目标的仰角呈周期性变化，因此必须用方向图传播因子分析不同仰角上的作用距离。

目标的 RCS 值 σ 通常与入射频率、目标的观测视角和目标姿态等有关，对于单基地雷达来说，目标 RCS 通常指目标机头方向小视角范围的 RCS 平均值，隐身目标的 RCS 与入射频率密切关联，一般在 0.005～0.3m^2。对于双基地或外辐射源雷达来说，目标的 RCS 与单基地的 RCS 不同。

雷达方程中与频率有关的参数的取值应与工作频率 f 一致。通常天线增益和发射机输出功率与频率有关，故选取天线增益和发射功率时应与雷达的工作频率相对应。

雷达系统热噪声包括系统内部噪声和外部噪声两部分，它们的取值方法见第 2.2.2 节。计算系统噪声温度 T_s 时通常以绝对温度（K）为单位，它与摄氏温度（℃）和华氏温度（℉）的关系为

$$T_s(\text{K}) = T_s(℃) + 273.16 = \frac{5}{9}T_s(℉) + 255.38 \qquad (2.72)$$

把噪声系数换算成噪声温度时用到的标准室温为 290K。

检测因子 D_x 是检测器输入端的最小可检测信噪比，它是用给定检测概率 P_d 和虚警概率 P_{fa} 来定义的，这将在第 6 章做详细讨论。对于发射多个脉冲的雷达来说，确定目标检测因子需要知道检测器的可积累脉冲数。对于波束位置和驻留时间可控的相控阵体制雷达来说，脉冲数通常由波控程序确定，它等于波束在目标方向驻留期间雷达发射的脉冲数。对于机械扫描雷达，如果天线波束在垂直（俯仰）面是固定的，只做方位匀速旋转扫描，则波束驻留期间的工作脉冲数为

$$N = \frac{\theta_{\rm H} f_{\rm r}}{6\omega \cos\varphi_{\rm e}} \tag{2.73}$$

式（2.73）中，$\theta_{\rm H}$ 是天线水平波束宽度（°）；$f_{\rm r}$ 是脉冲重复频率（Hz）；ω 是天线转动角速度（°/s）；$\varphi_{\rm e}$ 是目标仰角，只有当 $\varphi_{\rm e} > 10°$ 时，$\cos\varphi_{\rm e}$ 才起作用，在低仰角时 $\cos\varphi_{\rm e} \approx 1$。

对于方位和俯仰方向同时扫描的雷达，若俯仰方向采用锯齿扫描，方位做匀速旋转扫描，则波束驻留期间的工作脉冲数为

$$N = \frac{\theta_{\rm H} \varphi_{\rm V} f_{\rm r}}{6\omega t_{\rm V} \omega_{\rm V} \cos\varphi_{\rm e}} \tag{2.74}$$

式（2.74）中，$\theta_{\rm H}$、$f_{\rm r}$、ω 和 $\varphi_{\rm e}$ 的定义同上，$\varphi_{\rm V}$ 是垂直波束宽度（°），$t_{\rm V}$ 是包括休止期在内的垂直扫描周期（s），$\omega_{\rm V}$ 是波束在目标方向垂直扫描的角速度（°/s）。

带宽修正因子 $C_{\rm B}$ 是接收机带宽与接收信号带宽匹配程度的度量因子，对一般脉冲体制雷达来说，$C_{\rm B}$ 仅与乘积 $B_{\rm n}\tau$ 有关，其基本关系为

$$C_{\rm B} = \frac{B_{\rm n}\tau}{4\alpha}\left(1 + \frac{\alpha}{B_{\rm n}\tau}\right)^2 \tag{2.75}$$

式（2.75）中，$B_{\rm n}$ 是接收机带宽；τ 是脉冲宽度；α 是使 $C_{\rm B}$ 最小的 $B_{\rm n}\tau$ 值，通常 $\alpha \approx 1$。式（2.75）表明，当 $B_{\rm n}\tau = \alpha$ 时，$C_{\rm B} = 1$。图 2.6 是根据式（2.75）绘制的曲线，可以看出，在最佳带宽值附近 $B_{\rm n}\tau$ 的微小变化对 $C_{\rm B}$ 是很不敏感的，但随着 $B_{\rm n}$ 明显偏离最佳值，曲线开始变陡。因此，当带宽在最佳带宽值附近时，即使偏差一点影响不大；但当带宽在 $0.5\alpha \sim 2\alpha$ 时，带宽修正因子对结果影响较大。

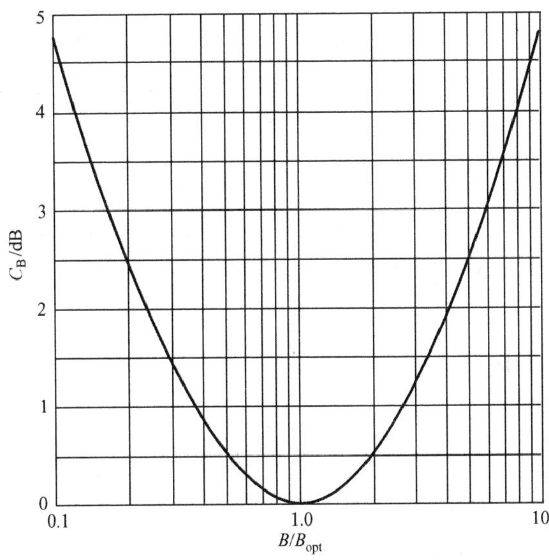

图 2.6　带宽修正因子 $C_{\rm B}$ 与接收带宽对最佳带宽之比的关系

系统损失因子 L_s 主要包括雷达系统机内损失和电波在大气中的传播损失两个部分。其中，机内损失包括馈线传输损失、射频开关损失、采样损失和信号处理损失等，机内损失是可以精确计算和测量的。而电波在大气中的传播损失是距离的函数，在雷达作用距离计算中不能直接估计某一数值代入计算，因为大气传播损失与距离密切相关，取某一不确定距离位置的大气传播损失代入计算时会引入误差，所以通常用迭代法和图解法来估算雷达的作用距离。

（1）迭代法。第一步是设大气吸收损失为零，先计算雷达的初始作用距离 R_0（其中已包含 L_t、L_p 和 L_x）。第二步求大气中的传播吸收损失，通过查双程大气吸收衰减曲线确定距离 R_0 处的损失值，并将其记作 $L_{\alpha 1}$。于是第一次迭代计算的距离为

$$R_1 = \frac{R_0}{\sqrt[4]{L_{\alpha 1}}} \tag{2.76}$$

式（2.76）中，$L_{\alpha 1}$ 应采用倍数来计算。距离 R_1 必然小于正确值，因为计算时所选的 $L_{\alpha 1}$ 大于正确值。因此，第二次迭代就用下列因子来修正 R_1，即

$$R_2 = R_1 \sqrt[4]{\frac{L_{\alpha 1}}{L_{\alpha 2}}} \tag{2.77}$$

式（2.77）中，$L_{\alpha 2}$ 是对应距离 R_1 的损失。同样有

$$R_3 = R_2 \sqrt[4]{\frac{L_{\alpha 2}}{L_{\alpha 3}}} \tag{2.78}$$

依次类推，这个过程要重复几次，直到比值 R_n / R_{n-1} 接近于 1 时，迭代计算即可结束。

工程上这种方法很实用，当 $L_{\alpha 1}$ 值不大，如几分贝或更小时，迭代收敛很快。但当衰减很大时，迭代可能收敛缓慢，在这种情况下，就要采用使收敛更有效的等分法，尽管它在 $L_{\alpha 1}$ 值小时收敛并不快。

等分法的前两步计算与迭代法一样，先求出 R_0 和 R_1。显然，正确的距离值在 R_0 和 R_1 之间。第三步，把 R_0 和 R_1 之间的中值 R_2 作为试探值，求出 R_2 对应的损失，记作 $L_{\alpha 2}$，然后计算下列试探参数，即

$$T_2 = 40\lg\left(R_0 / R_2\right) - L_{\alpha 2}(\mathrm{dB}) \tag{2.79}$$

式（2.79）中，$L_{\alpha 2}(\mathrm{dB})$是 $L_{\alpha 2}$ 的分贝值。若 $T_2 = 0$，则 R_2 就是要求的正确值；若 $T_2 > 0$，则 R_2 值偏小；若 $T_2 < 0$，则 R_2 值偏大。

以下的计算步骤由参数 $\delta = R_0 - R_2$ 来确定取值间隔。若 R_2 值偏大，取试探值 $R_3 = R_2 - \delta/2$；若 R_2 值偏小，取试探值 $R_3 = R_2 + \delta/2$。然后计算下列试探参数

$$T_3 = 40\lg\left(R_0 / R_3\right) - L_{\alpha 3}(\mathrm{dB}) \tag{2.80}$$

若 $T_3 < 0$，R_3 值偏大，则下一个试探值为 $R_4 = R_3 - \delta/4$；若 $T_3 > 0$，R_3 值偏小，

则下一个试探值为 $R_4 = R_3 + \delta/4$。应重复这一过程多次，R 的增量为 $\pm\delta/8$、$\pm\delta/16$ 等，直到第 n 个试探参数 T_n 的分贝数小于 0.1dB，一般认为就符合要求。

（2）图解法。首先假定雷达工作在自由空间，计算雷达的作用距离 R_0（其中已包含 L_t、L_p 和 L_x）。由式（2.8）可得接收信号功率与距离的比值关系为

$$\frac{S_R}{S_{min}} = \left(\frac{R_0}{R}\right)^4 \tag{2.81}$$

式（2.81）中，S_R 是距离 R 处的接收信号功率，S_{min} 是距离 R_0 处的最小可接收信号功率。如果以 S_{min} 为参考，可得信号强度随距离变化的比值关系，写成对数形式为

$$S(\mathrm{dB}) = 10\lg\frac{S_R}{S_{min}} = 40\lg\frac{R_0}{R} \tag{2.82}$$

图 2.7 给出了式（2.77）的关系曲线。如果在同一幅图上再画出 L_α(dB)与距离的关系曲线，则两条曲线的交点就是考虑了 L_α 的影响后，用图解法求出的雷达最大作用距离。L_α 的值是根据雷达工作频率和仰角选定的一条双程大气吸收损失曲线经折算得到的。

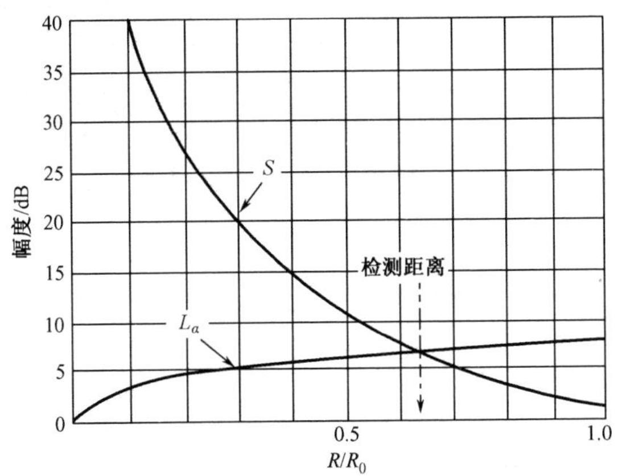

图 2.7　图解法求解雷达最大作用距离示意图

如果存在多径传播，多径引起的天线方向图变化直接改变了接收信号功率与距离的关系，那么图 2.7 中的曲线应该用式（2.83）的信号强度 S(dB)与距离的关系曲线代替，即

$$S(\mathrm{dB}) = 40\lg\frac{FR_0}{R} \tag{2.83}$$

式（2.83）中，F 是方向图传播因子。在多径传播情况下，目标处电磁场直射波与反射波干涉的方向图传播因子为

$$F = 2\left|\sin\frac{2\pi h_a h_t}{\lambda R}\right| \tag{2.84}$$

式（2.84）中，h_a 是雷达天线架设高度，h_t 是目标高度，R 是目标斜距在水平面的投影距离。

为了便于计算雷达作用距离，雷达技术研究人员和雷达设计师提出了多种工程计算方法，Blake 于 1969 年设计了如表 2.1 所示的专门用于脉冲雷达作用距离计算的表格。该表格是根据雷达距离方程的对数形式表达式（2.71）制作的，它对雷达方程中的参数进行了分类计算。表格化计算逻辑关系清晰、计算过程简单，同时又可避免计算过程中参数的遗漏。

表 2.1　脉冲雷达作用距离计算表

1. 根据表中 A 栏所示，计算系统噪声温度 T_s					
2. 将不用分贝表示的各项距离因子填入 B 栏					
3. 将用分贝表示的值（或 B 栏值换算成分贝的值）填入 C 栏，正值填入标有（+）号的一列，负值填入标有（-）号的一列					
A.计算 T_s	B.距离因子		C.分贝值	正（+）	负（-）
$T_s=T_a+T_r+L_rT_e$	P_t（kW）		$10\lg P_t(\text{kW})$		
（a）计算 T_a $T_a=(0.876T_a'-254)/L_\alpha+290$ 从图 2.11 中读出 T_a' 和 L_α (dB) $T_a=$ ________ (K)	τ（μs）		$10\lg\tau(\mu\text{s})$		
	G_t		$G_t(\text{dB})$		
	G_r		$G_r(\text{dB})$		
	σ（m²）		$10\lg\sigma$		
	f（MHz）		$-20\lg f$		
	T_s（K）		$-10\lg T_s$		
（b）用式（2.98）计算 T_r 已知 $L_r=$ ______ (dB) $T_r=$ ________ (K)	D_0		$-D_0(\text{dB})$		
	C_B		$-C_B(\text{dB})$	—	
	L_t		$-L_t(\text{dB})$	—	
（c）用式（2.105）计算 T_e 已知 $F_n=$ _____ (dB)	L_p		$-L_p(\text{dB})$		
	L_x		$-L_x(\text{dB})$		
$T_e=$ ________ (K) $L_rT_e=$ _______ (K)	距离方程常数(km)——(40lg2.393)			15.16	—
	4. 求各项总和				
相加：$T_s=$ ________ (K)	5. 把较小的总和填入较大的总和下面				
	6. 相减得分贝值(dB)（$\sum C$）			+	−
7. 从表中求出对应于分贝值的自由空间距离 $R_0=100\times\text{anti}\lg\left(\sum C_i/40\right)$				$R_0=$ ______(km)	
8. 把 R_0 乘以方向图传播因子 F，F 的计算见式（2.84）				$R_0'=R_0\cdot F=$	
9. 利用图 2.13 至图 2.21 查出 R_0 对应的大气损失 $L_{\alpha1}$ (dB)				$L_{\alpha1}(\text{dB})=$	
10. 利用公式 $\delta_1=\text{anti}\lg[-L_{\alpha1}(\text{dB})/40]$ 求出对应于 $L_{\alpha1}$ (dB)的距离因子 δ_1				$\delta_1=$	
11. R_0' 乘以 δ_1，这是大气损失修正的第一次迭代，求出距离 R_1				$R_1=R_0'\cdot\delta_1=$	
12. 如果 R_1 与 R_0' 相差较大，求 R_1 对应的大气损失 $L_{\alpha2}$(dB)				$L_{\alpha2}(\text{dB})=$	
13. 根据 $L_{\alpha1}$(dB) 和 $L_{\alpha2}$(dB) 之差，求出对应的距离增加因子 δ_2				$\delta_2=$	
14. R_1 乘以 δ_2，这是大气损失修正的第二次迭代，求出距离 R_2				$R_2=R_1'\cdot\delta_2=$	
15. 如果 R_2 对应 $L_{\alpha3}(\text{dB})-L_{\alpha2}(\text{dB})>0.1\text{dB}$，继续迭代，直至 $L_{\alpha n}(\text{dB})-L_{\alpha n-1}(\text{dB})<0.1\text{dB}$				$R_{\max}=R_n\cdot\delta_{n-1}=$	

注：为使用方便，本表中公式和图均用本书的公式和图的编号。C_i 表示距离计算中的各项。

雷达设计师还针对雷达作用距离计算开发了多种专用计算程序，这里介绍一种经过工程实际检验的可信计算程序。软件包括两大部分，一类用于雷达作用距离数值计算（如“RGCALC”程序）；另一类用于雷达威力图绘图（如“VCCALC”程序）。“RGCALC”程序主要用来计算地面雷达或船用雷达的作用距离，使用“RGCALC”程序计算雷达作用距离时，先输入雷达系统的各种参数，如发射峰值功率、脉冲宽度、天线增益、工作频率、接收机噪声系数、传输线损失因子、天线波瓣损失因子、雷达波束仰角、目标检测概率、虚警概率、积累脉冲数和目标起伏类型等参数，然后自动计算雷达在自由空间的作用距离 R_0，并计算给定仰角上的大气吸收损失和折射效应损失，最后用迭代法求出雷达相对准确的最大作用距离 R_{max}。

“VCCALC”程序计算时输入的参数包括雷达工作频率、天线波束形状、天线极化形式、天线波束仰角、垂直波束宽度、第一垂直副瓣电平、自由空间探测距离、天线架设高度、威力覆盖仰角、最大作用距离、最大覆盖高度、地面类型和起伏高度（峰到谷）等。天线方向图因子的计算是假定天线垂直波束的波瓣为 $\mathrm{sinc}(x)=\sin x/x$ 形波瓣，只是对天线垂直波束波瓣图副瓣电平做了修正，以满足规定的第一垂直副瓣电平要求，并且方向图上部的形状满足余割平方律要求（如果有要求的话）。

“VCCALC”程序能计算考虑多径反射条件下雷达作用距离的变化情况，它绘制的威力图曲线如图 2.8 所示。

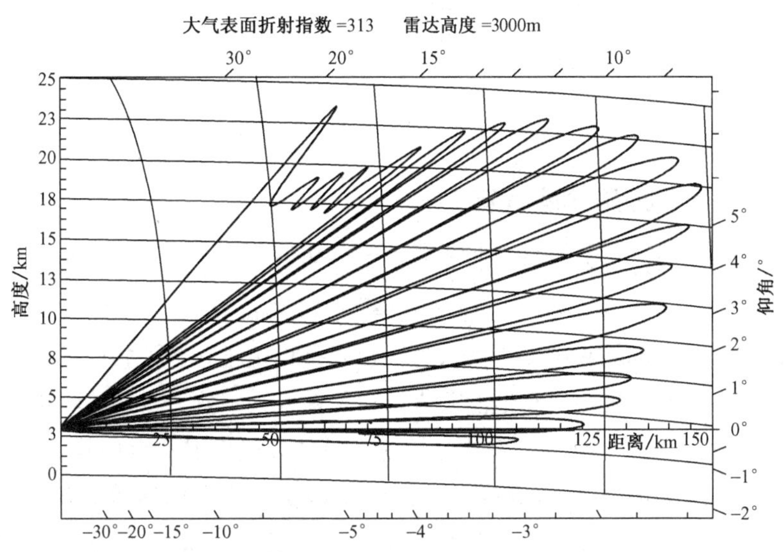

图 2.8　多径反射条件下雷达的威力图曲线

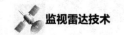

威力图曲线所表示的距离关系为

$$R = \frac{FR_0}{\sqrt[4]{L_\alpha}} \tag{2.85}$$

式(2.85)中，R、F 和 L_α 都是仰角的函数，R_0 是雷达在自由空间的最大作用距离。

“VCCALC”程序还能算出等高度目标的接收信号功率，并绘制出信号强度随距离变化的曲线。用其绘制的多径条件下接收的等高度目标的信号功率曲线如图 2.9 所示。它把规定检测概率、虚警概率、积累脉冲数和目标起伏类型时的最小可检测信号电平定为 0dB，这样来进行 dB 标度的定标，就可以在这条曲线上指出目标的最大作用距离。计算时把自由空间的最大作用距离 R_0 作为程序输入，而信号电平按式（2.78）计算，那么当 $R = R_0$，$F = 1$ 时，$S(\text{dB}) = 0$。所以，0dB 电平表示最小可检测信号电平。当信号电平大于 0dB 时，就能检测到目标，否则就检测不到目标。

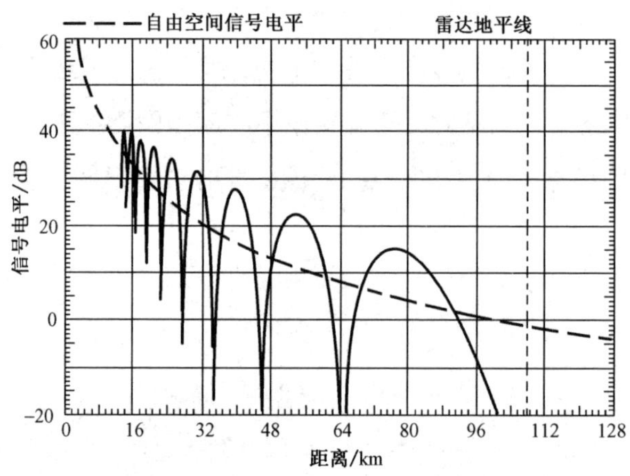

图 2.9　多径条件下接收的等高度目标的信号功率曲线

2.2.2　系统噪声功率计算

系统噪声功率是影响雷达接收系统灵敏度的主要因素之一。接收系统噪声包括内部噪声和外部噪声两部分：内部噪声主要由接收馈线、收/发开关、低噪声放大器、混频器等部件和电路产生；外部噪声是指由雷达天线接收的宇宙辐射噪声、环境噪声（如大气噪声和地面噪声）和各种人为干扰。雷达接收机的输出噪声是上述几种噪声的组合，但在实际情况中可能以其中某一种噪声为主。

在接收系统噪声中，内部噪声是一种基本噪声，它是由导体中自由电子无规则热运动产生的噪声。根据奈奎斯特定理，一个阻值为 R 的导体，当温度为 T 时，在带宽 B 内可测得其产生的均方根噪声电压为

$$V_{\mathrm{n}}(\mathrm{rms})=\sqrt{2kTRB} \tag{2.86}$$

如果把内部噪声电压为V_{n}的导体两端连接阻值为R的匹配负载，则匹配负载两端的噪声电压为

$$V_R(\mathrm{rms})=\sqrt{\frac{V_{\mathrm{n}}^2(\mathrm{rms})}{2R}R}=\sqrt{kTRB} \tag{2.87}$$

式（2.87）比式（2.86）相差$\sqrt{2}$倍，传给匹配负载的噪声功率为

$$P_{\mathrm{n}}=\frac{V_R^2(\mathrm{rms})}{R}=kTB \tag{2.88}$$

由于P_{n}是导体端接匹配负载的情况下可能输出的最大噪声功率，因此通常把它称为可用功率。式（2.88）表明，当导体温度一定时，可用功率P_{n}与测试带宽B成正比。因此，这种噪声的功率密度可表示为

$$P(f)=\frac{P_{\mathrm{n}}}{B}=kT \tag{2.89}$$

式（2.89）中，无频率因子，说明热噪声的频谱是均匀的。事实上，在常温下，当频率低于 10GHz 时，任何一段频带内热噪声电压幅度的均方根值都是基本相等的。由于热噪声在时间上是连续的，其幅度和相位服从零均值的高斯分布，因此通常把它称为白噪声。但是，当频率与温度之比（f/T）超过10^8 Hz/K 时，热噪声频谱就不再是均匀的。

当热噪声通过带宽为B的接收机时，由于受其频带的带宽和幅频特性的影响，其输出噪声的频谱也不再是均匀的。为了便于分析，通常把这个不均匀的噪声功率谱等效为在一定频带B_{n}内是均匀的噪声功率谱。这个频带B_{n}称为“等效噪声功率谱宽度”，一般简称为噪声带宽。噪声带宽B_{n}与接收带宽B（即信号半功率带宽）一样，由接收机电路本身的参数决定。通常噪声带宽B_{n}比接收带宽B略宽一点，它们之间的关系由电路形式和谐振电路级数决定（见表 2.2）。因此，若要精确计算接收机噪声功率，就必须用噪声带宽。但实际应用中接收机的谐振电路级数较多，一般用接收带宽已满足要求。

当接收机的噪声带宽B_{n}一定时，噪声功率可以用噪声温度来表示，即

$$T_{\mathrm{n}}=\frac{P_{\mathrm{n}}}{kB_{\mathrm{n}}} \tag{2.90}$$

由于P_{n}通常包含外部噪声功率，因此T_{n}是一种等效噪声温度。如果T_{n}用于表示接收机输出的总噪声功率，则称为系统噪声温度T_{s}，并可用于式（2.9）计算系统的最小可检测信号功率。

表 2.2　噪声带宽 B_n 与接收带宽 B 的比较

电路形式	谐振电路级数	$10\lg(B_n/B)$
单调谐	1	1.962dB
单调谐	2	0.864dB
单调谐	3	0.626dB
单调谐	4	0.527dB
单调谐	5	0.469dB
双调谐或两级参差调谐	1	0.453dB
双调谐或两级参差调谐	2	0.17dB
三级参差调谐	1	0.204dB
四级参差调谐	1	0.082dB
五级参差调谐	1	0.043dB
高斯形调谐	1	0.273dB

可以把雷达接收系统看成是一种多级传输网络，它从信号源（天线）开始，到负载（检测器）终止。但是，在系统噪声温度的讨论中，只有接收机检波器或模/数（A/D）变换以前的部分才是重要的，该点的噪声电平决定了信号检测所用的信噪比，噪声可以在接收系统的任何一级中产生，所以每一级之间的噪声电平是不同的。为了便于进行信噪比计算，往往从系统输入端来看系统的总噪声功率，所以系统噪声温度满足以下关系，即

$$kT_sB_n = \frac{P_{no}}{G_o} \tag{2.91}$$

式（2.91）中，P_{no} 是系统输出噪声功率，G_o 是系统有效功率增益。

假定接收机中每一级的输入阻抗相同，每一级都有各自的噪声温度 T_i，且各输入端本身噪声为零。那么，每一级都从系统输入端来看各自的输出噪声功率，n 级情况下系统的总噪声温度为

$$T_s = T_a + \sum_{i=1}^{n}\frac{T_i}{G_i} \tag{2.92}$$

式（2.92）中，T_a 是天线噪声温度（外部噪声），G_i 是系统输入端与第 i 级输入端之间的功率增益。由此可见，为了减小系统噪声温度，必须减小各级噪声温度 T_i，提高功率增益 G_i。由于系统是级联的，各级噪声温度对系统噪声温度的作用不同，级数越靠前，对系统噪声温度的影响就越大。因此，降低系统噪声温度的重点在于降低前级电路的噪声温度，并提高前级电路的增益。

如果一个如图 2.10 所示的接收机分为两级，第一级是连接天线和接收机输入端的传输线，第二级是接收机补偿放大器。设传输线噪声温度为 T_r，其损失系

数用 $L_r(=1/G_2)$ 表示；接收机有效输入噪声温度为 T_e，则式（2.92）可以写成

$$T_s = T_a + T_r + L_r T_e \tag{2.93}$$

式（2.92）中，已取 $G_1 = 1$，因为第一级增益是输入端噪声自身相比的增益。

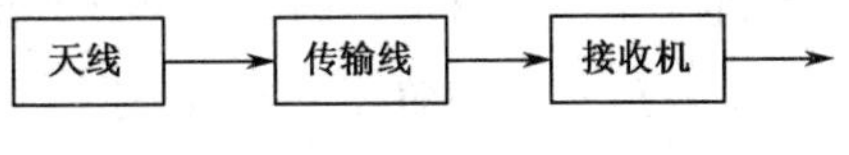

图 2.10　典型接收系统框图

如果需要详细分析接收机的噪声电平，可以将接收机按系统结构分成更多具体部分，但噪声分析的方法相同。

1. 天线噪声温度

天线噪声对雷达系统来说是一种外部噪声。天线噪声温度不仅与天线增益和波束宽度有关，还与工作频率有关，这表明天线噪声不是“白色”的。但常规雷达的工作带宽较窄，在常规雷达中，可以把天线噪声看作是“白色”的。通常地面雷达天线架设高度处于大气层的底部，它接收的宇宙辐射源必须通过大气层这个有耗传播媒质，因此宇宙辐射源的实际噪声温度会受到大气的吸收衰减。

天线噪声温度还取决于天线波束的仰角，因为在微波频段，大部分天空噪声是由大气辐射引起的。天线波束在低仰角时，穿过大气的厚度比穿过高仰角的厚度厚，所以低仰角的天空噪声值较大。图 2.11 所示为无损失天线的噪声温度与频率的关系曲线，它是在假设天线噪声主要由银河背景噪声、太阳噪声和大气噪声 3 种噪声构成的条件下计算的结果。

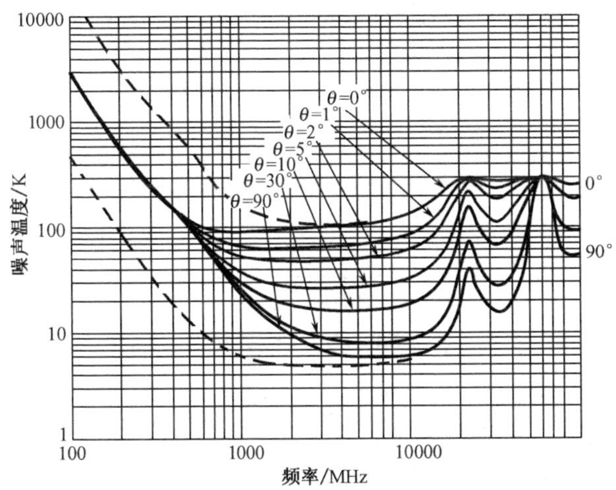

图 2.11　无损失天线噪声温度与频率的关系

图 2.11 中的曲线适用于无损失天线的情况，且该天线无副瓣指向地面（或地面是全反射的）。该图中实线对应以下 4 种情况：①几何平均的银河噪声温度（实际上随波束指向变化很大，而且无法用地心坐标表示）；②从增益等于 1 的副瓣观测太阳，并设太阳噪声温度是静电平的 10 倍；③冷温区对流层大气噪声温度；④2.7K 宇宙黑体辐射（与频率及仰角无关）。图 2.11 中上面的虚线对应于银河中心最大噪声温度，即太阳噪声约是静电平的 100 倍；当波束仰角为零时，其余因子与实线的相同；下面的虚线对应于银河中心最小噪声温度，即太阳噪声约为零；其波束仰角等于 90°。图 2.11 中不同仰角曲线在 500MHz 左右汇合，这是由于太阳噪声随频率变化造成的。在 400MHz 以下，低仰角曲线低于高仰角曲线，这是由于大气的吸收使银河噪声降低而引起的。在 22.2GHz 和 60GHz 处有两个噪声温度峰值点，这是由于水蒸气和氧气吸收谐振引起的。

由于实际天线方向图不仅有副瓣，而且还有背瓣，如果天线主波束对着天空，其背瓣和大部分副瓣就会打地（照射到地面），所以天线还将接收到地面产生的热噪声（T_{g}）。如果地面是完全吸收的物体（黑体），则它内部的噪声温度（T_{tg}）约为 290K。地面温度对天线噪声温度的影响，等于天线对地面所张的立体角内的增益与地面温度的乘积。当天线波束主瓣外整个范围内的副瓣打地电平为-10dB 时，地面噪声温度的典型值为7.3K。当天线波束主瓣外整个范围内的副瓣打地电平为-3dB 时，地面噪声温度的典型值为 36K。

如果天线有欧姆损失，其自身也要产生热噪声，这个噪声功率会叠加到从外部辐射源进入雷达的噪声功率上。天线欧姆损失对外部信号的作用类似于有耗传输线，会对天空噪声产生衰减。设天线的欧姆损失系数为 L_{a}，天线的热温度为 T_{ta}（一般为 290K），考虑地面影响和天线损失情况下的天线噪声温度为

$$T_{\mathrm{a}}=\frac{T_{\mathrm{a}}'\left(1-T_{\mathrm{g}}/T_{\mathrm{tg}}\right)+T_{\mathrm{g}}}{L_{\mathrm{a}}}+T_{\mathrm{ta}}\left(1-\frac{1}{L_{\mathrm{a}}}\right) \tag{2.94}$$

式（2.94）中，T_{a}' 是无损失天线的噪声温度。当 $T_{\mathrm{ta}}=T_{\mathrm{tg}}=290\,\mathrm{K}$，$T_{\mathrm{g}}=36\,\mathrm{K}$ 时，式（2.94）简化为

$$T_{\mathrm{a}}=\frac{0.876T_{\mathrm{a}}'-254}{L_{\alpha}}+290 \tag{2.95}$$

如果天线是无损失的，$L_{\alpha}=1$，则式（2.95）可进一步简化为

$$T_{\mathrm{a}}=0.876T_{\mathrm{a}}'+36 \tag{2.96}$$

2. 传输线噪声温度

传输线噪声对雷达系统来说是一种内部噪声。通常传输线是一种射频无源二

端口网络，其主要参数有信号带宽 B_r、有效损失 L_r 和传输线热温度 $T_{tr}(=T_{ta})$。若传输线如图 2.10 那样接入雷达系统，根据奈奎斯特定理，其输出噪声功率等于天馈系统的总噪声功率与天线噪声功率之差，即

$$P_{no}=kT_{tr}B_r-\frac{kT_{ta}B_r}{L_r}=kT_{tr}B_r\left(1-\frac{1}{L_r}\right) \tag{2.97}$$

根据级联系统噪声温度与噪声功率的关系，参考式（2.92），并考虑 $G_o=1/L_r$，则传输线的噪声温度为

$$T_r=\frac{P_{no}L_r}{kB_r}=T_{tr}\left(L_r-1\right) \tag{2.98}$$

式（2.98）中，传输线热温度 T_{tr} 一般为 290K。

3. 接收机噪声温度

接收机噪声温度可以用有效输入噪声温度 T_e 表示，也可以用噪声系数 F_n 表示。噪声系数的定义为：接收机输入端的信噪比与接收机输出端的信噪比之比，即

$$F_n=\frac{S_i/N_i}{S_o/N_o} \tag{2.99}$$

式（2.99）中，S_i 是输入信号功率，N_i 是输入噪声功率，S_o 是输出信号功率，N_o 是输出噪声功率。

如果接收机的有效功率增益 $G_o=S_o/S_i$，则噪声系数可以进一步表示为

$$F_n=\frac{N_o}{G_oN_i} \tag{2.100}$$

式（2.100）中，分母表示输入噪声功率通过增益为 G_o 的理想接收机后的输出噪声功率。因此，噪声系数是实际接收机输出噪声功率 N_o 与理想接收机输出噪声功率 G_oN_i 的比值。可见，理想接收机的噪声系数等于 1。

由于实际接收机内部会产生额外热噪声，因此其输出噪声功率可表示为

$$N_o=G_oN_i+N_e \tag{2.101}$$

式（2.101）中，N_e 是实际接收机内部噪声所产生的输出功率。N_e 等效到接收机输入端的噪声功率可表示为

$$kT_eB_n=\frac{N_e}{G_o} \tag{2.102}$$

式（2.102）中，T_e 是接收机的有效输入噪声温度，B_n 是接收机的噪声带宽。则实际接收机的输出噪声功率可进一步表示为

$$N_o=G_o\left(N_i+kT_eB_n\right) \tag{2.103}$$

若接收机输入噪声的参考温度为 T_o，$N_i=kT_oB_n$，则式（2.100）可表示为

$$F_n = \frac{N_i + kT_e B_n}{N_i} = 1 + \frac{T_e}{T_o} \tag{2.104}$$

或

$$T_e = (F_n - 1) T_o \tag{2.105}$$

式中，T_o 的标准定义为 290K。对于理想接收机，$T_e = 0\,\text{K}$。

需要注意的是，接收机噪声温度或噪声系数取决于输入信号源的阻抗，而不是信号源的噪声温度。如果阻抗发生变化，则接收机噪声温度也随之变化。所以，通常估计接收机噪声温度时，都是假定已知信号源（从接收机输入端看上去）的阻抗而言的，尤其是在阻抗匹配而噪声温度不是最佳（最低）的情况下更是如此。如果对接收机噪声温度没有规定阻抗，则通常默认信号源的阻抗是匹配的。

2.2.3 系统损失计算

在监视雷达作用距离计算中，准确计算系统损失十分重要，直接关系到雷达的规模和设计成本。如果设计师多计算 1dB 的系统损失就必须增加 1dB 的功率孔径积设计余量，虽然增加了监视雷达的最大作用距离，但会造成整机成本大幅增加，产品竞争力下降；与此相反，如果设计师少计算 1dB 的系统损失，将使得监视雷达的实际最大作用距离比设计指标减小 5.6%，无法满足用户需求。

监视雷达系统的总损失因子 L_s 是各种损失因子的乘积。系统损失因子中必须包含的损失应该是那些对信号或信噪比有影响的因子，如发射馈线损失 L_t 和信号处理损失因子 L_x。其中，信号检波或 A/D 变换前的欧姆损失对系统性能有 3 个影响：①会衰减信号；②会衰减接收机各个级联单元中前面部分产生的噪声；③产生额外的热噪声。第三个影响已在计算系统噪声温度时考虑进去了。在该项计算中还考虑了系统参考温度点前面的欧姆损失对噪声的衰减作用，但在把后面噪声源产生的噪声功率折算到参考点时，后面折算过的损失对折算功率是不衰减的。因此，在计算系统损失因子时，有两类损失因子不应包括，一类是参考点前面的并在雷达距离方程中的另一个因子（如天线增益）中已考虑过的损失，另一类是参考点后面折算过的损失。后一项损失对信号和噪声的作用是一样的，因此对信噪比没有影响。天线损失 L_a 属于第一类，由于接收天线功率增益 G_r 里面已包含了它的影响，所以不必再把它作为信号损失计入系统损失因子。接收馈线损失 L_r（有时包括 L_a）已包含在系统噪声温度 T_s 的计算中，因此也不必再把它作为信号损失计入系统损失因子。

对于已经列装和工作一段时间的雷达来说，由于雷达设备在工作中因使用、维护和工作参数调整不好，或者元器件老化引起的性能衰退等因素，在雷达作用距离计算中需引入一个系统性能退化损失因子。系统性能退化损失因子的估算一般需恰当地选择距离方程中各参数的实际测量值，而不是雷达设计值或实验室里的最高值，这样计算出来的作用距离才是雷达实际具备的探测威力，可以用来衡量一部雷达性能的优劣。

下面主要讨论各种系统损失的来源和对雷达作用距离的影响。

1. 大气损失

雷达信号在标准大气层传播时，其传播衰减主要是大气中氧气和水蒸气吸收电磁波能量造成的。电磁波在传播过程中遇到氧和水蒸气分子会产生量子力学谐振，这种谐振引起的雷达信号衰减特性参见图 2.12。水蒸气分子的谐振点在 22.2GHz，它的第二个谐振点在 184GHz 附近，对常用监视雷达频率已没有明显的吸收效应。氧气分子的谐振点在 60GHz（实际上从 50GHz 延续至 70GHz 有一簇紧靠的谐振点），它的第二个谐振点在 120GHz 附近，但它对 100GHz 频率以下的吸收没有明显影响。这种谐振吸收虽然只出现在某些特定频率，但气体粒子的碰撞使谐振“吸收谱线”展宽成“吸收带”。低层大气中的气体粒子碰撞更频繁，气体粒子碰撞展宽会把“吸收带”延伸到雷达的大多数工作频段。

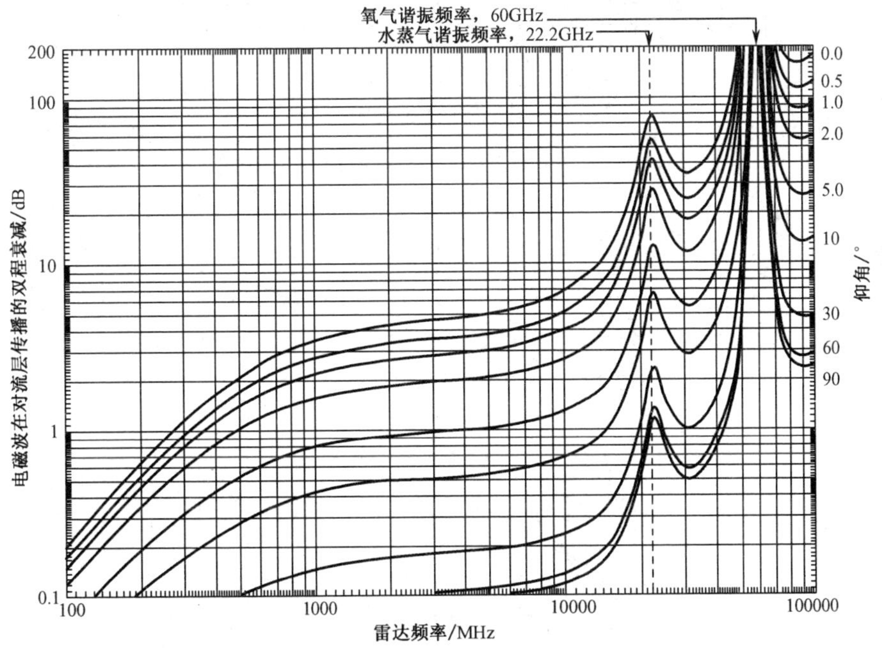

图 2.12　电磁波在不同仰角穿过对流层时的标准大气双程吸收损失

当目标处于对流层高度时，大气双程吸收损失是距离和频率的函数，其衰减特性如图 2.13～图 2.21 所示（这些曲线均选自参考文献[1]）。在大气衰减计算所用的水蒸气模型中，假设标准环境温度（290K）下，零高度上的水蒸气密度为

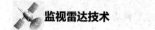

7.5g/m^3，并随高度按指数规律下降。当频率低于 1500MHz 时，水蒸气的吸收损失可以忽略不计。由于大气衰减与电磁波穿过的大气密度成正比，因此它随着波束仰角的增加而减小。

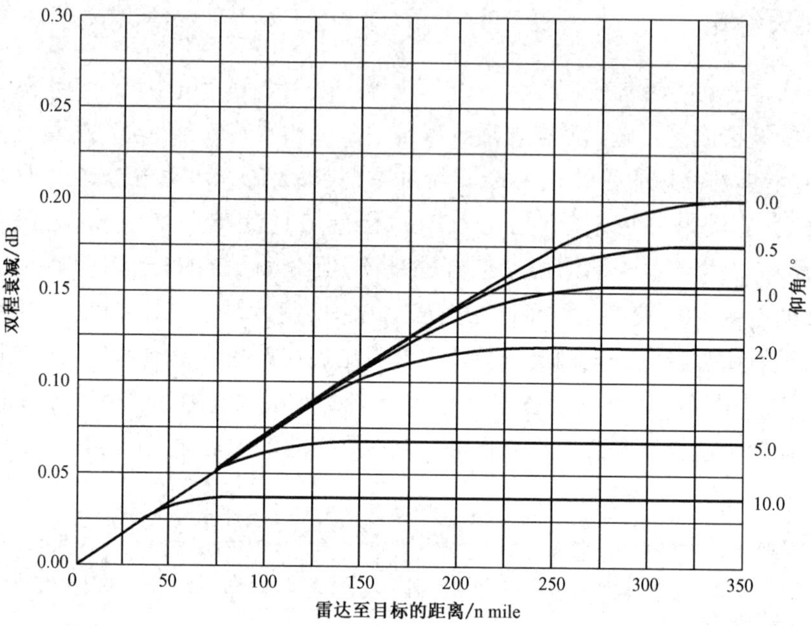

图 2.13　频率为 100MHz 时氧气吸收损失与距离的关系

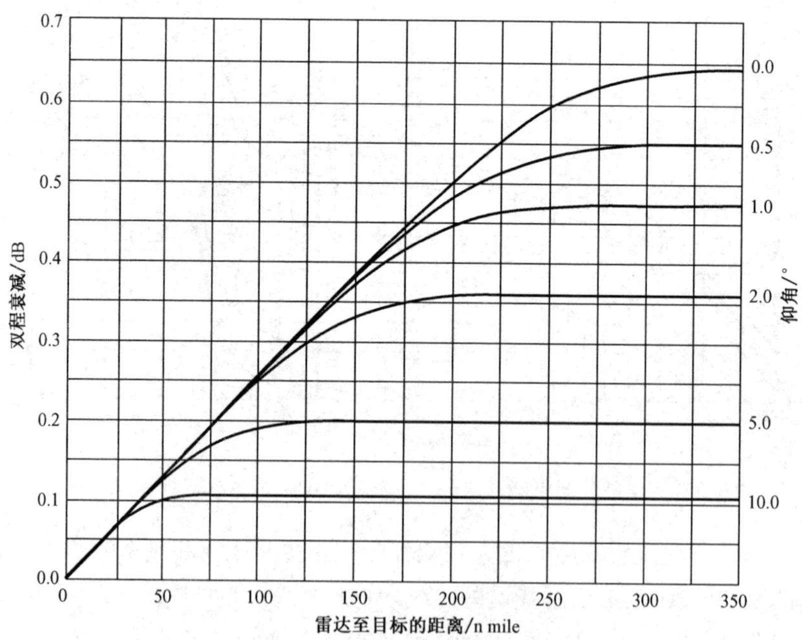

图 2.14　频率为 200MHz 时氧气吸收损失与距离的关系

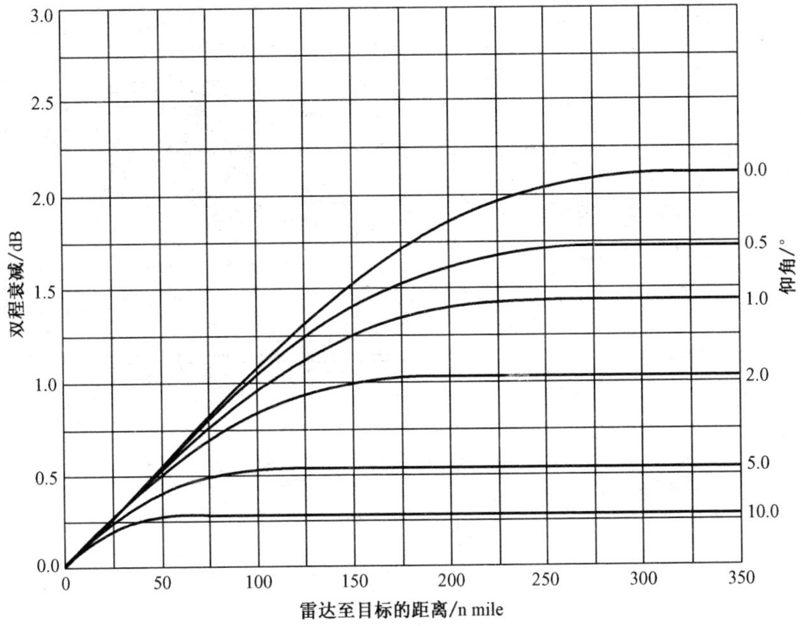

图 2.15　频率为 500MHz 时氧气吸收损失与距离的关系

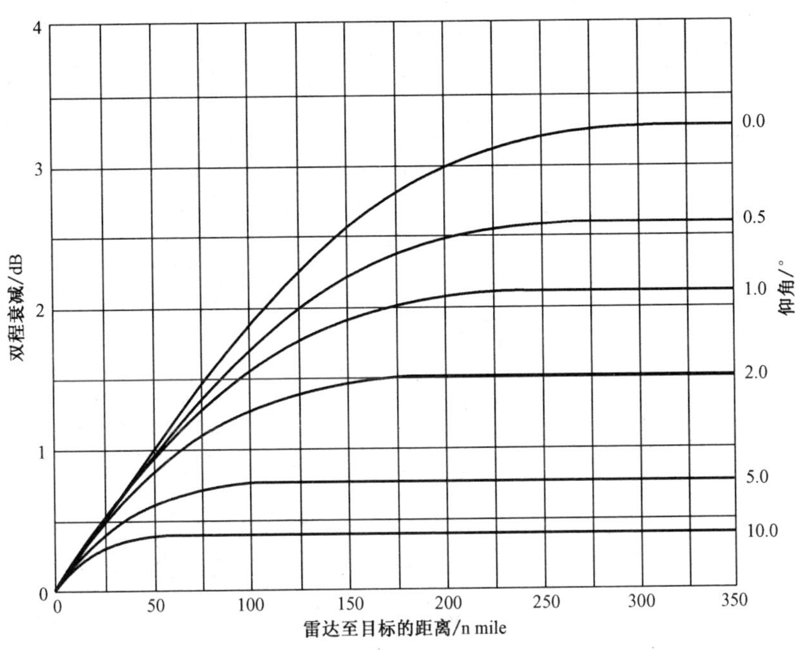

图 2.16　频率为 900MHz 时氧气吸收损失与距离的关系

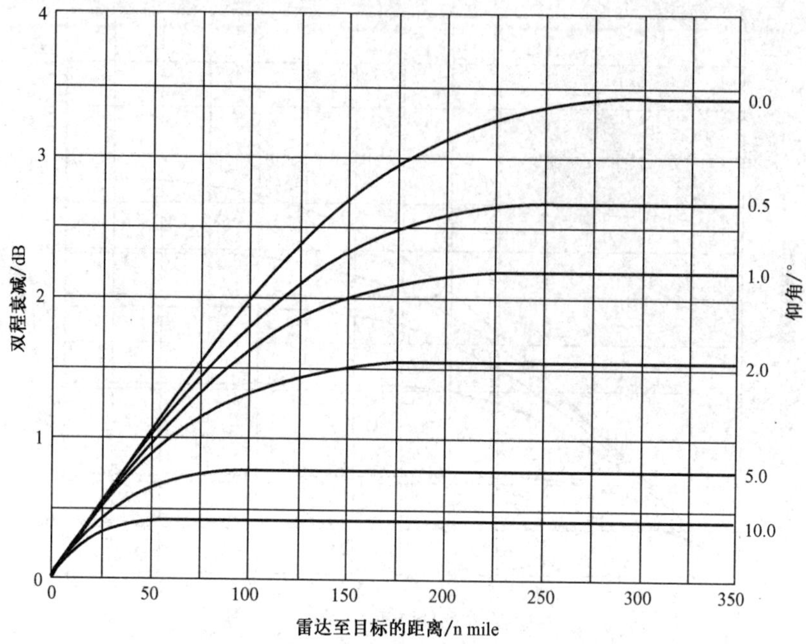

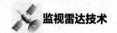

图 2.17　频率为 1200MHz 时氧气吸收损失与距离的关系

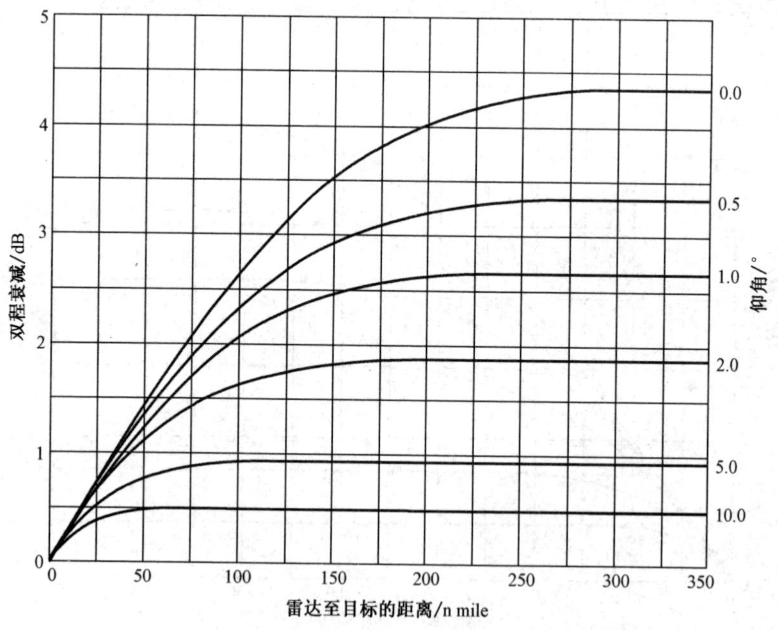

图 2.18　频率为 3000MHz 时氧气吸收损失与距离的关系

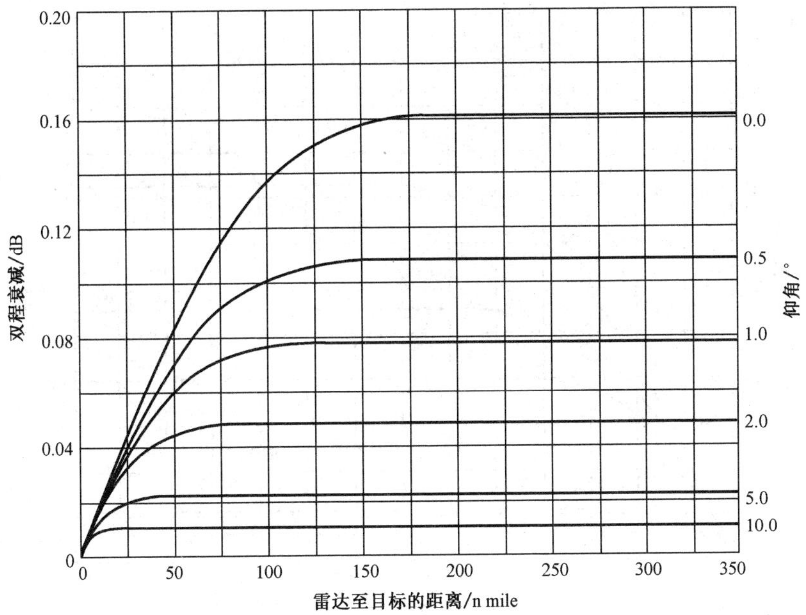

图 2.19　频率为 3000MHz 时水蒸气分量的吸收损失与距离的关系

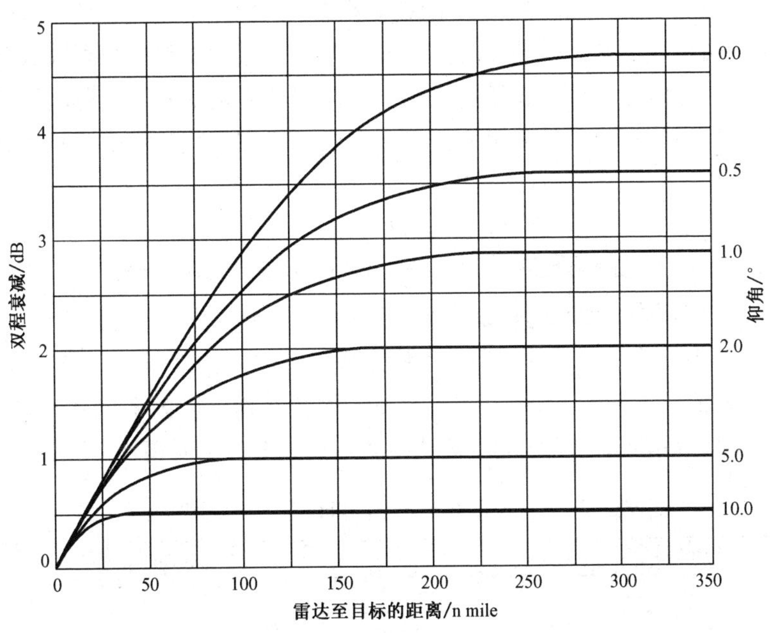

图 2.20　频率为 10GHz 时氧气吸收损失与距离的关系

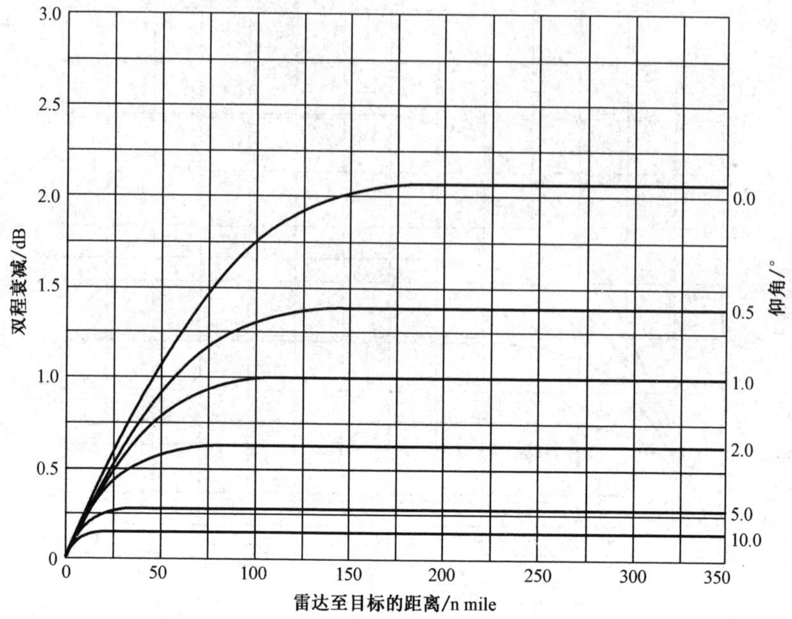

图 2.21　频率为 10GHz 时水蒸气分量的吸收损失与距离的关系

如果传播大气空间出现降雨，电磁波穿过雨区会产生更大的衰减。雨的衰减一部分是雨滴吸收电磁能量造成的，一部分是雨滴散射引起的。雨滴散射不仅损失掉一部分雷达信号，而且还要产生雨杂波，降低雷达信号的信杂比。通常假定降雨是全程均匀分布的，且降雨衰减已包含大气吸收衰减。降雨衰减的基本表达式为

$$A = a\gamma^{b} \tag{2.106}$$

式（2.106）中，A 是降雨衰减系数（dB/km）；γ 是降雨率（mm/h）；a 和 b 是频率的函数，它们还与温度和电磁波的极化有关，但影响不大，实际应用中可忽略。

表 2.3 列出了 3 个不同频率和不同降雨率的降雨衰减值，其中降雨率为 0.25mm/h 时相当于细雨，降雨率为 1mm/h 时为小雨，降雨率为 4mm/h 时为中雨，降雨率为 16mm/h 时为大雨，降雨率为 64mm/h 时为暴雨。

表 2.3　3 个不同频率和不同降雨率的降雨衰减值

频率参数			A/(dB/km)			
f/GHz	a	b	$\gamma=0.25$	$\gamma=4$	$\gamma=16$	$\gamma=64$
3	3.92×10^{-4}	1.0109	9.66×10^{-5}	9.59×10^{-4}	6.64×10^{-3}	2.63×10^{-2}
5	1.48×10^{-3}	1.1469	3.02×10^{-4}	7.26×10^{-3}	3.56×10^{-2}	1.74×10^{-1}
10	1.01×10^{-2}	1.3000	1.76×10^{-3}	6.14×10^{-2}	3.72×10^{-1}	2.26×10^{0}

注：a 列的参数也表示 γ＝1mm / h 时的衰减。

降雨云层由于含水量高一般很难达到高层大气，即降雨率 γ 随高度的增加而

减小，通常雷雨一般在 3500m 以下，但强雷暴雨可能延伸到 7500m 的高空。如果假定降雨率是均匀的，雷达在雨区探测目标的双程衰减可以用线性关系表示为

$$L'_\alpha = 10\lg\frac{S'}{S} = 2AR \tag{2.107}$$

式（2.107）中，S' 是雷达实际收到的信号功率，S 是雷达在自由空间收到的信号功率，A 是降雨衰减系数，R 是目标距离。

2. 天线馈线损失

天线馈线损失主要包括发射馈线损失 L_{t}、极化损失 L_γ、波束形状损失 L_{p}、扫描损失 L_ψ、余割平方损失 L_{csc}、填充时间损失 L_τ 和接收馈线损失 L_{r}。发射馈线损失 L_{t} 是从发射机输出口到天线输入口之间的射频传输损失，它包括传输线损失、收/发开关损失、旋转关节损失、移相器损失、极化器损失、天线罩损失和其他未包含在天线增益中的损失。这些损失因子是可以计算预估和实测的，并且工程上有经验数据可供借鉴。发射馈线损失 L_{t} 与系统工作频率、馈线元件结构形式和采用的材料有关，通常系统工作频率越高，发射馈线损失越大。

极化损失 L_γ 接收信号的极化偏离接收天线极化产生的信号损失。当目标位于电离层以外时，电离层的法拉第效应使信号极化旋转（一般在 1GHz 频率以下发生概率高），就会产生极化损失。如果雷达的发射天线和接收天线都是线极化，接收信号的极化相对于天线极化转过一个角度 γ，则极化损失为

$$L_\gamma = \sec^2\gamma \tag{2.108}$$

波束形状损失 L_{p} 包括波束形状和天线扫描因素的方向图损失因子。距离方程中的天线增益是指天线的最大增益，但天线波束在扫描方向的波束截面形状通常是高斯形的，所以波束扫过目标时天线增益会发生变化。这种变化使多数回波脉冲的幅度小于最大值，因此会产生方向图损失。当波束宽度内回波脉冲数较多时，扇形波束一维扫描的波束形状损失约为 1.6dB，笔形波束二维扫描的波束形状损失约为 3.2dB。当目标在天线波瓣半功率点附近被探测到时，波束形状损失将增加。这时如果要达到规定的检测概率 P_{d}，必须增加发射功率以提高信号能量，因此这时的波束形状损失随 P_{d} 的增加而增加。Barton 已完成这种情况下的波束形状损失计算，其计算结果如表 2.4 所示。

扫描损失 L_ψ 是电扫描天线的波束扫离法线方向时，由于天线有效孔径减小而产生的天线增益损失。如果把 G_{t} 和 G_{r} 看成是天线法线方向的增益，则计算偏离法线方向目标的作用距离时，系统损失中应该包含扫描损失因子。如果目标方向偏离法线方向的夹角为 ψ，取一级近似，则扫描损失为

$$L_{\psi}=\sec^{2}\psi \tag{2.109}$$

当扫描角较大时，单元方向图及互耦的影响都会使扫描损失增大。

表 2.4　不同接收脉冲数的波束形状损失 L_{p}/dB

接收脉冲数	P_{d}					
	0.5	0.7	0.8	0.9	0.99	0.999
1.00	1.6	2.3	2.7	3.3	4.0	4.2
0.65	2.8	4.7	5.7	6.9	7.6	8.5
0.50	6.3	12.2	23	—	—	—

余割平方损失 L_{csc} 是雷达天线采用余割平方波束时，为了实现 csc^2 空域覆盖使天线孔径效率下降导致的损失。L_{csc} 一般在 2～2.5dB 之间，低空搜索监视雷达为了抑制近程杂波，有时采用与灵敏度时间控制（Sensitivity Time Control，STC）特性匹配的超余割平方方向图，L_{csc} 可以达到 3dB。详情将在第 6 章中讨论。

填充时间损失 L_{τ} 是阵列天线采用串联强制馈电时，射频脉冲前沿从第一个阵元传到最后一个阵元有一个时间差，在这段时间内波束不能完全形成，从而产生的天线增益损失。如果信号的脉冲宽度为 τ，阵列填充时间为 t_{f}，且 $2t_{\mathrm{f}}<\tau$，则填充时间损失为

$$L_{\tau}=\frac{\tau}{\tau-2t_{\mathrm{f}}} \tag{2.110}$$

式（2.110）中，$2t_{\mathrm{f}}$ 表示发射和接收时都会发生填充时间损失。

上述分析中接收馈线损失 L_{r} 没有直接出现在馈线损失中，该损失已包含在系统噪声温度中，其计算方法见 2.2.2 节。也可将接收馈线损耗独立纳入损失计算中，此时系统噪声温度计算不包括该损失数值。接收馈线损失 L_{r} 通常包括接收传输线损失、旋转关节损失、收/发开关损失和限幅滤波损失等。

3. 信号处理损失

传统的信号处理损失包括接收机处理损失和信号处理损失两部分，由于目前监视雷达较多采用基带 I/Q 信号直接数字化，两种损失已经归并简化成信号处理损失。信号处理损失又可分为确定损失和统计损失两类，确定损失基本与检测概率无关，而统计损失取决于检测概率 P_{d} 和虚警概率 P_{fa}。确定损失主要包括幅/相误差损失 L_{ε}、量化损失 L_{q}、脉压损失 L_{ρ}、杂波损失 L_{cx}、恒虚警率损失 L_{CFAR}、二进制积累损失 L_{b}、视频积累加权损失 L_{w}、限幅损失 L_{lim} 和匹配损失 L_{m}，这类损失可以纳入雷达系统损失 L_{s}。统计损失主要包括 MTI/MTD 处理损失 $L_{\mathrm{MTI/MTD}}$、

跨门损失 L_{g} 、重叠损失 L_{ec} 、检测器损失 C_x 、积累损失 L_i 、起伏损失 L_{f} ，这类损失可以纳入检测因子 $D_x(n)$ 。本节中的信号损失是对理想处理而言的，大部分损失在第 3 章检测的曲线中已包括，在应用时注意不要重复计算。

需要说明的是，对于使用搜索同时跟踪（TAS）的相控阵监视雷达来说，由于跟踪信号处理方式和搜索信号处理方式不一致，跟踪波形的信号处理损失需要额外计算。以下分析仅适用于大部分采用边扫描边跟踪（TWS）的监视雷达。

1）幅/相误差损失

幅/相误差损失 L_ε 是监视雷达系统的一项基本信号处理损失。在采用阵列天线的雷达中它会造成波束指向偏移、天线增益降低和副瓣电平升高，同时它还会增加脉压损失和多普勒滤波的镜像干扰。阵列天线的波束偏移与系统幅/相误差的关系为

$$\sigma_{\mathrm{n}}^2=\frac{1}{2}\frac{f^2\left(\theta,\varphi\right)\varepsilon^2\left(\theta,\varphi\right)}{f^2\left(\theta_0,\varphi_0\right)\eta pn} \tag{2.111}$$

式（2.111）中， $f^2\left(\theta,\varphi\right)$ 是方向图函数； θ_0 和 φ_0 是方向图函数最大点的方位角和仰角； η 是天线效率； p 是天线阵元失效率； n 是天线阵元数； $\varepsilon^2\left(\theta,\varphi\right)$ 是幅/相误差函数，且

$$\varepsilon^2\left(\theta,\varphi\right)=1-p+\sigma_{\mathrm{A}}^2\left(\theta,\varphi\right)+p\sigma_{\Delta\varphi}^2\left(\theta,\varphi\right) \tag{2.112}$$

式（2.112）中， $\sigma_{\mathrm{A}}^2\left(\theta,\varphi\right)$ 是幅度误差的方差， $\sigma_{\Delta\varphi}^2\left(\theta,\varphi\right)$ 是相位误差的方差。

幅/相误差造成的天线增益损失为

$$L_\varepsilon=\frac{1}{1+\varepsilon^2\left(\theta,\varphi\right)} \tag{2.113}$$

2）量化损失

量化损失 L_{q} 是所有数字信号处理系统的一项基本损失。奈奎斯特采样定理要求 A/D 变换器应以 $F_{\mathrm{s}}\geqslant 2B_{\mathrm{s}}$ 的速率对信号进行采样，但是工程上为了降低成本，通常采用较低采样频率（如 $F_{\mathrm{s}}=B_{\mathrm{s}}$ ）。由于目标距离延迟时间与信号采样时序不同步，较低采样率会使系统采不到目标回波信号的最大值，由此产生的量化损失为

$$L_{\mathrm{q1}}=\frac{1.6}{m^2}\quad(\mathrm{dB}) \tag{2.114}$$

式（2.114）中，m 是 A/D 变换器的位数。

量化损失的第二个因素取决于接收机噪声与 A/D 变换器的最小有效位数（LSB）之比，它使量化损失进一步增加，由此产生的量化损失近似为

$$L_{\mathrm{q2}}=\frac{1}{2q_m}\quad(\mathrm{dB}) \tag{2.115}$$

式（2.115）中， q_m 是均方根热噪声占 A/D 变换器最小有效位的位数。

监视雷达系统的量化损失 L_q 约为以上两种损失之和，即

$$L_q \approx L_{q1} + L_{q2} \tag{2.116}$$

3）脉压损失

脉压损失 L_ρ 是脉冲压缩处理产生的信噪比损失。脉压损失主要由目标的多普勒频移产生，并与脉压信号形式有关。在目标信号有多普勒频移的情况下，线性调频信号的脉压损失最小（≤1dB）；相位编码信号的脉压损失较大，巴克码、伪随机二相码和泰勒四相码的脉压损失为

$$L_\rho = \frac{\sin^2(n\pi f_d \tau)}{n^2 \sin^2(\pi f_d \tau)} \tag{2.117}$$

式（2.117）中，n 是相位码的长度，f_d 是多普勒频率，τ 是子脉冲宽度。

4）杂波损失

杂波损失 L_{cx} 是监视雷达系统在杂波区检测目标时产生的信噪比损失，这种损失可以分为如下 4 类。

（1）杂波相关损失。

杂波相关损失 L_{cc} 是由信号积累增益无法克服杂波的脉间相关性造成的。由于海杂波和陆地杂波的频谱较窄，它们的回波在许多脉冲间是相关的，信号积累时，杂波也会积累。可积累的杂波独立样本数为

$$n_c = 1 + \frac{t_o}{t_c} = 1 + \frac{2\sqrt{2\pi}\sigma_v t_o}{\lambda} \leqslant n \tag{2.118}$$

杂波中的检测因子 D_{xc} 相对于随机噪声中的检测因子 D_x 增加的相关损失为

$$L_{cc} = \frac{D_x(n_c)}{D_x(n)} \tag{2.119}$$

当监视雷达系统使用 MTI/MTD 处理时，由于输出剩余杂波变得更像随机噪声，这时相关损失会减小。

（2）杂波分布损失。

杂波分布损失 L_{cd} 是杂波幅度分布偏离 Rayleigh 分布等分布模型时，监视雷达系统为了保持恒虚警率产生的损失。当杂波幅度分布为 Weibull 分布时，这种损失可近似表示为

$$L_{cd} = 6(\lg a)^{1.2} \lg\left(\frac{1}{P_{fa}}\right) \tag{2.120}$$

式（2.120）中，a 是 Weibull 扩展参数。当 $a > 2$ 时，为了防止产生大的杂波分布损失，通常使用一种称为双参数 CFAR 的恒虚警率门限，这种门限由用单元平均值决定的门限值乘以杂波分布扩展参数来确定。

（3）杂波参考损失。

杂波参考损失 L_{cr} 出现在非相参 MTI 系统中，当杂波的杂噪比太低，不满足信号检测的参考电平要求时，就会产生这种损失。杂波参考损失可以用功率比表示为

$$L_{cr} = \frac{1+2(S/N)+2(C/N)}{2(C/N)} \tag{2.121}$$

（4）脉组捷变（填充脉冲）损失。

脉组捷变（填充脉冲）损失 L_{eg} 出现在以脉组方式工作的 MTI/MTD 雷达中。在这种工作模式下，当接收机输出信号加到多普勒滤波器时，通过发射填充脉冲来适当延时，使最远距离的杂波建立稳定状态。这种损失可表示为

$$L_{eg} = 1 + \frac{n_f}{n_c} \tag{2.122}$$

式（2.122）中，n_f 是接收最远距离杂波需要的填充脉冲数，n_c 是相干处理脉冲数。典型监视雷达的杂波距离可能大于 75km，因此当脉冲重复频率 $f_r \geqslant 2$kHz 时，必须发射填充脉冲。

5）恒虚警率损失

恒虚警率损失 L_{CFAR} 是各类 CFAR 处理产生的信噪比损失。由于背景信号的取样单元数有限，所以 CFAR 门限电平的估值必然有误差。为了避免检测虚警超过规定的虚警概率，必须在估计的门限电平上增加一个固定门限增量，显然这会带来检测损失。L_{CFAR} 是虚警概率的函数，可表示为 $\lg(1/P_{fa})$ 与参考窗口中的有效单元数 m_e 之比 Z 的函数，即

$$L_{CFAR} = \begin{cases} 5Z \quad (\text{dB}) & Z \leqslant 0.5 \\ 7(Z-0.15) \quad (\text{dB}) & Z > 0.5 \end{cases} \tag{2.123}$$

式（2.123）中，$Z = \lg(1/P_{fa})/m_e$。

例如：当 $P_{fa} = 10^{-4}$，$m_e = 16$ 时，$Z = 0.25$，则 $L_{CFAR} = 1.25$ dB。目前各种类型的 CFAR 处理因处理方法、采样窗口的不同而引起的处理损失也不同，相关内容可参考其他文献。

6）二进制积累损失

传统的监视雷达常采用视频积累方法，此时，数字信号视频积累会产生信噪比损失 L_b，它等于二进制积累器需要的输入能量 $D_b(n,n_e)$ 与使用视频积累需要的能量 $D_e(n,n_e)$ 之比，对于给定检测性能，有

$$L_b = \frac{D_b(n,n_e)}{D_e(n,n_e)} \tag{2.124}$$

式（2.124）中，已给定 P_d、P_{fa}、n 和 n_e，这些参数用于计算 $D_b(n,n_e)$ 和 $D_e(n,n_e)$。在相当宽的范围内，$L_b \approx 1.45\text{dB}$（或 1.6dB）。不同目标类型和积累脉冲数的二进制积累检测器性能如表 2.5 所示。直接用 3.2 节的公式或曲线计算 D_x 则不必考虑本项损失。

表 2.5　不同目标类型和积累脉冲数的二进制积累检测器性能

P_d	P_{fa}	非起伏目标			SWL-2 类起伏目标		
		n_e/n	D_o/dB	L/dB	n_e/n	D_n/dB	L/dB
0.5	10^{-8}	0.77	7.7	1.1	0.40	8.8	1.7
		0.66	5.7	1.2	0.48	6.5	1.7
		0.55	3.6	1.0	0.31	4.5	1.7
		0.45	1.0	1.1	0.28	1.2	1.3
		0.38	−1.0	0.9	0.26	−0.4	1.3
0.9		0.72	9.6	1.3	0.35	12.5	2.1
		0.62	7.1	1.1	0.32	9.3	2.1
		0.53	5.0	1.1	0.29	6.4	2.1
		0.45	2.3	1.1	0.26	3.2	1.8
		0.38	0.3	1.0	0.24	1.0	1.1

注：表中 L 是二进制积累器与线性加法积累器相比的损失，D_o 为非起伏目标检测因子，D_n 为 SWL-2 类起伏目标检测因子。

7）视频积累加权损失

视频积累加权损失 L_w 是视频积累器采用均匀加权或指数加权时产生的信噪比损失。视频积累器的最佳加权函数应匹配于接收脉冲串的包络，通常该函数为高斯函数，而均匀加权或指数加权近似匹配于观测时间 t_o，其产生的典型损失值约为零点几分贝。假定积累器在 $0.8\,t_o$ 内采用均匀加权，一般取波束形状损失 $L_p = 1.6\text{dB}$，而高斯波瓣的波束形状损失 $L_p = 1.23\text{dB}$，两者之差即为积累加权损失，即 $L_w = 0.37\text{dB}$。积累加权损失可定义为

$$L_w = \frac{\int_{-\infty}^{+\infty} |A(f)|^2 \mathrm{d}f \cdot \int_{-\infty}^{+\infty} |H(f)|^2 \mathrm{d}f}{\left[\int_{-\infty}^{+\infty} A(f)H(f)\mathrm{d}f\right]^2} \tag{2.125}$$

式（2.125）中，$A(f)$ 是脉冲串的频谱，$H(f)$ 是积累器的频率响应函数（即加权函数的傅里叶变换）。

8）限幅损失

限幅损失 L_{lim} 是系统采用硬限幅处理时产生的信噪比损失。常见的硬限幅处理如接收机中的宽限窄电路（Dicke-Fix Circuit，DFC）、ECCM（Electronic Counter-Counter Measures，电子反对抗）处理和信号处理中的硬限幅脉压处理，如果系统

线性动态较大或采用数字波束形成降低系统动态要求，则此项不考虑，其损失可以近似表示为

$$L_{\text{lim}} = \frac{4}{\pi} \tag{2.126}$$

9）匹配损失

匹配损失 L_{m} 是指当接收带宽失配于独立脉冲的频谱、宽带接收机滤波器后的距离门未匹配于脉冲形状时，或者多普勒滤波器失配于脉冲串或脉冲组频谱的精细谱线时产生的信噪比损失。

（1）中频滤波器匹配损失。一般情况下这种损失可以用式（2.125）计算。在线性调频脉冲压缩处理中，为了减小时间副瓣进行滤波器加权产生的匹配损失的计算方法与幅度加权天线孔径的计算方法相似，在这种情况下，由于 $B\tau \gg 1$，频谱 $A(f)$ 在带宽 B 上近似为常数，式（2.125）可简化为

$$L_{\text{m}} = \frac{B\int_{-B/2}^{B/2} |H(f)|^2 \, \mathrm{d}f}{\left[\int_{-B/2}^{B/2} H(f) \, \mathrm{d}f\right]^2} \tag{2.127}$$

理想情况下，脉压加权损失 $L_{\text{m}} \approx 1.3\text{dB}$。

（2）距离门匹配损失。在宽带滤波器组级联一个匹配于矩形脉冲宽度和到达时间的距离门表示的相关器中，匹配损失可表示为

$$L_{\text{m}} = \begin{cases} \left(\tau_{\text{g}}/\tau\right)^2 & \tau_{\text{g}} \geqslant \tau \\ \left(\tau/\tau_{\text{g}}\right)^2 & \tau_{\text{g}} < \tau \end{cases} \tag{2.128}$$

式（2.128）中，τ_{g} 是距离门的宽度。

（3）匹配因子。当中频滤波器或距离门与距离单元基本匹配时，对于一个给定的虚警时间，很少需要做检测判决，且可适当增加虚警概率。这会引入一个匹配因子 M，该值比前面计算的中频滤波器匹配损失和距离门匹配损失略小。

（4）多普勒滤波器匹配损失。在多普勒滤波器匹配于脉冲组频谱的精细谱线（脉冲串包络的傅里叶变换）时产生的失配损失 L_{mf}，与接收机滤波器匹配于脉冲形状的失配损失相似，可以用式（2.125）表示。

10）MTI 处理损失

MTI 处理损失 L_{MTI} 是监视雷达系统采用 MTI 或多普勒滤波处理时产生的信噪比损失，采用 MTD 处理时与相关处理损失类似。这种损失即使目标处于非杂波区也会产生，可以分为以下 3 类。

（1）噪声相关损失 $L_{\text{MTI}(a)}$。这种损失是由 MTI 滤波器的相关性产生的信噪比损失。当小信号输入时，如果噪声与包含在对消器或滤波器脉冲响应特性内的 m

个脉冲相关，处理器输出端的有效独立脉冲数就会减少，会增加目标检测因子。对于一个 X 脉冲对消器，在后续积累处理中减少的独立噪声样本数从 $n \sim an$ 个，其中

$$a=\begin{cases}2/3 & X=2\\ 18/35\approx 1/2 & X=3\\ 20/47\approx 0.43 & X=4\end{cases} \tag{2.129}$$

噪声相关损失 $L_{\mathrm{MTI}(a)}$ 等于 an 个脉冲的积累检测因子与 n 个脉冲的积累检测因子之比，即

$$L_{\mathrm{MTI}(a)}=\frac{D_x(an)}{D_x(n)} \tag{2.130}$$

如果对消器未采用正交对消通道，将进一步增加检测因子，增加量是积累的独立噪声样本数的一倍，即

$$L_{\mathrm{MTI}(a)}=\frac{D_x(an/2)}{D_x(n)} \tag{2.131}$$

当监视雷达系统采用脉组处理时，一个 X 脉冲对消器以 n/x 组脉冲工作在不同的 PRF 上，输出的可积累脉冲数变为 n/x，噪声相关损失为

$$L_{\mathrm{MTI}(a)}=\frac{D_x(n/x)}{D_x(n)} \tag{2.132}$$

式（2.132）中，x 表示脉组中的脉冲个数。

同样，如果对消器未采用正交对消通道，$D_x(n/x)$ 将变为 $D_x(n/2x)$。

（2）盲相损失 $L_{\mathrm{MTI}(b)}$。这种损失是因 MTI 滤波器未包含正交处理通道产生的信噪比损失。盲相损失对后续积累处理的影响可用式（2.125）计算，但是单通道处理会减少目标信号的自由度，增加目标起伏损失。Rayleigh 分布目标具有自由度为 $2K=2$ 的 χ^2 分布，在单通道处理中被转化为 Gaussian 分布目标。如果目标在 I 通道输出端某一时间 t_o 内对所有幅度充分改变相位，目标的起伏损失不会明显增加。但在脉组处理系统中，每组脉冲只有一个输出样本，具有 $2Kn_e$ 自由度目标的起伏损失将增加一倍，即

$$L_{\mathrm{MTI}(b)}=\frac{L_f\left(Kn_e/2\right)}{L_f\left(Kn_e\right)} \tag{2.133}$$

式（2.133）中，L_f 为目标起伏损失。

（3）速度响应损失 $L_{\mathrm{MTI}(c)}$。这种损失是由 MTI 滤波器的速度响应特性产生的信噪比损失。对多数目标的平均速度而言，目标信号通过 MTI 滤波器的信噪比是不变的。但是慢速目标会出现在滤波器的凹口附近，滤波器边带效应会压缩或抑制部分信号能量。PRF 参差时，这种损失小于 2dB。

速度响应损失在要求检测概率 P_d 较高的系统中尤为明显，一般在 2～8dB 之间。在 MTI、MTD 和 PD 系统中，这种损失会因为需要发现概率 P_d 到达给定值而明显增加。

11）跨门损失

跨门损失 L_g 是指 MTD 或 PD 处理中，目标响应跨在多普勒滤波器相邻频道之间时产生的信号损失。由于多普勒滤波器是对脉冲串频谱的单根谱线滤波的，谱线的电压幅度与波门内信号脉冲宽度 τ_e 成正比，因此积累能量与 τ_e 的平方成正比。则跨门损失因子为

$$L_g = \left(\frac{\tau}{\tau_e}\right)^2 \tag{2.134}$$

式（2.134）中，τ 为发射信号脉冲宽度，L_g 一般约为 1.5dB。

12）检波器损失

检波器损失 C_x 是信号检波过程中产生的信噪比损失。对于包络检波器，检波器损失可表示为

$$C_x(n) = \frac{D_0(n) + 2.3}{D_0(n)} \tag{2.135}$$

式（2.135）中，$D_0(n)$ 是由 n 个脉冲组成的脉冲串中每个脉冲需要的检波因子。用这种方式可以写出包络检波信号相对于相干检波的检波因子与积累损失的简单表达式，它精确地表示为正态分布积分的反函数。检波器损失 C_x 可用于近似计算信号处理损失。

在圆锥扫描和单脉冲跟踪的角度数据录取应用中，检波器损失的表达式为

$$\begin{cases} C_d = \dfrac{2(S/N)+1}{2(S/N)} & \text{圆锥扫描误差检波} \\ C_a = \dfrac{S/N+1}{S/N} & \text{单脉冲误差检波} \end{cases} \tag{2.136}$$

这种形式的检波器损失也可用于表示自动增益控制环路中的损失，跟踪环路增益按 $1/(C_d C_a)$ 或 $1/C_a^2$ 变化，减小环路带宽。

13）积累损失

积累损失 L_i 是 n 个脉冲视频（非相干）积累相对于相干积累产生的信噪比损失。应用检测器损失的表达方式，这种损失可表示为

$$L_i(n) = \frac{nD_0(n)}{D_0(1)} = \frac{1+\sqrt{1+9.2n/D_c(1)}}{1+\sqrt{1+9.2/D_c(1)}} \tag{2.137}$$

式（2.137）中，$D_c(1)$ 是满足给定 P_d 和 P_{fa} 的相干检测因子。

14）起伏损失

起伏损失 L_f 是检测起伏目标时产生的信噪比损失。对于单个脉冲检测的情况，起伏损失定义为

$$L_f(1)=\frac{D_1(1)}{D_0(1)} \tag{2.138}$$

式（2.138）中，$D_0(1)$ 是稳定目标的检测因子，$D_1(1)$ 是 SWL−1 类起伏目标的检测因子。

对于 n 个脉冲积累检测的情况，起伏损失 L_f 略有变化，它与单个脉冲起伏损失的关系为

$$L_f(n)=L_f(1)^{(1+0.035\lg n)} \tag{2.139}$$

以上是 SWL−1 型起伏目标的起伏损失，其他类型起伏目标的起伏损失相对较小。

15）重叠损失

重叠损失 L_{ec} 是由额外的噪声样本叠加在信号样本上进行积累时产生的信噪比损失。当多通道接收机的输出信号进行叠加混合时，如果其中只有部分通道有信号，其余通道只输出噪声，就会产生这种损失。当 n 个信号加噪声的样本信号与 m 个额外的噪声样本一起进行积累时，为了使积累器的输出信噪比与没有额外噪声时积累器的输出信噪比相等，积累器输入端需要增加的信噪比就等于重叠损失。如果积累器输出端的虚警概率保持不变，重叠损失的定义式为

$$L_{ec}=\frac{L_i(\rho n)}{L_i(n)} \tag{2.140}$$

式（2.140）中，ρ 是马库姆定义的重叠比。当检测器为平方率检波器时，这相当于把信号能量重新分布在 $\rho n=n+m$ 个脉冲上，积累损失增加至 $L_i(\rho n)$。

重叠比 ρ 在不同的处理中有不同的表示形式，对于以上 n 个信号加噪声的样本信号与 m 个额外的噪声样本一起进行积累的情况，ρ 的定义为

$$\rho=\frac{m+n}{n} \tag{2.141}$$

当多通道接收机的输出信号在视频进行叠加混合时，ρ 可表示为

$$\rho=m \tag{2.142}$$

式（2.142）中，m 是接收机的通道数。

如果接收机的中频带宽 $B>1/\tau$，且与后续的视频带宽匹配，ρ 可表示为

$$\rho=1+B\tau \tag{2.143}$$

如果接收机的视频带宽为 B_v，ρ 可表示为

$$\rho = 1 + \frac{B}{2B_{\mathrm{v}}} \tag{2.144}$$

如果中频滤波器后接宽度为τ_{g}的距离门，并进行视频积累，ρ可表示为

$$\rho = B\tau\left(1 + \frac{\tau_{\mathrm{g}}}{\tau}\right) \tag{2.145}$$

如果雷达获得的n维坐标信息在$n-m$维坐标显示器上显示（$n > m$，m是被重叠的维，通常$m=1$），ρ可表示为

$$\rho = \frac{2\Delta r}{c\tau} \quad 或 \quad \rho = \frac{\omega_{\mathrm{e}} t_{\mathrm{v}}}{\theta_{\mathrm{e}}} \quad 或 \quad \rho = \frac{\omega_{\mathrm{a}} t_{\mathrm{v}}}{\theta_{\mathrm{a}}} \tag{2.146}$$

式（2.146）中，$2\Delta r/c$是每个显示单元的时延间隔，$\omega_{\mathrm{e}} t_{\mathrm{v}}$和$\omega_{\mathrm{a}} t_{\mathrm{v}}$是天线波束在积累时间$t_{\mathrm{v}}$内的俯仰和方位扫描量，$\theta_{\mathrm{e}}$和$\theta_{\mathrm{a}}$是天线波束宽度。

如果采用视频积累方式，显示器扫描光点的扫描速度为s，光点重叠的ρ可表示为

$$\rho = 1 + \frac{d}{s\tau} \tag{2.147}$$

式（2.147）中，d是显示器光点的直径。

当用积累损失的模式来表示重叠损失时，一种便于计算的形式为

$$L_{\mathrm{c}} = \frac{1 + \sqrt{1 + 9.2\rho n / D_{\mathrm{c}}(1)}}{1 + \sqrt{1 + 9.2n / D_{\mathrm{c}}(1)}} \tag{2.148}$$

式（2.148）中，$D_{\mathrm{c}}(1)$是满足给定P_{d}和P_{fa}的相干检测因子，它与稳定目标非相干检测因子$D_0(1)$之间相差一个检测器损失，即

$$C_x(1) = \frac{D_0(1)}{D_{\mathrm{c}}(1)} = \frac{D_0(1) + 2.3}{D_0(1)} \tag{2.149}$$

参考文献

[1] BLAKE L V. Radar Range Performance Analysis[M]. Lexington, MA: D. C. Heath and Company, 1980.

[2] BARTON D K. Modern Radar System Analysis[M]. Boston: Artech House, 1988.

[3] SKOLNIK M I. 雷达手册[M]. 王军，林强，等译. 2 版. 北京：电子工业出版社，2003.

第3章
监视雷达信号检测与跟踪

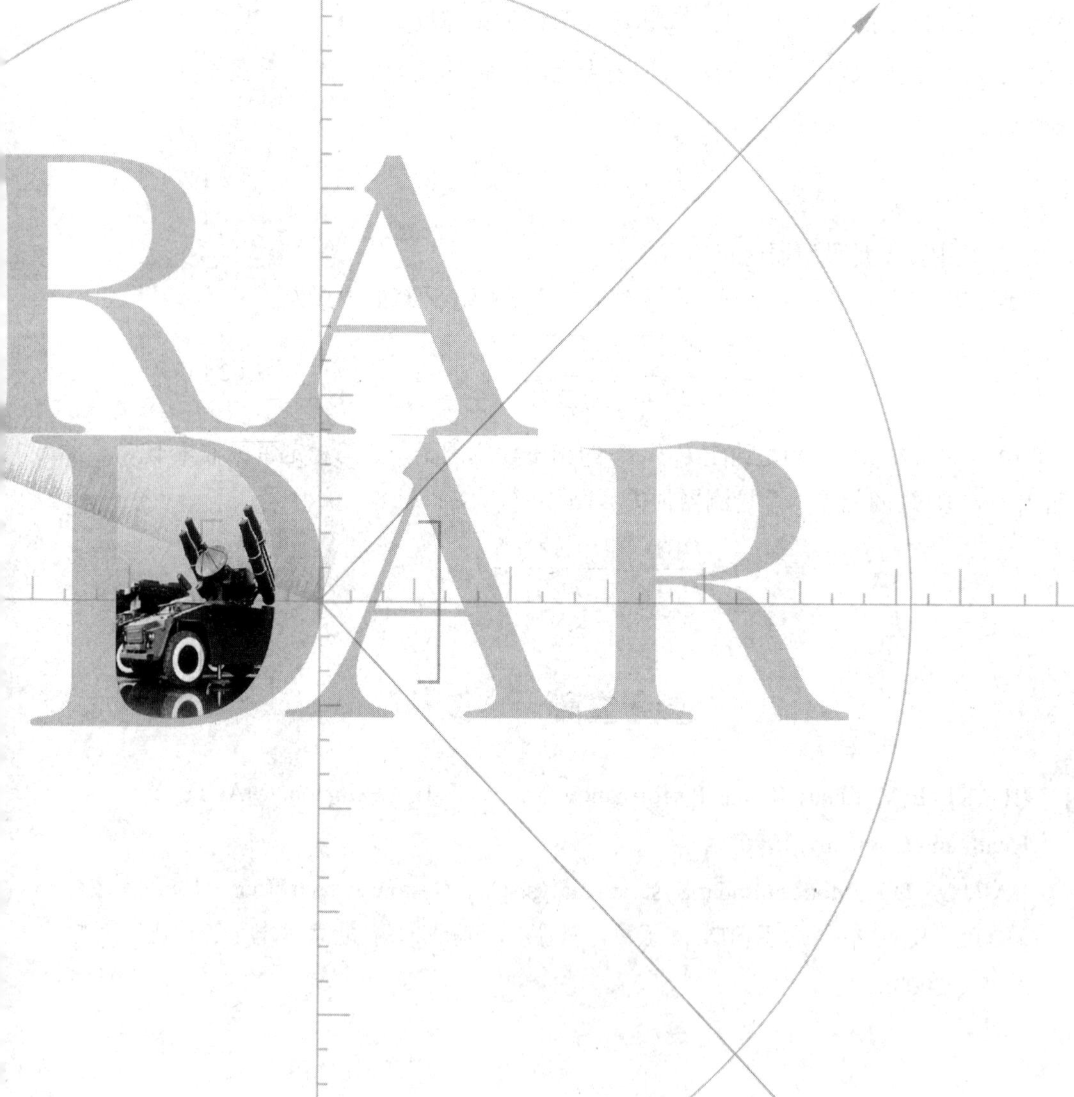

监视雷达主要担负国土防空的搜索警戒任务，大部分工作时间均面临复杂的工作环境，如图 3.1 所示，其内部环境主要是接收机噪声，外部环境则有地物、气象、海浪、箔条等杂波，还有敌人施放的噪声干扰等。本章重点介绍接收机噪声对雷达目标检测的影响，监视雷达的杂波特性和杂波抑制处理方法将在第 4 章介绍，监视雷达的抗有源干扰相关技术则在第 5 章中讨论。

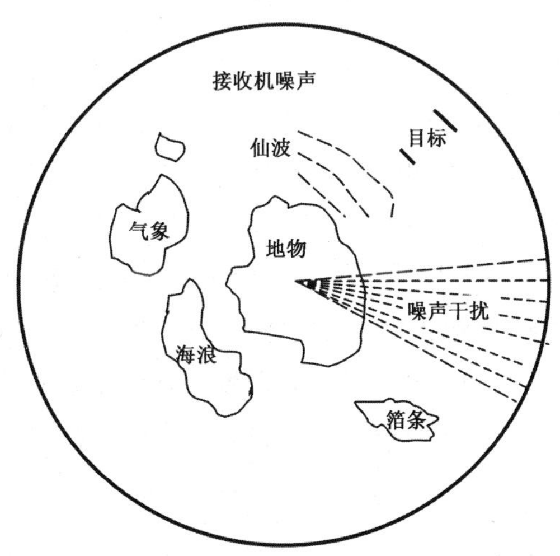

图 3.1　监视雷达的复杂工作环境示意图

雷达信号检测的基本任务是在噪声和杂波背景中发现目标。本章首先从基于噪声背景的最佳匹配滤波分析入手引入信号检测基本理论方法，分析检测概率、虚警概率及目标起伏模型及计算方法，给出提高目标信噪比/信杂比是获得最佳目标检测因子的方法和路径。针对监视雷达提出工程适用的自动信号检测方法，并介绍目标的自动检测方法及检测性能的计算方法。

3.1　信号检测基础

雷达发展初期，如何获得雷达最佳信号检测和最佳信噪比就引起雷达研究工作者的极大关注，1942 年，维纳（Wiener）建立了最佳线性滤波理论，从最小均方误差准则出发，得出了最佳线性滤波器的传递函数。1943 年，诺斯（North）简述了信号检测的统计理论，提出了发现概率和虚警概率的概念，阐明了脉冲信号检测的积累作用，并从最大信噪比准则出发，建立了匹配滤波器理论。

1948 年，马库姆（Marcum）借助于早期的机械计算器，发展了诺斯的信号检测统计理论，他把检测概率作为距离和信噪比的函数，对各种不同的脉冲积累数和虚警数进行了计算，研究了稳态目标检测的统计规律，这些技术的发展标志着雷达信号检测理论和方法的形成[1]。此后，人们开始用数理统计的方法处理信号检测问题，逐步完善了信号检测的统计检测理论。1960 年，斯威林（Swerling）把马库姆的研究成果推广到起伏目标模型上，建立了经典的目标起伏模型[2]。1962 年，菲尔纳（Fehlner）在马库姆和斯威林的研究基础上，重新计算并给出了更适用的检测特性曲线。

信号统计检测理论表明，从各种最佳检测准则出发，所得的最佳检测系统都由一个“似然比”计算装置和一个“门限”检测器组成，差别仅在于它们的门限值不同。例如，在雷达信号检测中广泛应用的奈曼-皮尔逊（Neyman-Pearson）准则，其对应的门限值由预先设定的虚警概率所确定。采用这一准则的检测系统能在恒定的虚警概率下获得最大检测概率，但它需要知道背景/干扰信号统计特性的全部信息——概率密度函数。如果仅能得到干扰的一、二阶统计特性，如均值、相关函数及其傅里叶变换——功率谱密度，则只能寻求采用其他最佳检测方法。目前，在各种信号检测器中使用最广泛、最有代表性的是建立在最大信噪比准则上的匹配滤波器。

3.1.1 匹配滤波器

在平稳白噪声背景下，满足以输出最大信噪比为准则的接收和信号处理器是一种最佳线性滤波器，通常称为匹配滤波器。在一般雷达接收机中，一般把从低噪声放大器到检波器或 A/D 变换以前的部分视为线性的，雷达的中频滤波器的特性近似于匹配滤波器，可以使中频放大器输出端的信噪比达到最大。因此，通常把接收机中频放大器（简称中放）输出端的目标信号能量与接收机噪声功率谱密度的比值作为分析雷达检测能力的基本依据，目前最新的监视雷达一般采用数字阵列技术体制，其数字化处理向射频前端迁移，较多雷达系统已取消中频放大器和检波器，但对于匹配接收机基本概念和处理方法没有变化。

诺斯导出了高斯噪声条件下能实现这种要求的接收机传输特性，并称其为对发射信号波形而言的匹配滤波器。

如果回波信号为 $s(t)$，信号频谱 $S(\omega)$ 是它的傅里叶变换，即

$$S(\omega)=\int_{-\infty}^{+\infty} s(t)\mathrm{e}^{-\mathrm{j}\omega t}\mathrm{d}t \tag{3.1}$$

接收机输入信号的能量为

$$E=\int_{-\infty}^{+\infty} s^2(t)\mathrm{d}t=\int_{-\infty}^{+\infty}\left|S(\omega)\right|^2\mathrm{d}f \tag{3.2}$$

若接收机的频率响应为 $H(\omega)$，检波前接收机输出的平均噪声功率为

$$N = \frac{N_o}{2}\int_{-\infty}^{+\infty} \left|H(\omega)\right|^2 \mathrm{d}f \tag{3.3}$$

式（3.3）中，N_o 是接收机输出端的噪声功率谱密度（以 W/Hz 为单位），由于积分限是从 $-\infty$ 到 $+\infty$，而噪声功率谱密度的定义只考虑正值，因此产生了系数1/2。

检波前接收机的输出信号为

$$y(t) = \int_{-\infty}^{+\infty} S(\omega)H(\omega)\mathrm{e}^{\mathrm{j}\omega t}\mathrm{d}f \tag{3.4}$$

令 $y(t_o)$ 为 $y(t)$ 的最大值，匹配滤波器必须使其输出端的峰值信号功率与平均噪声功率之比达到最大，即

$$\frac{\left|y(t_o)\right|^2}{N} = \frac{\left|\int_{-\infty}^{+\infty} S(\omega)H(\omega)\mathrm{e}^{\mathrm{j}\omega t}\mathrm{d}f\right|^2}{\frac{N_o}{2}\int_{-\infty}^{+\infty}\left|H(\omega)\right|^2 \mathrm{d}f} \tag{3.5}$$

根据施瓦兹（Schwarz）不等式

$$\left|\int_{-\infty}^{+\infty} X(\omega)Y(\omega)\mathrm{d}\omega\right|^2 \leqslant \int_{-\infty}^{+\infty}\left|X(\omega)\right|^2 \mathrm{d}\omega \cdot \int_{-\infty}^{+\infty}\left|Y(\omega)\right|^2 \mathrm{d}\omega \tag{3.6}$$

并考虑式（3.2），可得不等式

$$\frac{\left|y(t_o)\right|^2}{N} \leqslant \frac{2E}{N_o} \tag{3.7}$$

式（3.7）取等号时，滤波器有最大输出信噪比，这时滤波器的频率特性为

$$H(\omega) = GS^*(\omega)\mathrm{e}^{-\mathrm{j}\omega t_o} \tag{3.8}$$

式 3.8 中，$S^*(\omega)$ 是 $S(\omega)$ 的复共轭；G 是滤波器的增益系数，为了便于分析，可取 $G=1$；t_o 是信号通过滤波器的附加延迟。因此，匹配滤波器输出的最大功率信噪比为

$$\left(\frac{S}{N}\right)_{\max} = \frac{2E}{N_o} \tag{3.9}$$

这就是信号检测可达到的理想检测因子。如果接收机输入信号为正弦调制脉冲信号，匹配滤波器的输出信噪比通常定义为 t_o 时的平均信号功率与平均噪声功率之比，那么匹配滤波器输出的平均功率信噪比为 E/N_o。由于匹配滤波器的频率响应为输入信号频谱的复共轭，因此其输出信噪比与输入信号形式无关。无论什么信号，只要它们所含的能量相同，则在输出端得到的最大信噪比是一样的，差别在于所用匹配滤波器的频响特性应与不同信号的频谱相共轭。当然，也可以从时间域用匹配滤波器的脉冲响应来讨论匹配接收问题，在这里就不再详述。

匹配滤波器的核心思想是根据已知的发射信号形式设计最佳接收机，但在监视雷达中，目标回波信号中包含有未知的多普勒频移，以及天线扫描带来的方向图调制和其他随机因素的影响，目标回波信号与发射信号形式并不完全一致。因

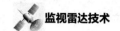

此，工程上无法实现理想匹配滤波，通常采用近似的匹配滤波器。适当选择给定窄带滤波器的带宽，可取得与匹配滤波器近似的效果。

监视雷达工程实践经验表明，对于单一载频脉冲雷达来说，匹配滤波器的带宽大致等于脉冲宽度的倒数即可。近似匹配滤波器与理想匹配滤波器相比具有信噪比损失，通常用近似匹配滤波器的输出除以理想匹配滤波器的输出作为匹配滤波信噪比损失的测度。图 3.2 所示是半功率带宽为 B 的单调谐滤波器和矩形滤波器的频率响应特性，输入信号假定是宽度为 τ 的矩形脉冲。单调谐滤波器的最大响应出现在 $B\tau \approx 0.4$，与匹配滤波器相比，相应的信噪比损失为 0.88dB。表 3.1 列出了几种滤波器，给出了它们对于矩形脉冲信号进行滤波的最佳 $B\tau$ 值，以及相对于理想匹配滤波器的信噪比损失。由表 3.1 可见，近似匹配滤波器的信噪比损失一般都在 1dB 以内，因此通常把它们称为准匹配滤波器。

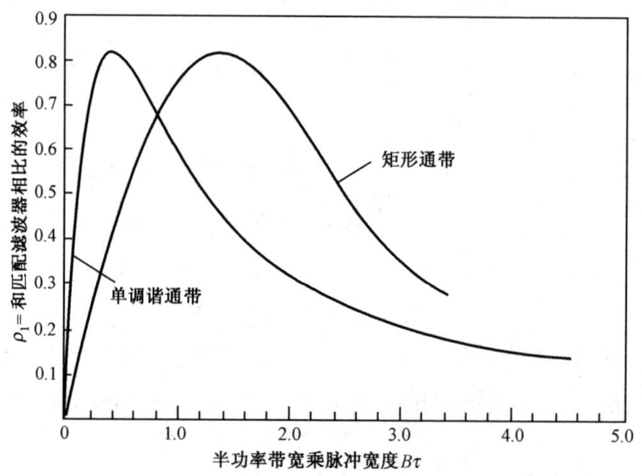

图 3.2　单调谐滤波器和矩形滤波器的频率响应特性

表 3.1　不同准匹配滤波器与匹配滤波器性能的比较

滤波器	最佳 $B\tau$ 值	相对于理想匹配滤波器的信噪比损失/dB
矩 形	1.37	0.85
高斯形	0.72	0.49
单调谐电路	0.40	0.88
两级单调谐电路	0.613	0.56
五级单调谐电路	0.672	0.50

注：B 为滤波器的半功率带宽，τ 为信号脉冲宽度。

信噪比损失 = 10lg (匹配滤波器输出的信噪比/准匹配滤波器输出的信噪比)

3.1.2　虚警概率与检测概率

雷达的信号检测都是基于一定的检测概率和虚警概率来说的，其信号检测能力也是在设定的检测概率和虚警概率条件下进行度量的。通过将匹配滤波器的输出信号幅度与设定的门限（阈值）比较进行统计判决，理论上看可能出现 4 种结果：①信号中仅包含噪声，且信号幅度没有超过门限，这是一种正确判决；②信号中仅包含噪声，且信号幅度超过了门限，这是一种错误判决，称为“虚警”；③信号中包含了噪声和目标回波，且信号幅度没有超过门限，这也是一种错误判决，称为“漏警”；④信号中包含了噪声和目标回波，且信号幅度超过了门限，这也是一种正确判决，称为“发现”。这 4 种事件的判决结果都有一定的概率，而且事件①和事件②的概率之和等于 1，事件③和事件④的概率之和也等于 1。因此，用其中 2 种事件的发生概率就可衡量整个检测系统的性能，工程上常用的是虚警概率和检测概率。

1. 虚警概率

噪声是平稳随机量，噪声背景下虚警概率与噪声电平及检测门限直接相关，如图 3.3 所示，其中实线表示噪声电压的包络，门限电压和噪声均方根值则用水平虚线表示。噪声电压有时会超过门限，这时就产生虚警。

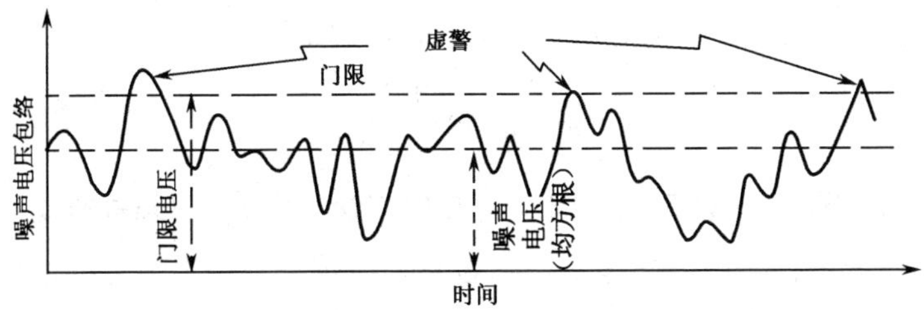

图 3.3　噪声电压包络的时间分布特性

检测门限值越高，噪声起伏超出门限的平均时间间隔就越长。由此可见，虚警概率与发生虚警的平均时间间隔有关，该时间间隔称为虚警时间。虚警时间与雷达的探测性能密切相关，如果虚警时间太短，则表示雷达系统虚警过多；如果虚警时间太长，则表示检测门限过高，降低了雷达的检测概率。

如果噪声电平超过门限电压 V_t 的时间间隔为 T_i，则平均虚警时间为

$$T_{\mathrm{fa}} = \lim_{n\to\infty}\frac{1}{n}\sum_{i=1}^{n}T_i \tag{3.10}$$

平均虚警时间 T_{fa} 的意义是产生一次虚警的平均时间。同样，如果噪声电平超过门限电压 V_t 的时间间隔为 T_i，则门限电压平均时间为

$$t_{\mathrm{av}}=\lim_{n\to\infty}\frac{1}{n}\sum_{i=1}^{n}t_i \tag{3.11}$$

式（3.11）中，t_{av} 是噪声电平超过门限电压 V_t 的平均宽度，t_i 是第 i 个采样时刻值。白噪声是平稳随机过程，t_{av} 应为噪声的相关时间，它等于噪声带宽 B_{n} 的倒数，在用中频放大和包络检波的情况下，噪声带宽 B_{n} 就是中频带宽 B_{IF}（数字化处理中的噪声带宽依然存在），平均时间 t_{av} 的意义是噪声超过门限的平均时间。

虚警概率是指仅存在噪声时，噪声电平超过 V_t 的概率，因此也可以用噪声电压超过 V_t 的平均时间与平均虚警时间之比来表示，即

$$P_{\mathrm{fa}}=\frac{t_{\mathrm{av}}}{T_{\mathrm{fa}}}=\frac{1}{T_{\mathrm{fa}}B_{\mathrm{IF}}} \tag{3.12}$$

若接收机输出的噪声经包络检波的概率密度函数为 $P_{\mathrm{n}}(v)=(v/\sigma)\exp\left[-v^2/(2\varphi_0)\right]$，虚警概率也可表示为

$$P_{\mathrm{fa}}=\int_{V_t}^{+\infty}P_n(v)\mathrm{d}v=\exp\left(-\frac{V_t^2}{2\varphi_0}\right) \tag{3.13}$$

式（3.13）中，φ_0 是噪声电压的方差。

由式（3.13）可以确定 P_{fa} 随 V_t 的变化规律，它是一个单调递减的函数。包络检波的门限电压可表示为

$$V_t=\sqrt{2\sigma\ln\left(1/P_{\mathrm{fa}}\right)} \tag{3.14}$$

将式（3.13）代入式（3.12），可得门限检测的虚警时间为

$$T_{\mathrm{fa}}=\frac{1}{B_{\mathrm{IF}}}\exp\left(\frac{V_t^2}{2\varphi_0}\right) \tag{3.15}$$

图 3.4 是根据式（3.15）做出的 T_{fa} 与 $V_t^2/(2\varphi_0)$ 及 B_{IF} 的关系曲线，由该图可见，同样的门限，接收机带宽越窄，则虚警时间越长。由于带宽窄，噪声的相关时间长，同样的噪声虚警数，需要的绝对时间就长。

虚警概率 P_{fa} 是在多个噪声单元取样中，噪声电平超过门限的概率，噪声单元的宽度就是噪声的相关时间，这个时间是带宽的倒数，这就说明了虚警概率和虚警时间的关系。若接收机带宽为 1MHz，每秒内将有 10^6 个噪声单元。如果 $P_{\mathrm{fa}}=10^{-6}$，则 $T_{\mathrm{fa}}=1\mathrm{s}$；若接收机带宽为 10MHz，同样是 10^{-6} 的虚警概率，平均虚警时间为 0.1s。

表征虚警的大小有时还可以用虚警数 n_{f} 来表示。马库姆定义不发生虚警的概率 P_{o} 与虚警概率 P_{fa} 有以下关系

$$P_{\mathrm{o}}=\left(1-P_{\mathrm{fa}}\right)^{n_{\mathrm{f}}}=0.5 \tag{3.16}$$

式（3.16）中，虚警数 n_{f} 表示虚警时间 T_{fa} 内出现虚警的概率为 0.5 时的独立检测机会数（简称虚警数）。

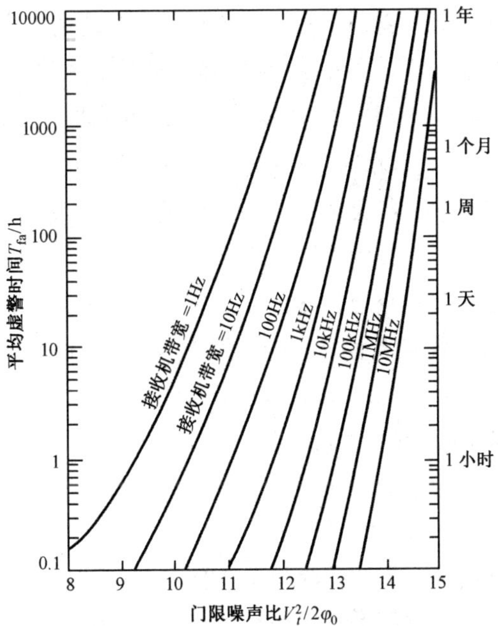

图 3.4　平均虚警时间与门限噪声比（不同接收机带宽）的关系

当$n_f \gg 1$时，虚警概率可以近似表示为

$$P_{fa} \approx \frac{1}{n_f}\ln\frac{1}{P_o} = -\frac{\ln 0.5}{n_f} = \frac{0.6931}{n_f} \tag{3.17}$$

因此，虚警数n_f与虚警概率P_{fa}成反比。

对于脉冲雷达，n_f可表示为

$$n_f = \frac{n}{mN} \tag{3.18}$$

式（3.18）中，n为虚警时间内参与检测的脉冲宽度τ的数目，m为相干积累的脉冲数（≥1），N为非相干积累的脉冲数（≥1）。

当雷达进行全量程检测且不考虑休止期时间时，假定雷达接收机视频带宽或数字基带带宽$B_v \geqslant 0.5B_n$，积累器的输出取样间隔时间等于τ，相当于间隔一个脉冲宽度的噪声电压值是统计独立的，有时把这个间隔叫作奈奎斯特间隔。则当$n = T_{fa}/\tau$，$B_n \geqslant 1/\tau$，考虑式（3.18）时有

$$n_f = \frac{T_{fa}}{\tau mN} \approx \frac{T_{fa}B_n}{mN} = \frac{1}{mNP_{fa}} \tag{3.19}$$

在实际应用中，通常把天线扫描一周的时间当作虚警统计时间来评估雷达系统的虚警概率。例如，某脉冲雷达的距离分辨单元数为 1000，方位波束宽度为 1.45°，那么每帧扫描的分辨单元数为 248276 个。如果该雷达在每个波束驻留期间检测一次，且每个距离分辨单元可以出现一个虚警，那么天线扫描一周可出现

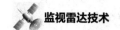

的总虚警数为248276个。根据式（3.17），50%不出现虚警的虚警概率为4×10^{-6}。如果该雷达在每个波束驻留期间有12个脉冲，采用4脉冲MTD处理，并进行3组非相干积累，即$m=4$、$N=3$，根据式（3.19）计算出$P_{\text{fa}}=3.36\times10^{-7}$。如果该雷达系统的虚警概率指标为$10^{-6}$，那么雷达天线平均扫描三周会出现一个虚警。从以上分析可知，对于同一虚警概率，对不同的雷达距离单元数、天线转速、积累脉冲数和接收机带宽，会得到不同的虚警数。

监视雷达主要用于搜索空域目标的早期发现和警戒监视，目前大多数监视雷达检测性能指标中虚警概率为10^{-6}、检测概率为 0.5。由上述分析可知，对于同样的虚警概率和检测概率指标，由于不同雷达的探测范围和分辨单元大小差异很大，其设计参数会带来较大的不同。

2. 检测概率

当只考虑噪声背景时，雷达接收机输出信号是回波信号与噪声的叠加信号，这时的概率密度函数是信号加噪声的概率密度函数$p_{\text{an}}(v)$，若输入信号是振幅为A的正弦波信号，包络检波后的概率密度函数为[7]

$$p_{\text{an}}(v)=\frac{v}{\varphi_0}\exp\left(-\frac{v^2+A^2}{2\varphi_0}\right)\mathrm{I}_0\left(\frac{Av}{\varphi_0}\right) \tag{3.20}$$

式（3.20）中，v是信号加噪声的包络，φ_0为噪声方差，$\mathrm{I}_0(\cdot)$是零阶修正型正贝塞尔函数。当z值很大时，$\mathrm{I}_0(z)$可近似表示为

$$\mathrm{I}_0(z)\approx\frac{\mathrm{e}^z}{\sqrt{2\pi z}}\left(1+\frac{1}{8z}+\cdots\right) \tag{3.21}$$

式（3.20）所表示的概率密度函数称为广义瑞利分布，有时也称为莱斯分布。这种情况下的门限检测过程如图 3.5 所示，该图中只有噪声和信号加噪声两种情况的概率密度函数，后者是在$A/\varphi_0^{1/2}=3$时按式（3.20）画出的，图中标出了$A/\varphi_0^{1/2}=2.5$的相对门限电平。信号加噪声的概率密度函数的变量$A/\varphi_0^{1/2}$超过门限$A/\varphi_0^{1/2}=2.5$时，曲线下的面积就是检测概率，而只有噪声存在时，包络超过门限电压的概率就是虚警概率。显然，当门限$A/\varphi_0^{1/2}$提高时，虚警概率降低，但检测概率也会降低。

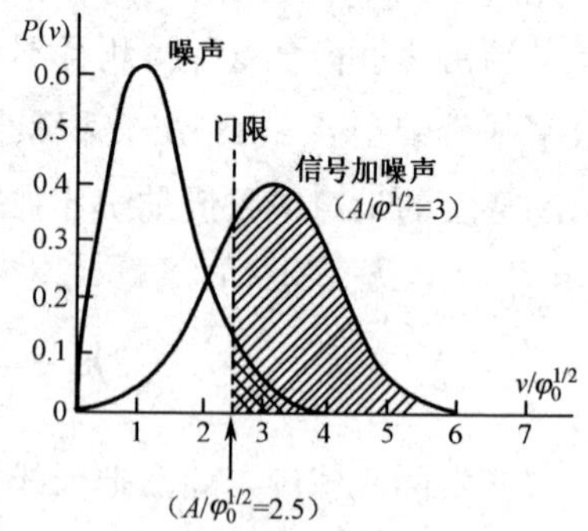

图 3.5　基于概率密度函数的检测门限

对于正弦波信号，检测概率 P_{d} 可表示为

$$P_{\mathrm{d}} = \int_{V_t}^{+\infty} p_{\mathrm{an}}(v)\mathrm{d}v = \exp\left(-\frac{V_t^2 + A^2}{2\varphi_0}\right)\int_{V_t}^{+\infty} \mathrm{I}_0\left(\frac{Av}{\varphi_0}\right)\mathrm{d}v \tag{3.22}$$

式（3.22）可以确定 P_{d} 随 $\mathrm{I}_0(z)$ 积分的变化规律，在 V_t 给定的情况下，它是一个随 $\mathrm{I}_0(z)$ 积分单调递增的函数。为了避免复杂的数字积分，可用 Q 函数近似表示为

$$P_{\mathrm{d}} = Q\left(\frac{V_t}{\sqrt{\varphi_0}} - \sqrt{\frac{2A}{\varphi_0} + 1}\right) \tag{3.23}$$

对于单个脉冲的检测因子可表示为

$$D_0(1) = \frac{1}{2}\left\{\left[\frac{V_t}{\sqrt{\varphi_0}} - Q^{-1}\left(P_{\mathrm{d}}\right)\right]^2 - 1\right\} \tag{3.24}$$

图 3.6 所示曲线是以虚警概率 P_{fa} 为参变量，单个非起伏目标的检测概率 P_{d} 与所需检测因子 $D_0(1)$ 之间的关系。这些曲线可直接用于计算单个非起伏目标的检测概率，同时也可用作实际雷达或检测器自动计算检测概率和检测因子的起始值。

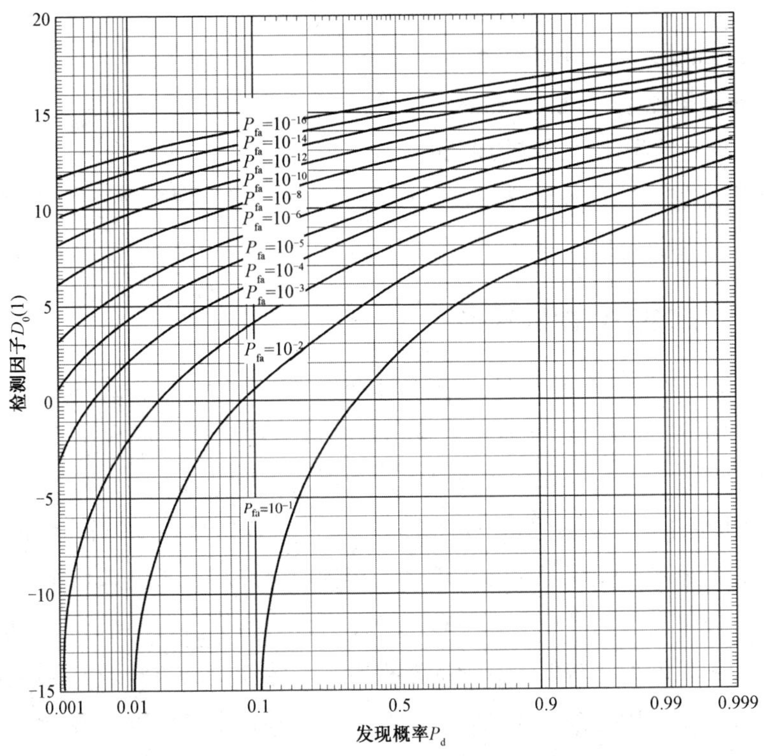

图 3.6　非起伏目标单个脉冲检测所需检测因子

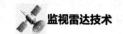

非相干检测的检测因子比相干检测的检测因子大，这是由于非相干检测处理中未考虑目标信号的相位信息，它们的比值等于包络检波器的损失因子 $C_x(1)$，导致非相干检测要达到规定的检测概率需提高输入端的信噪比。$C_x(1)$ 有时被描述为“小信号抑制”损失，它在高检测概率和弱信噪比情况下对积累效率的影响很大。对于单个脉冲检测的情况，该损失的影响不是很明显。当 $P_\mathrm{d}=50\%$、$P_\mathrm{fa}=10^{-4}$ 时，$C_x(1)=0.8\,\mathrm{dB}$；当 $P_\mathrm{d}=90\%$、$P_\mathrm{fa}=10^{-6}$ 时，$C_x(1)=0.4\,\mathrm{dB}$。检波器损失因子与包络检波器输入端信噪比的函数关系如图 3.7 所示。

在给定虚警概率 P_fa 的条件下，目标检测概率主要依赖于检测信号的信噪比，如当 $P_\mathrm{fa}=10^{-6}$ 时，P_d 达到 50%所需的信噪比是 13.1dB，信噪比只需提高 3.4dB，检测就可以从临界检测（$P_\mathrm{d}=50\%$）变为可靠检测（$P_\mathrm{d}=99\%$），提高检测概率必须通过提高检测信噪比来实现，所以检测信噪比对检测概率的影响很大。另外，当检测概率较高时，检测所要求的信噪比对虚警时间的依赖关系不灵敏。例如，雷达中频接收带宽为 1MHz，对于检测概率为 90%、虚警时间为 15min 所需的检测信噪比为 14.7dB。如果把虚警时间从 15min 增大到24h，检测信噪比只需增加 0.7dB 即可；如果虚警时间增加到一年，信噪比也只需增加到 1.5dB 即可。

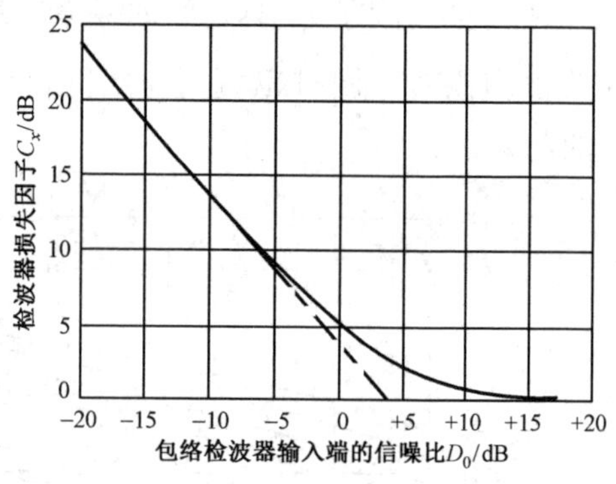

图 3.7 检波器损失因子与包络检波器输入端信噪比的函数关系

3.1.3 脉冲串积累检测

监视雷达的信号检测通常是在多个脉冲积累的基础上进行的，信号积累可以增加噪声和信号加噪声两种概率密度函数曲线峰值之间的间隔（参见图 3.8），提高信号检测效率。信号积累可以是相参积累，也可以是非相参积累。通常把包含目标幅/相信息的积累过程称为相参积累，而只有信号幅度的积累过程则称为非相参积累。相参积累保留了目标信号的相位信息，相当于矢量叠加，因而能获得最佳积累效果。非相参积累因没有了目标信号的相位信息，相当于标量（幅度）叠加，信号积累的效率较低。目前的监视雷达多脉冲检测一般采用相参积累，对于近程监视雷达和固定指向监视雷达，由于脉冲数较多，一般采用多组脉冲串处理，在脉冲组内进行相参积累，脉冲组间进行非相参处理，以避免由于目标机动带来的跨越损失。

在高斯噪声背景下，典型的相参脉冲串积累检测判决流程如图 3.9（a）所示，相参脉冲串的经典最佳检测判决流程如图 3.9（b）所示，一般由匹配滤波器、检波器和门限判决装置构成，该原理方法适用于所有的全数字化处理过程。由于相参脉冲串的频谱是梳齿状的，故其匹配滤波器的频谱也是梳齿状的，它同时完成对脉冲串的匹配滤波和相参积累两个功能。匹配滤波器输出的峰值信噪比为 E/N_{o}，这时 E 为脉冲串中单个脉冲的能量乘以脉冲串的脉冲个数 n。

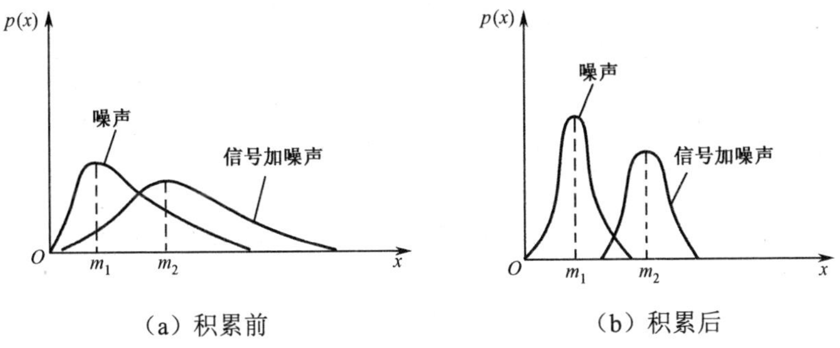

图 3.8　噪声与信号加噪声在积累前、后的概率密度函数分布

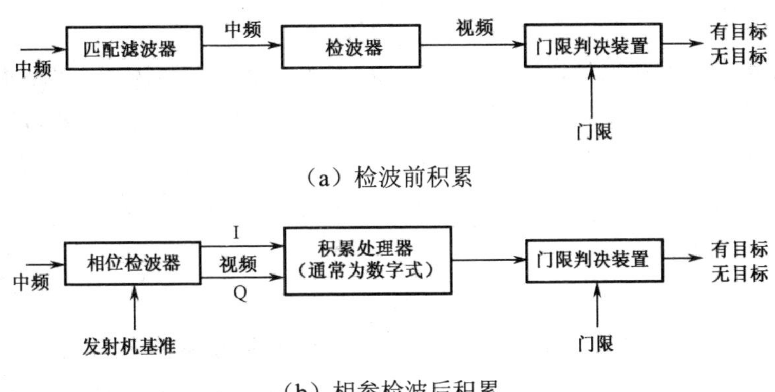

图 3.9　相参脉冲串积累检测判决流程

接收信号经相位检波器检波或 A/D 变换直接采样形成两个正交的 I/Q 信号，若采用相位检波器输出的是 I/Q 基带信号，用 A/D 变换器转换为数字信号。转换为数字信号后在数字域进行快速傅里叶变换（FFT）处理来实现相参积累。

如果信号采用非相参包络检波或不能进行相参积累处理，那么后续积累就变成非相参脉冲串积累。非相参脉冲串积累不需要相位信息，通常采用单通道包络检波，如图 3.10 所示。非相参脉冲串积累检测的性能比相参脉冲串积累检测的性能差。通常雷达接收的非相参脉冲串的幅度是被调制的（如天线扫描引起的

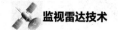

回波幅度变化），这时积累处理器在把不同幅度的脉冲相加之前要进行适当的加权。加权系数正比于脉冲振幅（线性检波）或脉冲振幅的平方（平方律检波），这样才能实现非相参脉冲串的最佳积累检测。非相参积累处理器由于没有利用信号的相位信息必然增加信噪比损失，当检波器输出噪声是瑞利分布的热噪声时，在处理脉冲较少的情况下能获得接近于 n 的信噪比增益。当积累脉冲数 n 很大时，非相参积累的信噪比增益趋近于 $\sqrt{n}$ 。

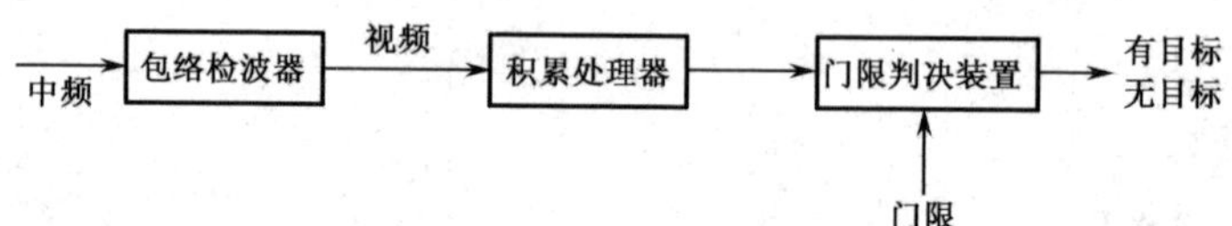

图 3.10　非相参脉冲串积累检测判决流程

马库姆对非起伏目标以等幅/相参脉冲串积累为标准，计算了非相参脉冲串积累的相对效率，其定义为

$$E_i(n)=\frac{D_0(1)}{nD_0(n)} \tag{3.25}$$

式(3.25)中，n 是积累脉冲数，$D_0(1)$ 是对给定检测概率所需的单个脉冲信噪比，$D_0(n)$ 是对同样检测概率积累 n 个脉冲所需的单个脉冲信噪比。

积累 n 个脉冲对信噪比的改善倍数 $nE_i(n)$ 称为积累改善因子，也可视为非相参脉冲串积累的有效脉冲数。在理想情况下，相参脉冲串积累的效率 $E_i(n)=1$，故改善因子为 n。而非相参脉冲串积累的效率始终小于 1，因此积累改善因子达不到 n。为了便于分析，有时把 $E_i(n)$ 的倒数定义为积累损失，即

$$L_i(n)=\frac{1}{E_i(n)}=\frac{nD_0(n)}{D_0(1)} \tag{3.26}$$

积累损失 $L_i(n)$ 是检测概率 P_{d}、虚警概率 P_{fa} 和积累脉冲数 n 的函数，但它对 P_{d} 和 P_{fa} 的变化不是很敏感。非相参积累检测所需的信噪比 $D_0(1)$ 与积累损失 $L_i(n)$ 和积累脉冲数 n 的关系如图 3.11 所示。根据图 3.6 和图 3.11 可以方便地计算 n 个脉冲非相参积累检测所需的信噪比 $D_0(1)$ 。例如：$P_{\mathrm{d}}=90\%$ ，$P_{\mathrm{fa}}=10^{-6}$ ，$n=24$，由图 3.6 可查得 $D_0(1)=13.2\,\mathrm{dB}$，根据图 3.11 可查得 $L_i(n)=3.2\,\mathrm{dB}$，由式（3.26）可算出 24 个脉冲积累时单个脉冲需要的信噪比 $D_0(n)=2.6\,\mathrm{dB}$。图 3.12～图 3.14 是非起伏目标线性检波时非相参积累检测对应 3 种不同检测概率所需的信噪比。

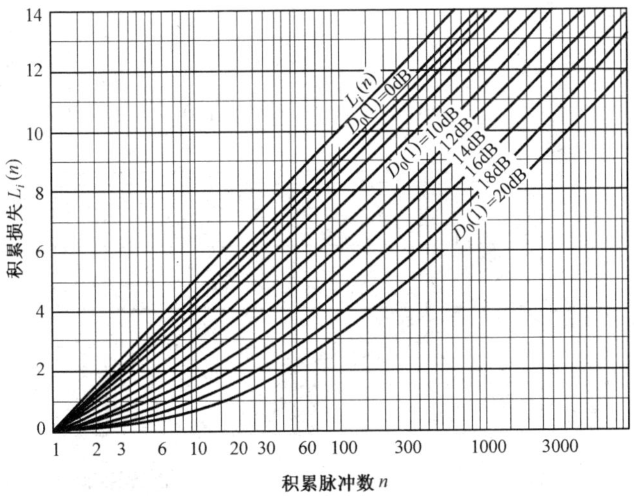

图 3.11　非相参积累检测信噪比 $D_0(1)$ 与积累损失 $L_i(n)$ 和积累脉冲数 n 的关系

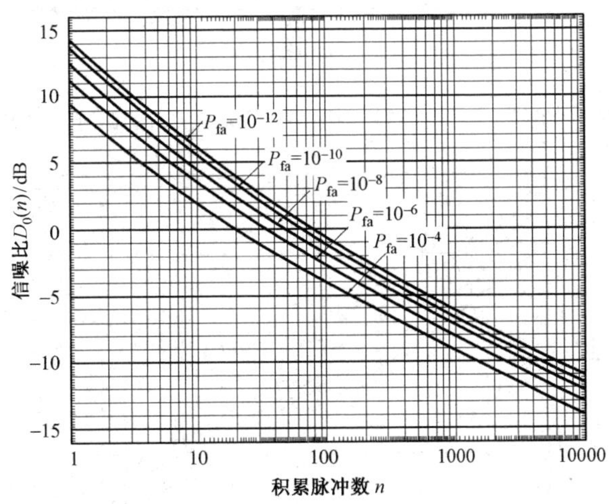

图 3.12　非起伏目标线性检波时非相参积累检测所需的信噪比（$P_d = 0.5$）

积累检测因子即检测信噪比还可以用以下经验公式进行近似计算，即

$$D_0\left(n\right) = \frac{X_0}{4H_n}\left(1 + \sqrt{1 + \frac{16H_n}{\zeta X_0}}\right) \tag{3.27}$$

式（3.27）中，H_n 为等效的积累脉冲数，ζ 为包络检波器或通带滤波器的特性系数。X_0 按式（3.28）计算

$$X_0 = \left(g_{fa} + g_d\right)^2 \tag{3.28}$$

式（3.28）中

$$g_{fa} = 2.36\sqrt{-\lg P_{fa}} - 1.02 \tag{3.29}$$

$$g_{\mathrm{d}} = \frac{1.231 \cdot t}{\sqrt{1-t^2}} \tag{3.30}$$

$$t = 0.9\left(2P_{\mathrm{d}} - 1\right) \tag{3.31}$$

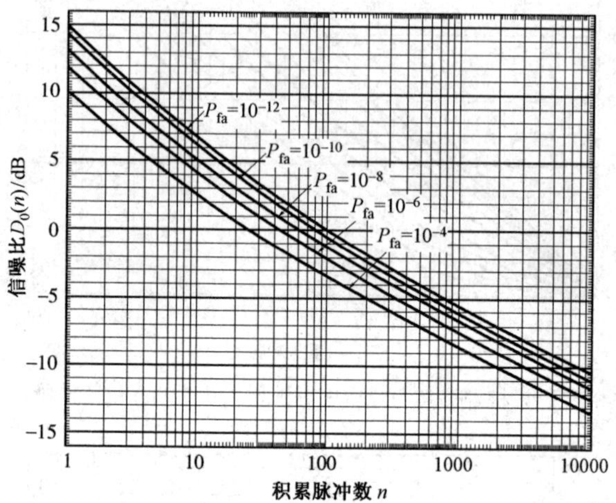

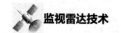

图 3.13　非起伏目标线性检波时非相参积累检测所需的信噪比（$P_{\mathrm{d}} = 0.75$）

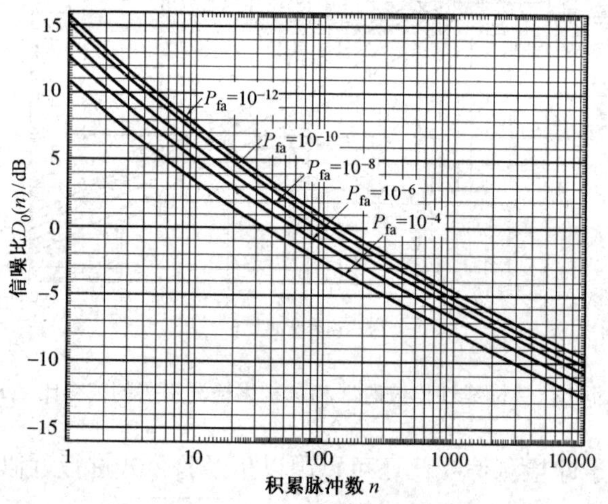

图 3.14　非起伏目标线性检波时非相参积累检测所需的信噪比（$P_{\mathrm{d}} = 0.9$）

式（3.27）的通用性取决于H_n和ζ是如何计算的，H_n取决于非相参积累器的加权值和信号功率的变化情况，ζ取决于包络检波器或通带滤波器的特性。在均匀加权积累、恒定信号功率电平和平方律检波的情况下，取$H_n = n$，$\zeta = 1$；在理想加权积累、恒定信号功率电平和线性检波的情况下，取$H_n = n$，$\zeta = 0.915$。在均匀加权积累、高斯信号功率电平和平方律检波情况下，取$H_n = 0.473n$，$\zeta = 1$；在理想加权积累、高斯信号功率电平和线性检波的情况下，取$H_n = 0.532n$，

$\zeta = 0.915$。其中，如果计算时已考虑了波束形状损失，此处就不考虑高斯信号功率电平对等效积累脉冲数的限制，即取 $H_n = n$；采用线性检波或平方律检波引入的误差较小，同时目前监视雷达大多采用射频/中频直接采样形成 I/Q 信号，其滤波器特性接近归一化理想值，一般在工程计算上不再引入该项误差。需要注意的是以上公式是经验公式，在 $0.1 \leqslant P_\text{d} \leqslant 0.9$ 和 $10^{-12} \leqslant P_\text{fa} \leqslant 10^{-4}$ 范围内都是正确的，符合监视雷达的应用场景。

3.1.4　目标 RCS 起伏

雷达方程计算和检测性能均与目标的 RCS（简称目标 RCS）密切相关，在计算中通常把目标看成一个点目标，将其目标 RCS 视为常量。实际上雷达目标多数是复杂目标，其回波可以近似分解为目标不同部位的强散射单元回波的合成，且各散射单元的位置和回波强度与目标相对雷达的姿态角有关。如果目标的运动使其相对于雷达的姿态角发生变化，回波信号的幅度就会随之起伏。

要正确地描述目标 RCS 的起伏，可利用它的概率密度函数 $p(\sigma)$ 和相关函数 $R(\sigma)$。其中 $p(\sigma)$ 决定了 σ 在区间 $(\sigma, \sigma + \text{d}\sigma)$ 内的概率，而 $R(\sigma)$ 则描述了回波序列中不同时刻 σ 的相关程度。有时 σ 起伏的功率谱密度也很重要，特别是研究跟踪雷达的性能时，σ 的功率谱密度（简称谱密度）尤为重要，因为可依据 σ 的谱密度推出相关函数。

对大多数雷达来说，很难准确地测得各种目标 RCS 的 $p(\sigma)$ 和 $R(\sigma)$，而是用一个与其接近而又合理的模型来估计目标 RCS 的起伏影响，并进行数学上的分析。斯威林（Swerling，SWL）提出了用来计算检测概率的 4 类目标 RCS 的起伏模型（以下简称斯威林目标起伏模型），其中非起伏目标为第五类模型，在雷达界获得广泛应用。

第一类：Swerling Ⅰ型，以下标注为 SWL-1。在任意一次扫描期间接收的目标回波脉冲都是相关的，但是从一次扫描到下一次扫描则是独立的，称为脉间相关，扫描独立。这种目标回波起伏模型可归结为扫描期间起伏模型，其 RCS 的概率密度函数为

$$p(\sigma) = \frac{1}{\bar{\sigma}} \exp\left(-\frac{\sigma}{\bar{\sigma}}\right) \quad \sigma \geqslant 0 \tag{3.32}$$

式（3.32）中，$\bar{\sigma}$ 是目标起伏全过程的平均值。

第二类：Swerling Ⅱ型，以下标注为 SWL-2。目标 RCS 的概率密度函数与式（3.32）相同，但比第一类目标起伏得快，且脉冲到脉冲间起伏不相关，称为脉间独立。

第三类：Swerling Ⅲ型，以下标注为 SWL-3。称为脉间相关，扫描独立，

但 RCS 的概率密度函数为

$$p(\sigma)=\frac{4\sigma}{\bar{\sigma}}\exp\left(-\frac{2\sigma}{\bar{\sigma}}\right)\quad \sigma\geqslant 0 \tag{3.33}$$

第四类：Swerling Ⅳ型，以下标注为 SWL-4。起伏情况与第二类相同，称为脉间独立，但概率密度函数与式（3.33）相同。

第五类：非起伏模型，目标的 RCS 在扫描期间恒定不变。

实际上描述斯威林目标起伏模型的两个概率密度函数式（3.32）和式（3.33）是 $2m$ 阶 χ^2 分布的特例。$2m$ 阶 χ^2 分布的概率密度函数为

$$p(\sigma)=\frac{m}{(m-1)!\bar{\sigma}}\left(\frac{m\sigma}{\bar{\sigma}}\right)^{m-1}\exp\left(-\frac{m\sigma}{\bar{\sigma}}\right)\quad \sigma>0 \tag{3.34}$$

式（3.34）中的 m 为正实数，表示自由度数目。当将 χ^2 分布应用于目标 RCS 模型中时，并不要求 $2m$ 是整数，只要求 m 为正实数。当 $m=1$ 时，式（3.34）所表示的 χ^2 分布概率密度函数为指数分布式（3.32）或瑞利功率密度函数，它适用于 SWL-1 和 SWL-2 分布。而式（3.33）相当于 $m=2$ 时的 χ^2 分布，它适用于 SWL-3 和 SWL-4 分布。χ^2 分布的方差和平均值之比等于 $m^{-1/2}$，m 值越大，目标起伏越小；当 m 值趋于无穷大时，近似于目标不起伏。

用 χ^2 分布作为 RCS 起伏的统计学模型时，并不总是与观察数据相吻合，但在许多情况下它是一个很好的近似表达式。χ^2 分布有两个特征参量：平均 RCS $\bar{\sigma}$ 和维数 $2m$。经对沿直线水平飞行飞机的测量数据进行分析表明，在固定观测方向上，RCS 的起伏特性服从 χ^2 分布，参量 $m=0.9\sim2$，且 $\bar{\sigma}$ 从最大值到最小值的变化范围大约为 15dB。随着观测方向、飞机类型和雷达工作频率的变化，上述 χ^2 分布的这些参量也将随之变化，除了机身侧向外，对所有观测方向来说，m 值均接近于 1。可见除机身侧向外，在所有观测方向均可认为飞机的 RCS 的起伏特性服从瑞利分布，但 $\bar{\sigma}$ 随观测方向变化。另外，$\bar{\sigma}$ 比 m 值对计算检测概率的影响更大。虽然飞机的 RCS 非常接近瑞利分布，但不是所有情况都适用，如对机身侧向或小飞机进行观察时，瑞利模型就不适用。

χ^2 分布还可用于逼近其他目标的统计特性，温斯托克（Weinstock）指出这种分布可用于描述一些几何形状简单的目标统计特性，如可将卫星看成是圆柱体或带翼的圆柱体等，其 m 值随观测方向变化的范围为 0.3～2，有时称为温斯托克模型。

可将 SWL-1 和 SWL-2 目标起伏模型视为目标由大量统计独立的散射体组成，每一个散射体散射的能量只是后向散射总能量的一小部分，其合成 RCS 服从 χ^2 分布，参量 $m=1$，这实际上就是瑞利分布或指数分布。经验表明很多目标不能分解为由简单的散射体组成，但仍然服从 χ^2 分布，只是参量 $m\neq1$。

SWL-3 和 SWL-4 目标起伏模型可视为目标由一个反射较强的大散射体和许多独立的小散射体组成，前面已经指出，这类目标服从 χ^2 分布，参量 $m=2$。实际上这是莱斯（Rice）分布，其概率密度函数可以写成

$$p(\sigma)=\frac{1+S}{\bar{\sigma}}\exp\left[-S-(1+S)\frac{\sigma}{\bar{\sigma}}\right]\mathrm{I}_0\left[2\sqrt{S(1+S)\frac{\sigma}{\bar{\sigma}}}\right] \quad \sigma>0 \tag{3.35}$$

式（3.35）中，S 表示大散射体的 RCS 与小散射体总的 RCS 之比。对这类目标来说，莱斯分布比 $m=2$ 的 χ^2 分布更接近目标的统计特性。在 $S=1$，且 P_d 不太大的情况下，$m=2$ 的 χ^2 分布非常接近莱斯分布。

对数正态分布也可用于描述某些目标回波起伏的统计特性，其概率密度函数为

$$p(\sigma)=\frac{1}{\sqrt{2\pi}S_\mathrm{d}\sigma}\exp\left[-\frac{1}{2S_\mathrm{d}^2}\left(\ln\frac{\sigma}{m}\right)^2\right] \quad \sigma>0 \tag{3.36}$$

式（3.36）中，$S_\mathrm{d}=\ln(\sigma/\sigma_m)$ 为标准偏差，σ_m 是 σ 的中值，σ 的均值与中值之比为 $\exp\left(S_\mathrm{d}^2/2\right)$。这个模型适用于卫星本体、舰船、圆柱体、平板及阵列天线面的散射回波。

对于目标检测来说，无论是哪一类目标起伏情况，其最佳检测系统的组成均与非相参不起伏脉冲串检测系统的结构相似或相同，但其检测性能随目标性质的不同有明显差异。图 3.15～图 3.30[3]给出了达到规定的检测概率时，SWL-1～SWL-4 起伏目标线性检波时非相参积累检测所需的信噪比。在计算雷达的作用距离时，代入雷达方程的目标 RCS 通常是其统计平均值 $\bar{\sigma}$。为了便于比较，这里将没有回波起伏的目标归于第五类。当计算作用距离时，可以根据给定的检测概率 P_d 和虚警概率 P_fa 直接运用这些曲线，这些曲线中已包含了起伏损失。

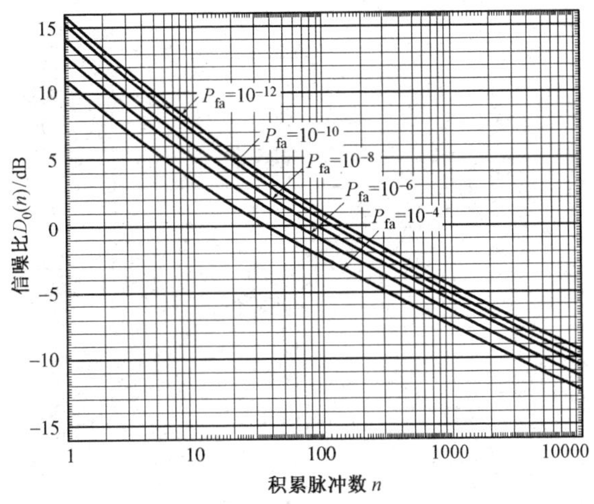

图 3.15 SWL-1 起伏目标线性检波时非相参积累检测所需的信噪比（$P_\mathrm{d}=0.5$）

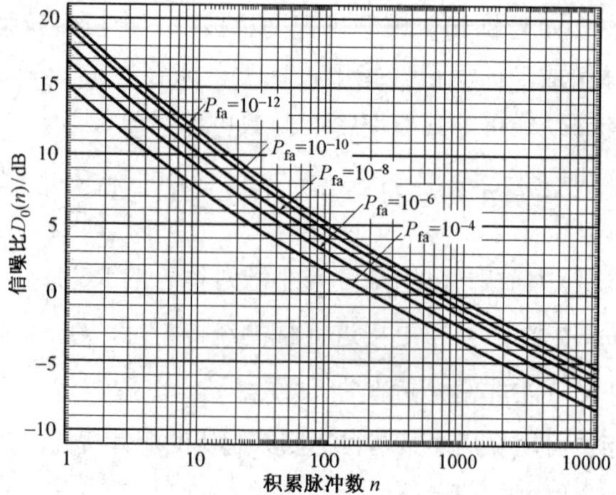

图 3.16　SWL-1 起伏目标线性检波时非相参积累检测所需的信噪比（$P_d=0.75$）

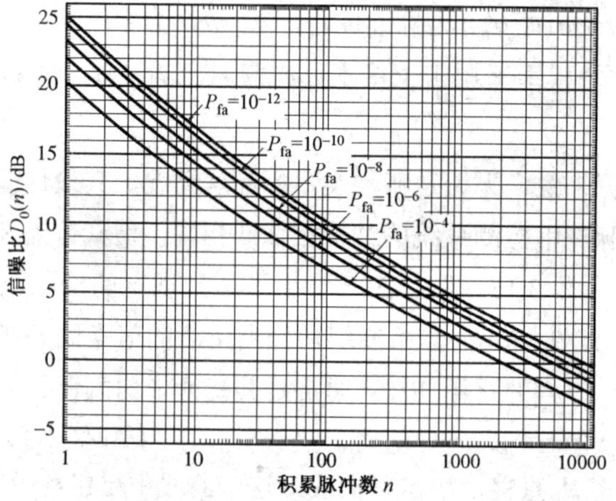

图 3.17　SWL-1 起伏目标线性检波时非相参积累检测所需的信噪比（$P_d=0.9$）

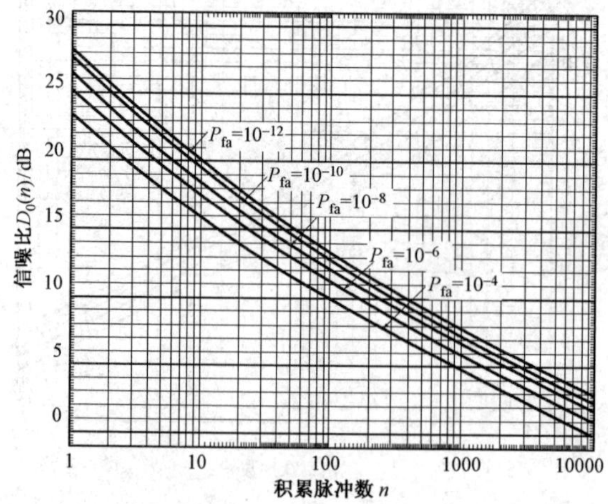

图 3.18　SWL-1 起伏目标线性检波时非相参积累检测所需的信噪比（$P_d=0.95$）

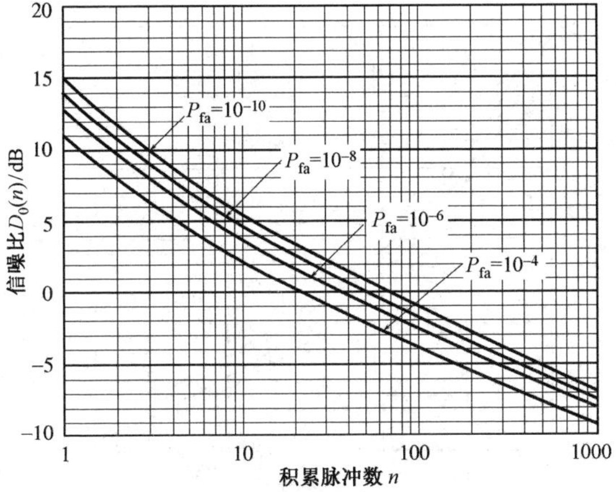

图 3.19　SWL-2 起伏目标线性检波时非相参积累检测所需的信噪比（$P_d = 0.5$）

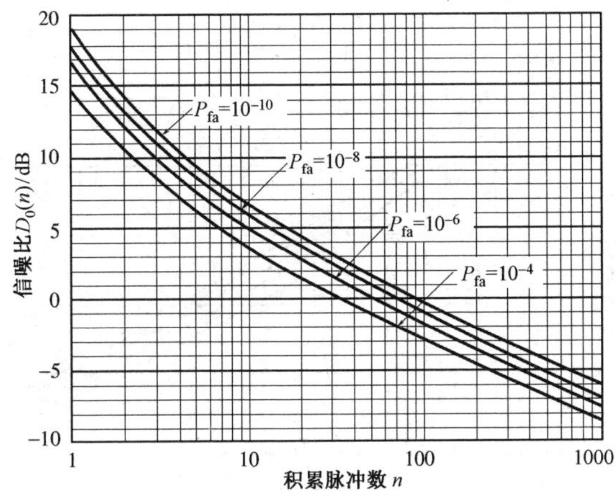

图 3.20　SWL-2 起伏目标线性检波时非相参积累检测所需的信噪比（$P_d = 0.75$）

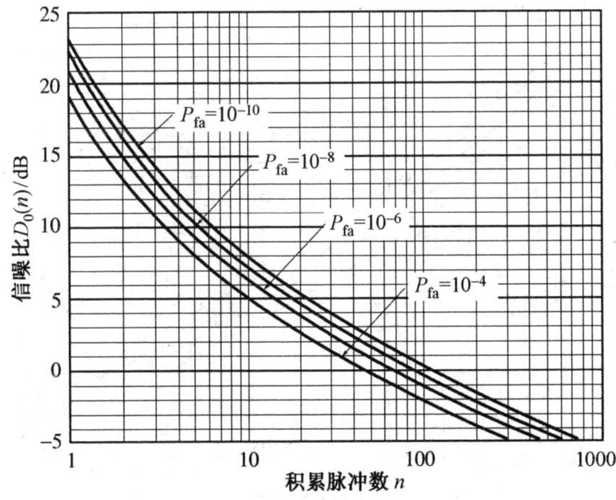

图 3.21　SWL-2 起伏目标线性检波时非相参积累检测所需的信噪比（$P_d = 0.9$）

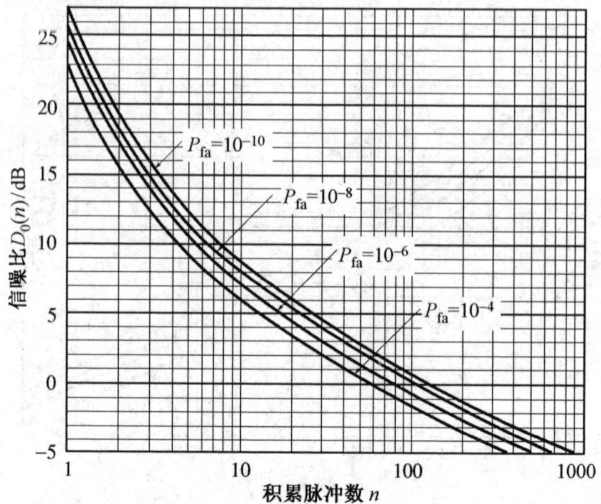

图 3.22 SWL-2 起伏目标线性检波时非相参积累检测所需的信噪比（$P_d = 0.95$）

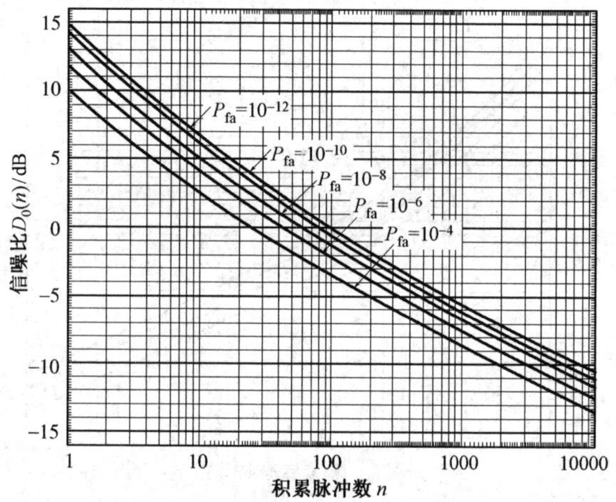

图 3.23 SWL-3 起伏目标线性检波时非相参积累检测所需的信噪比（$P_d = 0.5$）

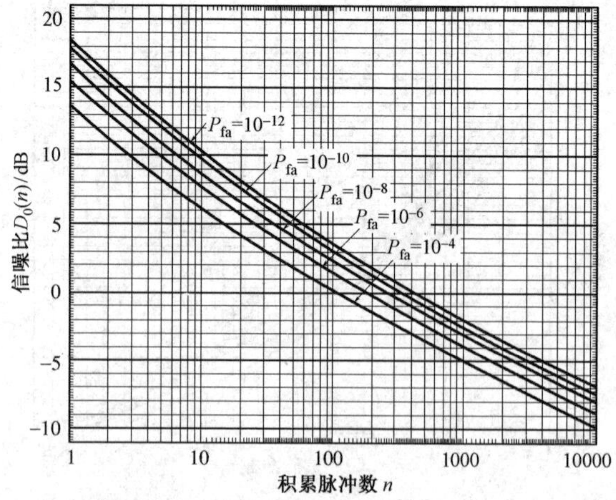

图 3.24 SWL-3 起伏目标线性检波时非相参积累检测所需的信噪比（$P_d = 0.75$）

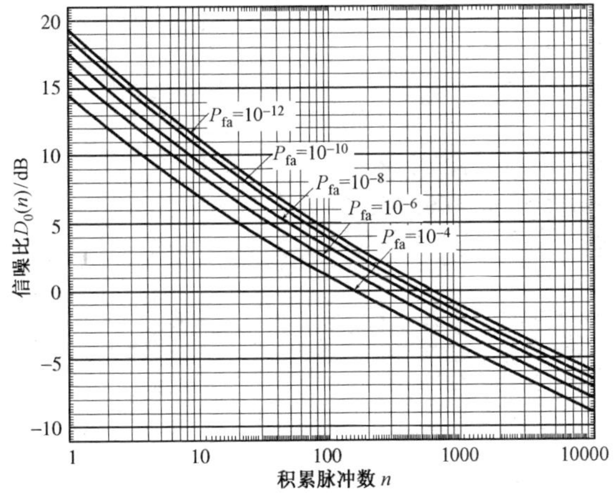

图 3.25　SWL-3 起伏目标线性检波时非相参积累检测所需的信噪比（$P_d = 0.9$）

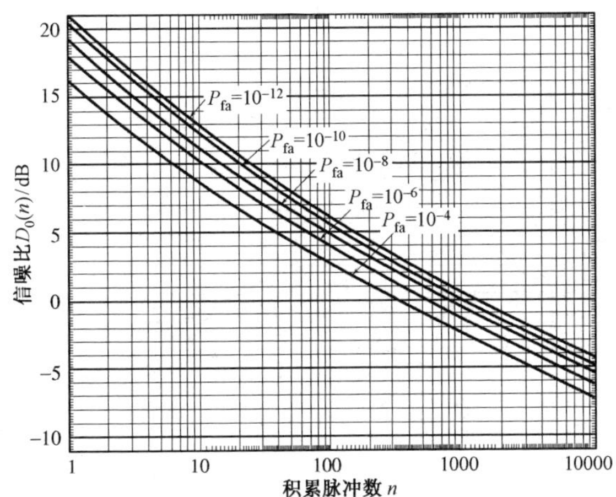

图 3.26　SWL-3 起伏目标线性检波时非相参积累检测所需的信噪比（$P_d = 0.95$）

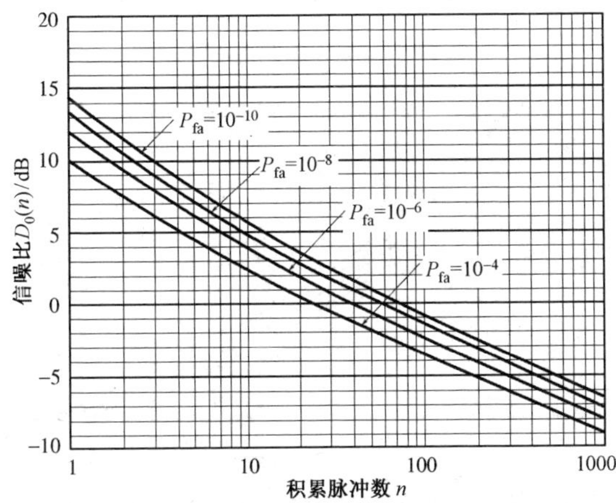

图 3.27　SWL-4 起伏目标线性检波时非相参积累检测所需的信噪比（$P_d = 0.5$）

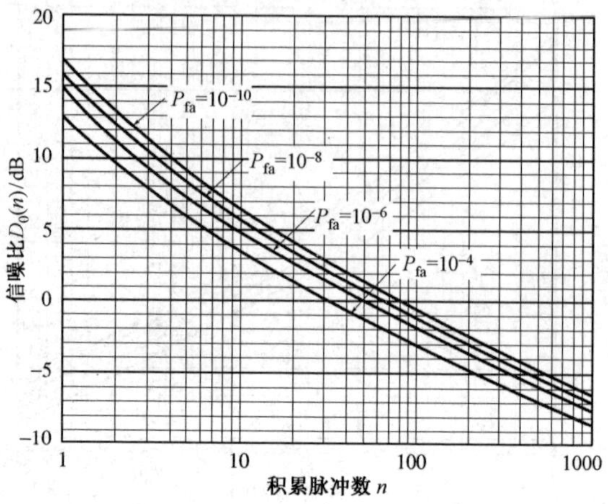

图 3.28　SWL-4 起伏目标线性检波时非相参积累检测所需的信噪比（$P_d = 0.75$）

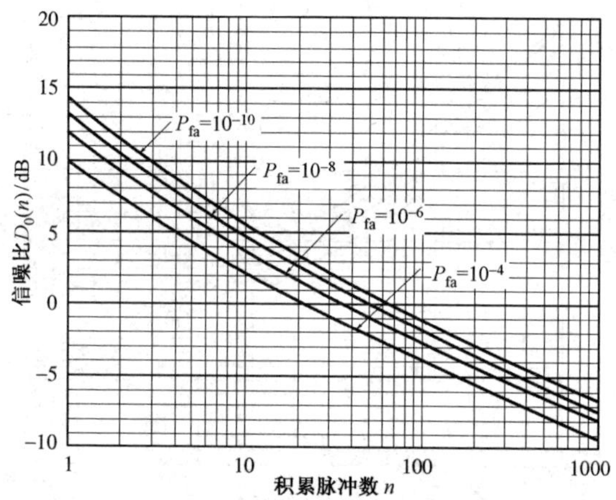

图 3.29　SWL-4 起伏目标线性检波时非相参积累检测所需的信噪比（$P_d = 0.9$）

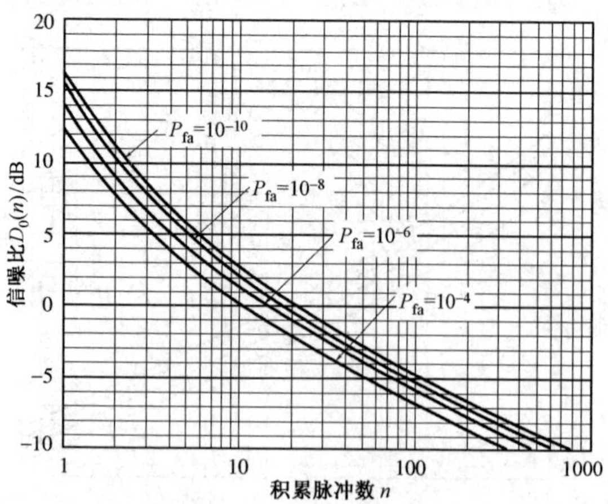

图 3.30　SWL-4 起伏目标线性检波时非相参积累检测所需的信噪比（$P_d = 0.95$）

图 3.31 给出虚警数 $n_{\mathrm{f}}=10^8$，积累脉冲数 $n=10$ 时，5 种类型 4 种起伏模型+1 种非起伏模型起伏目标检测性能的比较。在检测概率较大时，前四类起伏目标回波均比第五类不起伏目标回波需要更大的信噪比。例如，在检测概率为 0.95 时，第五类不起伏目标回波所需要的单个脉冲信噪比为 6.2dB，但第一类起伏目标回波所需要的单个脉冲信噪比是 16.8dB。因此，若在估计雷达作用距离时不考虑目标回波起伏的影响，则预测的作用距离和实际能达到的距离相差甚远。

图 3.31 还表明，当 $P_{\mathrm{d}}>0.3$ 时，慢起伏目标回波（即 SWL-1 和 SWL-3 起伏目标回波）所需的信噪比大于快起伏目标回波（即 SWL-2 和 SWL-4 回波起伏目标）需要的信噪比。因为慢起伏目标的回波在同一扫描期内是脉间起伏相关的，如果第一个脉冲振幅小于检测门限，则相继脉冲也不会超过门限值，要发现目标只有提高信噪比。在快起伏目标回波的情况下，脉冲间起伏不相关，相继脉冲的振幅会有较大变化，在第一个脉冲不超过门限时，相继脉冲仍有可能超过门限而被检测。事实上，当脉冲数足够多时，在快起伏目标回波情况下的检测性能是被平均的，它的检测性能接近于目标回波非起伏的情况。

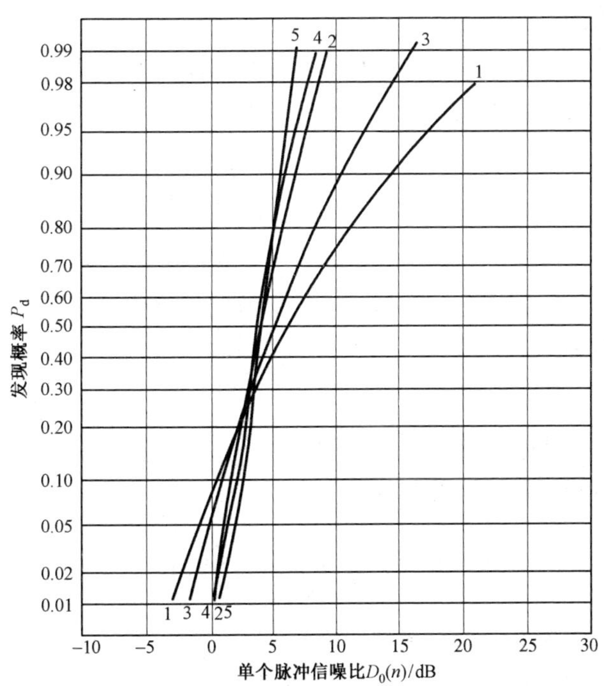

图 3.31　给定条件下 5 种类型起伏目标检测性能的比较（虚警数 $n_{\mathrm{f}}=10^8$，积累脉冲数 $n=10$）

由于实现非相参积累比实现相参积累要容易得多，所以若能把目标回波起伏从慢起伏变为快起伏，则对提高雷达系统的检测能力具有重要意义。通常这种将目标回波起伏从慢起伏变为快起伏的过程称为“去相关”。使回波振幅去相关的途径有许多种，如频率捷变、极化捷变和天线快速扫描（增加扫描间积累，天线扫描周期大于回波相关时间）等。

当只用一个参量来描述复杂目标的统计特性时，对 SWL-1 和 SWL-2 目标回波可采用瑞利分布的平均值。由于 SWL-1 目标回波的起伏特性对雷达检测性能的影响估计余量适中，因而 SWL-1 模型通常被用来计算和预测监视雷达的检测性能。

另一种计算的方法是用不起伏目标回波加回波起伏损失的方法。这种方法首先将不起伏目标的 RCS 代入雷达方程，然后加上起伏目标回波的损失，对雷达方程做一定的修正，再计算出起伏目标回波的雷达作用距离。这时积累检测因子应表示为

$$D_x(n) = D_0(n) + L_f(\text{dB}) \tag{3.37}$$

式（3.37）中，$D_x(n)$ 的下标 x 表示目标起伏的类型，如 $D_1(n)$ 表示 SWL-1 目标的积累检测因子；$D_0(n)$ 表示式（3.27）的不起伏目标回波的积累检测因子；$L_f(\text{dB})$ 是目标回波起伏的检测损失。

目标回波起伏的检测损失与目标回波起伏的统计特性有关，指数型目标的脉组相关目标回波起伏损失为

$$L_f = \left[-\ln P_d\left(1+\frac{g_d}{g_{fa}}\right)\right]^{-1/F_e} \tag{3.38}$$

式（3.38）中，F_e 为指数型目标积累的相关组数。对于具有多散射体结构的 χ^2 分布型目标，任何目标回波起伏模型均可用等效的慢起伏目标回波模型代替，等效的积累相关组数为

$$F_e = kF \tag{3.39}$$

式（3.39）中，k 为目标回波信噪比的参数，F 为独立的积累脉组数。因此，χ^2 分布型目标的脉组相关目标回波起伏损失为

$$L_f = \left[-\ln P_d\left(1+\frac{g_d}{g_{fa}}\right)\right]^{-1/(kF)} \tag{3.40}$$

按斯威林目标起伏模型分类，参数 k 和 F 为

- SWL-1（慢起伏）：$k=1$，$F=1$
- SWL-2（快起伏）：$k=1$，$F=n$
- SWL-3（慢起伏）：$k=2$，$F=1$
- SWL-4（快起伏）：$k=2$，$F=n$

式中，n 为积累脉冲数。

表 3.2 列出了慢起伏目标不同检测概率与虚警概率的起伏损失。将表中的数据除以参数 k 与相关组数 F 之积，即可求得任何 χ^2 类型目标的回波起伏损失。这种方法适用于所有 k，包括 $k<1$。但是，随着 k 值的减小，计算误差将增加。当 $k>1$ 时，计算误差约为 0.5dB；当 $0.2 \leqslant k \leqslant 1$ 时，计算误差在 0.5～1dB 之间；当 $k=0.1$ 时，计算误差增大到 3dB。

对于由一个强散射体和许多较弱散射体构成的莱斯分布型目标，信噪比参数 k 可以表示为

$$k = 1 + \frac{S^2}{1+2S} \tag{3.41}$$

式（3.41）中，S 是强散射体的 RCS 与较弱散射体总的 RCS 之比。将式（3.41）代入式（3.40）便可以计算出莱斯分布型目标回波的起伏损失。

表 3.2　慢起伏目标*不同检测概率与虚警概率的起伏损失 L_f/dB

P_d	P_{fa}				
	10^{-4}	10^{-6}	10^{-8}	10^{-10}	10^{-12}
0.10	−1.8	−2.3	−2.5	−2.7	−2.8
0.25	−0.6	−0.8	−0.9	−1.0	−1.0
0.50	1.6	1.6	1.6	1.6	1.6
0.75	4.7	4.9	5.0	5.0	5.0
0.90	8.5	8.7	8.9	9.0	9.1
0.95	11.3	11.6	11.8	11.9	12.0

*：目标类型为 SWL-1，kF=1。

3.2　自动检测处理

信号的自动检测处理已广泛应用于现代雷达系统中，雷达信号自动检测功能主要完成信号积累、自动门限恒虚警率、目标检测等基本任务，本节主要介绍自动检测理论，并给出监视雷达常用的目标信号检测方法。雷达目标信号的自动检测技术包括提高目标信噪比/信杂比的信号积累技术和各种控制虚警的自适应门限技术。

3.2.1　概述

雷达目标信号的自动检测是指按照设定的基本算法和杂波统计模型处理，并保持给定的虚警概率，在噪声和干扰杂波背景环境中自动检测到目标。信号的自

动检测的核心是自适应门限检测技术，由于自适应门限电平是根据背景噪声、杂波和有源干扰的统计模型及检测准则确定的，因此在没有（感兴趣的）目标存在时，就要利用自动检测电路来估测接收机的输出信号，以保持一个恒虚警率（Constant False Alarm Rate，CFAR）的系统，这种系统就称为恒虚警率检测系统。实现监视雷达目标信号的自动检测，首先要求对每一距离单元的回波信号与下列门限电压相比较，这些门限电平（简称门限）可分为下述 4 种：

（1）人为以经验为主设定的固定门限；

（2）以外界杂波/干扰的平均幅度为基础的门限；

（3）在干扰分布律已知的基础上计算未知参量并作为门限；

（4）没有杂波/干扰分布统计的先验知识时，在自由分布统计假设下所确定的门限。

在第一种情况下，如果被处理信号 x_0 等于或大于预置的门限 T，就被确认一次检测，固定门限检测原理图如图 3.32 所示。当干扰电平变化时，具有固定门限的自动检测器会使虚警概率在同一搜索区域的有无干扰部位上产生很大差异。

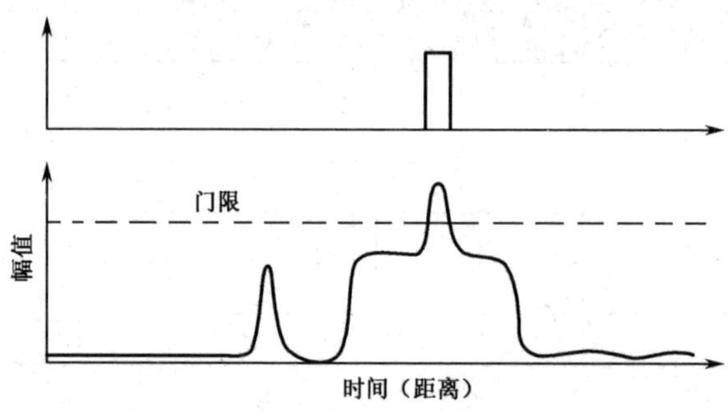

图 3.32　固定门限检测原理图

第二种和第三种情况为较普遍采用的典型自适应门限 CFAR 处理器。这两种处理器都是以假设被检测距离单元附近的相邻区域具有平稳性为依据，对已知分布律的干扰参数进行估值。当其分布律的参数完全由其平均电平描述时，第二种情况就能获得恒虚警率，自适应均值门限检测原理图如图 3.33 所示。在这种情况下，检测门限 T 用式（3.42）表示更为恰当，即

$$T = K_0\sigma_0^2 \tag{3.42}$$

式（3.42）中，K_0 是由所要求的虚警概率和所处理干扰的统计特性确定的常数，而 σ_0 是被处理干扰的平均电平。当被处理信号 x_0 等于或大于门限 T 时，就确认一次检测。

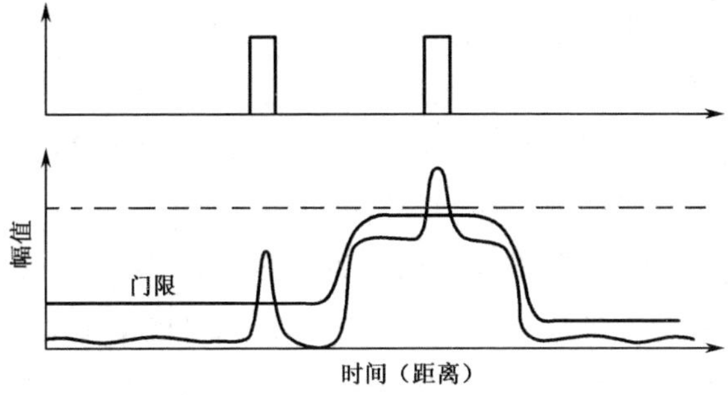

图 3.33　自适应均值门限检测原理图

第三种情况中，除所处理干扰的平均值不能完全描述其统计特性外，其与第二种情况相似。第三种情况的自适应门限 CFAR 处理器可以对已知（先验）分布的未知参量进行估值。例如，已知所处理干扰的平均值与标准偏差的比值是输入信号的脉冲与脉冲间相关特性的函数。脉冲间相关特性的改变会引起所处理干扰的平均值与标准偏差比值的改变，从而调整门限常数 K_0，使检测保持恒虚警率。

在实际应用中，这种自适应门限 CFAR 处理器通常以幅度杂波图（简称杂波图）为门限，幅度杂波图门限允许门限值在空间有变化，但要求杂波在多次扫描中（典型扫描数为 5～10 次）必须是平稳的，幅度杂波图要求为每一个距离、方位单元存储一个平均背景电平。若在某一个距离、方位单元内有新值超过平均背景电平，那么就判定该距离-方位单元内有目标存在。

第四种情况代表了所谓非参量型 CFAR 处理器。在所有样本都与未知密度函数相独立的假设下，检验样本服从均匀分布，这样就能设定恒虚警率门限。这类处理器在 TWS 雷达中已获得广泛应用，因为这类雷达的干扰和杂波背景的电平和分布律均为未知。非参量型 CFAR 处理器可在同一背景噪声概率密度函数的情况下保持恒虚警率。与已知噪声情况下的 CFAR 处理器相比，其处理损失较大。非参量型 CFAR 处理器的一种形式是秩处理器，即将观测样本按照幅度大小依次排序，样本的序号即为样本的秩，根据秩的某种函数进行检测的处理器称为秩处理器。秩处理器是将检测单元的输出幅度与邻域各距离单元的背景噪声的输出幅度一一做比较，以确定它们各自的秩。检测单元的输出（以秩表示），经过积累后与一个固定门限值加上一个自适应门限值的和做比较，即可判定目标是否存在。

目标回波信号经自适应门限处理后，生成距离相同的脉冲信号。根据经典检测理论，相参积累一般在自适应门限处理前就已完成，如 FFT、FIR（Fault Isolation

Rate，故障隔离率）处理等。自动检测器的核心任务就是把同一距离单元，连续 n 个脉冲重复周期的脉冲叠加起来（或加权叠加），进行门限检测。本书这里讨论的脉冲积累通常是指非相参积累，经过积累处理后，一般依据虚警概率设置第二门限，回波信号超过检测第二门限就表示有目标存在。

门限检测问题是一个典型的二元假设问题，通常用 H_0 表示无目标存在的假设，H_1 表示有目标存在的假设。尽管有几种准则可以用来解决这个问题，但是最适合雷达的检测准则是奈曼-皮尔逊准则。该准则认为，对于一个给定的虚警概率 P_{fa}，通过对似然比 L 与由 P_{fa} 决定的门限电平 T 进行比较，使检测概率 P_{d} 值达到最大，即

$$L\left(x_1,x_2,\cdots,x_n\right)=\frac{p\left(x_1,x_2,\cdots,x_n\left|H_1\right.\right)}{p\left(x_1,x_2,\cdots,x_n\left|H_0\right.\right)}\geqslant T \tag{3.43}$$

则可判定目标存在。式(3.43)中，$p\left(x_1,x_2,\cdots,x_n\left|H_1\right.\right)$ 和 $p\left(x_1,x_2,\cdots,x_n\left|H_0\right.\right)$ 分别是 n 个样本 x_i 在 H_1 和 H_0 情况下的联合概率密度函数。对于常规目标信号一般采用线性包络检波器，样本在 H_0 的情况下服从瑞利分布，在 H_1 的情况下服从莱斯分布，则似然比检测器简化为

$$\prod_{i=1}^{n}\mathrm{I}_0\left(\frac{A_i x_i}{\sigma^2}\right)\geqslant T \tag{3.44}$$

式（3.44）中，σ^2 是噪声功率；A_i 是第 i 个脉冲的目标幅度，它与天线的功率方向图成正比。对于小信号，检测器一般可简化为平方律检波器

$$\sum_{i=1}^{n}A_i^2 x_i^2\geqslant T \tag{3.45}$$

对于大信号，检测器一般可简化为线性包络检波器

$$\sum_{i=1}^{n}A_i x_i\geqslant T \tag{3.46}$$

对于等幅信号

$$A_i=A_0$$

在马库姆[1]的经典理论中研究了这些检测器，我们在 3.1 节已给出了线性检波器和平方律检波器的检测曲线，下面介绍与这些检测器有关的结论：

（1）在 P_{d}、P_{fa} 和 n 的较大范围内，线性检波器和平方律检波器的检测性能是相似的，只有不到 0.2dB 的差异。

（2）连续扫描的雷达回波信号是经过天线方向图调制的，在没有加权的情况下（即 $A_i=1$），为了使信噪比最大而积累方位波束内全部脉冲，这时仅有处于方位波束半功率点间（一般为总脉冲数的 84%）的脉冲被积累，并且天线波束形状

因子产生的信噪比损失为 1.6dB。

（3）线性检波器的叠加损失 L 比平方律检波器约大几个分贝（如图 3.34 所示），若 N 是信号样本积累数，M 是外来噪声样本积累数，则叠加比 $\rho=(N+M)/N$。

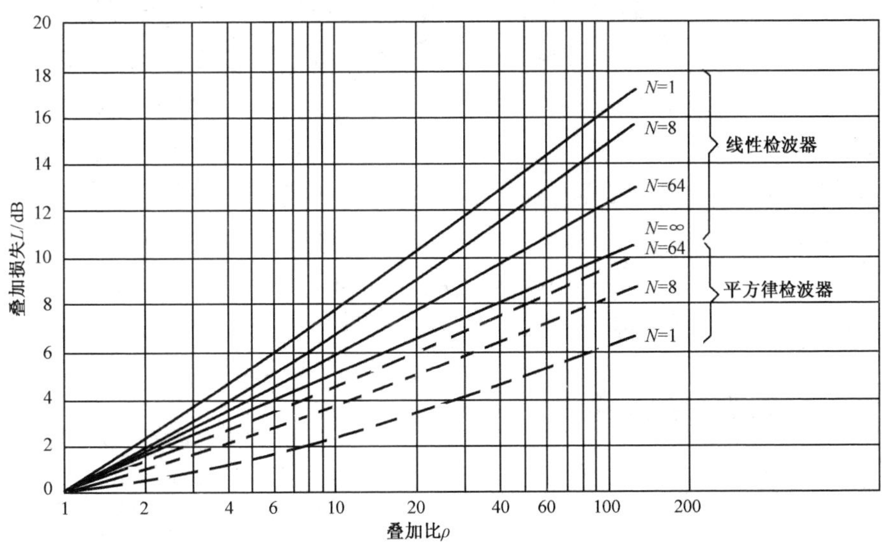

图 3.34　叠加损失与叠加比的关系（P_d=0.5，P_{fa}=10^{-6}）

（4）大多数自动检测器不仅要能检测目标，还要能对目标的方位位置进行角度估计。斯威林用 Cramer-Rao 下限方法计算了最佳估计误差的标准偏差，两者的比较如图 3.35 所示。该图中绘制的是归一化角度标准偏差对波束中心信噪比的关系曲线，σ 是估计误差的标准偏差，N_{3dB} 是 3dB 波束宽度内的脉冲数，S/N 是波束中心的信噪比。图 3.35 中比较的结果适用于中等数量以上的积累脉冲。

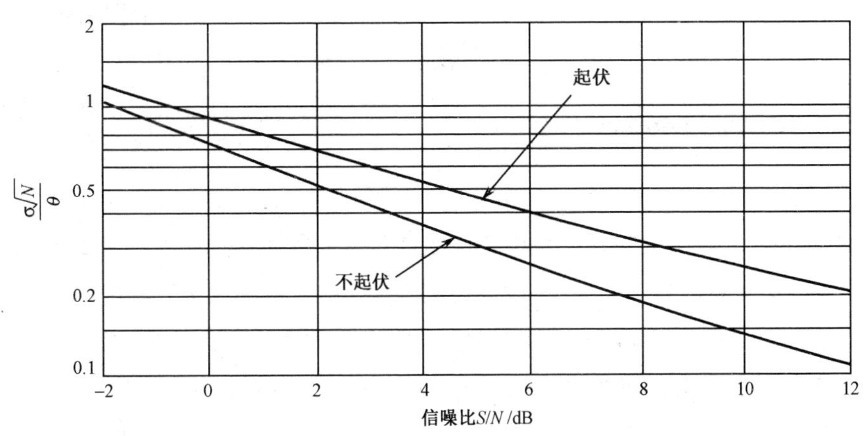

图 3.35　不同信噪比下归一化角度估计偏差曲线

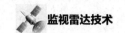

监视雷达采用的目标检测方法与天线波束的扫描方式有关。

常规监视雷达常采用固定波束天线，工作时天线波束在方位上或仰角上做连续扫描，当波束扫过目标期间，便可获得一串目标回波信号。在这种雷达中，目标信号开始出现的角度位置不能预知，回波信号的幅度是按天线方向图的形状产生幅度调制的，即目标信号开始和结束时的幅度最小，波束中心的目标信号回波幅度最大，所以这种雷达检测器通常采用以连续积累为基础的滑窗检测器。

采用相控阵天线的监视雷达在工作时的波束可以是跳跃扫描的，这种雷达会在给定方向发射一个脉冲或一串脉冲，此时波束扫过目标期间获得的目标回波信号是一个或一串等幅脉冲信号，且波束中心方向的回波幅度最大。因此，这种雷达检测器通常采用积累时间可变的序贯检测器。

3.2.2 非相参积累检测

1. 反馈积累

反馈积累检测器是一种典型的非相参积累检测器，它是经典的脉冲串积累方法。这是一种存储了每个脉冲重复周期内所有距离单元的回波信号，经延迟（一个脉冲重复周期）反馈后，与新重复周期内同一距离单元的回波信号相加，形成新的积累值的检测器。反馈积累检测器的实现方案有单反馈积累检测器和双反馈积累检测器两种。

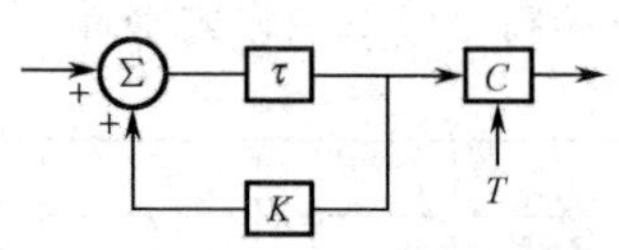

图 3.36　单反馈积累检测器原理框图

单反馈积累检测器是一种用延迟时间等于脉冲重复周期的单根延迟线实现的单反馈积累的检测器，其原理框图如图 3.36 所示。每次新的目标回波和积累器中过去各次扫描回波的值相加形成新的积累值，其数学表达式为

$$S_i = KS_{i-1} + x_i \tag{3.47}$$

式（3.47）中，K 为反馈系数，是积累检测器对过去各次扫描回波的权值系数。有效积累脉冲数 $m = 1/(1-K)$，对于最佳检测性能（最大检测概率 P_d）的 $m = 0.63n$，其中 n 是天线 3dB 波束宽度内的脉冲数。它的检测性能可以用 3.1.4 节中经典理论的图 3.15 至图 3.30 多脉冲检测曲线，并加上一个 1.6dB 的波束形状损失来计算。

理想的反馈积累应当是一种加权积累。因为雷达天线扫描时所收到的回波脉冲串的振幅被天线波束形状所调制，而天线波束的形状通常又可以用高斯函数来表示，所以接收机输出端脉冲串的功率信噪比也是时间的高斯函数。为了得到最佳性能的积累器，在视频相加前应进行高斯加权。而单反馈积累器的加权函数为指数型，它与高斯函数相差甚远，因此在实际应用中很少采用单反馈积累检测器，故要设法改进。

双反馈积累检测器可以得到很接近高斯型的加权函数，所以其检测性能相对单反馈积累检测器有很大改善。双反馈积累检测器的原理框图如图 3.37 所示，这种检测器需要存储中间计算结果和积累输出信息，其数学表达式为

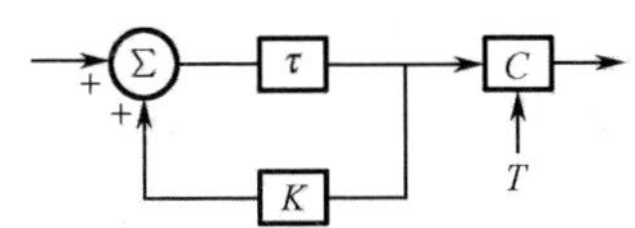

图 3.37　双反馈积累检测器的原理框图

$$y_i = x_i - K_2 z_{i-1} \tag{3.48}$$

$$z_i = y_{i-1} + K_1 z_{i-1} \tag{3.49}$$

式中，x_i 是输入信号，y_i 是中间计算结果，z_i 是输出结果，K_1 和 K_2 是两个反馈系数。当给定最大检测概率时，K_1 和 K_2 的值分别为

$$K_1 = 2\exp\left(-\xi\omega_{\rm d}\tau \Big/ \sqrt{1-\xi^2}\right)\cos\left(\omega_{\rm d}\tau\right) \tag{3.50}$$

$$K_2 = \exp\left(-2\xi\omega_{\rm d}\tau \Big/ \sqrt{1-\xi^2}\right) \tag{3.51}$$

式中，$\xi = 0.63$，$n\omega_{\rm d}\tau = 2.2$，$n$ 是天线 3dB 波束宽度内的脉冲数。用双反馈积累检测器可以得到类似于天线方向图的加权图，且检测性能与最佳检测器相差 0.15dB 之内，角度估计的结果值大约比用 Cramer-Rao 下限方法计算所得的结果值高 20%。

双反馈积累器在 z 平面上有两个极点，故又称为双极点滤波器。计算它的两个极点用式（3.52），即

$$z_{1,2} = \frac{1}{2}\left(K_1 \pm \sqrt{K_1^2 - 4K_2}\right) \tag{3.52}$$

通常取 $K_1^2 < 4K_2$，且 $K_2 < 1$，可得到一对共轭极点。双极点滤波器存在两个缺点：一是副瓣电平高（一般为-20～-15dB），二是抗干扰性能差（对于具有高电平的单个信号样本，高增益滤波器能引起大的输出）。

2. 二进制积累

监视雷达的自动检测一般是通过二进制积累检测器完成的。二进制积累检测器是一种双门限检测器，有时又称为 M-N 检测器或序列检测器。二进制积累检测器的原理框图如图 3.38 所示。在二进制积累检测器中，接收机检波输出信号首

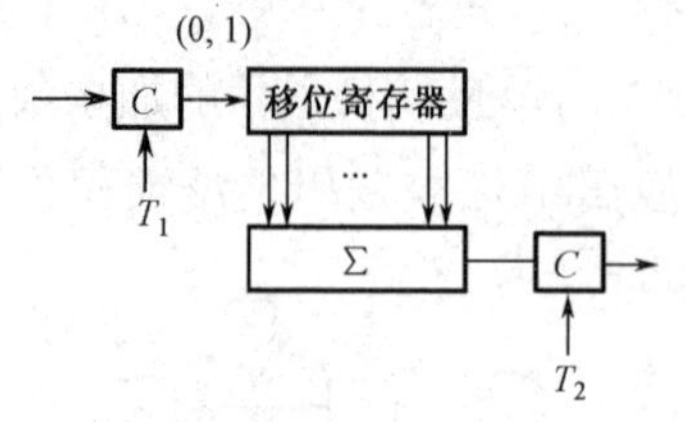

图 3.38 二进制积累检测器的原理框图

先与预先设置的第一门限值 T_1 相比较。如果信号值超过 T_1，量化器输出一个脉冲，记为“1”；否则不输出脉冲，记为“0”。最后将积累序列的 n 个 0 或 1 加起来与第二门限值 $T_2=m$ 进行比较，如果超过 T_2 的值，就判定有目标存在。

二进制积累检测器的检测性能与第一、第二门限值的选取均有关系。例如，第一门限值如果过高，弱信号就很难被检测到，从而产生较大漏检；第一门限值如果过低，则虚警概率较大。第二门限值的选择影响与此相类似，其对虚警概率的控制效果更好。当第一门限值 T_1 被选定后，就可求出在单次扫描条件下，每一距离单元的检测概率 P_{d1} 和虚警概率 P_{fa1}。在高斯噪声背景下，经过中频检波器后，有信号和只有噪声时的振幅分布分别为广义瑞利分布和瑞利分布

$$\begin{cases} p\left(r\middle|H_1\right)=r\exp\left(-\dfrac{r^2+2E/N_0}{2}\right)\mathrm{I}_0\left(r\sqrt{\dfrac{2E}{N_0}}\right) \\ p\left(r\middle|H_0\right)=r\exp\left(-r^2/2\right) \end{cases} \tag{3.53}$$

式（3.53）中，$\mathrm{I}_0(\cdot)$ 为第一类零阶修正贝塞尔函数。这时，单次扫描的检测概率和虚警概率分别为

$$P_{\mathrm{d1}}=\int_{T_1}^{+\infty}p\left(r\middle|H_1\right)\mathrm{d}r \tag{3.54}$$

$$P_{\mathrm{fa1}}=\int_{T_1}^{+\infty}p\left(r\middle|H_0\right)\mathrm{d}r \tag{3.55}$$

二进制积累检测器的检测性能是 m/n 的函数，其用于目标回波的慢起伏和组相关目标时的检测性能很难分析。对于目标回波的快起伏或稳定目标，可以按单个脉冲的检测概率和虚警概率来计算，n 个非相参脉冲中有 m 个超过门限值的概率为

$$P\left(m/n\right)=\sum_{l=m}^{m}\frac{m!}{k!(m-l)!}P_{\mathrm{d1}}^{l}\left(1-P_{\mathrm{d1}}\right)^{m-l} \tag{3.56}$$

当 n 值一定时，为了使 $P\left(m/n\right)$ 值最大，m 相应应有一个使性能最佳的值。施瓦兹（Schwarz）已证明，在 P_{d} 为最大值的情况下，且当 $0.5\leqslant P_{\mathrm{d}}\leqslant 0.9$，$10^{-10}\leqslant P_{\mathrm{fa}}\leqslant 10^{-5}$ 时，在 0.2dB 误差范围内，最佳 m 值近似为

$$m_{\mathrm{opt}}=1.5\sqrt{n} \tag{3.57}$$

当已知要求的虚警概率 P_{fa} 和积累脉冲数 n，并计算了最佳的 m 值后，可根据

要求的虚警概率和积累脉冲数 n，在图 3.39 上查出噪声超过第一门限值 T_1 的概率 P_n。相应的门限值 T_1 的计算式为

$$T_1 = \sigma\sqrt{-2\ln P_n} \tag{3.58}$$

这样，就可按式（3.54）和式（3.56）计算检测概率。

当 P_d 为 50%和 90%时，几种积累检测器性能的比较如图 3.40 和图 3.41 所示。

最佳二进制积累检测器的性能非常接近奈曼-皮尔逊准则下非相参积累检测器的特性。当积累脉冲数 n 很大时，二进制积累检测器的信噪比损失较大，大多数情况下与最佳积累检测相比增加损失近似为 1.4dB。

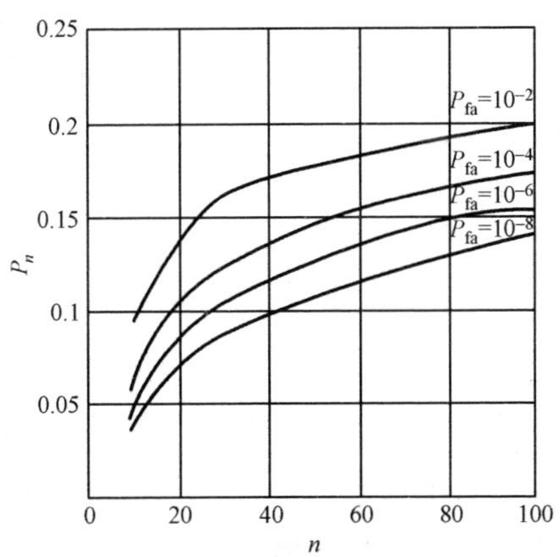

图 3.39　噪声过门限概率 P_n 和脉冲积累数 n 的关系

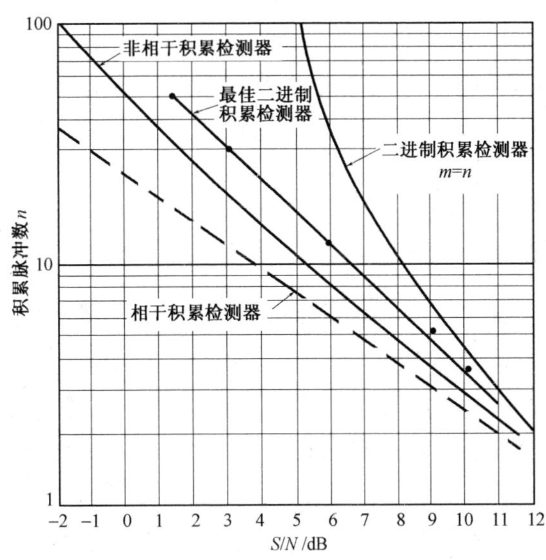

图 3.40　几种积累检测器的性能比较（$P_d = 50\%$，$P_{fa} = 10^{-10}$）

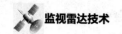

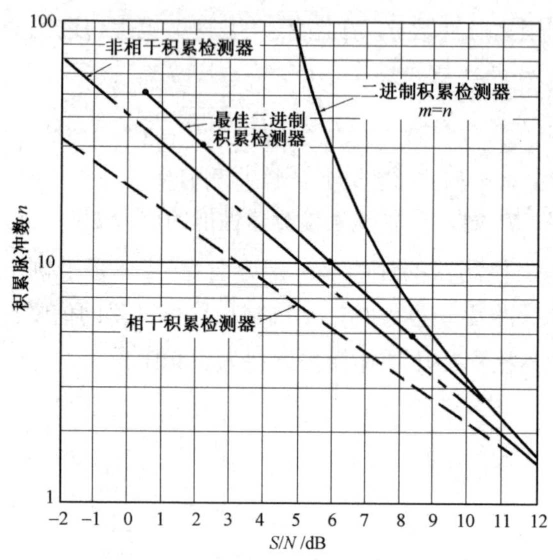

图 3.41　几种积累检测器的性能比较（$P_{\mathrm{d}}=90\%$，$P_{\mathrm{fa}}=10^{-10}$）

实际上，如果把二进制积累检测器中检波输出的电压变为“0/1”信号的过程，用 A/D 变换对信号直接数字化，则“0/1”信号的逻辑计数相加就相应变为多位数字信号的积累处理，再把第二门限做适当调整，就实现了数字化的非相干积累检测处理。所以，二进制积累检测器可看作是非相干脉冲串信号最佳检测的简化和特例。

二进制积累检测器具有较强的抗干扰性能。对于脉冲串回波信号来说，各重复周期里均有回波信号，因而在 n 个取样中连续超过门限值的概率就大。而对于随机噪声，各重复周期的取样是不相关的，因而只能偶然一两次超过第一门限值，连续多次超过门限值的概率就很低。第二门限判决正是利用信号和噪声这种相邻周期相关性的不同来检测目标信号的。

3.2.3　滑窗检测

滑窗检测器是一种采用移位寄存器的非相干积累检测器，二进制滑窗检测器也称为密度法检测器，滑窗检测器原理框图如图 3.42 所示。如果天线波束扫过目标时可收到的回波脉冲数为 n，则滑窗检测器由 $n-1$ 个延迟单元组成，每个单元的延迟时间为脉冲重复周期 T_{r}。滑窗检测器对每个距离单元内的 n 个脉冲序列求和

$$S_i = S_{i-1} + x_i - x_{i-n} \tag{3.59}$$

式（3.59）中，S_i 是在第 i 个脉冲处前 n 个脉冲之和，x_i 是第 i 个脉冲，当和值超过门限值 T 时即为发现目标。

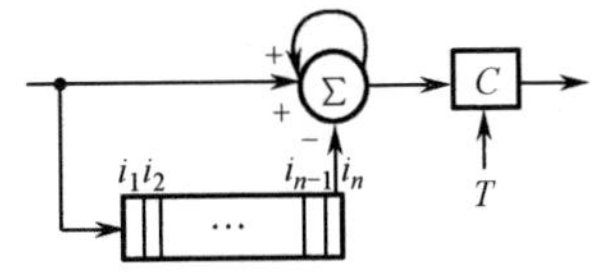

图 3.42　滑窗检测器原理框图

滑窗检测器是监视雷达普遍使用的检测器，由于其天线波束在方位上做连续扫描，且获得一串不同方位的目标回波信号，在同一距离单元上连续进行 n 次检测，所以这种采用以连续积累为基础，每次判决在方位上滑动的检测器称为滑窗检测器。我们注意到，在 3.2.2 节中的积累脉冲串，可以是同方位的，也可以是不同方位的，而滑窗检测器仅是不同方位的脉冲串。对检测性能而言，如果不考虑天线调制，同方位与不同方位都是一样的，当输入为多位 A/D 信号时，实质就是 3.2.2 节的非相参积累，其检测性能仍可用 3.1.4 节经典理论的多脉冲检测曲线，再加上一个 1.6dB 的波束形状损失来计算。如果对输入信号进行 0/1 量化，检测性能与 3.2.2 节的二进制积累检测器相同，可以用式(3.53)～式(3.58)计算。

滑窗检测器的特点在于具有方位估计功能，它利用回波信号的幅度是按天线方向图的形状产生幅度调制，在同一距离上不同方位连续检测目标的同时，也得到了角度信息。对滑窗检测器的目标角度估计有两种方法：一种是以滑窗检测器输出信号最大时的角度为依据取值；另一种是分别记下输出信号开始超过第二门限值那个瞬时（称为目标起始）的角度和回到第二门限值之下那个瞬时（称为目标终了）的角度，然后取其平均值。由于滑窗检测器的输出滞后于输入，上述两种方法所得结果均存在 $N/2$ 个脉冲的偏移，方位角度估计需要做系统修正。这两种估计的标准偏差比由 Cramer-Rao 下限方法所规定的最佳估计值高约 20%，对于不同积累脉冲数 N 对应的滑窗检测的角估计精度如图 3.43 所示。

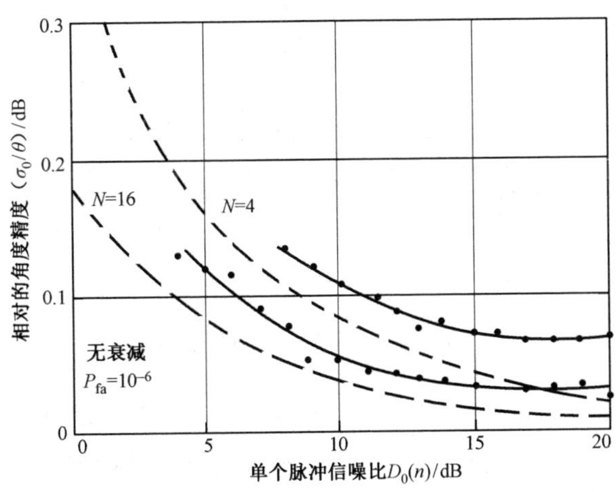

图 3.43　对于不同积累脉冲数 N 对应的滑窗检测的角估计精度

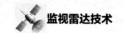

对于大信噪比的精度（均方根误差）来说，还受相邻两脉冲间隔$\Delta\theta$的限制，如果位置是均匀分布，其误差为

$$\sigma\left(\bar{\theta}\right)=\Delta\theta/\sqrt{12} \tag{3.60}$$

式（3.60），$\Delta\theta$ 是连续两个发射脉冲间的天线角度偏转量，它与天线转速、重复频率和波束宽度有关。如果每个波束宽度内的脉冲数很少，则测角精度就很差。用雷达的回波幅度补偿，可得到更高的测角精度，目标的角估计可由下式给出

$$\bar{\theta}=\theta_1+\frac{\Delta\theta}{2}+\frac{\ln\left(A_2/A_1\right)}{2a\Delta\theta} \tag{3.61}$$

式（3.61）中，$a=1.38/\text{波束宽度}^2$，A_1和A_2分别是发生在角度θ_1和$\theta_2=\theta_1+\Delta\theta$处的回波样本的幅度值。式（3.61）的估计值应用于θ_1和θ_2之间，当$\bar{\theta}<u_1$时，应将$\bar{\theta}$设置成等于θ_1；当$\bar{\theta}>u_2$时，应将$\bar{\theta}$设置成等于θ_2。对于在每个波束宽度内只有两个脉冲的情况下，双脉冲不同信噪比的测角精度如图 3.44 所示。

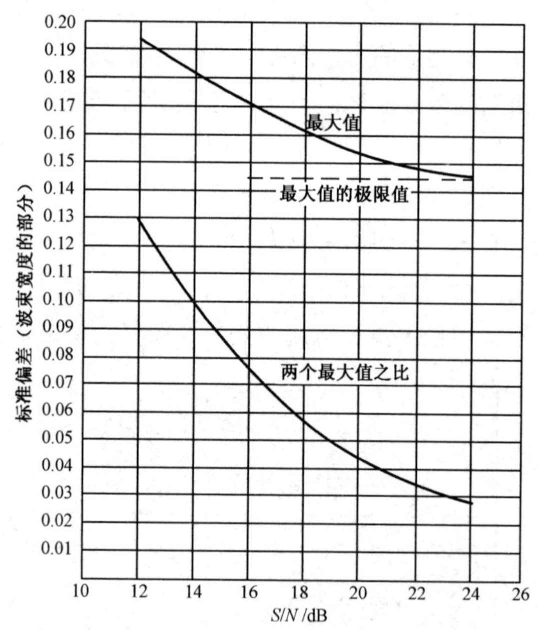

图 3.44　双脉冲不同信噪比的测角精度

滑窗检测器的缺点是容易受干扰，大样本干扰信号会引起错误检测。当积累的脉冲数很大时，有时可用一种称为小滑窗检测器的检测器来进行处理。小滑窗检测器是一种窗孔长度l（同时累加的脉冲数）小于天线波束扫过目标所收到的回

波脉冲数 n 的检测器。l 值一般比 n 值小得多。例如，n 值在 20 以上，而 l 值取 5～7。使用时，小滑窗检测器先依次对 l 个脉冲分组求和，并将结果与门限值 T_1 进行比较，小于 T_1 时判为“0”，大于 T_1 时判为“1”；然后将 n/l 个 0 和/或 1 求和，再与第二门限 T_2 进行比较。这等效于一组数据分批通过滑窗检测器。在自动检测设备中常采用小滑窗检测加脉冲计数器的方法来实现自动检测，脉冲计数器等效于长积累时间的设备。

小滑窗检测器也是一种应用广泛的二进制检测器。这种检测器对强杂波干扰不敏感，能有效抑制非瑞利分布杂波干扰。当积累脉冲数量较大时，小滑窗检测器的性能比滑窗检测器的性能约差 0.5dB，其角度估计值也比用 Cramer-Rao 下限方法高出约 20%，即

$$\overline{\theta} = \frac{\sum B_i \theta_i}{\sum B_i} \tag{3.62}$$

式（3.62）中，B_i 是第 i 组 l 个脉冲和的幅度，θ_i 是第 i 组 l 个脉冲对应的中心方位角。

当目标回波信号中的有效脉冲数较少时，密度法检测器是监视雷达常用的重合法检测器。重合法检测器的目标检测准则是：在不同方位间隔、同一距离上连续出现 k 个脉冲，就认为发现目标。这种检测器的具体实现方法是：如果在同一坐标上连续出现 k 个“1”，就认为开始发现目标，并转入观测状态 i，保留 $k-1$ 个“1”；如果下一次检测仍为“1”，回波和又等于 k，则保持发现目标状态；如果下一次检测为“0”，则目标检测结束，重新开始计数。重合法检测器主要用于二重合检测目标与三重合检测目标的情况。二重合检测目标和三重合检测目标的检测概率分别为

$$P_{\mathrm{d}} = \sum_{i=2}^{n}\left(1 - \sum_{k=2}^{3-i} P_{\mathrm{H}k}\right) q P_{\mathrm{d1}}^2 \tag{3.63}$$

$$P_{\mathrm{d}} = \sum_{i=3}^{n}\left(1 - \sum_{k=3}^{4-i} P_{\mathrm{H}k}\right) q P_{\mathrm{d1}}^3 \tag{3.64}$$

式（3.63）和式（3.64）中，n 是发射脉冲个数，也即积累脉冲数；$P_{\mathrm{H}k}$ 是第 k 个脉冲开始满足重合准则的概率，q 是第 $i-2$ 个脉冲没有发现的概率，P_{d1} 是单个脉冲的检测概率，它可以通过式（3.54）计算。

二重合检测目标和三重合检测目标的虚警概率分别用下式计算，即

$$P_{\mathrm{fa}} = P_{\mathrm{fa1}}^2 \tag{3.65}$$

$$P_{\mathrm{fa}} = P_{\mathrm{fa1}}^3 \tag{3.66}$$

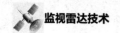

式（3.65）和式（3.66）中，P_{fa1} 是单个脉冲的虚警概率。可由式（3.63）、式（3.64）、式（3.65）和式（3.66）计算出重合检测目标检测概率与检测功率信噪比之间的关系曲线，图 3.45 到图 3.48 分别为 $n=5$ 和 $n=10$ 时二重合检测目标和三重合检测目标检测概率与检测功率信噪比的关系曲线。

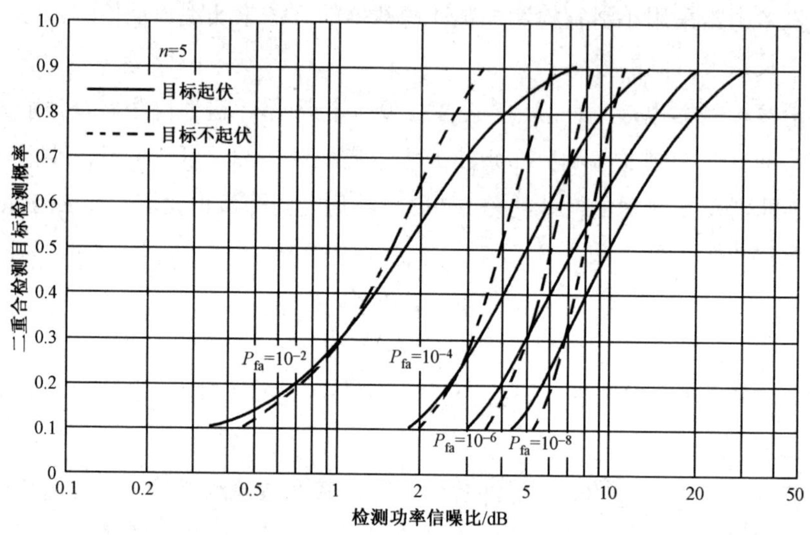

图 3.45　二重合检测目标检测概率与检测功率信噪比的关系曲线（$n=5$）

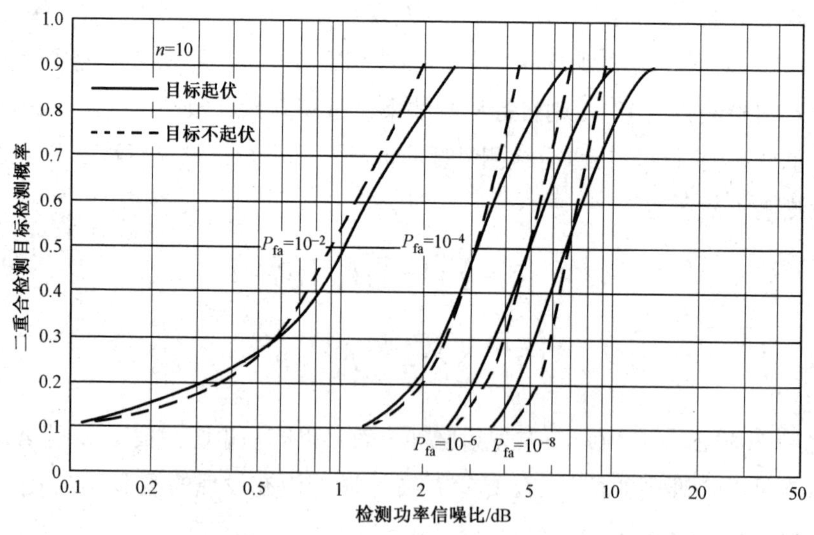

图 3.46　二重合检测目标检测概率与检测功率信噪比的关系曲线（$n=10$）

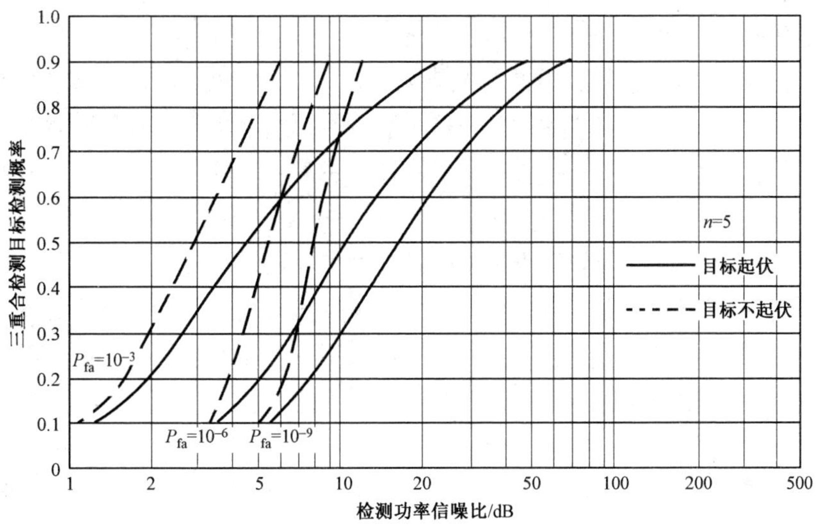

图 3.47　三重合检测目标检测概率与检测功率信噪比的关系曲线（$n=5$）

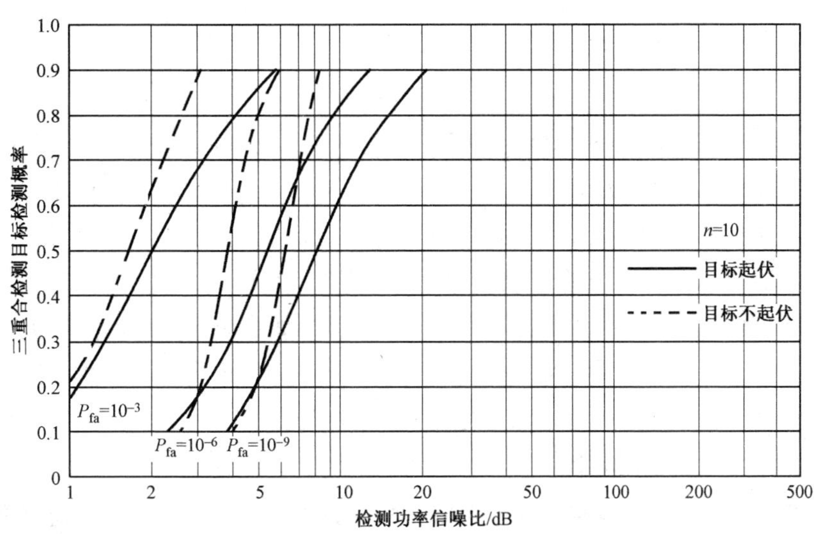

图 3.48　三重合检测目标检测概率与检测功率信噪比的关系曲线（$n=10$）

3.2.4　序贯检测

上述监视雷达用的检测准则等效于奈曼-皮尔逊准则，且按固定脉冲数工作。然而，在有些情况下，通过很少几次观测甚至一次观测就可以做出检测判断，采用一种灵活的检测准则会提高雷达系统的工作效率。序贯检测器就是这样一种检测器，它对输入信号每进行一次观测，就要在此单次观测的基础上，对3种可能的情况做出判断：①输入为信号加噪声；②输入为噪声；③情况还不足以确定选择①与②中的哪一个。如果情况足以在信号加噪声和仅有噪声两种选择中做出判断，检验即可就此终止。否则，再进行一次观测，在新观测的基础上再做出判断。如果还不能确定，则再进行一次观测。重复以上过程，直到能做出确切的判断时为止。

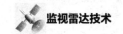

通常序贯检测器预先设定虚警概率，而且允许积累时间（波束驻留时间）变化，因此要求天线波束做步进扫描，如采用相控阵天线。这种检测器设置两个门限，两个门限之间有一过渡区域，如图 3.49 所示。若输出低于下门限，则判定输入只有噪声；若输出超过上门限，则判定输入为信号加噪声；若输出界于两门限之间，则不能做出判断，进行下一次观测。这种检测器是二进制检测器中较为特殊的一种，它工作时把天线波束在某一指向中的回波通过第一门限的比较后变成“0/1”信号，并按不同的距离单元把它们分别存储或累加起来，然后用第二门限做判断处理。

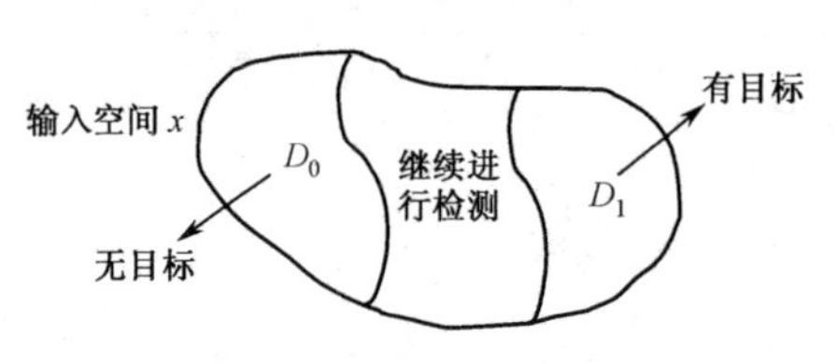

图 3.49　序贯检测器检测区域的划分

序贯检测器主要适用于相控阵扫描体制雷达，这种雷达在给定方向发射一个脉冲或一串脉冲，除虚警概率较常规方法稍高外，和普通雷达没有什么两样。如果回波信号没有超过门限，天线波束即移至下一个角位置；如果在任何一个距离单元上观测到了超过门限的情况，则用较高的能量发出第二个脉冲或第二组脉冲，并相应地提高门限；如果在这两次发射中同一距离单元上的门限均被超过，则判定目标存在。第二次发射除有较高的功率外，分辨率也可高一些。当两个门限均取最佳值时，大约有 4%的波束位置需要进行第二次发射。与方位连续扫描的监视雷达相比，发射功率可节约 3～4dB。

序贯检测器用节省检测时间来换取检测灵敏度，检测灵敏度的平均改善与检测是否为相干检测有关。如果取相干检测，检测概率为 0.9，虚警概率为10^{-8}，序贯检测器判断只有噪声存在所需的观测次数约为固定采样检测器的 1/10；在信号存在的情况下，序贯检测器判定目标所需的观测次数约为固定采样检测器的 1/2。非相干序贯检测器在仅有噪声的情况下做出判断，只需固定采样检测器观测次数的 1/14；在信号存在的情况下做出判断，只需固定采样检测器观测次数的 1/2。

序贯检测器用于雷达也有一定的局限性。在任一天线波束位置上，雷达通常要观测许多（可能是数百至数千个）距离分辨单元。在天线波束指向新的位置之前，雷达需对天线波束宽度内的每一个距离单元都做出目标存在与否的判断。因此，天线在任一方向上的驻留时间都要根据该方向某一距离单元所需的最大观测次数来决定，这就要求驻留时间相对较长。这样一来，序贯检测所得到的好处也就没有了，甚至有可能使波束驻留时间长于固定采样检测器需要的驻留时间。

如果在单个距离单元情况下，序贯检测器可使平均功率节约 8～10dB，那么当距离单元数增至 1000 时，功率的好处将降至 2～3dB，甚至只有 1dB。

3.2.5　恒虚警率检测

雷达信号处理的恒虚警率检测有多种方法，下面主要介绍单元平均 CFAR 检测器、对数 CFAR 检测器、比率检测器、序列检测器 4 种常用的 CFAR 检测器。

1. 单元平均 CFAR 检测器

最简单的自适应门限是单元平均恒虚警率（Cell Averaging-Constant False Alarm Rate，CA-CFAR）检测器，其原理框图如图 3.50 所示。这种检测器基于已知噪声的概率密度分布，测试单元周围的参考单元用于估计未知参数，且门限是基于参量估计确定的。若噪声包络服从瑞利分布，即

$$p(x)=\frac{x}{\sigma^2}\exp\left(-\frac{x^2}{2\sigma^2}\right) \tag{3.67}$$

那么，只需估计参量σ（σ^2 是噪声功率），并且门限具有以下形式

$$T=K\sum x_i=Kn\sqrt{\pi/2}\cdot\hat{\sigma} \tag{3.68}$$

式（3.68）中，$\hat{\sigma}$是σ的估计值。然而，由于T是通过估计值$\hat{\sigma}$计算的，所以它有误差。因此，T 就必须比由已知σ计算得到的门限大一些，这就会降低目标的检测灵敏度，这个损失被称为 CFAR 损失。CFAR 损失与参考单元数成反比，参考单元数越少，$\hat{\sigma}$ 的误差就越大，CFAR 损失也越大。例如，已知 $P_{\rm d}=0.9$，$P_{\rm fa}=10^{-6}$，背景为瑞利分布的宽带噪声或杂波，当独立样本数为10时，CFAR 损失会增加 3.5dB；当独立样本数为 20 时，CFAR 损失只增加 1.5dB；当独立样本数为 40 时，CFAR 损失只增加 0.7dB。以上数据是在无脉冲积累（一次距离扫描）的情况下得到的。当存在脉冲积累时，积累次数的增加会使该损失降低。当独立样本数为 10、积累次数为 10 时，该损失降至 0.7dB；当积累次数为 100 时，该损失降至 0.3dB。

如果背景采样仅在热噪声中进行，且参考单元数很大时，CA-CFAR 检测器就类似于热噪声背景中的自适应“慢门限”，可以在热噪声背景中提供很好的恒虚警率性能。但是，若参考背景是地杂波，参考单元数就不能过大，否则就有可能与均匀性假设（即所有参考单元都是统计相似的）相悖。一个有用的经验是，

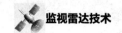

用足够多的参考单元使 CFAR 损失低于 1dB，同时不让参考单元的长度超出测试单元两边约 2km。

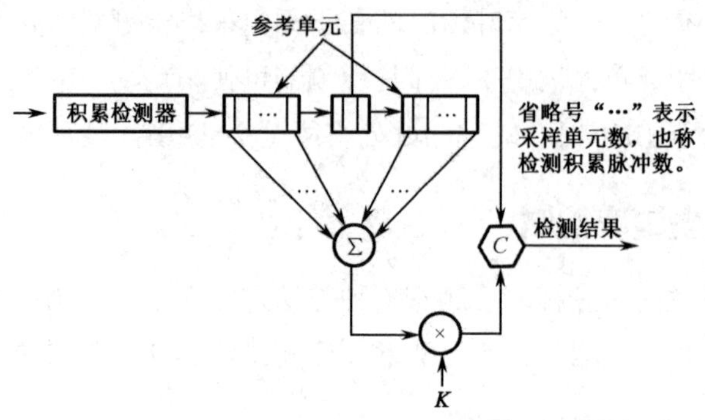

图 3.50　CA-CFAR 检测器原理框图

如果不能确定噪声是否服从瑞利分布，最好对单个脉冲设置门限，并用图 3.51 所示的采样自适应门限的积累检测器检测目标。这个检测器通过设置 K 对信号进行二进制量化，从而实现适应噪声分布的变化，利用 7/9 准则能够将虚警概率控制在10^{-6}。虽然噪声不是瑞利分布的，但它有 10%的概率非常类似瑞利分布。另外，可以用基于几个扫描数据的反馈技术来控制 K，以达到在一次扫描或在扇区内保持所需的虚警概率。这说明了一个规律：即在不同环境中要保持一个低的虚警概率，自适应门限应放在积累检测器的前面。

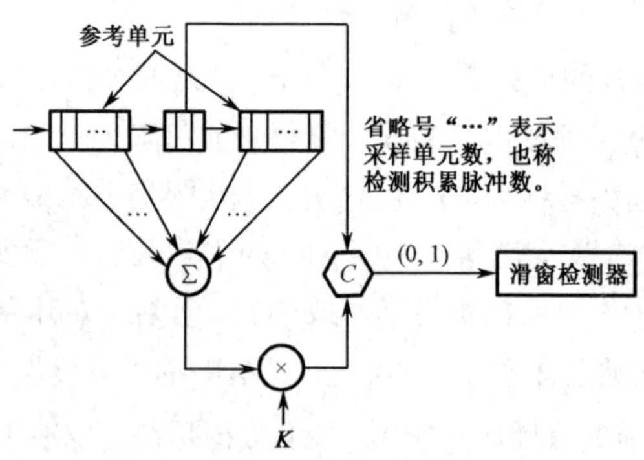

图 3.51　采样自适应门限的积累检测器原理框图

对于强杂波和干扰工作环境，CA-CFAR 检测器会抑制掉一些低信噪比目标，这是由于参考单元中存在其他目标或杂波剩余造成的。图 3.52 所示的 CA-CFAR 检测器是将测试单元之前和测试单元之后的参考单元移位寄存器的距离单元分别求和，然后比较该单元前后两个门限电平的大小，选出其中较大的一个去确定门限值。这种 CA-CFAR 检测器通常称为 GO-CFAR（Greatest-of-Constant False Alarm Rate，取大恒虚警率）检测器，它可以减少在杂波区的陡峭上升沿或下降沿所发生的虚警。为了避免抑制弱信号，可选择较小的和值来设置门限，这样的 CFAR 检测器被称为 SO-CFAR（Smallest-of-Constant False Alarm Rate，取小恒虚警率）检测器。SO-CFAR 检测器可以去掉大回波的影响，但它在杂波起伏边缘的恒虚警率性能较差。

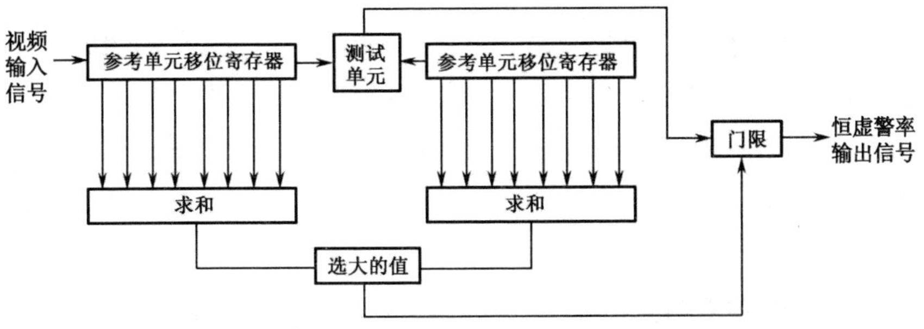

图 3.52　GO-CFAR 检测器原理框图

2. 对数 CFAR 检测器

一种有效抑制干扰的方法是应用对数处理信号。通过对回波信号取对数，使参考单元中的大样本对门限产生的影响变小。使用对数处理信号，10 个脉冲积累只产生 0.5dB 的损失，100 个脉冲积累也只产生 1dB 的损失。对数 CFAR 检测器的原理框图如图 3.53 所示，在许多系统中并未采用图中的反对数部分。为了保持与线性视频检测同样的 CFAR 损失，对数 CFAR 检测器的参考单元数 M_{lg} 为

$$M_{\text{lg}} = 1.65M_{\text{lin}} - 0.65 \tag{3.69}$$

式（3.69）中，M_{lin} 是线性视频处理的参考单元数。

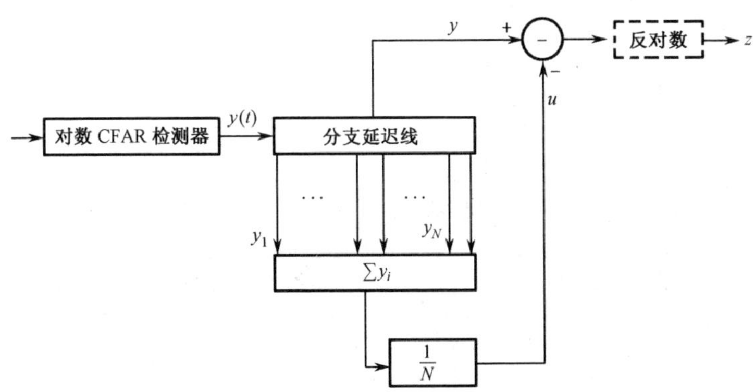

图 3.53　对数 CFAR 检测器的原理框图

3. 比率检测器

如果噪声功率随脉冲变化（如在干扰环境中雷达实施频率捷变工作模式），

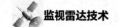

图 3.54 所示的比率检测器就是一个较好的检测器。比率检测器是对信噪比求和，即

$$\sum_{i=1}^{n}\frac{x_i^2(j)}{\frac{1}{2m}\sum_{k=1}^{m}\left[x_i^2(j+1+k)+x_i^2(j-1-k)\right]} \tag{3.70}$$

式（3.70）中，$x_i(j)$ 是第 j 个距离单元中的第 i 个检测脉冲的包络，$2m$ 是参考单元的数目。式（3.70）中分母是用最大似然估计得到的每个脉冲的噪声功率 σ_i^2，即使只有少数几个回波脉冲具有高信噪比，它也可用来检测目标。

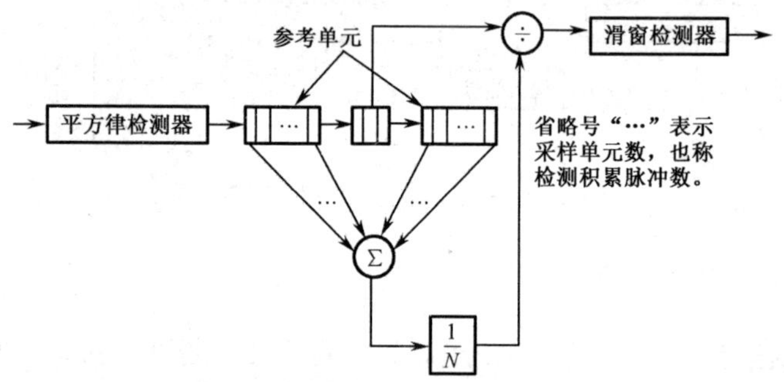

图 3.54　比率检测器的原理框图

比率检测器在有窄脉冲干扰的情况下会产生较大虚警。当有窄脉冲干扰时，为了减少虚警，可用软限幅的方法来限制各个脉冲的功率比，使干扰的功率足够小，以便控制虚警。比率检测器和其他常用检测器的信噪比与检测概率分别如图 3.55 和图 3.56 所示，图 3.55 示出了非起伏目标的曲线，图 3.56 则示出了快起伏目标的曲线。比率检测器在每个脉冲受副瓣干扰且强度达到 20dB 情况下的典型性能曲线如图 3.57 所示。通过用第二次检测来确定是否存在窄脉冲干扰的方法，其检测性能指标大约在有限幅和无限幅比率检测器的性能之间。

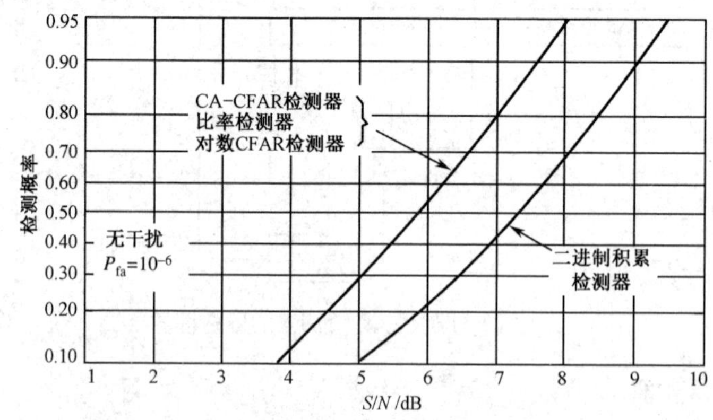

图 3.55　4 种典型检测器的信噪比与检测概率（无干扰，非起伏目标）

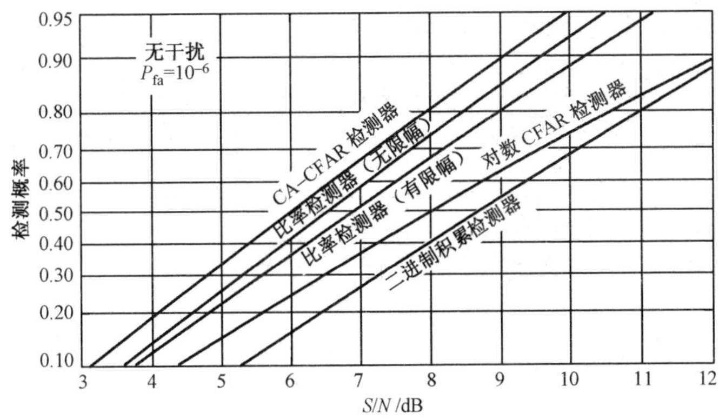

图 3.56　5 种典型检测器的信噪比与检测概率（无干扰，快起伏目标）

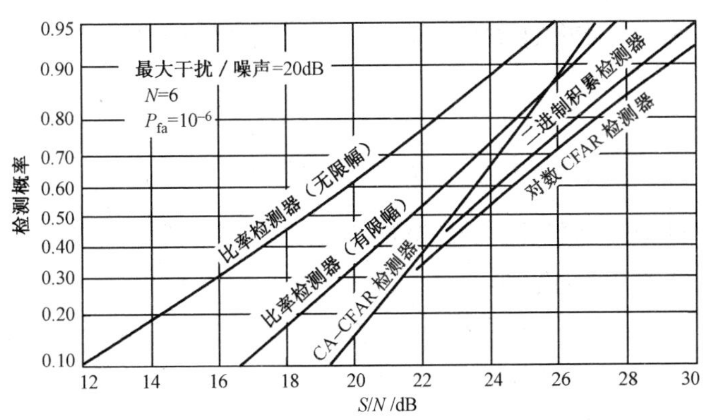

图 3.57　5 种典型检测器的信噪比与检测概率（最大干扰/噪声为 20dB，快起伏目标）

4. 序列检测器

对非瑞利分布噪声进行 CFAR 处理和检测一般采用非参量型检测器，它通过用参考单元对分布特性未知的测试样本进行排序来检测目标。所谓排序是指将样本从小到大排列，把最小的样本用序列值 0 代替，次小的用序列值 1 代替……最大的用序列值 $n-1$ 代替。假设所有样本都是独立同分布的，则对所有测试样本的取值概率相等，序列检测器的原理框图如图 3.58 所示。将图中所示序列检测器测试单元与其相邻的 15 个单元进行比较。在这组的 16 个单元中，因为测试样本与所有其他的样本有同样的取值概率，即测试样本取序列（0,1,2,⋯,15）中任何一个值的概率均为 1/16。一个简单的序列检测器是通过将序列值与门限值 T 进行比较，若序列值较大就产生 1，否则产生 0；然后将这些 0 和 1 进行滑窗求和。这种检测器约有 2dB 的恒虚警率处理损失，但只要时间样本是独立的，这种检测器对任何未知分布特性的噪声信号都能获得恒虚警率。这种检测器的主要缺点是很容易受到大目标信号抑制的影响，如参考单元内有一个大目标，那么测试单元就不能接收到最高的序列值。

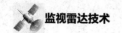

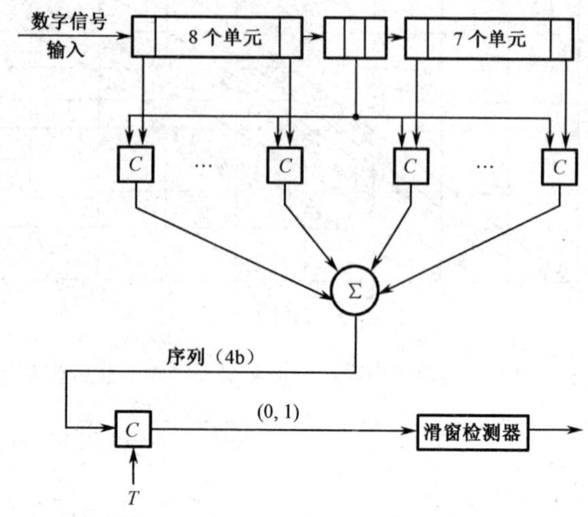

图 3.58 序列检测器的原理框图

如果各时间样本是相关的，序列检测器就不能满足恒虚警率的要求。图 3.59 所示为一种修正型序列检测器原理框图，它在时间样本相关的情况下仍能保持较低的虚警概率，被称为修正广义符号检验（Modified General Symbol Test，MGST）检测器（简称 MGST 检测器）。这种检测器可分为 3 个部分，即排序部分、积累部分（图中为一个双极点滤波器）和门限部分。如果输出积累值超过了两个门限，

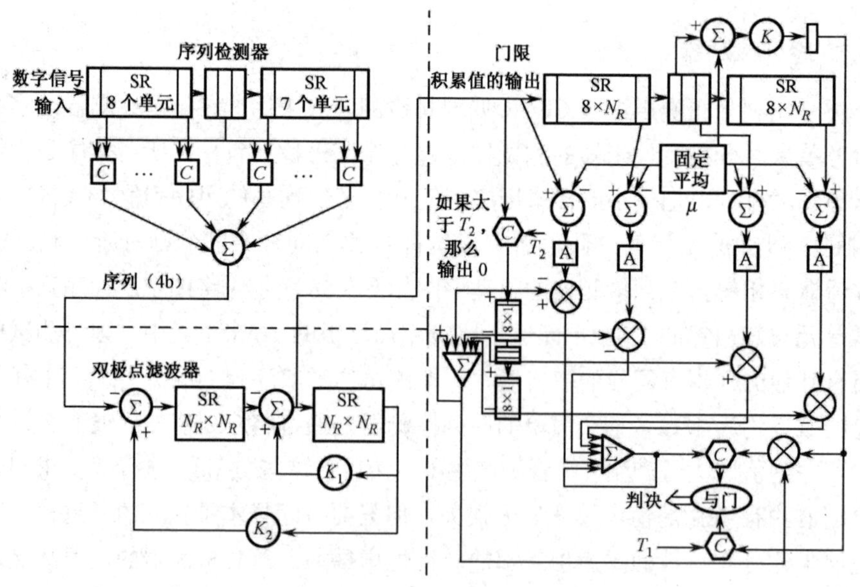

图 3.59 MGST 检测器原理框图

就表明有目标存在。第一个排序门限是固定的，并且在各参考单元是独立同分布的情况下，虚警概率 $P_{fa}=10^{-6}$；第二个积累门限是自适应的，并且在各参考单元是相关的情况下仍保持低的虚警概率。这种检测器用平均偏差来估计相关样本的标准偏差，参考单元中外来的目标用预置门限 T_2 从估值中剔除。

序列检测器和 MGST 检测器本质上都是双样本检测器。如果测试单元的排序值远大于参考单元的排序值，该检测器就可以判定有目标存在。在不满足同分布的地方（例如，陆地、海洋），就会出现目标抑制的现象。

3.2.6 检测前跟踪

监视雷达通常工作在边扫描边跟踪（TWS）状态，在一帧扫描内对接收到的回波进行 CFAR 检测（基于虚警概率 10^{-6} 设置门限），然后对超过 CFAR 门限的回波点迹在多帧扫描间进行跟踪滤波，在抑制虚假点迹的同时获得运动目标的航迹，这种技术可称为检测后跟踪。检测前跟踪（Track Before Detect，TBD）技术则与之不同，在一帧扫描内设置一个较低的门限（比如基于虚警概率 10^{-4}）进行 CFAR 检测，甚至不进行帧内 CFAR 检测，直接将多帧扫描回波进行基于目标运动参数假设的非相参积累，同时完成目标检测与跟踪。TBD 技术重在提高系统的弱信号检测能力，工程实践表明，其对提升监视雷达对隐身飞机、小型无人机等小目标的作用距离有一定作用。

TBD 算法随着计算能力的提高也在不断改进中，这里给出一种监视雷达的 TBD 算法。通常包括下列步骤：

【步骤 1】将雷达扫描波束驻留期间收到的回波信号进行积累；

【步骤 2】把每一次扫描的各个积累单元内的回波信号与一个幅度较低的门限进行比较，并存入一次积累单元；

【步骤 3】把 n 个扫描一次积累单元的相关单元组成一个样板（Templates），样板的大小和目标的运动轨迹有关；

【步骤 4】在每一个样板中记录幅度超过门限的扫描数，这个扫描数就是过门限数 m；

【步骤 5】如果 $m \geqslant M$（M 是选定的小于 N 的一个整数），则判定检测到一个目标；

【步骤 6】继续形成新样板，并重复应用关联规则补充已判定发现目标的那些样板。

上述步骤 1、步骤 2 是典型的脉冲串积累检测步骤，因此既可采用 3.2.2 节的反馈积累方法，也可利用复数 FFT 算法的脉冲多普勒处理器来完成。在每一个距离方位多普勒单元中，对 FFT 输出的同相与正交信号进行求模并与幅度门限相比较。此幅度门限比正常门限一般低0.5～1dB，以提高对小目标的检测概率。超过门限的信号，存入信号处理器，这称为一次积累单元。由降低门限造成的虚警，可以通过对步骤 3 至步骤 5 形成样板的过程加以抑制。

步骤 3 的作用是形成样板，这是 TBD 的关键。样板形成要根据已测得的数据与假设目标的运动状况，来预测未来的目标位置。

设目标运动的最高速度为V_{max}，加速度为a，雷达的测距、测角和测速误差分别为δ_R、δ_θ和δ_V，两次扫描的间隔时间为Δt。如果一次积累单元发现了目标，并测得其坐标为R_i、θ_i和V_i，那么，下一次扫描，同一目标的位置就应该出现在图 3.60 与图 3.61 所示的 TBD 处理的距离-速度窗和距离-方位窗的虚线框内，下次扫描就在此虚线框内搜索。在此虚线框内，一旦发现目标有新的一次积累单元出现，并落在图 3.60 与图 3.61 中的点线框内，即认为是与上个目标相关的并作为样板存入样板单元进行计数。如果没有落在点线框内，则认为与上个目标不相关，从而作为新的目标。点线框的大小与Δt、V_{max}、a及误差有关。在图 3.60 中，假如两次连续超过门限间距离的变化只与两次扫描中测得的速度相关，则矩形的距离-速度关联点框将会缩减为一条对角线窄条，图 3.60 中的虚线框表示为相关窗。

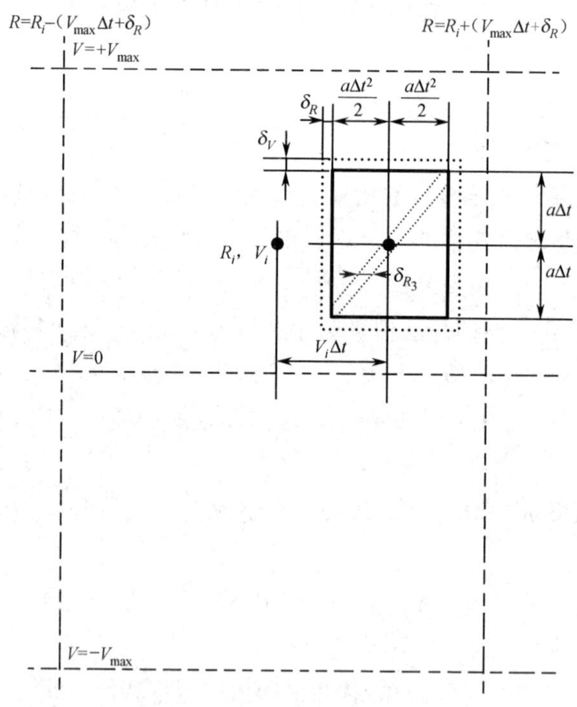

图 3.60　TBD 处理的距离-速度窗示意图

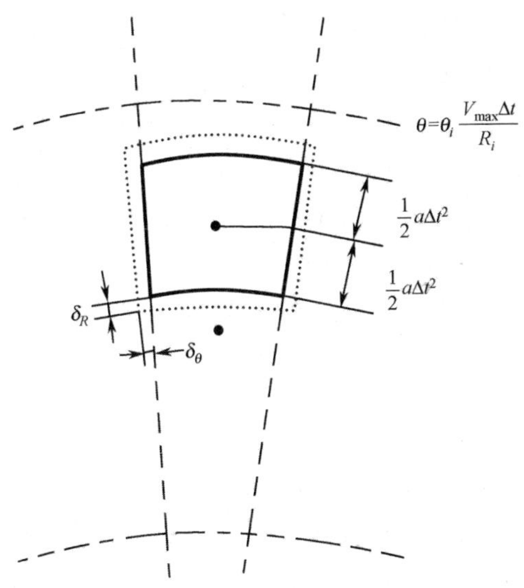

图 3.61　TBD 处理的距离-方位窗示意图

步骤 4 和步骤 5 对样板进行二进制滑窗检测。求解样板单元中 n 个样板超过门限 m 的概率，可使用二进制积累的曲线和公式。一次积累的概率与积累的方法有关，前面已经讨论过，可直接利用其结果，方便地计算 TBD 的检测性能。由于 TBD 的检测性能与形成 TBD 的样板相关，所以还会有附加的相关损失。

表 3.3 所示为不同积累方式的 TBD 处理信噪比得益，该表中：

（1）假设当 n 次扫描积累的检测概率 $P_{nd}=0.8$，虚警概率 $P_{nfa}=10^{-7}$，P_d 和 P_{fa} 不同于二次积累方法要求的一次过门限的检测概率和虚警概率；

（2）假设通过重合法检测的计算，目标位于同一分辨单元内，并无 TBD 的相关损失，那么，相应的性能测量值就代表扫描间积累所能获得的改善值的上限；

（3）S/N 是根据 P_d 和 P_{fa} 的要求计算得出的信噪比，它实际上就是要完成二次积累 $P_{nd}=0.8$、$P_{nfa}=10^{-7}$ 所需的信噪比。

表 3.3　不同积累方式的 TBD 处理信噪比得益

积累方式	M	n	P_{fa}	P_d	(S/N)/(dB)	$\Delta(S/N)$/(dB)
一次扫描	1	1	1.0×10^{-7}	0.800	18.5	0.0
10 次观测中有 2 次发现目标的 TBD	2	10	1.9×10^{-6}	0.271	10.1	8.4
10 次观测的三重合 TBD	3	10	1.31×10^{-3}	0.381	7.7	10.8

P_d 与 P_{fa} 的要求相同，一次扫描时，对 SWL-1 目标要实现 $P_d=0.8$、$P_{fa}=10^{-7}$ 的指标，要求信噪比 $S/N=18.5\text{dB}$；在 10 次观测中有 2 次观测到目

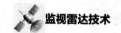

标，就视为发现目标的 TBD，其信噪比得益为 8.4dB。对不运动目标来说，10 次观测的三重合 TBD，其信噪比得益为 10.8dB。

图 3.62～图 3.65 所示为 TBD 仿真过程相关的结果。仿真的区域距离范围为 10～70km，方位覆盖 120°，如图 3.62（a）所示。每一距离-速度分辨单元覆盖同样的 60km 距离，速度范围为-160～160m/s，如图 3.62（b）所示。设雷达扫描周期为 5s，其距离、方位和速度的分辨率分别为

$$\Delta R = 150\text{m}$$
$$\Delta\theta = 2.5^\circ$$
$$\Delta V = 5\text{m/s}$$

则共有 1.92×10^5 个距离-方位分辨单元和 1.28×10^5 个距离-速度分辨单元。

在第一次扫描中，仿真目标从方位 50°、距离 70km 处进入仿真监视区域，其信噪比为 3dB。目标沿对角线轨迹飞行，速度恒定为 140m/s。在 100 次扫描后，此目标仍在监视范围内，距离为 36.6km，信噪比为 14.3dB。图 3.62 所示为 TBD 处理仿真计算图。

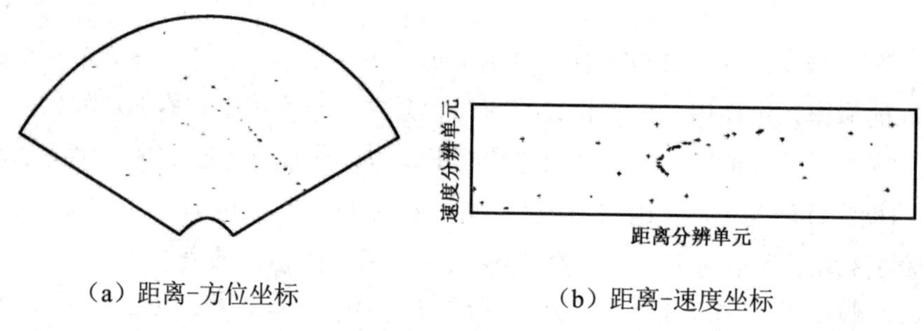

（a）距离-方位坐标　　（b）距离-速度坐标

图 3.62　TBD 处理仿真计算图

图 3.63 所示为 TBD 处理相关联的过门限信号情况，TBD 处理过门限信号形成的关联窗如图 3.64 所示，此处假设目标的最快速度为 160m/s，最快加速度为 10m/s^2。TBD 关联处理后输出如图 3.65 所示，这里采用 10 次观测中 2 次发现目标的判断方式，这种判断方式对 10 次扫描处理来说是最佳方法。就平均虚警概率而言，图 3.65 中的虚警概率与图 3.62 中的虚警概率相当。

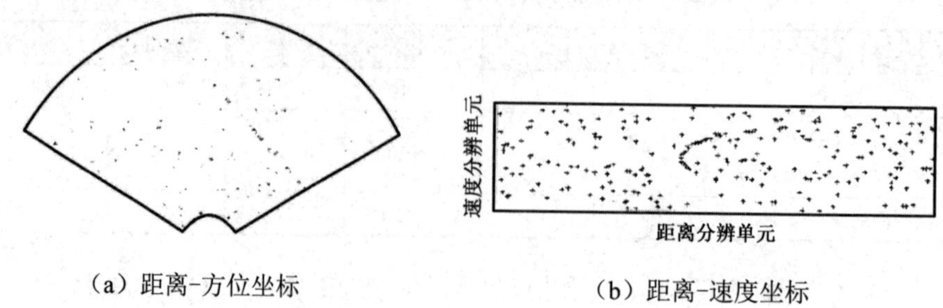

（a）距离-方位坐标　　（b）距离-速度坐标

图 3.63　TBD 处理相关联的过门限信号

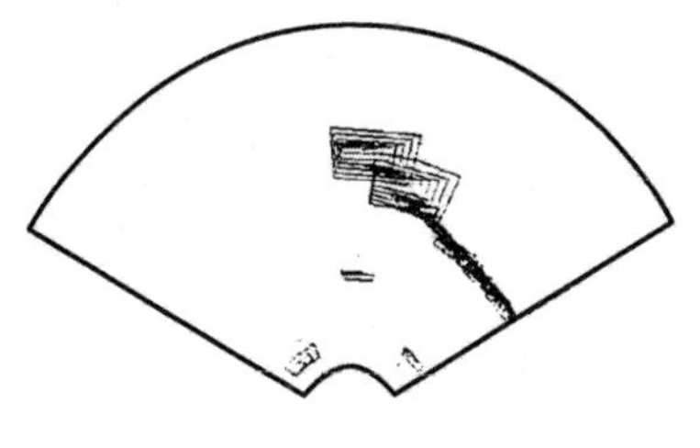

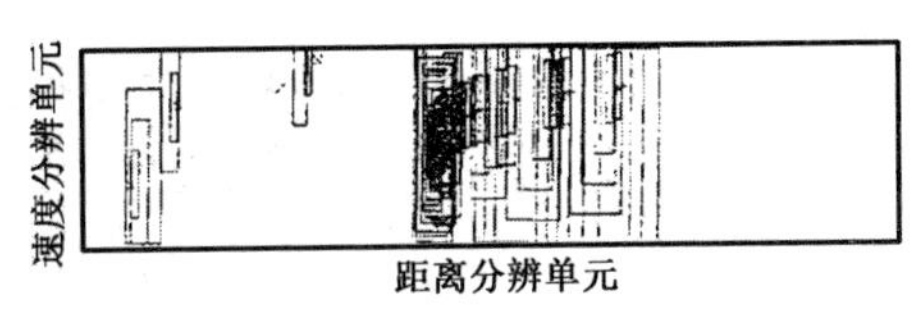

（a）距离-方位坐标　　（b）距离-速度坐标

图 3.64　TBD 处理过门限信号形成的关联窗

应当注意，TBD 处理获得的信噪比得益是用消耗时间资源作为代价换取的，但随着数字波束形成技术的应用和数字阵列雷达技术的发展，TBD 的应用前景和使用范围会越来越好。

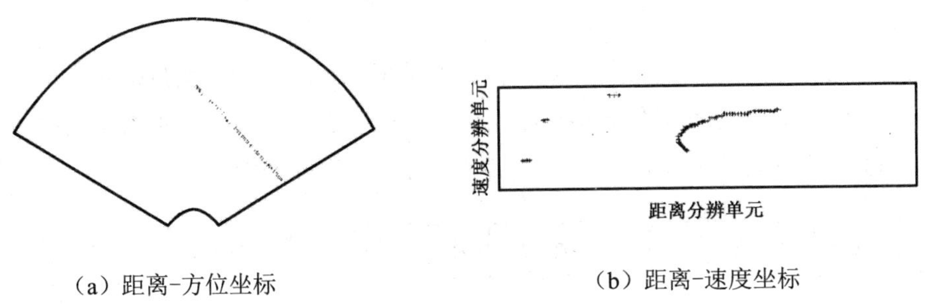

（a）距离-方位坐标　　（b）距离-速度坐标

图 3.65　TBD 关联处理后输出

3.2.7　宽带检测技术

随着宽带器件水平的发展和监视雷达对目标分辨率和识别能力更高的要求，部分监视雷达采用了宽带处理模式，使得宽频带雷达能够获得更高的距离分辨率及丰富的目标特征信息，这是现代雷达的重点发展趋势。为持续获取目标的宽带特性信息，雷达需要连续发射宽带波形，目前国内外实装设备主要采用传统的宽窄带交替模式，来实现跟踪、成像和识别一体化等功能。宽窄带交替模式的优点是利用已成熟应用的窄带处理技术为宽带处理提供需要的信息，缺点是宽窄带交替波形设计比较复杂，资源调度设计也比较烦琐，最为严重的是窄带波形占用了宽带波形的时间资源，造成系统时间浪费。

为了提高雷达宽带波形的时间使用率，需要研究如何直接对宽带回波进行检测并完成目标的跟踪。我们知道，宽频带可以获得目标的高分辨距离像，可以提供目标的特征并为跟踪带来帮助，但是雷达的高分辨率提高也会导致信噪比降低和虚警增多等问题，如图 3.66 所示。因此，如何提高宽带回波的目标信噪比、如何降低宽带回波检测的虚警概率是解决问题的关键。

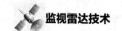

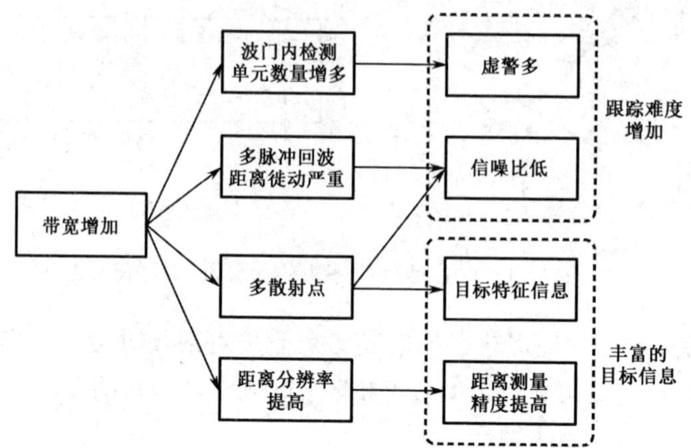

图 3.66　监视雷达带宽增加带来的检测问题

由上述分析可知，宽带信号给目标检测带来了新的问题，宽带检测处理的问题关键是提高信噪比和降低虚警概率。针对上述问题，一般采用直接对去斜后的宽带回波数据进行宽带信号处理，其宽带信号处理流程如图 3.67 所示。

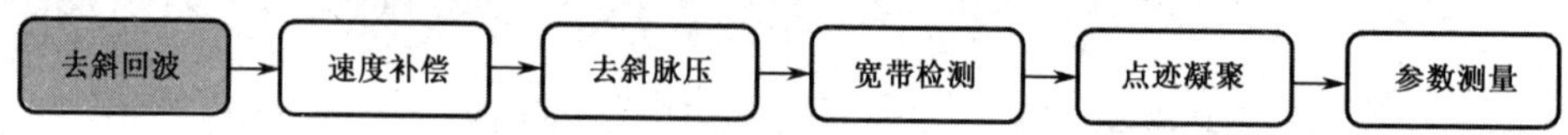

图 3.67　宽带信号处理流程图

对宽带雷达信号检测来说，目标的高速运动会带来雷达脉冲内外的多普勒调制和距离徙动，其中脉内多普勒调制会导致目标时移和包络发散，脉间多普勒调制和包络调制会造成目标相参积累损失，这些因素会直接导致目标的信噪比下降，因此必须对速度带来的相位和包络调制进行补偿，减少信噪比损失。经过理论推导和工程实现运算量综合考量，主要的速度补偿因子如下：

（1）脉内速度补偿因子 v_{hel1} 为

$$v_{\text{hel1}}=\exp\left\{-\text{j}2\pi\left[-\frac{2vf_0}{c+v}+\frac{2kR_{\text{ref}}v}{c(c+v)}+\frac{4kR_0v}{(c+v)^2}\right]t-\text{j}\pi\left[-\frac{4kcv}{(c+v)^2}\right]t^2\right\}\qquad(3.71)$$

（2）脉间速度补偿因子 v_{hel2} 为

$$v_{\text{hel2}}=\exp\left\{-\text{j}2\pi\left[\frac{2kR_{\text{ref}}^2\left(-2cv-v^2\right)}{c^2(c+v)^2}\right]\right\}\qquad(3.72)$$

速度补偿后的去斜回波信号，在频域去残留视频相位处理后，在时域做幅/相补偿和加窗处理，最后做傅里叶变换得到目标一维距离像。去斜脉压处理流程如图 3.68 所示。

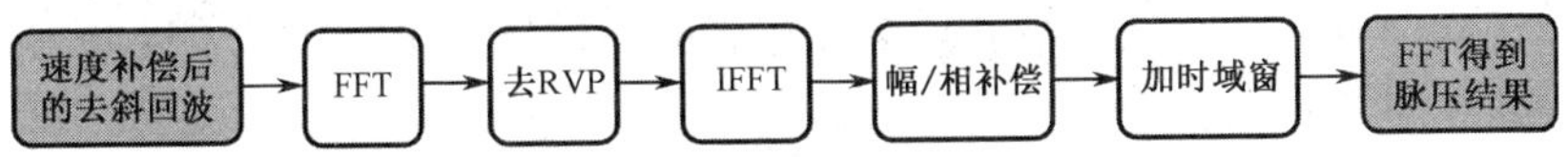

图 3.68　去斜脉压处理流程图

（3）补偿的残留视频相位因子 $H_{\rm w}$ 为

$$H_{\rm w}=\exp\left(-{\rm j}2\pi\frac{f_{\Delta}^{2}}{2k}\right) \tag{3.73}$$

经过上述 3 个补偿因子的补偿后，即可得到较为理想的脉压处理结果。

对宽带脉压信号结果进行检测有很多种检测算法，经过多种算法仿真分析，工程上进行宽带检测目前较多采用的是两种恒虚警率检测算法，一是 GLRT-DT 检测算法，二是 IDTD 检测算法。这两种算法的具体的检测流程基本一致，区别是如何计算出第二门限。

设检测窗长 L 个距离单元，噪声是加性复高斯白噪声，噪声功率为 σ^2 ，令 $x=\{x_1,x_2,\cdots,x_L\}$ 表示一维距离像各距离单元的值， $y=\{y_1,y_2,\cdots,y_L\}=\left\{|x_1|^2,|x_2|^2,\cdots,|x_L|^2\right\}$ 表示 x 经过平方律检波器后的输出。

双门限检测器将 y 与第一门限比较，通过第一门限的距离单元能量之和作为第二门限检验统计量。GLRT-DT 双门限检测器由先验参数确定第一门限，并将其固定；IDTD 双门限检测器由高到低遍历第一门限取值，使目标存在的距离单元能够尽快地进行检测判决，以减小检测过程中噪声能量的积累。

为兼顾门限获取时间与检测性能，在检测窗长小于或等于 160 个距离单元时采用 IDTD 检测器，检测窗长大于 160 个距离单元时采用 GLRT-DT 检测器。

IDTD 双门限检测器算法流程图如图 3.69 所示。

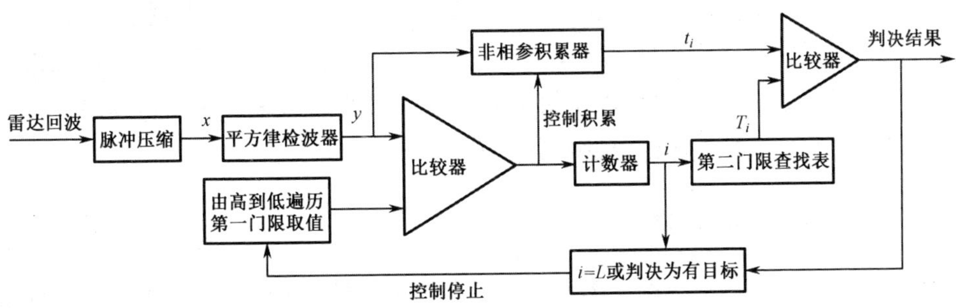

图 3.69　IDTD 双门限检测器算法流程图

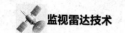

GLRT-DT 双门限检测器算法流程图如图 3.70 所示。

经过双门限检测器检测，然后送往点迹凝聚模块再进一步减少检测出来的虚警点，降低虚警概率。

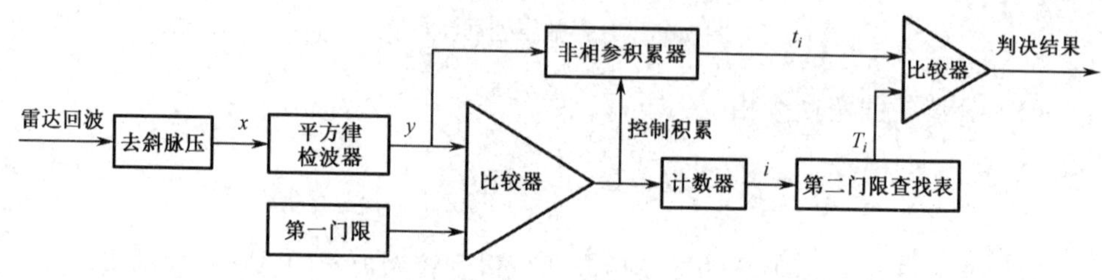

图 3.70　GLRT-DT 双门限检测器算法流程图

3.3　目标跟踪

随着雷达数字信号处理技术的拓展，雷达信号处理检测与雷达数据跟踪相互交融，3.2.6 节所描述的检测前跟踪（TBD）算法就是检测与跟踪技术融合发展的典型实例。本节将针对监视雷达目标跟踪工程实用方法进行论述。在监视雷达实际工作应用场景中，根据目标运动特征、环境特性、目标群体性特征等，跟踪处理具有不同侧重点的跟踪处理方法。从目标存在的群体性特征形式划分，可分为单目标和多目标跟踪。多目标跟踪是单目标跟踪的扩展，目标数目、目标存在形式（群目标、编队目标）是影响多目标跟踪的重要因素。多目标跟踪重点在数据关联，保证各目标的关联、滤波正确性，减少混批。从目标的机动性运动形式来说，可分为机动目标跟踪和慢速目标跟踪，目标运动形式对跟踪算法中的运动模型、滤波器等的选择有着很大影响。从环境维度划分，大致可分为杂波区和非杂波区。在杂波区，如海洋、湖泊等环境下，杂波常表现出明显的非高斯、非线性和非平稳特性，小目标的回波信号具有较低的信杂比和多变的起伏特性，使得传统的检测方法性能恶化，增加了漏检和虚警概率，进而导致目标跟踪方法的性能下降，出现跟踪不连续、航迹起始延迟及虚假航迹等问题。在此场景中抑制虚警、提高跟踪稳定性是跟踪方法设计的重点。

3.3.1　多目标跟踪

多目标跟踪以单目标跟踪为基础，按观测信息时间的先后序贯处理。假设在先前的扫描周期，各目标的航迹已经形成，当前时刻传感器接收的观测数据首先被考虑用于更新已经建立的目标航迹。首先，对当前时刻各航迹的预测位置应用关联门进行观测与航迹配对，以便确定观测与航迹配对是否合理或者正确；其次，对多目标数据关联进行解模糊处理，以确定最合理的观测与航迹配对；再次，采用机动辨识、自适应滤波等跟踪维持方法估计出各目标航迹的真实状态。在跟踪处理过程中，无法与已有目标航迹相关的观测回波可能来自新的目标或虚警，用跟踪起始方法可以辨别其真伪，完成新目标的航迹起始；当某些目标飞出雷达威力范围时，用跟踪终结方法对连续多帧不可检测航迹进行删除。最后，在新的观测到达之前，用滤波算法预测目标下一时刻状态以确定关联门的中心和大小，并重新开始下一时刻的序贯处理。

在整个跟踪过程中，数据关联是多目标跟踪的核心部分。如果仅有单个观测落在某个目标的关联门内，此观测直接用于该目标的航迹关联与状态更新；但在通常的密集回波环境中，特别是对于那些近距离和轨迹交叉的目标，常有一个以上的观测落在目标的关联门内，或单个观测同时位于多个目标的关联门交集内。目前主要有两种基本方法用来解决这一复杂问题，即最近邻方法和全局最近邻方法。

最近邻方法的原则是选择使统计距离最小或者残差概率密度最大的观测作为关联最优选择，计算比较简单，易于编程实现。然而，在密集多观测环境中，特别是对于那些近距离和航迹交叉的目标而言，离目标预测位置最近的观测不一定是该目标的正确观测，因此最近邻方法在实际应用时经常出现误跟或丢失目标的现象。

全局最近邻方法与最近邻方法的不同点在于考虑了关联门内的所有候选观测，并根据关联情况计算出各概率加权系数及所有候选观测的加权（即等效观测），然后用各等效观测更新多目标的状态。该方法特别适合于杂波密集观测环境。典型方法是概率数据关联（Probabilistic Data Association，PDA）算法和联合概率数据关联（Joint Probabilistic Data Association，JPDA）算法，这两种算法都是通过计算关联门内的各候选观测作为正确观测的条件概率值，并使用所有候选观测的概率加权来更新目标的观测位置。

多假设跟踪（Multiple Hypothesis Tracking，MHT）算法是 Reid 于 1977 年综合全局最近邻和 Bar-Shalom 的确认矩阵概念提出的。该算法综合了最近邻方法和联合概率数据关联算法的优点，以及过多地依赖目标和杂波的先验知识的缺点，比如虚警数、新目标数、检测概率等。在复杂环境多目标跟踪和高机动目标跟踪中，会发生目标消失、衍生和新生等现象，因而多目标、多观测的数据关联过程将变得非常复杂，针对这一系列问题，基于随机有限集（Random Finite Set，RFS）理论的多目标跟踪算法受到广泛关注，这种算法的优点是可以避免传统多目标跟踪算法中复杂的数据关联过程，因此该算法尤其适用于多扩展目标的跟踪。

1. 联合概率数据关联算法

联合概率数据关联（JPDA）算法是 Bar-Shalom 在概率数据关联（PDA）基础上提出的算法，其本质是一种次优算法。联合概率数据关联算法的基本思想是：对应于观测数据落入跟踪门相交区域的情况，考虑这些观测数据可能来自多个目标，JPDA 的目的在于计算观测数据与每一个目标之间的关联概率，并认为所有的有效回波都可能源于每个特定的目标，只是它们源自不同目标的概率不同。联合概率数据关联算法主要分两步：首先依据各目标的关联门确定所有观测数据在其关联门内的情况，即判断每一个观测数据落在哪些目标的关联门内，计算关联概率和隶属度，以此产生关联概率确认矩阵；其次，观测落入关联门内相交区域中的数据意味着某些观测可能源于多个目标，联合概率数据关联算法必须要计算每一个观测数据与其可能的源目标相关联的概率。

为说明 JPDA 的算法流程，做如下符号假设：

（1）各目标的初始状态和误差协方差矩阵为 $\boldsymbol{x}_{0|0}^{n}$ 和 $\boldsymbol{P}_{0|0}^{n}$ ， $n=1,2,\cdots,N$ 。

（2）目标状态方程为： $\boldsymbol{x}_{k|k-1}^{n}=\boldsymbol{F}\boldsymbol{x}_{k-1|k-1}^{n}$ ， $\boldsymbol{P}_{k|k-1}^{n}=\boldsymbol{F}\boldsymbol{P}_{k|k-1}^{n}\boldsymbol{F}^{\mathrm{T}}+\boldsymbol{G}\boldsymbol{Q}^{n}\boldsymbol{G}^{\mathrm{T}}$ 。其中， $\boldsymbol{x}_{k-1|k-1}^{n}$ 和 $\boldsymbol{x}_{k|k-1}^{n}$ 分别为各目标在 $(k-1)$ 时刻的状态滤波值和单步预测值， $\boldsymbol{F}$ 为状态转移矩阵， $\boldsymbol{P}_{k|k-1}^{n}$ 为单步预测的均方差矩阵， $\boldsymbol{G}$ 为状态噪声增益矩阵， $\boldsymbol{Q}^{n}$ 为各目标的状态噪声协方差矩阵。

（3）第 i 个观测值对第 n 个目标状态预测的观测残差，又称新息（Residue），是指 k 时刻的观测值与预测值之差，即 $\tilde{\boldsymbol{z}}_{k}^{in}=\boldsymbol{z}_{k}^{i}-\boldsymbol{H}\boldsymbol{x}_{k|k-1}^{n}$ 。其中， $\boldsymbol{z}_{k}^{i}$ 为第 i 个观测值， $\boldsymbol{H}$ 为观测矩阵。

（4）新息协方差矩阵为 $\boldsymbol{S}_{k}^{n}=\boldsymbol{H}\boldsymbol{P}_{k|k-1}^{n}\boldsymbol{H}^{\mathrm{T}}+\boldsymbol{R}^{n}$ 。其中， $\boldsymbol{R}^{n}$ 为观测噪声协方差矩阵。

（5）每个目标的状态滤波增益为 $\boldsymbol{K}_{k}^{n}=\boldsymbol{P}_{k|k-1}^{n}\boldsymbol{H}\left(\boldsymbol{S}_{k}^{n}\right)^{-1}$ 。

与单目标跟踪的卡尔曼滤波算法相比，JPDA 算法实现过程的核心体现在确认矩阵（Validation Matrix）和联合事件概率（Joint Event Probability）两个步骤。

【步骤 1】确认矩阵。

定义确认矩阵为

$$\boldsymbol{\Omega}=\left[\omega_{jn}\right]=\begin{bmatrix}\omega_{10} & \cdots & \omega_{1N}\\ \vdots & \ddots & \vdots\\ \omega_{m_k 0} & \cdots & \omega_{m_k N}\end{bmatrix}$$

式中， ω_{jn} 是二进制变量， $\omega_{jn}=1$ 表示观测 j（ $j=1,2,\cdots,m_k;m_k$ 为 k 时刻的观测数

目）落入目标 n（$n=0,1,\cdots,N;N$ 为目标数目）的跟踪门内，而 $\omega_{jn}=0$ 表示观测 j 没有落入目标 n 的跟踪门内；$n=0$ 表示没有目标，此时 $\boldsymbol{\Omega}$ 对应的列元素 ω_{j0} 全部都是 1，这是因为每一个观测都可能源于杂波或者虚警。

【步骤2】联合事件（Joint Event）。

联合事件又称互联矩阵（Joint Matrix），反映有效回波与目标或杂波的互联态势。

对确认矩阵进行拆分时必须依据两个基本假设：

（1）每个观测有唯一的源，即任一个观测不源于某一目标，则必源于杂波；

（2）对于一个给定的目标，最多有一个观测以其为源。

依据这两个假设，拆分确认矩阵 $\boldsymbol{\Omega}$ 得到所有表示互联事件的可行矩阵 $\boldsymbol{\Phi}$ 时，确保 $\boldsymbol{\Phi}$ 中每行元素之和为 1，即选出一个且仅选出一个 1，作为可行矩阵在该行唯一非零的元素，即满足第一个假设；每列元素之和为 1 或者 0（第 1 列除外），每列最多只能有一个非零元素，即满足第二个假设。

【步骤 3】联合事件概率（简称联合概率）。

联合事件概率又称互联概率。令 θ_k^{jn} 表示观测 j 源于目标 n（$n=0,1,\cdots,N$）的事件，事件 θ_k^{j0} 则表示观测 j 源于杂波或者虚警。观测 j 与目标 n 关联概率的计算为

$$\beta_k^{jn}=\sum_{i=1}^{n_k}\varphi_{jn}^{i}\left(\theta_k^i\right)P\left\{\theta_k^i\middle|\boldsymbol{Z}_k\right\},\quad j=0,1,\cdots,m_k;n=0,1,\cdots,N \tag{3.74}$$

式（3.74）中，$\sum\limits_{j=0}^{m_k}\beta_k^{jn}=1$；$\boldsymbol{Z}_k$ 表示 0～k 时刻所有有效观测组成的集合；θ_k^i 表示第 i 个联合事件；n_k 表示联合事件的数目；$\varphi_{jn}^{i}\left(\theta_k^i\right)$ 表示在第 i 个联合事件中，观测 j 是否源于目标 n，在观测 j 源于目标 n 时为 1，否则为 0，即

$$\varphi_{jn}^{i}\left(\theta_k^i\right)=\begin{cases}1, & \text{若 } \theta_k^{jn}\subset\theta_k^i\\ 0, & \text{其他}\end{cases} \tag{3.75}$$

定义两个二元变量如下。

（1）观测关联指示器：$\tau_j\left(\theta_k^i\right)=\sum\limits_{n=1}^{N}\varphi_{jn}^{i}\left(\theta_k^i\right)=\begin{cases}1\\0\end{cases}$，即可行矩阵每行除第一个元素外其他元素之和，表示在可行联合事件 θ_k^i 中，观测 j 是否关联到目标。

（2）目标观测指示器：$\delta_n\left(\theta_k^i\right)=\sum\limits_{j=1}^{m_k}\varphi_{jn}^{i}\left(\theta_k^i\right)=\begin{cases}1\\0\end{cases}$，即可行矩阵除第一列外，其他每列元素之和，表示在可行联合事件 θ_k^i 中，第 n 个目标是否有回波（即是否被观测到）。

令$\phi\left(\theta_k^i\right)$表示在联合事件$\theta_k^i$中的假观测的数量，则有$\phi\left(\theta_k^i\right)=\sum_{j=1}^{m_k}\left[1-\tau_j\left(\theta_k^i\right)\right]$，跟踪门体积表示为$V$，目标$n$的检测概率用$P_{\mathrm{d}}^n$表示，杂波模型采用 Poisson 分布，则联合事件概率为

$$P\left\{\theta_k^i\middle|\boldsymbol{Z}_k\right\}=\frac{1}{c}\frac{\phi\left(\theta_k^i\right)!}{V^{\phi\left(\theta_k^i\right)}}\prod_{j=1}^{m_k}\left[N\left(\tilde{\boldsymbol{z}}_k^{jn};0,\boldsymbol{S}_k^n\right)\right]^{\tau_j\left(\theta_k^i\right)}\prod_{n=1}^{N}\left(P_{\mathrm{d}}^n\right)^{\delta_n\left(\theta_k^i\right)}\left(1-P_{\mathrm{d}}^n\right)^{1-\delta_n\left(\theta_k^i\right)} \tag{3.76}$$

式（3.76）中，$N\left(\tilde{\boldsymbol{z}}_k^{jn};0,\boldsymbol{S}_k^n\right)$表示使得$\varphi_{jn}^i\left(\theta_k^i\right)=1$的观测新息对应的正态分布密度函数，$c$表示归一化常数。

如此，目标状态的滤波估计值为

$$\boldsymbol{x}_{k|k}^n=\boldsymbol{x}_{k|k-1}^n+\boldsymbol{K}_k^n\widetilde{\boldsymbol{V}}_k^n \tag{3.77}$$

式（3.77）中，$\widetilde{\boldsymbol{V}}_k^n$为目标$n$的新息值加权和

$$\widetilde{\boldsymbol{V}}_k^n=\sum_{j=1}^{m_k}\beta_k^{jn}\tilde{\boldsymbol{z}}_k^{jn} \tag{3.78}$$

目标状态的滤波协方差矩阵为

$$\boldsymbol{P}_{k|k}^n=\boldsymbol{P}_{k|k-1}^n-\left(1-\beta_k^{0n}\right)\boldsymbol{K}_k^n\boldsymbol{S}_k^n\left(\boldsymbol{K}_k^n\right)^{\mathrm{T}}+\sum_{j=0}^{m_k}\beta_k^{jn}\left[\boldsymbol{x}_{k|k,j}^n\left(\boldsymbol{x}_{k|k,j}^n\right)^{\mathrm{T}}-\boldsymbol{x}_{k|k}^n\left(\boldsymbol{x}_{k|k}^n\right)^{\mathrm{T}}\right] \tag{3.79}$$

式（3.79）中，$\boldsymbol{x}_{k|k,j}^n=\boldsymbol{x}_{k|k-j}^n+\boldsymbol{K}_k^n\tilde{\boldsymbol{z}}_k^{jn}$为根据观测$j$对目标$n$的状态估计。

在实际应用中，一般是通过对确认矩阵的拆分来确定可行联合事件的。根据拆分的原则，一个确认矩阵可以拆分成为许多可行矩阵。JPDA 算法的优点是不需要任何关于目标和杂波的先验信息，是在杂波环境中对多目标进行跟踪的比较好的算法之一。然而，当目标个数、有效观测次数增多时，可行矩阵的数量会迅速增多，矩阵求解计算量会呈指数级增长，即发生“组合爆炸”现象，会降低算法处理的实时性。各目标的关联门相交程度越高，可行矩阵的数量也越大，因此对确认矩阵进行正确、高效的拆分是实现 JPDA 算法的一个重要保证，实践中需先进行目标的粗相关处理，这是确认矩阵拆分的有效方法。在进行单目标跟踪时，JPDA 和 PDA 是等价的，JPDA 是 PDA 的泛化形式。

2. 多假设跟踪算法

多假设跟踪算法（Multiple Hypothesis Tracking Algorithm，MHTA）是数据关联的另一种算法，它的基本思想是：MHTA 保留真实目标的所有关联假设，并让其继续传递，从后续的观测数据中来消除当前扫描周期的不确定性，因而可以提升目标关联的正确性。在理想条件下，MHTA 是数据关联的最优算法，它能检测出目标的消失和目标的生成。但是，当杂波密度增加时，计算复杂度会呈指数级

增加，需要进行假设的剪枝处理。MHTA 在所获取的目标信息不完善的条件下，对当前存在的所有可能的数据关联的假设（这些假设对应着可能的航迹），在每个扫描周期里，将本次扫描的新观测信息与上一时刻的假设集合进行关联处理，这包括利用一定的策略删除不可能的假设，保留那些可能大于特定门限的假设，并对具有相同观测的假设进行合并，其输出就是各种可能的航迹及其可能概率。

MHTA 有以下两个特点：

（1）将航迹起始和航迹维持统一在一个框架内处理；

（2）其他算法（如最近邻、PDA 和 JPDA）都可看作它的一个子集。

MHTA 实现过程主要包括假设产生（每一可能航迹为一假设）、假设概率计算及假设约简 3 个步骤。

【步骤 1】假设产生

设 $\boldsymbol{\Omega}^k$ 是 k 时刻的关联假设集。通过 $\boldsymbol{\Omega}^{k-1}$ 和最新观测集合，按照以下方法得到 $\boldsymbol{\Omega}^k$，即

$$Z(k) = Z_i(k)_{i=1}^{m_k} \tag{3.80}$$

式（3.80）中，m_k 为 k 时刻的观测个数。通过关联到 $\boldsymbol{\Omega}^{k-1}$ 的第一个 $Z_1(k)$，然后用 $Z_2(k)$ 扩展所得到的集合，就能形成新的假设。对于 $Z_i(k)$ 可能的关联是：

（1）它是以前历经（已有的目标确认航迹）的继续；

（2）它是新目标；

（3）它是虚警。

每个目标最多能与一个当前时刻的观测关联，而且该观测必须落入它的关联门内。

【步骤 2】假设概率计算

与现在观测有关的事件 $\theta(k)$ 包括：τ 个观测源于已确认的航迹；v 个观测源于新目标；ϕ 个观测是虚警或者杂波。

对于 $i=1,2,\cdots,m_k$，定义与 $\theta(k)$ 事件有关的标记变量如下。

- $\tau_i = \tau_i\left[\theta(k)\right] = 1$：如果由 $Z_i(k)$ 自己确认的航迹；
- $\tau_i = \tau_i\left[\theta(k)\right] = 0$：其他；
- $v_i = v_i\left[\theta(k)\right] = 1$：如果 $Z_i(k)$ 是新目标；
- $v_i = v_i\left[\theta(k)\right] = 0$：其他；
- $\delta_{\mathrm{t}} = \delta_{\mathrm{t}}\left[\theta(k)\right] = 1$：如果在 k 时刻探测到（在 $\boldsymbol{\Omega}^{k-1}$）航迹 t；
- $\delta_{\mathrm{t}} = \delta_{\mathrm{t}}\left[\theta(k)\right] = 0$：其他。

在$\theta(k)$事件中已确认的航迹数是

$$\tau = \sum_{i=1}^{m_k} \tau_i \tag{3.81}$$

在$\theta(k)$事件中已确认的新航迹数是

$$\nu = \sum_{i=1}^{m_k} \nu_i \tag{3.82}$$

在$\theta(k)$事件中虚假观测数是

$$\phi = m_k - \tau - \nu \tag{3.83}$$

对于任一假设$\theta^{k,l}$的概率，其迭代公式如下

$$P\left\{\theta^{k,l} \middle| Z^k\right\} = \frac{1}{c} \frac{\nu!\phi!}{m_k!} \mu_{\mathrm{F}}(\phi) \mu_{\mathrm{N}}(\nu) V^{-\phi-\nu} \cdot \prod_{i=1}^{m_k} \left\{N_{t_i}[z_i(k)]\right\}^{\tau_i} \prod_t \left(P_{\mathrm{D}}^t\right)^{\delta_t} \left(1 - P_{\mathrm{D}}^t\right)^{1-\delta_t} \times P\left\{\theta^{k-1,s} \middle| Z^{k-1}\right\} \tag{3.84}$$

式（3.84）中，c为归一化常数因子，函数$\mu_{\mathrm{F}}(\cdot)$和$\mu_{\mathrm{N}}(\cdot)$分别是假观测数和新目标数的先验概率质量函数（Probability Mass Function，PMF），P_{D}^t是航迹t的探测概率。

【步骤 3】假设约简

一般而言，随着假设分支数的增加，MHTA 计算量会随着假设规模呈指数级增长，这会降低算法的实时性，因此需要及时剪枝。一个比较实用的方法是转化为最优分配问题，感兴趣的读者可参考相关资料获取细节；同时假设分支深度层也不宜选择过大，实际应用时一般选择 2～3 层。

3. 随机有限集跟踪算法（RFSA）

在复杂环境下的多目标跟踪系统中，会发生目标新生、消失和衍生等现象，每一采样时刻目标数目都可能发生变化，虚警、漏警等导致观测信息的不确定性也给多目标跟踪带来巨大困难。随着雷达分辨率的不断提高，实际应用中对目标跟踪精度的要求也不断提高，对于杂波环境下的多扩展目标跟踪问题，由于其不再满足点目标的假设条件，因而多目标多观测的数据关联过程将变得非常复杂。针对这一系列问题，基于随机有限集理论的多目标跟踪算法受到了国内外学者的广泛关注，这种算法的优点是可以避免传统多目标跟踪算法中复杂的数据关联过程，因此该算法尤其适用于多扩展目标跟踪，同时该方法对解决密集目标或密集杂波等复杂环境的跟踪问题有其独到之处，对该技术的研究将是未来多目标跟踪的趋势之一。

随机集可以理解为取值是集合的随机元，是概率论中随机变量（或称随机向

量）概念的推广。如果随机集的元素个数是有限的，则称为随机有限集（Random Finite Set，RFS）。在多目标跟踪系统中，多目标状态及观测集合是多个单目标状态和观测集合的并集，该集合中每个目标的状态向量（集合元素）和目标数目（集合维数）均是随机变化的，因此这种集合可表示为随机集。

1994 年，Mahler 最早提出了基于随机集理论的多目标跟踪方法，该方法建立在贝叶斯模型的基础上，对每个采样时刻通过预测和更新，估计多目标的联合概率密度函数，因此是一种将目标的检测、分类和跟踪融合到一起的严格的数学统计模型。之后，Mahler 又提出了概率假设密度（Probability Hypothesis Density，PHD）滤波算法，该算法将多目标随机集概率密度的一阶矩（即对 PHD）进行迭代运算，通过对集合特征的处理，以最优的方式将复杂的多目标随机集概率密度投影到单目标状态空间上，从而大大减轻了计算多重积分导致的巨大计算量问题。在具体应用中为了得到 PHD 递归的闭合解，可假设 PHD 满足高斯混合（Gaussian Mixture，GM）分布形式，在此条件下，任意 k 时刻只需对各个高斯分量（均值、协方差矩阵）及其权值进行运算即可。

高斯混合 PHD 滤波的基本思想是：在线性高斯系统下，将上一时刻的存活目标、新生目标、衍生目标及目标的状态噪声、观测噪声分布分别表示成多个高斯分量的加权和形式，以此来近似目标的 PHD，并利用 PHD 高斯分布的均值、方差及其权值进行递归传播。更明确地说，假设 $k-1$ 时刻的 PHD 为高斯混合分布，目标的运动模型为线性或近似线性，状态噪声和观测噪声均为高斯分布，则 k 时刻多目标随机集的 PHD 也服从高斯混合分布。由卡尔曼迭代更新得到高斯混合分量的均值和协方差，在高斯混合分量递推的过程中可以直接提取目标的状态及数目，从而实现对多目标的实时跟踪。

1）算法流程

将高斯混合形式 PHD 滤波用于对扩展目标跟踪，得到扩展目标高斯混合概率假设密度（Extended Target Gaussian Mixture PHD，ET-GM-PHD），算法流程如下所述。

【步骤 1】ET-GM-PHD 的预测。

令 $\boldsymbol{x}$ 为目标状态矢量 $k-1$ 时刻对 k 时刻的预测 PHD，表示成以下形式，即

$$D_{k|k-1}(\boldsymbol{x}) = D_{\mathrm{s},k|k-1}(\boldsymbol{x}) + \gamma_k(\boldsymbol{x}) \tag{3.85}$$

式（3.85）中，存活目标集合的预测 PHD 为

$$D_{\mathrm{s},k|k-1}(\boldsymbol{x}) = P_{\mathrm{s}} \cdot \sum_{i=1}^{J_{k-1}} w_{k-1}^{(i)} N\left[\boldsymbol{x}; \boldsymbol{m}_{\mathrm{s},k|k-1}^{(i)}, \boldsymbol{P}_{\mathrm{s},k|k-1}^{(i)}\right] \tag{3.86}$$

式（3.86）中，P_{s} 为目标存活概率，J_{k-1} 为 $k-1$ 时刻 PHD 的高斯分量数目，$w_{k-1}^{(i)}$

为每一个高斯分量的权重，$N\left[\boldsymbol{x};\boldsymbol{m}_{\mathrm{s},k|k-1}^{(i)},\boldsymbol{P}_{\mathrm{s},k|k-1}^{(i)}\right]$为高斯分布密度函数。

新生目标集合的预测 PHD 为

$$\gamma_k(\boldsymbol{x})=\sum_{i=1}^{J_{\gamma,k}} w_{\gamma,k}^{(i)} N\left[\boldsymbol{x};\boldsymbol{m}_{\gamma,k|k-1}^{(i)},\boldsymbol{P}_{\gamma,k|k-1}^{(i)}\right] \tag{3.87}$$

式（3.87）中，$J_{\gamma,k}$ 为 k 时刻新生目标集合预测 PHD 的高斯分量数目，$w_{\gamma,k}^{(i)}$ 为每一高斯分量权重。

【步骤 2】ET-GM-PHD 的更新。

将步骤 1 中的预测 PHD 表示成如下 GM 分布形式，即

$$D_{k|k-1}(\boldsymbol{x})=\sum_{i=1}^{J_{k-1}} w_{k|k-1}^{(i)} N\left[\boldsymbol{x};\boldsymbol{m}_{k|k-1}^{(i)},\boldsymbol{P}_{k|k-1}^{(i)}\right] \tag{3.88}$$

再由 Mahler 推导出的结果，利用观测更新后得到的 k 时刻的 PHD 方程表示为

$$D_k(\boldsymbol{x})=D_k^{ND}(\boldsymbol{x})+\sum_{p\in Z_k}\sum_{W\in p} D_k^D(\boldsymbol{x},W) \tag{3.89}$$

式（3.89）中，$D_k^{ND}(\boldsymbol{x})$ 是漏检目标的 PHD，$p\in Z_k$ 表示观测集合 Z_k 的一个划分 p，$W\in p$ 表示 W 为划分 p 的一个元素，$D_k^D(\boldsymbol{x},W)$ 是检测到的目标利用 W 中观测更新得到的 PHD，求和是在 Z_k 的所有可能划分的全部元素上进行。

【步骤 3】修剪与合并。

随着 PHD 的迭代更新，高斯混合项数目会极速增加，为了控制每时刻高斯项的数目，可给权值设置一个门限，剔除权值较小的高斯项，只保留更新后的 PHD 中权值高于该门限的高斯项，该过程称为修剪。更进一步设置合并阈值，当修剪后 PHD 中的一些高斯分量之间的距离小于该阈值时，将这些高斯分量进行合并。

【步骤 4】状态提取。

取步骤 3 中权值大于一定门限（通常取值为 0.5）的高斯混合项的均值作为目标的估计状态，所有高斯项权值之和近似为目标数目。

2）算法性能评价标准

随机有限集跟踪算法不仅能估计每时刻目标的运动状态，同时能得到该时刻的目标数目，因此需要从集合的状态误差和势误差两方面考察滤波算法的性能。国内外大多数学者均采用脱靶距离（也称为脱靶误差）作为随机集多目标滤波方法的评价准则。这里我们采用最优子模型分配距离（Optimal SubPattern Assignment，OSPA）作为随机集多目标滤波方法的评价准则。最优子模型分配距离是澳大利亚墨尔本大学的 Vo 研究小组提出的一种新的可用于衡量集合之间差异程度的脱靶距离，它定义为

$$\bar{d}_p^c(X,Z)=\left(\frac{1}{n}\left\{\min_{\pi\in\Pi_n}\sum_{i=1}^{m}d^{(c)}\left[x,z_{\pi(i)}\right]^p+c^p(n-m)\right\}\right)^{\frac{1}{p}} \tag{3.90}$$

式（3.90）中，X 和 Z 为状态空间的任意有限子集，其势分别为 m 和 n，且 $m\leqslant n$，$1\leqslant p<\infty$，$d^{(c)}(x,z)=\min\{c,d(x,z)\}$，$c>0$ 为常数，Π_n 表示 $\{1,2,\cdots,n\}$ 的所有排列组成的集合。若有 $m>n$，则有 $\bar{d}_p^c(X,Z)=\bar{d}_p^c(Z,X)$。其中，定位误差和势误差分别定义为

$$\bar{d}_{p,\mathrm{loc}}^c(X,Z)=\left\{\frac{1}{n}\left[\min_{\pi\in\Pi_n}\sum_{i=1}^{m}d^{(c)}(x,z_{\pi(i)})^p\right]\right\}^{\frac{1}{p}} \tag{3.91}$$

$$\bar{d}_{p,\mathrm{card}}^c(X,Z)=\left[\frac{c^p(n-m)}{n}\right]^{\frac{1}{p}} \tag{3.92}$$

3.3.2　机动目标跟踪

机动性是飞机的重要战术、技术指标，是指飞机在一定时间内改变飞行速度、飞行高度和飞行方向的能力，相应地称为速度机动性、高度机动性和方向机动性。显然，飞机改变一定速度、高度或方向所需的时间越短，飞机的机动性就越好。在目标跟踪过程中，当运动目标发生机动时，若原先的运动预测模型无法准确匹配目标的机动运动特性，就会导致跟踪滤波发散、跟踪性能下降。因而，如何解决滤波过程中目标运动预测模型参数的不确定性，从而实现对机动目标的连续稳定跟踪是工程研究人员持续关注的问题。

下面介绍两种典型的目标运动模型。

1. Singer 模型

1970 年，R. A. Singer 提出了经典的 Singer 模型。Singer 模型首先设定目标运动的加速度为平稳随机过程，且在整个过程中是均值为零的一阶函数，然后根据对称性、衰减性等随机平稳时间相关的函数特性，得出它的自相关函数，即

$$R_a(\tau)=E\left[a(t)a(t+\tau)\right]=\sigma_a^2\mathrm{e}^{-\alpha|\tau|}\quad(\alpha\geqslant0) \tag{3.93}$$

式（3.93）中，σ_a^2 是运动目标的加速度方差；α 为目标的机动频率，$1/\alpha$ 为机动时间常数的倒数，一般 α 的大小会先根据专家、学者的知识和经验给定。α 值的变化意味着目标进行着不同形式的运动。

一般认为，在任意时刻内机动目标的加速度在一定的范围内近似服从均匀分布，因此可以初步算出该机动目标的运动加速度方差。目标机动加速度方差 σ_a^2 的数学方程为

$$\sigma_a^2=\int_{-a_{\max}}^{+a_{\max}}P(a)a^2\mathrm{d}a=\frac{a_{\max}^2}{3}(1+4P_{\max}-P_0) \tag{3.94}$$

式（3.94）中，$P_{\max}$ 代表目标发生加速度为 $a_{\max}$ 机动的可能性大小，$a_{\max}$ 为目标的最大机动加速度，P_0 是不发生机动的可能性大小。

用 Wiener-Kolmogorov 对于相关时间函数 $R_a(\tau)$ 程序进行白化后，可得

$$\dot{a}(t)=-\alpha a(t)+w(t) \tag{3.95}$$

式（3.95）中，$\dot{a}(t)$ 为白噪声过程，均值为零，方差为 $2\alpha\sigma_a^2$。

离散化状态方程（离散周期为 T）为

$$\boldsymbol{X}(k+1)=\boldsymbol{F}(T,\alpha)\boldsymbol{X}(k)+\boldsymbol{w}(k) \tag{3.96}$$

式（3.96）中，$\boldsymbol{w}(k)$ 表示状态噪声，为离散化的白噪声序列；$\boldsymbol{F}(T,\alpha)$ 表示系统状态转移矩阵，即

$$\boldsymbol{F}(T,\alpha)=\begin{bmatrix}1 & T & \dfrac{\alpha T+\mathrm{e}^{-\alpha T}-1}{\alpha}\\ 0 & 1 & \dfrac{1-\mathrm{e}^{-\alpha T}}{\alpha}\\ 0 & 0 & \mathrm{e}^{-\alpha T}\end{bmatrix} \tag{3.97}$$

由前面的分析可以得出，采样周期 T 和机动频率 a 直接与噪声方差 σ_a^2 相关。如果 $\alpha\to 0$，也就是加速度 a 为常数，表示目标做匀加速运动；如果 $\alpha\to+\infty$，也就是加速度 $a=0$，表示目标做匀速运动；如果 $\alpha\in(0,+\infty)$，说明此时是在做匀速和匀加速之间的运动。因此，Singer 模型具有较好的模型适应性，它的优势是能够根据机动频率的变化而改变目标运动方式。

Singer 模型为其后建立更为有效的机动目标模型奠定了基础。由于有许多参数需要预先设定，而不是通过在线学习得到，因此 Singer 模型本质上是一种先验模型，但期望一种先验的机动目标模型能够有效地描述目标的随机机动是不现实的。此外，关于目标机动加速度在 $[-a_{\max},a_{\max}]$ 近似服从均匀分布的假设，使得加速度的均值总是为零，这并不恰当，但确实也是先验模型的唯一合理选择。

2.“当前”统计模型

中国学者周宏仁提出了基于当前统计的 Singer 模型。“当前”的基本思想是：由于目标本身结构特征的限定，当目标在前一时刻以某一加速度做机动运动时，相邻的后一时刻目标机动范围大小和前一时刻的机动范围应该是相关的。因此，根据不同的运动模式，可以设计出机动加速度和目标实际运动模式相匹配的模型，达到更好的跟踪效果，而不必涵盖所有机动加速度的运动模式。使用修正的瑞利分布来描述每个时刻目标“当前”加速度的统计特性，并用“当前”机动

加速度估计表示目标加速度。具体可以分为以下四个类别。

（1）当目标的“当前”加速度$a>0$时，其概率密度函数为

$$p(a)=\frac{a_{\max}}{\mu^2}\exp\left(-\frac{a_{\max}-a}{2\mu^2}\right)\quad 0<a<a_{\max} \tag{3.98}$$

式（3.98）中，a表示加速度，μ为常量，$a_{\max}$是正方向上加速度的最大值。此时，a的均值和方差分别为

$$E(a)=a_{\max}-\sqrt{\frac{\pi}{2}}\mu \tag{3.99}$$

$$\sigma_a^2=\frac{4-\pi}{2}\mu^2 \tag{3.100}$$

（2）当目标的“当前”加速度$a<0$时，其概率密度函数为

$$p(a)=\frac{a-a_{-\max}}{\mu^2}\exp\left(-\frac{a_{-\max}-a}{2\mu^2}\right)\quad a_{-\max}<a<0 \tag{3.101}$$

式（3.101）中，$a_{-\max}$是负方向上加速度的最大值。此时，a的均值和方差分别为

$$E(a)=a_{-\max}+\sqrt{\frac{\pi}{2}}\mu \tag{3.102}$$

$$\sigma_a^2=\frac{4-\pi}{2}\mu^2 \tag{3.103}$$

（3）当目标的“当前”加速度$a=0$时，其概率密度函数为

$$p(a)=\delta(a) \tag{3.104}$$

式（3.104）中，$\delta(a)$为单位冲击函数。

（4）当目标的“当前”加速度的值为最大值时，此时的概率密度函数为零。

目标加速度的概率密度函数不是一成不变的，而是会随着时间变化，目标加速度的概率密度值与目标“当前”加速度的均值大小关联度很高，这就是为什么这种机动概率密度更容易适应实际应用环境。与 Singer 模型相比，“当前”统计模型能更真实地反映目标机动范围和强度变化，具备根据上一时刻的加速度估计值来自适应调整过程噪声的能力，是目前较好的实用模型。大量实验表明，该算法在跟踪机动目标时具有良好的跟踪结果。但实验中也发现该算法在跟踪匀速运动的目标时误差较大；在跟踪加速度目标的机动情况时，其速度与加速度估计的动态时延明显较大，位置误差也较大，因此不能很好地实时反映目标的机动情况。此外，为了保持一定的跟踪精度，$a_{\max}$与$a_{-\max}$的选值一般不大，而事实上一旦目标机动加速度超过该选值时，其跟踪性能会明显恶化，因此跟踪机动加速度的相对动态范围较小。

显然，影响跟踪精度最直接和最重要的因素是模型和算法。尽管模型和算法已确定，但可以通过对一些参数的调整对模型进行改进，从而提高跟踪精度。在

“当前”统计模型中，目标加速度状态变量的估计值等于状态噪声的均值与目标机动频率α倒数的乘积，因此可以通过调整机动频率α来改变对目标加速度的估计值。但是，当采用的模型与实际的模型不相符时，会使系统的误差变大，有可能造成目标丢失，这需要通过对目标状态误差的估计而自适应地选择α来提高估计精度。现有文献中对机动频率α的调整，主要利用了观测新息在目标机动时发生变化这一特点，根据滤波信息的变化，自适应调整机动频率α，从而达到调整状态转移矩阵和状态协方差矩阵的目的，使其更接近于目标的真实状态。

状态噪声$\boldsymbol{w}$的协方差是与目标加速度方差σ_a^2相联系的，因此σ_a^2将直接影响估计误差的协方差矩阵。可依据机动检测构造一个调整函数$f\left[\rho(k)\right]$，令$\sigma_{\text{adjust}}^2 = f\left[\rho(k)\right]\cdot\sigma_a^2$，并通过仿真实验得出近似函数$f\left[\rho(k)\right]$，从而达到自适应调整目标加速度方差$\sigma_a^2$的目的。

$$\sigma_a^2 = \begin{cases} \dfrac{4-\pi}{\pi}\left[a_{\max} - \hat{a}(k-1)\right]^2 & 0 < \hat{a}(k-1) < a_{\max} \\ \dfrac{4-\pi}{\pi}\left[a_{-\max} + \hat{a}(k-1)\right]^2 & a_{-\max} < \hat{a}(k-1) < 0 \end{cases} \quad P(a) = \delta(a) \tag{3.105}$$

$P(a) = \delta(a)$为目标的“当前”加速度$a = 0$时的概率密度函数。从式（3.99）可以看出，当$a_{\max}$和$a_{-\max}$取较大值时，系统能以较大的方差保持对目标机动的快速响应；当$a_{\max}$和$a_{-\max}$一定，目标以较小的加速度机动时，系统方差很大，跟踪精度较差；在目标以较大的加速度机动时，系统方差较小，跟踪精度较高。可见，由于系统参数$a_{\max}$和$a_{-\max}$在跟踪过程中不能自适应调整，使得系统方差的调整有限，对于机动加速度大范围变动或突变的目标，其跟踪的快速性和精度协调很难令人满意。需通过采用模糊自适应算法，利用观测新息和观测新息的变化率来自适应调整“当前”统计模型的系统参数$a_{\max}$和$a_{-\max}$，从而间接达到实时调整系统方差的目的。

3.3.3　慢速目标跟踪

海面舰船、直升机、旋翼无人机等目标因运动速度慢、淹没在杂波中，雷达对其进行探测时，由于距离、方位分辨率的限制，导致更新周期内目标运动规律不明显，给航迹起始、关联、滤波带来很大困难。对慢速目标航迹起始确认，要综合考虑目标数据特点、闪烁噪声及数据处理系统计算能力；对慢速目标数据关联，需采用基于速度、加速度、航向、高度等动态多因子的综合关联方法。用最近邻关联法处理一组观测值后，可能出现多个观测值同时与一个目标都相关，且都进入最佳关联区时，就有必要利用实体的运动特性来进一步确定最佳相关观测，以解除错误关联。

慢速目标的跟踪需要面对复杂的地海杂波背景、目标数量众多且起伏特性特殊等难点，加之目标运动速度慢等原因，受雷达观测精度的限制，短时间内对目标位置的微小变化很难精确估算，使得目标运动趋势不明显，为慢速目标滤波技术带来很大难题。慢速目标基本的运动模式往往存在直线运动、转弯机动和加速运动等模式，同时，目标不同部位的散射强度和相对相位的随机变化使得雷达观测易受闪烁噪声的干扰，在航迹跟踪处理中采用交互多模型（Interactive Multiple Model，IMM）方法进行滤波：常速（Constant Velocity，CV）模型主要用于直线运动，考虑到慢速目标速度变化率较小，因此将目标加速度作为随机噪声处理；常速转弯（Constant Turn，CT）模型主要用于转弯运动。

3.3.4　杂波区目标跟踪

现代雷达采用了比较先进的信号处理技术，在一般环境中能够有效抑制杂波和虚警，保持对目标的检测和跟踪能力。但在复杂地形、湖泊、海洋或者电磁干扰等环境中，雷达虚警和杂波的抑制效果有限，会出现大量的杂波剩余和虚警增多。杂波区内观测密集时，目标关联波门内极易出现多个观测，此时就需要采用一定方法，从多个候选观测中，选择合适观测来建立或者保持航迹。接续观测的准确选择对于目标稳定、连续跟踪十分重要，可以采用概率数据关联滤波（Probabilistic Data Association Filter，PDAF）和最近邻域关联滤波（Nearest Neighbor Association Filter，NNAF）方法来处理。

1. 概率数据关联滤波（PDAF）

假定k时刻经跟踪波门选定的当前观测值为$z_k=\left\{z_{k,i}:i=1,2,\cdots,m_k\right\}$，以$z^k$表示直到$k$时刻的全部有效观测值集合为$z^k=\left\{z\left(j\right):j=1,2,\cdots,k\right\}$，即$z_{k,i}$表示$k$时刻观测集合的预测值，观测值与预测值的偏差集合为

$$\boldsymbol{v}_{k,i}=\boldsymbol{z}_{k,i}-\boldsymbol{z}_k \quad i=1,2,\cdots,m_k \tag{3.106}$$

关联波门是一个椭圆球体，k时刻观测满足

$$\boldsymbol{v}_k^{\mathrm{T}}\boldsymbol{\theta}_k^{-1}\boldsymbol{v}_k\leqslant\chi^2 \tag{3.107}$$

式（3.107）中，$\boldsymbol{\theta}_k$是偏差的协方差矩阵，χ为调整相关范围的参数。

最佳状态估值利用了加权后的偏差，即

$$\boldsymbol{v}_k=\sum_{i=1}^{m_k}\beta_{k,i}\boldsymbol{v}_{k,i} \tag{3.108}$$

式（3.108）中，$\beta_{k,i}=P\left\{\boldsymbol{z}_{k,i}\middle|\boldsymbol{z}^k\right\}\ (i=0,1,\cdots,m_k)$为第$i$个观测值为真的后验概率。

应用贝叶斯定律可以得到概率为

$$\beta_{k,i}=\frac{\exp\left(-0.5\boldsymbol{v}_{k,i}^{\mathrm{T}}\boldsymbol{\theta}_k^{-1}\boldsymbol{v}_{k,i}\right)}{b+\sum_{i=1}^{m_k}\exp\left(-0.5\boldsymbol{v}_{k,i}^{\mathrm{T}}\boldsymbol{\theta}_k^{-1}\boldsymbol{v}_{k,i}\right)}\qquad i=1,2,\cdots,m_k \tag{3.109}$$

$$\beta_{k,0}=\frac{b}{b+\sum_{i=1}^{m_k}\exp\left(-0.5\boldsymbol{v}_{k,i}^{\mathrm{T}}\boldsymbol{\theta}_k^{-1}\boldsymbol{v}_{k,i}\right)} \tag{3.110}$$

式（3.109）和式（3.110）中，b 是一个相应的参数，它表示没有一个观测是正确的后验概率。$\beta_{k,i}$ 的分母实质是所有可能事件 $\boldsymbol{z}_{k,i}$ $(i=0,1,\cdots,m_k)$ 的概率估算值，表明所有候选观测参与形成某个等效观测。

k 时刻的状态滤波估计 $\boldsymbol{x}_{k|k}$ 的 PDAF 状态方程为

$$\hat{\boldsymbol{s}}_{k|k}=\boldsymbol{s}_{k|k-1}+\boldsymbol{K}_k\boldsymbol{v}_k=\boldsymbol{s}_{k|k-1}+\boldsymbol{K}_k\sum_{i=1}^{m_k}\beta_{k,i}\boldsymbol{v}_{k,i} \tag{3.111}$$

$$\boldsymbol{P}_{k|k}=\boldsymbol{P}_{k|k-1}-\left(1-\beta_{k,0}\right)\boldsymbol{w}_k\boldsymbol{\theta}_k\boldsymbol{w}_{\mathrm{k}}^{\mathrm{T}}+\boldsymbol{\pi}_k \tag{3.112}$$

式中

$$\boldsymbol{w}_k=\boldsymbol{P}_{k|k-1}\boldsymbol{H}^{\mathrm{T}}\boldsymbol{\theta}_k^{-1} \tag{3.113}$$

$$\boldsymbol{\pi}_k=\boldsymbol{w}\left(\sum_{i=1}^{m_k}\beta_{k,i}\boldsymbol{v}_{k,i}\boldsymbol{v}_{k,i}^{\mathrm{T}}-\boldsymbol{v}_k\boldsymbol{v}_k^{\mathrm{T}}\right)\boldsymbol{w}^{\mathrm{T}} \tag{3.114}$$

2. 最近邻域关联滤波（NNAF）

最近邻域关联滤波方法首先由关联波门限制观测数目，经波门初步限制后，按式（3.102）求其偏差的集合 $\boldsymbol{v}_{k,i}$，然后按下式计算其统计间隔

$$\boldsymbol{y}_{k,i}=\boldsymbol{v}_{k,i}^{\mathrm{T}}\boldsymbol{\theta}_k^{-1}\boldsymbol{v}_{k,i} \tag{3.115}$$

通过比较 $\boldsymbol{y}_{k,i}$，使得其值最小的点迹与该航迹配对。

应用最近邻域关联滤波方法，通常会出现以下情况：

（1）若波门内只有一个观测值，则航迹与此观测值配对相关；

（2）若波门内含有多个观测值，则航迹与统计间隔最近的观测值配对相关；

（3）当某个观测值落入多个波门内，则观测值与最近的航迹配对相关。

显然，最近邻域关联滤波方法是有片面性和局限性的，因为离目标预测位置最近的点迹并不一定就是目标点迹，特别当滤波器工作在密集多回波环境中，或发生航迹交叉时更是如此。因此，最近邻域关联滤波方法在实际中常常会发生误跟或丢失目标的现象，其相关性能不甚完善。由于最近邻域关联滤波方法是一个次优方法，在不太密集的回波环境中，此方法还是应用得较为成功；但在密集杂

波环境中，发生误相关的概率较大，要么多个航迹争夺单个观测，要么多个观测与一条航迹相关，此时最近邻域关联滤波方法应与波门控制、航迹分支、多因子综合关联等方法相结合，以实现正确关联。

参考文献

[1] MARCUM. 脉冲雷达发现目标的统计理论[J]. 王小谟，译. 雷达技术译丛，1963(10).

[2] SWERLING. 起伏目标的发现概率[J]. 王小谟，译. 雷达技术译丛，1963(10).

[3] 蔡希尧. 雷达系统概论[M]. 北京：科学出版社，1983.

第 4 章
监视雷达的杂波抑制

监视雷达的主要任务是在复杂环境下检测和跟踪目标。监视雷达的杂波是指地物、海浪、气象、箔条等物体对雷达发射电磁波的后向散射回波，其杂波抑制涉及杂波模型、杂波抑制方法、系统参数等多个方面的问题。本章首先介绍监视雷达的各类杂波特性及监视雷达的各种杂波处理方法，重点讨论监视雷达杂波抑制的改善因子及雷达参数对改善因子的限制等关系，并讨论杂波抑制对雷达系统设计的影响，最后介绍两种监视雷达的杂波抑制处理实例。

4.1　概述

监视雷达的主要探测目标是飞行高度不超过 20km 的飞机目标，其最大作用距离一般达到数百千米，因此其最大作用距离对应的雷达探测仰角一般都在 2°以下。部署在高山阵地的监视雷达为了获得低空覆盖能力，一般采用下视探测方式，最低探测仰角需要设置在水平面以下。以上两种情况都会导致监视雷达天线主瓣有部分能量发射到地/海面上，形成很强的地/海杂波。此外，从作战使用来看，监视雷达为了防止敌方战斗机低空突防，也必须高度重视其低空探测能力。因此，监视雷达的杂波抑制性能是一个非常重要的设计环节，杂波抑制性能的好坏直接决定了监视雷达的作战效能。

早期的监视雷达没有杂波抑制处理设备，空中目标回波信号受地物杂波或气象杂波影响，杂波区探测能力很差，一般只能发现比杂波信号强的目标信号。直到 20 世纪 50 年代初期，美国兰德（Rand）公司的 Emerson R C 发表了《脉冲多普勒 MTI 和 AMTI 相关技术》论文[1]，首次提出采用 MTI 的方法来发现淹没在杂波中的运动目标，MTI 或 MTD 处理主要利用目标和杂波在频域的差异性进行杂波信号的抑制，同时给出了采用 MTI 处理的雷达系统设计方法等。但限于当时的器件水平，早期的MTI处理大多只能采用单延迟线对消系统，性能难以保证。例如，中国 20 世纪 60 年代初期以前设计的监视雷达，大部分的 MTI 对消器采用的是水银延迟线对消器或采用镍线延迟线对消器。这种对消器设备的缺点一是杂波抑制的能力弱，对地杂波的改善因子只能做到 20dB 左右；二是体积、质量大；三是电路复杂、可靠性差。

由于杂波抑制能力的好坏直接关系到监视雷达的远区和低空探测性能，因此杂波抑制技术一直是雷达设计师不断研究和探索的主题，尤其是针对监视雷达面临的任务和环境，杂波抑制始终是一个关系监视雷达主要性能的关键问题。监视雷达主要担负对空警戒监视任务，其探测威力一般要求在 350km 以上，具有 360° 方位机扫和探测空域搜索能力，为了兼顾可处理脉冲数和方位测量精度，其方位波束宽度一般为2°（第6章将详细介绍监视雷达系统的设计），这使得监视雷达的方位波束驻留时间内一般有8～10个可处理脉冲，为大多数监视雷达采用MTI或MTD杂波抑制处理技术提供了基础。

雷达的杂波抑制能力除取决于杂波抑制采用的MTI或MTD处理对消滤波器性能外，还取决于下面两个主要因素，一是监视雷达系统各参数的设计，如雷达发射信号的稳定性、接收机频率源的稳定性、接收机动态范围、雷达定时信号的稳定性，以及雷达天线波束宽度、雷达重复频率等参数的选择等；二是杂波类型和雷达工作环境。监视雷达用途广泛，其所面对的杂波类型和杂波特性也是极其复杂的，如地物杂波、海浪杂波、气象杂波和这些杂波的耦合杂波等。目前采用MTI或MTD处理在绝大多数环境下可满足反杂波要求，但对于雷达高山架设阵地的下视状态或对于滨海地区空/海耦合杂波时，因其杂波特性在时/频域具有扩展性，给杂波抑制处理等带来了较大的挑战，这时可以采用空/时/频多维滤波、PD（脉冲多普勒）处理或基于杂波模型的认知杂波处理等技术。限于篇幅本章将不展开阐述，感兴趣的读者可参考本套丛书的《雷达信号处理和数据处理技术》。

4.2 杂波类型及其特性

雷达对杂波的抑制处理主要是依据杂波回波的频谱与目标回波的多普勒频谱的不同，这里讨论的杂波特性主要是指杂波的频率特性和幅度特性。监视雷达的杂波主要是照射波束内的地物、海浪、云雨等面回波或体回波散射信号的叠加，杂波谱具有的典型统计分布特性，决定了杂波信号和目标信号频谱的相互混叠性，因而杂波抑制处理不能完全将杂波滤除，否则目标信号将同样受到处理损失。杂波处理剩余大小除与杂波抑制处理方法、杂波谱特性有关外，还与杂波的强弱和杂波的起伏特性有关。所以，在设计监视雷达的反杂波处理性能时，必须针对监视雷达工作环境中不同杂波的频率特性和幅度特性进行分析，以便在系统设计中进行优化设计。

杂波可广义描述为任何不需要且影响目标检测的雷达回波。对于探测空中飞机类目标的监视雷达来说，杂波主要包括陆地、海洋、云雨、鸟群及箔条等的反射。杂波也可能来自空气的湍流和其他大气效应影响，或来自电离层介质的影响，如极光和陨星痕迹等。从雷达照射杂波的回波特性来说，可将其分为“面杂波”“体杂波”和离散的“点状杂波”三大类。地面或海面的雷达回波称为面杂波；箔条干扰、云雨或其他大气现象所形成的回波称为体杂波；地面建筑物、鸟、昆虫和地面车辆等的回波就是点状杂波。

在对空监视雷达设计中，对杂波的主要关注点是：

- 杂波的 RCS，或者 RCS 的密度（反射率）；
- 杂波的幅度、频谱分布特性；
- 杂波幅度的空间相关性；
- 极化对杂波的影响。

杂波的幅度特性决定了杂波的强度，它取决于雷达分辨单元的大小、雷达的工作频率和杂波本身的散射特性。人们通常用 RCS 的空间“密度”来表征杂波本身的散射特性，称为反射率系数[2]，有时也称为杂波的后向散射系数。对于面杂波而言，反射率系数通常用 σ^0 表示，其定义为[3]

$$\sigma^0 = \frac{\sigma_c}{A_\sigma} \tag{4.1}$$

式（4.1）中，σ_c 是当雷达照射的物理面积为 A_σ 时的杂波的 RCS。用 σ^0 描述面杂波的好处是它与面积 A_σ 无关。反射率系数 σ^0 可用伽马常数模型来描述[12]，其数学表达形式为

$$\sigma^0(\psi) = \gamma \cdot \sin\psi \tag{4.2}$$

式（4.2）中，ψ 是擦地角；γ 是表述地面或海面表面散射特性的一个常数，但随着其表面物理特性与雷达工作频率的不同会有很大的变化。

当擦地角较大时，会增加一个附加的准镜面反射率 σ_f^0，即

$$\sigma_f^0 = \left(\frac{\rho_s}{\beta_0}\right)\exp\left(-\frac{\beta^2}{\beta_0^2}\right) \tag{4.3}$$

式（4.3）中，ρ_s 是表面反射系数，β_0 为表示表面斜率的参数，$\beta = \frac{\pi}{2} - \psi$。此式在设计高山架设监视雷达和浮空器载监视雷达时应予以考虑。

对于体杂波的反射率系数，通常用 η 来定义，即

$$\eta = \frac{\sigma_c}{V_\sigma} \tag{4.4}$$

式（4.4）中，面杂波强度的计算见第 2 章的式（2.34），体杂波强度的计算见第 2 章的式（2.42）。

杂波的频率特性或谱分布决定了杂波抑制处理对杂波的极限抑制能力。几乎所有类型的杂波频谱都可以用高斯曲线来表示[12]，即

$$W(f) = W_0 \exp\left(-a\frac{f^2}{f_t^2}\right) \tag{4.5}$$

式（4.5）中，W_0 表示杂波在零起伏频率时的功率密度；f_t 为雷达工作频率；a 是

一个描述杂波相对稳定性的无量纲参数，a 的值可从 2.8×10^{15}（雨云类杂波）到 3.9×10^{19}（无风、只有稀疏树木的地杂波）变化。如果用杂波谱展宽的均方根（值）（RMS）σ_{c} 来表示，则式（4.5）可写为

$$W(f)=W_0\exp\left(-\frac{f^2}{2\sigma_{\mathrm{c}}^2}\right) \tag{4.6}$$

4.2.1 地杂波

1. 地杂波的反射率系数

地杂波是监视雷达面临的主要杂波类型，不论在理论上还是实践上。由于陆地环境的起伏、植被的复杂性，很难准确地对地杂波进行定量分类。陆地的雷达回波由地形的种类即用地形的起伏程度和介质特性来描述，山峦、丘陵、耕田、植物、沙漠、湖泊、城市、道路等均具有不同的散射特性，此外地物回波还与面散射体的湿度、植物的茂密程度、积雪状况和植被的随风摆动及其他各种情况相关。农田在耕作前、后，收割前、后均具有不同的 RCS，它还与雷达波束照射相对于耕作沟畦的方向有关。森林的雷达回波因季节带来的茂密程度变化而不同，与森林的空气湿度、风向等相关。而针对城市环境中的房屋、楼群及其他建筑物的回波信号要强得多，原因是房屋、楼群相对平坦的反射面构成不同的“角反射器”效应，突起的山丘具有较强的地物回波特性。

由于地形的多样性和复杂性，以及地面的植物与建筑物不同，因此用一个统一理论模型来描述它的后向散射是困难的，也是不准确的。雷达地物回波的分类和模型分析在较多文献中都进行了详细介绍和探讨，著名雷达专家 Skolnik 在《雷达手册》中介绍了地杂波的简化模型、小平面模型、基尔霍夫-惠更斯模型、小扰动和双尺度模型及其他模型等。

在研究地物回波理论的同时，更多的研究人员还对地杂波进行了大量的实验研究。然而，即使是实际测量，也会因为不同的地区、不同的季节和不同的测试条件等原因，使所得测试结果不具备通用性。况且地杂波特性还与雷达频率、擦地角有较大关系。不过，从众多的实验数据中，还是可以看出地杂波反射率的一些规律。图 4.1 所示是早期在 X 波段测得的雷达各类地杂波反射率系数的边界图，由该图可见各类地形 σ^0 值的变化范围很宽，各个区域的边界也都很宽。

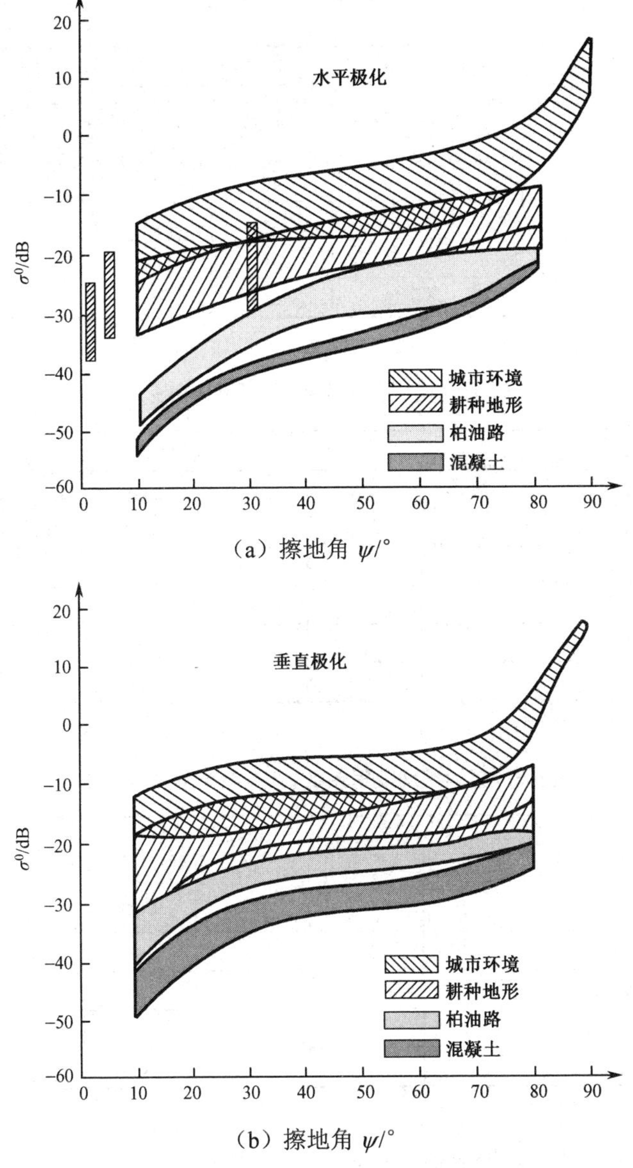

（a）擦地角 ψ/°

（b）擦地角 ψ/°

图 4.1 在 X 波段所测得的雷达各类地杂波反射率系数的边界图

表 4.1～表 4.5 是根据多个研究和测量报告综合列出的对不同地形、不同频段和不同擦地角情况下的反射率系数。除非另有说明，每一频段的 σ^0 值都是指垂直极化与水平极化的平均值。σ^0 值是近似的，因为一些实验报告仅提供了分布，由分布得出近似值。这些结果还可看成是各季节的平均值，因为环境条件和陆地上植被的不同，其回波的变化可超过 9dB，这与植物树叶的茂密程度有关。

表 4.1　雷达地面反射系数 σ^0（擦地角 $\psi = 0°\sim1.5°$）

环境条件	载频/GHz					
	L 波段 1～2	S 波段 2～4	C 波段 4～8	X 波段 8～12	K_u 波段 12～18	K_a 波段 31～36
相对平坦沙漠	45	46	40	40	—	—
农田、乡村	36	34	33	33	23	18
密林、丛林、起伏地	28	28	27	26	13	21
城市环境	25	23	21	20	—	—

注：σ^0以低于$1m^2/m^2$的分贝计。

表 4.2　雷达地面反射系数 σ^0（擦地角 $\psi = 3°$）

环境条件	载频/GHz					
	L 波段 1～2	S 波段 2～4	C 波段 4～8	X 波段 8～12	K_u 波段 12～18	K_a 波段 31～36
相对平坦沙漠	43	38	3	32	30	—
农田、乡村	32	31	30	28	25	18
密林、丛林、起伏地	24	25	25	24	24	19
城市环境	20	19	19	18	12	—

注：σ^0 以低于 $1m^2/m^2$ 的分贝计。

表 4.3　雷达地面反射系数 σ^0（擦地角 $\psi = 10°$）

环境条件	载频/GHz					
	L 波段 1～2	S 波段 2～4	C 波段 4～8	X 波段 8～12	K_u 波段 12～18	K_a 波段 31～36
相对平坦沙漠	38	36	33	30	28	25
农田、乡村	30	28	26	26	22	18
密林、丛林、起伏地	26	24	23	23	20	19
城市环境	18	1	18	16	—	—

注：σ^0 以低于 $1m^2/m^2$ 的分贝计。

表 4.4　雷达地面反射系数 σ^0（擦地角 $\psi = 30°$）

环境条件	载频/GHz					
	L 波段 1～2	S 波段 2～4	C 波段 4～8	X 波段 8～12	K_u 波段 12～18	K_a 波段 31～36
相对平坦沙漠	28	25	23	21	19	18
农田、乡村	20	18	16	16	16	15
密林、丛林、起伏地	18	16	16	14	14	12
城市环境	15	13	11	10	—	—

注：σ^0 以低于 $1m^2/m^2$ 的分贝计。

表 4.5　雷达地面反射系数 σ^0（擦地角 $\psi=60°$）

环境条件	载频/GHz					
	L 波段 1～2	S 波段 2～4	C 波段 4～8	X 波段 8～12	K_u 波段 12～18	K_a 波段 31～36
相对平坦沙漠	21	17	16	14	13	13
农田、乡村	15	16	15	14	13	13
密林、丛林、起伏地	19	15	15	14	12	11
城市环境	12	11	10	10	—	—

注：σ^0 以低于 $1m^2/m^2$ 的分贝计。

需要说明的是，上述测试是假定地杂波回波幅度分布服从瑞利分布。但在低擦地角时，陆地后向散射的幅度分布通常不符合瑞利分布，这是由于山岚、建筑物、树林等的遮挡作用，即使看上去是平坦的地面也有 1°～2° 的起伏，所以导致上述数据一般有 3～5dB 的误差。表 4.1 所列的数据是在低擦地角情况下，没有较多遮挡的地杂波的情况。

实际上，全球各地相同地貌的地形起伏、植被环境及温、湿度都不相同，所以地杂波的反射系数及雷达的地杂波强度也不一样，这里给出地杂波的一般性特性及幅度分布。但在雷达使用的大致地区及环境可知的情况下，可通过式（4.1）～式（4.3）求出几种典型地形条件的地杂波反射率系数。表 4.6 依据相关文献给出了 7 种地形的相关数据，可供设计时参考。

表 4.6　不同环境条件的地杂波反射特性参数

环境条件	表面散射特性常数 γ		均方根高度差 σ_h /m	均方根斜率 β_o /rad
山脉	0.32	-5dB	100	0.1
市区	0.32	-5dB	10	0.1
有树林的小山丘	0.10	-10dB	10	0.05
起伏的丘陵	0.063	-12dB	10	0.05
农田、沙漠	0.032	-15dB	3	0.03
平地	0.01	-20dB	1	0.02
平滑表面	0.0032	-25dB	0.3	0.01

2. 地杂波的幅度分布

在雷达分辨单元较大时，其擦地角 ψ 大于临界擦地角 ψ_c，地杂波的幅度分布一般呈现瑞利分布；但在擦地角小于 ψ_c 或高分辨单元较小的情况下，地杂波的幅度分布一般呈现 Weibull 分布（有时也呈现为对数正态分布），呈现 Weibull 分布时可表示为

$$dP_{\sigma} = \frac{\sigma^{1/a}}{a\alpha\sigma}\exp\left(-\frac{\sigma^{1/a}}{\alpha}\right)d\sigma \tag{4.7}$$

式（4.7）中，α 为决定分布值的参数，a 为决定概率密度扩展的参数，即

$$\bar{\sigma} = \alpha^{a}\Gamma(1+a) \tag{4.8}$$

$$\sigma_{50} = (\alpha \ln 2)^{a} \tag{4.9}$$

式中，$\bar{\sigma}$ 为 σ 的均值，σ_{50} 为其中值，$\Gamma(\cdot)$ 为伽马函数。

表 4.7 是根据实测数据分析得出的几种典型地杂波的幅度概率分布特性[13]。分析该表可知，杂波特性与具体地形的相关性较大。即使宏观地形基本一致的地区，在散射特性上也可能有较大差异。山地和城市散射系数较大且存在较强的起伏，其在较窄的角度范围内与入射角的变化关系不明显，这说明在山地和城市环境下散射系数具有更大的随机性。需要注意的是，表 4.7 的数据是在不同时间、不同地点和利用不同雷达测试获得的参数，其主要散射特性与起伏特性符合大多数环境，具体参数可供设计师参考。

表 4.7　不同地形条件下的地杂波的幅度概率分布特性

测试区域	入射角/°	95%/dB	中值/dB	均值/dB	5%/dB	Weibull 分布形状参数
平原	59.4	−31.9	−19.7	−17.5	−12.2	1.827
	62.0	−30.0	−18.4	−16.4	−11.2	1.916
	64.5	−29.4	−17.0	−14.7	−9.4	1.784
	67.9	−31.0	−18.8	−15.7	−9.8	1.681
	69.9	−29.6	−17.4	−14.3	−8.7	1.657
丘陵	59.6	−26.5	−14.3	−11.8	−6.3	1.747
	65.0	−26.9	−14.2	−11.5	−6.0	1.687
	67.1	−25.4	−13.9	−11.6	−6.3	1.849
	68.8	−27.6	−15.8	−13.9	−9.0	1.916
	69.8	−32.0	−19.1	−16.0	−10.2	1.611
山地	72.49	−34.97	−23.32	−20.78	−15.49	1.768
	74.38	−33.75	−22.56	−20.50	−15.41	1.898
	77.56	−31.38	−19.84	−18.12	−13.21	1.979
	78.70	−32.59	−21.15	−18.53	−13.02	1.808
	79.79	−32.32	−19.39	−16.85	−11.36	1.677
城市	54.66	−14.91	−1.94	2.73	9.02	1.457
	60.53	−12.09	0.59	3.68	9.47	1.622
	66.97	−17.80	−6.64	−4.33	0.78	1.839
	70.11	−14.78	−3.61	−1.10	4.37	1.842
	75.22	−17.78	−4.66	−1.06	5.23	1.562

3. 地杂波的谱特性

地杂波回波的频谱变化主要由地表植被晃动和地面物体运动所致，其中因植物在风中相对运动产生频谱变化，风速增大则植物晃动幅度与速度加剧。图 4.2 是采用固定天线照射森林地带，依据多组实际测试的结果所得的地杂波谱宽与风速的函数关系，其发射波长在 1.25～9.2cm 范围变化。统计表明，在 1～10cm 波长范围内，地杂波谱宽与发射频率成正比。杂波谱的标准差σ_v（以速度单位计）是通过与高斯形状的最佳拟合，计算地杂波频谱的标准差，用多普勒公式转换获得风速。图 4.2 中还表示出地杂波频谱在起伏分量上叠加有稳定的低频（接近零频）分量，显示了稳定分量（低频分量）和起伏分量（高频分量）的功率比，这一数值可采用拟合莱斯（Rice）分布。

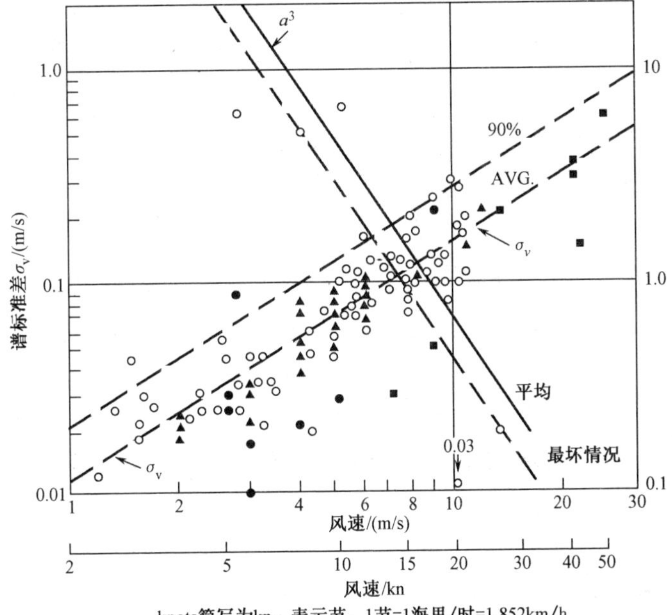

图 4.2　固定天线照射森林地带地杂波谱宽与风速的函数关系

通常情况下，低频分量是由树干、大树枝与周围地面本身形成的，而起伏分量则是由树叶与植物细枝引起的。当风增强时，更多部分的树枝与树干被摇动，其频谱起伏分量增大。对于稳定的低频分量来说，采用 MTI 对消器可抑制绝大部分低频分量，但影响低频分量抑制的主要问题是雷达接收系统的动态范围。

图 4.3 是用 X 波段雷达实测的地杂波频谱与频率的关系曲线。该图显示，在功率谱中有较大的高频拖尾，谱形近似于 $P(f)=1/[1+(f/f_c)^3]$。测试数据表明，其杂波谱的拖尾指数为3.2～4.0，平均为3.7。较长的杂波谱拖尾使地物回波频谱

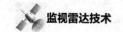

与目标频谱混叠，采用 MTI/MTD 处理很难完全抑制，一般杂波谱拖尾越长，则地杂波的抑制改善性能越差。

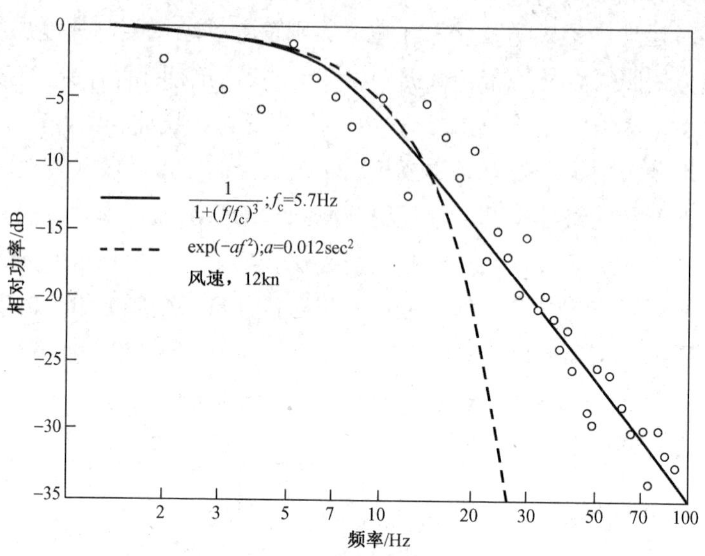

图 4.3　用 X 波段雷达实测地杂波频谱与频率的关系曲线

在更为复杂的环境下杂波谱大致由 3 种主要成分叠加：一是较强的低频分量，主要由地面、树干等反射形成；二是有起伏但较小幅度的分量，可归结为树枝和电线晃动引起；三是较高的杂波频率分量，在自然环境中主要是来自树叶晃动，也可能由车辆、振动、风扇、行走的人等引起。对于第三种高频分量占比大的地杂波来说，其杂波抑制滤波器要特殊设计，同时杂波抑制能力要达到 60dB 以上。

4.2.2　海杂波

1. 海杂波的反射率系数

海杂波主要由雷达照射起伏的海面后向反射叠加而成，海面回波大小主要取决于浪高/浪峰、风的速度、风的行程、持续时间、海浪相对于雷达波束的方向、涨潮或退潮，以及可能影响海水表面张力的污染物等。同时，海面回波还与雷达的频率、极化、擦地角（入射角）等参数相关，在一定程度上还取决于照射面的大小。图 4.4 和图 4.5 是在 2 级海情下获得的实际测试数据，其中数据平滑采用外推与内插的方法，描绘了海杂波反射率系数与雷达不同频段和擦地角（入射角）的关系曲线。

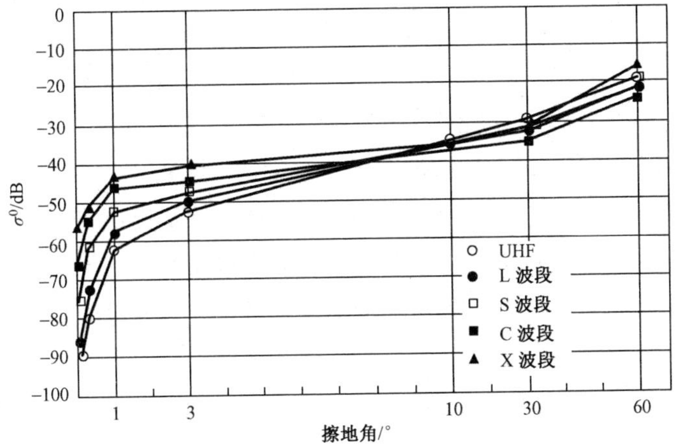

图 4.4　2 级海情下不同频段海杂波反射率系数与擦地角的关系（垂直极化）

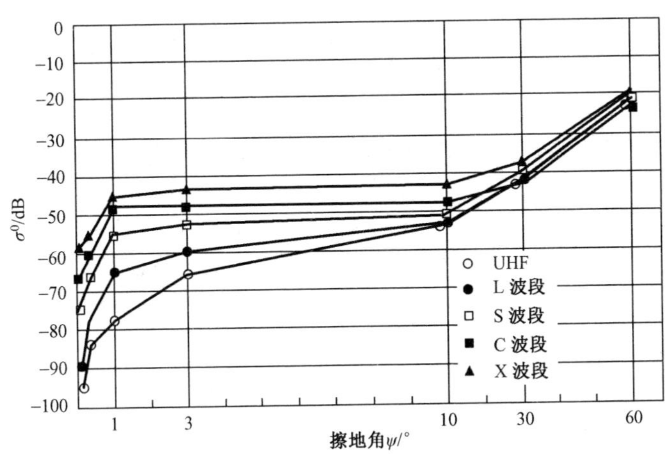

图 4.5　2 级海情下不同频段海杂波反射率系数与擦地角的关系（水平极化）

由于测试环境不同和测试设备的差异，两幅图中测量数据难免有测量统计误差，但σ^0的量级不会差别太大，且其趋势是较清楚的。值得关注的是下述问题[3]。

（1）垂直极化的回波强度等于或高于水平极化的回波，其差异在低海情、低擦地角与低发射频率时将加大。但对于高海情与在高于 15GHz 的频率上极化差异不明显。

（2）反射率系数在擦地角（ψ）的 0°～20° 范围内按ψ^n增长。在低擦地角、低海情与低频率时，n 值可高达 3。而在高频率与高海情时，n 值下降到接近 0。

（3）水平极化波的后向散射几乎都与频率（f）有关，按f^m关系上升（频率至少到 15GHz），m 值在很低擦地角（小于 1°）、海情低于 3 级和频率为 2GHz 以下时，可高达 3。当擦地角、海情、频率超过上述界限时，此指数下降趋于 0。

（4）在低海情与低频率时，后向散射强度与海情等级同步增大，多数情况下满足 10dB/海情等级的递增幅度，但在更高海情等级与更高工作频率时，其后向散射强度增长较少。美国海军研究实验室的研究指出，当海情为 4 级时，从 C 波段与 X 波段开始海杂波呈现后向散射强度“饱和”现象。

（5）在低擦地角时，满足海洋大气波导传播条件常使 σ^0 增加。

上述内容讨论了不同频率、不同海清的海杂波反射率系数，具有一定的参考价值。在监视雷达设计中，海杂波的反射率系数也可以通过简单的计算来获得。不同海情下，海杂波反射率的通用计算公式[5]为

$$10\lg\gamma = 6\mathrm{SS} - 10\lg\lambda - 58 = 6K_{\mathrm{B}} - 10\lg\lambda - 64 \tag{4.10}$$

式（4.10）中，SS 表示海情等级，K_{B} 为蒲福（Beaufort）风级，λ 是波长。其不同海情条件下的特性参数如表 4.8 所示，在 4 级海情下计算的不同频段的海杂波反射率系数与擦地角的关系如图 4.6 所示。

表 4.8　不同海情条件下的特性参数

海情	风级	风速 v_w/（m/s）	σ_h/m	β_0/r
0	1	1.5	0.01	0.055
1	2	2.6	0.03	0.063
2	3	4.6	0.10	0.073
3	4	6.7	0.24	0.080
4	5	8.2	0.38	0.085
5	6	10.8	0.57	0.091
6	7	13.9	0.91	0.097
7	8	19.0	1.65	0.104
8	9	28.8	2.50	0.116

由于海面起伏变化导致的不确定性，海情、风速、风向在不同的区域、不同的时间都是不同的，所以海杂波的 σ^0 是一个难以准确测定的值。其他实验还证实，海杂波的强度并不是随雷达分辨单元的减小而降低。分析认为，当雷达分辨单元很小时，海面回波反射在空间上是不均匀的，它由随机的单个窄脉冲回波组成，海浪大时反射回波强。因而，当雷达分辨单元减小后，海杂波的分布特性也将改变，这种变化对雷达的杂波抑制及探测性能会产生影响，各个独立起伏的海浪尖峰回波脉冲会引起检测虚警，海浪尖峰回波往往含有较为丰富的频谱分量，杂波抑制很难消除，为减少海浪尖峰虚警而提高门限电平会降低观测小目标的灵敏度。

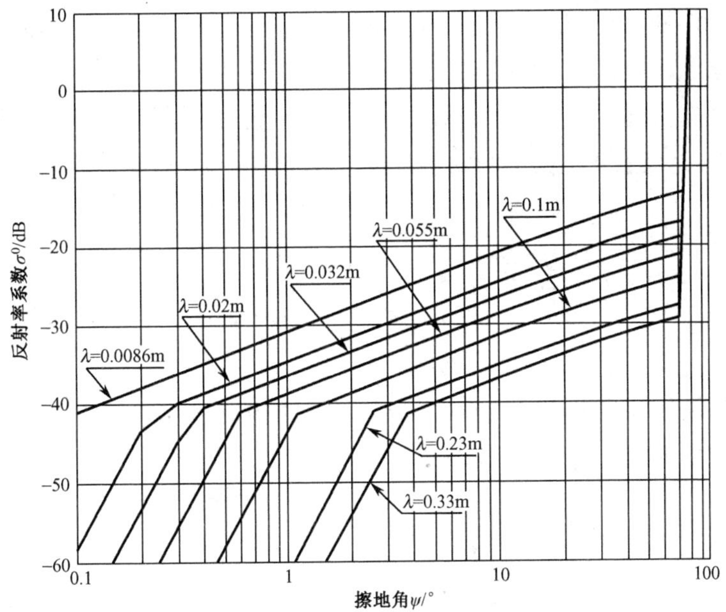

图 4.6　4 级海情下计算的不同频段的海杂波反射率系数与擦地角的关系

2. 海杂波的幅度分布

海杂波可视为由大量独立的、随机的散射体的回波叠加合成，所以海杂波的幅度具有随机起伏的性质，此随机起伏可用概率密度函数来描述。若其中没有一个散射体的回波幅度可以与总的合成回波幅度相比拟，则海杂波回波的幅度起伏可用高斯概率密度函数来描述。当它通过雷达接收/采样处理输出时，此回波包络 v 的随机起伏可用瑞利（Rayleigh）概率密度函数（Probability Density Function，PDF）来表示，即

$$p(v)=\frac{2v}{\sigma^2}\exp\left(-\frac{v^2}{\sigma^2}\right) \tag{4.11}$$

式（4.11）中，σ 是包络 v 的标准偏差，对于瑞利概率密度函数，它与均值成正比，符合这种数学模型的杂波称为瑞利杂波。实验与分析表明，当分辨单元或雷达照射面相对较大时，瑞利概率密度函数适用于海杂波，但这种分布不适用于照射面很小的高分辨雷达。当雷达照射面的尺寸（或雷达分辨单元）与水面的起伏波长相比更小时，其概率密度函数会偏离瑞利分布。因而，概率密度函数的形式将取决于雷达分辨单元尺寸和海情，对于不同情况不存在一种适合所有观察数据的唯一的概率密度函数的解析形式。

实验表明，在高分辨单元情况下，海杂波的实际分布比瑞利分布有更高的

“尾部”，即拖尾现象。这意味着，高分辨率雷达观察海面反射的海杂波，如果采用瑞利杂波模型处理，将会带来更高的海杂波虚警。在较高海情下，对于具有很高分辨率的雷达，一般采用对数正态概率密度函数来模拟海杂波回波。如果海杂波的 RCS 是对数正态的，则描述其统计特性的概率密度函数为

$$p(\sigma_c)=\frac{1}{\sqrt{2\pi}\sigma\sigma_c}\exp\left[\frac{1}{2\sigma^2}\left(2\ln\frac{\sigma_c}{\sigma_m}\right)^2\right] \quad \sigma_c>0 \tag{4.12}$$

式（4.12）中，σ_c 是海杂波的 RCS，σ_m 是 σ_c 的中值，σ 是 $\ln\sigma_c$ 的标准偏差（自然对数）。

当海杂波统计模型满足式（4.12）时，用来描述 I/Q 合成处理后输出端幅度统计特性的概率密度函数可以表示为

$$p(v)=\frac{2}{\sqrt{2\pi}\sigma v}\exp\left[-\frac{1}{2\sigma^2}\left(2\ln\frac{v}{v_m}\right)^2\right] \tag{4.13}$$

式（4.13）中，v_m 是 v 的中值，σ 仍然是 $\ln\sigma_c$ 的标准偏差，为了正确地设计 CFAR 处理器以及为了避免基于错误的杂波统计模型带来额外的 CFAR 损失，必须考虑不同条件下的海杂波统计特性。

3. 海杂波回波的频谱特性

海面后向散射的海杂波由随机的海面散射体反射叠加而成，其杂波的多普勒频谱较为复杂，海杂波回波信号频率的展宽，主要是由大量独立海浪散射体不同起伏特性引起的径向速度的分布而产生的。这些独立散射体可以是单个浪涌、细碎海浪、高海情时浪花与泡沫等组合。

当海浪速度分布的扩展增大时，如当海面受更大风力扰动时，杂波谱也更宽。速度谱 σ_v 与多普勒谱 σ_f 的关系是

$$\sigma_v=\frac{\lambda}{2}\sigma_f \tag{4.14}$$

实验数据表明，对进入接收机含幅、相信息的相干信号，海杂波回波谱的半功率宽度与速度或海情几乎是线性关系。若谱宽用其标准差 σ_v 表示，对于一假定高斯形谱，其半功率宽度 ΔV 与标准差的关系为

$$\begin{cases}\sigma_v=0.42\Delta V\\ \sigma_f=0.42\Delta f\end{cases} \tag{4.15}$$

而对于 I/Q 合成处理后的幅度信号，将带宽 Δf 定义为从谱峰到半功率点宽度的两倍。实验数据表明，对给定风速，接收机基带处理的带宽要大于相干检测的带宽。理论分析认为，雷达接收输入的海浪杂波多普勒谱是由独立散射体随机运动

产生的，而处理后视频信号频谱则是由散射体速度差分布引起的。因此，两种谱的二阶矩有关系，视频谱的方差是多普勒谱的 2 倍。这一关系可从表达视频谱为多普勒谱的自身卷积来导出。两种谱的方差为

$$\sigma_{视频}^{2}=2\sigma_{多普勒}^{2} \tag{4.16}$$

如多普勒谱是高斯形，则视频谱也是高斯形，因此视频谱半功率宽度将增大 $\sqrt{2}$ 倍。从实验数据可以大致推出，σ_{v} 约为风速的 10%，而 3dB 宽度约为风速的 25%。

4. 海杂波的空间相关性和频率相关性

海杂波的空间相关性为在径向维上两个距离分开的海面回波间的互相关性。图 4.7 所示为不同频率、不同脉冲宽度情况下，海杂波空间相关系数与径向距离（用脉宽表示）的关系。测试数据表明，在 7.5GHz 频段上要达到海杂波的空间不相关，距离间隔应相当于脉宽。从该图中可以看出，在距离上大于 1 个脉冲宽度时，各频率的海面回波均可认为是不相关的。而且当脉宽很窄（如<0.1μs）时，回波在距离上已部分去相关，若雷达波束也很窄，此时海面回波已分解成独立海浪，相关性就大大降低。

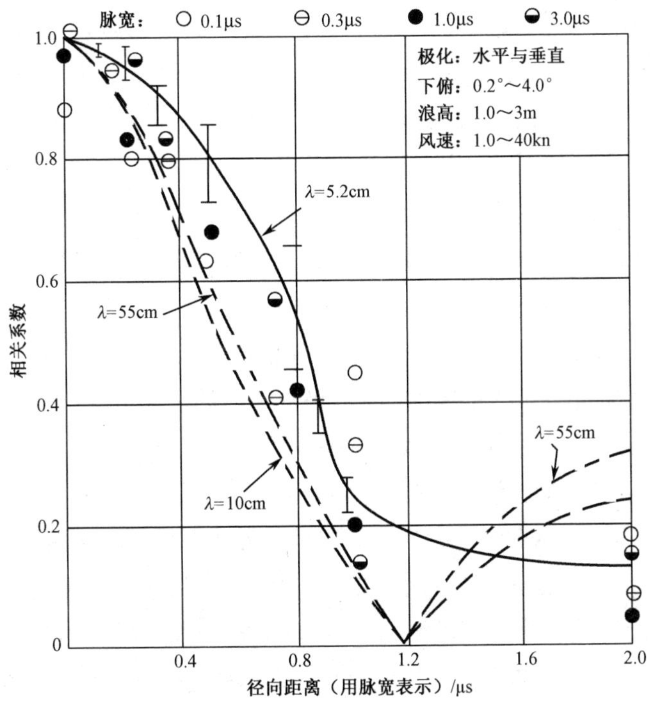

图 4.7　海杂波空间相关系数与径向距离的关系

海杂波的频率相关性主要是指脉冲之间的海杂波回波频率的相参性，如果海杂波回波满足脉冲与脉冲间去相关性，则采用频率捷变的非相干积累可以改善海杂波中的起伏特性而提高目标的检测性能。实验表明，对于窄波束探测雷达采用发射窄脉冲工作时，其海面后向散射回波包含大量的独立散射体。对于由大量独立散射体构成的组合回波，采用矩形发射脉冲所得回波强度的相关系数可表示为

$$\rho_c = \left[\frac{\sin(\pi\tau\Delta f)}{\pi\tau\Delta f}\right]^2 \tag{4.17}$$

式（4.17）中，τ 是脉冲持续时间；Δf 是发射频率变化量；ρ_c 是相关系数，此相关系数在 $\tau\Delta f=1$ 处，很快下降到零，且在 $\tau\Delta f \geqslant 1$ 时仍接近于零。

5. 波导传播条件下的海杂波

由于大气层的折射作用，电波的传播不完全是直线，因而在计算大气层对电波传播的影响时，通常情况下电波折射率的垂直梯度变化不大，其电波传播折射效应可用真实地球半径乘以系数 k 来说明，一般取 $k=4/3$，即等效地球半径。

然而，电波传播折射梯度率对于海洋近海面微波传播来说变化较大，海洋上低空传播时可能出现海面波导效应（简称海面波导）或蒸发波导效应（简称蒸发波导）。出现海面波导效应一般是由于高度层温度逆增影响，即当温暖、干燥的空气团位于冷湿的空气团之上时形成的。与此不同，蒸发波导效应的形成主要是由于在稍高于海面的上空，湿度随高度增加而迅速下降，这种湿度梯度快速变化在海面上经常出现。表 4.9 列出了世界不同地区有关蒸发波导和海面波导效应的平均高度数据及出现概率值。在此表内，确定海面波导效应的平均高度时，以存在这种波导效应的事实为条件。该表中另一栏列出海面波导效应的出现概率。与此相反，表中列出的蒸发波导效应平均高度的获取是无条件的。海面波导效应出现时可能具有很厚的高度层，但对于世界多数海洋地区，其出现概率比蒸发波导效应低很多。据统计，海面波导效应在世界范围内的出现概率仅为 8%。相反，蒸发波导效应出现时，高度层相对较薄，但发生概率较高。因此，蒸发波导效应常作为影响海面杂波的主要传播机制。

利用海面大气波导折射效应开发的超视距雷达可以使雷达探测到视距外的目标。例如，苏联海军的 МОНЛИТ 系统中的主动探测系统、意大利佛罗伦萨 SMA 公司于 1993 年研制的舰载“神鹰”（CONDOR）远程超视距对空对海监视雷达都是利用海面上空存在的大气波导效应来实现微波超视距探测的。但大气波导效应同时也使远距离的海杂波信号加强了，它不仅使雷达能接收超视距处的海杂波，海杂波的反射率系数也因大气波导效应增大了许多。图 4.8 就是在大气波导

效应下不同擦地角的海杂波反射率系数实验数据[2]。

表 4.9　世界不同地区有关蒸发波导和海面波导效应的平均高度数据及出现概率值[3]

地区说明	蒸发波导效应高度/m	海面波导效应高度/m	海面波导效应出现概率/%
北大西洋	5.3	42	1.3
东大西洋	7.4	64	2.8
加拿大属大西洋	5.8	86	4.1
西大西洋	14.1	118	9.8
地中海	11.8	125	13.4
波斯湾	14.7	202	45.5
印度洋	15.9	110	13.4
热带地区	15.9	99	13.6
北太平洋	7.8	74	6.2
全世界范围	13.1	85	8.0

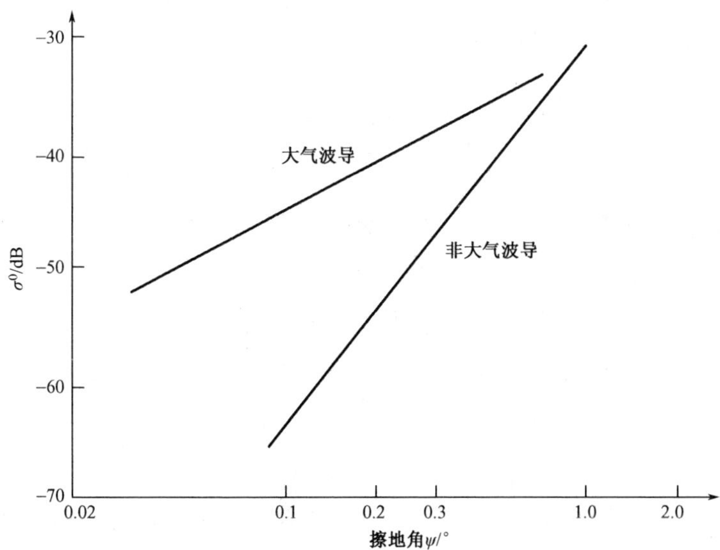

图 4.8　大气波导效应下不同擦地角的海杂波反射率系数实验数据

4.2.3　气象杂波

1. 雨、雪和云的后向散射系数

对于主要担负对空警戒监视任务的监视雷达来说，雨、雪和云受雷达照射散射的反射回波是监视雷达比较难以解决的杂波。对于雨杂波来说，降水粒子的后

向散射可以用散射体的随机组合来表示，一般没有一个独立量在回波总和中占主导。大量随机起伏量组合回波的RCS，是假设每一散射体回波相位是互相独立统计的且均匀分布于0～2π条件下推导出来。当雷达波长大于一个直径为D的散射微粒的周长时，一般称为瑞利散射区，目标RCS为

$$\sigma_i = \frac{\pi^5 D^6}{\lambda^4}|K|^2 \tag{4.18}$$

式(4.18)中，D是雨滴直径；K是与复折射率有关的常数，$|K|^2=(\varepsilon-1)/(\varepsilon+2)$，$\varepsilon$是散射微粒的介电常数。水的$|K|^2$值随温度和波长变化，在温度10℃和雷达波长 10cm 情况下，它近似为 0.93。而对于冰，它的$|K|^2$值在所有温度下大约为0.197，实验数据表明在厘米波段与频率无关。

假设雨、雪、冰雹或其他的空中水汽凝聚物可以用处于雷达分辨单元中的RCS 为σ_i的大量独立散射体来表示。令$\sum\sigma_i$表示单位体积内微粒的平均总后向散射的 RCS。这里所指σ_i的求和在单位体积内进行。其 RCS 可以表示为$\sigma=V_{\mathrm{m}}\sum\sigma_i$，其中$V_{\mathrm{m}}$是雷达分辨单元的体积。$V_{\mathrm{m}}$是垂直波束宽度为$\varphi_{\mathrm{V}}$、水平波束宽度为$\theta_{\mathrm{H}}$和脉宽为$\tau$的雷达波束所占有的体积，近似为

$$V_m \approx \frac{\pi}{4}(R\theta_{\mathrm{H}})(R\varphi_{\mathrm{V}})\frac{c\tau}{2} \tag{4.19}$$

式（4.19）中，c是电磁波传播速度。因子π/4是考虑波束截面为椭圆形状，有时为了简便，这个因子被省略。这里用η表示雨、雪、冰雹或其他空气中水汽凝聚物在单位体积内的RCS，或是这些气象杂波的反射系数，则有

$$\eta=\sum\sigma_i=\pi^5\lambda^{-4}|K|^2\sum D^6 \quad (\mathrm{m^2/m^3}) \tag{4.20}$$

实验表明，η与降雨率有密切的关系，雨的反射系数与降雨率的关系式为[6]

$$\eta = 7f^4\gamma^{1.6}\times10^{-12} \quad (\mathrm{m^2/m^3}) \tag{4.21}$$

式（4.21）中，f是以GHz为单位的雷达频率，γ是以mm/h为单位的降雨率。这与《雷达手册》中给出的$\eta=6\times10^{-14}\gamma^{1.6}\lambda^{-4}$是一致的，只不过此处的波长$\lambda$是以m为单位。

对于干燥的降雪，相应的反射系数为

$$\eta=1.2\gamma^2\lambda^{-4}\times10^{-13} \quad (\mathrm{m^2/m^3}) \tag{4.22}$$

式（4.22）中，γ是按降雨率模型统计的降雪率。

表4.10是Nathanson F E依据理论和实验数据给出的不同降雨类型、频率和雨回波反射率系数η。此数据与《雷达手册》给出的数据也是一致的。

表 4.10　不同降雨类型、频率的雨回波反射率系数 η

降水率	S 波段/3GHz	C 波段/5.6GHz	X 波段/9.3GHz	K_u 波段/15GHz	K_a 波段/35GHz	W 波段/95GHz	mm 波段/140GHz
浓层云，0mm/h	—	—	—	−100	−85	−69	−62
细雨，0.25 mm/h	−102	−91	−81	−71	−58	−45*	−50*
小雨，1 mm/h	−92	−81.5	−72	−62	−49	−43*	−39*
中雨，4 mm/h	−83	−72	−62	−53	−41	−38*	−38*
大雨，16 mm/h	−73	−62	−53	−45	−33	−35*	−37*

*为近似值。

同时应当注意到，当把雨回波作为雷达杂波来处理时，其反射率系数一般用 η 表示；但对气象雷达探测来说，雨回波是其主要探测对象，气象雷达就常用 Z 来代表雨回波的反射率系数，定义为

$$Z = \sum_{i=1}^{N} D_i^6 \tag{4.23}$$

而 Z 与 η 的关系为

$$\eta = \frac{\pi^5}{\lambda^4}|K|^2 Z \tag{4.24}$$

实验测量的结果表明，Z 与降雨率 γ 有关，其关系式为

$$Z = a\gamma^b \tag{4.25}$$

式（4.25）中，γ 为以 mm/h 为单位的降雨率，Z 的单位是 mm^6/m^3。在雷达气象学教科书中，有如下较为典型的关系式，即

对于层状雨有

$$Z = 200\gamma^{1.6} \tag{4.26}$$

对于山雨有

$$Z = 31\gamma^{1.7} \tag{4.27}$$

对于雷暴雨有

$$Z = 486\gamma^{1.37} \tag{4.28}$$

对于雪有

$$Z = 2000\gamma^2 \tag{4.29}$$

云和雾的反射率一般是不大的，表 4.11 所示为不同云层的反射统计特性。

表 4.11　不同云层的反射统计特性

特征参数	卷云 C_i		高积云 A_c 或高层云 A_s		积层云 S_c		雨层云 N_s	
$\bar{Z}$ /（mm^6/m^3）	0.20		0.53		0.50		106.7	
σ_s/标准差	0.54		1.24		0.60		262.0	
Z_{mode}	0.05		0.05		0.50		50	
Z 低于 1mm/h 雨的分贝数	−30		−26		−26		−3	
垂直廓线的特定例子	高度/m	$\bar{Z}$	高度/m	$\bar{Z}$	高度/m	$\bar{Z}$	高度/m	$\bar{Z}$
	—	—	—	—	—	—	1250	3.4
	7460	0.11	4880	0.35	900	0.5	1750	5.9
	7820	0.09	5210	0.80	1150	0.43	2250	9.0
	8180	0.07	5540	1.16	1370	0.31	2750	36.0
	8540	0.07	5880	1.14	1600	0.31	3200	272.5
	8900	0.07	6250	0.58	1800	0.31	3400	199.0
	—	—	—	—	—	—	3600	84.0
	—	—	—	—	—	—	3800	28.5
	—	—	—	—	—	—	4000	15.6
	—	—	—	—	—	—	4200	3.1
最高云高/m	9000		6500		2000		4000	
最低云高/m	6900		4400		700		750	

2. 降水回波的多普勒频谱

雨、云或其他的空中水汽凝聚物的雷达回波主要受到以下 5 种因素的影响，致使其频谱展宽并有一定的平均多普勒频移。

（1）风切变：风速随高度的变化在垂直方向形成径向速度的分布变化。

（2）波束增宽：当雷达从侧风向观察时，雷达波束的有限宽度引起风速径向分量增宽。在垂直平面内也有类似的分量，但要小些。

（3）扰动：小尺度的起伏风流造成以平均风速为中心的径向速度分布。

（4）下落速度分布：反射质点下落速度的扩散造成沿着波束速度分量的扩散，最大的下落速率在没有下曳气流时约为 9.6m/s。

（5）在使用方位旋转或移动天线的系统中，应考虑由于天线扫描或平台移动对回波多普勒频谱的展宽，该因素与降水自身特性无关。

上述因素一般情况下是互相独立的，则多普勒速度谱的方差 σ_v^2 可表示为各项因素的方差之和，即

$$\sigma_v^2 = \sigma_{shear}^2 + \sigma_{beam}^2 + \sigma_{turb}^2 + \sigma_{fall}^2 \tag{4.30}$$

1）风切变对降水回波的影响

所有的降水过程都伴随风的扰动，对于远程地面监视雷达，风切变可能是造成降水回波多普勒谱展宽的最大因素。风速随高度的变化可以用恒定梯度来近似。风切变引起的多普勒谱变化的效应如图 4.9 所示。

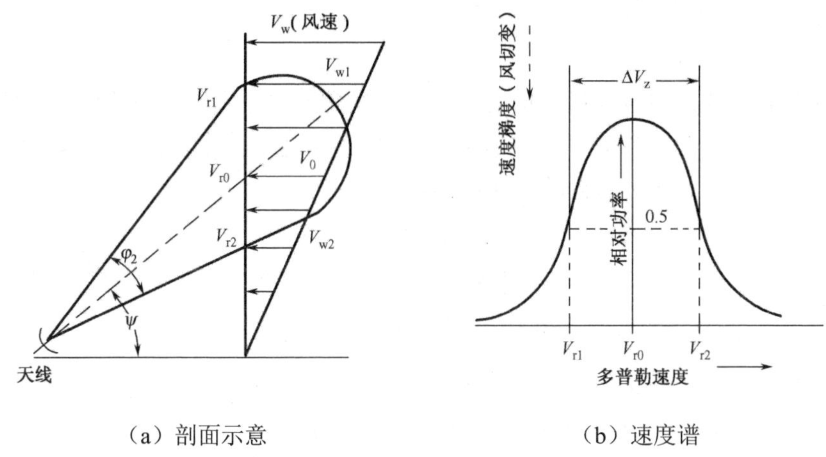

（a）剖面示意　　　　（b）速度谱

图 4.9　风切变引起的多普勒谱变化的效应

在低仰角（一般为3°以下）的情况下，波束半功率点的径向分量之差为

$$\Delta V_r = |V_1 - V_2| \tag{4.31}$$

若我们进一步简化，假定风速梯度在波束内是常数，则对一个高斯型天线方向图，此速度分布将有一个与半功率宽度有如下关系的标准偏差

$$\sigma_{\text{shear}} = 0.42\Delta V_r \tag{4.32}$$

此谱宽可以用风速梯度 k 表示为

$$\sigma_{\text{shear}} = 0.42kR\varphi_2 \tag{4.33}$$

式（4.33）中，k 是风切变常数，即风速在波束内（垂直剖面）变化的梯度，单位为 (m/s)/km；R 是雷达至气象杂波的斜距（km）；φ_2 是双程天线波束的半功率仰角宽度（rad）。

根据实验数据，雷达采用笔形波束照射时，当其指向与高空风的方向一致时，在杂波计算时可采用 $k = 5.7$ (m/s)/km，此值符合所观测的 0.5～2km 高度层的低空风切变的平均值。对于其他方位角和仰角，则取切变常数 $k = 4.0$ (m/s)/km 更合适。这些数据虽然不是国内的实验结果，但对雷达系统设计还是有较大参考价值。

风切变所引起的多普勒谱的展宽，当高度范围小时，建议采用 $\sigma_{\text{shear}} = 4.0$ (m/s)/km 作为全球范围内的模型，而以 $\sigma_{\text{shear}} = 5$ (m/s)/km 作为高度范围更大时的上限。

由于风速是一个非平稳过程，很难准确确定风扰动的平均值。实验数据表明，多种雷达测量风扰动引起的谱宽度变化在一定范围内与高度无关；在高度1.5km 范围内，谱的标准偏差的实验平均值$\sigma_v = 1.0$ m/s，对于高度 1.5km 乃至更高的高度，谱的标准偏差的实验平均值$\sigma_v = 0.6$ m/s。

2）波束增宽的影响

波束增宽引起的谱分量，指由于切向风横穿过一定宽度的雷达波束导致径向速度分量分布增大。分析表明，该谱分量有一个明显的零均值和一个标准偏差，后者可用类似于风切变分量的方式推导出来，即

$$\sigma_{\text{shear}} = 0.42 V_0 \theta_2 \sin\alpha \tag{4.34}$$

式（4.34）中，θ_2是双程天线波束的半功率点水平宽度（rad）；V_0是波束中心风速（m/s）；α是在波束中心相对于风方向的方位角（rad）。

对大多数地面监视雷达水平波束宽度（几度，一般2°左右），波束增宽分量与风扰动和风切变分量相比要小，如当平均风速达 11～12 级风时（风速约为31m/s），波束宽度为2°时，最大增宽分量为 0.5m/s。

3）降雨下落速度分布的影响

由于降水中颗粒大小的分布和垂直指向不同，降水质点下落速度的分布不同而造成多普勒展宽。雨下落速度的标准偏差为

$$\sigma_{\text{fall}} \approx 1.0 \quad \text{(m/s)（垂直速度分量）} \tag{4.35}$$

其标准偏差与雨的强度关联不大。在仰角φ上，径向下落速度的展宽为

$$\sigma_{\text{fall}} = 1.0 \sin\varphi \quad \text{(m/s)} \tag{4.36}$$

对几度的仰角，此分量与风切变或风扰动分量相比无足轻重，其值远小于1m/s。

根据以上讨论，降水谱的宽度可按下式计算，即

$$\sigma_v = \sqrt{\sigma_{\text{shear}}^2 + \sigma_{\text{turb}}^2 + \sigma_{\text{beam}}^2 + \sigma_{\text{fall}}^2} \quad \text{(m/s)} \tag{4.37}$$

3. 极化对降水回波的影响

由于雨滴近似于圆形或椭圆形，飞行器是外形复杂的目标，因此雨滴和飞行器对不同入射极化电磁波的后向散射能量不同，可以利用极化散射差异来提高目标在雨杂波背景中的检测能力。一般采用圆极化雷达或交叉线极化雷达实现，圆极化波的电场矢量是在雷达频率上以恒定振幅围绕传播轴旋转，对于一个顺着传播方向看去的观察者，顺时针旋转的电场称作右旋圆极化，而对逆时针旋转电场则称作左旋圆极化。右旋圆极化和左旋圆极化都是正交极化，左旋圆极化天线不

能接收右旋圆极化波，反之亦然。例如，入射到球形散射体上的是一个圆极化波，那么其反射信号是一个旋转方向相反的圆极化波，因而圆极化天线对雨杂波形成抑制效果。而对于飞行器等复杂目标，反射能量信号大约等分在两种旋转极化的方向上，这样目标回波能量的一部分可被同一发射圆极化信号的天线所接收。这就是应用圆极化提高对雨杂波的抑制而保持对目标进行检测的原理。

雨滴不可能总是完美的球形，尤其是当雨滴较大时由于重力的作用或受风力的影响，雨滴会变成椭球形或呈下圆上尖的水滴形状。它们偏离球形的对称形状将会导致反射信号包含两种极化分量，而产生能被天线所接收的极化分量，这就限制了圆极化抑制雨杂波的性能。

此外，雷达采用圆极化技术抑制雨杂波的能力除受雨滴或沉降微粒偏离球形的程度影响外，还取决于雷达天线能产生圆极化波的纯度。但是，在实际雷达运行中也会发现，当圆极化程度不高时，也能获得较好的雨杂波抑制效果。分析认为，对于特定的椭圆极化存在杂波对消较好的情况，这种准最佳效果的椭圆极化，取决于雨的种类和雨滴形状引起的极化方向变化，当雷达能通过雨传播时，不同的相移和衰减使圆极化波变成椭圆极化波。实验表明，在某些大雨区，通过选择最佳椭圆极化所得到的对消，比采用圆极化时要高 12dB。同时，分析表明，最佳极化取决于在雨中的传播途径，穿入雨区越深，圆极化波将变得愈加椭圆化。所以天线的极化最好能连续调整，采用自适应极化处理，可以始终得到 6～9dB 的对消改善。

使圆极化在雨杂波中的效果降低的另外一个因素是陆地和海洋对水平和垂直极化分量的多径效应导致的，当一部分发射能量经过面反射路径到达目标，而另一部分发射能量则直接到达目标时，这就是气象杂波回波多路径效应。由于从陆地和海洋表面多径反射时，垂直极化分量的衰减大于水平极化分量，而且所产生的相移也不同，结果是水平极化分量比垂直极化分量引起的多路径现象要严重，这使原先的圆极化变成了垂直分量突出的椭圆极化。例如，设垂直波束宽度为 3.2°～10° 的平方余割波束形状，当限制为面反射条件时，对于常规 MTI 对消处理，其理论计算对消比为：海面平均为 20.2dB，陆地平均为 27.2dB，沙漠平均为 34.1dB。需要注意的是，采用圆极化时，飞行器目标的 RCS 要比采用线极化时的小。当飞行器被一个方向的圆极化照射时，回波功率大约在右旋圆极化和左旋圆极化之间等分。当采用线极化时，变为正交极化的能量约有 0.5dB。因此，从采用线极化改为采用圆极化，飞行目标回波功率的净损失是 2.5dB。

4. 降水回波的频率相关性

在雷达实际应用中，对于降雨场景希望在尽可能短的时间内获得雨或雪后向散射的平均值，以建立一个合适的检测门限。此外，如果找到能使杂波方差与均值之比减小的方法，也可以提高目标的检测能力。分析表明，若相继脉冲间的回波是统计独立的，采用非相干积累处理可以得到相关结果，但实验表明，降水回波具有很强的相关性，在几毫秒之内仍是相关的。采用脉间频率捷变，使相邻频率的间隔至少是脉冲宽度的倒数，则各个降水回波几乎不相关，形成脉间统计独立。

这种独立的性质可以用频率相关系数来表达，定义为

$$\rho(\Delta f)=\frac{\overline{I_0 I}-\overline{I}^2}{\overline{I^2}-\overline{I}^2} \tag{4.38}$$

式（4.38）中，I_0 是频率为 f_0 的信号幅度的平方，I 是频率为 $f_0+\Delta f$ 的信号幅度的平方。当散射体积中包含许多具有或多或少随机性位置的独立散射体时，多频率矩形脉冲回波的归一化频率相关系数可写为

$$\rho(\Delta f)=\left[\frac{\sin(\pi\tau\Delta f)}{\pi\tau\Delta f}\right]^2 \tag{4.39}$$

式（4.39）中，τ 是脉冲持续时间；Δf 是发射频率变化量；$\rho(\Delta f)$ 是归一化频率的相关系数（两个在发射时间上靠得很近而频率分开 Δf 的脉冲回波的相关性）；$(\sin^2 x/x^2)$ 函数在 $\tau\Delta f=1$ 时下降至 0，而当 $\tau\Delta f>1$ 时仍小于 0.05，即杂波回波对大于 $1/\tau$ 的频移是非相关的。

4.2.4 箔条杂波

1. 箔条的一般性质

箔条（或箔片）是极轻的金属箔片或金属涂敷的纤维箔片或箔条，也称雷达干扰丝，空中飘浮的箔条对雷达形成较强的后向散射而形成的回波即箔条杂波或箔条干扰。当它们的长度与雷达半波长相当时，可以引起半波谐振效应，从而导致很强的箔条杂波。实验数据表明，1lb（约为 0.4536kg）箔条就能产生很强的雷达箔条杂波。箔条干扰方式较多，这里介绍两种常用的布撒干扰方式：一是散布箔条云能掩盖其中或附近的飞机目标；二是随风运动箔条能引起虚假检测和跟踪。

箔条和雨一样随局部风而水平移动，它是风的很好的一种示踪物，因而它在平面内的速度谱与风谱一样。对雷达的水平指向波束，其多普勒特性几乎与雨一

样。箔条杂波的干扰效果取决于箔条材料和滞空时间，一般选用比重轻的材料，其几何形状要适合空中飘浮的气动特性要求，不同类型箔条在空中的飘浮性能如表 4.12 所示。

表 4.12　不同类型箔条在空中的漂浮性能

箔条类型	箔条长度/mm	下降速度/（m/s）
涂银尼龙丝	50	1.13
涂铝涤纶薄膜	50	0.54
铝箔	50	0.79
涂锌玻璃丝	50	0.39
涂铝电容器纸	50	0.33
涂铝玻璃丝	50	0.25

注：下降速度指在无风条件下箔条的平均降落速度。

箔条干扰频段较宽。箔条的干扰带宽与其横向尺寸有关。丝状的箔条，直径越粗，干扰频段越宽；条状的箔条，箔条越宽，干扰频段越宽。但箔条横向尺寸增大将减少箔条包中装填箔条的数量，从而缩小箔条团的 RCS 和箔条散布范围，减弱干扰效果。

2. 箔条的 RCS

箔条的 RCS 与箔条的形状、空间散布状态及被干扰的雷达频率有关，其主要参数及相互关系如下所述。

（1）对于与被干扰雷达频率产生谐振的单根偶极子。

- 水平取向的偶极子（即在水平极化雷达上观察），单根偶极子的 RCS 为

$$\sigma = 0.22\lambda^2 = 0.02/f^2 \tag{4.40}$$

- 垂直取向的偶极子（即在垂直极化雷达上观察），单根偶极子的 RCS 为

$$\sigma = 0.86\lambda^2 = 0.077/f^2 \tag{4.41}$$

- 当偶极子随机取向时，其 RCS 为

$$\sigma = 0.153\lambda^2 = 0.014/f^2 \tag{4.42}$$

（2）非谐振的单根干扰绳的 RCS。

- 1/8in（lin = 0.0254m）的箔片干扰绳，其 RCS 为

$$\sigma \approx \left(1.52\times10^{-3}\right)\cdot f^{-8} \tag{4.43}$$

- 绞绕的多股干扰绳，其 RCS 为

$$\sigma = \left(2.29\times10^{-3}\right)\cdot f^{-8} \tag{4.44}$$

- 可调谐的干扰绳（由涂有金属的偶极子组成），散射特性与单根偶极子

相似，RCS 近似为

$$\sigma \approx 0.046L/f \tag{4.45}$$

- 圆形金属箔片。圆形金属箔片与箔条的干扰机理有所不同，箔条主要是谐振散射，而圆形金属箔片主要是反射（其半径要大于被干扰雷达的波长），半径为 R 的圆形金属箔片的 RCS 为

$$\sigma = 4\pi^3 R^4/\lambda^2 \tag{4.46}$$

随着被干扰雷达波长的减小，圆形金属箔片的 RCS 增大，而箔条偶极子的 RCS 则减小。圆形金属箔片下降时在空气动力作用下呈倾斜状，这种干扰物可干扰任意极化、不同频率的雷达。其缺点是体积大、难以加工、散开比较困难等。

（3）箔条云的 RCS。

假定箔条云中所有偶极子在可能的方向上等概率分布的情况下，N 根箔条形成的箔条云的 RCS 为

$$\bar{\sigma} = 0.153\lambda^2 N\eta e \tag{4.47}$$

式（4.47）中，N 为偶极子数，η 为偶极子效率，e 为结团因子。

（4）不同投放方式所形成的 RCS

- 连续投放箔条，其 RCS 为

$$\sigma_{\mathrm{c}} = 0.59\eta'\sigma C_{\mathrm{r}}\left(d'/V\right) \tag{4.48}$$

式（4.48）中，η' 为投放效率，σ 为理论上形成的 RCS，C_{r} 为投放速率，V 为真空速度，d' 为分辨单元长度。

- 间隔投放箔条，其 RCS 为

$$\bar{\sigma}_{\mathrm{c}} = 0.59\sigma_{\mathrm{e}}d/V\left(t_1\middle|t_1+t_i\right) = \sigma_{\mathrm{c}}\widetilde{D} \tag{4.49}$$

式（4.49）中，$\widetilde{D}=(t_1|t_1+t_i)$ 为负载循环的脉冲模式，t_1 是投放时间，t_i 是投放间隔时间，σ_{e} 是在距离 R 处的雷达分辨单元内的箔条有效 RCS。

如偶极子散入大气后随机定向，则其总的 RCS 为

$$\sigma = 0.18\lambda^2 N \tag{4.50}$$

式（4.50）中，N 为偶极子数。若箔条由铝箔切出，厚为 0.001in，长为 $\lambda/2$，宽为 0.01in，则 RCS 为

$$\sigma = 3000W/f \quad (\mathrm{m}^2) \tag{4.51}$$

式（4.51）中，W 是以 b（磅）为单位的质量，f 是以 GHz 为单位的发射频率。1lb 3GHz 的窄带箔条将产生 1000m^2 的 RCS。

在监视雷达设计中，如要计算雷达对抗箔条干扰的效果，可用上述这些公式，针对箔条干扰形式和投放方式及数量，估算出对抗效果。而在一般系统设计时，如果箔条是在空间均匀散布，且充满了雷达的分辨单元，则计算可用[2]

$$\overline{\sigma}=V_{\mathrm{c}}\eta=R^{2}\theta_{\mathrm{H}}\varphi_{\mathrm{V}}\frac{c\tau}{2}\eta \tag{4.52}$$

$$\eta=3\times10^{8}\lambda \tag{4.53}$$

3. 箔条回波的频谱

箔条云是由大量箔条偶极子空间散布组成的，当箔条在空中投放后，由于投放力、自身不平衡及其他动力学的影响，使偶极子的运动除了平动还有转动，因而箔条回波的频谱具有明显的复杂多普勒特性。并且，在大多数情况下如同降水回波一样，箔条回波的多普勒频谱可分解为 4 个主要分量：

（1）雷达波束高度方向带来的风切变；

（2）雷达波束水平方向引起的波束增宽；

（3）风扰动和箔条偶极子内部扰动；

（4）偶极子下落速度的不同分布。

实验数据表明，箔条测出的频谱与降雨频谱相似，因而除下列两个因子外不需要做另外的计算：

（1）若在高空箔条的垂直散布是小的，则风切变效应将很小；

（2）箔条在高空（超过 7620m）因空气稀薄具有较高的下落速度，进入大气相对稠密的对流层后速度降低（约为 0.7m/s），而雨始终保持一个比箔条下降速度快的速度。

箔条速度谱总方差的一般公式如下

$$\sigma_{\mathrm{v}}^{2}=\sigma_{\mathrm{shear}}^{2}+\sigma_{\mathrm{beam}}^{2}+\sigma_{\mathrm{turb}}^{2}+\sigma_{\mathrm{fall}}^{2} \tag{4.54}$$

4.2.5 仙波

对于监视雷达来说，在探测空间没有明显的反射目标物而能接收雷达回波，这类回波信号的大小和位置是随机变化的，通常把这类回波称为安吉尔（angel）回波，也称为“仙波”。在 Skolnik 的第一版《雷达手册》的第二分册第 5 章，给出了几幅仙波干扰雷达显示器的照片（见该书的图 5-15、图 5-16、图 5-17 和图 5-18）。仙波会对监视雷达造成干扰，由这些照片可见仙波对雷达的影响。仙波杂波抑制一直是雷达设计师和雷达信号处理工作者所关注的对象。据介绍，产生仙波的原因主要有：晴空中大气的扰动所产生的反射、鸟和鸟群回波、昆虫的回波及其他大气现象所引起的反射等。

1. 晴空大气扰动

因大气效应而产生的仙波，所观察到的后向散射可以解释为与折射率的不均匀性有关的大气扰动的反射。这种折射率的不均匀性可能是由于水蒸气、温度和压力的不同而引起的。在低高度，水蒸气（湿度）压力的变化可能是占支配地位的因素。而在高高度，水蒸气很少，因而温度变化对折射率具有非常大的影响。

晴空大气扰动可用一个变化的速度场及非均匀性的存在来表示，或者用产生搅拌作用的涡流来表示。可以假设大气到处存在扰动，但扰动的强度随空间和时间变化很大。当一个区域的扰动比周围环境的扰动强度高或低时，此区域就成为一个电磁散射体，产生仙波干扰。分析表明，至少有两种类型扰动的大气结构能引起仙波：一种是对流槽或卷流，它发生在大气的较低部分；另一种是大气水平层流，一般在较高高度大气中出现较多，也可能存在于任意高度。对流槽比水平层流通常有较大的扰动强度，但它不会延伸到很宽的空间区域，并且似乎不像水平层流那样经常存在。晴空大气扰动的回波信号强度通常很微弱，一般通过大功率孔径监视雷达中可以看到。根据分析，扰动媒质的散射机理类似布拉格（Bragg）散射，在这种散射中，一部波长为λ的雷达，从涡流尺寸等于$\lambda/2$的特定扰动部分散射。扰动媒质的体反射率或单位立方体的RCS为

$$\eta = 0.38C_n^2\lambda^{-1/3} \tag{4.55}$$

式（4.55）中，C_n^2是结构常数，是对折射率起伏强度的度量；而λ是雷达波长。在数百米高度，C_n^2的值一般在10^{-11}（$\mathrm{m}^{-2/3}$）～10^{-9}（$\mathrm{m}^{-2/3}$）范围，与之相应的体反射率在S波段（$\lambda = 10\,\mathrm{cm}$），为$0.83\times10^{-11}$（$\mathrm{m}^{-1}$）～$0.82\times10^{-9}$（$\mathrm{m}^{-1}$）。相对于雨的反射率，这个值是非常低的。因此，晴空大气扰动所产生的仙波一般不会对监视雷达造成严重影响。

2. 鸟和鸟群回波

鸟和鸟群的RCS一般较常规飞行器要小很多，但随着隐身与极低隐身飞机的出现，隐身目标的RCS却可与大型鸟类相当。测试数据表明，一只大型海鸥在微波频段的RCS约为0.01m^2，与美国的F-22隐身飞机在鼻锥方向的RCS相当，与美国的RQ-180隐身无人机在鼻锥方向的RCS相比还要高近一个数量级。表4.13所示为不同频段下鸟的RCS测试值，是在3个不同频段上利用垂直极化被探测得到的。

当鸟成群结队飞行时，一是在雷达视角方向形成回波叠加现象，其总的RCS大于单只鸟的RCS；二是大型鸟群的回波特性与小型无人机群的回波特性具有相似性。因而，在鸟类的迁移期内，以及每天鸟类大量活动的时间(日出和日落)，由于鸟及鸟群的回波存在，其对于较高工作频段（S波段以上）或灵敏度较高的远程监视雷达来说又是一个挑战。

表 4.13 不同频段下鸟的 RCS 测试值

鸟的类型	频段	RCS 的均值/cm^2	RCS 的中值/cm^2
白头翁	X	16	6.9
	S	23	12
	UHF	0.57	0.45
麻雀	X	1.6	0.8
	S	14	11
	UHF	0.02	0.02
鸽子	X	15	6.4
	S	80	32
	UHF	11	8.0

实验数据表明，鸟的 RCS 与箔条相似，也具有谐振效应，所以不能简单表示成与鸟的大小或尺寸的相互关系。同时，由于空中鸟类的姿态随机性导致后向散射起伏很大，其最大/最小值的比值可超过两个数量级，因此用一个数值来描述鸟的 RCS 是困难的，正确的做法是用统计量来描述。有资料表明，一只飞行的鸟的 RCS（或来自鸟的接收功率）的概率密度函数是对数正态的。若将 RCS 的中值与均值之比作为起伏大小的一个度量，此比值与 RCS 的大小无关，但它是相对于雷达波长的鸟的物理尺寸的函数，因此均值/中值比的结果能用来确定被观察鸟的尺寸大小。

3. 昆虫回波

昆虫等极小尺寸目标主要对 X 波段以上雷达产生回波影响，关于昆虫雷达回波的特性[6]，测量数据显示在 X 波段，各种昆虫的 RCS 的测量值，在采用沿纵向极化时，为 0.2～9.6cm^2；在采用沿横向极化时，为 0.01～0.96cm^2。在 X 波段，一只荒野的蝗虫或一只蜜蜂可能具有的 RCS 约为 1cm^2；在 K_a 波段（8.6mm 波长），也有 0.1cm^2 的 RCS；在 S 波段，一只翻卷飞行的菜蛾的 RCS 约为 2×10^{-2} cm^2；在 X 波段以下，昆虫的 RCS 近似与频率的 4 次方成正比。分析表明，只有当昆虫身体的长度大于雷达波长的 1/3 时，才能对雷达产生明显的回波散射，所以针对多数监视雷达来说一般不考虑昆虫回波的影响。但昆虫群的回波强度要比单只昆虫的回波强度大 10～1000 倍，这种昆虫群回波对监视雷达就会产生“仙波”干扰，同时还有昆虫飞行和风速影响所产生的扰动。

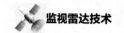

4.3 杂波抑制处理

监视雷达杂波抑制处理的目的是抑制或消除影响雷达探测有用目标的所有杂波信号，保留有用目标信号，并尽量减少对有用信号的损失。监视雷达的主要任务是探测和监视空中飞行器等活动目标，MTI 或 MTD 技术就是利用回波的多普勒特性来区分活动目标和杂波，因为地杂波基本上是固定不动的，气象杂波虽然有运动但其移动速度很慢。目前绝大多数监视雷达都采用这一杂波抑制技术。但无论是 MTI 还是 MTD，均是对多个雷达回波信号进行多普勒滤波处理，滤除零或极低多普勒频率的地杂波和经过杂波谱分析的云、雨等动杂波信号。关于杂波抑制处理的理论方法、详细流程在其他技术文献中有详细介绍，本节主要针对监视雷达常用杂波抑制处理方法进行简单介绍。

4.3.1 杂波抑制基本方法

典型的监视雷达系统处理框图如图 4.10 所示。该雷达的基准频率源一般采用高稳定的晶振或铷钟，通过倍频、分频产生雷达发射所需的激励信号、接收变频所需的本振频率信号、A/D 变换所需的取样时钟信号和雷达信号处理所需的各种时钟同步信号等。信号处理系统杂波抑制方法主要采用 MTI 或 MTD 等处理技术。

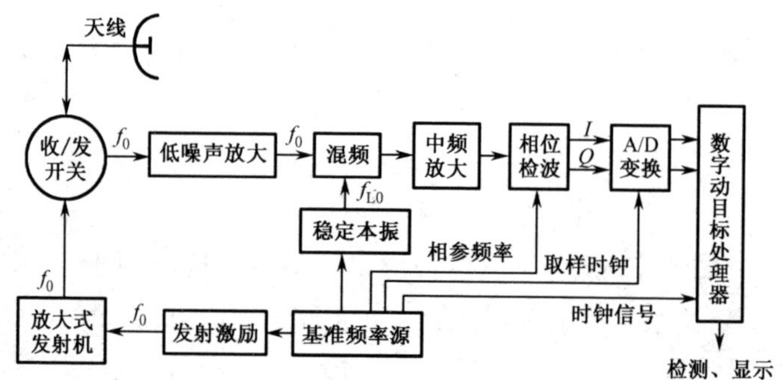

图 4.10　典型的监视雷达系统处理框图

1. MTI 处理

MTI 处理是指利用杂波抑制滤波器来抑制各种杂波，提高雷达信杂比的方法。在脉冲雷达中，MTI 滤波器就是利用杂波与运动目标的多普勒频率的差异，使得滤波器的频率响应在杂波谱的位置形成“凹口”来抑制杂波。MTI 滤波器主要采用 FIR 滤波器结构，因为 FIR 滤波器具有线性相位特性，延迟线对消器就是一种典型的 FIR 滤波器。MTI 滤波器一般采用延迟线对消器，延迟线对消器是最早出现、也是最常用的 MTI 滤波器之一，根据对消次数的不同，又分为单延迟线对消器、双延迟线对消器和多延迟线对消器等。MTI 滤波器的设计目标就是设计一组合适的滤波器系数，使其有效地抑制杂波，并确保目标信号能无损或低处理损失通过。

MTI 处理滤波器设计是根据杂波的不同特性进行滤波处理，对谱宽较窄、多普勒频率中心为零的地杂波，采用固定凹口的零频滤波器；而对于有多普勒频率偏移的动杂波，如云雨等气象杂波或箔条、鸟群等运动回波，一般采用两种处理方法：一种方法是通过谱分析得到多普勒偏差获得杂波的谱中心估值，将运动杂波中心偏差补偿掉，使运动杂波频谱搬移到零频，然后通过固定凹口滤波器将其滤除；还有一种方法就是将滤波器的凹口设在杂波频率上将其抑制掉，也有用阻带试探滤波器在杂波多普勒频率范围内试探输出，获得杂波多普勒频率估值。一般抑制运动杂波的 MTI 处理为自适应动目标指示（AMTI）技术。

对于采用延迟线对消器进行 MTI 处理，当目标的多普勒频率为雷达脉冲重复频率（PRF）的整数倍时，目标会被对消掉。我们将对应目标多普勒频率是雷达脉冲重复频率整数倍的径向速度称为盲速。为了解决这个问题，通常采用重复频率参差来解决 MTI 滤波器造成目标多普勒频率模糊的对消损失，同时盲速也可以采用足够高的 PRF 来避免，因为当 PRF 足够高时，可以使第一盲速超过任何可能的实际目标速度。但较高的 PRF 对应于较短的不模糊距离，通常情况下，无法得到一个同时满足不模糊速度或不模糊距离的 PRF 值。频率参差 MTI 滤波器的频率响应取决于参差周期和滤波器权矢量，此时固定加权矢量滤波器会因为重频变化而引起滤波器改善因子的降低，需要采用时变加权来弥补这种损失。

从前面分析可知，地杂波回波频率分量有一个较强的零频附近回波分量，MTI 滤波器为了抑制零频附近的强地杂波回波，在零频附近常采用较深的滤波凹口，因为滤波器的对消级数有限，此零频附近凹口会造成零速附近的切向飞行目标和慢速目标的处理损失。对于慢速和切向飞行目标的检测，一般采用并行的超杂波检测技术，其处理的核心是建立依赖空间分布的精细杂波图及杂波的起伏方差图，以此为检测背景，当目标信号强度超过检测背景时可检测。

2. MTD 处理

MTD 处理是利用多普勒滤波器组来抑制各种杂波，以提高雷达在杂波背景下检测运动目标的技术。MTD 技术用一组多普勒滤波器组来覆盖整个重复频率范围，在目标相干积累的同时将杂波抑制掉。与 MTI 处理相比，MTD 处理在下面 4 个方面进行了改善和提高：

（1）采用多普勒滤波器组，相比 MTI 处理更趋近最佳滤波，改善因子更好；

（2）能较好兼容地杂波（零频）抑制和云雨、箔条杂波（运动杂波）的抑制；

（3）提高信号处理的线性动态范围；

（4）支持增加精细杂波图，对于检测杂波区慢速或切向飞行目标效果更好。

MTD 滤波器组处理带来了相干积累增益，同时使得噪声功率减小，具有很好的杂波改善因子，而不同频率的动杂波也在频率上区分开来，可以分别进行处理。例如，不同频率的气象杂波因为在空间上具有均匀性，采用 MTD+CFAR 处理会得到较好的抑制和虚警控制效果。MTD 滤波器组的设计一般需要获得比 MTI 处理更多的相干脉冲数，要对回波脉冲串进行匹配滤波，必须考虑天线扫描调制对脉冲串的影响。设计 MTD 滤波器一般有两种方法，一种是采用 MTD 滤波器组，另一种是 MTI 级联 FFT 的方法。MTD 滤波器组就是采用多滤波器填满目标的多普勒区域，实际应用中多普勒滤波器采用 N 点 FIR 滤波器填满多普勒区域，N 为处理的相干脉冲数。优化 MTD 滤波器组的方法有：等间隔多普勒滤波器组、数字综合多普勒滤波器组和局部最佳多普勒滤波器组等。滤波后的同频道处理使得不同多普勒频率的信号得以区别对待，包括 CFAR 处理、轮廓图、门限图等处理都在各自的频道上进行，减小了处理损失。MTI 级联 FFT 的 MTD 滤波器组是在 FFT 之前接一个二次对消器，它可以滤除强的零频地杂波，这样就可以减少滤波器组所需要的动态范围，并降低对滤波器副瓣的要求。

为了检测切向或慢速目标而采用的零速通道处理，一般采用卡尔曼斯滤波器进行处理，卡尔曼斯滤波器就是在零频附近形成一个“零点”，而在零频之外保持通带性能。其先将中心偏离零频不远的两个对称滤波器的输出求模后相减，完成滤波处理。由于它在零频上形成很深的窄凹口，对绝对零频的回波有较强的抑制能力，而对有一定多普勒频率的信号损失不大。对卡尔曼斯滤波器的输出再进行平均背景和起伏方差估值，获得按分辨单元和波束宽度划分的精细杂波背景图，当目标回波信号幅度超过杂波背景图门限时被检测出来，称为超杂波检测。

4.3.2 杂波抑制性能指标

1. 改善因子

监视雷达一般均采用 MTI 处理或具有 MTI 处理通道，本节主要讨论 MTI 系统改善因子。MTI 系统改善因子的定义是杂波滤波器输出信杂比除以输入信杂比，并对所关心的全部目标径向速度取平均值。该定义涉及 MTI 系统的杂波衰减和平均噪声增益，因此它是一种对 MTI 系统杂波响应的量度。令 S_o/C_o 和 S_i/C_i 分别表示在 MTI 系统输出端和输入端的目标信号与杂波信号功率的比值，

且认为 S_i 和 S_o 是在目标所有可能的径向速度上所取的平均信号功率值，则 MTI 系统的改善因子（I）为

$$I = \frac{S_o/C_o}{S_i/C_i} = \bar{G}\frac{C_i}{C_o} = \frac{N_o}{N_i}\frac{C_i}{C_o} = \frac{C_i/N_i}{C_o/N_o} \tag{4.56}$$

式（4.56）中，$\bar{G}$ 为系统对信号的平均功率增益。因为目标的多普勒频率分布在很大的范围内，系统对不同的多普勒频率响应不同，所以要取平均功率增益。系统的平均功率增益也等于系统输出噪声功率 N_o 与输入噪声功率 N_i 之比，即系统噪声增益，改善因子的定义考虑了杂波衰减和噪声增益两方面的影响。

对特定的目标多普勒频移 f_d，可以把改善因子写为

$$I = G \cdot \mathrm{CA} \tag{4.57}$$

式（4.57）中，G 为信号增益，CA 为杂波衰减，I 与多普勒频率 f_d 有关。实际上目标速度未知，改善因子是感兴趣的目标在所有多普勒频率上改善因子的平均值，即

$$\begin{aligned}
\bar{I} &= E\left(\frac{S_o/C_o}{S_i/C_i}\right) = E\left(\frac{S_o}{S_i}\right)\cdot E\left(\frac{C_i}{C_o}\right) = \bar{G}\cdot\overline{\mathrm{CA}} \\
\bar{G} &= \int_{-f_r/2}^{f_r/2} H^2(f)\,\mathrm{d}f \\
\overline{\mathrm{CA}} &= \frac{\sigma_{ci}^2}{\sigma_{co}^2} = \frac{\int_{-f_r/2}^{f_r/2} S_c(f)\,\mathrm{d}f}{\int_{-f_r/2}^{f_r/2} S_c(f) H^2(f)\,\mathrm{d}f}
\end{aligned} \tag{4.58}$$

式（4.58）中，σ_{ci}^2 和 σ_{co}^2 分别表示滤波器输入和输出杂波能量，f_r 为脉冲重复频率，$S_c(f)$ 为杂波功率谱，$H(f)$ 为滤波器的频率响应。上述公式中，杂波衰减 CA 过去也称杂波对消比。

2. 杂波可见度

监视雷达杂波可见度（Sub-Clutter Visibility，SCV）的定义是，在给定的 P_d 和 P_{fa} 条件下，能检测到重叠于杂波上的运动目标时，杂波功率和目标回波功率的比值。它是衡量雷达检测叠加在杂波信号上的运动目标能力的一种量度。但也需注意，SCV 不是唯一衡量雷达在杂波中检测运动目标性能的参数。两部 SCV 相等的监视雷达，在同一工作环境条件下，并不意味着具有相同的在杂波中检测运动目标的能力。这是因为每部雷达所接收的目标信号与杂波信号的功率比值，与雷达的分辨单元大小成反比。因而如果这两个雷达的分辨单元的体积（或面积）彼此相差 100 倍，则分辨单元较大的雷达的杂波功率要大 100 倍而目标信号功率不变，所以其杂波可见度较另一雷达要大 20dB（100 倍），才具有同样的在杂波

中检测运动目标的能力。

SCV 是雷达的一个战术性能指标，而雷达的改善因子（I）是一个技术性能指标，前者关系到在杂波中检测目标时的 P_d 和 P_{fa}，后者则是由杂波抑制滤波器和雷达系统设计来保证的。SCV 与 I 之间的关系为

$$\mathrm{SCV} = I - V_{\min} \tag{4.59}$$

式（4.59）中，$V_{\min}$ 是目标检测的可见度因子，$V_{\min}$ 与要求检测目标的 P_d 和 P_{fa} 有关，还与杂波剩余的分布特性有关，监视雷达通常取 $V_{\min} = 6\,\mathrm{dB}$，是指杂波剩余为高斯分布、$P_d = 0.5$、$P_{fa} = 10^{-6}$ 及积累脉冲数约为 10 个的应用条件。在监视雷达设计中，系统必须设计给出一个检测门限，使目标回波超过门限，而剩余杂波低于该门限。

3. 信杂比改善因子

对于采用 MTD 多普勒滤波器组的系统而言，对同一个杂波源，每个滤波器的改善因子都是不同的。在这种情况下，最好采用作为目标多普勒频移函数的信杂比改善因子（I_{SCR}）来定义系统的抗杂波性能。在 IEEE 词典中没有这个词条，但习惯上使用 I_{SCR} 定义，即在每个目标多普勒频率上的 I_{SCR} 等于多普勒滤波器组（包括所有滤波器）输出信杂比与输入信杂比之比。必须指出，任何一个滤波器的信杂比改善等于滤波器改善因子与其在特定多普勒频率上滤波器的相参增益的乘积。由于单个目标回波相关叠加，因此，多普勒滤波器的相参增益等于输入端和输出端信号热噪声比的增量。

4. 杂波间可见度

监视雷达的杂波间可见度（Inter-Clutter Visibility，ICV）是依据雷达分辨强杂波区和弱杂波区的能力来衡量其在强点状杂波之间检测目标能力的一种量度。分辨率高的雷达在目标可见度还嫌低的情况下可以在强的杂波点之间形成一些可利用的区域，在这些区域内，目标杂波的比值已足够进行目标检测之用。分辨率低的雷达则在大的分辨单元中将杂波加以平均，而在大多数的这些分辨单元中，都将包括一个或更多的强点状目标，因此雷达的杂波间的可见度就很低。无论是地杂波还是气象杂波，虽然都可能是连片的大面积杂波，但其幅度分布一般都是不均匀的。例如，对于复杂地形的地杂波，在大面积地面反射中会夹杂着一些极强的山头反射的点状杂波信号；而如云雨等气象环境，则会因空气中气流变化形成许多不连续的云块或雨区。分辨率高的雷达便会在杂波信号较弱或无杂波的区域检测目标，而分辨率低的雷达则因将弱杂波或无杂波区与强杂波混在一个分辨单

元内而难以检测目标。

4.3.3　CFAR 处理

通常监视雷达工作环境复杂且可能极其恶劣，经常会面临地杂波、海杂波和气象杂波相互混叠的情况，即使采用较好的杂波抑制技术，由于杂波的分布特性很难准确预估而把杂波完全抑制干净，这就会产生杂波剩余。一般情况下，杂波剩余会产生雷达检测虚警。对于采用目标自动检测处理的监视雷达，较多的虚警概率是不允许的。因此，对杂波剩余所产生虚警的控制，在现代监视雷达的系统设计中具有十分重要的意义。当然，控制虚警必须从系统的角度考虑，包括雷达的各个分系统的设计，恒虚警率（CFAR）处理是其中一个很重要的专用处理手段。前面介绍的杂波抑制处理是对杂波抑制处理的主要方法，在现代监视雷达中主要是采用相参处理的 MTI/MTD 处理方法，而对剩余杂波的 CFAR 处理通常是采用非相参处理方法。非相参 CFAR 处理技术主要是基于检测门限的自适应选择。通常有两种自适应门限的方法：空间法和时间法。在空间法中，门限电平的估值是利用与被检测距离单元相邻若干分辨单元回波来求得的；在时间法中，是利用在以前的若干次扫描（帧）中选择一个所需分辨单元的回波来估值其门限电平。这种分类是基于杂波的特征，允许人们去预测其性能，并选择一种特殊的自适应门限技术。

杂波是随空间（在一个给定的分辨单元）和时间（在一确定的时间瞬间）而变化的。杂波的空间分布和时间分布一般是不相同的。图 4.11 所示为非相干杂波的空间-时间特性，或者把它看成是顺序的空间镜头，或者视为一组时间序列。值得注意的是，杂波的时间分布及其相关性能适用于时间门限的方法，而相应的空间特性则适用于空间门限方法。

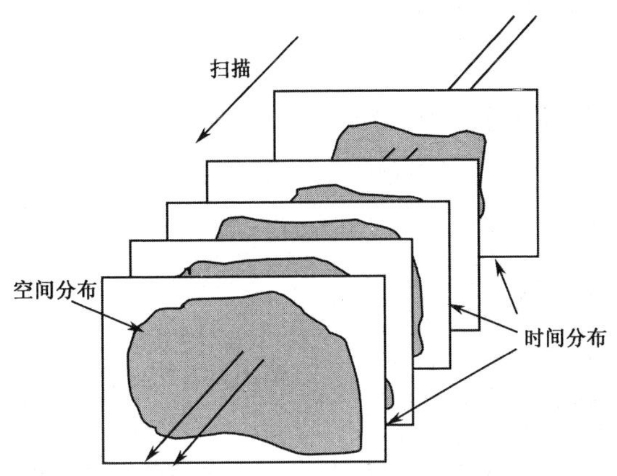

图 4.11　非相干杂波的空间-时间特性

非相干杂波回波的数学模型是基于杂波反射率的概率密度函数（PDF），它对于分析 $\rho(\sigma_0)$ 相对于时间、空间、极化及其他有关的雷达参数（如擦地角、频率等）的关系是十分重要的。

在分析研究地面、海面和雨杂波的统计特性后，可以得出以下几点结论：

（1）地杂波在时间上是稳定的，但在空间上是不同的，为解决地杂波的空间不均匀性，一般采用时间门限技术（也称为杂波图）进行 CFAR 处理。

（2）雨杂波在扫描间是不稳定的，但在空间上却是均匀的（除去边缘影响之外），σ^0 的概率密度函数是瑞利分布，一般采用空间门限的方法进行 CFAR 处理。

（3）海杂波的时间统计特性和空间统计特性是相互关联的。时间统计特性在高擦地角的情况下是瑞利分布，而在低擦地角的情况下是对数正态分布。在一定程度内，海杂波是均匀和稳定的，岸对海监视雷达适用于时间门限处理，而舰载雷达适用于空间门限处理。

1. 空间自适应门限技术

空间自适应门限技术一般分为两类，单元平均 CFAR 和非参量 CFAR。单元平均 CFAR 的基本原理已在第 3 章描述，这里就不再重复。

非参量 CFAR 处理是在雷达环境比较复杂、杂波分布时变未知情况下所采用的一种适应性更强的方法。非参量 CFAR 的基本理论是设想一种恰当的非线性变换，它将原始的未知杂波概率密度函数拟定成一种已知的概率密度函数，从而用一固定门限来产生 CFAR 作用。换句话说，非参量 CFAR 的方法对于输入信号的概率密度函数是不敏感的，也不是与其变化自适应的。非参量 CFAR 检测是以数理统计为基础的。在杂波分布未知的情况下，将被测单元的采样与参考单元的采样进行比较，以统计判断有无目标存在。简单、常用的非参量 CFAR 检测的原理框图如图 4.12 所示。

应当说明，由于非参量 CFAR 检测不知道或者没有利用杂波的有关信息，损失比较大，特别在脉冲数目较少时尤为严重，因此在实际地面雷达中用得较多的还是基于瑞利分布的参量法。

2. 时间自适应门限技术

时间自适应门限技术实际上是一种杂波图的应用技术。在现代监视雷达技术中，为了保证在复杂环境中能以一定的虚警概率实现对目标的自动检测，采用了多种旨在对付不同杂波环境的杂波图技术，我们将在后面叙述。杂波图是将雷达空域以矩形或极坐标网格形式分成若干单元（大于或等于雷达的分辨单元），单元的大小视杂波图的用途不同而有所不同，依据雷达对某杂波图单元多次扫描下杂波或剩余杂波的平均强度，或者是虚警数，建立一个虚警控制门限。这是一个动态的控制过程，所以也称为时间自适应门限技术。

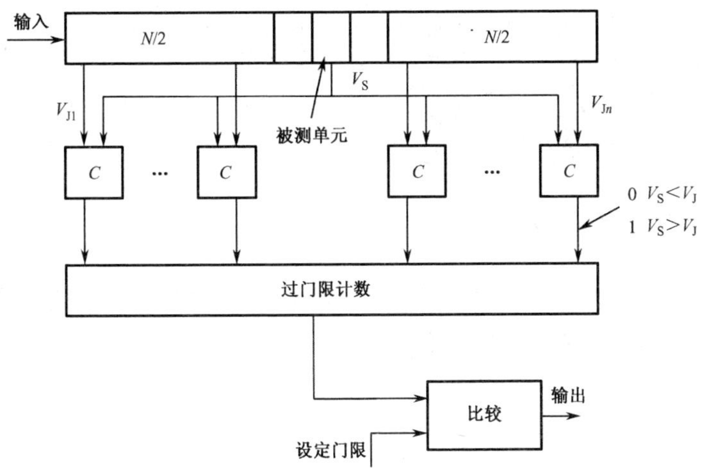

图 4.12　简单、常用的非参量 CFAR 检测的原理框图

图 4.13 所示是使用了一种简单的单极点低通滤波方法的时间自适应门限处理原理框图。在第 j 个单元对雷达各次扫描进行平均来估计功率电平 P_j。该图中参数 β 用于控制滤波器的记忆力（或反应时间），“帧扫描延迟”是雷达波束两次扫过该杂波图单元的间隔时间，对于每一单元的门限值等于 P_j 和参数 $C(1-\beta)$ 的乘积。$C(1-\beta)$ 取决于虚警概率的要求值。一般对于相对稳定性杂波，低通滤波器的反应时间应远大于目标在杂波图单元中的驻留时间，但应小于运动杂波在该单元中的驻留时间。一方面，较长的反应时间意味着对背景功率的估值更精确，从而降低了检测损失。另一方面，反应时间短可对非稳定性杂波提供快速的自适应能力，但却限制了估值精度，增大了处理损失。

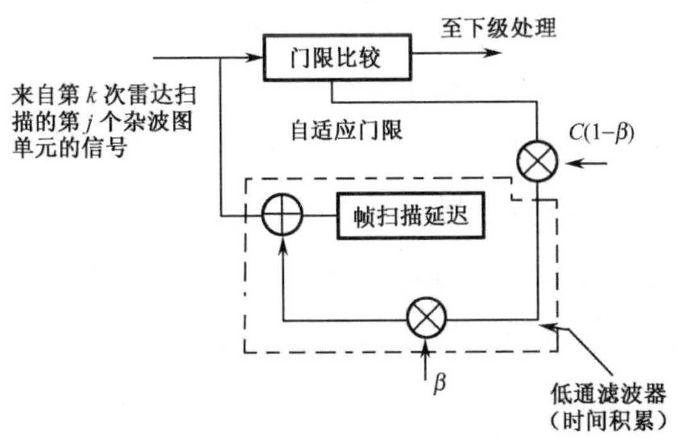

图 4.13　时间自适应门限处理原理框图

时间自适应门限的性能可以下列特性和参数来表示：

（1）建立时间；

（2）稳定的 P_d 及 P_{fa} 值；

（3）由于门限起伏引起的检测损失；

（4）对有用目标的遮蔽。

其中，建立时间是随 β 接近于 1 而增大。分析表明，功率估值误差的方差相对每次取样的方差可降低 $(1+\beta)/(1-\beta)$ 倍。

3. 噪声恒虚警率技术

噪声恒虚警率（Noise Constant False Alarm Rate，NCFAR）技术是针对机内电路噪声随时间和环境条件变化而产生的虚警进行控制的一种技术。由于热噪声平均电平的变化比较缓慢，所以对噪声环境中的 CFAR 处理可以采用类似接收机中自动增益控制电路的原理构成。进入雷达接收机中频放大器直到 I/Q 综合处理以前的接收机噪声是高斯噪声，其概率密度分布为

$$\mathrm{d}P_v = \frac{1}{\sqrt{2\pi\sigma^2}}\exp\left(-\frac{v^2}{2\sigma^2}\right)\mathrm{d}v \tag{4.60}$$

在 I/Q 综合处理后，视频信号服从瑞利分布，即

$$\mathrm{d}P_x = \frac{x}{\sigma^2}\exp\left(-\frac{x^2}{2\sigma^2}\right)\mathrm{d}x \tag{4.61}$$

若给定一个门限电平 x_0，则单个噪声超过门限的概率，即虚警概率为

$$P_{fn} = \int_{x_0}^{+\infty}\frac{x}{\sigma^2}\exp\left(-\frac{x^2}{2\sigma^2}\right)\mathrm{d}x = \exp\left(-\frac{x_0^2}{2\sigma^2}\right) \tag{4.62}$$

如果令 $u = x/\sigma$，则 $u_0 = x_0/\sigma$，那么

$$P_{fn} = \exp\left(-\frac{u_0^2}{2}\right) \tag{4.63}$$

如果 u_0 为一个常数，则雷达的虚警概率也是一个常数。所以，只要保证检测门限与接收机噪声分布的标准差变化一致，就能保证检测虚警概率保持不变。因为瑞利噪声的平均值 $\overline{x} = \sqrt{\pi/2}\sigma$，所以只要求出接收机噪声的平均值，就能实现归一化处理。在实际电路中总是通过对噪声进行采样，以取得平均值的估值，只要平滑时间足够长，即采样足够多，和 $\overline{x}$ 的差别就能足够小。按照贝努利大数定理，样本数 N 的选取应满足

$$N \geqslant \frac{1-P_f}{\varepsilon^2 P_f\left(1-P_d\right)} \tag{4.64}$$

式（4.64）中，P_{f} 为虚警概率，P_{d} 为检测概率，ε 为虚警频率代替虚警概率的允许误差。若取 $P_{\mathrm{f}}=0.01$，$P_{\mathrm{d}}=0.9$，$\varepsilon=0.5$，则 $N\geqslant 3960$。对于监视雷达来说，为了减少雷达目标和杂波回波等对噪声取样的污染，通常在雷达的休止期内对噪声进行采样。但由于监视雷达的休止期不长，一般需要在多个雷达重复周期进行采样。图 4.14 所示为 NCFAR 处理原理框图，图 4.15 所示为采用虚警控制的 NCFAR 处理流程图。

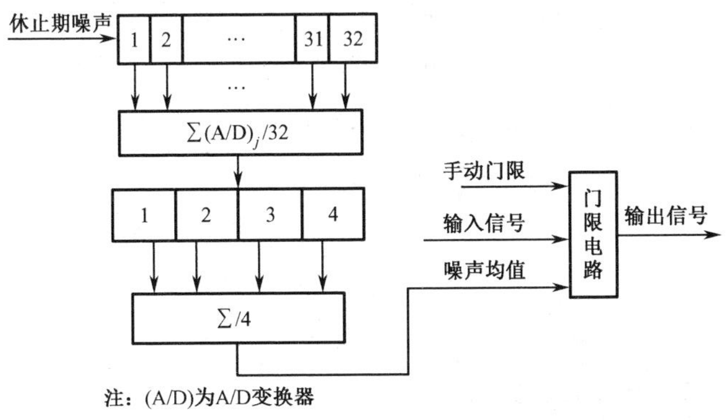

图 4.14　NCFAR 处理原理框图

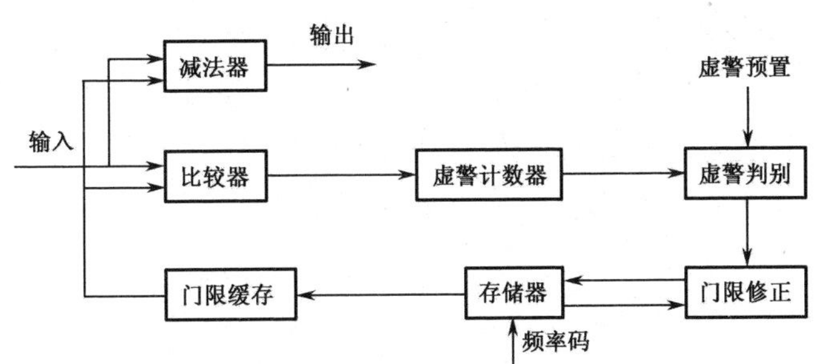

图 4.15　采用虚警控制的 NCFAR 处理流程图

4.4　改善因子的计算及其限制

从式（4.58）改善因子的定义可以看出，监视雷达杂波抑制的改善因子主要取决于杂波回波信号的谱特性和杂波抑制滤波器的响应，不同的滤波器、不同的杂波会有不同的改善因子的值。在设计监视雷达系统时，一般可以用地杂波（有树林的小山，$\sigma_{\mathrm{v}}=0.22\,\mathrm{m/s}$）、云雨杂波（$\sigma_{\mathrm{v}}=2\sim4\,\mathrm{m/s}$）和箔片干扰（$\sigma_{\mathrm{v}}=1\,\mathrm{m/s}$）作为杂波功率分布参考，在对系统杂波抑制能力进行估计时，可用 MTI 系统作为计算分析模型计算极限改善因子的方法，建议在监视雷达系统设计之初也采用这种方法，只是在对杂波抑制处理器完全确定后再根据具体设计重新计算或估计。

在监视雷达系统中，影响改善因子的因素很多，对于一些影响较大的如发射机频率稳定性、接收机本振频率稳定性等本节也将予以说明。

4.4.1 杂波内部起伏对改善因子的限制

我们知道，雷达对杂波的抑制是依据雷达目标和杂波具有不同的多普勒频率，将滤波器的凹口对准杂波的多普勒频率处就能达到抑制杂波并检测目标的目的。如果杂波是固定不动的（如地杂波），则其雷达回波频谱具有零多普勒频率特性。但除一些点状的孤立杂波（如高大建筑物等）外，大部分杂波由于杂波内部结构的无规则运动导致杂波回波频谱不是单根谱线，而具有一定的谱宽。对于具有高斯分布的杂波，其谱密度表示为

$$W(f)=W_0\exp\left(-\frac{f^2}{2\sigma_c^2}\right) \tag{4.65}$$

式（4.65）中，σ_c 就是杂波谱宽的标准偏差。σ_c 值越大，说明杂波内部起伏越大，相同滤波器对杂波抑制的能力就越低，即雷达对杂波抑制的改善因子就越低。所以把由于杂波内部起伏对雷达改善因子的限制称为极限改善因子。

当然，极限改善因子与所采用的杂波抑制滤波器关系极大，不同的抑制滤波器对同一类型杂波的极限改善因子结果相差颇大。在监视雷达系统设计时需根据用户对杂波抑制能力的要求，选择合适的杂波抑制方案。

简单 MTI 系统的极限改善因子计算公式为

$$I_1=2\left(\frac{f_r}{2\pi\sigma_c}\right)^2 \tag{4.66}$$

$$I_2=2\left(\frac{f_r}{2\pi\sigma_c}\right)^4 \tag{4.67}$$

$$I_3=\frac{4}{3}\left(\frac{f_r}{2\pi\sigma_c}\right)^6 \tag{4.68}$$

式中，I_1 为用单路延迟（一次对消或两脉冲对消）、无反馈、相参对消器的 MTI 改善因子，I_2 为用双路延迟（二次对消或三脉冲对消）、无反馈、相参对消器的 MTI 改善因子，I_3 为用三路延迟（三次对消或四脉冲对消）、无反馈、相参对消器的 MTI 改善因子，σ_c 为高斯杂波功率谱的均方根频率分布（Hz），f_r 为雷达的重复频率（Hz）。

下面介绍一些其他杂波抑制滤波器的改善因子计算公式。

1. 一般二项式对消器

对一般二项式对消器有

$$w_k = (-1)^k \begin{bmatrix} n \\ k \end{bmatrix} \quad k = 0,1,\cdots,n \tag{4.69}$$

式（4.69）中，w_k 是第 k 次抽头的权重，n 是延迟的节数。

对消器的传输函数为

$$\left|H(\omega)\right|^2 = \left(2\sin\frac{\omega T_{\mathrm{r}}}{2}\right)^{2n} \tag{4.70}$$

式（4.70）中，$T_{\mathrm{r}} = 1/f_{\mathrm{r}}$ 是脉冲重复周期（s）。

对消器的改善因子（高斯谱）为

$$I_n = \frac{\sum_{j=0}^{n} w_j^2}{\sum_{j=0}^{n}\sum_{k=0}^{n} w_j w_k \rho_{\mathrm{c}}(j-k)} \tag{4.71}$$

式（4.71）中

$$\rho_{\mathrm{c}}(i) = \exp\left(-i^2 \varOmega^2 / 2\right) \tag{4.72}$$

$$\varOmega = 2\pi\sigma_{\mathrm{c}} T_{\mathrm{r}} = \frac{2\pi\sigma_{\mathrm{c}}}{f_{\mathrm{r}}} \tag{4.73}$$

2. FFT 数字滤波

对 FFT 数字滤波有

$$F(n,k) = \sum_{n=0}^{N-1} f(n)\exp\left(-\mathrm{j}\frac{2\pi}{N}nk\right) \tag{4.74}$$

式（4.74）中，$f(n)$ 是在时间点 $n = 0,1,\cdots,N-1$ 的信号采样，N 是采样点的数量，k 是在点 $k = 0,1,\cdots,N-1$ 的输出采样。

横向滤波器的等效权重为

$$w_{n,k} = \exp\left(-\mathrm{j}\frac{2\pi}{N}nk\right) \tag{4.75}$$

式（4.75）中，k 是滤波器数，n 是延迟线抽头数。

传输函数（归一化）为

$$\left|H(\omega)\right| = \left|\frac{1}{N}\cdot\frac{\sin\left[\pi\left(N\frac{f}{f_{\mathrm{r}}} - k\right)\right]}{\sin\left[\frac{\pi}{N}\left(N\frac{f}{f_{\mathrm{r}}} - k\right)\right]}\right| \tag{4.76}$$

式（4.76）中，N 是 FFT 点数，k 是滤波器数。Z 平面传输函数为

$$H(z)=\frac{z^{N}-1}{z-\mathrm{e}^{-\mathrm{j}2\pi(k/N)}} \tag{4.77}$$

FFT 滤波器加权以改善副瓣，即

$$U(n,k)=F(n,k)+a\left[F(n,k+1)+F(n,k-1)\right] \tag{4.78}$$

式（4.78）中，$U(n,k)$ 是加权的 FFT 第 k 个滤波器的输出；$F(n,\cdot)$ 是未加权的第 $k-1$、k、$k+1$ 个滤波器的输出；a 是加权系数，对 Hanning 加权，$a=0.5$；对 Hamming 加权，$a=0.426$。

一般加权函数为

$$a_n=a-(1-a)\cos\frac{2\pi n}{N-1} \quad n=0,1,\cdots,N-1 \tag{4.79}$$

式（4.79）中，a 是加权系数，对 Hanning 加权，$a=0.5$；对 Hamming 加权，$a=0.54$。

滤波器的改善因子可通过下述公式计算。

（1）有加权时为

$$I=\frac{\sum_{i=0}^{N-1}a_i}{\sum_{i=0}^{N-1}\sum_{j=0}^{N-1}a_i a_j\cos\left[2\pi(i-j)\frac{k}{N}\right]\rho_{\mathrm{c}}\left[(i-j)T_{\mathrm{r}}\right]} \tag{4.80}$$

式（4.80）中，a_i 和 a_j 是复加权系数，N 是 FFT 点数，$k=0,1,\cdots,N-1$ 是滤波器号，T_{r} 是脉冲重复周期。

（2）无加权时为

$$I=\frac{N^2}{N+\sum_{i=1}^{N-1}(N-i)\cos\left(2\pi\frac{k}{N}i\right)\rho_{\mathrm{c}}(i)} \tag{4.81}$$

式（4.81）中

$$\rho_{\mathrm{c}}(i)=\exp\left(-i^2\Omega^2\right),\quad \Omega=2\pi\sigma_{\mathrm{c}}T_{\mathrm{r}} \tag{4.82}$$

4.4.2　雷达参数对改善因子的限制

1. 天线扫描对改善因子的限制

由于监视雷达对目标或杂波的扫描大多采用波束连续扫描方式，因而对于分布式杂波来说，后一个脉冲所照射的杂波区域均不同于前一个脉冲照射的杂波区域。这等效于杂波内部的一个附加的运动分量，同样会导致杂波谱的展宽。在天线波束形状为高斯形时，由于天线扫描引起的杂波谱宽分量的均方差为[7]

$$\sigma_{\mathrm{c}}=\frac{\omega}{\sqrt{2}\pi\Delta\theta}\approx\frac{\omega}{3.55\theta_{\mathrm{H}}} \tag{4.83}$$

式（4.83）中，ω 是天线波束扫描角速度，θ_{H} 是天线波束单程半功率宽度，$\Delta\theta=0.8\theta_{\mathrm{H}}$。因 $\theta_{\mathrm{H}}/\omega$ 等于扫描波束对目标的照射时间，它等于雷达的重复周期 T_{r} 与照射目标脉冲数 n 的乘积。式（4.83）可改写为

$$\sigma_{\mathrm{c}}=\frac{1}{3.55T_{\mathrm{r}}\cdot n}\approx\frac{0.28f_{\mathrm{r}}}{n} \tag{4.84}$$

将式（4.84）代入式（4.66）、式（4.67）和式（4.68）就得到由于天线扫描对 MTI 系统改善因子的限制，即

对一次对消有

$$I_{\mathrm{a1}}=\frac{n^2}{1.39} \tag{4.85}$$

对二次对消有

$$I_{\mathrm{a2}}=\frac{n^4}{3.84} \tag{4.86}$$

对三次对消有

$$I_{\mathrm{a3}}=\frac{n^6}{16.0} \tag{4.87}$$

在采用其他抑制滤波器时，仍可用式（4.58）代入相应的改善因子计算公式中求得天线扫描的限制。但要注意的是，这些公式只适用于波束连续扫描的雷达系统，对于那些采用相控阵技术体制的监视雷达来说，其波束一般采用阶跃波束扫描方式，就不适于用这些公式。如果雷达系统在对杂波处理期间，波束位置没有发生变化，则天线波束扫描对雷达杂波抑制不会造成影响。

2. 发射机对改善因子的限制

发射机系统的不稳定对 MTI 系统改善因子的影响主要表现在以下 4 个方面。

1）发射机频率不稳定

雷达发射机辐射的雷达频率如果在发射脉冲间变化 Δf (Hz)，则由于其频率不稳定对改善因子的限制由下式计算，即

$$I=20\lg\left(\frac{1}{\pi\Delta f\tau}\right) \tag{4.88}$$

式（4.88）中，τ 为发射脉冲宽度。因监视雷达对杂波抑制处理有很高的要求，故大部分监视雷达采用了相参体制。在全相参体制雷达中，发射机辐射的频率是由射频激励源决定的。而通常射频激励源一般采用高稳定度的晶体振荡器作为基本

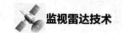

参考源，频率稳定性相当好，它对 MTI 系统改善因子的限制可以忽略不计。需要注意的是，对于采用非相参体制雷达，这是一个十分重要的指标，因为它可能决定发射机对振荡管的选用及发射机的方案选型。

2）发射机的相位噪声

对于相参体制发射机，其频率虽是由射频激励源决定的，且一般都具有较高的频率稳定性，但由于脉冲功率放大器的影响，可能会在发射脉冲之间产生相位变化。如果脉冲间相位变化为$\Delta\varphi$，则由于相位变化对改善因子的限制为

$$I = 20\lg\left(\frac{1}{\Delta\varphi}\right) \tag{4.89}$$

在功率放大器中，引起发射脉冲间相位变化的原因主要是高压电源上的纹波。任何功率放大器件，均存在一个相位灵敏度，即放大的射频信号相位随电源电压变化的关系，只是不同的功率放大器件有不同大小的相位灵敏度。如果纹波是随机的或类似噪声的，发射信号的相位变化也具有噪声性质，可称为相位噪声。发射机的这种射频随机噪声可以通过频谱分析仪直接看出，它是表现在射频谱线之间的平坦部位的随机起伏。图 4.16 所示为一种 S 波段全固态发射机的射频频谱。如果能测量单根谱线与谱间射频噪声电平的比值，则可以确定脉冲发射机的改善因子。

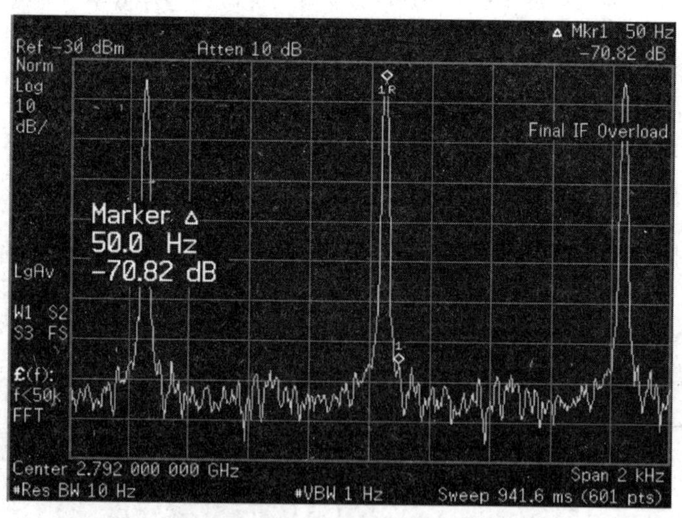

图 4.16 一种 S 波段全固态发射机的射频频谱

设射频脉冲频谱单根谱线的功率为P_1，有效谱线的总数是B/f_r，则谱线的总功率为P_1B/f_r。这里 B 是发射脉冲频谱带宽，f_r是脉冲重复频率。如果谱间

的噪声功率在 1Hz 带宽时为 N_0，则总噪声功率为 N_0B。发射机的改善因子限制就等于发射波形的总的信噪比，即

$$I = \frac{P_1 B/f_r}{N_0 B} = \frac{P_1}{N_0 f_r} \tag{4.90}$$

令 $L = P_1/N_0$ 表示单根谱线的功率信噪比，可得用对数形式表示的改善因子值为

$$I(\text{dB}) = L(\text{dB}) - 10\lg f_r \tag{4.91}$$

如果发射脉冲信号为脉冲压缩信号，且其脉压比等于 $B\tau$，则改善因子的公式为

$$I(\text{dB}) = L(\text{dB}) + 10\lg(B\tau) - 10\lg f_r \tag{4.92}$$

需要注意，在测量噪声功率电平时，如果脉冲的主谱线没有边带谱线存在（边带谱表示有 50Hz、100Hz 等调制干扰），其噪声电平应取谱间噪声的平均值，再用式（4.91）或式（4.92）计算；如果存在有调制干扰的边带谱线，则发射机的改善因子就近似地等于主谱线与边带谱线的功率比。

3）发射脉冲的时间抖动和脉宽抖动

发射脉冲的时间抖动会造成脉冲的前沿和后沿不能被对消，使采用固定延迟线的 MTI 系统性能变差。设 τ 为发射脉冲宽度，Δt 为时间抖动值，则对发射机改善因子的限制为

$$I = 20\lg\left[\tau/\left(\Delta t\sqrt{2B\tau}\right)\right] \tag{4.93}$$

脉冲宽度的抖动值 $\Delta\tau$ 所产生的对消剩余，为时间抖动产生剩余的一半，其改善因子的限制为

$$I = 20\lg\left[\tau/\left(\Delta\tau\cdot\sqrt{B\tau}\right)\right] \tag{4.94}$$

在现代监视雷达中，发射脉冲的时间抖动和脉冲宽度抖动的影响极其微弱，可以忽略不计。

4）发射脉冲的幅度抖动

发射脉冲的幅度抖动也会对发射机的改善因子产生限制，即

$$I = 20\lg\left(A/\Delta A\right) \tag{4.95}$$

式（4.95）中，A 为发射脉冲的幅度，ΔA 为脉冲之间的幅度起伏值。在频率稳定度或相位稳定度满足要求后，幅度的抖动影响很小。

3. 接收机频率源对改善因子的限制

在现代监视雷达系统中，频率源要给发射机提供发射激励信号，也需给雷达接收系统提供稳定本振信号和作为相参振荡器输出的相参频率信号，它还要给全

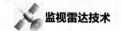

机提供频率和时间的基准。多数频率源均采用高稳定晶体振荡器或铷原子钟等作为频率基准，一般频率稳定度都较高。但是，任何频率源都会有导致相位随机变化的相位噪声，而这些相位噪声进入 MTI 系统就会对对消产生不利的影响，即也会有对改善因子的限制。如果知道频率源的相位噪声谱特性 $S_{\Delta\varphi}(f_{\rm m})$，即可求得稳定本振对改善因子的限制，即

一次对消的改善因子为

$$I=\frac{1}{8\int_0^F S_{\Delta\varphi}(f_{\rm m})\sin^2(\pi t_0 f_{\rm m})\sin^2(\pi T_{\rm r} f_{\rm m})\mathrm{d}f_{\rm m}} \tag{4.96}$$

二次对消的改善因子为

$$I=\frac{3}{16\int_0^F S_{\Delta\varphi}(f_{\rm m})\sin^2(\pi t_0 f_{\rm m})\sin^2(\pi T_{\rm r} f_{\rm m})\mathrm{d}f_{\rm m}} \tag{4.97}$$

式中，$S_{\Delta\varphi}(f_{\rm m})$ 为频率源的相位噪声特性，t_0 为发射脉冲从目标（杂波）处返回接收机的时间，$T_{\rm r}$ 为发射脉冲的重复周期。

图 4.17 所示是典型 S 波段直接合成频率源的相位噪声特性的测试结果，所用的测试设备是罗杰斯公司的相位噪声测试系统。

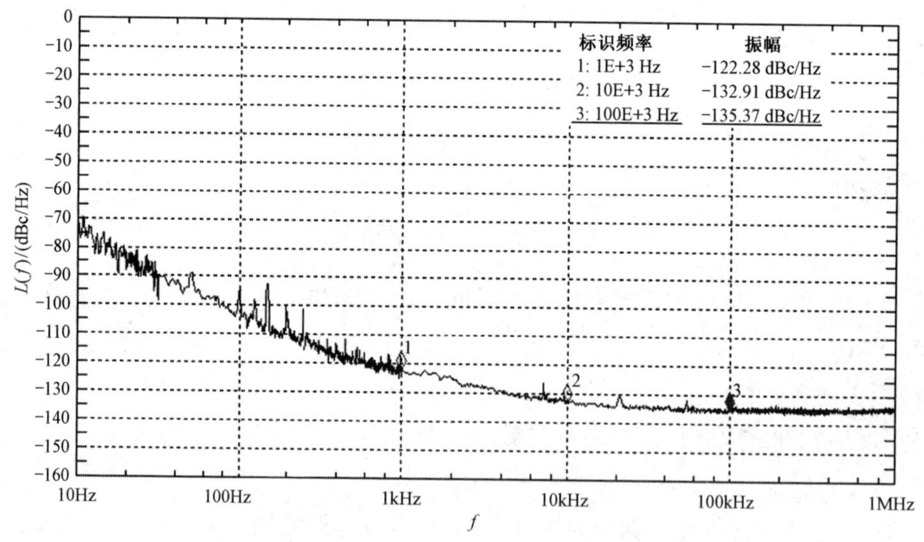

图 4.17　典型 S 波段直接合成频率源的相位噪声特性的测试结果

为便于利用式（4.96）或式（4.97）计算稳定本振对改善因子的限制，通常将测试所得的相位噪声曲线近似为几段折线（如图 4.18 所示）。

利用测试所得的相位噪声的单边带功率谱密度曲线，做若干修正以确定最终的改善因子之值，其方法与上述计算方法所考虑的因素和结果基本相同。

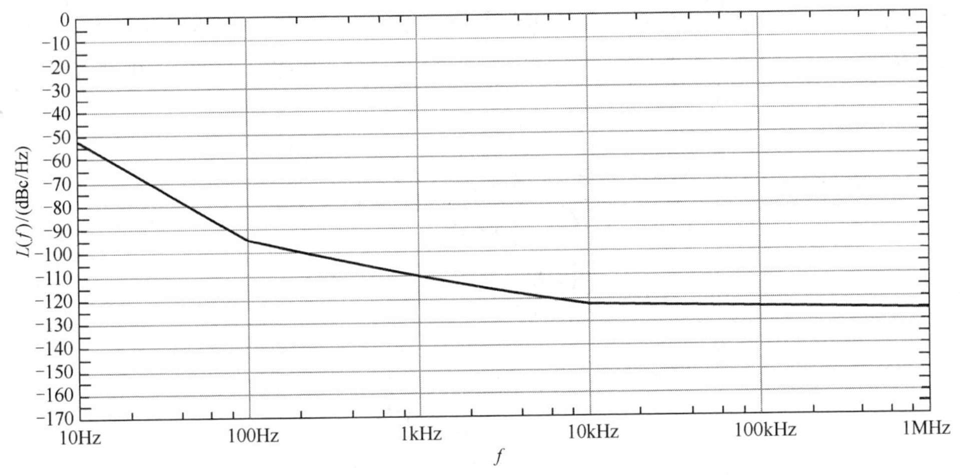

图 4.18　图 4.17 中相位噪声曲线的折线近似图

4. 重复频率参差对改善因子的限制

对于 MTI 处理系统来说，无论采用何种对消电路形式，只要雷达脉冲重复频率 f_r（或重复周期 T_r）固定不变，对消器的频率响应均是在 $f_d = n \cdot f_r$（$n = 0,1,2,\cdots$）处为零。这里 f_d 是目标信号的多普勒频率。$f_d = 0$ 表示零频的固定杂波，其是 MTI 系统设计的零频“凹口”，主要抑制地杂波，但当目标运动的速度在 $f_d = n \cdot f_r$ 时，目标落于零频“凹口”而致目标一并被抑制，我们称这些目标速度为“盲速”。我们知道，f_d 与目标运动的径向速度之间的关系为 $f_d = 2V_r/\lambda$。例如，飞机径向飞行的时速为 900km/h，若雷达的工作波长为 10cm，则飞机的多普勒频率为 5kHz；如果雷达的重复频率是 500Hz，那么飞机在向雷达方向飞行的过程中就可能会出现 10 次“盲速”，这严重影响了对飞机目标的探测。解决“盲速”的基本方法就是采取重复频率参差。第一个多普勒频率零响应点称为第一盲速（即上述的 $n = 1$ 时的响应点），解决盲速的问题通常是设法提高第一盲速的值，使目标正常速度范围内不出现盲速。若雷达固定的重复频率为 f_r，则在 MTI 处理系统中第一盲速 v_{B0} 为

$$v_{B0} = \frac{\lambda}{2} f_r \tag{4.98}$$

按上面所举的例子，$\lambda = 10\text{ cm}$，$f_r = 500\text{ Hz}$，则 $v_{B0} = 90\text{ km/h}$。如果要使速度为 900km/h 的飞机没有盲速，必须使重复频率或者是雷达波长加大 10 倍；如果要保证 3 倍音速的飞机没有盲速，则 f_r 需加大 40 倍，这使一般的监视雷达系统设计难以采用，因为过高的 f_r 会带来距离模糊。现有的解决办法是采用多种重复频率的参差设计，以把第一盲速推远到所要求的范围之外。图 4.19 就是采用重复频率参差的频率响应曲线，由图 4.19（b）、（c）可见采用重复频率参差可将第一盲

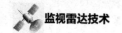

速推远。从该图中可以看出，多重复频率参差的设计主要是选择重复频率参差的数目和参差的比值，条件就是第一盲速的位置和参差重复频率系统的响应曲线中第一个凹口的深度。

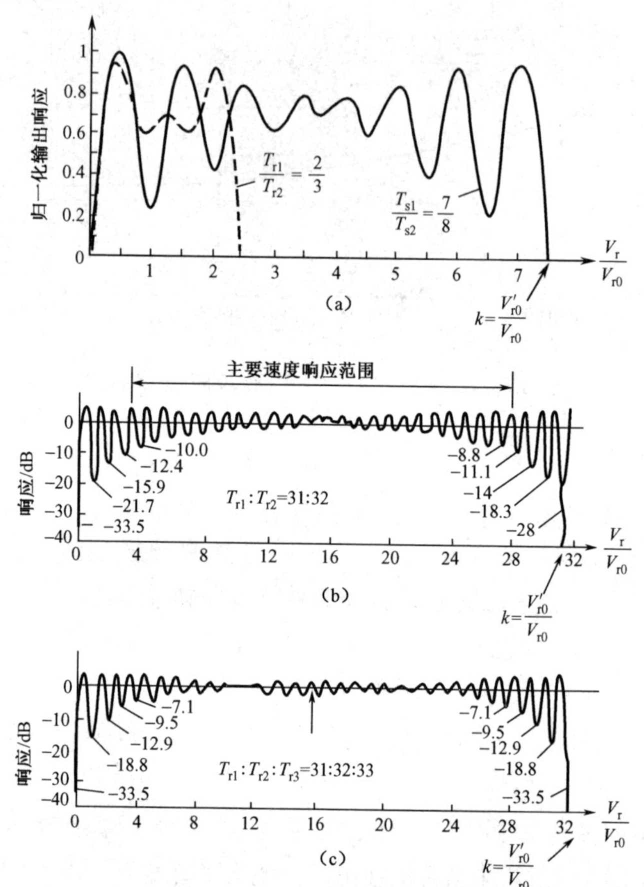

图 4.19　重复频率参差的频率响应曲线

存在 N 个重复频率参差时对非递归一次对消器的归一化频率响应（功率）为

$$B_0=\sum_{i=1}^{N}\sin^2\left(\pi N\frac{v_\mathrm{r}}{v_\mathrm{B}}\cdot\frac{T_{\mathrm{r}i}}{T_\mathrm{p}}\right) \tag{4.99}$$

式(4.99)中，$T_\mathrm{p}=T_{\mathrm{r}1}+T_{\mathrm{r}2}+\cdots+T_{\mathrm{r}N}$，$T_\mathrm{p}/N$ 是平均重复周期；v_B 是平均重复周期对应的盲速；$T_{\mathrm{r}1}:T_{\mathrm{r}2}:\cdots:T_{\mathrm{r}N}=R_1:R_2:\cdots:R_N$ 是重复频率参差比。

那么，第一盲速较平均重复频率相应的盲速推远的倍数为

$$k=\frac{v'}{v_{\mathrm{r}0}}=\frac{R_1+R_2+\cdots+R_N}{N} \tag{4.100}$$

响应曲线的第一个凹口的深度可在式（4.99）中令 $v_\mathrm{r}=v_\mathrm{B}$ 求出。

重复频率参差的选取除上述因素外，还要考虑雷达波束内的脉冲数。对在波

束宽度内脉冲数相当少的雷达来说，不宜采用 4 种以上不同的脉冲重复频率。因为这时单个目标的频率响应取决于当波束扫过目标时，出现峰值是在脉冲重复频率参差序列的某一部分，从而会造成出现不够理想的频率响应特性。

使用参差脉冲重复频率会限制系统可能达到的改善因子。重复频率参差对改善因子的限制有两个因素，一是由于天线扫描脉冲数多少的影响，二是由于扫描导致杂波内部起伏受重频参差的影响。基于第一个原因对改善因子的限制可由式（4.101）计算，即

$$I = 20\lg\left(\frac{2.5n}{\gamma_{\mathrm{r}} - 1}\right) \quad \text{(dB)} \tag{4.101}$$

式(4.101)中，n 是雷达波束宽度内的脉冲数，$\gamma_{\mathrm{r}} = T_{\mathrm{r\,max}}/T_{\mathrm{r\,min}}$ 是重复频率参差比。

由于杂波内部运动和参差对改善因子的限制则可由式（4.102）计算[8]，即

$$I = 20\lg\left[\frac{0.33\lambda f_{\mathrm{r}}}{(\gamma_{\mathrm{r}} - 1)\sigma_v}\right] \quad \text{(dB)} \tag{4.102}$$

式（4.102）中，σ_v 是杂波的均方根速度扩展范围。

5. A/D 变换及其量化噪声对改善因子的限制

监视雷达均采用数字信号处理以满足对复杂环境适应性的要求和对目标数据自动提取的要求。在目前监视雷达技术的状态下，将雷达的模拟信号变换成数字信号是重要环节，因而 A/D 变换器是监视雷达不可缺少的组成部分。监视雷达信号在进行 A/D 变换后进入雷达信号处理系统进行 MTI 或 MTD 杂波抑制处理。A/D 变换器必须以最小的误差保留雷达回波信号的幅度和相位信息。

1）A/D 变换器的动态范围

A/D 变换器的最大有效位（MSB）是 2^{N-1}，这里的 N 是 A/D 变换器的位数（对于雷达信号处理所用的 A/D 变换器，一般最高位为符号位）；A/D 变换器的量化噪声的均方根值为 A/D 变换器最小有效位（LSB）的 $1/\sqrt{12}$，因此，A/D 变换器的最大动态范围为

$$D_{\max} = \frac{2^{N-1}}{1/\sqrt{12}} = 2^{N-1}\sqrt{12} \tag{4.103}$$

式（4.103）只是指 A/D 变换器本身的动态范围，而不是指在雷达系统中 A/D 变换器所具有的动态范围。由于在实际系统中，A/D 变换器输入端的热噪声将大大超过其量化噪声，从而使得动态范围有所降低，在进行系统动态范围匹配时应予以考虑。如果相对于均方根噪声的量化级数用 k 表示，则在系统中 A/D 变换器的动态范围为[2]

$$D_S = \frac{2^{N-1}}{\sqrt{2}} \cdot \frac{1}{k} \tag{4.104}$$

式（4.104）中，$2^{N-1}/\sqrt{2}$ 是最大信号的有效值。k 值的选择需要慎重：对一般脉冲雷达，k 值不宜大，以免影响系统动态范围；而对于采用脉冲压缩或其他需要在噪声中检测目标的雷达，k 值又不能太小，否则会影响对被噪声淹没的信号的检测。

2）量化噪声对改善因子的影响

A/D 变换器引入的量化噪声（简称 A/D 噪声）会对 MTI 系统所能获得的改善因子产生限制。A/D 变换器引入的量化噪声等效于信号的幅度起伏。式（4.94）也适合计算量化噪声对改善因子的影响。如果 A/D 变换器采用 N 位，则量化间隔为 $2/(2^N-1)$。由 A/D 噪声所引入的信号电平偏差的均方根值为 $2/\left[(2^N-1)\sqrt{12}\right]$。如果输入信号峰值达到相位检波器最大输出值，则依据式（4.94）可求出对改善因子的限制，即

$$I = 20\lg\frac{A}{\Delta A} = 20\lg\left[\sqrt{3}\left(2^N-1\right)\right] \tag{4.105}$$

因为信号的有效值比峰值低 $\sqrt{2}$ 倍（电压值），故在系统设计中，为保证不使杂波幅度限幅，应使最强杂波信号的有效值比 A/D 噪声最大值小 3dB，因而在式（4.105）中，$\sqrt{3}$ 应改为 $\sqrt{1.5}$。另外，在现代监视雷达的 MTI 系统设计中，为克服“盲相”问题，均采用了 I/Q 正交通道设计，因为两个通道都产生独立的 A/D 噪声，系统改善因子还要降低 3dB。最终 A/D 量化噪声对改善因子的限制为

$$I = 20\lg\left[\left(2^N-1\right)\times\sqrt{0.75}\right] \tag{4.106}$$

A/D 量化噪声对改善因子限制的典型值如表 4.14 所示。

表 4.14　A/D 量化噪声对改善因子限制的典型值

位数 N	对 MTI 改善因子的限制/dB	位数 N	对 MTI 改善因子的限制/dB
4	22.3	9	52.9
5	28.6	10	59.0
6	34.7	11	65.0
7	40.8	12	71.0
8	46.9	—	—

6. 关于限幅对改善因子的限制

一般在监视雷达中，设置限幅电平是为了使系统的动态范围与 MTI 系统的性能相匹配。比如一部监视雷达的系统改善因子只有 30dB，而地杂波的强度（与接收机噪声电平的比值）远大于 30dB，也就是说，经过 MTI 处理后剩余杂波还

超过噪声许多，过高的杂波剩余不利于发现小目标，对于系统改善因子较低的雷达系统一般采用限幅器降低强杂波信号幅度，但限幅处理破坏了杂波信号的相位信息，对于后续滤波处理带来等效于杂波谱展宽效应。其主要是因为监视雷达一般为扫描天线，接收的杂波（或目标）回波信号的幅度受天线波束形状的调制。理论分析表明，对调制回波的限幅会使杂波回波的频谱展宽，其展宽程度随限幅电平的深度加深而加大，MTI 系统的改善因子随杂波谱展宽而滤波性能降低，而且脉冲数越多，改善因子的损失也越大。当然，限幅对改善因子的限制还与限幅电平有关，限幅极深的硬限幅对改善因子限制最大。

在监视雷达中，要求能在极其复杂、恶劣的环境下对目标进行自动录取和跟踪，从而对雷达抑制杂波的能力提出了很高的要求。对监视雷达的系统改善因子的要求大约是 50～60dB，这与一般中频接收机、A/D 变换器的动态大致相匹配。因此，除了特殊应用，限幅对改善因子的限制在监视雷达系统设计中影响不大。对于少量的强杂波点及部分强杂波对消剩余，其随机分布性一般不满足杂波图的建图规则，而是采用杂波图进行有效滤除。

4.4.3 系统改善因子的计算

雷达系统改善因子与诸多因素相关，最后将系统改善因子的计算进行归纳总结，引入式（4.57）改善因子计算公式，即

$$I = G \cdot \mathrm{CA} \tag{4.107}$$

式（4.107）中，G 是杂波抑制电路的系统增益，CA 是“杂波衰减”或“杂波对消比”。在 MTI 技术发展的初期，对 MTI 系统的性能分析中所采用的参数就是杂波衰减[8]，用杂波衰减（CA）可分析 MTI 性能。

分析表明，有许多因素会造成杂波的剩余，系统总的杂波对消比与每一项因素所引起的对消比之间有以下关系

$$\mathrm{CA} = \frac{1}{\sum_{i=1}^{N} \frac{1}{(\mathrm{CA})_i}} \tag{4.108}$$

式（4.108）中，$(\mathrm{CA})_1, (\mathrm{CA})_2, \cdots, (\mathrm{CA})_N$ 分别是由于各种不稳定因素所造成的杂波衰减。在监视雷达技术中目前一般不再采用“杂波衰减”这一术语，统一用“改善因子”来分析和设计 MTI 系统，但同样由各种不稳定因素所造成的对改善因子的限制与系统总的改善因子（I）也有以下关系，即

$$I^{-1} = \sum_{i=1}^{N} I_i^{-1} \tag{4.109}$$

根据上面的分析，可知对系统改善因子有影响的因素为：

（1）杂波内部的起伏或运动影响（I_C）。

（2）天线扫描调制影响（I_A）。

（3）雷达系统内部的不稳定（I_{IN}）。

- 发射机对改善因子的限制（I_T）；
- 接收机频率源对改善因子的限制（I_{RE}）；
- A/D 变换器量化噪声对改善因子的限制（$I_{A/D}$）。

（4）脉冲重复频率的参差（I_S）。

- 重频参差时天线扫描对改善因子的限制（$I_{S,A}$）；
- 重频参差时杂波内部起伏对改善因子的限制（$I_{S,C}$）。

（5）雷达接收机的限幅（I_{LI}）。

综上所述，可得系统改善因子为

$$\frac{1}{I}=\frac{1}{I_C}+\frac{1}{I_A}+\frac{1}{I_{IN}}+\frac{1}{I_S}+\frac{1}{I_{LI}} \tag{4.110}$$

式（4.110）中

$$\frac{1}{I_{IN}}=\frac{1}{I_T}+\frac{1}{I_{RE}}+\frac{1}{I_{A/D}} \tag{4.111}$$

$$\frac{1}{I_S}=\frac{1}{I_{S,A}}+\frac{1}{I_{S,C}} \tag{4.112}$$

需要注意，在前面叙述对改善因子限制时常使用分贝（dB）来具体说明改善因子的大小，但在用式（4.110）、式（4.111）和式（4.112）进行计算时不能再用分贝，必须将分贝换算成数值后再计算。

4.5 监视雷达杂波抑制设计

杂波抑制并不是单一杂波对消滤波器的设计问题，而是涉及监视雷达整个系统设计诸多方面。必须将监视雷达的天线、发射、接收、信号处理和数据处理等均作为杂波抑制系统的一个组成部分来统一考虑，其目的是使监视雷达能在复杂杂波环境获得最好的杂波抑制和最优的目标检测性能，满足系统对目标的自动检测和自适应航迹处理能力要求。下面将从天线波束设计、系统动态范围、杂波图和系统虚警的控制，以及切向运动和慢速目标的处理几个方面介绍系统设计所需考虑的问题。

4.5.1 天线波束设计

监视雷达多数采用方位机械扫描，波束宽度内扫描脉冲数对杂波抑制系统有重要影响。脉冲数与杂波抑制系统方案选择直接相关，工程实践表明，若脉冲数较少（比如小于 10 个）时，一般不宜采用 MTD 处理；若脉冲数小于 6 个，就很难采用 4 脉冲对消以上的处理方式；欲采用 8 点 MTD 处理，脉冲数一般需要多于 24 个；脉冲数在 16 个以下时，一般只能采用 4 点 MTD 或 MTI 处理。在监视雷达系统设计之初，需要根据对杂波抑制处理的要求，反复论证采用何种杂波抑制处理技术。可能不只是考虑杂波抑制的问题，还必须兼顾对目标的检测和发现能力等问题。比如采用 MTD 处理，一般是相参脉组处理，8 点 MTD 滤波器就是以 8 个脉冲为一个相参处理间隔（CPI）的，而后续一般采用多个处理“组”进行非相干积累处理，以保证雷达的检测概率和虚警概率。

机械扫描雷达的脉冲数（n）与天线水平波束宽度（θ_{H}）、天线的扫描角速度（ω）和脉冲重复频率（f_{r}）密切相关，即

$$n=\frac{\theta_{\mathrm{H}}}{\omega}\cdot f_{\mathrm{r}} \tag{4.113}$$

在采用机械扫描天线的监视雷达中，ω 决定了监视雷达的数据率，而监视雷达的数据率是一项重要战术指标，它一般不允许系统设计师进行选择设计，这将在第 6 章讨论。在监视雷达中，脉冲重复频率 f_{r} 的最大值一般依据监视雷达最大探测威力来选取，否则会出现距离模糊。当然，脉冲重复频率还与雷达其他部分有关，如发射机的占空系数等，但一般不会要求增大 f_{r}。因而在式（4.113）中剩下可供选择的就是天线的水平波束宽度 θ_{H} 了，而 θ_{H} 与雷达的方位测量精度和方位分辨率相关，所以监视雷达系统设计就是一个不断折中平衡的过程。

现代两坐标监视雷达多数采用垂直面波束形状为余割平方的天线，其近距离的地杂波强度可能很大，许多时候会超过接收机的动态范围。由于目标在近距离的回波信号也很强，所以通常采用灵敏度时间控制（STC）电路来保持系统的线性动态范围。STC 的采用还可以有效地消除低空飞行的鸟类或昆虫之类的干扰。但是，对于采用余割平方天线波束的监视雷达，STC 会严重影响对近距离高仰角目标的探测。为了解决这一问题，常采用超余割平方天线波束设计，将高仰角的增益按一定要求加大，如图 4.20 所示。

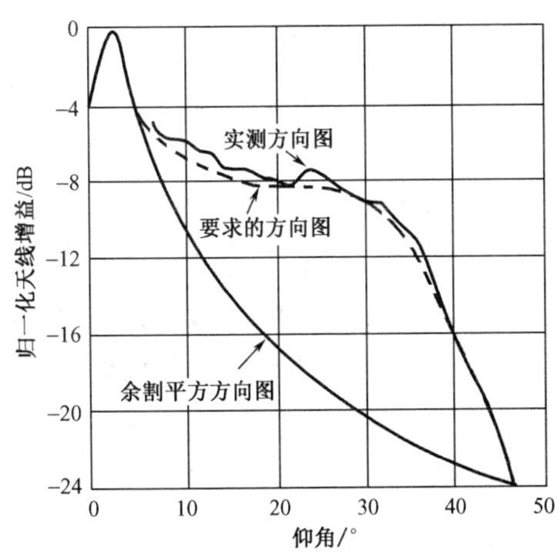

图 4.20　超余割平方天线方向图

为更好地解决对近距离地杂波、低空鸟回波的抑制，以及消除近距离慢速目标如汽车等的干扰，不少雷达设计师还采用了双波束天线的设计策略。超余割平方天线一般是采用赋形反射面天线设计和制造的。这里说的双波束是指在超余割平方天线的主馈电喇叭的下方再安装一个仅用于接收信号的喇叭，以产生一个抬高了仰角的接收波束。由于高波束在低仰角（地平面方向）增益很低，因此地杂波和低空慢速目标的干扰就弱得多，而对高仰角的目标探测性能仍保持良好。如果低波束通道的杂波抑制能力不太理想，那么低波束通道在近距离还可以关闭，仅用高波束通道探测目标，这是现代一次空管监视雷达所常采用的双波束天线技术。

4.5.2 系统动态范围

我们知道，雷达回波信号在雷达系统内传输的过程是一个放大和滤波处理的过程。在采用 MTI/MTD 杂波滤波处理的过程中，一般不能在其传输和滤波的过程中有非线性处理过程，否则会影响系统对杂波的抑制性能，从而影响雷达系统对目标的检测能力，这就要求雷达接收处理各个环节的动态范围要相互匹配。为说明系统动态范围的关系，进行举例分析，如图 4.21 所示。

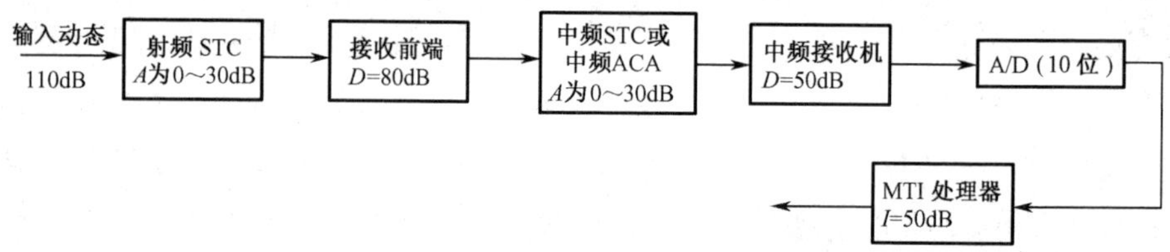

图 4.21 雷达接收处理通道的动态范围匹配

设进入雷达接收机的最小信号是接收系统的噪声信号（一般情况），考虑雷达最小探测距离很近，其近处的杂波信号强度会很大，设输入信号的动态范围为 110dB。由于一般雷达接收机的射频前端动态范围约为 80dB，考虑最大信号的出现一般是在近距离上，且与距离的 4 次方成反比，所以在射频前端的前面需加一射频 STC 衰减器，以保证系统的射频前端动态范围。射频 STC 最大衰减值一般采用 30dB，以保持与输入信号动态相匹配。设雷达系统的改善因子是 50dB，为使杂波对消的剩余不超过接收机噪声，雷达接收机中频处理部分（包括中频放大器、相位检波器等）的动态范围应大于 50dB。为与射频动态相匹配，需要在信号进入中频接收处理前再加一中频 STC 或中频 ACA（自动杂波衰减），其衰减量为 0～30dB。STC 对各个方位、距离单元的衰减是固定的，而 ACA 是对任意单元出现的强信号的自适应衰减。在进入数字处理前的 A/D 变换器采用 10 位，以与其动态相匹配，并使接收机噪声至少占有 A/D 变换器的两位量化分层以保持系统的 CFAR 处理性能。如果系统有脉冲压缩功能，在进行 A/D 变换器位数选择时，还要考虑对低于噪声的小目标信号通过压缩后能够被检测，噪声占据的 A/D 变换器的量化层数还要相应增加。

4.5.3　杂波图和系统虚警的控制

监视雷达虚警概率是一个重要的战术指标，以确保在复杂环境中能给出稳定的空情态势和对目标的自动航迹处理。实践表明，由于杂波的随机分布性和起伏特性，杂波抑制处理不能将进入雷达的各种杂波完全抑制干净，过多的杂波剩余一般会引起虚警概率的提高，杂波图和 CFAR 处理就是要将这些虚警控制在最低限度内，即控制到雷达点迹处理和航迹处理所能容忍的程度。本书在 4.3.3 节介绍的 CFAR 处理方法就是控制虚警的有效措施，在监视雷达系统中，各种类型的杂波图可以在较大程度上解决这些问题。除在 4.3.3 节中介绍的恒虚警率控制技术外，这里介绍一种自适应门限控制图，其基本处理流程如图 4.22 所示。

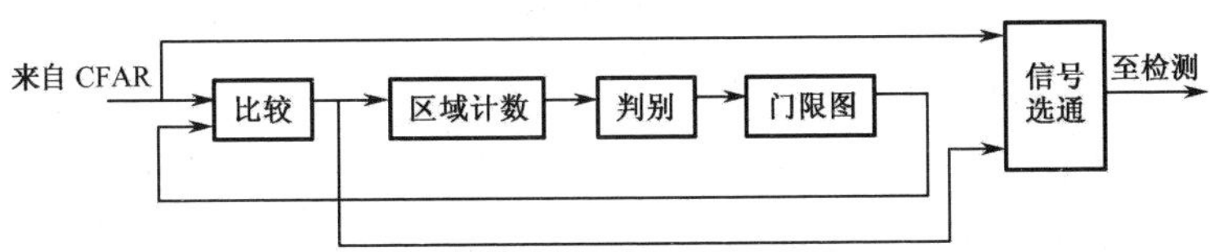

图 4.22　自适应门限控制基本处理流程图

杂波图是将雷达探测空域划分成若干个小的“单元”区域，来自 CFAR 输出的信号依次与各个单元的历史门限值比较。比较结果若大于门限值则输出“1”，若小于门限值则输出“0”。然后在单元区域计数处理中对“1”或“0”分别累计，再由判别电路按一定准则确定该单元区域的新的门限值，并存入门限图中。到下一次扫描时，读出作为该单元区域的新的门限值，再继续重复上述过程，直到满足设计准则。

这类自适应杂波图设计主要考虑两点：一是单元区域的划分，二是响应时间的确定。它们都需针对不同的杂波剩余设计不同的杂波图。在监视雷达中通常有快响应图和慢响应图两种。

快响应图用于处理那些帧间相关性较强的地杂波剩余或气象杂波剩余。一般杂波图的单元大小约为距离上 16 个或 32 个距离单元，方位上 1～2 个波束宽度。快响应图的调整时间一般是几帧（如 4 帧）调整一次，可以在较短时间内将这些帧间相关性强的杂波剩余消除干净。

慢响应图通常用于消除慢速气象杂波或仙波之类的干扰。由于这类信号帧间相关性不强或基本没有帧间相关，它们出现的位置较为随机，其幅度起伏也很大，对雷达检测影响很大，因此慢响应自适应门限图的使用较为有效。慢响应图的单元大小设置通常采用等面积单元方式。在距离上将雷达探测距离范围等分成若干段，而在方位上随距离增加而增加单元区域。例如，某监视雷达其距离分辨单元是 1μs，探测距离是 150km，其慢响应图总单元区域数为 1024 个。距离上分为 16 段，每段为 64 个距离单元；方位扇区在第一个距离段划分为 4 个方位扇区，以后每增加一个距离段，方位扇区数加 8。对慢响应图的调整所需时间较长，一般需数十帧，其响应时间也可视控制效果进行现场调节。

在杂波图的设计中，还需要注意的是不能让接收机噪声建立的门限超过 NCFAR 建立的门限，不能使运动目标建立起更大的杂波门限。要不然就会造成较大的目标检测的损失。对于这两点的考虑主要是通过调整单元区域的大小和响应时间来平衡的。

4.5.4 切向运动和慢速目标的处理

无论是 MTI 还是 MTD 滤波处理，都是利用目标回波的多普勒频率有别于杂波回波的多普勒频率来区分和抑制杂波的。一般情况下，目标回波的多普勒频率远大于地杂波、气象杂波回波或箔片干扰回波的多普勒频率。但是当目标相对于雷达做切向飞行时，其回波的多普勒频率等于零。在这种情况下，目标信号几乎都会被杂波抑制滤波器抑制。为了使切向目标不致有太大的损失，通常的处理方式是采用杂波轮廓图，利用该图作为一个选通闸门，在杂波区选择由 MTI 处理通道处理的信号，在非杂波区（亦即清洁区）选择由正常处理通道处理的信号。图 4.23 就是一种杂波轮廓图应用处理的流程框图。

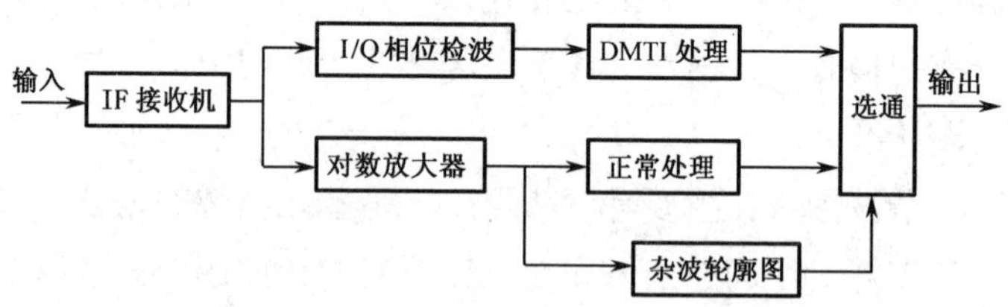

图 4.23　杂波轮廓图应用处理的流程框图

这种应用方式只是避免了在清洁区杂波抑制电路对切向目标或慢速目标的损失，但如果目标处在杂波区，仍然无法检测到目标。在监视雷达设计技术中，有一种被称为“精细杂波图”的技术，可用来解决这一问题。所谓“精细杂波图”，是指杂波图单元的大小等于雷达分辨单元的大小。此杂波图应用在正常处理通道中，每个单元的检测门限，由该单元内杂波强度决定，如果目标信号幅度大于杂波信号幅度，目标信号就在该单元被检测到（或输出），所以这一技术又称为“超杂波检测”技术。

在 MTD 处理中，由于采用了多普勒滤波器组处理技术，具有不同多普勒频率的信号可以在不同的滤波器中进行检测。切向目标信号将落在零速滤波器频道内，若信号强度超过杂波强度，仍会检测到目标信号。在某些雷达 MTD 处理系统中，还专门建立了“零频处理通道”，其主要功能有 3 点：①对强地杂波环境下低速目标的检测；②对切向运动大目标信号的检测；③对地杂波实施 CFAR 处理。

4.5.5　监视雷达杂波抑制设计实例

本节介绍两个监视雷达杂波抑制工程化设计的具体实例。

1. ASR-10SS 雷达杂波抑制设计

雷神公司研制的 ASR-10SS 航管一次雷达是一部空中交通管制雷达，其系统工作和杂波抑制处理原理框图如图 4.24 所示。ASR-10SS 航管一次雷达天线采用双波束天线，低波束收/发共用，高波束只用于接收，采用高速电子开关进行高/低波束的切换。该雷达除对雷达设备有很高的使用可靠性要求外，还要求雷达提供目标信息时应尽可能地减少虚假目标信息，从而对各类杂波的抑制性能有很高的要求，无论是地杂波，还是气象杂波及“仙波”。该雷达还采用了一路独立的气象杂波处理通道。高/低波束和气象通道信号经 RFSTC 和 LNA 接收处理后，进入下变频和 A/D 变换处理，其中高/低波束信号在经开关切换后分时进入一路下变频和 A/D 变换处理。高或者低波束信号经脉冲压缩后进入 4 个独立的 FIR 滤波器进行处理，分别进行独立的 CFAR 处理后进行 4 路 CFAR 输出信号的多普勒通道融合处理，然后依次进行目标检测处理、点迹处理后进行目标航迹处理。气象通道信号经下变频和 A/D 变换处理后，进行地杂波抑制滤波处理和气象通道处理，输出气象轮廓图。

ASR-10SS 航管一次雷达与杂波抑制的有关技术参数如下：工作频率为 2700～2900MHz，仪表量程为 60n mile（约 96km），天线转速为 15r/min，水平波束宽度为 1.45°，天线极化形式有圆极化和线极化，信号形式有 1μs 脉冲和 100μs NLFM（Non-Linear Frequency Modulation，非线性调频）信号，脉冲重复频率为 850Hz（平均），压缩后脉冲宽度为 1μs，接收机动态范围为 60dB，射频 STC 为 72dB（步进为 6dB），采用 4 点/8 点 FIR 滤波器。

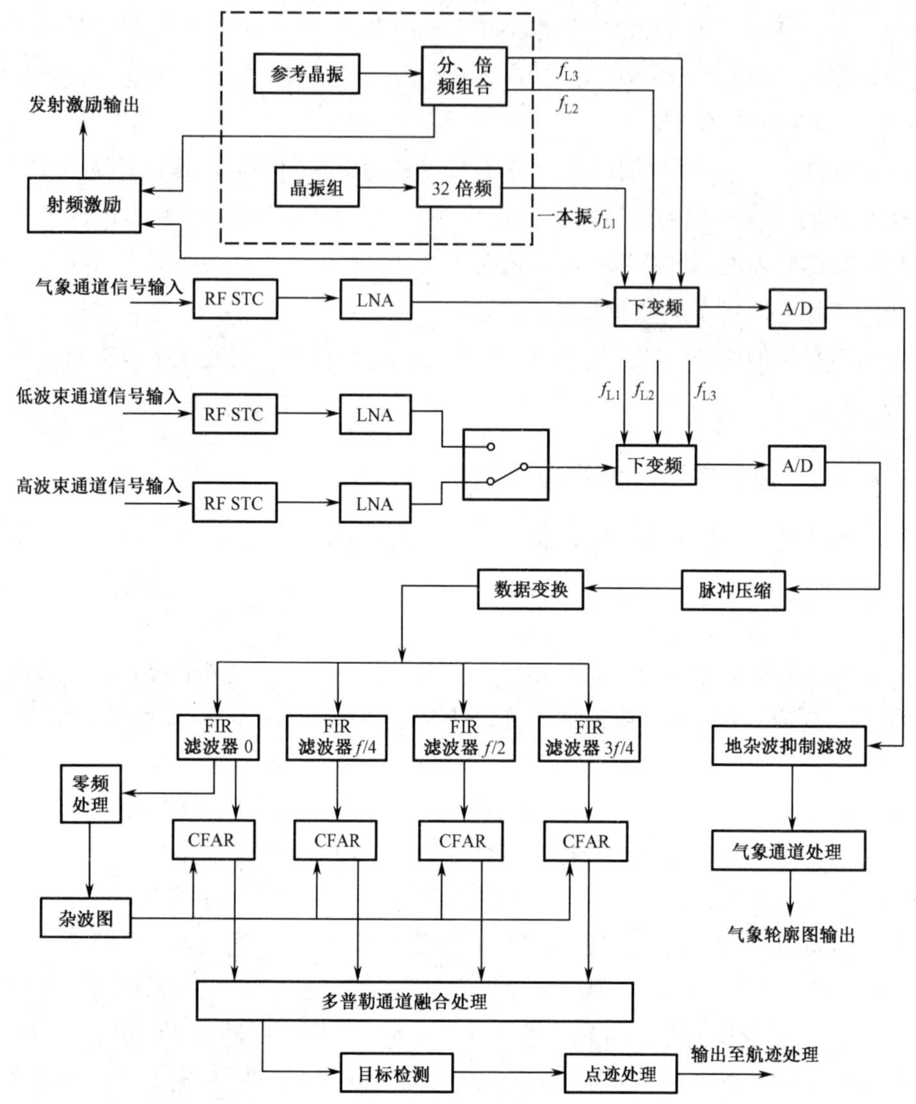

图 4.24　ASR-10SS 航管一次雷达系统工作和杂波抑制处理原理框图

ASR-10SS 雷达杂波抑制处理采用的是动目标检测（MTD）处理技术。相参处理间隔（CPI）为 4 个或 8 个脉冲重复周期（T_r），在天线转速为 15r/min 时，因脉冲数较少，通常采用 CPI = $4T_r$，即 4 滤波器组 MTD 处理。

该雷达采用了单通道频率分集技术，其系统共有 4 个频率点，其中两两相差是 1MHz。长短脉冲各工作于不同的频率（频差较大），而在相邻 CPI 中因不同频率有对雨杂波的去相关作用，可使雨回波的统计值近于噪声，从而减少雨杂波所引起的虚警。

在该雷达中，具有很强的杂波图处理功能。杂波图的功能包括：零频通道切向目标检测、各频道 CFAR 的门限控制、控制射频和中频 STC 在每个单元的衰减，以保持在每个单元内接收机和信号处理器都处于要求的动态范围内，给气象处理通道提供气象速度图用于自适应气象处理等。杂波图的单元尺寸在方位上是一个波束宽度（1.4°）；距离上，0～32n mile 内为 1/16n mile（1τ，$\tau=0.8\mu s$），超过 32n mile 时为 1/2n mile（8τ），杂波图总单元数是 256（方位）× 568（距离）个。杂波图的更新是按时间常数 K=1/32 的指数规律平滑衰减的曲线进行，有对一次扫描的快速存储、对一次扫描的清除、每 N 次扫描更新一次和固化当前杂波图值 4 种更新类型。

ASR-10SS 雷达对气象杂波的处理，除为检测目标进行气象杂波抑制外，还作为空中交通管制，需要确定空中气象区域的位置和气象强度以进行气象检测。因此，该雷达除目标检测通道外，还专门设计了一个气象通道。气象通道是由天线馈源圆极化器的正交极化通道提供的。若雷达发射的是圆极化波，则从雨滴反射回波的大部分的极化是与发射信号正交的，因而圆极化波可用于抑制雨回波，而如果从其正交极化通道接收，则可接收大部分的雨回波信号。现代空中交通管制雷达正是采用此法形成气象处理通道，用以确定空中降雨区的位置和降雨强度。在目标处理通道，气象杂波则完全抑制。由于气象杂波具有一定的平均多普勒速度，采用 MTD 处理可以用多个滤波器来抑制具有任何多普勒速度的气象杂波。为了达到更为良好的抑制效果，MTD 的每个滤波器通道都设置有 CFAR。该雷达的 CFAR 采用了 32 单元平均选大的处理方式。通过 16 个距离单元宽的滑窗积累器后得到目标输入，以 18 个单元为一组做这种处理（每边有一个保护单元），可不断地输出这种处理结果，就可以确定先前的极大值及最新的平均值。在杂波距离的低端或高端，两个平均值中只有一个有效，最大值就设置成杂波门限。

通过杂波图和零频道处理，ASR-10SS 雷达可以检测切向目标或慢速目标，切向目标是航管雷达所需要观察的，而一些地面慢速运动的车辆类的目标需要抑制，ASR-10SS 雷达在航迹处理中采用了“慢速目标处理器”，可将不满足速度标准的航迹予以剔除。ASR-10SS 雷达是一部设计较为成功、装备量较大的航管一次雷达，其杂波抑制处理对于航管监视雷达系统设计具有一定的参考价值。

2. JY-14 雷达杂波抑制设计

中国研制的 JY-14 雷达是一部远程多波束三坐标监视雷达，其对杂波抑制处理的原理框图如图 4.25 所示。

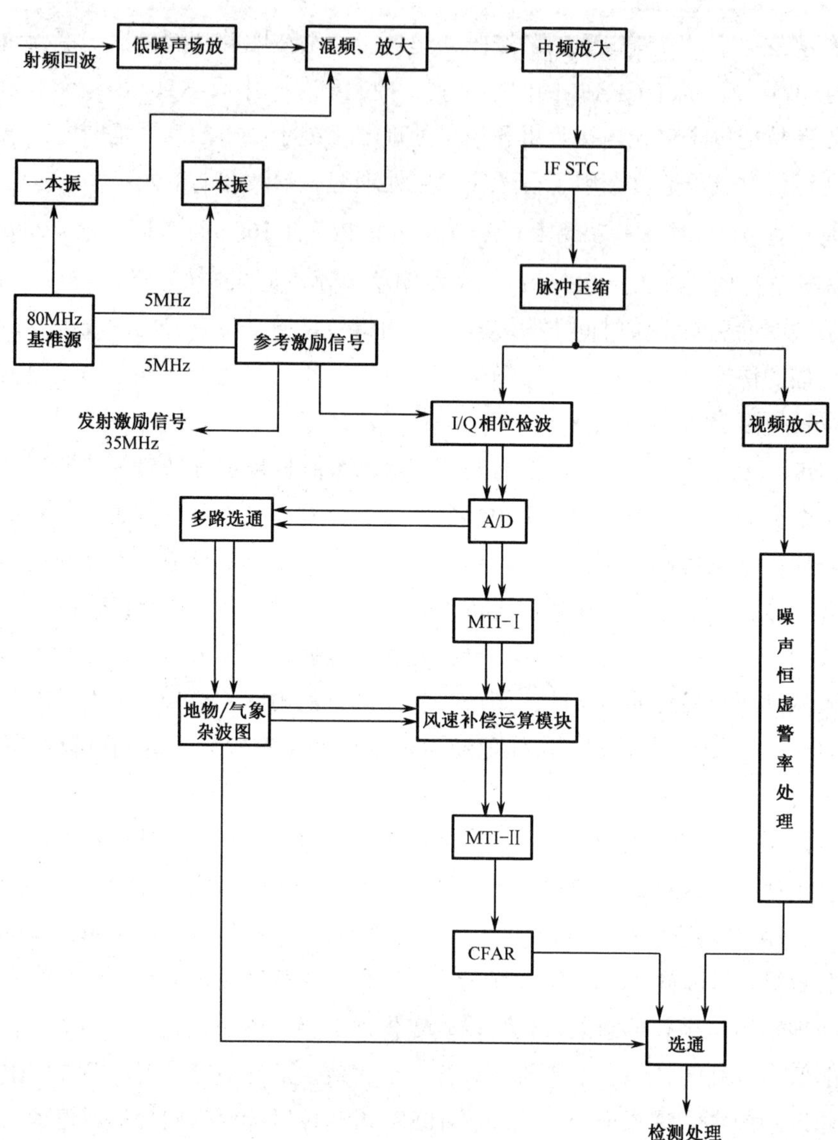

图 4.25　JY-14 三坐标雷达对杂波抑制处理的原理框图

JY-14 雷达采用集中式放大链的全相参发射机，在俯仰面设计有 9 个堆积接收波束、采用异频双脉冲频率分集工作，为简化分析，图 4.25 只画出了该雷达一个波束处理通道，即频率分集信号 f_A 或 f_B 其中一个频率通道。射频回波信号经低噪声场放、混频、放大和中频放大处理后，进入中频 STC（IF STC）处理，经脉冲压缩后分两个通道分别进入杂波抑制处理和噪声恒虚警率处理，其杂波抑制处理采用了两级 MTI 滤波器，中间有用于气象、云雨杂波分析的风速补偿运算处理模块，然后经 CFAR 处理后与经噪声恒虚警率处理的无杂波区信号经选通后进入检测处理。其中，经 A/D 变换后的一路信号经多路选通后建立地物杂波图和气象杂波图，对经 CFAR 输出的过门限信号进行选通控制。

JY-14 雷达方位波束宽度内可处理脉冲数小于 10 个，所以采用的是一种自适应的可变结构 MTI 杂波抑制滤波器。从图 4.25 中可以看出，JY-14 雷达采用了两级 MTI 滤波器——MTI-Ⅰ和 MTI-Ⅱ，并在它们中间加入一个风速补偿运算电路。当仅存在地杂波时，MTI-Ⅰ滤波器和风速补偿运算电路均不用，只是将 MTI-Ⅱ滤波器按三次对消（四脉冲对消）处理，就可对地杂波有效抑制；但仅有气象杂波时，MTI-Ⅰ滤波器不用，根据速度杂波图提供的气象杂波的多普勒速度，通过风速补偿运算电路将气象杂波的主谱线移到 MTI-Ⅱ滤波器的“凹口”之中，以对气象杂波进行有效抑制；当地杂波与气象杂波同时存在时，MTI-Ⅰ滤波器按二次（三脉冲）对消设置，用来抑制地杂波，MTI-Ⅱ滤波器也按二次对消设置用于抑制气象杂波，速度杂波图和风速补偿运算电路仍用于对各气象杂波单元处的气象杂波运动速度进行有效补偿。JY-14 雷达的杂波抑制处理可根据杂波环境情况，自动控制滤波器的结构变化。

JY-14 雷达在俯仰面有 9 个独立的接收波束。为简化系统处理设备，考虑地杂波一般仅出现在低仰角几个波束，而高仰角波束地杂波的强度和范围均很小，因此信号处理系统在低仰角第 1～3 个波束均有 MTI-Ⅰ滤波器、风速补偿运算电路和 MTI-Ⅱ滤波器，而第 4～9 个波束则只有风速补偿运算电路和 MTI-Ⅱ滤波器，而没有 MTI-Ⅰ滤波器。

图 4.25 不仅提供气象杂波的速度图，也提供地杂波的杂波轮廓图。在建立该杂波图时，每个杂波分析单元包含了地物位（1bit）、气象位（1bit）和风速 V（7bit）。杂波图单元大小为方位 3.6°，距离为 16τ（$\tau = 0.8\mu s$），杂波图包含 19200 个单元。雷达一般在开机后先分析 3 帧地物回波数据，建立起地杂波图，在各波束地杂波图建立之后，各杂波分析单元中存放的是“地物位”，“1”表示有地杂波，“0”表示无地杂波。“地物位”也可以在雷达阵地确定后，经过实际测试，固定写入 EPROM（Erasable Programmable Read-Only Memory，可擦可编程只读存储器）使用（为防止开机时地杂波被气象杂波干扰）。接着再分析 3 帧，建立起气象杂波图和气象速度图，气象杂波图和气象速度图每隔 5 分 20 秒更新一次。

JY-14 雷达的杂波抑制处理同样也采用了 CFAR、NCFAR 电路及时间恒虚警率杂波图技术，其原理与 4.3.3 节介绍的相同。

JY-14 雷达是一部国内同时期设计较为成功的三坐标监视雷达，其杂波抑制处理对地基远程三坐标监视雷达系统设计具有较好的参考价值。

参考文献

[1] EMERSON R C. Some Pulsed Doppler MTI and AMTI Techniques[R]. Rand Corporation Report R-274, 1954.

[2] SKOLNIK M I. 雷达手册[M]. 王军，林强，宋慈中，等译. 2 版. 北京：电子工业出版社，2003.

[3] NATHANSON F E. 雷达设计原理——信号处理与环境[R]. 郦能敬，等译. 2 版. 合肥：电子工业部第三十八所，1993.

[4] BARTON D K. Radar System Analysis and Modeling[M]. Boston: Artech House, 2005.

[5] 焦培南. 雷达环境与传播特性[M]. 北京：电子工业出版社，2007.

[6] SKOLNIK M I. 雷达系统导论[M]. 左群声，徐国良，马林，等译. 北京：电子工业出版社，2014.

[7] BARTON D K. Modern Radar System Analysis[M]. Boston: Artech House, 1998.

[8] SCHLEHER D C. MTI Radar[M]. Boston: Artech House, 1978.

[9] 中国民用航空局空中交通管理局雷达导航处. 雷神 ASR-10SS 设备手册[R]. 中国民用航空局空中交通管理局雷达导航处，1999.

第5章 监视雷达反对抗技术

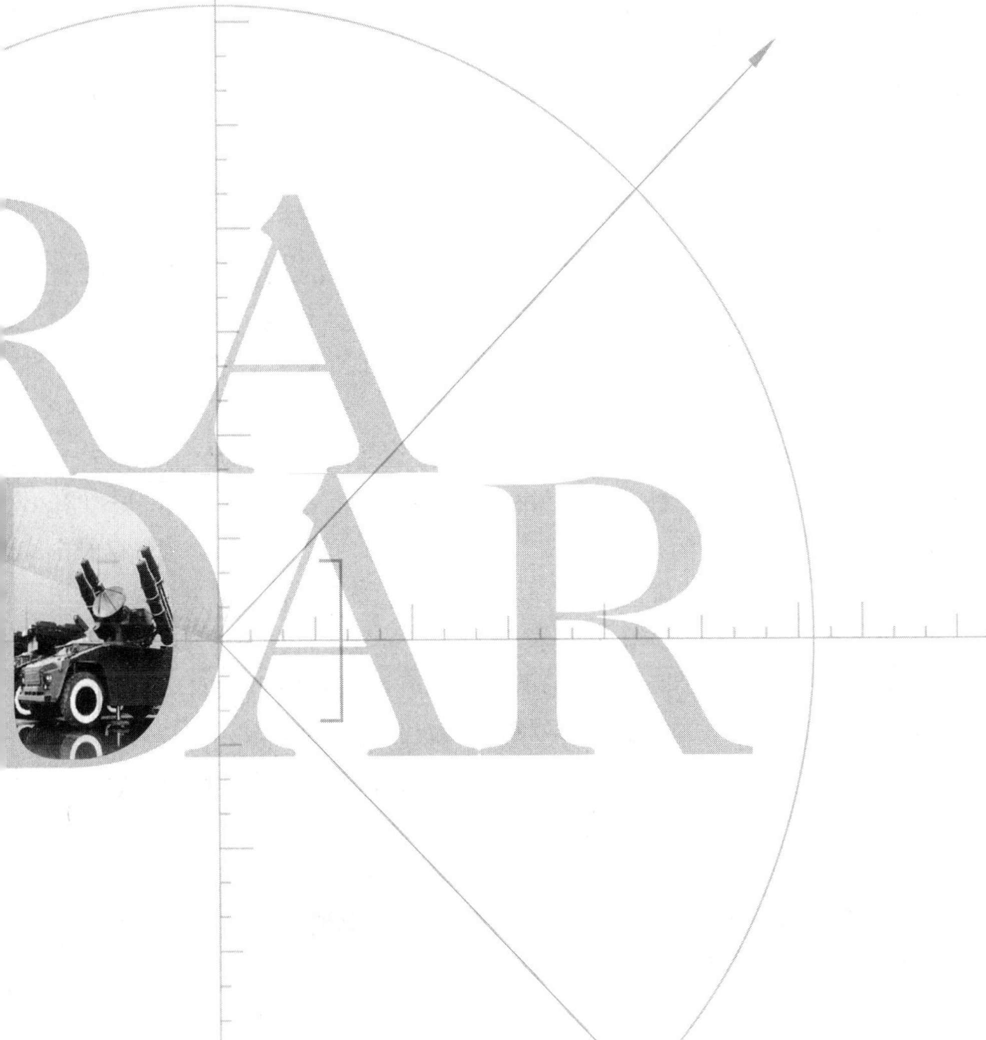

电子对抗（Electronic Counter Measures，ECM）和电子反对抗（Electronic Counter-Counter Measures，ECCM）措施应用是现代高技术战争的主要特点之一，但是雷达反对抗不像雷达作用距离和反杂波改善因子那样，因为不知道敌方的具体干扰参数和实施方式，很难用准确的定量方式去度量，考核评估指标目前也在逐渐完善过程中。基于以上考虑，本章从现代战争中监视雷达所遭遇的常规对抗措施入手，提出一些雷达设计师所应考虑的问题和基本的评估方法，供读者参考。

5.1 概述

雷达是电子信息技术发展的典型物化成果，已成为当今战场侦察监视的核心装备。也正因为如此，雷达是现代战争中首当其冲的被对抗和被打击对象。对抗技术的发展和对抗措施的应用是雷达需要解决的重要课题，本节从现代战争的基本特点入手，阐述雷达所面临的对抗威胁并讨论相应的对策方法。

5.1.1 现代战争的特点

第一次世界大战，无线电通信的出现和应用产生了相应的侦察、测向和干扰手段；第二次世界大战，无线电导航系统和雷达系统投入作战，发展了导航对抗和雷达对抗技术；雷达作为重要的军事装备，从它出现后就一直遭受战术和技术上的种种反雷达措施的制约的抗衡。

1942 年，德军针对英国防空雷达首次采用了电子战掩护行动，他们设计和制造了一种特殊的雷达干扰机，采用瞄准式干扰技术，每部干扰机针对一个雷达站实施干扰，获得了较好的干扰效果。1943 年，英、美空军轰炸德国汉堡时，除采用了有源干扰机对德军雷达进行压制干扰外，还第一次使用了无源干扰，用飞机在作战空域投撒了大量模拟机群的金属箔条，使德军将轰炸机目标及箔条干扰信号看成是成千上万架飞机，而使地面高射炮无法准确捕捉飞机目标。

1968 年，苏联突然入侵捷克斯洛伐克（简称捷克），不到 6 小时就占领了其首都布拉格，22 小时占领了捷克全境。这样大规模的行动，在北约眼皮底下一举达成，原因是多方面的，但其中捷克的雷达防御体系受到严重电子干扰是一个重要因素。

在 20 世纪 60 年代的越南战争中，美国使用了新研制的反辐射导弹（ARM），用以对付炮瞄雷达和制导雷达的威胁。尽管当时使用的是性能一般的“百舌鸟”反辐射导弹，但还是给越南人民军的雷达系统造成了很大的威胁。

1982 年的英（英国）阿（阿根廷）马岛之战，双方都使用了一些当时从未在实战中使用过的尖端武器，如阿军两架“超级军旗”飞机避开英舰雷达的监视，根据 P2-V 侦察机测定英军“谢菲尔德”号导弹驱逐舰的精确位置，超低空逼近“谢菲尔德”号并且发射一枚“飞鱼”导弹，致使价值两亿美元的“谢菲尔德”号导弹驱逐舰葬身海底。

20 世纪 90 年代后爆发的海湾战争和伊拉克战争应该说是现代信息化战争的典型案例。以第一次海湾战争为例，战争初期，战斗完全是以空袭和反空袭方式展开的。战争伊始，以美国为首的多国部队出动了数千架次 F-4G“野鼬鼠”、EA-6B“咆哮者”、EF-111A、EC-130 等电子战飞机，对伊拉克军队的侦察监视和指挥控制系统进行电子压制，然后使用 F-117 隐身飞机和“战斧”巡航导弹等，对伊拉克的防空阵地和战略目标实施了大规模袭击，尤其是使用 HARM 和 ALARM 反辐射导弹攻击雷达站，空袭开始后 24 小时内就基本摧毁了伊拉克军队的雷达防御系统。2022 年 2 月开始的俄乌冲突中，俄罗斯利用“里尔-3”“披肩”“克拉苏哈-4”“莫斯科-1”“勇士赞歌”等车载电子战装备和伊尔-22PP 电子战飞机、米-8MTPR1 电子战直升机，以及配备的“希比内”电子战系统的苏-30、苏-34、苏-35 战斗机和“喜马拉雅”电子战系统的苏-57 战斗机等装备，对乌军的监视雷达、地面防空系统和通信设施等进行了电子干扰，基本掌握了冲突地区的制空权。

当今世界，在信息化战争的需求牵引和电子信息技术飞速发展的推动下，雷达对抗技术和雷达反对抗技术作为矛盾的两面，一直处于激烈的动态博弈和快速发展状态，雷达设计师必须时刻保持清醒头脑，了解相关领域的最新动向，不断追求监视雷达装备更高的反对抗能力。

5.1.2　雷达面临的对抗威胁

目前，监视雷达主要面临电子对抗、低空突防、隐身目标和反辐射导弹四大威胁。

1. 电子对抗

电子对抗就是敌对双方为削弱、破坏对方电子设备的使用效能，保障己方电子设备发挥效能而采取的各种电子措施和行动。监视雷达面临的电子对抗措施主要是敌方干扰机或干扰设备发射的干扰信号，使得目标被干扰信号掩盖或者被假目标混淆。

1）电子对抗的机理

对监视雷达实施电子对抗的机理主要体现在三个方面：

（1）监视雷达常采用大功率孔径积来增大探测威力，由于一般采用机械扫描方式覆盖方位 360° 探测空域，敌方侦察监视设备容易截获雷达的高功率电磁辐射信号；

（2）监视雷达是利用目标的后向散射回波进行探测和检测目标的，其回波信号强度相比有源干扰信号强度要低很多，这为敌方实施噪声压制干扰和副瓣干扰提供了技术基础；

（3）监视雷达主要探测非合作目标，目标的位置、速度、RCS 等信息不可预知，这为敌方复制和转发雷达信号，实施距离、角度和速度欺骗提供了便利。

2）电子对抗的分类

（1）按干扰产生方式分：

① 无源（消极）干扰，指采取抛撒金属箔条等技术措施，改变监视雷达电磁波的正常传播环境，造成对监视雷达的干扰。

② 有源（积极）干扰，指利用专门的干扰信号发射机，有意识地发射或转发某种电磁波，造成对监视雷达的扰乱或欺骗。

（2）按干扰的性质分：

① 压制干扰，是指发射较大功率的连续噪声干扰信号，或向空中抛撒成片的箔条等干扰物遮蔽探测空间，使受干扰的监视雷达所收到的目标回波模糊不清，或完全淹没在干扰信号之中。

② 欺骗干扰，是指发射类似于目标回波的假目标信号，或向空中抛撒无源假目标或有源诱饵，使监视雷达偏离对真实目标的跟踪，或形成大量的假目标，使雷达数据处理能力饱和。

（3）按有源干扰的信号形式分：

① 窄带瞄准干扰，是将干扰信号工作带宽集中在一定的频率范围内（一般略宽于雷达瞬时工作带宽或相当于雷达瞬时工作带宽），并对准到被干扰雷达的工作频率上。干扰带宽一般为几兆赫兹至几十兆赫兹。其优点是干扰功率利用率高，对监视雷达的干扰压制效果好；缺点是同一时间只能干扰同频带的工作雷达，对频率引导设备的引导精度和引导速度要求较高。而且，窄带瞄准式干扰难以对付宽频带捷变频雷达，尤其是随机脉间捷变频的雷达。

② 宽带阻塞干扰，是指用宽频带干扰，它能有效干扰捷变频雷达，同时也能干扰在其频段覆盖范围内的所有雷达。其优点和缺点与窄带瞄准干扰正相反，优点是实现干扰快、引导设备简单；缺点是干扰功率必须在很宽的频段内分布，使得干扰信号的平均功率谱密度较窄带瞄准干扰要低得多。

③ 频扫干扰，是指一些宽频段电子调谐器件出现以后产生的一种干扰方式。频扫干扰本质上是瞄准式干扰，但其干扰频率能在较宽的频段内周期性扫描，因而频扫范围内的所有雷达都会受到较强的扫频干扰，造成雷达接收信号的剧烈起

伏和显示器画面闪动，无法正常观察和跟踪目标。合理选择频扫速度可以取得很好的干扰效果。

④ 电子假目标干扰，是指干扰机按一定的航迹产生多个假回波信号，它们与真实目标回波信号混在一起，使雷达难以分辨真假。这种假目标数目足够多时可使雷达信号处理和数据处理系统饱和，或者制造出在某一方向有许多作战平台对敌进行接敌攻击的假象，诱使对方把迎击兵力调动到错误的区域。这是对监视雷达的一种有效的欺骗干扰手段。

3）典型的电子对抗威胁模型[1]

（1）远距离支援干扰（Stand Off Jamming，SOJ）。

远距离支援干扰一般由专用电子战干扰飞机完成，干扰飞机一般装载几部高功率阻塞（宽带）噪声发射设备或转发式欺骗干扰设备等。单部发射机/天线组合的干扰有效辐射功率（Effective Radiated Power，ERP）范围可达+50～+100dBW。

远距离支援干扰机一般部署在前沿部队的后面，干扰信号直接指向前沿部队进攻方向，目的是压制和干扰对方雷达的探测性能，其辐射信号功率很强，对辐射方向上同频段机载雷达、通信设备也会形成干扰。典型的远距离支援干扰威胁模型发射特性如表 5.1 所示，其部署方法如表 5.2 所示。这里的远距离支援干扰有效辐射功率是指单架远距离支援干扰载机的有效辐射功率。

表 5.1　典型的远距离支援干扰威胁模型发射特性

特性	宽带阻塞噪声	窄带瞄准噪声	宽带频扫噪声
有效辐射功率	+60dBW	+50dBW	+60dBW
占空比	100%	90%	100%
频率	设在被干扰雷达的工作频段中央	快速设置在被干扰雷达的发射频率上	扫过被干扰雷达的工作频段
噪声带宽	600MHz	20MHz	20MHz
扫描率	N/A	N/A	10^3～10^6MHz/s

表 5.2　典型的远距离支援干扰部署方法

飞机位置在前沿部队后的位置	300km
高度	10km
远方支援干扰机的数目和飞行路线	与前沿部队平行飞行，航线长 500km，宽 2km，共有 10 架飞机
飞机间隔	沿航线 100km

（2）随队支援干扰（EScort Jamming，ESJ）。

典型随队干扰机采用中等或高功率发射机伴随和掩护一组攻击战斗机突防。随队支援干扰使用阻塞干扰机覆盖攻击机形成威胁的雷达或导弹导引头的工作频带，干扰辐射功率电平范围为+30～+40dBW。随队支援干扰机可以使用欺骗干扰技术混淆受干扰雷达，导弹武器进攻突防也可用支援干扰弹进行伴随护航。

假设的护航干扰机模型是一架装有电子对抗设备的飞机，紧靠攻击飞机编队飞行，为它们提供保护。一架随队支援干扰飞机可以保护一组或一队编队攻击飞机。假设攻击飞机的出发点在前沿部队的后方，可施行对雷达攻击（飞机在雷达的检测范围内），也可攻击雷达所保护的战略目标（一般来说，该目标到前沿部队的距离比它到雷达的距离远）。被保护飞机处在直径不大于 500m、长度不长于 5km 的圆筒状范围。

表 5.3 所示为典型随队支援干扰飞机的干扰性能。假设窄带瞄准噪声干扰机的辐射功率足以同时干扰 3 部用不同频率工作的相同型号的监视雷达，随队支援干扰飞机能干扰同一战场内部署的其他雷达和雷达制导导弹。

表 5.3　典型随队支援干扰飞机的干扰性能

干扰样式	辐射功率	占空比	频率	发射特性
宽带阻塞噪声	+40dBW	100%	雷达工作频段中间	大于 800MHz 噪声带宽
窄带瞄准噪声	+50dBW	90%	瞄准雷达工作频率	20MHz 噪声带宽
宽带扫频噪声	+50dBW	100%	在雷达工作频段扫描	20MHz 噪声带宽，扫描率为 10^3～10^6MHz/s
转发器干扰机	+35dBW	与雷达相同	与雷达相同	与雷达脉冲相同
诱饵（拖行、下悬或发射火箭）	+10dBW	与雷达相同	与雷达相同	与雷达脉冲相同

（3）自卫式干扰（Self Protection Jamming，SPJ）。

自卫式干扰一般指在战斗机上安装干扰机进行自卫（有时也叫“自屏蔽”），受战斗机体积、质量和功耗的限制，自卫式干扰机一般采用低功率的转发式欺骗技术。自卫式干扰的辐射功率电平远低于远方支援干扰及随队支援干扰。

自卫式干扰的战术运用比较灵活，其开机时间和电子对抗部署可以随时变化。例如，低空突袭飞机在进入雷达低空探测视距前，自卫式电子对抗措施可以不使用。当自卫式干扰飞机的雷达报警接收机检测到有雷达发射（频率、波形等）和特定信号功率时，才开启自卫干扰功能，其使用的干扰方法，可依据飞机与雷达的空间几何关系和侦测被干扰雷达的工作参数来确定。对于突防进攻的飞机来说，其电子对抗措施通常用来对付跟踪制导雷达，在突防飞机已观测到导弹攻击的关键阶段，通常投放箔条捆或有源诱饵进行自卫。

自卫式干扰由不带护航的攻击机装载，可以单机飞行，也可以组成 3～5 架飞机的编队。编队飞行时，各飞机上的宽带（阻塞）噪声的占空比接近 50%。窄带噪声干扰用于压制雷达探测距离，而在雷达跟踪方式下通常采用转发式欺骗干扰。表 5.4 所示是单架自卫式干扰飞机的干扰特性。

表 5.4　单架自卫式干扰飞机的干扰特性

干扰样式	辐射功率	占空比	频率	发射特性
宽带阻塞噪声	+25dBW	100%	雷达工作频段中间	800MHz 噪声带宽
窄带瞄准噪声	+30dBW	90%	瞄准雷达工作频率	20MHz 噪声带宽
宽带扫频噪声	+30dBW	100%	在雷达工作频段内扫描	20MHz 噪声带宽，扫描率为 10^3～10^6MHz/s
转发器干扰机	+20dBW	与雷达相同	与雷达相同	与雷达脉冲相同

（4）箔条干扰。

箔条干扰是一种传统且有效的无源干扰方式。其一般在突防方向距雷达 100～200km 处，由敌军从 10～15km 高度（可以有不同的箔条干扰方式）沿进攻和突防路径撒布，构成一条覆盖雷达探测进攻方向的空中箔条走廊。设箔条是在空间均匀散布且充满了雷达的分辨单元，用式（4.52）、式（4.53）计算箔条的 RCS 为

$$\bar{\sigma} = V_{\mathrm{c}}\eta = R^2\theta_{\mathrm{H}}\varphi_{\mathrm{V}}\frac{c\tau}{2}\eta$$

$$\eta = 3\times10^8\lambda$$

假如撒布箔条的比率是 1kg/km，用式（4.51）计算可写为

$$\sigma = 22\times10^3\lambda w \quad (\mathrm{m}^2) \tag{5.1}$$

式（5.1）中，λ 是雷达波长（m），w 是箔条质量（kg）。

箔条速度与气象速度谱有关，平均速度取为雷达波束中心处的径向风速，速度谱的标准偏差为

$$\sigma_{\mathrm{V}} = 0.3k_{\mathrm{nh}}R\varphi_{\mathrm{V}}\cos\alpha \tag{5.2}$$

式（5.2）中，R 是距离（km），α 是波束和风向之间的方位角，仰角（单程 3dB）波束宽度为 φ_{V}（rad），常数 k_{nh} 取为 3m/（s·km），更详细的讨论可参阅第 4 章。

自卫式干扰飞机也可投放或抛射箔条，一般在遭遇导弹攻击等紧急状况下投放或抛射箔条，在投放或抛射箔条的同时施行大机动躲避飞行进行自卫。

2. 低空突防

第二次世界大战以来的多次局部高技术战争业已证明，采用低空突防不仅会给防御方造成惨重损失，甚至因此而决定整个战役的成败。1967 年的第三次中东战争中，以色列空军采用超低空飞行，并依靠山地地形遮挡，突击机群几乎同时袭击了埃及的十几个主要机场，使埃方损失惨重。低空巡航导弹具有超低空突防的威慑力量。1991 年的海湾战争中，美军发射了约几百枚“战斧”巡航导

弹，对伊拉克境内的重要军事目标和雷达防御阵地进行突袭，在一天之内几乎摧毁了伊拉克 90%的军事目标，影响了整个海湾战争的进程。2022 年的俄乌冲突中，低空突防武器和低空巡航导弹发挥了重要作用，俄罗斯使用“圆点”巡航导弹和低空巡飞弹击毁乌方大量军事设施和地面装备，乌克兰利用“海王星”号巡航导弹掠海低空飞行将俄罗斯黑海舰队旗舰“莫斯科”号击沉。

目前低空突防飞机、巡航导弹和无人机是雷达反低空突防的主要目标，其中对雷达系统杀伤力最大的是巡航导弹。巡航导弹指以巡航状态在大气层内飞行的有翼导弹。巡航导弹一般采用多种导航、景象匹配和地形规避技术，具有极好的低空突防能力，可在距海面 10～20m、平原或缓坡丘陵 30～50m 或山岳地带 150m 高度进行掠海/地飞行，以实施超低空突防。巡航导弹一般采用全球定位系统（Global Position System，GPS）、地形匹配、景象匹配等综合导航方式，特别是采用中段 GPS 制导和末端光电成像识别技术后，巡航导弹可飞行上千千米，命中精度可达 10m（圆概率误差）以内，且基本不受射程的影响。因而，对巡航导弹防御方的雷达系统来说则是最大的低空威胁。表 5.5 所示是“战斧”系列巡航导弹主要性能参数，表 5.6 所示是典型空射巡航导弹主要性能参数。

表 5.5　“战斧”系列巡航导弹主要性能参数

性能参数	BGM-109A	BGM-109B	BGM-109C	BGM-109D	Block 3
任务	对陆核攻击	反舰	常规对陆攻击	布撒型对陆攻击	常规对陆攻击
射程/km	2500～2775	465～556	1300（舰射型） 900（潜射型）	875	1853（舰射型） 1127（潜射型）
巡航高度/m	7.6～154.2	15～60	7～15（海上） 150（山区）	7～15（海上） 150（山区）	15～150
巡航速度/Ma	0.6～0.72	0.72～0.85	0.62～0.72	0.62～0.72	0.72
命中精度/m	30～80		10	10	3～6
装备平台	巡洋舰、驱逐舰、核潜艇	不详	巡洋舰和驱逐舰	巡洋舰、驱逐舰、攻击型核潜艇	不详

表 5.6　典型空射巡航导弹主要性能参数

性能参数	AGM-86B	AGM-86C	AGM-86D	AGM-129A/B
任务	空对地战略巡航导弹	常规空对地巡航导弹	弹头具有钻地的能力	隐身突防
射程/km	2500～3000	在 AGM-86B 的基础上改进，增加了 GPS 惯导制导系统，航程增加，飞行速度提高	在 AGM-86C 型的基础上发展而来	3000
巡航高度/m	7.62～152.4			15～150
巡航速度/Ma	0.6～0.72			0.9
命中精度/m	<100	—	5	<16
装备平台	B-52H	B-52H	B-52H	B-2H，B-1B 和 B-2

目前对于低空目标的探测，监视雷达主要存在以下 3 个方面的问题。

1）视距盲区

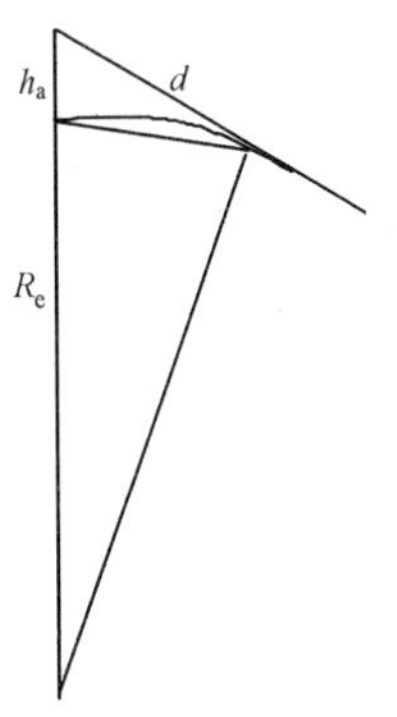

图 5.1　雷达视距几何关系图

电磁波直线传播特性是雷达测量目标方位角和仰角的物理基础。由于地球表面是一个球形表面，电磁波直线传播因地形而受到限制的目标探测距离就被称为“视距”（与雷达工作参数和目标 RCS 无关），其视距几何关系如图 5.1 所示。雷达电磁波主要在地球的大气层中传播，受地球大气的折射影响，通常电磁波会向下折射。雷达探测电磁波传播需考虑大气折射的影响，经典方法是用一个等效的地球半径 kR_e 来代替真实的地球半径 R_e（一般取 6370km），通常取 $k = 4/3$，同时用一个均匀的大气层（在该大气层中电磁波是以直线而不是曲线传播）来代替真实的大气层。

设监视雷达架设高度为 h_a，其视距 d 可以根据简单的几何关系近似地表示为

$$d = \sqrt{2kR_e h_a} \tag{5.3}$$

一般情况下 $h_a \ll R_e$，当 $k = 4/3$ 时，若 h_a 以 m（米）为单位，d 以 km（千米）为单位，则式（5.3）可简化为

$$d = 4.1218\sqrt{h_a} \quad (\text{km}) \tag{5.4}$$

如果目标高度为 h_t，则雷达对目标的视距为

$$d = 4.1218\left(\sqrt{h_a} + \sqrt{h_t}\right) \quad (\text{km}) \tag{5.5}$$

表 5.7 所示为不同架设高度的监视雷达对不同高度目标的视距。

表 5.7　不同架设高度的监视雷达对不同高度目标的视距（单位：km）

h_a / m	$d = 4.1218\left(\sqrt{h_a} + \sqrt{h_t}\right)$ /(km)						
	$h_t = 0$m	$h_t = 10$m	$h_t = 20$m	$h_t = 50$m	$h_t = 100$m	$h_t = 500$m	$h_t = 1000$m
10	13.0	26.1	31.4	42.1	54.2	105.2	238.8
20	18.4	31.4	36.8	47.5	59.6	110.6	244.1
50	29.1	42.1	47.5	58.2	70.3	121.3	254.8
100	41.2	54.2	59.6	70.3	82.4	133.4	267.0
1000	130.3	143.3	148.7	159.4	171.5	222.5	317.9
3000	225.7	238.8	244.1	254.8	267.0	317.9	451.4

由表 5.7 可见，通常架设于地面的监视雷达对低空，尤其是超低空入侵的目标探测距离很近，这就导致监视雷达难以发现在较远距离的低空目标，形成低空探测盲区。

2）强杂波对低空目标的掩盖

在目标从低空进入的情况下，大多数雷达的波束在照射目标的同时，必然会

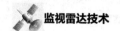

照射到地面或是海面，雷达在接收目标回波的同时也要接收地杂波或海杂波（这里将其称为表面杂波）。表面杂波的强度与雷达分辨单元的大小、雷达的工作频率及杂波的反射特性相关联，表面杂波的强度等于雷达波束照射到地面（或海面）的雷达分辨单元的面积 A 与杂波反射率系数 σ^0 的乘积，即

$$\bar{\sigma} = A\sigma^0 = R_c\theta_H \frac{c\tau}{2}\sigma^0 \sec\psi \tag{5.6}$$

式（5.6）中，R_c 是雷达至杂波区的距离，θ_H 是雷达天线方位波束宽度（单程、半功率点），τ 是脉冲宽度，σ^0 是杂波反射率系数，ψ 是波束擦地角。

地杂波的反射率系数在第 4 章已做详细讨论，可由下式粗略估算为

$$\sigma^0 = \frac{0.00032}{\lambda} \tag{5.7}$$

式（5.7）适用于典型地杂波的反射率系数，大于这个值的情况不超过 10%。

海杂波的 RCS 同样由式（5.6）计算，只是海杂波的反射率系数较地杂波要稍小，一般由下式计算，即

$$\sigma^0(\text{dB}) = -64 + 6K_B + \sin\psi(\text{dB}) - \lambda(\text{dB}) \tag{5.8}$$

式（5.8）中，K_B 是 Beaufort 风级。实际上，海杂波的反射率系数还与雷达天线的极化方式有关，图 5.2 所示为不同频段海杂波的反射率系数，是风速在 10～20 节范围的平均条件下 σ^0 的组合数据。实践表明，无论是地杂波或是海杂波，都比低空飞行的飞机目标的回波要强得多。如果雷达不具备良好的杂波抑制能力，一般很难发现低空目标。

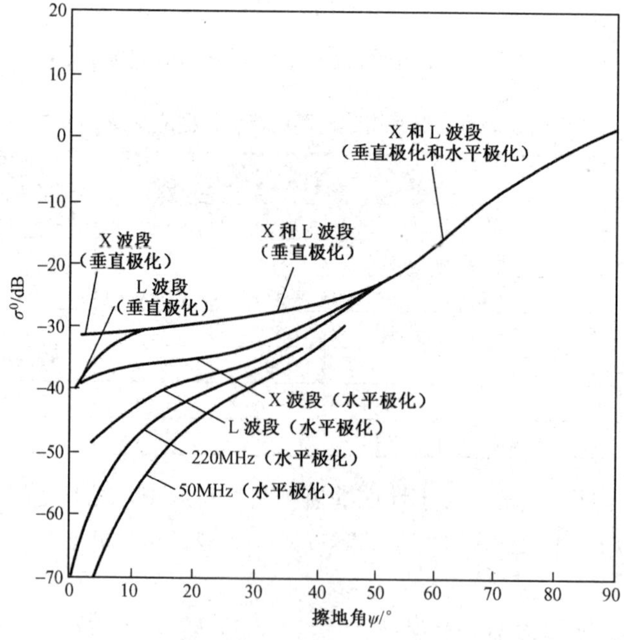

图 5.2　不同频段海杂波的反射率系数

3）多径效应的影响

假设地球是一个平坦的平面反射面，雷达天线处于高度 h_a 处，目标高度为 h_t，离开雷达的距离为 R。如图 5.3 所示，由雷达天线辐射的电磁波，经过两个不同的路径到达目标：一个是从雷达到目标的直接路径，另一个是经由地球表面反射的路径。目标反射的回波信号也经过同样的两个路径到达雷达。因此，接收到的回波信号是由通过不同传播路径的两部分信号组成的。合成回波信号的大小，由直接信号和地球表面反射信号的幅度，以及它们之间的相位差来决定。由于地球表面反射所引起的目标处场强的改变，可以用比值 η 来表示，即

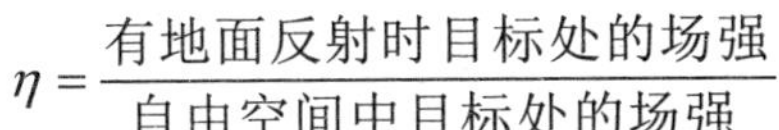

$$\eta = \frac{\text{有地面反射时目标处的场强}}{\text{自由空间中目标处的场强}}$$

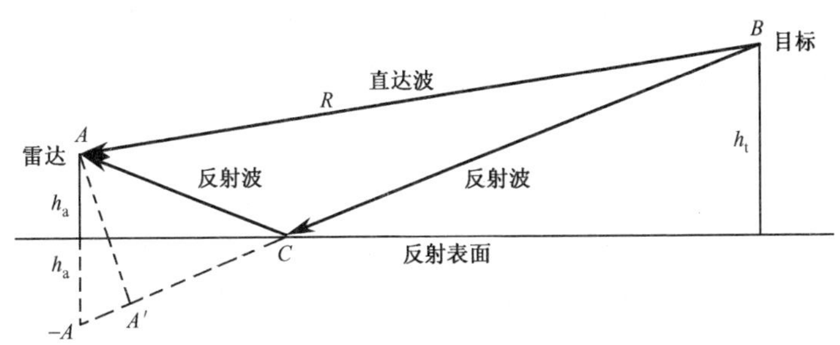

图 5.3　地面反射的多路径效应

直达波信号和反射波信号的差异，主要是各自传播路径不同及反射波信号因地面反射带来的相位变化。直达波和反射波的路径长度与擦地角的大小密切相关，路径长度变化引起的路程差会造成直达波和反射波的相位变化。反射波信号的相位变化相对直达波信号在 0°～180° 范围，若反射波信号在空间某点与直达波信号的相位差在 0°～90° 范围（包括路程差引起的相移），则合成信号幅度增大形成波峰；若反射波在空间某点与直达波的相位差在 90°～180° 范围（包括路程差引起的相移），则合成信号幅度相减形成波谷，这就是地面多径反射引起波瓣分裂的原因。由于地面反射吸收、衰减的影响，则反射波信号幅度一般小于直达波信号，反射波信号对直达波信号的合成信号矢量向上偏移，形成雷达波瓣上翘现象。对于探测低空目标来说，雷达波瓣上翘形成低空探测盲区，严重影响低空目标的检测，同时若目标落入波瓣分裂的凹口，则同样影响低空目标的检测。

地面或海面的反射系数，可以看作一个复数 $\Gamma = \rho \mathrm{e}^{\mathrm{j}\varphi}$。模 ρ 表示幅度的变化，幅角 φ 表示反射时的相移。图 5.4 所示是海面反射系数的幅度和相位在不同极化状态下与擦地角（入射余角）的关系[5]。

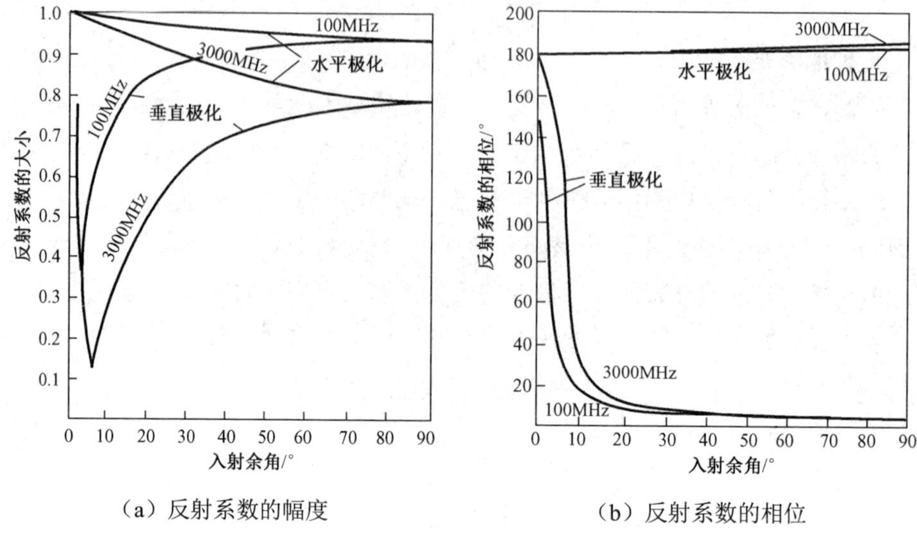

（a）反射系数的幅度　　（b）反射系数的相位

图 5.4　海面反射系数与擦地角（入射余角）的关系

3. 隐身目标

无论是电子干扰还是低空突防，其主要目的就是不让雷达发现目标。早在 20 世纪 50 年代，美国、英国、德国和苏联等国就在研究针对微波雷达探测的飞机隐身技术，包括飞行器的隐身结构外形设计、表面吸波涂覆材料等，主要目的是最大限度减少目标 RCS。20 世纪 50 年代，美国洛克希德飞机公司研制的 U-2 高空侦察机，采用了细长的机身结构并涂敷吸波材料以降低目标 RCS；1966 年，美国又研制了 SR-71 高空高速侦察机，采取了细长的机身、翼身融合体外形，将发动机装在机翼上，双垂尾并向内倾斜，机翼蒙皮沿弦向制成波纹形，在强散射部位涂敷吸波材料等措施，以减少目标 RCS，大幅提升了 SR-71 高空高速侦察机侵入别国领空侦察的成功率；1975 年，美国的隐身技术研究开始转入实用阶段，并正式命名为“隐身计划”。在 20 世纪 80 年代初期，美国研制成功第一架隐身战略轰炸机 B-1B 和隐身战斗机 F-117A，并公开宣布隐身技术取得重大突破。随后，美国又相继发展了新一代隐身飞机 F-22 和 F-35，新一代隐身战略轰炸机 B-2 和 B-21，以及新一代隐身无人机 RQ-180，其基本隐身机理和对雷达的探测性能影响是相同的。在 1989 年美国入侵巴拿马的战争中，第一次出动了 8 架 F-117A 隐身战斗机。在 1991 年的海湾战争中，F-117A 隐身战斗机的突出作用令全世界震动，“F-117A 隐身战斗机在战争中出击的架次约占固定翼飞机总出击架次的 2%，但却打击了 40%的战略目标，并且没有损失一架。”F-117A 隐身战斗机在雷达隐身方面采用了多种先进技术，如独特的平板外形结构，可将大部分雷达电磁能量引向前向散射，使其只有在特定角度上雷达才能接收微弱的回波信号，大大降低了飞机的 RCS；同时还采取了如 S 形进气道、平坦光滑的下表面、V 形双垂尾等外形隐身措施，并在座舱、平板玻璃及机体的各棱边处涂覆吸波和透波材料。依据对 F-117A 隐身战斗机缩比模型的测试，F-117A 隐身战斗机微波频段的 RCS 在鼻锥方向只有 0.017m²。后续美国在 F-117A 隐身战斗机的基础上，又发展了新一代主战隐身飞机 F-22 和 F-35，该两种机型的目标 RCS 为 0.01～0.03m²。

对于隐身飞行器的 RCS，国内外的许多专家、学者进行了大量的研究、试验和测试工作，不同频段范围部分的常规飞机和隐身飞机的典型 RCS 值如表 5.8 所示。

表 5.8　不同频段范围部分的常规飞机和隐身飞机的典型 RCS 值

频段范围	轰炸机/m²			战斗机/ m²				
	B-1A	B-1B（隐身）	B-2（隐身）	F-16	MIG-29	F-117A（隐身）	F-22（隐身）	F-35（隐身）
>L 波段	10	1	0.057	1.5～2	2	0.017	0.01	0.03
<L 波段	—	0.75	0.1	3	3	0.025	0.05	0.1

从表 5.8 可见，隐身飞机的 RCS 较常规飞机的 RCS 降低了 2 个数量级。

中国对 F-117A 隐身战斗机的缩比模型进行了多次测试和分析，结果表明：F-117A 隐身战斗机在光学区（指 L 波段或更高频率）的确为一架隐身性能很好的隐身飞机，其机头正前方实测的 RCS 值与文献中公布的数据相近。图 5.5、图 5.6 和图 5.7 所示是相应测试结果，这些图中的测试频率 14.5GHz、10GHz 和 1.6GHz 分别对应真实频率 1.815GHz、1.25GHz 和 187.5MHz，即从 VHF 至 L 波段的高端。测试折算关系为，真实大小的飞机的 RCS 值要比缩比模型飞机的 RCS 值大 18dB。

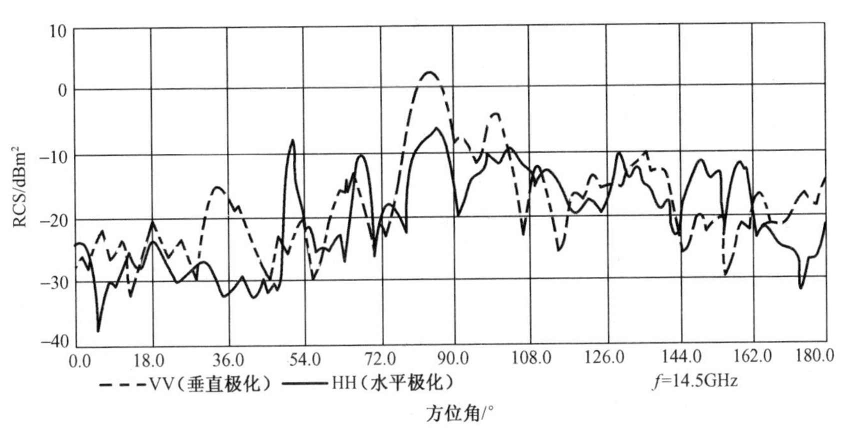

图 5.5　F-117A 隐身战斗机缩比模型的 RCS 测试曲线（f=14.5GHz）

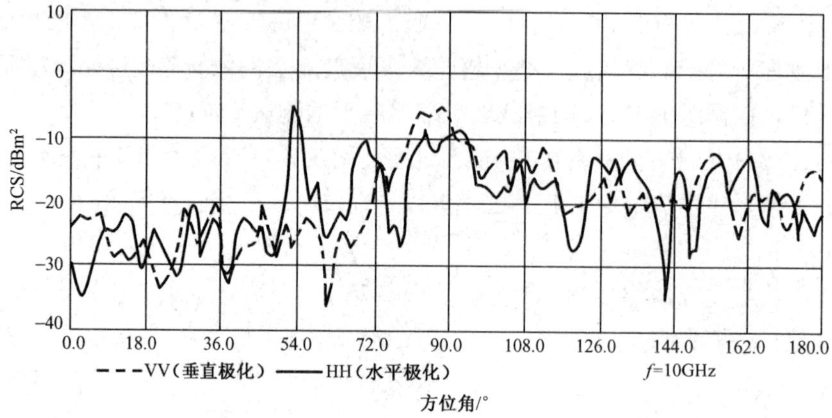

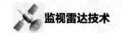

图 5.6　F-117A 隐身战斗机缩比模型的 RCS 测试曲线（f=10GHz）

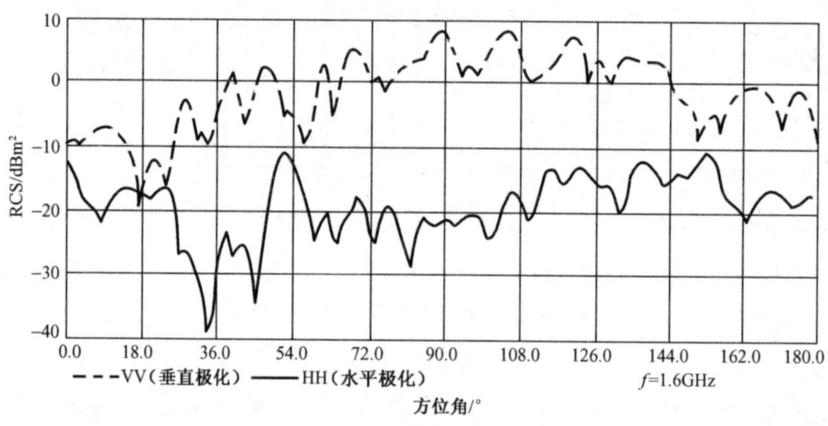

图 5.7　F-117A 隐身战斗机缩比模型的 RCS 测试曲线（f=1.6GHz）

4. 反辐射导弹[3]

如果说电子干扰、隐身目标和低空突防最大限度地缩小了雷达的探测范围，那么反辐射导弹（ARM）则是直接用来摧毁雷达的利器，是对雷达本身生存的最直接威胁。反辐射导弹是在 20 世纪 60 年代发展起来的一种针对雷达的硬杀伤武器，它依据弹载雷达导引头被动接收雷达（或其他辐射源）辐射的电磁波，向目标方向飞行，接近目标或撞上目标后爆炸，直接攻击雷达设备和人员。

1965 年越南战争中，美国空军首次用“百舌鸟”反辐射导弹袭击越南的 57 毫米高射炮阵地的雷达。1966 年后，越南大量使用苏制 SAM-2 防空导弹系统，美军则逐渐增大了“百舌鸟”反辐射导弹的使用，还专门组建了由 F-105G 和 F-4C 组成的电子战中队，其任务就是用“百舌鸟”反辐射导弹压制和摧毁越方的各种防空雷达。“百舌鸟”是世界上最早用于战争的反辐射导弹，据美军方统计，在使用反辐射导弹以前，平均10枚防空导弹击落一架美机；在使用之后需要70枚导弹才能击落一架美机，可以说使用效果很好。

1973年10月的中东战争中，以色列空军用“百舌鸟”反辐射导弹以很高命中率攻击了苏制SAM-2和SAM-3地空导弹系统；1982年，在贝卡谷地区的战斗中，以色列又一次用反辐射导弹攻击了叙利亚的苏制地对空导弹阵地，轻而易举地摧毁了叙利亚部署在该地区的对空监视雷达和SAM-2、SAM-3地对空导弹武器系统。而在1965年7月20日，美国RF-4C侦察机在越南战场被苏制SAM-2导弹击落后3天，美国出动了46架F-105战斗轰炸机才将它摧毁，两者相比，反辐射导弹的效能是非常明显的。20世纪80年代的两伊战争中，伊拉克作战飞机使用了法国研制的“阿玛特”反辐射导弹，对伊朗的美制“霍克”地对空导弹系统中的制导雷达进行攻击，取得了8发7中的惊人战绩。

在与雷达的对抗中，反辐射导弹的主要优势是：

（1）射程比防空导弹远，可以利用ESM（Electronic Support Measures，电子支援措施）设备先于被攻击雷达发现对方，并在对方防空导弹的有效射程外发起攻击；

（2）自主作战能力强，导弹发射后自动寻的并攻击雷达，且可从多角度进攻；

（3）具有无电磁波辐射，隐蔽性好，自我生存能力强的特点；

（4）新型反辐射导弹采用了宽频带高灵敏度导引头和复合制导措施，因此能攻击各种雷达，截获雷达信号后具有记忆功能，雷达关机后仍然具有自主寻的能力。

反辐射导弹的典型作战方式有以下3种：

（1）预定程序方式。在远距离将反辐射导弹发射到预定目标区附近。导弹自主搜索并识别辐射源，锁定威胁最大或预先确定的目标雷达。在导弹攻击过程中，如果目标雷达停止辐射，则导弹凭“记忆”功能转入惯性制导方式攻击目标。目前长航时反辐射导弹具有空中徘徊巡航、伺机攻击雷达的功能。

（2）载机自卫方式。作战飞机上可携带反辐射导弹作为自卫攻击武器。当机载雷达告警接收机探测到雷达辐射源，经系统对所截获的雷达信号进行识别和威胁等级分析，只要分析出是制导雷达信号则立即释放反辐射导弹进行攻击。

（3）机遇方式。现代先进反辐射导弹具有宽频带导引头、高灵敏度接收机和可再编程处理技术。载机巡航和飞行过程中一旦截获对方雷达辐射信号，进行识别和威胁评判后，可现场修订作战参数并立即对新发现雷达目标进行攻击。

国外一些主要反辐射导弹的性能参数如表5.9所示。

表 5.9　国外主要反辐射导弹的性能参数

名称	国别	发射方式	最大射程	发射高度	最高速度/Ma	制导类型（或组合）	频率覆盖	运载平台	备注
百舌鸟（AGM-45A）	美国	空-地	8～45km	1500～10000m	2.0	被动雷达寻的	1～20GHz	F-4G F-16B EF-111	1962 年装备
标准（AGM-78A）	美国	空-面 舰-面	>25km	3000～6000m	2.0	被动雷达寻的，红外寻的	2～18GHz	A-6 F-4G F-16B E-2C EF-111A	1968 年装备
哈姆（AGM-88A）	美国	空-面	>40km	适应载机任何高度	4.0	惯导，被动雷达寻的	0.8～20GHz	F-4G F-16B EF-111A F-35	1982 年装备
佩剑（AGM-122A）	美国	空-地	3～9km	适应载机任何高度	>2.5	程序指令，被动雷达寻的	0.8～18GHz	AV-8 A-4 AH-1 F-35	1988 年装备
沉默彩虹（AGM-136A）	美国	空-地 地-地	数百千米	不限制	>2.5	自动搜索，被动雷达寻的	0.8～18GHz	F-16 EF-111A F-35 B-52G	1995 年装备
阿玛特	法国	空-地	93km	任意	1.0	惯导，被动雷达寻的	1～20GHz	幻影 2000	1986 年装备
阿拉姆	英国	空-地	37km	任意	2.0	捷联惯导+被动雷达寻的	2～18GHz	狂风、美洲虎、掠夺者、阿尔法	1980 年装备
AS-11	苏联	空-地	250km	1000～12000m	3.6	程序控制/被动雷达寻的	1～18GHz	苏-24MP 苏-25BM	1982 年装备
AS-12	苏联	空-地	60km	1000～8000m	2.5	全程被动雷达寻的	1～18GHz	图-16G 图-26B 苏-27 苏-30	1972 年装备
AS-17	苏联	空-地	110km	1000～12000m	3.5	被动雷达寻的	1～20GHz	图-26B 苏-27 苏-30	1986 年装备

注：“空-面”包括“空-地”和“空-海”。

无论是电子干扰、隐身目标、低空突防还是反辐射导弹威胁，都是围绕监视雷达而采取的对抗手段，雷达反对抗的基本任务就是削弱和降低对抗效能，尽可能保持监视雷达的基本探测性能和雷达生存力。雷达对抗和反对抗的技术发展是一个动态博弈、螺旋上升的过程，雷达反对抗技术的发展是一个永恒的主题。在过去的几十年对抗与发展的过程中，创新和开发了许多雷达对抗新技术、新手段，也取得了很大的成绩，下面将介绍经过实践检验的反对抗技术和措施。

5.2 监视雷达的 ECCM 设计

在战场环境中，监视雷达面临敌方施放的电子对抗（ECM）手段，通常采取自适应人工干预 ECCM 措施。雷达干扰和雷达抗干扰技术始终是相互博弈、同步发展的。

在监视雷达系统设计中，主要从两个方面来考虑监视雷达的 ECCM 设计：一是增强雷达的自卫能力，二是增强雷达的反侦察能力。

第 2 章描述了噪声干扰背景下的雷达方程，为讨论方便，由式(2.25)、式(2.29)推导变换为

$$P_{\text{av}}B_{\text{j}}=\frac{P_{\text{j}}G_{\text{j}}\Omega R_{\max}^{2}DL_{4}}{\sigma t_{\text{s}}}\quad \text{主瓣干扰} \tag{5.9}$$

$$P_{\text{av}}G_{\text{s}}B_{\text{j}}=\frac{P_{\text{j}}G_{\text{j}}\Omega R_{\max}^{4}DL_{4}}{R_{\text{j}}^{2}\sigma t_{\text{s}}}\quad \text{副瓣干扰} \tag{5.10}$$

式中，P_{av} 是雷达平均功率，Ω 是搜索立体角，$R_{\max}$ 是雷达对目标的探测距离，D 是检测因子即所需的最小功率信噪比，t_{s} 是总搜索时间，R_{j} 是干扰机距离，σ 是目标的 RCS，B_{j} 是雷达捷变频带宽（干扰带宽），P_{j} 是总干扰功率，G_{j} 是干扰机天线增益，G_{s} 是雷达天线主/副瓣增益比，L_4 是总损失中相应于干扰的分量。

从上述公式可以看出，提高监视雷达抗噪声干扰的最根本办法是增大雷达的发射功率和扩宽雷达的工作带宽。然而，由于进入雷达接收机的干扰信号功率与距离是平方关系，而监视雷达接收到目标回波与距离是 4 次方的关系，因而在主瓣干扰的情况下，雷达对目标的探测距离（称其为主瓣自卫距离）是很小的。也就是说，一般监视雷达抗主瓣干扰的能力是很弱的（采取主瓣抗干扰技术除外）。但从上述关于副瓣干扰的雷达方程中可以看出，当干扰从雷达副瓣进入时，雷达的抗干扰能力至少可提高 1～2 个数量级（取决于雷达天线副瓣的大小、副瓣对消处理水平等）。此时雷达对目标的探测距离称为雷达的副瓣自卫距离。如果雷达设计师能缩小雷达天线主波束的宽度，减小天线的副瓣电平并采用副瓣对消技术，就可以将敌方的副瓣噪声干扰的影响降低至最低限度。当然，对于进入雷达接收机的干扰信号，通过对副瓣进入的干扰信号进行对消处理可降低对雷达探测的影响。

5.2.1 ECCM 总体设计

由式（5.9）和式（5.10）可见，要提高监视雷达的抗干扰能力，必须加大雷达的发射功率，增加雷达的工作带宽。同时也可以看到，减少雷达的搜索空域和增加对目标的搜索时间也可以提高雷达的抗干扰能力。当然，一般监视雷达的搜索空域是由该雷达的任务所确定的，搜索时间也是由雷达的数据率的要求规定的，但是在系统设计时应考虑如下问题。

（1）搜索空域是指雷达能量在空域中的分配，与发射波束的设计有关。如果对雷达发射能量进行空间和时间管理，会得到较好的抗干扰效果。

（2）在常规监视雷达设计中为保持在探测空域相同的检测概率和数据率，无论是对空域的搜索，还是搜索所用的时间都是均匀分配的，一般都是在垂直面内采用形状固定的波束或相同的波束扫描方式，在方位面内按一定的转速机扫全方位空域。实际上，监视雷达理想的探测方式是雷达的能量资源和时间资源聚焦到目标上，那么雷达的探测能力和抗干扰能力都会大幅提高。关于监视雷达的时间和能量分配将在第 6 章中讨论。

雷达的对抗与反对抗，本质上是能量的对抗，同时雷达设计还应选择合理的雷达系统技术，在空间域、频域、时间域（信号波形）等方面进行雷达的自适应设计，以获得最好的抗干扰效果。

5.2.2 天线 ECCM 设计

监视雷达发射波束主要应满足空域覆盖的要求，同时为了对抗 ARM，需尽量降低顶空发射副瓣电平。接收波束一般采用低副瓣电平的窄波束设计，满足雷达探测数据率和测量精度等的要求。图 5.8（a）所示是一部两坐标监视雷达受到干扰的原始画面；图 5.8（b）所示是采用抗干扰措施后雷达正常工作的画面，实际干扰场景是干扰飞机在距离雷达 24km、方位 250°～270°范围实施的干扰。雷达天线远区平均副瓣低于-45dB（天线第一副瓣电平为-29dB），从图 5.8（b）中可以看到，雷达实际受干扰的区域只有 5°左右，雷达在其他区域仍然可正常观察和跟踪目标。目前监视雷达大多采用了低副瓣或超低副瓣的天线设计，其天线第一副瓣一般为-40～-35dB，远区平均副瓣一般为-55～-45dB，具有较好的副瓣抗干扰能力。

天线极化方式也是雷达抗干扰的手段之一，如果干扰信号的极化方式与雷达的极化方式正交，则进入雷达接收机的干扰信号将衰减很多。不过工程上一般很少采用，一是变极化接收需要增加更多的接收通道，这样会大幅增加雷达成本；二是干扰信号一般采取斜极化方式，以避免出现正交极化的现象。

（a）原始画面

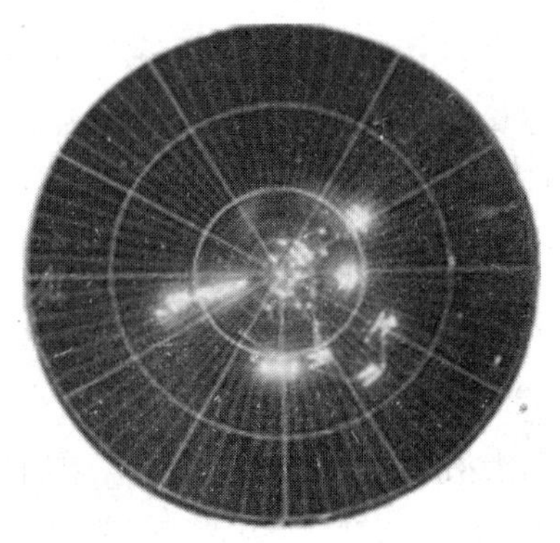

（b）正常工作画面

图 5.8　监视雷达受干扰处理前、后的画面

5.2.3　发射机 ECCM 设计

目前发射机末级功率放大管主要有电真空器件和固态大功率晶体管两大类，监视雷达主要采用固态大功率发射机，S 波段以下的固态功率器件单管输出功率一般在 300～500W，C 波段及以上频段的固态功率管功率一般在 50～300W，工作比一般在 20%～40%，通常采用长脉冲宽度来获得较高的平均发射功率。雷达发射机 ECCM 设计一是从雷达抗干扰的角度，采用大功率发射机，如美国“宙斯盾”驱逐舰装载的 AN/SPY-1 相控阵雷达，总输出峰值功率达 4MW，平均功率约为100kW，具有很好的功率抗干扰能力；二是采用高工作比降低雷达平均发射功率，提高雷达的反截获能力；三是采用单元级固态发射技术可以灵活设计各种发射波束，避免主瓣截获和主瓣干扰的产生。更好的办法在于要采用适应各种不同干扰和环境的信号形式，目前监视雷达具有多种信号形式，频率可变、信号调制方式可变、脉宽可变及脉冲重复频率可变等。

5.2.4　接收机 ECCM 设计

监视雷达接收 ECCM 设计措施主要包括如下 4 个方面：

（1）增大雷达工作带宽。雷达的工作带宽越宽，敌方干扰机也相应被迫拓宽其频带宽度，从而降低单位带宽上的干扰功率密度。宽带接收是接收 ECCM 措施的主要手段，要求接收机能适应监视雷达系统的大信号带宽、频率分集、脉间频率捷变、脉组频率捷变或自适应频率捷变等工作体制的要求。

（2）增大接收机动态。常规监视雷达采用模拟通道接收处理信号，接收机的动态范围一般都不太大，接收机动态范围尤其是线性动态范围决定了雷达抗干扰的基本性能。目前采用模拟接收通道的监视雷达远区接收机动态范围一般在 50～

60dB；而采用单元级数字化数字阵列雷达的动态范围得到了极大提高，如采用1000 个单元的数字阵列雷达，其系统动态增加了 30dB，这对于抗干扰或反杂波处理非常有益。由于现代监视雷达采用了先进的信号处理和数据处理技术，因此需要系统有足够大的动态范围，只要目标回波信号有一定的强度，就可能在干扰背景中检测出目标。

（3）采用多通道接收机。现代监视雷达除雷达任务所要求的接收通道数外，为提高雷达的抗干扰性能，还需增加另外的接收机通道，如副瓣匿隐通道、副瓣对消通道等。副瓣对消通道一般是 3～5 个或更多，对于采用数字阵列技术体制的监视雷达来说，其副瓣对消通道可以增加到 6 个以上，以增强多干扰源的对消能力。此外，在监视雷达的设计中，为了增强雷达抗干扰的自适应能力，还需要设计一个侦察接收通道，用以侦察干扰信号的频率、强度、形式、频谱及变化等。

（4）提高频率源稳定度。雷达信号频率源和激励源稳定度指标非常重要，其频率源稳定度的指标，如频率稳定度和相噪水平直接影响着雷达接收机的能力，同时也影响着雷达的抗干扰能力。这里的要求是雷达本振频率和激励信号要非常稳定，信号频率和波形的改变要非常迅速，且能做到脉间捷变。

5.2.5 信号处理 ECCM 设计

雷达信号处理是监视雷达的核心分系统。监视雷达的工作环境极为复杂，除雷达接收机本身的噪声外，地物杂波、气象杂波、仙波、各种有源干扰和无源干扰等不一而足，监视雷达通过信号处理在复杂环境中处理并提取目标信息，因而监视雷达的信号处理具有多种抗干扰设计措施和处理方法。

1. 复杂信号波形设计

监视雷达的信号波形设计需要考虑诸多因素，如信号能量、雷达分辨率、杂波抑制、模糊特性、盲距、测量精度和工程可实现性等。然而，监视雷达的波形设计还必须考虑雷达的 ECCM 设计。从保障雷达的探测性能和低截获概率（Low Probability of Intercept，LPI）性能上，雷达要保证有足够的探测能量，又要有低峰值功率；从反欺骗干扰的角度，雷达应采用复杂信号形式及脉内调制方法，使之不容易被侦察和模拟转发；雷达信号应能实现快速变化，甚至是脉间波形捷变；在雷达信号波形处理上要充分利用雷达回波与发射信号的相关特性，以便从强干扰背景中检测出目标回波信号。随着数字处理技术和超大规模电子器件的应用，监视雷达大多具有各种灵活的发射波形，有些先进的监视雷达具有复杂的波形库并可实时在线设置，具备任意波形产生和处理能力，极大地提升了监视雷达的反侦察和反欺骗干扰能力。

2. CFAR 处理技术

目前监视雷达均采用了自动目标检测技术。然而，监视雷达的工作环境和电磁环境非常复杂，需要面对大量的各类杂波干扰和电子干扰，即使在采用了各种杂波和干扰抑制后，仍会产生许多虚警。CFAR 处理技术就是要把雷达的虚警控制在一个适度的量级上。目前在监视雷达中所采用的 CFAR 处理技术主要有噪声恒虚警率处理、自适应反杂波处理、自适应杂波图等。

（1）噪声恒虚警率（NCFAR）处理。NCFAR 实际上是雷达自动检测的第一门限控制电路，当接收通道内噪声变化时，其检测门限会跟随变化。这种技术用于对抗噪声干扰较为有效，只要干扰强度未使接收机饱和，就可以保证干扰信号不会使雷达自动检测设备失效；且当干扰机处于雷达副瓣范围内时，仍可保证对目标的自动检测。

（2）自适应反杂波处理。目前监视雷达自适应反杂波处理一般采用 MTI 技术、MTD 技术和多通道杂波处理技术等来分别处理地杂波和空间杂波，这对于箔条干扰或无源假目标干扰也具有较好的抑制效果。

（3）自适应杂波图。在复杂背景下，雷达抑制杂波后仍存在较多的剩余，且这些剩余会随时间变化而变化。自适应杂波图就是为把这些剩余产生的虚警保持在一个较低量级，因此监视雷达设计有多种自适应杂波图。

3. 副瓣对消技术

在监视雷达对抗副瓣干扰中，有效的方法是采用低副瓣或超低副瓣天线，但对于大功率副瓣干扰信号，为了有效抑制副瓣干扰，监视雷达一般采用副瓣对消技术。如图 5.9 所示，$F_{\mathrm{M}}(\theta)$ 表示雷达主天线的方向图，如果另设一个辅助天线，其方向图可以设计成图 5.9 中 $F_{\mathrm{C}}(\theta)$ 的形状，那么，只要将主天线接收的信号与辅助天线接收的信号相减，从副瓣进入的干扰信号就会被抑制掉。

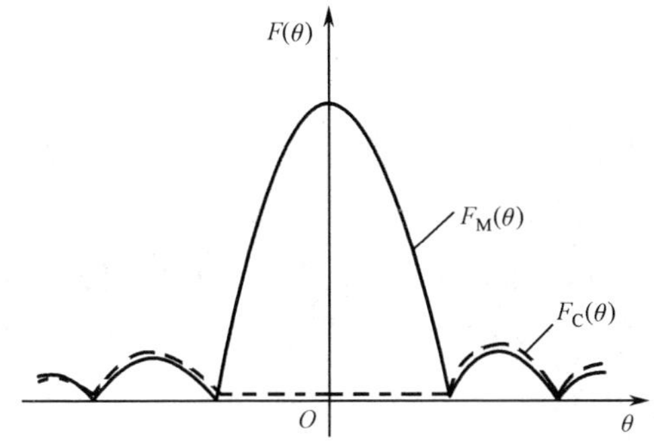

图 5.9　副瓣对消主、辅天线方向图特性

一般实现如 $F_C(\theta)$ 形状的理想辅助天线是较为困难的，实际工程中的辅助天线是一个简单的单元天线或一个小面阵天线，具有较宽的波束方向图，从主天线副瓣和从辅助天线进入的干扰信号的相位不相同，若要将干扰信号消掉，就必须对从辅助天线进入的信号在相位上进行相应调整。

如果有多个干扰源且分别处于雷达的不同方位，由于它们各自从不同的天线副瓣位置进入，一个辅助天线不能同时对不同方位进入的多个副瓣干扰进行对消处理，因此应采用多个辅助天线进行多通道副瓣对消，如AN/TPS-59雷达等具有2～3个用于副瓣对消的辅助天线，可以对消2个以上的副瓣干扰。一般副瓣对消可以有20～30dB的干扰抑制效果。

4. 副瓣匿隐技术

与副瓣对消处理相类似，副瓣匿隐技术也采用一个辅助天线，通常这个辅助天线是一个宽波瓣或无方向性天线，它的增益要高于主天线副瓣的增益。副瓣匿隐处理就是比较主通道和辅助通道接收的信号幅度，其判定准则是主通道比辅助通道接收的信号幅度小则不予输出，如图5.10所示。

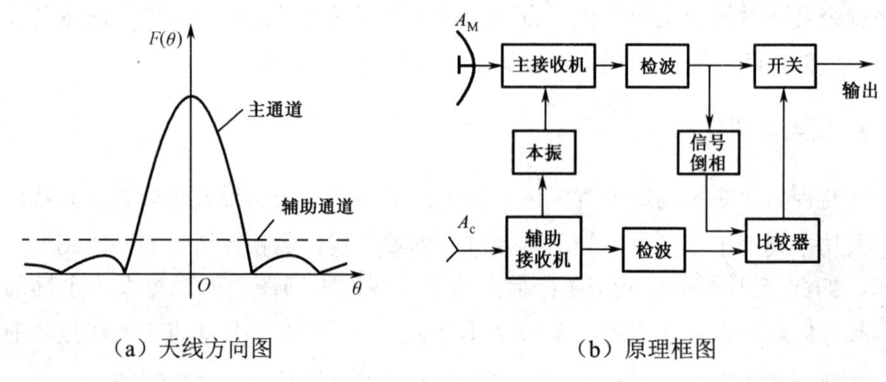

(a) 天线方向图　　(b) 原理框图

图5.10　副瓣匿隐处理原理框图

5. 自适应天线零点技术

自适应阵列天线能实时感知外界干扰环境，在保持目标信号正常接收的情况下，在干扰到达方向设置天线波瓣零点或降低副瓣电平。图5.11所示是一个8单元的 DBF 阵列试验天线，针对一个干扰源时形成的自适应零点处理波束图。可以看出，干扰信号在第一副瓣最大值的位置，采用自适应零点处理后，在此方位形成了15～20dB的波瓣凹口。

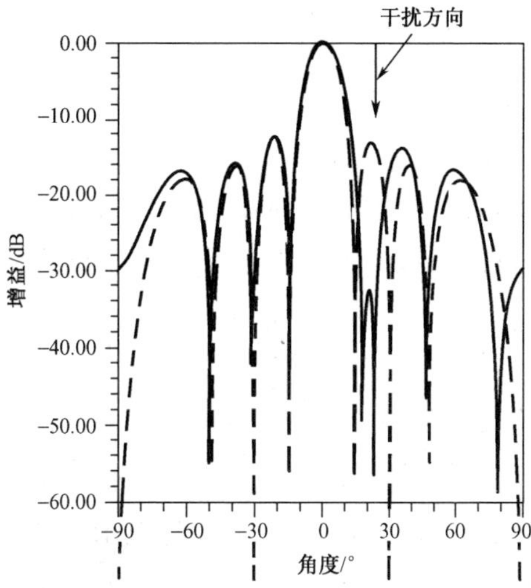

图 5.11　单干扰源自适应零点处理波束图

6. 干扰分析和发射频率选择

干扰分析和发射频率选择（Jamming Analyze and Transmit-frequency Select，JATS）是雷达利用独立接收通道进行电磁环境侦测的方法，是监视雷达实现自适应捷变频抗干扰的基础。目前几乎所有的监视雷达都设计有一个独立的侦察接收通道，其侦察接收通道工作带宽一般与雷达相同或略宽于雷达频段，用于侦察敌方的干扰信号并进行信号分析，包括干扰类型、干扰强度、干扰谱分布等，根据分析的干扰信号数据自动改变雷达工作频率实施抗干扰。

5.2.6　数据处理 ECCM 设计

监视雷达的数据处理分系统 ECCM 设计主要考虑提高系统的目标处理容量、采用航迹滤波和识别真假航迹、干扰源的定位和识别 3 个方面的工作。

1. 提高系统的目标处理容量

在复杂干扰环境中，雷达通常采取抗干扰措施对干扰信号进行抑制处理，但有源干扰一般会带来干扰环境的目标信杂比变差，致使出现较多的干扰剩余（虚警）。如果数据处理系统的目标点迹处理容量不够大，干扰剩余会导致数据处理系统处理能力饱和，将不能正常完成目标的点迹处理和航迹跟踪。在监视雷达中，一般要求最大可跟踪处理 400～500 个目标航迹，点迹处理容量一般要求在 20000 点/帧以上。

2. 采用航迹滤波和识别真假航迹

雷达数据处理的任务就是录取目标点迹、滤除虚假点迹，建立真实的目标航迹。噪声干扰信号一般不会形成目标航迹，但采用转发和距离拖引等欺骗干扰会产生目标航迹，雷达数据处理需要在航迹关联、跟踪算法等处理上充分利用真实目标与虚假目标在雷达信号特征、运动参数等差异去判断和识别真假航迹。

3. 干扰源的定位和识别

监视雷达可以利用接收的干扰信号进行干扰源的定位和识别。单站雷达干扰源定位主要是干扰测向，如果能接收雷达网或友邻雷达站发送的同一干扰源数据，即可进行干扰源定位。干扰源识别相对比较复杂，需要具备干扰信号分选处理和分析数据库及复杂的信号分析算法，一般监视雷达通过 JATS 进行常规的干扰信号分析，以对干扰信号进行初步分类识别。

5.2.7 雷达组网 ECCM 技术

雷达组网 ECCM 是采用雷达网对电子干扰进行体系对抗的有效手段，一般采用多种频段雷达分布式部署方式，其主要对抗手段有：①利用不同频段的雷达组网，使得组网内总有雷达不在干扰机工作频段或干扰边带上，使未被干扰雷达可以正常工作；②利用组网内相同频段雷达采用双基地工作方式，利用不在干扰正对方向的雷达接收目标信号，达到抗干扰的目的；③采用相同体制、相同频段和相同工作模式的雷达进行协同工作、闪烁工作和非相参探测等工作，欺骗干扰机的信号侦测系统，使其不能准确针对某一部雷达进行干扰，达到抗干扰的目的；④采用让一部雷达发射照射干扰机，多部雷达同时接收目标信号，利用不同方向的目标散射能量起伏特性提高探测性能，尤其可以提高对自卫式隐身飞机的探测能力，同时可提高目标的测量精度。

5.3 监视雷达 ECCM 效能评估

监视雷达的 ECCM 效能定量评估是一项比较复杂的系统性技术工作。因为涉及博弈双方的装备性能、参数设定、工作模式选择、对抗方法选择等诸多环节。同时，对抗过程中一方能够获取的另一方信息不多，基本上对每一方都是一个“盲试”过程，但通过数十年的监视雷达装备对抗试验摸索和验证，逐步形成了一个大家都基本认同的 ECCM 效能评估方法。

5.3.1　抗干扰改善因子

1974 年，美国人 Johnston 提出用抗干扰改善因子（ECCM Improvement Factor，EIF）来表示雷达的 ECCM 的有效性，并被 IEEE 所采用。雷达抗干扰改善因子定义为，当雷达采用 ECCM 后，产生某一输出信号电平所要求的 ECM 信号电平，与雷达未采用 ECCM 措施时产生的同一输出信号电平所需的 ECM 信号电平的比值，即

$$\mathrm{EIF} = (J/S)\Big/(J/S)' \tag{5.11}$$

如果雷达具有多项抗干扰技术措施，那么总的雷达抗干扰改善因子将是所有抗干扰措施改善因子的乘积。EIF 的优点在于它可适用于不同的 ECM 和 ECCM，其缺点是只能表达一种 ECCM 设备的性能，而不能度量整个雷达系统的 ECCM 能力。因为抗干扰改善因子不考虑非 ECCM 技术带来的雷达系统抗干扰能力的改善，如监视雷达的发射功率、天线增益等对雷达系统的 ECCM 能力影响很大，但不被认为是雷达的 ECCM 设备。

5.3.2　综合抗干扰能力

1984 年，中国雷达专家郦能敬提出了测量雷达 ECCM 能力的一种方法[4]，用雷达辐射功率和雷达分辨单元测量雷达的基本抗干扰能力，再以雷达所采用的各种抗干扰技术作为辅助因子，得出雷达的综合抗干扰能力（AJC），即

$$\mathrm{AJC} = (PT_0B_\mathrm{S}G)S_\mathrm{A}S_\mathrm{S}S_\mathrm{P}S_\mathrm{M}S_\mathrm{C}S_\mathrm{N}S_\mathrm{J} = (PT_0B_\mathrm{I}G)S_\mathrm{S}S_\mathrm{P}S_\mathrm{M}S_\mathrm{C}S_\mathrm{N}S_\mathrm{J} \tag{5.12}$$

式（5.12）中，P 是雷达发射机的平均功率，T_0 是雷达发射脉冲持续时间，B_S 是雷达辐射信号带宽，B_I 是雷达信号捷变频带宽，G 是雷达天线增益，S_A 是频率捷变频因子，S_S 是天线旁瓣因子，S_P 是天线极化因子，S_M 是动显质量因子，S_C 是 CFAR 接收质量因子，S_N 是宽限窄质量因子，S_J 是脉冲重复频率跳变因子。

在表述综合抗干扰能力的公式中，$(PT_0B_\mathrm{S}G)$ 或 $(PT_0B_\mathrm{I}G)$ 表示的是雷达的基本抗干扰能力，各个附加因子的计算方法如下所述。

（1）频率捷变频因子为

$$S_\mathrm{A} = \frac{B_\mathrm{I}}{B_\mathrm{S}} \tag{5.13}$$

（2）天线旁瓣因子为

$$S_\mathrm{S}(\mathrm{dB}) = \frac{G_0}{G_\mathrm{S}} - 25 \tag{5.14}$$

式（5.14）中，G_0 是天线功率方向图主瓣增益，G_S 是天线功率方向图的最大副瓣增益。

（3）天线极化因子为

$$S_\mathrm{P} = \begin{cases} 3\mathrm{dB} & \text{天线可变极化} \\ 0 & \text{天线不能变极化} \end{cases} \tag{5.15}$$

（4）动显质量因子为

$$S_{\mathrm{M}}(\mathrm{dB}) = \mathrm{SCV} - 25 \tag{5.16}$$

（5）CFAR 接收质量因子为

$$S_{\mathrm{C}}(\mathrm{dB}) = 10\lg\frac{\Delta M}{L_{\mathrm{CF}}} - 25 \tag{5.17}$$

式（5.17）中，ΔM 是采用 CFAR 后雷达接收机动态范围的增加值，L_{CF} 是 CFAR 所引入的损失。

（6）宽限窄质量因子为

$$S_{\mathrm{N}}(\mathrm{dB}) = (\mathrm{EIF})_{\mathrm{D}} - 8 \tag{5.18}$$

式（5.18）中，$(\mathrm{EIF})_{\mathrm{D}}$ 是宽限窄电路的有效改善因子。

（7）脉冲重复频率跳变因子为

$$S_{\mathrm{J}}(\mathrm{dB}) = 10\lg J - 8 \tag{5.19}$$

式（5.19）中，J 是脉冲重复频率的变化数。

综合比较，雷达综合抗干扰能力（AJC）较之 EIF 能更全面地反映雷达系统的抗干扰能力。从上述公式中可以看出，用 AJC 来比较不同的雷达抗干扰能力是比较恰当的，但它也不能全面评估一个雷达的 ECCM 性能，不能用作雷达的 ECCM 性能指标。

5.3.3 抗干扰品质因素

雷达抗干扰品质因素定义为

$$Q_{\mathrm{ECCM}} = F_{\mathrm{J}}\left(P_{\mathrm{S}}/P_{\mathrm{J}}\right) \tag{5.20}$$

式（5.20）中，F_{J} 是抗干扰改善因子，P_{S} 是雷达系统接收的信号功率，P_{J} 是雷达接收到的干扰功率。最终可得

$$Q_{\mathrm{ECCM}} = F_{\mathrm{J}} \cdot \frac{D_{\mathrm{S}}}{D_{\mathrm{J}}} \times \frac{R_{\mathrm{J}}^2}{R_0^4} \times \frac{G_{\mathrm{t}}}{G_{\mathrm{t}}(\theta)} \cdot K_{\mathrm{L}} \cdot \sigma \tag{5.21}$$

式（5.21）中，$D_{\mathrm{S}} = (P_{\mathrm{t}}G_{\mathrm{t}})/(B_{\mathrm{S}}L_{\mathrm{t}})$，是雷达发射信号的有效功率密度；$D_{\mathrm{J}} = (P_{\mathrm{J}}G_{\mathrm{J}})/(B_{\mathrm{J}}L_{\mathrm{J}})$，是干扰机发射信号的有效功率密度；$R_{\mathrm{J}}$ 是干扰机相对雷达的距离；R_0 是雷达的探测距离；G_{t} 是雷达天线增益；$G_{\mathrm{t}}(\theta)$ 是雷达天线在干扰机方向的增益；$K_{\mathrm{L}} = F^2(\alpha)/\left[4\pi F_{\mathrm{J}}(\alpha)\Gamma_{\mathrm{J}}\right]$ 是损失系数，其中的 $F^2(\alpha)$、$F_{\mathrm{J}}^2(\alpha)$ 分别是信号及干扰的传播损失，Γ_{J} 是干扰信号相对信号的极化损失。

仔细分析后可以发现，抗干扰品质因素和雷达综合抗干扰能力基本类似，只是它加入了部分干扰源的参数，抗干扰品质因素对不同的干扰技术（或设备）有不同的值。

5.3.4 压制系数

压制系数是衡量雷达对抗某一种压制干扰能力的通用标准。它是指对雷达实施有效压制干扰时，所需最小功率和雷达发射功率之比，以 K_J 表示，即

$$K_J = \left(\frac{P_J}{P_{av}}\right)_{min} \tag{5.22}$$

$$K_J = \frac{\sigma}{4\pi R^2 K_{J1}} \cdot \frac{B_J}{G_J} \cdot \frac{T_0 G_t g}{L_t L_i} \tag{5.23}$$

式（5.23）中，σ 是目标 RCS，R 是目标距离，K_{J1} 是为达到一定检测概率所需要的最小干扰信号比，B_J 是干扰机带宽，G_J 是干扰机天线增益，T_0 是目标观察时间，G_t 是雷达发射天线增益，g 是雷达天线在目标方向的增益与在干扰机方向的增益之比，L_t 是雷达发射路径损失，L_i 是雷达非相参积累损失。

由此可见，要提高压制系数，雷达应增大发射天线增益 G_t，增加目标观察时间 T_0，减少发射路径损失 L_t，采用相参积累（减小非相参积累损失 L_i），并且采用捷变频迫使干扰机增加干扰机带宽 B_J。

5.3.5 自卫距离

在干扰机针对雷达天线主瓣进行干扰的情况下，雷达对目标的主瓣自卫距离一般较短，随着雷达主瓣抗干扰技术的发展，目前雷达对目标的主瓣自卫距离逐步在增加。对监视雷达来说，更为重要的是尽量减少受干扰的空域，也就是尽量降低干扰机对雷达副瓣干扰的影响。在干扰条件下，雷达的副瓣自卫距离可由以下方式导出。

由式（2.10）知，在噪声背景下，雷达对目标探测距离的方程式为

$$R_{max} = \left[\frac{P_t G_t G_r \lambda^2 \sigma F_t^2 F_r^2}{(4\pi)^3 k T_s B_n V_{min} L}\right]^{1/4}$$

这里不再描述公式中各参数的意义，但需指出，在噪声背景下，雷达的最小接收信号功率为

$$P_{r\,min} = kT_s B_n \tag{5.24}$$

在雷达受到干扰时，如果干扰机距雷达的距离为R_{jmax}，进入雷达接收机的干扰功率可由下式计算

$$P_{jmin} = \frac{P_j}{B_j} \cdot \frac{G_j G_{rj} \lambda^2}{(4\pi)^2 R_j^2 L_j} \cdot B_n \tag{5.25}$$

式（5.25）中，P_j/B_j 是干扰机的干扰功率密度（W/Hz），G_j 是干扰机天线增益，

G_{rj} 是雷达在干扰机方向的接收天线增益，R_j 是干扰机距雷达的距离（m），L_j 是干扰机对干扰能量的损失。

式（5.25）也可写成

$$P_{jmin} = kT_j B_n \tag{5.26}$$

式（5.26）中

$$kT_j = \frac{P_j}{B_j} \frac{G_j G_{rj} \lambda^2}{(4\pi)^2 R_j^2 L_j} \tag{5.27}$$

式中，T_j 为由干扰机引起的等效噪声温度。

那么，雷达在干扰背景下的作用距离就是

$$R_{jammed}^4 = \frac{P_t G_t G_r \lambda^2 \sigma F_t^2 F_r^2}{(4\pi)^3 \left[kT_s + \left(kT_j\right)\right] B_n V_{min} L} \tag{5.28}$$

最后，可导出以下关系

$$R_{jammed} = R_{max} \cdot \mathrm{JF}^{1/4} \tag{5.29}$$

式（5.29）中，R_{max} 是无干扰条件下雷达的最大作用距离，JF 称为干扰因子，它由下式确定，即

$$\mathrm{JF} = \frac{1}{1 + \dfrac{kT_j}{kT_s}} \tag{5.30}$$

式（5.30）中，kT_s 是雷达接收机的噪声功率密度，kT_j 是进入接收机的干扰信号功率密度。当无干扰时，$kT_j = 0$，$\mathrm{JF} = 1$，雷达对目标的探测距离是在噪声背景下的雷达作用距离；如果 $kT_j > kT_s$，$\mathrm{JF} < 1$，雷达在干扰背景下对目标的探测距离就小于在噪声背景下的雷达最大作用距离。实际上，如果 $R_j = R_{max}$，G_{rj} 等于雷达接收天线增益，那么，此时的自卫距离就是雷达的主瓣自卫距离。若考虑雷达天线波束方向图各项参数已知，则可以计算出在某种干扰条件下的监视雷达全方位的自卫距离曲线。

5.4 监视雷达的反隐身技术

监视雷达探测与目标隐身反探测技术始终在不断博弈、螺旋上升的过程中，自从 F-117A 隐身战斗机问世以来，世界主要军事强国均在大力发展隐身主力战斗机，如美国的 F-22 和 F-35 及俄罗斯的苏-57 等。但随着 1999 年的科索沃战争中，南联盟地面防空部队探测、跟踪了一架 F-117A 隐身战斗机，并引导地面武器系统定位并击落一架该隐身战斗机后，就打破了隐身飞机不可探测和

攻击的神话。目前，监视雷达的反隐身技术也在不断发展，反隐身能力取得较大的突破，其中采取的低频段反隐身、功率反隐身技术在实际探测中均取得较好的效果。

5.4.1　目标的雷达隐身技术

目标的雷达隐身技术综合运用了多种技术手段，经过 20 多年的发展取得了较好的隐身效果。目前隐身技术仍然在不断发展过程中，其中主要包括飞行器外形设计、结构设计、吸波与透波材料的有机结合使用，从多方面采取隐身措施来降低飞行器的 RCS。隐身技术的理论基础是电磁波散射理论。不同外形的飞行器在受到雷达同一角度的照射时会呈现不同的 RCS，同一飞行器在不同的照射角度（姿态角）也会呈现不同的 RCS。因此，如果能合理设计飞行器的外形，使它在主要进攻的鼻锥方向的一定姿态角内大幅降低目标 RCS，那么飞行器在这一角度范围内就会处于隐身状态。外形隐身的本质是改变飞行器后向散射的回波大小和方向，将其主要散射区域从一个视角扇面转到另一个扇面。

国外飞行器的隐身特性设计中，采用的外形隐身设计一般方法有：①在隐身飞行器设计中，采用翼身合体结构，消除机体结构中的直角和空腔。②使用组合的（三维的）曲度并不断改变曲线半径。③增大弹翼前缘后掠角和前缘圆滑度，降低后向散射强度。④采用埋入或半埋入式异形发动机进气道。⑤减小飞行器的突出物，尽可能去掉飞行器上的外挂物、雷达天线和风速管等。

在采用隐身材料进行涂覆设计时，主要考虑包括：①对于电磁波能最大限度地吸收且反射最小。②具有宽频带吸收特性。③好的机械性能，质量小，尺寸小。④能在较大温度范围内工作。常用的隐身材料包括吸波涂料和结构型吸波材料，广泛应用的吸波材料是在铁氧体类的陶瓷材料中加入少量的钴、镍等金属形成的。据资料介绍，国外在隐身飞机上采用结构型吸波材料已很普遍。

结构型吸波材料是以非金属为基体填充吸波材料制成的结构复合材料，它既能减弱电磁波的反射，又能承受一定载荷。国外通常采用的结构型吸波材料主要方法包括：①将吸波材料扩散到树脂中，使树脂电导率按电磁波入射方向逐渐增加以吸收入射电磁波。②将吸波材料夹在非金属透波材料中间。③复合层类。结构复合材料由高介电材料和磁性材料黏结而成。电磁波入射到结构复合材料内，有的被吸收，有的被多次反射，因而其吸收率显著提高。

雷达目标隐身的主要技术措施及其效果如表 5.10 所示。

表 5.10　雷达目标隐身的主要技术措施及其效果

隐身方法	主要技术措施	效果
外形法	机身机翼融合一体，避免锐角外形，尖橄榄形鼻锥代替常规球形鼻锥，遮蔽喷气管，垂尾倾斜等	微波范围内的 RCS 下降 5～8dB
吸波与透波法	飞行器表面涂覆吸收材料，采用非金属框架及蒙皮等	微波范围内的 RCS 下降 6～9dB
阻抗加载法	又称无源抑制法，将飞行器表面结构加工成特定的槽形，使目标远场处获得与后向散射信号等幅反相的抑制信号	微波范围内的 RCS 下降 2～6dB
有源抑制法	飞行器携带微波辐射源自适应变化其频率、幅度与相位，用以对消雷达后向散射信号	微波范围内的 RCS 下降 2～7dB

5.4.2　反隐身技术

1. 利用隐身目标多向散射特性

隐身目标的全方位多向回波散射的较大起伏特性，为监视雷达反隐身设计提供了空间窗口，典型的方法就是采用收/发分置的双基地雷达探测。当双基地角（收/发天线对目标的张角）大于 130° 时，隐身目标的侧向或前向散射回波信号的 RCS 会显著增大（模型测试表明，一般提高 10dB 以上）。例如，用多个接收站配置成收/发分置多基地雷达系统，可以从多个方向（目标的侧面、腹部或背部）探测隐身目标，其侧向或前向散射回波比从机头鼻锥方向的 RCS 要显著增大。

理论仿真和试验测试表明，如果被探测的飞行器在双基地收/发双站连线的直线上，即当双基地角为 180° 时，飞行器在双基地雷达扫描区内的 RCS 大大地超过其在单基地雷达扫描区内的 RCS。这是“前向散射”形成的结果。用直接信号与飞行器反射信号之间的干扰作为其产生的波前，除机身的阴影区外，相似于直线（双基地雷达发射机辐射的）信号的波前。飞行器“前向散射”的 RCS 可按下式计算，即

$$\sigma(180^\circ)=\frac{4\pi A^2}{\lambda} \tag{5.31}$$

式（5.31）中，A 为受雷达发射机照射的飞行器几何面积，λ 为雷达波长。必须指出，飞行器的前向散射 RCS 与其制造材料关系不大。对于隐身飞行器来说，即使其单基地的 RCS 很小，前向散射的 RCS 也很大。在双基地角减小时，飞行器前向散射的 RCS 超出单基地的 RCS 的量值也随之减小，但在 $\beta=165^\circ$ 时还是很大的。

2. 利用隐身目标的频率效应

电磁散射理论表明，影响目标 RCS 的主要因素有：雷达波长、极化、目标

尺寸、形状、材料、姿态角、表面涂层与粗糙度等。依据目标尺寸与雷达波长的相对关系，使目标的散射特性分为瑞利区、谐振区和光学区，如图 5.12 所示，该图表征了一个理想导体球的 RCS 与球目标电尺寸之间的关系。σ 表示目标的 RCS，参数 $k = 2\pi/\lambda$ 。图 5.12 所示的 RCS 已经被球目标的投影面积归一化，RCS 的值从 0 快速增大到 $ka = 1$ 附近的峰值，然后随着球目标的电尺寸变大呈现一连串衰减型起伏。通常把 $0 < ka < 1$ 的区间称为瑞利区，在此区间内，RCS 随 ka 值呈 4 次幂增长；$1 < ka \leqslant 10$ 的区间称为谐振区，这是表示在此区域，球目标的 RCS 与其电尺寸有一个振荡的关系。若雷达的工作频率选择恰当，所探测目标的 RCS 可能会有较大的增长。

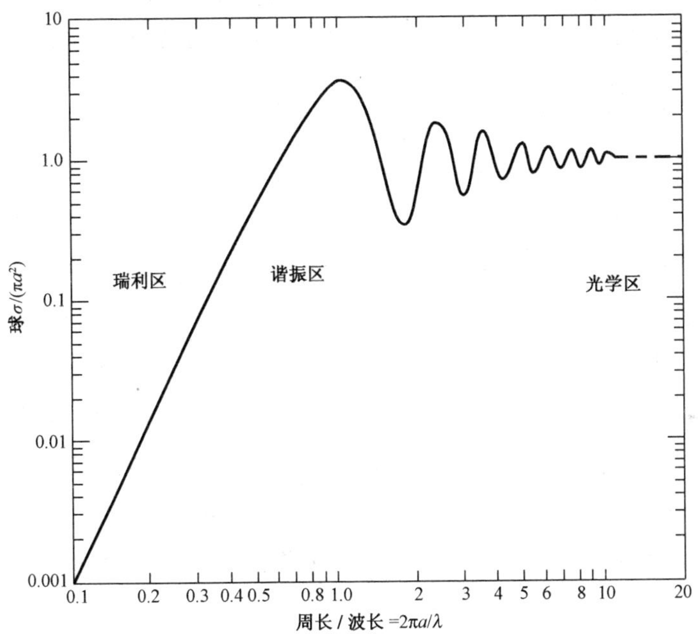

图 5.12　理想导体球的 RCS 与球目标电尺寸之间的关系

目标 RCS 的定义为[5]

$$\sigma = 4\pi \frac{\text{在指定方向目标向单位立体角散射的功率}}{\text{在指定方向平面波入射到目标单位面积上的功率}} \tag{5.32}$$

当式（5.32）中分子和分母中指定方向相同时，σ 为目标单基地的 RCS。

对 F117-A 隐身飞机的 1:8 全金属缩尺模型所进行的 RCS 扫描测试[6,7]中，测试频段分别如下。

- 测试频率：1.1～1.9GHz/L 波段；
- 测试频率：8.5～11.5GHz/X 波段；
- 测试频率：13～16GHz/ Ku 波段。

按照相似原理，以上频段相应于1:1飞行器尺寸的实际频率分别如下。

- 测试频率：137.5～237.5MHz/米波；
- 测试频率：1.0625～1.4375GHz/L波段低端；
- 测试频率：1.625～2GHz/L波段高端。

1:n缩尺模型测量的RCS1与折算成1:1真实尺寸时的RCS2有如下关系

$$\text{RCS2}=\text{RCSl}+10\lg n^2 \qquad (\text{dB})$$

当缩尺因子$n=8$时，两者相差18dB。图5.5、图5.6和图5.7就是其中几个典型测试结果。当仰角$\beta=0^\circ$，方位角α为0°～180°时，图中实线表示HH极化(水平极化发射，水平极化接收)，虚线表示VV极化（垂直极化发射，垂直极化接收)。由图5.7可见，在米波波段，HH极化时机头方向的RCS比微波频段增加很多，且其RCS随方位角的变化并不十分明显。VV极化时，米波波段的RCS值几乎在所有方位都急剧增长。

米波波段已部分进入了目标散射的谐振区，故F-117A隐身飞机按照目标散射几何光学原理，采用的结构外形隐身措施对米波频段已经不适用了，其RCS随着结构外形变化不大。测试和分析表明，当仰角$\beta=0^\circ$时，米波波段的平均RCS值比微波频段高12dB，比$\beta=\pm5^\circ$角度范围内高14～16dB，相当于在$\beta=\pm5^\circ$范围内的探测威力增加了一倍。测试也表明，在HH极化情况下，米波波段的RCS虽然也有增长，但远没有VV极化情况下增加得明显。

隐身飞机采用的隐身涂料和非金属材料的隐身效果与雷达工作频率有密切关系，测试表明，其在工作频率为1～18GHz范围具有较好的隐身效果，超出这个范围则隐身效果下降，雷达作用距离明显提高。因此，使用米波频段等超低频率或毫米波、太赫兹等超高频率的雷达，具有较好的频段反隐身性能。但是，超高频率电磁波在大气层内传播衰减很大。

3. 增大雷达的功率孔径积

雷达的探测距离主要取决于雷达辐射功率（平均功率）和天线孔径的乘积，目前监视雷达功率孔径积一般在40～70dB（Wm^2），而远程反导雷达和空间目标探测雷达功率孔径积在70～90dB（Wm^2）范围，功率孔径积提高了20～30dB，可保持对RCS下降20～25dB隐身目标相同的探测威力，可见大幅度提高监视雷达的功率孔径积是可能采用的方法之一。

加大天线面积受到的制约因素是天线尺寸过大，波束宽度会变得过窄。若水平面波束过窄，在保持相同数据率的条件下，雷达照射目标的驻留时间缩短，在保持相同波束宽度的条件下，应尽可能选择较低频率，以得到较大的天线面积。

4. 提高能量的利用率，增大探测距离

监视雷达热噪声背景下的基本方程式为

$$P_{av}A_r = \frac{4\pi\Omega kT_i R_{max}^4 DL_s}{\sigma t_s} \tag{5.33}$$

式（5.33）中，P_{av}为雷达平均功率，A_r为雷达有效接收孔径面积，Ω为搜索立体角，k 为玻尔兹曼常数，T_i为有效输入噪声温度，R_{max}为雷达最大作用距离，D为要求的能量比，t_s为总搜索时间，σ为目标的 RCS，L_s为总搜索损失。

这里需注意雷达的搜索立体角Ω和总搜索时间t_s这两个参数。在一般的监视雷达设计中，雷达的发射能量总是在t_s内充满整个搜索立体角。然而，目标所占据的空间栅格远远小于搜索立体角Ω，即一般监视雷达搜索模式下辐射的能量大部分在空间是浪费了的。采用相控阵雷达技术，利用相控阵雷达波束扫描的灵活性和空间功率合成的优点，可增大功率孔径积，提高能量的利用率和探测距离。

相控阵体制监视雷达可设计成如图 5.13 所示的探测模式，即在最低仰角用一个或两个波束做全方位的搜索扫描，以搜索最新进入探测空域的目标。对已经发现的进入空域的目标分别用不同的波束对其进行跟踪。在对低空的每个搜索波束位置，也无须像一般机械转动天线那样用相同且较多的脉冲去照射目标，可以采用序贯检测的方法，先发射 1 或 2 个脉冲，如果能确定无目标，就不再发射，转入下个波束位置；如果确定有目标，则此波束位置将转为跟踪波束；如果回波信号介于“有”和“无”之间，则再发射一组信号予以确认。

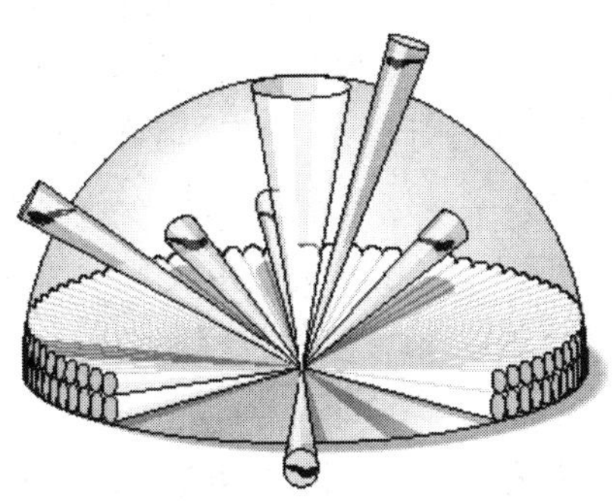

图 5.13　相控阵体制监视雷达的探测模式

5. 利用极化信息

一般监视雷达都只利用了单一极化方式的信息，或者是水平极化，或者是垂直极化，或者是圆极化。然而，根据隐身飞机的隐身机理和对隐身飞机的模拟测试（如图 5.7 所示），不同的隐身飞机对不同的极化信号隐身效果会大不相同。

目标 RCS 的理论定义式为[2]

$$\sigma = 4\pi R^2 \lim_{R\to\infty}\left|\frac{E_\text{s}}{E_0}\right|^2 \tag{5.34}$$

式（5.34）中，E_0 为入射电磁场电场分量的幅度，E_s 为由假设的观察者测得的散射电磁场电场分量的幅度，R 为目标至雷达接收天线的距离。

众所周知，目标 RCS 取决于目标的形状和材料、目标相对雷达的姿态角、雷达频率以及雷达发射和接收天线的极化。如果在一特定方向角用单一频率观察目标，其 RCS 取决于极化方式。当描述天线和目标极化特性的矩阵确定时，散射表示为雷达极化的显函数。首先，考虑一个发射天线时，可将其表达为

$$\boldsymbol{P} = \begin{bmatrix} \cos\gamma_\text{t} \\ \sin\left(\gamma_\text{t}\mathrm{e}^{\mathrm{j}\delta_\text{t}}\right) \end{bmatrix} \tag{5.35}$$

式（5.35）中，$\boldsymbol{P}$ 是确定发射波极化的单位列矩阵，γ_t 表示若 δ_t 为零并以水平面为参考得到的线极化方向的角度（$0\leqslant\gamma_\text{t}\leqslant\pi/2$），而 δ_t 是可以在 0～2π 之间变化的相位角。当 γ_t、δ_t 和传播方向已知时，电磁波的极化被确定。

其次，考虑一个接收天线，它的极化由一列矩阵表示，即

$$\boldsymbol{q} = \begin{bmatrix} \cos\gamma_\text{r} \\ \sin\left(\gamma_\text{r}\mathrm{e}^{\mathrm{j}\delta_\text{r}}\right) \end{bmatrix} \tag{5.36}$$

那么，目标的 RCS 在此情况下为

$$\sigma = 4\pi\mathrm{R}^2\left[\boldsymbol{P}^\mathrm{T}\boldsymbol{S}\boldsymbol{q}\right] \tag{5.37}$$

式(5.37)中，$\boldsymbol{S}$ 表示目标特性的极化散射矩阵。当雷达的发射信号或接收信号的极化状态与隐身目标的极化散射矩阵相匹配时，隐身目标的 RCS 达到最大。因此，如果能使监视雷达对目标进行极化匹配发射和接收，则可以使目标回波最强，从而达到最佳的反隐身效果，这就是监视雷达极化反隐身的机理。如果能使监视雷达对目标进行极化匹配（包括发射和接收），不仅是水平或垂直极化，而且是能变轴比的椭圆极化匹配，则可以使目标回波最大，以达到最佳的反隐身效果。

尽管如此，目前变极化技术未在监视雷达应用中得到推广，这是因为：①无论监视雷达发射何种极化方式的电磁波，目标回波的极化方式都敏感于其相对雷达的姿态角，在雷达天线主瓣扫过目标的一次波束驻留时间内，目标回波的瞬态极化特性可看作是随机的，在叠加了噪声、杂波、干扰等背景时尤其如此；②目前工程上仍缺乏快速、准确测量电磁波瞬态极化参数的设备，这使得监视雷达采用变极化技术失去了基础。如果采用多极化通道并行处理技术对目标回波的瞬态极化参数进行并行处理，则会大幅增加硬件设备量，增大雷达设计成本。美国弹

道导弹防御系统中的 X 波段雷达采用了全极化发射和接收处理技术，是为了利用回波极化特征提高真假弹头识别能力，而不是为了反隐身探测需要。

5.5 监视雷达的反 ARM 技术

自从 ARM 问世以来，如何对抗以 ARM 为代表的硬摧毁打击手段就不断在探索和发展过程中。进入 21 世纪以来的历次局部战争或冲突中，ARM、巡航导弹和无人巡飞弹对各国监视雷达的摧毁和破坏效果显著，监视雷达如何进行反 ARM 攻击设计是一个重要的课题。

5.5.1 ARM 简介

1. ARM 战斗攻击方式

ARM 为提高攻击精度和毁伤效果，一般在临近雷达时采用从高仰角进入攻击，可归纳为直接瞄准攻击、间接瞄准攻击和伺机攻击 3 种攻击方式。

1）直接瞄准攻击方式

直接瞄准攻击方式是指载机在中、高空平直或小机动飞行，故意引起雷达照射跟踪，以达到发射 ARM 的有利条件。ARM 发射后载机仍按原航线继续飞行一段，以便导弹导引头稳定可靠地跟踪目标雷达。这种方式下，导弹的命中率很高，但载机被击落的危险也相当大。现在基本上采用 ARM 发射后不管的方式，即载机不再沿原航线继续飞行。这种攻击方式的示意图如图 5.14 所示。

图 5.14　ARM 直接瞄准攻击方式示意图

2）间接瞄准攻击方式

间接瞄准攻击方式是指载机远在目标雷达搜索距离之外，只需在方位上大致瞄准，即可从低空发射 ARM，导弹按既定的制导程序水平低空飞行一段后爬高，进入敌方目标雷达波束即转入自动寻的。这种攻击方式对载机是比较安全的，其示意图如图 5.15 所示。

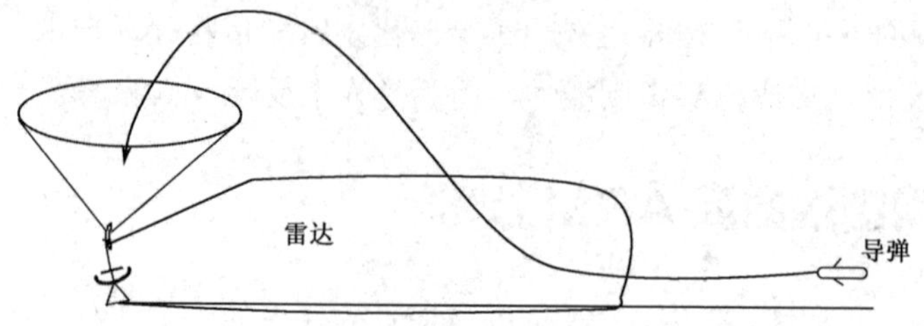

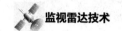

图 5.15　ARM 间接瞄准攻击方式示意图

3）伺机攻击方式

在间接瞄准攻击方式状态下，如果目标雷达关机，反辐射导弹将丢失跟踪信号，此时它将打开降落伞（如“阿拉姆”ARM）悬浮或转入巡航状态（如“沉默彩虹”反辐射无人机），等待目标雷达再次开机，一旦目标雷达开机，就立刻转入攻击状态，摧毁目标雷达。

2. 被动雷达导引头基本工作原理

ARM 主要使用自主导航+被动雷达导引头（Passive Radar Seeker，PRS）进行寻的。在现代战争环境下，战场电磁环境异常复杂、密集，信号密度可以达到每秒 100 万个脉冲以上，ARM 若要攻击雷达，必须先进行信号分选与识别。对于被动雷达导引头来说，载频、脉冲重复频率（PRF）、脉冲到达角（Angle-of-Arrival AOA）、脉冲到达时间（Time-of-Arrival，TOA）是其分选信号的主要依据。载频、脉冲重复频率用于分选信号、稀释信号密度、确定攻击目标雷达是否与选定的目标一致；AOA、TOA 主要用于确定目标位置，引导导弹攻击目标。

PRS 主要由目标选择系统、增益控制系统、信号形成系统、状态转换系统等部分组成。其中，目标选择系统是其核心之一。目标选择系统主要包括角度选择、时间选择、幅度选择等部分，实现对攻击目标的选择。

1）角度选择

被动雷达导引头在进行目标搜索时，为了实现对目标的快速可靠搜索，需要大的搜索角度；在进行目标跟踪时，为了防止其他信号的干扰，可靠跟踪并攻击目标，它又需要小的跟踪角度。这是相互矛盾的要求。由于被动雷达导引头与弹体一般是硬连接的，它的搜索角不能依靠机械转动实现。为了实现大角度搜索、小角度跟踪，被动雷达导引头采用了角度压缩技术，即导引头采用单脉冲体制测角，天线采用宽的波束宽度，以实现大的搜索角度，再利用和差波束比较的方法进行角度选择，实现对目标的跟踪。

差信号的大小反映了目标偏离导弹轴线角度的大小，因此可以用 Σ/Δ（和信号与差信号之比）来表示偏离角的大小，从而可以用它来控制搜索角的大小。图 5.16 给出了 ARM 导引头波束（角度）压缩示意图。设 $\Sigma/\Delta=k$ 时，其视角为

θ_1，当$\Sigma/\Delta<k$时，被动雷达导引头处于$\theta_1\sim\theta_2$间的搜索状态；当$\Sigma/\Delta>k$时，被动雷达导引头处于θ_1以内的跟踪状态。k为状态转换点，在被动雷达导引头中设置角度选择波门和状态转换电路，以k为门限控制搜索和跟踪状态的转换。当k连续变化时，就可以实现角度搜索，一旦搜索到所需目标，就可以转入跟踪状态，并停止搜索，在给定的k值角度范围内稳定跟踪目标，k值视角以外的信号无法进入被动雷达导引头的控制信号形成系统。

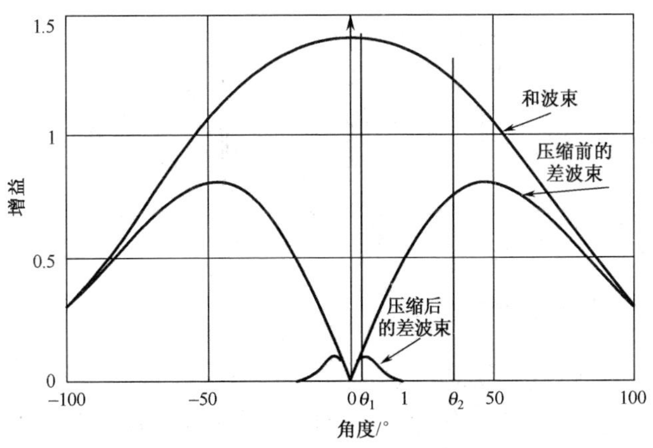

图 5.16 ARM 导引头波束（角度）压缩示意图

2）时间选择

对于被动雷达导引头来说，时间选择是一个极为重要的分选参数。ARM 在攻击地面雷达时一般在低空飞行，存在多路径效应，这严重地影响了被动雷达导引头对目标的分辨。对于脉冲雷达来说，多路径效应有如下特点：脉冲宽度滞后于发射的直达信号。被动雷达导引头利用脉冲到达的时间差异，能够排除多路径和其他干扰的影响，从而锁定所需攻击的目标。被动雷达导引头利用 TOA 进行信号分选的原理如图 5.17 所示。图 5.17（a）表示有 3 个不同时间的信号进入接收机（信号①有多路径影响）；图 5.17（c）为经过微分进入与门的信号；图 5.17（d）是由波门脉冲前沿触发时间选择单稳所产生的宽脉冲，并将此脉冲输入与门；图 5.17（e）表示由脉冲信号②前沿所触发并经过时间选择把其他信号已排除在外的所需跟踪的信号脉冲。

3）幅度选择

当被动雷达导引头处于跟踪状态时，又有其他信号幅度较大的雷达信号（非被动雷达导引头跟踪锁定的雷达）进入被动雷达导引头，干扰和破坏被动雷达导引头的正确跟踪。当这种强信号持续照射时，被动雷达导引头会丢失目标雷达的制导信息。幅度选择的主要功能就是抑制这种强干扰信号。

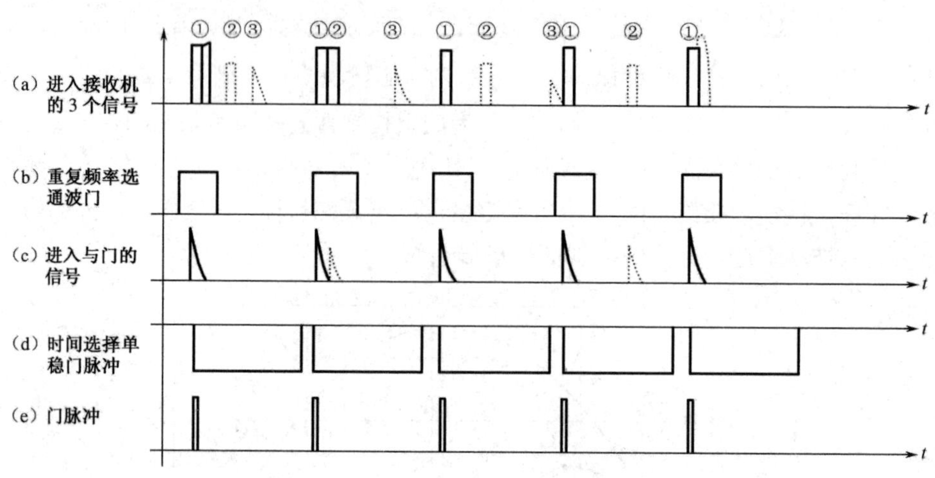

图 5.17　脉冲前沿跟踪与时间选择波形图

3. ARM 的技术特点

ARM 经过不断改进和发展，通常具有以下特点。

（1）被动雷达导引头频率覆盖范围宽，为 2～18GHz。除雷达被动寻的外，还采用红外寻的（或激光、电视等）、SAR 图像匹配导引头等复合导引头，大大扩展了导引头工作频段范围和引导攻击能力。

（2）被动雷达导引头接收灵敏度高，对于早期天线副瓣电平较高的雷达来说，ARM 不仅可以从雷达波束主瓣进行攻击，而且可以从对战术更有利的雷达波束副瓣甚至背瓣进行攻击。

（3）广泛采用弹上处理技术和预编程技术，具有自动捕获和锁定目标的能力，既能射前锁定，也能射后锁定；对于新的监视雷达辐射信号，只要改变软件而无须研制新的导引头。

（4）采用“惯导+被动雷达+多光谱制导”等复合制导系统，具有雷达关机后继续攻击的能力。在跟踪过程中，如果雷达关机，ARM 可根据弹上计算机储存的目标位置和捷联惯导系统测出的导弹位置，控制导弹继续飞向目标；如果雷达再次开机，被动雷达导引头又可重新捕获和跟踪目标，以保证攻击的精度。

（5）导弹具有高度的自主性，对载机的电子设备依赖较少，可由载机确定攻击目标，也可由被动雷达导引头确定攻击目标，还可以向预定区发射导弹，然后按比例预定程序寻找和摧毁目标。

ARM 虽然具有以上优点，由于其载体尺寸和弹载天线较小，所以有以下的不足和局限性。

（1）被动雷达导引头接收机一般采用单脉冲体制，受弹载天线口径限制波束较宽，在角度、信号分选等方面存在不足，无法准确分选两点源同时到达的同载频、同重频信号的干扰。另外，它还受到被动雷达导引头接收机射频系统中的非线性相频特性的限制。

（2）采用惯导系统，存在一定的误差，而在误差修正时容易被诱偏。

（3）导弹发射前，载机必须先侦察到雷达的工作频率，然后对被动雷达导引头进行频率引导，截获信号后再发射导弹；导弹发射后，被动雷达导引头接收机还必须对目标雷达进行频率跟踪。

（4）弹道轨迹直接指向目标，径向速度很大，易于发现和识别。

5.5.2　雷达的反截获技术

无论是电子对抗（ECM）软杀伤手段，还是 ARM 硬杀伤手段，其前提都是侦察截获雷达信号，并完成对雷达信号的分选与识别。侦察雷达信号的方式：一是事前侦察，确定在某处有什么样的雷达站；二是实时侦察，飞机携带侦察设备随时截获和分析敌方雷达信号，并分析出威胁最大的雷达，以便实施干扰或发射 ARM 给予摧毁。因此，在雷达与 ARM 的对抗中，反侦察、反截获是雷达设计首先需要考虑的一个重要环节。

1. 雷达的低截获概率设计

雷达的低截获概率（LPI）是指具有较低的被截获概率，不易被电子侦察接收机发现的雷达[5]。LPI 雷达的实质含义是：雷达探测到侦察接收机载体的距离大于侦察接收机截获雷达信号的距离。人们习惯将“侦察接收机截获雷达信号的距离”与“雷达探测到侦察接收机载体的距离”的比值称为截获因子，并用符号 α 表示。侦察接收机截获雷达信号的距离方程和雷达探测目标的距离方程分别为

$$R_{\mathrm{e}}^2=\frac{P_{\mathrm{t}}G_{\mathrm{te}}G_{\mathrm{e}}\lambda^2}{(4\pi)^2P_{\mathrm{e\,min}}S_{\mathrm{e}}(1)L_{\mathrm{t}}L_{\mathrm{e}}} \tag{5.38}$$

$$R_{\mathrm{r}}^4=\frac{P_{\mathrm{t}}G_{\mathrm{t}}G_{\mathrm{r}}\sigma\lambda^2}{(4\pi)^2P_{\mathrm{r\,min}}S_{\mathrm{r}}(n)L_{\mathrm{t}}L_{\mathrm{r}}} \tag{5.39}$$

式中，R_{e} 为侦察接收机截获到雷达信号的距离，R_{r} 为雷达探测到侦察接收机载机的距离，P_{t} 为雷达发射的峰值功率，G_{te} 为雷达发射天线在侦察接收机方向的增益，G_{e} 为侦察接收机天线增益，G_{t} 为雷达发射天线增益，G_{r} 为雷达接收天线增益，λ 为雷达工作波长，σ 为侦察接收机载机的 RCS，$P_{\mathrm{e\,min}}$ 为侦察接收机的接收灵敏度，$P_{\mathrm{r\,min}}$ 为雷达接收机的接收灵敏度，$S_{\mathrm{e}}(1)$ 为侦察接收机截获雷达信号所需的信噪比，$S_{\mathrm{r}}(n)$ 为雷达接收机探测目标信号所需的信噪比，L_{t} 为雷达信号的发射支路损失，L_{r} 为侦察接收机对雷达信号的损失，L_{e} 为雷达接收支路对接收信号的损失。且有 $P_{\mathrm{e\,min}}=kT_{\mathrm{se}}B_{\mathrm{e}}$，$P_{\mathrm{r\,min}}=kT_{\mathrm{sr}}B_{\mathrm{r}}$，其中 T_{se} 为侦察接收机的等

效噪声温度，T_{sr}为雷达接收机的等效噪声温度，B_e为侦察接收机的工作带宽，B_r为雷达接收机的工作带宽。

若令

$$\delta = \frac{P_{e\min} S_e(1)}{P_{r\min} S_r(n)} \tag{5.40}$$

则可得 LPI 雷达的截获因子表达式为

$$\alpha = R_r \left(\frac{4\pi}{\sigma} \times \frac{1}{\delta} \times \frac{G_{te} G_e}{G_t G_r} \times \frac{L_r}{L_e} \right)^{1/2} \tag{5.41}$$

当$\alpha = 1$时，雷达探测侦察接收机载机的距离刚好等于侦察接收机截获到雷达信号的距离；当$\alpha > 1$时，侦察接收机截获到雷达信号的距离要大于雷达探测侦察接收机载机的距离，此时，侦察接收机载机就能采取施放电子干扰或发射 ARM 等手段对付雷达；只有当$\alpha < 1$时，雷达能发现侦察接收机载机而侦察接收机还截获不到雷达的信号，这种情况下侦察接收机载机也就无法对雷达采取任何对抗措施。一般把满足$\alpha \leqslant 1$条件的雷达称为 LPI 雷达。

从式（5.41）可以看出，雷达要满足低截获概率的条件，其最大作用距离必须满足公式

$$R_r \leqslant \left(\frac{4\pi}{\sigma} \times \frac{1}{\delta} \times \frac{G_{te} G_e}{G_t G_r} \times \frac{L_r}{L_e} \right)^{-1/2} \tag{5.42}$$

例如，假定侦察接收机对雷达信号的截获是来自雷达天线的主瓣（即$G_{te} = G_t$）；侦察接收机载机的$\text{RCS} = 1\text{m}^2$；雷达接收天线的增益$G_r = 36\,\text{dB}$；侦察接收机天线增益$G_e = 0\,\text{dB}$；雷达接收通道的损失和侦察接收机的损失均忽略不计；侦察接收机工作带宽设为 1GHz，雷达接收机的工作带宽是 1MHz；雷达接收机的等效噪声系数比侦察接收机的约小 3dB；雷达接收机采用相干检测或非相干检测，所需检测信噪比设为$S_r(n) = 5\,\text{dB}$（其中，检测概率$P_d = 0.5$，虚警概率$P_f = 10^{-6}$，非相参积累脉冲数$n = 10$，为 SWL-1 类起伏目标），而侦察接收机只能用单脉冲检测，要求的检测信噪比$S_e(1)$设为 13dB（其中，检测概率$P_d = 0.9$，虚警概率$P_f = 10^{-6}$，非相参积累脉冲数$n = 1$，为非起伏目标）。在这种条件下，雷达若要不被截获，对目标探测的最大距离不能超过 2km，如果雷达探测目标的距离大于这个值，则雷达信号在雷达探测到目标之前必然已被敌方侦察接收机所截获。

由于空间中辐射的电磁信号非常密集，稳定的侦察接收需要一个侦收和接收积累与处理的过程。对于监视雷达来说，因天线主瓣波束始终在空间扫描，且雷达主瓣波束一般较窄，因而较难在主瓣波束区域截获雷达信号，绝大多数情况下

只能在天线副瓣区域截获。因此，采用主瓣窄波束、低副瓣或超低副瓣天线是监视雷达反侦察、反截获的重要措施。

注意到在上述几个关于 LPI 的公式中，式（5.40）表征的参数δ是雷达信号处理相较侦察接收机信号处理的得益。除降低天线副瓣外，监视雷达要提高反侦察反截获能力，只能尽可能地提高雷达的信号处理得益。为提高δ值，通常有如下一些措施。

（1）迫使侦察接收机展宽其工作带宽。雷达信号应可在一个很宽的频带上工作，并能实现频率捷变，迫使侦察接收机只能用很宽的瞬时带宽，从而降低其接收灵敏度。在前面的例子中，侦察接收机的带宽为 1GHz，设雷达的信号带宽是 1MHz，那么就可使雷达增加 30dB 的得益。

（2）采用脉冲压缩技术。脉冲压缩技术可以降低雷达信号辐射的峰值功率，而保持信号检测所需的能量不变。但侦察接收机一般不知道雷达信号的调制方式，因而不可能对其进行压缩处理。如果雷达信号的压缩比为 m，那么采用脉冲压缩技术使雷达的信号处理得益可提高 m 倍。

（3）雷达信号的捷变。为了迫使侦察接收机不能对雷达信号进行相干或非相干积累，雷达信号应采取无规则变化，如脉冲重复频率的随机捷变、信号频率的捷变和信号波形的捷变等。

2. 雷达体制的反截获分析

1）相控阵雷达

相控阵雷达波束扫描灵活，可以对雷达信号的能量和时间进行管理，灵活地实施空间、时域和频域上的辐射控制，采用时空信号自适应滤波、天线低副瓣技术、发射副瓣置零技术，并能与信号形式捷变、脉冲压缩和脉冲多普勒体制兼容等。因而相控阵雷达是最具有 LPI 能力和最能体现 LPI 设计技术的雷达体制。但是相控阵雷达一般采用有源阵面，其发射单元的热辐射是红外寻的热源，这是不利的因素。

2）双/多基地雷达

双/多基地雷达采用了收、发基地分置，且可做多个发射站和多个接收站或多个单基地站的布站方式，它的接收站都是无源站，除非对方有特殊的侦察途径，一般不可能知道其确切位置。而它的发射站可以是单基地雷达，也可以是专门设计的；可以用一个发射站，也可以用多个发射站，且接收站可以接收任一个发射站发射信号的目标回波信号。因而双/多基地雷达系统具有较好的反 ARM 能力。

3）无源雷达

无源雷达一般是指雷达本身不辐射雷达信号，利用广播、电视等民用设施的外辐射源信号或者用目标无线电设备（如通信、导航或二次雷达应答器等）的辐射信号来实现对目标进行侦察、定位和跟踪的雷达。由于无源雷达本身不辐射信号，所以也不存在雷达信号被截获的问题，ARM 的威胁可以说被降低到最低程度。

4）米波等低频段雷达

从表 5.9 中可以看出，由于 ARM 的弹体直径有限，其导引头无法安装大口径天线，ARM 导引头的工作频率主要在微波频段。为了搜索和跟踪目标雷达，其导引头天线口径一般要大于 3 个波长，至少也要大于半个波长。当天线口径为半个波长时，其波瓣宽度约为 80°，用这样宽的波束，ARM 很难对目标雷达进行精确寻的。一般 ARM 弹径大都在 40cm 以下，因此，ARM 导引头对米波雷达的搜索和跟踪能力较差。

5.5.3 雷达反 ARM 技术

雷达反 ARM 截获雷达信号技术，除可降低雷达遭受 ARM 攻击的概率外，监视雷达一般还采取配置雷达诱饵的方法，将 ARM 的着陆点诱偏至远离雷达的地方。同时也应采用如下所述措施使雷达免受 ARM 的摧毁。

（1）雷达发射控制。ARM 主要是利用跟踪雷达辐射信号来攻击雷达目标的，如果雷达不再辐射信号，ARM 导引头将迷失跟踪方向，或者错误攻击到其他地方，或者在空间盘旋期待重新捕获雷达信号。监视雷达的发射控制方式有间歇发射或闪烁发射、扇区寂静、应急关机等。也可以采取断续发射，以干扰 ARM 飞行控制（飞控）系统，雷达断续发射周期大致与 ARM 飞控系统的衰减振荡同一量级，空度比在 0.5 左右，这将使 ARM 伺服系统不能正常工作，失去制导飞行能力；发射控制要求监视雷达开机时间很短，并能方便地实现发射信号的起、停控制。雷达的操作控制应能自动或人工执行反 ARM 战术操作指令。

（2）雷达组网。多部雷达联网组成雷达情报网，网内雷达可交替开机，轮番机动，对 ARM 构成闪烁工作电磁环境，使跟踪方向、频率、波形混淆。网内同型雷达相距较近时，可采用同时开机在 ARM 导引头处形成合成能量中心，使 ARM 截获合成的虚拟中心，诱偏 ARM 攻击中心，起到互为诱饵的作用。

（3）机动转移。高机动式雷达具有较好的抗 ARM 能力。如果监视雷达能在有 ARM 告警的情况下几分钟内撤出原有阵地，再机动转移到另一个阵地继续工作，监视雷达的生存能力会有很大的提高。如果雷达机动性不能在几分钟内转移，也可以在安全距离外安装备用辐射天线。当发现有 ARM 来袭时，雷达可迅速将发射能量切换到备用天线辐射出去。

（4）干扰、烟幕。对于末端制导采用电视、光学、红外等复合导引头的 ARM，可采用在雷达阵地释放烟幕、气溶胶等各种屏障，以遮挡和模糊导引头的制导能力。例如，一种典型烟幕释放系统，可在 2～3s 内、在离被掩护目标 20～25m 处的 110° 保护扇区形成高 13m、宽 38m 的烟幕，持续时间为 1～3min。光信号通过烟幕时减弱 11/12 以上，穿过人工雾时将减弱 7/8 以上。

（5）采用同类型的二次反射器。为使 ARM 的攻击瞄准点偏离被锁定雷达，可采用偶极子反射体云，最好同时使用相干或非相干假转换辐射器，此时偶极子反射体云在不超过导引头距离选通脉冲的宽度、但又不小于战斗部杀伤半径的距离上形成。另一种方法是根据 ARM 的制导轨迹，将偶极子反射体云直接撒布在雷达上空，或根据雷达所处的位置，在其与导弹之间撒布两块反射体云。

5.5.4　雷达诱饵技术

雷达诱饵是反 ARM 的有效方法之一。美国早在 1979 年就研制了 AN/TLQ-32 雷达诱饵，如图 5.18 所示。它的辐射信号能真实模仿雷达的工作特征，并覆盖雷达的副瓣电平。当 ARM 告警雷达发现 ARM 来袭时（能提供 1min 左右的告警时间），将自动关闭雷达的发射触发，然后开启诱饵并发射照明弹等措施保护雷达。

图 5.18　AN/TLQ-32 雷达诱饵

1. 诱饵反 ARM 的基本原理

抗 ARM 的方式多种多样，其中，采用的多个辐射源抗 ARM 是一种简便且有效的方法。给雷达配备诱饵，提高雷达抗 ARM 的能力正是基于这一原理。下面针对 ARM 导引头信号选择的 3 个特点分析多点辐射源抗 ARM 的基本原理。

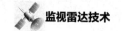

1）角度欺骗

对被动雷达导引头（PRS）来说，由于其波束很宽，当在其分辨角范围内设置多个信号形式类似的辐射源，使其同时进入导引头测向系统时，它是无法从角度上进行分辨的，此时导引头将跟踪多个辐射源合成的重心。图 5.19 所示为被动导引头天线方向图，它表示了两个辐射源抗 ARM 的原理图（PRS 为幅度和差单脉冲系统）。

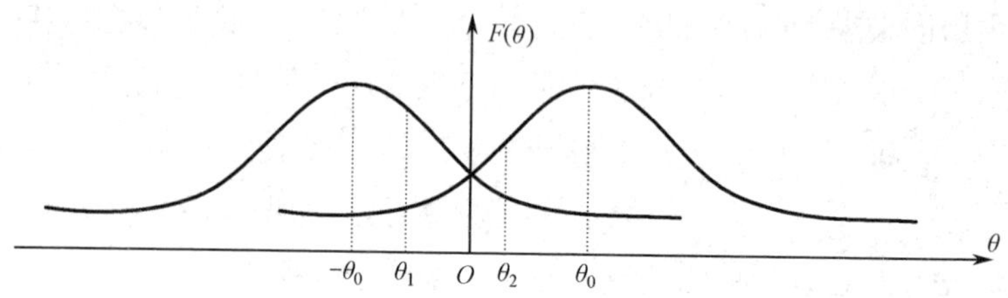

图 5.19　被动导引头天线方向图

图 5.19 中，θ_1 和 θ_2 分别为干扰源 01、02 与 PRS 等信号方向的夹角。根据单脉冲测角的原理，PRS 将跟踪两个辐射源的重心。当两个辐射源辐射功率不平衡时，PRS 的跟踪角度为

$$\theta = \frac{\Delta\theta}{2} \times \frac{b^2 - 1}{b^2 + 1} \tag{5.43}$$

式（5.43）中，$\Delta\theta$ 为两个辐射源对导引头的张角，b^2 为两个辐射源的辐射功率比。

2）时间欺骗

在有 ARM 攻击告警时，雷达采取短暂关机，开启诱饵工作进行对抗是一种有效的工作方式。分析表明，不论反辐射导弹是否采用抗雷达关机措施（如伞降、巡航、记忆等），由于雷达诱饵与雷达信号形式相同、辐射源空间位置间距小于 ARM 的角度分辨能力，一般情况下它都会将诱饵当成雷达，并立即进行攻击。诱饵设计中只需考虑信号形式与被保护雷达相同，而不用考虑与雷达的时序同步问题。当 ARM 来袭时，如果不允许雷达关机，在诱饵的设计中，就必须保证诱饵与雷达的时序同步，同步的主要目的是保证 ARM 只瞄准诱饵的方向，而不会去瞄准雷达。从前面对导引头的基本原理分析中可知，导引头采用的是脉冲前沿跟踪，因此在诱饵的时序上应超前雷达，使导引头跟踪诱饵而不是雷达。

3）幅度欺骗

前面通过对角度欺骗的分析可知，PRS 的瞄准方向一般偏向功率大的辐射源。因此，在诱饵与雷达同时工作时，诱饵的辐射功率是很重要的指标。诱饵的功率需求主要取决于被保护雷达的顶空副瓣电平，它至少应与雷达顶空平均副瓣电平相当。因此，诱饵的天线规模取决于被保护雷达的顶空平均副瓣电平。例

如，某雷达发射功率为 200kW，发射增益为 35dB，顶空 45° 以上平均副瓣电平为-40dB，当诱饵采用全向天线时，其增益认为是 0dB 左右，可以估算出诱饵的功率至少需要 63kW。如果诱饵天线有一定方向性，比如为方位 120°、俯仰 60° 的空域覆盖，可知其天线增益约为 6dB，则诱饵的功率也需要 16kW。可见，诱饵的功率还是相当大的，其天线规模也较大。如果能将雷达顶空平均副瓣电平压至 −50 dB，采用全向天线时，则诱饵功率最大只需要 6.3kW；当采用宽波束覆盖的 6dB 增益天线时，诱饵的功率仅需要 1.6kW。可见，减小诱饵功率和天线规模最有效的途径是降低雷达的顶空平均副瓣电平。

对顶空平均副瓣电平较高的雷达而言，采用更高功率的诱饵来保护雷达是不切实际的，诱饵的成本将直线上升以致不值得去做。解决的办法是当 ARM 来袭时，雷达短暂关机，开启诱饵。当雷达关机时，ARM 诱偏对诱饵的发射功率要求大大降低，其功率要求与对 PRS 的有效作用距离有关。图 5.20 给出了不同频率时，诱饵有效作用距离与功率的关系。

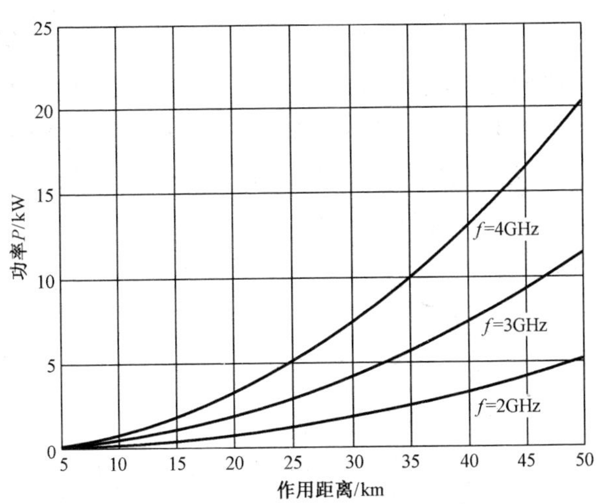

图 5.20　诱饵有效作用距离与功率的关系

2. 诱饵抗 ARM 性能分析

为了解决反 ARM 多批次攻击的诱饵保护问题，一般采用多诱饵组合的抗 ARM 工作方式，其原理是多点辐射源交替工作互相保护，以提高诱饵的生存概率。为了达到这一目的，需要知道导弹来袭的大概位置。这里假设能够提供导弹告警信息，且方位、俯仰告警精度为 5°（指均方根值）。假设导弹特征参数为：被动雷达导引头，方位、俯仰为单脉冲测向，接收机频率范围为 0.8～18GHz，分辨角为 30°，最大横向过载为 10g，导弹末端速度为 500m/s，攻击角度方位为

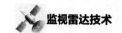

360°，仰角范围为 25°～85°，有效杀伤半径不大于 60m。显然，多点源的对抗效果与布阵方式密切相关，为了衡量对抗效果，这里定义诱饵生存概率，并以生存概率最大准则进行布阵。

诱饵生存概率的定义为：设告警设备提供的方位、俯仰面的测角误差分别为 σ_θ 和 σ_φ（均方根值），对某一边长（作为参变量），在全空域范围导弹可能的来袭点有 360×90 个（以 1° 为单位），即测量值有 360×90 个；导弹实际位置是以每个测量值为中心的区域，该区域是以 σ_θ 和 σ_φ 为方差的高斯分布，其大小在产生分布时指定，这里记为 D，所以导弹的可能落点为 $N=360\times90\times D$ 个，对这 N 个落点，计算其与各诱饵的距离，并将大于门限值（60m）的个数计为 M，则生存概率 P_s 为

$$P_s=\frac{M}{N} \tag{5.44}$$

若诱饵中任一个被摧毁，则认为对抗失败。

1）三诱饵抗 ARM 性能分析

从性能和成本两方面考虑，三诱饵是监视雷达最常用的抗 ARM 使用方式。三诱饵通常辐射功率相等并采用三角形布阵。图 5.21 所示为三诱饵的生存概率与布阵边长的关系，该图中曲线表示诱饵群总的生存概率。图 5.22 所示为 200m 布阵时的三诱饵导弹落点分布图，其图中的圆圈半径为 60m，表示诱饵能被杀伤的区域。以上分析都假定辐射源功率相等。

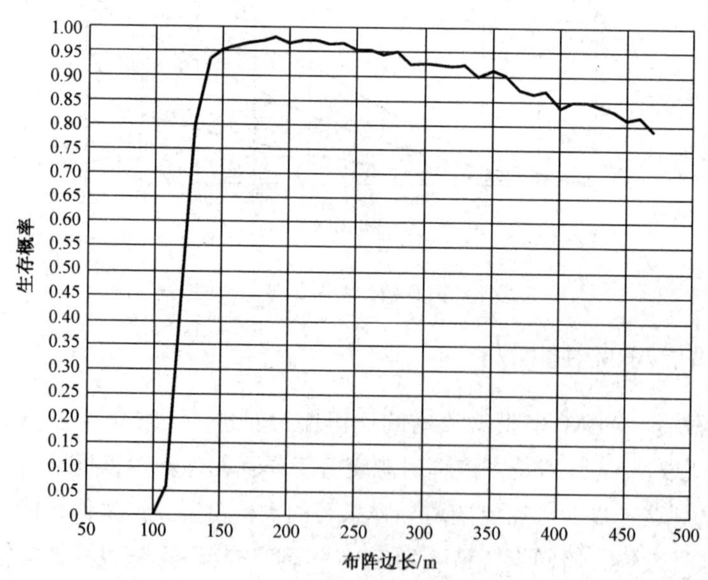

图 5.21　三诱饵的生存概率与布阵边长的关系

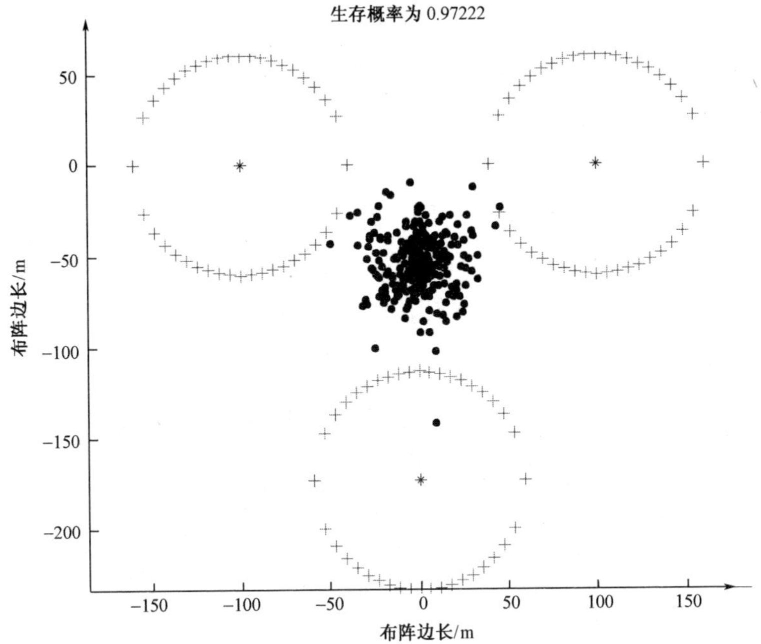

图 5.22　200m 布阵时的三诱饵导弹落点分布图

2）双诱饵抗 ARM 性能分析

图 5.23 所示为双诱饵的生存概率与布阵边长的关系。比较图 5.21 和图 5.23，可明显看出三诱饵的对抗效果好于双诱饵的。因此，实际使用时，在诱饵成本可承受的前提下，应尽可能采用三诱饵对抗方式。显然，单点源抗 ARM 的目的只是将 ARM 吸引到自身区域，它本身不具备自我保护能力，实际使用时成本较高。

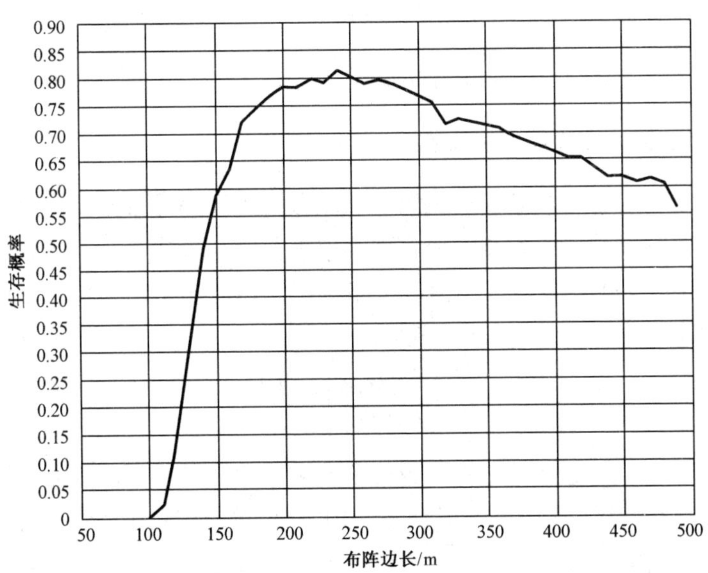

图 5.23　双诱饵的生存概率与布阵边长的关系

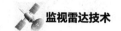

一般将采用单点源抗 ARM 的方式称为“牺牲式诱饵”，采用多点源（两点源以上）抗 ARM 的方式称为“非牺牲式诱饵”。

3）双、三诱饵随机干扰性能分析

当无法提供导弹位置信息时，双诱饵、三诱饵可以采用随机抖动的方式工作，它们对 ARM 导引头的干扰处于一种随机状态，而 ARM 导引头可能抓其中某个诱饵，也可能抓某 2 个诱饵的重心或 3 个诱饵的重心。假设导弹大致来袭方向已知，如方位在 60° 扇面，俯仰为 45° 以上，导弹参数与前面一致，则双诱饵随机干扰生存概率与布阵边长的关系如图 5.24 所示。

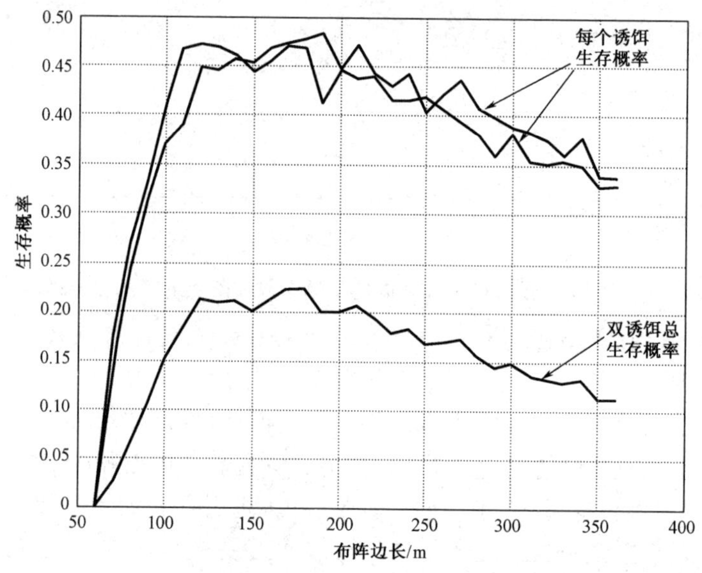

图 5.24　双诱饵随机干扰的生存概率与布阵边长的关系

3. 功率量级与天线形式的选择

在诱偏系统设计中，其功率量级和天线形式的选择非常重要，它主要取决于被保护雷达的发射功率、天线增益、副瓣电平及馈线损失等。具体来说，在雷达开机的情况下，为有效诱偏 ARM，可靠保护雷达，在空间某点，雷达副瓣和诱饵的功率面密度应满足如下关系，即

$$k \cdot \frac{P_\mathrm{d} G_\mathrm{d}}{4\pi R^2 L_\mathrm{d}} \geqslant \frac{P_\mathrm{t} G_\mathrm{t}}{4\pi R^2 L_\mathrm{t}} \tag{5.45}$$

式（5.45）中，P_d、G_d 和 L_d 分别代表每个子诱饵的发射功率、增益、馈线损失；P_t、G_t、L_t 分别代表雷达的发射功率、顶空平均副瓣增益、馈线损失；系数 k 表示子诱饵的功率空间合成得益，3 个子诱饵时 $k=\sqrt{3}$，两个子诱饵时 $k=\sqrt{2}$，单诱饵时 $k=1$。由此可以得出诱饵的功率增益积。举例分析，如果雷达的峰值

功率为 200kW，天线增益为 35dB，顶空平均副瓣为-45dB，发射馈线损失为 2dB；假设诱饵采用全向天线，增益按 0dB 计算，馈线损失为 1dB，则诱饵的功率为 16kW。可见诱饵的功率还是比较大的，这就造成了诱饵规模和成本的上升。如果只考虑某一方位的保护，如仰角 60°、方位角 120°，则诱饵的天线增益为 6dB，诱饵的功率可以降为 4kW，这可以大大减小诱饵的规模。如果雷达顶空副瓣还能再压低一些，诱饵的规模就可以做得很小。因此，当雷达的功率较大，顶空副瓣又较差时，用户必须要在诱饵的规模（成本）和保护范围之间进行选择。

从 ARM 的攻击方式来看，为提高其雷达信号截获的稳定性，其末端一般采用截获副瓣信号寻的方式，下视攻击角一般为 20°～70°。因此，在进行诱饵系统的设计时，监视雷达的副瓣一般取其顶空平均副瓣。值得注意的是，一般平均副瓣是计算出来的，并不是实测值。该顶空平均副瓣与主轴面上的副瓣相比，往往相差 20～30dB 甚至更高。图 5.25 和图 5.26 所示为雷达的立体波瓣图，其中图 5.25 用-60dB 的平面进行了切割，图 5.26 用-40dB 的平面进行了切割。可以看出，除主轴面外，大于-60dB 的副瓣均处于 20° 仰角以下，因此以平均副瓣设计诱饵，对一些副瓣优异的监视雷达，诱饵的功率还是可以做得较低的，而且在仰角 20° 以上，诱饵的功率高于雷达功率，不妨将该平均副瓣作为保护范围的门限值。从图 5.25 和图 5.26 中也能看出，主轴面上的副瓣还是相当大的，到 50° 的位置，主轴面上的副瓣电平都高于-40dB。从这里也可以看出，依靠诱饵保护雷达主轴面是不切实际的。从 ARM 的攻击方式来看，对监视雷达，由于天线环扫，ARM 为了达到一定的引导精度，需要较高的数据率支持，它总是从副瓣寻的（因为副瓣始终存在），而从主瓣（或主轴面）进入的可能性较小。因此，在设计诱饵时，只需考虑雷达平均副瓣即可。

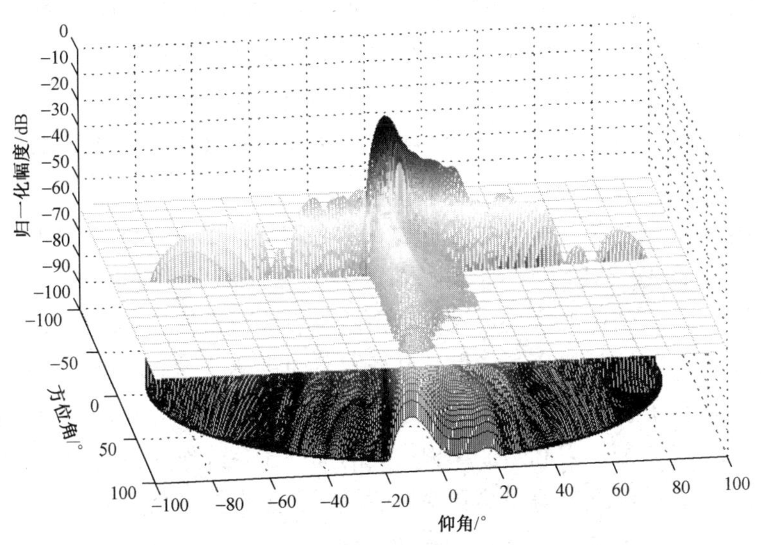

图 5.25　雷达立体波瓣图（-60dB 切割）

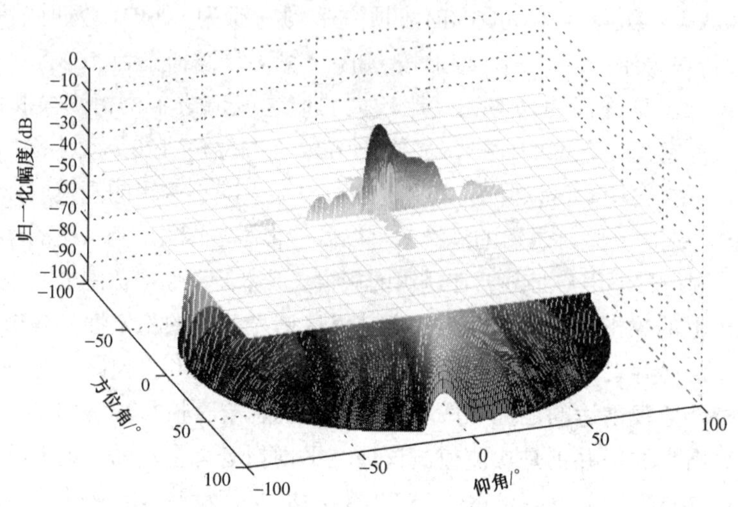

图 5.26　雷达立体波瓣图（-40dB 切割）

与保护采用机扫工作模式的监视雷达设计的考虑不同，对制导雷达来说，它的天线摆动范围和波束扫描范围很小，ARM 可以稳定地跟踪其主波束或主轴面副瓣，因此在抗 ARM 设计中必须要考虑其最大副瓣（诱饵的设计原则是一般不保护 ARM 截获雷达主瓣信号进行攻击）。这就造成制导雷达的诱饵功率往往比监视雷达的诱饵功率大许多，而且制导雷达诱饵的天线增益也往往较大，从美国设计的两类不同雷达诱饵（TPS-59 诱饵和 MPQ-53 诱饵）中可以明显看出差异。

5.5.5 ARM 告警技术

由于现代先进的 ARM 普遍采用被动雷达、红外和卫星导航等复合制导手段，因此，仅依靠电子诱饵对被动雷达进行诱偏是不能完全对抗 ARM 的，必须结合红外诱饵、激光或其他拦截武器、卫星导航干扰等多种手段进行综合对抗。这就要求事先判别来袭目标是否为 ARM，并提前发出警报，以便雷达阵地指挥所采取相应的对抗措施。

对 ARM 的判别和告警一般是基于 ARM 的空间运动特点做出的。主要判决依据有两条：首先，ARM 的飞行速度较一般的飞机和巡航导弹要快，通常为 2～3Ma；其次，因为 ARM 主要通过被动雷达导引头对雷达信号的跟踪引导飞行方向，所以其运动规律是在离开载机后沿径向飞向雷达。因此，可以利用其具有较大的飞行速度且沿雷达径向飞行的特点，较为容易地识别 ARM 与其他航空器。

对 ARM 的告警可以利用被保护雷达的部分设备，作为雷达的一个功能来实现。例如，瑞士康脱维公司和埃立克森公司联合生产的“空中哨兵”防空火控系统，它的搜索雷达为 S 波段全相参脉冲多普勒体制，其 ARM 告警系统则为该搜索雷达的一个子系统。该系统根据 ARM 是从载机分出，并以较高的径向速度飞向雷达的运动特征，识别 ARM 并向系统告警，同时自动控制雷达天线，对 ARM 进行跟踪，将情报送往地空导弹等对空火力以对 ARM 进行拦截[8]。

对 ARM 的告警也可以使用一部专用的 ARM 告警雷达。ARM 告警雷达的设计原则包括以下 7 个。

（1）具有一定的抗 ARM 能力。告警雷达的主要任务是检测 ARM，提供 ARM 来袭警报。由于 ARM 告警雷达本身需要发射电磁能量，因此有可能成为 ARM 的袭击目标，故设计上要考虑减少被 ARM 检测到的可能性。上面说到 ARM 导引头频率作用范围一般为 0.8～20GHz，虽有报道说，AGM-88C 反辐射导弹工作频率已经向下扩展到 0.5GHz，但毕竟受天线尺寸限制，其频率向下扩展的空间有限。从 ARM 侦察的角度考虑，可以肯定的是，频率越低成为 ARM 袭击对象的可能性就越小。因此，告警雷达的工作频率范围通常选在 UHF 或更低的频段。

（2）使 ARM 的 RCS 尽可能大。雷达目标的 RCS 在低频端常呈现出某些谐振特性，且与目标尺寸有关。因此，可以寻找能使 ARM 有较大 RCS 的工作频率。但 ARM 弹径一般为 0.15～0.4m，翼展为 0.3～1.2m，弹长为 2～5m，由于导弹的结构尺寸变化，各种导弹的谐振频率点差别较大，不可能找到一个频率点使雷达对所有的导弹都呈现谐振状态，只能寻找使大部分导弹呈现最大 RCS 的频率。

（3）具备一定的抗电子干扰能力。尽管告警雷达工作频段可能不易被 ARM 侦察到，但被对方其他侦察设备侦察并实施干扰的可能性是存在的，所以设计中要考虑对抗阻塞干扰和欺骗式干扰。

（4）减少和其他电磁能量的相互干扰。由于告警雷达和被保护雷达一般相距较近，两者之间的相互干扰是不可避免的，由于被保护雷达不太可能为了保证告警雷达正常工作而更改工作频率，因此告警雷达需要考虑抗干扰措施，同时还要考虑广播电视、通信信号等辐射源带来的干扰，以及告警雷达对其他民用电磁信号的干扰。

（5）尽可能低的成本。告警雷达是保护主战雷达的构成之一，过高的成本将使其失去意义。

（6）具备一定的机动能力。由于作战区域变化，告警雷达必须能够根据战局要求随时配属到相应的主战雷达附近，因此必须具有一定的机动能力。

（7）能动态分配观测时间。随着分配时间的变化，对小目标的检测能力有着很大的不同，动态分配观测时间将有利于系统对高速 ARM 的检测。

美国在 1984 年就研制出了保护 AN/TPS-43E 雷达的告警雷达，后来为 AN/TPS-75 雷达研制了 ARM 告警雷达，型号为 AN/TPQ-44。它采用超高频脉冲多普勒体制、电扫天线、固态发射机，具有全空域保护能力，机动性非常强。它的边长为 1m，质量为 45kg，最大作用距离为 45km。工作时安放在 AN/TPS-75

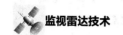

雷达附近，并有电缆与 AN/TPS-75 雷达相连，各自工作在不同频率上。

法国也研制了 ARM 告警雷达 PARASOL，该雷达采用方舱结构，天线似伞状，设备量较大。

俄罗斯也研制有 ARM 告警雷达 GAZETCHIK-E，如图 5.27 所示，它能够提供 ARM 全空域告警信息给被保护雷达，将其短暂关机，并采取假目标、干扰、拦截等手段对抗 ARM，可以保护重要雷达。该系统无人值守，机动性较强。

雷达组网探测系统也可以提供探测空域内 ARM 目标的信息，并可根据 ARM 的飞行航迹，计算出其要攻击的目标，从而给被攻击目标提供告警。

图 5.27　俄罗斯 GAZETCHIK-E 告警雷达

参考文献

[1] BARTON D K, COOK C E, Hamilton Paul. Radar Evaluation Handbook[M]. Boston: Artech House, 1991.

[2] SKOLNIK M I. 雷达手册[M]. 王军，林强，等译. 2 版. 北京：电子工业出版社，2003.

[3] 电子工业部第三十八研究所. ARM & AARM 文集[C]. 合肥：电子工业部第三十八研究所，1992.

[4] 郦能敬. 雷达抗干扰能力的度量公式[J]. 航天电子对抗，1984(4): 417-420.

[5] 国防科技名词大典（电子）[M]. 北京：航空工业出版社，2022.

[6] 陆柱蕙. F-117A 飞机外形隐身性能的研究[J]. 系统工程与电子技术，1990(6): 31-38.

[7] 何国瑜，王振荣. 隐身飞机目标特性初探[C]. 反隐身技术研讨会论文集（第 2 集），1992: 112-118.

第 6 章
监视雷达系统设计

监视雷达本质上是一种搜索雷达。搜索雷达是“主要用于探测所关注的特定空域内的目标”的一种雷达[1]。所以监视雷达的核心功能是完成关注的特定空域内发现目标、跟踪目标并测量其空间位置，监视雷达的系统设计必须围绕其核心功能展开论述。其中“关注的特定空域内发现目标”主要与雷达的平均功率和接收孔径面积（能量）相关，“跟踪目标”主要与数据更新率（数据率）相关，目标“空间位置测量”主要指位置测量（精度），所以监视雷达主要围绕这三个主要性能指标开展系统设计。监视雷达的空域覆盖、数据率和精度的选择是相互制约的，其系统设计过程就是一个系统综合优化的过程。

本章从监视雷达主要功能出发，瞄准监视雷达系统设计的主要性能要求，阐述空域覆盖设计、时间资源设计和精度设计与误差分析的一般性方法和三者之间的相互关系，最后给出监视雷达工作频率选择的主要考虑因素。

6.1 空域覆盖设计

监视雷达为了实现探测所关注的特定空域内的目标，一般采用天线在方位上360°匀速旋转来覆盖特定的探测空域。在需要全方位搜索和高机动目标跟踪等多任务能力兼顾的应用场合，则需要采用三面阵（如美国DDG1000舰载AN/SPY-3雷达）或四面阵（如美国舰载“宙斯盾”系统中的AN/SPY-1系列雷达），依靠电扫描实现全方位空域覆盖，但这种体制的监视雷达造价很高，不宜用于陆基常规监视雷达。因此，对于常规机械扫描监视雷达来说，给定了搜索立体角，功率孔径积就成了威力覆盖范围的唯一决定因素。换句话说，监视雷达使用的总能量决定了其探测能力和系统规模。由此可见，监视雷达系统设计的首要问题是功率孔径积（能量）的优化配置问题。本节重点阐述能量优化配置的一般方法。

6.1.1 能量优化配置

监视雷达的能量优化配置设计就是使其功率孔径积与特定的搜索立体角相吻合。能量配置主要涉及两个主要方面，一是空域上的能量分布，空域能量分布主要与覆盖空域的波束设计相关，按照第1章对威力覆盖要求的描述，雷达的探测威力范围应该限制在图1.17的空域内，而这主要取决于雷达的天线、发射、接收和信号处理分系统设计。二是能量的时间资源设计，在特定空间驻留多长时间决定了雷达系统的检测能力、反杂波能力和测量精度等主要性能，如何把雷达的能量、时间资源优化配置好，从很大程度上决定了监视雷达设计方案的优劣。

监视雷达设计中为了使雷达资源最大限度发挥作用，在满足空域覆盖的前提下，可以将雷达探测能量（功率、孔径、时间资源）进行优化设计，使系统的探测效能最大化。早期监视雷达由于受波束形成技术的制约，往往采用一个宽波束来覆盖整个空域（距离和高度），如图 6.1 所示。独立的宽波束覆盖容易造成仰角波束中心的能量浪费（格线区）和高、低仰角区的漏警（斜线区）。三坐标监视雷达由于要兼顾探测威力和测角精度（高度精度），一般选用微波频段，可做到较窄的波束宽度，在垂直面上可以用多个窄波束堆积或扫描来覆盖空域，如图 6.2 所示。

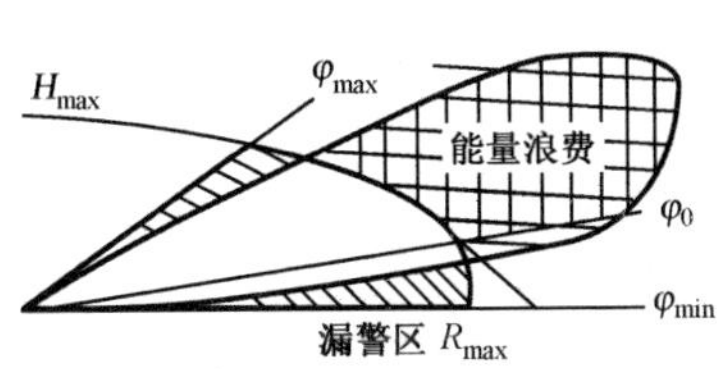

图 6.1　单波束覆盖示意图

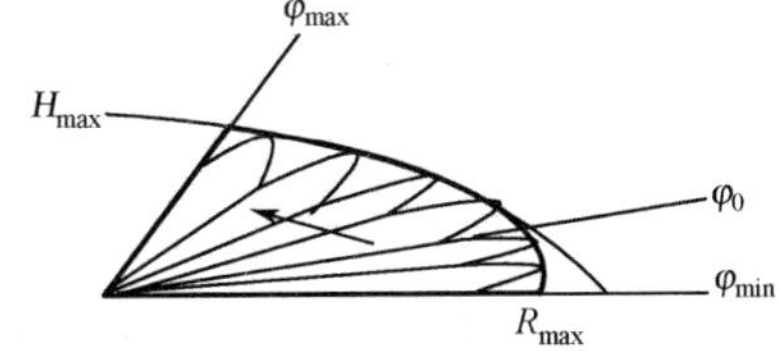

图 6.2　多波束堆叠覆盖示意图

能量的优化配置即通过改变每个波束位置的天线增益、功率和驻留时间来达到最佳能量分布设计。按照图 1.17 所示的威力覆盖范围要求，距离是仰角的函数，可把式（1.4）用相对距离 $R_s(\varphi)$ 表示为

$$R_s(\varphi)=\begin{cases}R_{max}/R_{max}=1 & \varphi_{min}\leqslant\varphi<\varphi_0\\ R(\varphi)/R_{max} & \varphi_0\leqslant\varphi\leqslant\varphi_{max}\end{cases}\tag{6.1}$$

式（6.1）中，$R(\varphi)$ 就是式（1.4）表示的距离，它是仰角的函数。

$R_s(\varphi)$ 是设计中应该保证在仰角为 φ 时，相对于 R_{max} 的距离。令 E_0 为最大距离 R_{max} 所需的能量，设计者可按照 $E(\varphi)=E_0R_s^n(\varphi)$ 的规律来分配仰角能量。各种 n 值的能量分布见图 6.3，不同 n 值对应的能量和空域覆盖差异极大。

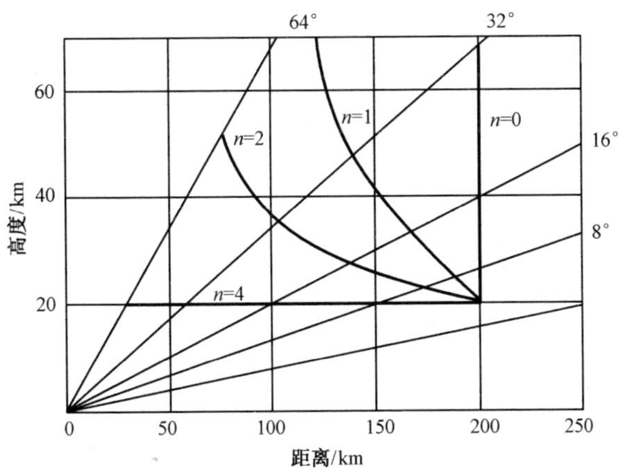

图 6.3　雷达探测能量资源优化分布图

下面讨论距离-仰角函数中 n 的选取及能量优化配置过程。

1）等能量分布

$n=0$ 是能量按 $E(\varphi)=E_0$ 的规律分布，在各仰角方向能量相等。这种分布对主要探测飞机类目标的监视雷达来说能量覆盖浪费极大，一般不采用此种能量分布，可作为比较的基值。但在弹道导弹防御、空间目标监视雷达中常在一个仰角区采用等能量分布设置搜索屏，以保证某一方位区域相同的截获概率。

2）最佳检测能量分布

对雷达方程式（2.14），令 $F_t=F_r=L_s=C_B=1$，$G_r=4\pi A_r/\lambda^2$，则可简化为

$$R_{\max}=\left[\frac{P_t\tau G_t A_r\sigma}{(4\pi)^2 kT_s V_0}\right]^{1/4}$$

式中，A_r 是接收天线孔径。可见度因子 V_0 为

$$V_0=\frac{(P_t\tau)A_r}{R_{\max}^4}\times\frac{\sigma G_t}{(4\pi)^2 kT_s}=k_1\frac{(P_t\tau)G_t A_r}{R_{\max}^4} \tag{6.2}$$

式(6.2)中，$k_1=\dfrac{\sigma}{(4\pi)^2 kT_s}$ 是一个与仰角无关的常数，$P_t\tau$ 是单个发射脉冲的能量。

可见度因子 V_0 是根据虚警概率和检测概率来确定的最小发现信噪比，若要保持信噪比恒定，单个脉冲的能量 $P_t\tau$ 应与距离的 4 次方成正比。为保持图 1.17 空域的上边沿有相同的检测概率和虚警概率，应按照式 $E(\varphi)=E_0R_s^4(\varphi)$ 分配能量，这样所需的能量随仰角增大呈 4 次方下降，使用的能量最小。按此原则分配布置能量称为最佳能量分布。在两坐标雷达中经常使用余割平方分布来逼近最佳能量分布，三坐标雷达采用仰角多波束，一般可以形成理想的最佳能量分布。

$n=4$ 是能量按 $E(\varphi)=E_0R_s^4(\varphi)$ 的规律分布。单纯从目标检测的角度看，要保证在空域的上边沿位置有相同的检测概率和虚警概率，发现目标的最小信噪比即可见度因子 V_0 应是一个常数，这就是最佳分布的准则。这种分布保证了图 1.17 的上边沿是等信噪比的，但在边沿以内的空域信噪比还是随距离减小而增加。

从式（6.2）可见，增加最大作用距离，除提高能量 $P_t\tau$ 外，还可以通过提高接收天线孔径 A_r 来实现。增大接收天线面积，可使需要发射的能量成比例减少。通过提高发射增益 G_t 来增加最大作用距离，形式上好像与 A_r 是一样的，但在 G_t 增大一倍的同时，波束宽度也窄了一半，虽然所需能量少了一半，辐射能量的空间也少了一半，但对监视雷达而言，搜索同样的空域，波束数目要增加一倍，故总的能量仍然不变。因此，从能量的观点看，提高发射天线的增益并不能增加监视雷达的作用距离，因为完成探测空域搜索立体角所需的时间也会相应增加。

3）等自卫距离能量分布

如前所述，在噪声背景下，$n=4$ 可形成准最佳能量分布。但在有源干扰环境中，干扰功率谱密度一般远大于噪声功率，信号干扰比（简称信干比）的能量分布应和距离的 2 次方成正比。从电子对抗的观点来设计能量分配时，式（2.25）中设外部的干扰机干扰功率谱密度 N_{rj} 远大于内部噪声 N_0，按照等自卫距离的设计，应保持信号干扰检测因子 D_0 为恒定，即取 $n=2$，能量按 $E(\varphi)=E_0R_{\mathrm{s}}^2(\varphi)$ 的规律分布。令

$$D_{\mathrm{j}0}=\frac{(P_{\mathrm{t}}\tau)G_{\mathrm{t}}\sigma F_{\mathrm{t}}\delta_{\mathrm{j}}L_{\mathrm{j}}}{4\pi N_{\mathrm{j}}G_{\mathrm{j}}F_{\mathrm{j}}^2R_{\mathrm{ss}}^2C_{\mathrm{B}}L_{\mathrm{s}}}=k_2\frac{(P_{\mathrm{t}}\tau)G_{\mathrm{t}}}{R_{\mathrm{ss}}^2} \tag{6.3}$$

式（6.3）中，$k_2=\dfrac{\sigma}{4\pi N_{\mathrm{j}}G_{\mathrm{j}}}$ 是一个与仰角无关的常数。

有源干扰背景下的信号检测因子 $D_{\mathrm{j}0}$ 是在干扰情况下检测到目标所需的最小信号干扰比，如果保持它恒定，单个脉冲的能量 $P_{\mathrm{t}}\tau$ 应与干扰距离的平方成正比。为保持图 1.17 空域的上边沿有相同的信干比，应按照式 $E(\varphi)=E_0R_{\mathrm{s}}^2(\varphi)$ 来分配能量。此分布不但得到了高空的反干扰能力，同时也适当地节约了能量。按此原则分配布置能量，称为等自卫距离能量分布。

在式（6.3）中，雷达接收天线面积 A_{r} 被消去，这说明在干扰环境中，加大接收天线面积，进入接收机的干扰功率也相应增大，加大接收天线面积不增大干扰背景下检测因子 $D_{\mathrm{j}0}$。与噪声背景不同的是，对于宽带干扰，雷达的抗干扰能力只与发射功率相关，提高发射天线增益可以提高雷达信号强度。

6.1.2　能量利用因子

对于监视雷达来说，只要雷达的功率孔径积一定，其能量资源就确定了，监视雷达需要对特定空域进行扫描覆盖，各种不同的波束赋形分布会形成不同的能量分布。对于采用方位机扫监视雷达来说，设雷达在俯仰方向上采用波束扫描方式覆盖特定空域，按照搜索立体角的覆盖要求，单位仰角辐射的能量是随仰角变化的，并是该仰角距离的函数。雷达天线在扫描时，每个波束位置要驻留 N 个脉冲，那么单位仰角波束内的辐射能量密度为

$$\frac{\mathrm{d}E}{\mathrm{d}\varphi}=\frac{NE}{\varphi_{\mathrm{V}}}=\frac{N(P_{\mathrm{t}}\tau)}{\varphi_{\mathrm{V}}} \tag{6.4}$$

式（6.4）中，φ_{V} 为仰角波束宽度。

在式（6.2）和式（6.3）中，为了保持空域上边沿的信噪比和信干比恒定，可归纳为

$$P_{\mathrm{t}}\tau = k \cdot \frac{R^n(\varphi)}{G} \tag{6.5}$$

式（6.5）中，k 为常数，定义为

$$k = (P_{\mathrm{t}}\tau)\frac{G_{\max}}{R_{\max}^n} \tag{6.6}$$

不失一般性，设天线副瓣为-13dB 时，其天线增益经验公式可表示如下

$$G = \frac{9.18}{\theta_{\mathrm{H}}\varphi_{\mathrm{V}}} \tag{6.7}$$

式（6.7）中，θ_{H}（rad）为天线水平波束宽度。将式（6.5）和式（6.7）代入式（6.4），有

$$\frac{\mathrm{d}E}{\mathrm{d}\varphi} = k\frac{R^n(\varphi)N}{\varphi_{\mathrm{V}}G} = k\frac{R^n(\varphi)N\theta_{\mathrm{H}}}{9.18} \tag{6.8}$$

在仰角上扫描一次的能量为

$$E_{\mathrm{r}} = \int_{\varphi_{\min}}^{\varphi_{\max}} \frac{\mathrm{d}E}{\mathrm{d}\varphi}\mathrm{d}\varphi = k\frac{N\theta_{\mathrm{H}}}{9.18}\int_{\varphi_{\min}}^{\varphi_{\max}} R^n(\varphi)\mathrm{d}\varphi \tag{6.9}$$

立体空域里的总能量 E 等于 E_{r} 乘以天线转一周的波束位置数 $\frac{2\pi}{\theta_{\mathrm{H}}}$，即

$$E = \frac{2\pi}{\theta_{\mathrm{H}}}E_{\mathrm{r}} = \frac{(P_{\mathrm{t}}\tau)NG_{\max}}{1.45R_{\max}^n}\int_{\varphi_{\min}}^{\varphi_{\max}} R^n(\varphi)\mathrm{d}\varphi \tag{6.10}$$

当 $n=0$ 时是等能量分布，所用的能量最大，为

$$E_0 = \frac{(P_{\mathrm{t}}\tau)NG_{\max}(\varphi_{\max}-\varphi_{\min})}{1.45} \tag{6.11}$$

能量利用因子定义为

$$\eta_{\mathrm{E}} = \frac{E_0}{E} = \frac{R_{\max}^n(\varphi_{\max}-\varphi_{\min})}{\int_{\varphi_{\min}}^{\varphi_{\max}} R^n(\varphi)\mathrm{d}\varphi} \tag{6.12}$$

式（6.12）中，φ 的单位为 rad，R 的单位为 km。$R(\varphi)$ 即式（1.4），重列如下

$$R(\varphi) = \begin{cases} R_{\max} & \varphi_{\min} \leqslant \varphi < \varphi_0 \\ \rho_{\mathrm{e}}\left[(\phi+\sin^2\varphi)^{1/2} - \sin\varphi\right] & \varphi_0 \leqslant \varphi \leqslant \varphi_{\max} \end{cases}$$

式中

$$\phi = \frac{H_{\max}}{\rho_e}\left(2+\frac{H_{\max}}{\rho_e}\right)$$

$$\varphi_0 = \arcsin\left(\frac{H_{\max}}{R_{\max}} - \frac{R_{\max}}{2\rho_e} - \frac{H_{\max}^2}{2R\rho_e}\right)$$

能量利用因子即参照等角能量分布，雷达按照不同波束仰角覆盖设计能够节约能量的度量因子。按式（6.12）计算的能量利用因子曲线示于图 6.4，其中图 6.4（a）

和图 6.4（b）是 $n=4$ 时的情况，图 6.4（c）和图 6.4（d）是 $n=2$ 时的情况。

由图 6.4 可见，能量利用因子还与用户指定的空域（仰角范围、最大距离、最大高度）及能量分布的规律有关，对于探测高度值较小、仰角覆盖范围较大和探测距离较远的情况，采用不同的设计可节约的能量较多。

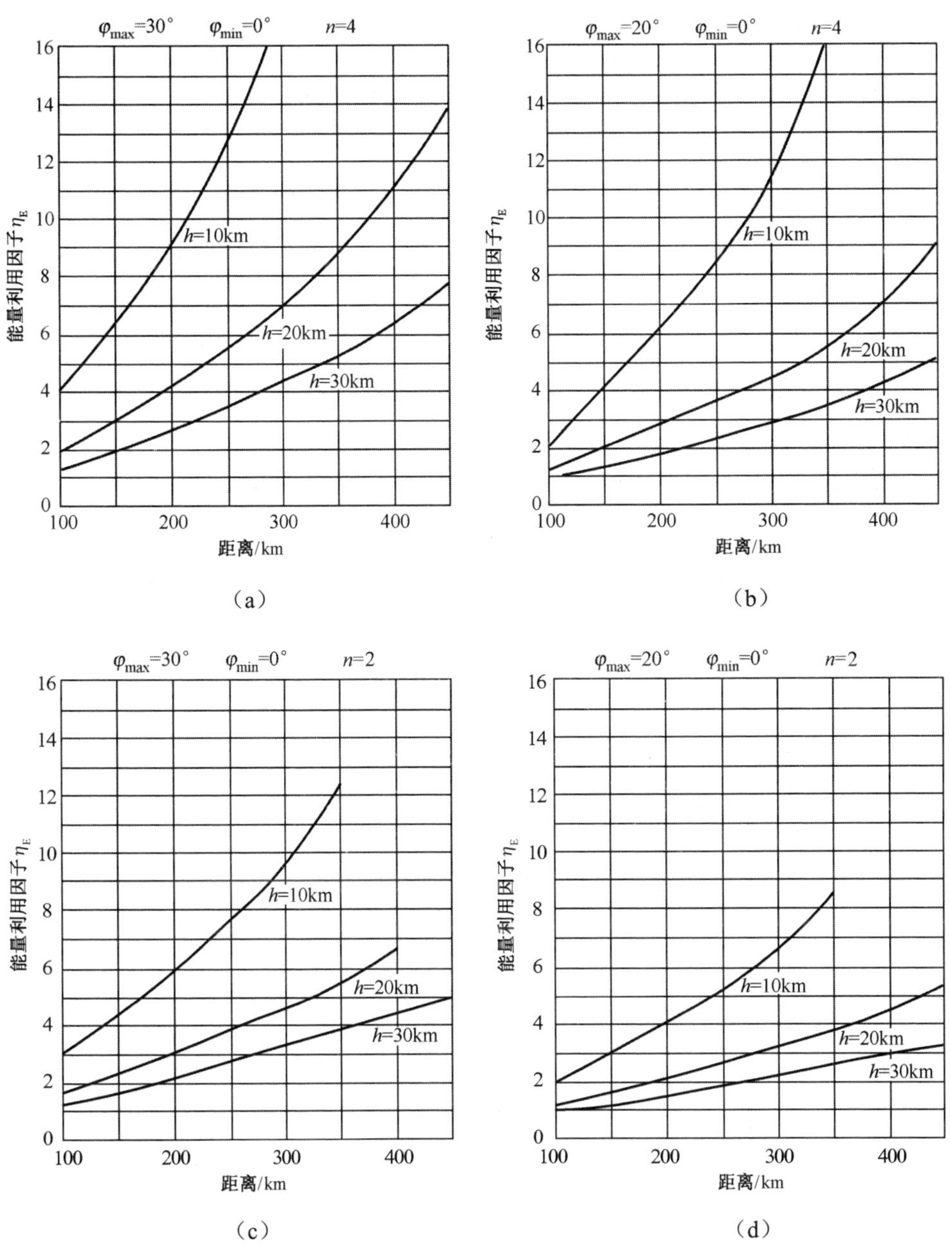

图 6.4　不同应用模式的能量利用因子 η_E

例如，某雷达探测空域要求为 $R_{max} = 400\text{km}$ ，$H = 20000\text{m}$ ，$\varphi_{min} = 0°$ ，$\varphi_{max} = 30°$ ，若仅考虑噪声背景，按最佳能量分布设计，取 $n = 4$ ，用式（6.12）计算或查图 6.4，可得能量利用因子 $\eta_E = 11.2$ ；若考虑有源干扰背景，取 $n = 2$ ，则能量利用因子 $\eta_E = 6.6$ 。这为采用灵活波束形成的数字阵列雷达的不同波束覆盖设计提供了理论依据。

提高能量利用因子是提高雷达资源利用率的最有效手段，同时可以获得较好的探测效能。对于采用波束扫描或固定波束合成网络的雷达来说，其主要调节手段包括如下 3 种。

（1）天线增益。随着仰角的增大，按保持等检测概率减小天线的增益。在多波束三坐标雷达设计中，可以采用随仰角不断增加波束宽度来降低增益，在两坐标雷达中可采用超余割平方天线降低天线高仰角的增益。

（2）功率分配。在多波束三坐标雷达中，通过功率分配，如在每个波束中分配不同的能量可以达到比较合理的分布，也可通过减小高仰角的脉冲宽度来节约能量。

（3）扫描时间。用减小高仰角脉冲数 N 的办法减少波束驻留时间 t_0，是一种比较简单的方法，也比较灵活。对于扫描体制雷达来说，也可采用提高高仰角的扫描速度来减少波束驻留时间的方法。这些方法在第 7 章介绍的各种三坐标雷达设计中都有体现。

计算过程中经常会用到雷达仰角能量分布积分 $\int_{\varphi_{min}}^{\varphi_{max}} R^n(\varphi)\mathrm{d}\varphi$ ，在表 6.1 和表 6.2 中给出了一些典型的积分值。

表 6.1　雷达仰角能量分布积分值（$n = 4$）

φ_{max}^*	h/km	R=100km	R=150km	R=200km	R=250km	R=300km	R=350km	R=400km	R=450km
30	5	6.1946	18.868	37.978	57.245	—	—	—	—
	10	12.890	43.136	91.422	161.58	243.41	319.37	—	—
	20	26.177	8.6654	196.60	370.77	604.66	892.76	1216.7	1545.6
	30	36.507	131.57	305.72	580.35	966.30	1465.7	2074.3	2766.1
20	5	6.1899	18.860	37.960	57.208	—	—	—	—
	10	12.628	43.368	91.347	161.47	243.27	319.18	—	—
	20	25.209	85.883	197.62	369.77	603.62	891.66	1215.5	1544.2
	30	33.673	126.52	300.67	575.49	961.90	1462.6	2069.3	2760.9

*：单位为（km×rad×10^6）。

表 6.2　雷达仰角能量分布积分值（$n=2$）

φ^*_{max}	h/km	R=100km	R=150km	R=200km	R=250km	R=300km	R=350km	R=400km	R=450km
30	5	0.9166	1.3217	1.6366	1.8311	—	—	—	—
	10	1.7843	3.5064	4.2015	4.7600	5.1009	5.2631	—	—
	20	3.2444	5.1596	6.9602	8.6786	10.225	11.591	12.474	13.661
	30	4.3207	7.2594	10.092	12.796	15.351	17.722	19.881	21.799
20	5	0.8912	1.2962	1.6109	1.8053	—	—	—	—
	10	1.6633	2.5896	3.4051	4.1000	4.6443	5.0079	—	—
	20	2.8430	4.7581	6.5765	8.2276	9.8236	11.189	12.344	13.258
	30	3.4230	6.3616	9.1942	11.901	14.453	16.623	18.983	20.900

*：单位为（km×rad×10^3）。

6.1.3　空域覆盖设计

监视雷达的首要任务是“关注的特定空域内发现目标”，空域一般是雷达设计给定的战术指标，系统设计的任务是要找出满足空域覆盖要求的实现方法。空域设计首要是表达出在帧时间内波束覆盖空域的立体角，把空域设计转换成仰角波束的能量分配和驻留时间分配。监视雷达的空域覆盖技术发展也是一个随着电子信息技术发展的过程，早期的监视雷达由于固态功率发射技术不成熟，一般采用集中式发射机设计，同时由于发射射频波束形成网络需要的大功率移相、衰减和射频开关技术不成熟，所以一般在仰角方向上只用一个大波束覆盖空域，如图 6.5 所示。但对其波束设计与空域覆盖性能进行分析可为监视雷达的系统设计提供较好的设计参考。

单波束设计由于天线面相位梯度变化的连续性，在空间形成一个独立的大波束，而雷达威力图的距离-高度-仰角不是线性关系，会带来波束覆盖与搜索立体角的不匹配。由图 6.5 可见，在波束最大方向区超过雷达探测搜索立体角的范围，形成能量的过设计和浪费，而在高、低仰角区形成两个较大的探测盲区，使得对低空和近距目标的探测能力急剧下降。

随着电子信息技术的发展，针对单波束空域覆盖的不匹配问题，逐步发展和采用了多个技术途径加以解决，其中具有代表性的是两坐标监视雷达的余割平方双波束设计、三坐标监视雷达的堆积多波束设计、阵列多波束设计、多波束相扫和采用数字波束形成（DBF）技术的数字阵列雷达等，尤其是采用 DBF 技术后，其波束形成可在数字域实现，灵活性极大提高，实现了对搜索立体角的精确匹配和任意定制，从根本上解决了监视雷达的空域覆盖设计问题，这将在后续章节展开讨论。

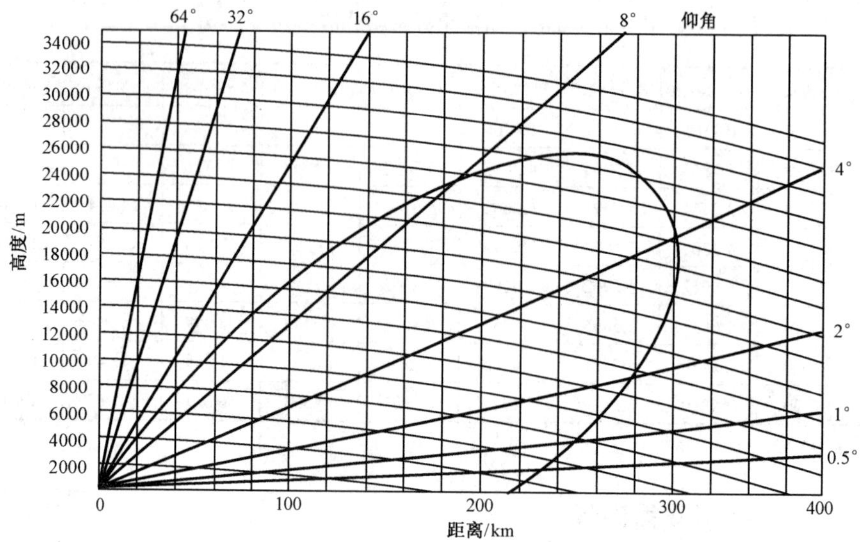

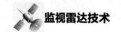

图 6.5　单波束威力覆盖图

两坐标监视雷达为兼顾探测距离和测量精度大多工作于微波频段，天线反射面一般设计成变形抛物面，在空间形成近似余割平方的空域覆盖（本质是能量分布），使能量的分配和分布更加合理。按图 1.17 的要求，在仰角 φ_0 以上的能量，应随距离减小而减小。两坐标监视雷达常设计为 $\csc^x$ 的天线增益曲线，来得到较好的能量分布，这样天线的相对增益可表示为

$$G_s(\varphi) = G(\varphi_0)\frac{\csc^x \varphi}{\csc^x \varphi_0} \quad \varphi_0 < \varphi \leqslant \varphi_{\max} \tag{6.13}$$

式(6.13)中，$G(\varphi_0)$ 是在仰角 φ_0 的天线增益。如果忽略式(1.6)中 φ_0 的高次项，则可简化为

$$\varphi_0 = \arcsin\left(\frac{H_{\max}}{R_{\max}} - \frac{R_{\max}}{2\rho_e}\right)$$

图 6.6 所示为按照式（6.5）和式（6.13）以不同天线增益分布时的威力范围。由图 6.6 可见，余割平方（$x = 2$）增益曲线，接近 $n = 4$ 的最佳能量分布，但并不能完全覆盖 $n = 4$ 的等高威力区，而有一个漏警区（斜线区），对于等高威力覆盖要求来说，余割平方并不是一个理想的分布，其近区高仰角分配的能量不够，从图 6.6 来看至少要使威力覆盖超过 $n = 4$ 的曲线。在式（6.13）中，$x = 1$时，比较接近 $n = 2$ 的等自卫距离分布。设计系统时，应在近距高仰角区域分配比余割平方分布更多的能量，而分析发现，$1 < x < 2$ 是比较理想的分布，称其为超余割平方分布。

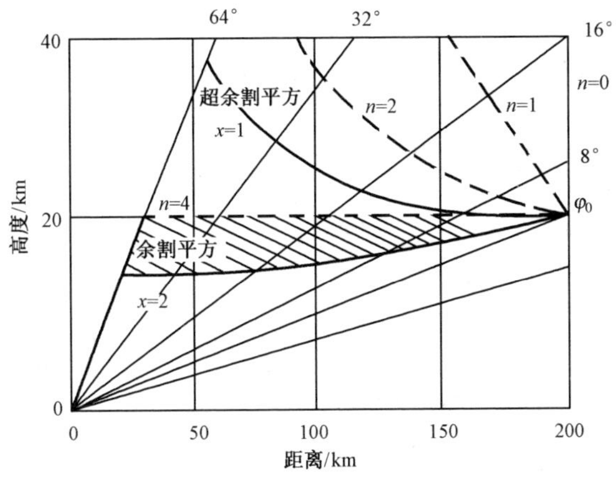

图 6.6　余割平方能量分布关系图

在工程上，超余割平方天线一般用一段变形面来向上反射一部分能量，在高仰角与主反射抛物面的能量合成形成新的能量曲线。实际上超余割平方天线可看作由两部分组成，第一部分是主反射抛物面，它决定了 φ_0 的大小，也决定了波束下边沿的陡峭程度，其高度 a 常用 $\varphi_0=(51\sim80)a/\lambda$ 来计算。第二部分是变形面，仰角 φ_0 以上的能量由变形面的大小和上翘程度决定，能量的向上分配可解释为波束展宽或增益下降，如图 6.7 所示。

可以用等效波束宽度和等效增益的概念来计算余割平方天线雷达的作用距离。如图 6.8 所示，由点 O、B 和 C 所围成的面积的意义是仰角从 φ_0 到 φ_{max} 的能量覆盖。如果这个能量在一个等效角度 $\Delta\varphi$ 内保持不变，同时增益也不随仰角变化，这个角度就是等效增益角。图 6.8 中△OAC 的面积与点 O、B 和 C 所围成的面积相等，是能量相等的条件。BC 段的曲线用式（6.1）表示、AC 段用等距离表示，则得

$$R_{max}\int_{\varphi_0}^{\varphi_{max}} R_s(\varphi)\mathrm{d}\varphi = R_{max}\Delta\varphi$$

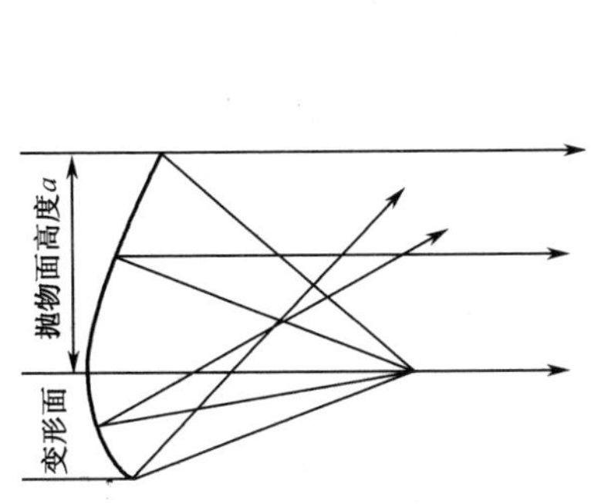

图 6.7　超余割平方天线能量发射示意图

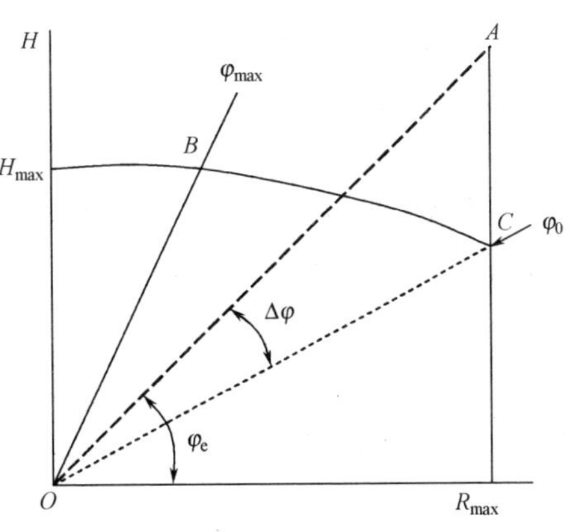

图 6.8　等效波束宽度示意图

实际上，上式和式（6.11）令 $\eta=1$ 的意义是一样的，可得等效波束宽度为

$$\varphi_{\mathrm{e}}=\varphi_0+\Delta\varphi=\varphi_0+\int_{\varphi_0}^{\varphi_{\max}}R_{\mathrm{s}}(\varphi)\mathrm{d}\varphi \tag{6.14}$$

把式（6.13）代入式（6.14），得

$$\varphi_{\mathrm{e}}=\varphi_0+\int_{\varphi_0}^{\varphi_{\max}}\frac{\csc^x\varphi}{\csc^x\varphi_0}\mathrm{d}\varphi$$

在积分计算中，φ_0 值较小时，令 $\sin\varphi_0\approx\varphi_0$ 和 $\cos\varphi_0\approx1$，则得到余割平方天线等效波束宽度为

$$\varphi_{\mathrm{e}}=\begin{cases}\varphi_0\left(2-\varphi_0\cot\varphi_{\max}\right) & x=2\\ \varphi_0\left(1+\ln\dfrac{\sin\varphi_{\max}}{\sin\varphi_0}-\ln\cos\dfrac{\varphi_{\max}}{2}\right) & x=1\end{cases} \tag{6.15}$$

我们知道天线增益计算的经验公式为

$$G=\frac{k_{\mathrm{a}}}{\theta_{\mathrm{H}}\varphi_{\mathrm{V}}} \tag{6.16}$$

式（6.16）中，k_{a} 取 25000～32000，与天线副瓣设计有关，副瓣越低，系数 k_{a} 越小。未加权天线的第一副瓣电平为-13dB，此时 k_{a} 可取 32000；加权后副瓣在-30dB 时，k_{a} 一般取 25000。

用式（6.14）的等效波束宽度代入式（6.15），得计算余割平方类天线的等效增益为

$$G_{\mathrm{e}}=\begin{cases}\dfrac{G_{\mathrm{m}}}{2-\varphi_0\cot\varphi_{\max}} & x=2\\ \dfrac{G_{\mathrm{m}}}{1+\ln\dfrac{\sin\varphi_{\max}}{\sin\varphi_0}-\ln\dfrac{\varphi_{\max}}{2}} & x=1\end{cases} \tag{6.17}$$

式（6.17）中，G_{m} 是仰角波束宽度为 φ_0 时的天线增益，也称为最大增益。当一部分能量分配到高仰角区后，相当于损失了天线增益，在用雷达方程计算余割平方天线的监视雷达的最大作用距离时，天线覆盖可直接取 G_{e} 值。

φ_0 是由式（1.6）的最大高度值和最大距离值确定的。空域的最大高度值越低、距离值越大，则 φ_0 值越小，受孔径和最大探测高度的限制，φ_0 值不可能太小，因此仰角波束的下边沿也不可能很陡峭，对工作频率较低的雷达来说尤其如此。

为了抑制地杂波的影响，在 4.5.1 节讨论了双波束技术，图 6.9 所示为双波束雷达威力图，其中的上下波束分别由两个独立的通道处理，下波束负责远距离低空目标探测，上波束由于波束抬高，大幅度减小了地物杂波的强度，可用于探测高空近距离的目标。

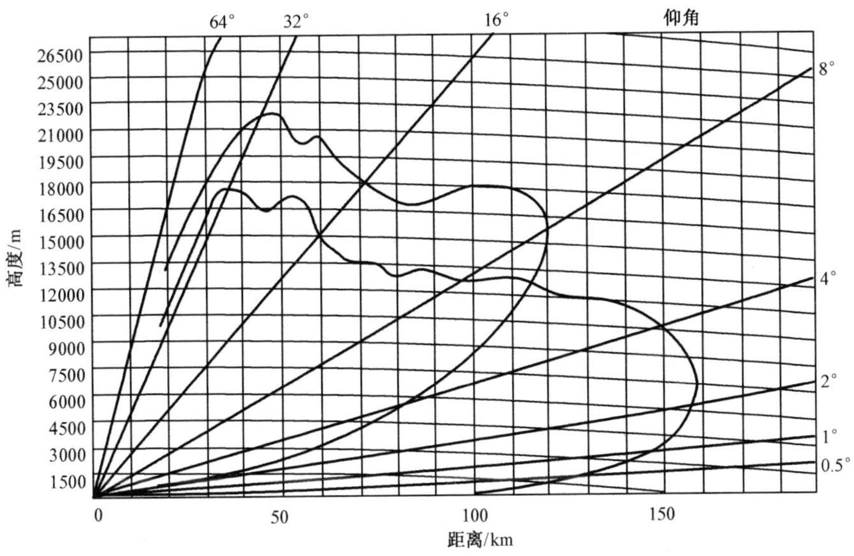

图 6.9　双波束雷达威力图

监视雷达还可采用多个波束堆积的方法来得到较好的威力覆盖，如图 6.10 所示，为增加一个余割分布波束的三波束雷达威力图。

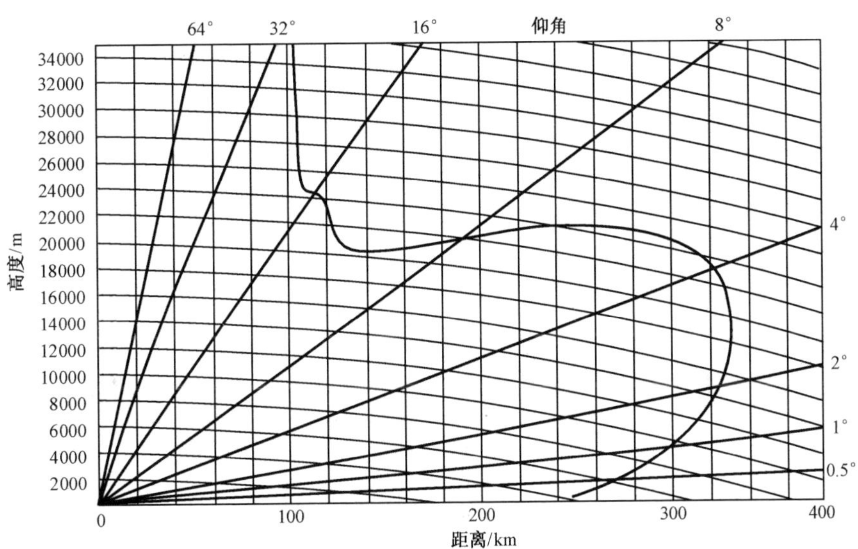

图 6.10　三波束雷达威力图

三坐标雷达由于要测量仰角（测高精度）值，其空域覆盖、能量设计和波束设计将更为复杂，它的技术实现路径主要有：①采用波束形成网络在空间形成覆盖探测立体角的波束覆盖，一般采用堆积多波束、阵列多波束技术体制；②采用频扫、相扫、频相扫结合或多波束相扫来覆盖探测立体角；③采用更加灵活的数字波束形成技术。相关内容将在第 7 章和第 8 章中讨论。

6.2 时间资源设计

监视雷达的时间资源设计是监视雷达系统设计中重要的设计环节，本节从搜索时间 t_s、搜索空域立体角 Ω 和雷达最大作用距离 R_{max}、功率孔径积 $P_{av}A_r$ 等与时间资源设计密切关联的要素出发，分别给出雷达驻留时间与搜索波束数、数据率与波束宽度的详细设计原理和方法。

6.2.1 雷达资源的约束关系

监视雷达的任务是搜索指定空域中所有的目标，搜索就要消耗时间资源，因此时间的合理分配和应用是监视雷达系统设计的重要内容之一，而表征时间的战术指标是数据率。雷达的数据率又称数据更新率，是雷达更新目标观测数据的速率。

由搜索时间 t_s、搜索空域立体角 Ω 和雷达最大作用距离 R_{max}、功率孔径积 $P_{av}A_r$ 的关系，可将式（2.19）改写为

$$R_{max} = \left(P_{av}A_r\right)^{1/4} \cdot \left(\frac{F_t^2 F_r^2}{4\pi k T_s C_B L_s}\right)^{1/4} \cdot \left(\frac{t_s \sigma}{\Omega D_0}\right)^{1/4} \tag{6.18}$$

式(6.18)中，第一项是雷达的功率孔径积，第二项是雷达系统参数，第三项即搜索时间 t_s、搜索空域立体角 Ω。为分析方便，不失一般性，令 $F_t = F_r = 1$，$C_B = 1$，则得功率孔径积为

$$P_{av}A_r = 4\pi k T_s C_B L_s \frac{R_{max}^4 \Omega D_0}{t_s \sigma} \tag{6.19}$$

在等效仰角宽度为 φ_e，天线做 360° 旋转时，搜索空域立体角 $\Omega = 2\pi\varphi_e$。方位波束宽度为 θ_H，波束驻留时间为 t_0，可得以扫描率 θ_H/t_0 为参数的功率孔径积为

$$P_{av}A_r = \frac{4\pi k T_s C_B L_s R_{max}^4 \varphi_e \theta_H D_0}{t_0 \sigma} \tag{6.20}$$

由式（6.20）可知，雷达的功率孔径积与探测距离 R_{max}、等效仰角宽度 φ_e、检测因子 D_0 和扫描速率（数据率）θ_H/t_0 成正比，与目标 RCS（σ）成反比。确定了雷达的功率孔径积 $P_{av}A_r$ 与空域覆盖、数据率的相互关系，可知其中方位波束宽度 θ_H、覆盖仰角的多波束宽度 θ_V 决定了雷达的测角精度。

雷达的功率孔径积是雷达设计中的重要系统参数，与雷达的所有战术、技术性能相关，图 6.11 所示为典型监视雷达的功率孔径积。由该图可见，远程监视雷

达的功率孔径积一般在 60～90dB（Wm^2），中近程机动型监视雷达一般在 40～60dB（Wm^2）。$P_{av}A_r$ 由 P_{av} 和 A_r 两者相乘产生，其中 A_r 与测角精度、雷达的机动性能等相关，而 P_{av} 由系统功耗限制决定。

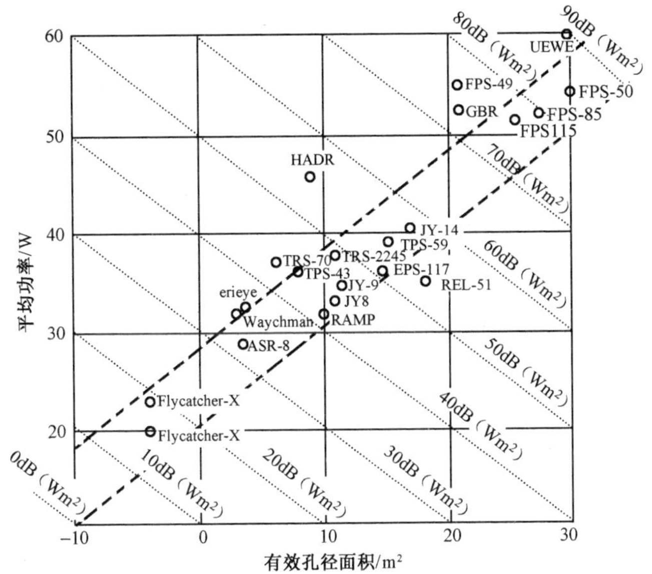

图 6.11 典型监视雷达的功率孔径积

6.2.2 驻留时间与搜索波束数

1. 驻留时间

对于搜索雷达，数据率是指雷达完成一次覆盖空域搜索，探测同一目标的次数，用每秒多少次来表示。在监视雷达中它是天线扫描一周所需时间 t_s 的倒数。我们也经常用 t_s 来度量数据率，称 t_s 为帧时间或数据更新时间。对于雷达设计师来说，数据率不是一个设计参数，它一般由雷达设计需求在战术指标中规定。监视雷达主要探测各类气动飞行目标，其数据率主要与维持目标跟踪航迹相关。帧时间 t_s 是一个与系统性能密切相关的设计参数，为保证雷达的最大作用距离，减小 t_s 值就需要增加系统的功率孔径积，相应地增加了雷达系统的设计成本；但减小 t_s 值有助于提高雷达的跟踪数据率，有助于提高机动目标跟踪的能力。

帧时间 t_s 由扫描波束数和每个波束的驻留时间确定，而波束驻留时间与驻留脉冲数和脉冲重复周期 T_r 相关，不模糊的脉冲重复周期为

$$T_r \geqslant \frac{2R_{max}}{c} \tag{6.21}$$

考虑雷达信号工作比占用时间时，T_r 可表示为

$$T_r \geqslant t_{d\min} + \tau = \frac{2R_{\max}}{c} + \tau = \frac{2R_{\max}}{c(1-D_u)} \tag{6.22}$$

式（6.22）中，$t_{d\min}$ 是雷达观测距离为 $R_{\max}$ 目标时的最小不模糊时间值，c 是电磁波传播速度，τ 是脉冲宽度，D_u 值是发射信号工作比。目前固态功率管发射机 D_u 值一般可达 0.1～0.3。

一般监视雷达采用方位机械旋转扫描工作方式，数据率由波束方位扫描率 θ_H/t_0 确定。其中，方位波束宽度与测量精度相关，这将在 6.3 节介绍；另一重要的时间参数是波束驻留时间 t_0，t_0 是雷达波束照射目标所驻留的时间，与发现目标的积累信噪比密切相关。波束驻留时间 t_0 满足

$$t_0 = NT_r \geqslant \frac{2NR_{\max}}{c(1-D_u)} \tag{6.23}$$

式（6.23）中，N 是波束一次扫描驻留时间内的积累脉冲数，是与检测因子 D_0 密切相关的一个重要的参数。

数据更新时间 t_s、重复周期 T_r 和波束驻留时间 t_0 是雷达时间资源设计中的 3 个重要的时间参数。t_s 一般由用户给出，T_r 一般由最大作用距离确定，设计师能够设计选择的只有波束驻留时间 t_0。从式（6.23）可见，对脉冲体制监视雷达的设计来说，选择波束驻留时间 t_0 的实质就是选择积累脉冲数 N。

2. 搜索波束数

可以理解监视雷达的搜索过程为：在一定时间内，用方位波束宽度 θ_H ×垂直波束宽度 φ_V 完成整个覆盖立体角的照射过程，扫描给定空域的时间为

$$t_s = \frac{2\pi}{\theta_H} t_V = \frac{2\pi}{\theta_H} \int_{\varphi_{\min}}^{\varphi_{\max}} \frac{1}{\varphi_V} \mathrm{d}\varphi \cdot t_0 \tag{6.24}$$

式（6.24）中，$2\pi/\theta_H$ 是方位上的波束数，$\int_{\varphi_{\min}}^{\varphi_{\max}} \frac{1}{\varphi_V} \mathrm{d}\varphi$ 是垂直方向的波束数。由式（6.24）可见，波束数目值越大，搜索时间越长，数据率越低。

搜索时间与搜索波束数目相关，对两坐标监视雷达而言，垂直方向上只有一个赋形波束，即 $\int_{\varphi_{\min}}^{\varphi_{\max}} \frac{1}{\varphi_V} \mathrm{d}\varphi = 1$，搜索时间只与方位波束数相关。对三坐标监视雷达而言，为了节约搜索时间，一般在仰角上设计同时多波束堆积覆盖仰角空域，降低搜索时间以保证数据率。

对于采有赋形波束或同时堆积多波束雷达来说，令 $\int_{\varphi_{\min}}^{\varphi_{\max}} \frac{1}{\varphi_V} \mathrm{d}\varphi = 1$，把式（6.23）代入式（6.24）可得

$$N=\frac{t_{\mathrm{s}}}{T_{\mathrm{r}}}\cdot\frac{\theta_{\mathrm{H}}}{2\pi} \tag{6.25}$$

无论从第 3 章信号检测的角度还是从第 4 章改善因子的限制角度看，都希望 N 值越大越好。在 $t_{\mathrm{s}}/T_{\mathrm{r}}$ 给定的情况下，对于采用方位机扫监视雷达，增大 N 值就意味着要增大方位波束宽度 θ_{H}，方位波束宽度也就成为雷达搜索设计的关键。式（6.25）也可写为

$$\theta_{\mathrm{H}}=2\pi\frac{T_{\mathrm{r}}}{t_{\mathrm{s}}}N \tag{6.26}$$

监视雷达的测角精度和波束宽度是完全关联的，波束宽度越窄，测角精度越高。从式（6.22）和式（6.26）可见，距离 $R_{\max}$ 值越大，T_{r} 值越大，要求的方位波束宽度 θ_{H} 越宽；数据率越高，t_{s} 值越小。总之，从最大作用距离、数据率、检测概率和改善因子等方面考虑，希望方位波束宽度 θ_{H} 越宽越好；而从天线增益、分辨率和测量精度考虑，方位波束宽度 θ_{H} 应越窄越好，但 θ_{H} 值越小意味着天线的尺寸越大，从雷达的结构和机动性等考虑必然会受到某种限制。方位波束宽度 θ_{H} 值小，相应波束驻留时间也短，除回波脉冲数也少外，对某些在仰角面需要波束扫描的雷达来说，可能会影响空域搜索能力。从杂波抑制的角度来说，方位波束宽度 θ_{H} 值增大，虽然脉冲数增多，可以提高系统的改善因子，但同时也会增强杂波回波的强度，反而增大了对杂波抑制能力的要求。上述分析表明，雷达系统设计中空域、时间和精度是相互制约的设计参数。受方位波束宽度 θ_{H} 影响的有天线增益、天线孔径、方位测量精度、方位角分辨率、波束驻留时间和脉冲数等。所以，在设计监视雷达系统时，方位波束宽度 θ_{H} 的设计是综合考虑雷达数据率和测量精度优化的结果，处理好式（6.26）是系统设计的重要内容之一。

在三坐标监视雷达设计中，还要增加仰角扫描，这使得雷达总搜索时间约束增加，搜索时间更加紧张，可采取改变每个仰角波束位置的波束宽度、重复周期、积累脉冲数来减少搜索时间。

总结一下，数据更新时间 t_{s} 是用户给定的，由前面分析可知监视雷达的 t_{s} 一般为 5s 和 10s；重复周期 T_{r} 是根据最大作用距离 $R_{\max}$ 计算出来的，常规监视雷达一般取 0.5～4ms；积累脉冲数 N 与检测概率和杂波抑制性能要求密切相关，一般取 5～20 个，其中远程监视雷达少一些，近程监视雷达或杂波抑制性能高的监视雷达多一些。

6.2.3 数据率与波束宽度

数据率 D 是监视雷达单位时间内（一般为秒）获取探测数据的次数，是监视雷达设计中的一个重要参数。也可以用数据更新时间 t_{s} 表示。数据率 D 一般定义为

$$D=\frac{1}{t_{\mathrm{s}}} \tag{6.27}$$

从6.2.2节内容可知，数据更新时间 t_{s} 与方位波束数 $2\pi/\theta_{\mathrm{H}}$ 成正比，与方位波束宽度 θ_{H} 成反比。为了获得高的测角精度，天线波束一般采用窄波束设计，这样覆盖指定的空域内，需要更多的波束位置或波束数，使得扫描整个空域的时间增多，也即降低了系统的数据率 D。

在三坐标监视雷达中，仰角测量误差与垂直波束宽度成正比，测高误差与距离成正比，那么在保持相同测高精度的条件下，垂直波束宽度应与距离成反比，即把天线垂直增益与距离按比例设计，即 $G=G_{\max}\cdot R^{n}(\varphi)/R_{\max}^{n}$，则式（6.7）在监视雷达的副瓣电平要求不高时，可简化表示为

$$\varphi_{\mathrm{V}}=\frac{9.18}{\theta_{\mathrm{H}}G}=\frac{9.18}{\theta_{\mathrm{H}}G_{\max}\left[\dfrac{R(\varphi)}{R_{\max}}\right]^{n}}=\frac{9.18}{\theta_{\mathrm{H}}G_{\max}}\times\frac{R_{\max}^{n}}{R^{n}(\varphi)} \tag{6.28}$$

如果在一个波束内要观察 N 个脉冲，则在 $NT_{\mathrm{r}}=t_{0}$ 的时间内观察的角度为 φ_{V}，那么单位仰角所需的扫描时间为

$$\frac{\mathrm{d}t}{\mathrm{d}\varphi}=\frac{NT_{\mathrm{r}}}{\varphi_{\mathrm{V}}} \tag{6.29}$$

仰角上一次扫描所需的时间则为

$$t_{\mathrm{V}}=\int_{\varphi_{\min}}^{\varphi_{\max}}\frac{\mathrm{d}t}{\mathrm{d}\varphi}\mathrm{d}\varphi=\int_{\varphi_{\min}}^{\varphi_{\max}}\frac{NT_{\mathrm{r}}}{\varphi_{\mathrm{V}}}\mathrm{d}\varphi$$

天线转一圈共有 $2\pi/\theta_{\mathrm{H}}$ 个波束位置，则扫描给定空域的时间为

$$t_{\mathrm{s}}=\frac{2\pi}{\theta_{\mathrm{H}}}t_{\mathrm{V}}=\frac{2\pi NT_{\mathrm{r}}}{\theta_{\mathrm{H}}}\int_{\varphi_{\min}}^{\varphi_{\max}}\frac{1}{\varphi_{\mathrm{V}}}\mathrm{d}\varphi \tag{6.30}$$

把式（6.21）的 T_{r} 取等式和式（6.28）的 φ_{V} 代入式（6.30），得

$$t_{\mathrm{s}}=\frac{0.45NG_{\max}}{10^{5}R^{n-1}}\int_{\varphi_{\min}}^{\varphi_{\max}}R^{n}(\varphi)\mathrm{d}\varphi \tag{6.31}$$

当 $n=0$ 时，有

$$t_{\mathrm{s0}}=\frac{0.45NG_{\max}(\varphi_{\max}-\varphi_{\min})}{10^{5}R_{\max}^{-1}} \tag{6.32}$$

则可定义时间节约因子为

$$\eta_{\mathrm{t}}=\frac{t_{\mathrm{s0}}}{t_{\mathrm{s}}}=\frac{R_{\max}^{n}(\varphi_{\max}-\varphi_{\min})}{\int_{\varphi_{\min}}^{\varphi_{\max}}R^{n}(\varphi)\mathrm{d}\varphi} \tag{6.33}$$

时间节约因子的公式（6.33）和能量利用因子的公式（6.12）形式上一样，但内涵却不一样，数据更新时间 t_{s} 构成的物理意义是每一个波束的驻留时间 t_{0} 乘以

在仰角上的波束数，再乘以方位上的波束数。为提高测量精度，要选择窄波束宽度，这样整个搜索空间的波束数很多，使搜索时间剧增，如果不采取有效措施，则难以满足数据更新时间 t_s 的要求。为了节约搜索时间，三坐标雷达可以按照 $R(\varphi)$的规律，在不同仰角上按照探测距离要求设计不同重复周期、驻留脉冲数 N 和仰角波束宽度，使搜索时间随仰角增大而减小，所节约的时间就是式（6.33）的本质意义。η_t 仍可用表 6.1 计算，也可直接应用图 6.4 查得。

6.3　精度设计与误差分析

测量精度是雷达的主要指标之一，涉及雷达测量精度分析的相关文献很多，本节不做详细理论分析和公式推导，只是按照工程设计可使用的方便计算公式进行讨论。雷达的测量精度是测量参数的精确程度，具体用测量误差表示。雷达的测量误差在工程设计上可分为理论误差和测量误差两大类。

（1）理论误差，也称极限误差，是由机内噪声和目标起伏引起的雷达测量误差，一般雷达工程设计上不可克服。

（2）测量误差，也称工程误差，是由雷达系统设计和测试系统不稳定引起的测量误差，它可分为系统误差和随机误差两类，其中系统误差可采取措施降低或补偿，本节主要讨论雷达系统的随机误差。

6.3.1　基本概念

1. 误差的表示

测量误差表示的方法很多，这里仅介绍监视雷达测量误差常用的一些分析方法及其相互间的关系。

1）误差的统计特性

理论上，监视雷达的误差分析常用的概率密度函数有正态分布和均匀分布两种。

（1）正态分布。

多个同量级的随机变量误差源合成的误差分布一般用正态分布来表征，其概率密度函数为

$$p(x)=\frac{1}{\sqrt{2\pi}\sigma}\exp\left[-\frac{(x-a)^2}{2\sigma^2}\right] \tag{6.34}$$

其均值为 a，均方差为 σ。当 $a=0$、$\sigma=1$ 时的分布称为“误差函数”，用 $\Phi(x)$ 表示为

$$\Phi(x)=\frac{1}{\sqrt{2\pi}}\exp\left(-\frac{x^2}{2}\right) \tag{6.35}$$

（2）均匀分布。

由于雷达设备老化使相关系统性能下降所引起的误差经常用均匀分布来表征，其概率密度函数为

$$p(x)=\frac{1}{b-a} \tag{6.36}$$

其均值为$\frac{b+a}{2}$，均方差为$\sqrt{\frac{(b-a)^2}{12}}$。

2）误差的数值计算

工程设计中，无论误差是正态分布还是均匀分布，其均值和均方差都是未知的，必须对其进行估计。

（1）平均误差。

离散分布平均误差为

$$\overline{\Delta x}=\frac{1}{n}\sum_{i=1}^{n}(x_i-a_0)=\frac{1}{n}\sum_{i=1}^{n}\Delta x_i \tag{6.37}$$

式（6.37）中，$a_0=\frac{1}{n}\sum_{i=1}^{n}x_i$ 是平均值。

连续分布平均误差为

$$\mu_1=\int_{-\infty}^{+\infty}(x-a_0)p(x)\mathrm{d}x \tag{6.38}$$

这是概率分布的一阶中心矩，指偏离均值的程度，用来表示雷达的系统误差，衡量系统的准确程度。

（2）均方差。

离散分布均方差为

$$\sigma=\sqrt{\frac{1}{n}\sum_{i=1}^{n}(x_i-a_0)^2} \tag{6.39}$$

连续分布均方差为

$$\sigma=\int_{-\infty}^{+\infty}(x-a_0)^2 p(x)\mathrm{d}x \tag{6.40}$$

均方差表示偏离平均值的起伏程度，用以表示雷达的随机误差，衡量误差的离散程度。

3）误差的概率表示

对监视雷达的测量误差进行统计评估是精度设计中的重要一环，也是用户对测量精度进行再利用的依据。工程中，测量误差的统计评估常用误差不超过某一

值的概率来表征，如测高误差不超过±300m 的概率为 80%等。如果已知误差 x 的概率密度函数 $p(x)$，则很容易求出误差门限和概率的关系为

$$P(x_0)=\int_{-x_0}^{x_0} p(x)\mathrm{d}x \tag{6.41}$$

式（6.41）中，x_0 是误差门限，$P(x_0)$ 是误差不超过 x_0 的概率。

利用式（6.41）求出正态分布和均匀分布的门限与概率的关系如表 6.3 所示，从中可以看出，如某雷达测距误差的均方差为 100m，若距离误差服从均匀分布，则小于±312m 的概率为 90%；若距离误差服从正态分布，则误差小于±165m 的概率为 90%。可见对不同的概率分布，同样的误差出现概率对应误差幅度的差别是很大的。

工程中，在提出监视雷达测量精度的指标时，可用误差幅度相对于均方差 σ 的倍数对应的概率来衡量，常用的是误差为 $\pm\sigma$ 时的概率和误差为 $\pm 3\sigma$ 时的概率。

表 6.3　正态分布和均匀分布的门限与概率的关系

分布	概率						
	99.8%	90.0%	80.0%	70.0%	60.0%	50.0%	误差为 $\pm\sigma$ 时的概率
正态分布	±3.00	±1.65	±1.30	±1.04	±0.85	±0.67	68.2%
均匀分布	±3.46	±3.12	±2.77	±2.42	±2.08	±1.73	30.0%

2. 误差的分配

监视雷达的测量误差与测量系统和测量方法有关，测量误差一般都是由整个测量环节的多个因素共同引起的。精度设计就是要分析引起测量误差的各种因素和误差大小、误差的相关性及其在总误差中的贡献，所以雷达的精度设计首先是在用户给出测量精度的要求后，给予合理的测量误差分配，使系统总的测量误差满足要求。

这里先讨论误差分配的一般公式，设

$$N=f(u_1,u_2,\cdots,u_n) \tag{6.42}$$

式（6.42）中，N 表示系统参量，$\{u_i | i=1,2,\cdots,n\}$ 表示环节参量。

如果令 $\{\Delta u_i | i=1,2,\cdots,n\}$ 是每个环节的误差且相互独立，ΔN 为总误差，则有

$$N+\Delta N=f(u_1+\Delta u_1,u_2+\Delta u_2,\cdots,u_n+\Delta u_n) \tag{6.43}$$

按泰勒级数展开，设 Δu_i 很小，忽略高次项可得

$$\Delta N = \Delta u_1 \frac{\partial f}{\partial u_1} + \Delta u_2 \frac{\partial f}{\partial u_2} + \cdots + \Delta u_n \frac{\partial f}{\partial u_n} \tag{6.44}$$

式（6.44）是误差的基本公式，对其求均方差有

$$\begin{aligned}\overline{\Delta N^2} = &\overline{(\Delta u_1)^2}\left(\frac{\partial f}{\partial u_1}\right)^2 + \overline{(\Delta u_2)^2}\left(\frac{\partial f}{\partial u_2}\right)^2 + \cdots + \overline{(\Delta u_n)^2}\left(\frac{\partial f}{\partial u_n}\right)^2 + \\ &\overline{2\Delta u_1 \Delta u_2}\frac{\partial f}{\partial u_1}\cdot\frac{\partial f}{\partial u_2} + \cdots + \overline{2\Delta u_1 \Delta u_n}\frac{\partial f}{\partial u_1}\cdot\frac{\partial f}{\partial u_n} + \\ &\overline{2\Delta u_2 \Delta u_3}\frac{\partial f}{\partial u_2}\cdot\frac{\partial f}{\partial u_3} + \cdots + \overline{2\Delta u_2 \Delta u_n}\frac{\partial f}{\partial u_2}\cdot\frac{\partial f}{\partial u_n} + \cdots + \\ &\overline{2\Delta u_{n-1} \Delta u_n}\frac{\partial f}{\partial u_{n-1}}\cdot\frac{\partial f}{\partial u_n}\end{aligned} \tag{6.45}$$

设各个环节的误差是独立的，则相关系数$\overline{\Delta u_{n-1}\Delta u_n} = 0$，令$\sigma$表示均方根值，则有

$$\sigma_N^2 = \sigma_1^2\left(\frac{\partial f}{\partial u_1}\right)^2 + \sigma_2^2\left(\frac{\partial f}{\partial u_2}\right)^2 + \cdots + \sigma_n^2\left(\frac{\partial f}{\partial u_n}\right)^2 \tag{6.46}$$

如果系统各参量对系统的贡献等权，则系统的表达式为

$$N = u_1 + u_2 + \cdots + u_n$$

这时测量误差均方根值有

$$\sigma_N^2 = \sigma_1^2 + \sigma_2^2 + \cdots + \sigma_n^2 \tag{6.47}$$

三坐标监视雷达中的仰角误差和距离误差对系统测高误差计算的贡献是不等权的，应采用式（6.46）进行计算和分析。

6.3.2 测距误差[1]

1. 噪声误差

电子设备的内部噪声引起的误差是雷达的极限误差，由于噪声的随机性和白化特性，工程上雷达测量误差理论上不可能为零。在系统工程设计误差确定后，噪声引起的误差就决定了测量误差值的高低，雷达的最大作用距离计算一般以最小可检测信噪比进行度量，即在低信噪比条件下雷达测量精度受噪声影响最大，一般在雷达最大作用距离处达不到测量精度要求。随着探测距离的减少，目标回波信噪比逐渐增高，噪声引起的测量误差逐渐降低，因此雷达的测量精度与距离有关，一般都会标明达到该精度指标的距离值。例如，监视雷达检测概率$P_{\mathrm{d}} = 0.5$时，如最大作用距离是300km，则测量精度一般指在200km处的误差，如雷达检测概率$P_{\mathrm{d}} = 0.8$时，考核测量误差的距离有时与最大作用距离相当。

由噪声引起的距离误差$\sigma_{r_{\mathrm{n}}}$为

$$\sigma_{r_n}=\frac{c\tau}{2\sqrt{2(S/N)}} \tag{6.48}$$

式（6.48）中，τ 是雷达的脉宽，对采用脉冲压缩处理的雷达来说指的是压缩后的脉宽；(S/N) 是接收信号的功率信噪比。

2. 距离单元采样误差

雷达距离值的输出都是按照距离单元进行取样和计算的，距离单元的宽度通常取为输出脉宽的 0.8～1。一般假设目标回波在距离域为均匀分布，则由距离采样引起的采样误差为

$$\sigma_{r_s}=\frac{c\tau_s}{2\sqrt{12}} \tag{6.49}$$

式（6.49）中，τ_s 是取样间隔。

3. 脉压的多普勒频率误差

采用脉冲压缩处理，除固定延时 l/B 须校正外，目标的不同径向速度引起的多普勒频率会产生距离延时变化，这个时间的变化是

$$\Delta t_{f_d}=\frac{\tau_0 f_d}{B_0} \tag{6.50}$$

式（6.50）中，τ_0 是压缩前脉冲宽度，f_d 是目标多普勒频率，B_0 是信号带宽。

一般假设目标多普勒频率 f_d 为均匀分布，则

$$\sigma_{r_d}=\frac{c\tau_0 f_{d\max}}{2B_0\sqrt{12}} \tag{6.51}$$

4. 接收处理延时误差

接收处理延时误差带来的距离抖动为

$$\Delta t_d=\frac{\sqrt{m}}{B} \tag{6.52}$$

式（6.52）中，m 是放大器级数，B 是接收机带宽。一般可取 $\Delta t_d=3/B$，但这是一个固定的延时，其补偿和校正后的残差作为随机误差，即

$$\sigma_{r_t}=\frac{c}{30B} \tag{6.53}$$

5. 目标闪烁误差

目标闪烁误差的均方根值与目标飞机在距离向的跨度和雷达相对目标的指向有关，即

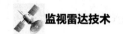

$$\sigma_{\mathrm{sl}} = (0.1 \sim 0.3) S_{\mathrm{p}} \tag{6.54}$$

式（6.54）中，S_{p}是目标距离向的跨度，当目标飞机为向站或背站飞行时取 0.3，目标飞机为侧向飞行时取 0.1。

6. 量化误差

距离量化间隔导致的误差为

$$\sigma_{r_{\mathrm{q}}} = \frac{R_{\mathrm{m}}}{2^{\delta}\sqrt{12}} \tag{6.55}$$

式（6.55）中，R_{m}是最大量程距离，δ是量化位数。

7. 总的距离测量误差

一般认为引起监视雷达距离测量误差的各因素是独立等权的，应按照式（6.47）计算，即

$$\sigma_r = \sqrt{\sigma_{r_{\mathrm{n}}}^2 + \sigma_{r_{\mathrm{s}}}^2 + \sigma_{r_{\mathrm{d}}}^2 + \sigma_{r_{\mathrm{t}}}^2 + \sigma_{\mathrm{sl}}^2 + \sigma_{r_{\mathrm{q}}}^2} \tag{6.56}$$

6.3.3 方位误差

1. 噪声误差

噪声误差引起的方位误差与距离误差一样是极限误差，噪声的影响与测量方法有关，这里讨论的是典型的方位测量方法。

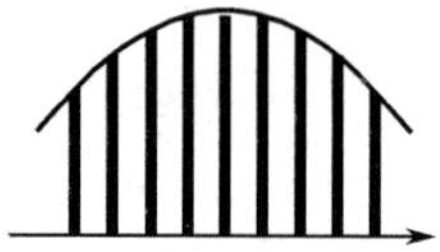

图 6.12　方位波束调制的脉冲串

天线在方位上旋转扫过目标，收到一串受到天线波束调制的脉冲串，如图 6.12 所示。利用最大似然法，找出脉冲串的最大方向作为目标的方位，这样方位测量的噪声误差为

$$\sigma_{\theta_{\mathrm{n}}} = \frac{0.488}{\sqrt{(S/N)N}}\theta_{\mathrm{H}} \tag{6.57}$$

式（6.57）中，(S/N)是回波脉冲的功率信噪比，θ_{H}是天线波束的半功率宽度，N是天线波束半功率宽度中的脉冲数，即

$$N = \frac{\theta_{\mathrm{H}} f_{\mathrm{r}}}{6\omega} \tag{6.58}$$

式（6.58）中，ω是天线转动角速度（°/s），f_{r}是脉冲重复频率，θ_{H}的单位为度（°）。

2. 目标位置误差

由图6.12可见，一次扫掠获得的脉冲串时间间隔是重复周期，在此周期内的目标都被认为是同一方位的，这个间隔所代表的方位值是 θ_{H}/N 。实际上，目标一直在运动，假设目标位置在此间隔内为均匀分布，则由脉冲间隔造成的误差为

$$\sigma_{\theta_{\mathrm{i}}}=\frac{\theta_{\mathrm{H}}}{N\sqrt{12}} \tag{6.59}$$

3. 目标起伏误差

在计算雷达探测威力时，对于未知目标模型，一般采用 SWL-1 类目标起伏模型。SWL-1 模型的假设条件是帧间独立，理论上不会给图 6.12 所示的脉冲串带来影响。然而，实际情况如螺旋桨飞机并非如此，由于目标的慢起伏会造成脉冲串调制，使天线的调制中心偏移，造成方位测量误差。

目标起伏的相关时间 t_{c} 与目标的尺寸和飞行的平稳度有关，对目标起伏的相关时间的粗略估计为

$$t_{\mathrm{c}}=\frac{\lambda}{2\omega L_{\mathrm{s}}} \tag{6.60}$$

式（6.60）中，L_{s} 是目标的电尺寸，ω 是目标起伏的角速度（rad/s）。对典型战斗机，$L_{\mathrm{s}}\approx 10\mathrm{m}$ ，$\omega\approx 3^{\circ}/\mathrm{s}$（0.05rad/s）。

波束内的扫描驻留时间 $t_0=t_{\mathrm{r}}N$ ，由于目标起伏造成的方位误差为

$$\sigma_{\theta_{\mathrm{f}}}=0.33\frac{t_0}{t_{\mathrm{c}}}\theta_{\mathrm{H}} \tag{6.61}$$

式（6.61）适用于 $t_0/t_{\mathrm{c}}<0.2$ 的目标快起伏情况，对于 $t_0/t_{\mathrm{c}}>0.2$ 的目标慢起伏情况可用表 6.4 中的相应值。

表 6.4　目标慢起伏($t_0/t_{\mathrm{c}}>0.2$)时方位测量性能比值($\sigma_{\theta_{\mathrm{f}}}/\theta_{\mathrm{H}}$)

t_0/t_{c}	0.3	0.4	0.5	0.6	0.7	0.8	0.9
$\sigma_{\theta_{\mathrm{f}}}/\theta_{\mathrm{H}}$	0.08	0.09	0.1	0.105	0.11	0.115	0.12

4. 码盘量化误差

码盘量化误差为

$$\sigma_{\theta_{\mathrm{c}}}=\frac{2\pi}{2^{\delta}\sqrt{12}} \tag{6.62}$$

式（6.62）中，δ 是码盘的量化位数，$\sigma_{\theta_{\mathrm{c}}}$ 的单位是弧度（rad）。

5. 总的方位误差

一般认为雷达方位误差的各因素是独立等权的，仍可用式（6.47）进行计算，即

$$\sigma_\theta = \sqrt{\sigma_{\theta_n}^2 + \sigma_{\theta_i}^2 + \sigma_{\theta_f}^2 + \sigma_{\theta_c}^2} \tag{6.63}$$

6.3.4 仰角误差[2]

三坐标雷达的高度是通过仰角、距离进行计算的，因此仰角误差是影响高度误差的重要因素。

1. 噪声误差

在三坐标监视雷达中，不同的扫描体制有不同的仰角测量方法，测量方法不同，噪声的影响也不一样，可以归纳为

$$\sigma_{\varphi_n} = \frac{k}{\sqrt{(S/N)N}}\varphi_V \tag{6.64}$$

式（6.64）中，φ_V 是仰角波束的半功率宽度，k 是系数。在工程计算中的 k 取值如下：

- 采用仰角波束扫描测角时，与方位误差的公式相同，$k = 0.488$；
- 采用单脉冲测角时，$k = 0.45$；
- 采用多波束比幅法测角时，设波束为高斯形状且半功率点相交，在波束最大点 $k = 1.04$，在波束交点 $k = 0.51$。

2. 增益平衡误差

对采用多波束比幅测角的雷达系统来说，相邻两路接收通道的增益平衡是引起测量误差的主要原因，也是采用堆积多波束、阵列多波束三坐标雷达工程设计中的一个重要问题。

1）线性比幅

设波束为高斯形状且半功率点（−3dB）相交，增益起伏定义为

$$\sigma_b = 1 + \sigma_A = 1 + \frac{\overline{|\Delta A|}}{A} \tag{6.65}$$

引起的仰角误差为

$$\sigma_{\varphi_b} = 0.35(\sigma_b - 1)\varphi_V \tag{6.66}$$

如果仰角误差分析已考虑增益平衡引起的误差，可计算允许的起伏值为

$$\sigma_{\mathrm{b}} = 20\lg\left(1 + 2.8\frac{\sigma_{\varphi_{\mathrm{b}}}}{\varphi_{0.5}}\right) \quad (\mathrm{dB}) \tag{6.67}$$

2）对数比幅

对数比幅是利用接收机的对数特性，把两路信号相减来得到两路信号角度内差值。目前的监视雷达一般不再采用对数比幅技术，但对数比幅技术在其他文献介绍不多，且考虑分析对数比幅测角可进一步加深对测角精度分析过程的理解，同时对数比幅对小信号比幅场景具有较好的应用优势，所以还是保留了此内容。对数比幅接收机如图 6.13 所示。

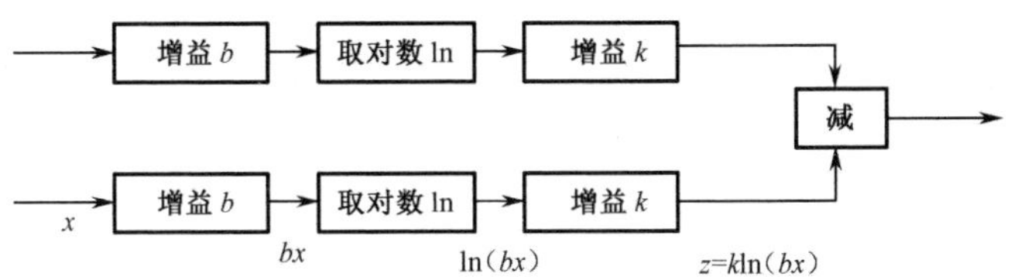

图 6.13　对数比幅接收机

由于对数的非线性特性，对数比幅对增益平衡的要求在取对数前后是不同的，它与线性比幅有很大的差异，下面将给出较详细的叙述。首先讨论接收机的对数特性。一般对数接收特性可表示为

$$z = k\ln(1 + bx) \tag{6.68}$$

式（6.68）中，k 是对数特性的斜率，一般 k 的单位用（mV/dB）表示。为了简化计算，在实际使用时，又会把最小输入信号限制在理想的对数区内，即式（6.68）可简化为

$$z = \ln(bx) \tag{6.69}$$

式（6.69）中，b 是决定对数起始点的常数。

利用对数换底公式 $\log_a x = \dfrac{1}{\log_b a}\log_b x = k'\log_b x$ 可以知道，式（6.69）中虽然是自然对数，但无论以什么数为底，仅是等效的斜率 k 不同而已。斜率 k 根据要求压缩的动态范围来确定，即

$$k = \frac{z_{\max} - z_{\min}}{20\lg\left(x_{\max}/x_{\min}\right)} \quad (\mathrm{mV/dB}) \tag{6.70}$$

式（6.70）中，z 和 x 分别表示输出和输入电压。

令取对数后的起伏为

$$\sigma_x = 1 + \frac{\overline{\Delta z}}{z} \tag{6.71}$$

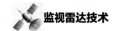

并设 $\Delta z=\Delta z_1=\Delta z_2$，则

$$\sigma_{\varphi}=0.35(1-\sigma_z)\varphi_{\mathrm{V}}\ln x \tag{6.72}$$

如果仰角误差计算时已考虑增益不平衡引起的误差，则计算允许的输出起伏值为

$$\sigma_z=20\lg\left(1+2.8\frac{\sigma_{\varphi}}{\varphi_{\mathrm{V}}\cdot\ln x}\right) \tag{6.73}$$

式（6.73）中，x 是输入电压的幅度。

从式（6.72）和式（6.73）可以看出，同样的起伏 σ_z 引起的角误差是因输入电压的幅度而异的。这说明输入信号越大，对数的压缩值越大，同样的起伏引起的角误差也越大。例如，$\sigma_z=0.4\,\mathrm{dB}$，$z_{\min}=600\,\mathrm{mV}$，$\Delta z=120\,\mathrm{mV}$，$\sigma_{\varphi}$ 为 1/6.4 波瓣宽度；而在波束最大点 $z_{\max}=2500\,\mathrm{mV}$，$\Delta z=500\,\mathrm{mV}$，$\sigma_{\varphi}$ 为 1/1.3 波瓣宽度。

3. 起伏噪声影响

在各种比幅测角方案中，为减少杂波和较大噪声对测量的影响，经常采用先取门限后做比幅处理的办法，如图 6.14 所示。

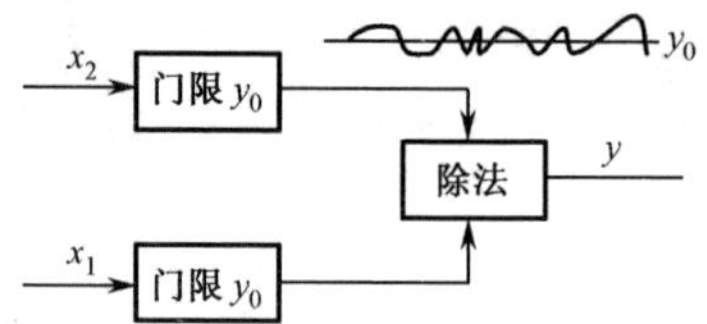

图 6.14　取门限后比幅处理

比幅值 y 为

$$y=\frac{x_2-y_0}{x_1-y_0}=\frac{\dfrac{x_2}{x_1}-\dfrac{y_0}{x_1}}{1-\dfrac{y_0}{x_1}} \tag{6.74}$$

式（6.74）中，x 是比幅的两路输入电压。设相邻比幅为高斯形状波束，x 可表示为

$$\begin{cases}x_1=f_1(\varphi)=\mathrm{e}^{-a(\varphi-\varphi_1)}\\ x_2=f_2(\varphi)=\mathrm{e}^{-a(\varphi-\varphi_2)}\end{cases} \tag{6.75}$$

式（6.75）中，$a=\dfrac{0.35}{(\varphi_{\mathrm{V}}/2)^2}$。真正的比幅值为

$$k=\frac{x_2}{x_1}=\frac{f_2(\varphi)}{f_1(\varphi)} \tag{6.76}$$

式（6.76）中，k 是仰角的函数。若令 Δy 为输出的起伏值，则有

$$\Delta y=\frac{\left(1-\frac{y_0}{x_1}\right)\frac{\Delta x_2}{x_1}-\left[\left(1-\frac{y_0}{x_1}\right)\frac{k}{x_1}-(1-k)\frac{y_0}{x_1}\right]\Delta x_1}{\left(1-\frac{y_0}{x_1}\right)^2}$$

令 $\sigma^2=\overline{\Delta x_1^2}=\overline{\Delta x_2^2}$，可以把 σ 看作起伏噪声，$V_0=\frac{y_0}{\sigma}$ 是用噪声表示的门限值，$A_1=\frac{x_1}{\sigma}$ 则为第一路的信噪比。这时比幅值 y 的起伏为

$$\sigma_y=\frac{\sqrt{\left[\left(1-\frac{V_0}{A_1}\right)^2-\left(k-\frac{V_0}{A_1}\right)^2\right]\Big/A_1^2}}{\left(1-\frac{V_0}{A_1}\right)^2}$$

$$=\begin{cases}\sqrt{2}\big/\left(A_1-V_0\right) & \text{波瓣相交点}\\ \sqrt{1+k^2}\big/A_1 & \text{波瓣最大点}\\ \sqrt{1+\left[\left(A_1k-V_0\right)/\left(A_1-V_0\right)\right]^2} & \text{其余}\end{cases} \tag{6.77}$$

令 A_0 为波瓣最大点信噪比［也常用 $(S/N)_0$ 来表示］，把门限表示为信噪比的相对值 $\eta=V_0/A_0$，则

$$y'=\frac{0.35(1-\eta)}{\varphi_0(0.25-\eta)^2} \tag{6.78}$$

由 y 起伏引起的仰角误差 $\sigma_\varphi=\frac{1}{y'}\sigma_y$，把式（6.77）和式（6.78）代入，得

$$\sigma_\varphi=\begin{cases}\frac{1.04\gamma_1}{\sqrt{(S/N)N}}\varphi_{\rm V}\\ \frac{0.51\gamma_2}{\sqrt{(S/N)N}}\varphi_{\rm V}\end{cases} \tag{6.79}$$

式（6.79）中，$\gamma_1=\frac{1-\sqrt{2}\eta}{1-\eta/\sqrt{2}}$，$\gamma_2=\sqrt{1-\left[(0.25-\eta)/(1-\eta)\right]^2}$。与式（6.64）相比，量化前后的公式仅差一个 γ 因子。取门限比幅的 γ 和 η 的关系曲线如图 6.15 所示。由该图可见，当 η 很小时，γ_1 趋于 1。这就意味着当信噪比远大于门限电平时，取门限将不会影响测角精度。

当 $\eta=1$ 时，γ_1 趋于无穷大，这说明信号和门限一样大时，将不能比幅。对高斯波瓣最大点 $k=4$ 而言，必须使最小的一路信号大于门限值，η 应小于 1/4，即图 6.15 中的可比幅区。在可比幅区内，噪声对比幅的影响和无门限时相同。

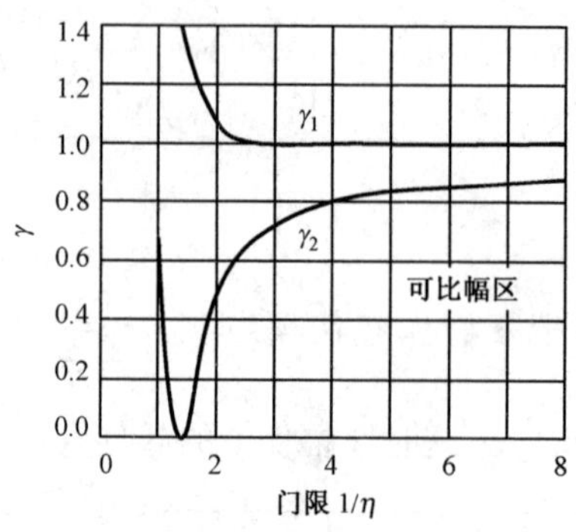

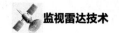

图 6.15　取门限比幅的γ和η的关系曲线

4. 地面反射影响

监视雷达远程探测一般采用低波束与地面-3dB 电平相交（一般也称打地电平）的打地设计，由于地面反射产生多路径信号，与直达波信号叠加出现波束波瓣分裂和波瓣畸变，导致仰角测量误差增大。地面反射的几何关系如图 6.16 所示，地面反射引起的波瓣畸变如该图中点线所示。给定雷达天线波束指向φ_0、雷达天线高度h_r和目标高度h_t，设天线增益随仰角变化的函数为$G(\varphi)$，则在目标点的电场E为

$$E_{和} = E_{入射} + E_{反射} = E_1 + E_1 \frac{G(\varphi - \varphi_0)}{G_{\max}} \rho \exp\left[\mathrm{j}\left(\theta_\mathrm{p} + \frac{4\pi}{\lambda}\delta\right)\right] \tag{6.80}$$

式（6.80）中，E是电场强度；φ是目标仰角；$G(\varphi - \varphi_0)$是波瓣打地点的增益，也可以是该角度的副瓣；φ_0是雷达天线波束指向；ρ是地面反射系数的幅度；θ_p是地面反射系数的相位；δ是直射和反射波的路程差。图 6-16 中ψ为擦地角。

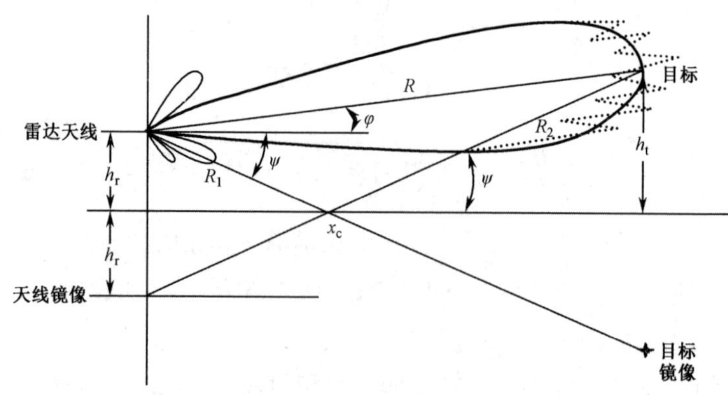

图 6.16　地面反射的几何关系图

式（6.80）和图 6.16 中各参数在$R \gg h$时，可用下列各式计算，即

$$\delta = R\left(\frac{\cos\varphi}{\cos\psi} - 1\right) \approx \frac{2h_{\mathrm{t}}h_{\mathrm{r}}}{R} \tag{6.81}$$

$$\varphi = \arcsin\left(\frac{h_{\mathrm{t}} - h_{\mathrm{r}}}{R}\right) \approx \frac{h_{\mathrm{t}} - h_{\mathrm{r}}}{R} \tag{6.82}$$

$$\psi = \arcsin\left(\frac{h_{\mathrm{t}} + h_{\mathrm{r}}}{R}\right) \approx \frac{h_{\mathrm{t}} + h_{\mathrm{r}}}{R} \tag{6.83}$$

$$x_{\mathrm{c}} = \frac{h_t}{\tan\psi} \approx \frac{Rh_{\mathrm{t}}}{h_{\mathrm{t}}h_{\mathrm{r}}} \tag{6.84}$$

不同地面的反射系数的幅度 ρ 和相位 θ_{p} 如图 6.17 所示，它与雷达入射波的极化、入射角和地面特性相关。

用图 6.17 的参数和式（6.80）～式（6.84）可算出波束随目标高度经地面反射产生的起伏波瓣。如图 6.16 的点线所示，起伏的周期为 $\lambda/2h_{\mathrm{r}}$，λ/h_{r} 值越小，起伏越快，但相对于噪声的起伏而言都是慢起伏，因为它是位置的函数而不是时间的函数，与其他误差均方根值相加，将大于实际的测量误差。

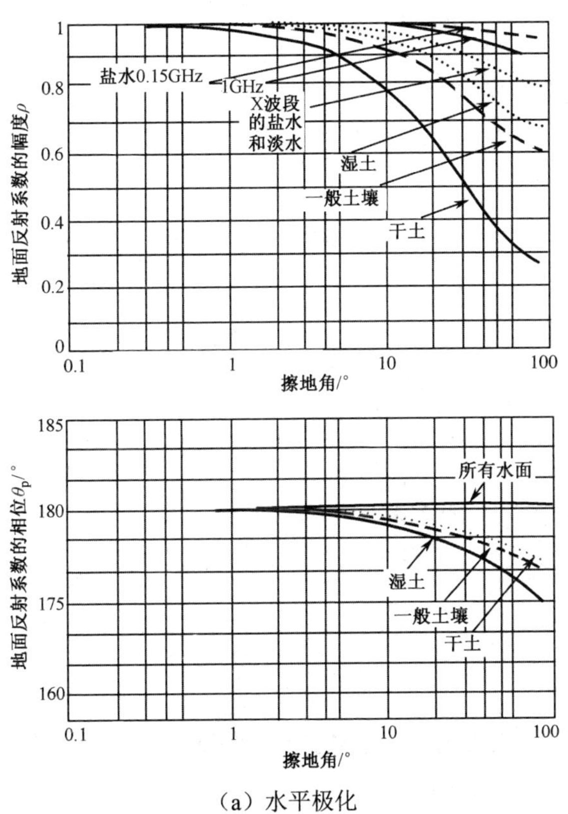

（a）水平极化

图 6.17　不同地面的反射系数的幅度 ρ 和相位 θ_{p}

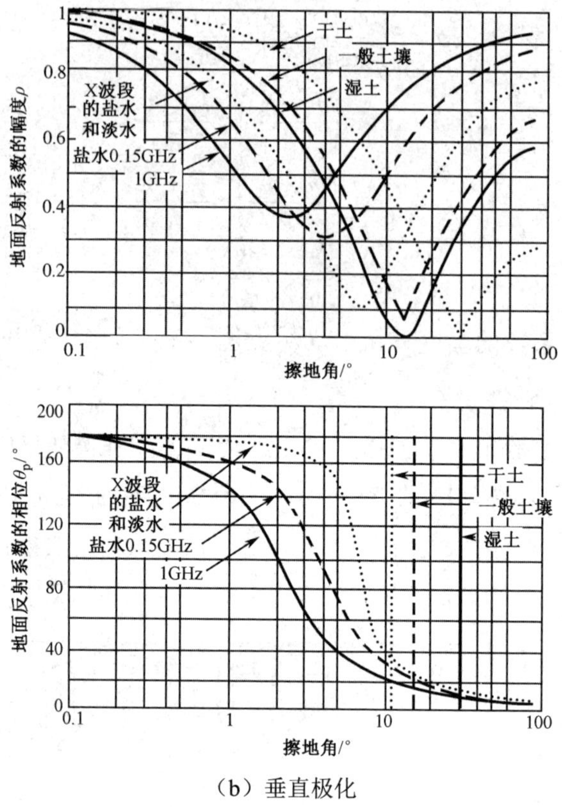

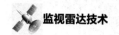

（b）垂直极化

图 6.17　不同地面的反射系数的幅度 ρ 和相位 θ_{p}（续）

设波瓣畸变的相对值为 Q_{E}，有

$$Q_{\mathrm{E}} = 1 - \frac{\Delta E}{E_1} \tag{6.85}$$

$$\Delta E = E_{和} - E_1 = E_1 \frac{G(\varphi - \varphi_0)}{G_{\max}} \rho \exp\left[\mathrm{j}\left(\theta_{\mathrm{p}} + \frac{4\pi}{\lambda}\delta\right)\right] \tag{6.86}$$

用式（6.86）计算各仰角的波束起伏值在工程计算中不够简便。其实在波束打地功率电平较小或波束打地副瓣较低时，可以设 $\rho = 1$ 和 $\theta_{\mathrm{p}} = 0$，并估算起伏的最大值为

$$Q_{\mathrm{E}} = 1 - \frac{G(\varphi - \varphi_0)}{G_{\max}} \tag{6.87}$$

式（6.87）中，$G(\varphi - \varphi_0)$ 是波束主瓣打地的值或是最大副瓣值，利用式（6.66），地面最大影响的仰角误差为

$$\Delta\varphi_{\max} = 0.35 \frac{G(\varphi - \varphi_0)}{G_{\max}} \varphi_{\mathrm{V}} \tag{6.88}$$

用式（6.88）算出，当垂直波瓣宽度 φ_V 为 1°，副瓣为−13dB 时，$\Delta\varphi_{max}=2.1$ 分（角度单位）。

5. 大气折射误差[1]

监视雷达设计中电磁波传播一般采用等效地球半径模型，由于不同的高度折射指数不同，所以使用不变的折射指数会带来仰角的计算误差。这项误差对监视雷达而言，在不同的高度和距离误差也不同，它是位置的函数，不是随时间起伏的函数，其误差可与其他误差均方根值相加。此项误差可查图 6.18。

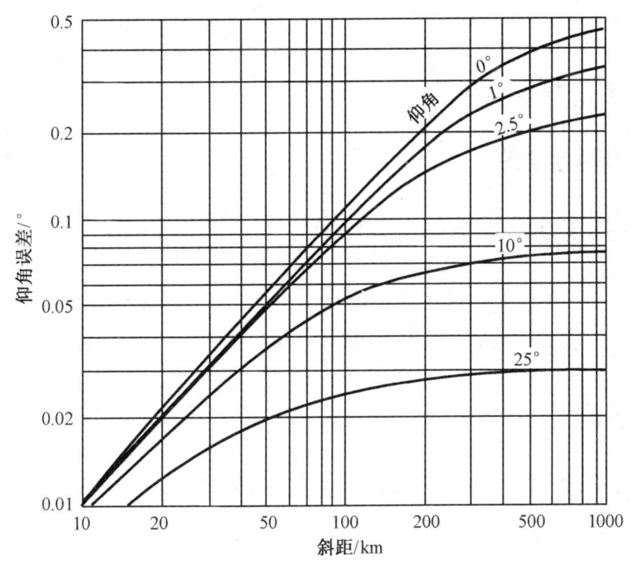

图 6.18　不同高度的大气折射误差

6. 其他误差

雷达系统是一个电子、机械结合的复杂系统装备，在工程设计中需要考虑机械运动引起的测量误差，如天线转台旋转时的方位跳动、因天线刚度不好在旋转过程中天线阵面的动态变形（引起波束指向角变化）等都是误差因素。一般认为，雷达仰角误差的各因素是独立等权的，总的仰角误差仍用式（6.47）计算。

6.3.5　测速误差

随着监视雷达技术的发展，对目标的参数测量维数也在增加，最新的相控阵监视雷达已经具备目标径向速度测量能力。下面给出监视雷达径向速度测量误差的基本分析。

1. 热噪声误差

热噪声带来的测速误差为

$$\sigma_{v_n} = \frac{\lambda}{2t_0\sqrt{2(S/N)}} \tag{6.89}$$

式（6.89）中，λ为雷达波长，t_0为波束驻留时间，S/N为单个脉冲信噪比。

2. 量化误差

采样量化带来的测速误差为

$$\sigma_{v_q} = \frac{V_{\max}}{\sqrt{12}\cdot 2^{\delta}} \tag{6.90}$$

式（6.90）中，$V_{\max}$为目标的最大飞行速度，δ为量化位数。

3. 频率源不稳定误差

频率源不稳定会造成雷达的中心频率f_0发生随机抖动，带来的测速误差为

$$\sigma_{v_f} = \frac{f_0 d_f \lambda}{2} \tag{6.91}$$

式（6.91）中，d_f为频率源的短期频率稳定度。

4. 多路径误差

监视雷达的接收信号既有目标散射的直达波信号，也有从不同路径反射后到达雷达天线的回波信号。多路径回波信号会对直达波信号的多普勒频率估计带来的误差为

$$\sigma_{v_m} = \frac{h_a \rho \dot{E}}{\sqrt{2\bar{G}_{SL}}} \tag{6.92}$$

式（6.92）中，h_a为雷达天线高度，ρ为地面反射率，$\bar{G}_{SL}$为雷达均方根副瓣，$\dot{E}=V_{\max}/R_{\min}$为目标仰角变化速率。

5. 对流层折射误差

对一般气动目标，经修正后为对流层折射误差的5%，即对流层折射误差为

$$\sigma_{v_r} = V_{\max} N_s \times 10^{-6} \times 0.05 \tag{6.93}$$

式（6.93）中，$V_{\max}$为目标最大飞行速度。

6. 总的测速误差

因上述各项误差统计独立，综合上述各项误差，总的测速误差为

$$\sigma_v = \sqrt{\sigma_{v_n}^2 + \sigma_{v_q}^2 + \sigma_{v_f}^2 + \sigma_{v_m}^2 + \sigma_{v_r}^2} \tag{6.94}$$

6.4 工作频率选择

一般情况下，雷达的工作频率经综合论证后由用户确定，雷达工作频率综合论证的选择依据分析如下。

1）频率与目标 RCS 的关系

目标尺寸大小与不同照射电磁波波长呈现不同的反射特性，即目标 RCS 与雷达工作频率密切相关。自从 F-117A 隐身飞机问世以来，雷达工作频率的选择就显得尤为重要，从大量隐身目标模型的微波暗室测试数据和实际隐身飞机的探测数据分析来看，目标 RCS 与雷达工作频率有直接关系。测试数据表明，对于 F-22 隐身战斗机在 S 频段的迎头小角度平均 RCS 约为 0.01m^2，在米波（VHF 频段）雷达探测的迎头小角度平均 RCS 为 0.1～0.3m^2，两者相差 10dB 以上，这也是米波雷达反隐身技术的依据。详细的雷达工作频率与目标 RCS 的关系在多个技术文献均有详细说明。

2）频率与探测威力的关系

监视雷达的搜索模式最大作用距离为

$$P_{av} A_r = \frac{4\pi \Omega k T_s R_{max}^4 D_0 L_s}{\sigma t_s} \tag{6.95}$$

式（6.95）中，R_{max} 为雷达最大作用距离；P_{av} 为雷达平均功率。对于固态发射机，其功率密度采用 GaN 技术后在较宽频段内都有较好的表现，但在 S 波段以下的输出功率一般要高 1 倍以上，所以对于远程监视雷达一般采用 VHF～S 波段。A_r 为雷达有效接收孔径面积，该内容将在后面详细介绍。Ω 为搜索立体角。搜索立体角与数据率和测量精度密切相关，前面已对其进行了详细分析，这里需要说明的是，对于测量精度要求不高的应用背景，频率相对较低时具有更大的搜索立体角覆盖能力。T_s 为有效系统噪声温度。D_0 为检测率因子，也称识别因子。检测率因子与目标检测信噪比直接相关，目标检测信噪比是一个系统综合参数，在多个方面间接地与工作频率相关。L_s 为总的系统损失，系统损失分成两个部分，一部分与雷达系统设计和处理相关；另一部分就是传输损失，其大小一般与工作频率成反比。σ 为目标 RCS，具体可参考前面的详细分析。t_s 为总搜索时间。搜索时间与波束宽度和空域覆盖直接相关，间接与工作频率相关，具体可参考前面

的详细分析。

3）频率与接收孔径面积的关系

有效接收孔径面积 A_r 与雷达接收天线的物理面积 A 的关系为

$$A_r = A \cdot \eta \tag{6.96}$$

式（6.96）中，η 是天线的总效率，取值范围为0.4～0.6，它主要取决于孔径面上的幅/相分布，与频率关系不大。我们在前面的系统设计中，已选定了天线孔径 A_r 和水平波束宽度 θ_H，那么可以调节这两者的关系就是波长 λ 了。天线的有效孔径与天线的增益 G 和雷达工作波长 λ 之间的关系为

$$G = \frac{4\pi}{\lambda^2} A_r \tag{6.97}$$

而天线增益和波束立体角的关系为

$$G = \frac{4\pi\eta}{\varphi_V \varphi_H} \tag{6.98}$$

可见，要兼顾波束宽度和有效接收孔径面积 A_r 的选取，必须考虑工作频率（即波长 λ）的选择，同样的波束宽度，波长越短天线孔径越小。在天线孔径确定后，天线副瓣电平和天线制造公差要求是密切相关的，同样的天线制造公差要求在不同频段上实现的难易程度是不同的，波长越短制造难度越大。

4）频率与抗有源干扰的关系

雷达捷变频带宽 B_j 是雷达能以捷变频方式工作的绝对频率范围。对雷达反干扰来说，B_j 值越大，反干扰性能越好。但无论是天线，还是发射机或接收机，它们的性能大多是受相对带宽所限制的。同样的相对带宽，在较高的频段可得到较大的绝对带宽。下面给出雷达抗主瓣干扰和抗副瓣干扰的分析公式为

$$P_{av} B_j = \frac{P_j G_j \Omega R_{max}^2 D_0 L_4}{\sigma t_s} \quad \text{（抗主瓣干扰）} \tag{6.99}$$

$$P_{av} G_s B_j = \frac{P_j G_j \Omega R_{max}^4 D_0 L_4}{R_j^2 \sigma t_s} \quad \text{（抗副瓣干扰）} \tag{6.100}$$

由式（6.99）和式（6.100）可知，捷变频应具备的带宽 B_j 和天线主/副瓣增益比 G_s，表征了雷达的抗有源干扰能力。

5）频率与反杂波的关系

雷达的杂波强度 σ_c 与表面杂波反射率 σ^0 及体杂波反射率 η 成正比，而 σ^0、η 与波长 λ 的粗略关系为

$$\sigma^0 = \frac{0.00032}{\lambda} \quad \text{（地杂波）} \tag{6.101}$$

$$\eta = 3 \times 10^{-8} \lambda \quad \text{（箔条干扰）} \tag{6.102}$$

杂波反射率与波长 λ 直接相关，同时对雷达反杂波处理来说，有

$$IG_{\mathrm{s}}^{2}\theta_{\mathrm{H}}=\frac{A_{\mathrm{m}}\sigma_{\mathrm{e}}D_{0}L_{\mathrm{ie}}}{\sigma f_{\mathrm{r}}t_{\mathrm{s}}}\left(\frac{R_{\max}}{R_{\mathrm{C}}}\right)^{4} \quad \text{（点状杂波）} \tag{6.103}$$

$$BIG_{\mathrm{s}}^{2}=\frac{A_{\mathrm{m}}R_{\max}R_{\mathrm{u}}\sigma^{0}D_{0}L_{\mathrm{ie}}}{\sigma t_{\mathrm{s}}}\left(\frac{R_{\max}ax}{R_{\mathrm{c}}}\right)^{3} \quad \text{（表面分布杂波）} \tag{6.104}$$

$$BIG_{\mathrm{s}}^{2}=\frac{\Omega R_{\max}^{2}R_{\mathrm{u}}\eta D_{0}L_{\mathrm{ie}}}{\sigma t_{\mathrm{s}}}\left(\frac{R_{\max}}{R_{\mathrm{c}}}\right)^{2} \quad \text{（体分布杂波）} \tag{6.105}$$

在第 4 章中，我们已对动目标改善因子 I 做了详细讨论，得到了一些与频率选择有关的结论：杂波背景本身的起伏所造成的极限改善因子 I_0 与频率直接有关，频率越高，系统的极限改善因子越低，且信号处理方式如 MTI 的对消次数越高，其影响越大。

6）频率与噪声温度的关系

雷达的系统等效噪声温度 T_{s} 也是与频率有关的参数，为

$$T_{\mathrm{s}}=T_{\mathrm{a}}+T_{\mathrm{r}}+L_{\mathrm{r}}T_{\mathrm{e}} \tag{6.106}$$

式（6.106）中，T_{a} 是天空噪声温度，它与频率和波束仰角有关，但受仰角的影响比受频率的影响要大[3]，且在 1～10GHz 的范围内 T_{a} 变化不大，但在此范围外，T_{a} 就上升得很快。T_{r} 是传输线的噪声温度，它取决于从天线到接收机输入端的这段传输线与有关的射频元件的损失 L_{r}，而 L_{r} 是由所用传输线类型、射频元件的品种及数量所决定的。各种传输线和射频元件损失的大小均随频率不同而不同，需从尽量减少损失的角度来考虑频率的选择。T_{e} 是雷达接收机的等效噪声温度，它主要取决于接收机的系统噪声系数 $\overline{NF}$，而影响 $\overline{NF}$ 的是接收机前级的噪声系数及其增益、变频器的噪声系数和变频损失等，这些参数均与工作频率有关。

参考文献

[1] BARTON D K. Radar system analysis and modeling[M]. Artech House, Inc, 2005.

[2] 王小谟. 三坐标雷达设计（II）：测高精度的计算[J]. 雷达，1989(2): 1-6.

[3] SKOLNIK M I. 雷达手册[M]. 王军，林强，宋慈中，等译. 2 版. 北京：电子工业出版社，2003.

第 7 章

三坐标监视雷达

三坐标监视雷达（简称三坐标雷达）可以实时测量并给出空中目标的三维坐标，它是目前世界各国广泛使用、装备量最大的监视雷达体制。按照仰角（高度）测量方式的不同，常见的三坐标雷达体制有频率扫描三坐标雷达、堆积多波束三坐标雷达、相位扫描三坐标雷达、数字波束形成三坐标雷达等。本章主要介绍这 4 种三坐标雷达的技术体制、工作原理、基本组成等，分析国内外典型三坐标雷达的系统设计特点，探讨三坐标雷达的技术发展趋势。

7.1　概述

早期的监视雷达一般是两坐标的，只能测量目标的距离和方位。为了测量目标的仰角（高度），雷达工程师们采取过多种技术手段，早期是增加一个独立测高通道，如早期的垂直线阵+两坐标雷达、交叉线阵+两坐标雷达，以及目前依然在使用的测高雷达加两坐标雷达，由于增加独立测高通道时方位测量和仰角（高度）测量是组合探测，一般不称这种组合探测方式为三坐标雷达。

7.1.1　三坐标雷达的概念

三坐标雷达并没有严格定义，下面给出的定义是作者在《雷达手册》[1]定义的基础上结合工作实践给出的。

三坐标雷达是指天线在方位上机械旋转，一次同时获得指定空域内所有目标三个坐标数据（距离、方位、高度或仰角）的雷达。一般三坐标雷达通过方位机械扫描来测量距离和方位，在仰角上扫描一个或多个波束或者通过用邻接的固定波束来测量目标的仰角值。也可定义为在天线旋转一周的时间内，能同时获得指定空域内所有目标三个坐标数据的雷达。

在上述定义中的关键词是“同时”和“所有”，它的意义是要发现设计空域内“所有”的目标，并“同时”测量这些目标的方位、距离和高度坐标，这是与跟踪雷达的本质区别，跟踪雷达可以精确地测量出目标的三个坐标，但它只能通过天线机械跟踪或电子扫描波束跟踪，测量一个或几个目标的三个坐标，而不能同时测量空域内所有的目标，因此它不是三坐标雷达。采样两坐标雷达+测高雷达的体制，虽然能够测出多个目标的三个坐标，但不是一部雷达同时获得目标的三个坐标，也不能称为三坐标雷达。为了在给定空域实现“同时”和“所有”的探测特性，三坐标监视雷达要付出更多的资源代价，这个代价就是时间和能量。

三坐标雷达按扫描体制一般可分为频率扫描、相位扫描和多波束扫描 3 类。三坐标雷达与两坐标雷达相比，虽然只增加了高度测量的要求，却极大地增加了

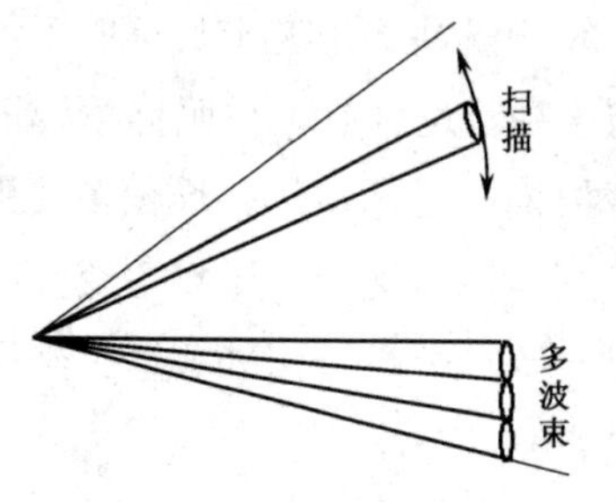

图 7.1　三坐标雷达波束俯仰扫描原理

雷达系统设计的复杂性和技术实现的难度。为了同时测量目标的高度，一般采用笔形波束扫描或多波束扫描的方法来同时得到所有目标的仰角指向，如图 7.1 所示。与两坐标雷达不同的是，它在仰角上增加了多个波束位置，两坐标雷达的仰角扫描波束数 EL＝1，而三坐标雷达的 EL 值最多可到十几。如果每个波束位置上的驻留时间与两坐标雷达一样，则整个空域的扫描时间就比两坐标雷达多了十几倍，即数据率是两坐标雷达的十几分之一。如果展宽波束，压缩波束位置数目，精度又会降低，在三坐标雷达设计中，空域、精度和数据率（时间）三者是相互制约的，需要进行综合性能寻优设计。

示例分析如下，设三坐标雷达波束宽度为$1^\circ \times 1^\circ$，仰角覆盖范围为30°，这时仰角扫描波束数$\text{EL}=30$，设波束相交电平为−3dB，则覆盖整个空域共需波束位置$360\times 30=10800$个。设最大作用距离为 400km，用式（6.21）可算出重复周期是 2.7ms，如果每个波束位置只停留一个重复周期，即每个波束位置的脉冲数$N=1$，则需扫描时间为$2.7\times 10^{-3}\times 10800\approx 29\,\text{s}$（即数据率$D=0.0345$次/s）。同样也可以用式（6.13）计算出天线的相对增益，当系数$k_{\text{a}}=32000$时，$G=32000$，仍取$N=1$，用式（6.32）计算出所需数据更新时间（也称数据率）$t_{\text{s}}=30.2\,\text{s}$。如果系数取$k_{\text{a}}=30800$，则$t_{\text{s}}=29$。两个计算结果不同是由于式（6.16）的系数$k_{\text{a}}$引起的，随天线照射的不同，$k_{\text{a}}$一般可取 25000～32000。为了获得有效检测目标的积累信噪比，脉冲积累数 N 一般需要 3～5 个或更多，所需数据更新时间就要增加到百秒以上，远不能满足对三坐标雷达的数据率的要求。

为此，在三坐标雷达设计中，如何降低仰角扫描波束数 EL 值是雷达设计师首先考虑的重要问题。为了降低仰角扫描波束数 EL 值，在仰角空域进行波束扫描时，可采用堆积多波束同时覆盖的方法，采用这种体制的雷达即为堆积多波束三坐标雷达。堆积多波束三坐标雷达是各种三坐标体制中数据率最高的，它与两坐标雷达相当，其仰角扫描波束数$\text{EL}=1$，这样在上述示例中的数据率就可提高 30 倍，即使$N=5$也能达到数据更新时间t_{s}为 5s 的要求。显然，堆积多波束三坐标雷达由于在垂直面堆积多个波束，其相对应的接收波束路数增多，使其系统复杂性和设备量也相应增加。为了降低系统复杂性和设备成本，可以在仰角上采用分区扫描的方法来折中解决三坐标雷达数据率和设备量的矛盾，如采用 3～5 个波束多次进行仰角扫描可覆盖整个仰角面。在仰角面通过多波束扫描获得目标三个坐标的系统，称为多波束扫描三坐标雷达，该方法也是一种常用的折中设计方法。

在三坐标雷达的设计中，能量和时间是两个重要的设计要素，必须充分应用覆盖空域的能量和时间，使覆盖空域、精度和数据率的设计资源约束性能最优。在防空监视雷达设计中，一般采用等高目标探测性能来进行波束的优化设计，即波束扫描时间随着仰角增加、距离降低而减少高仰角的重复周期和驻留时间，同样也可以在高仰角采用降低脉冲宽度的方法提高资源利用率。在工程设计中，一般优先推荐采用简单可行的技术方案，在近距离小空域三坐标监视雷达设计中，采用简单的单波束扫描和频扫体制三坐标雷达；在远距离大覆盖范围的大型远程三坐标雷达设计中，由于空域覆盖、能量消耗和数据更新时间矛盾比较突出，一般采用堆积多波束和多波束扫描体制比较合适；而机动型中程三坐标雷达的距离与空域覆盖参数较适中，一般采用 3～5 个仰角多波束同时扫描的技术体制。

三坐标雷达采用笔形波束或笔形堆积波束扫描体制，由于空间分辨单元小，进入雷达的干扰信号功率减少，可获得较好的抗干扰性能。三坐标雷达具有同时大容量、多批次目标探测的优点，同时又能测量所有目标的三坐标数据，满足监视雷达的对空监视、引导的功能定位。

7.1.2　三坐标雷达的高度计算

三坐标雷达是通过笔形窄波束测量目标的仰角来计算目标高度值的。因各种体制的不同，表现在仰角的测量方法也不同，但把仰角换算为高度计算的公式，则是一样的。考虑地球曲率的几何关系，利用余弦定理，省略高次项后的计算公式为

$$H_{\mathrm{T}} = H_{\mathrm{A}} + R\sin\varphi + \frac{R^2}{2\rho_{\mathrm{e}}} \tag{7.1}$$

式（7.1）中，H_{T} 为目标高度，H_{A} 为雷达天线高度，φ 为雷达仰角波束指向，R 为目标斜距，ρ_{e} 为等效地球半径。

如果雷达测量距离很远，应考虑地球曲率和大气折射影响，采用精确的计算公式，即

$$H_{\mathrm{T}} = \sqrt{\left(\rho_{\mathrm{e}} + H_{\mathrm{A}}\right)^2 + R^2 + 2\left(\rho_{\mathrm{e}} + H_{\mathrm{A}}\right)R\sin\varphi} - \rho_{\mathrm{e}} \tag{7.2}$$

三坐标雷达的测高精度与地球曲率、波束宽度、目标信噪比等因素有关，因考虑空域覆盖、测量精度和数据率的性能折中，对于大多数监视雷达测高精度应用场景，工程上一般用式（7.1）来计算就能满足要求。

除地球曲率影响雷达的测高精度外，大气对电波的折射也会影响雷达的测高

精度，且距离越远影响越大。本套丛书的《雷达环境和电波传播特性》分册，详细分析了电波在大气中的折射现象和对测量精度的影响。在大气层内电波因折射弯曲，扩大了雷达的水平距离，从而引入了高度测量误差。大气折射误差补偿的办法较多，在利用式（7.1）的计算中，用调整 ρ_{e} 的值来补偿大气折射的影响，是一种经过工程实践证明的简单适用方法，其具体做法是采用等效地球半径 $\rho_{\mathrm{e}}' = k\rho_{\mathrm{e}}$ 替代实际的地球半径来补偿大气影响。k 的典型值一般取 4/3，即 $\rho_{\mathrm{e}}' = 8490\ \mathrm{km}$。理论上，不同经纬度位置的等效地球半径也不同。在雷达系统设计和使用过程中，应选择适合当前阵地的精确 ρ_{e}' 值，以获得最佳的测量修正效果。除此之外，为满足三坐标雷达更为精确的测高精度需求，还可以采用基于大气含水量等环境参数测量建立的大气折射修正模型来进行修正，但该方法需要很大的计算量来保证。

在用式（7.1）计算高度时，可用式（6.46）求出测高总误差，即

$$\sigma_{\mathrm{H}}^2 = \left(\frac{\partial H_{\mathrm{T}}}{\partial \varphi}\right)^2 \sigma_{\varphi}^2 + \left(\frac{\partial H_{\mathrm{T}}}{\partial R}\right)^2 \sigma_R^2 + \left(\frac{\partial H_{\mathrm{T}}}{\partial H_{\mathrm{A}}}\right)^2 \sigma_{H_{\mathrm{A}}}^2$$

式中，雷达天线高度 H_{A} 为常数，$\sigma_{H_{\mathrm{A}}} = 0$，因此测高总误差可简化为

$$\sigma_{\mathrm{H}}^2 = \sqrt{\sigma_{\varphi}^2 R^2 \cos^2\varphi + \sigma_R^2\left(\sin\varphi + \frac{R}{R_{\mathrm{e}}}\right)^2} \tag{7.3}$$

由式（7.3）可知，测高误差主要由仰角测量误差和距离测量误差组成。仰角测量误差对高度测量误差的影响与距离和仰角有关，距离值越小，仰角值越大，则影响越小；同样，距离测量误差对高度测量误差的贡献，也与仰角和距离有关。由于测高精度在空域范围内是不均匀的，随仰角和距离变化，应结合能量和数据率的选择进行优化设计。

三坐标雷达设计一般是将测高精度要求按照误差要素进行分解，用下式计算出要求的仰角精度，再进行仰角误差分配，即

$$\sigma_{\varphi} = 3.44\times10^3\sqrt{\frac{\sigma_{\mathrm{H}}^2 - \sigma_R^2\left(\sin\varphi + R/R_{\mathrm{e}}\right)^2}{R^2\cos^2\varphi}} \tag{7.4}$$

式（7.4）中，σ_{φ} 的单位是分（角度单位）。

7.2 频率扫描三坐标雷达

频率扫描（简称频扫）三坐标雷达是设备比较简单的一维电扫描（简称电扫）雷达，也是最早使用的三坐标雷达。频率扫描三坐标雷达在方位上采用机械旋转，俯仰上采用频率扫描形成笔形波束来测量仰角，频率扫描雷达扫描体制的分

析与对其他三坐标雷达波束电扫描原理相同，只是实现扫描的方法不同，在后面描述其他体制的三坐标雷达时，将不再重复。

频率扫描三坐标雷达是一种典型体制的三坐标雷达。按扫描体制可分为单波束脉间频率扫描、多波束脉内频率扫描和多波束脉间频率扫描 3 种。

7.2.1　频率扫描原理

频率扫描雷达是利用频率变化改变天线行馈源的发射信号相位，使天线波束指向随频率变化的电扫描雷达。频率扫描天线设计有专门的文献讨论[1]，这里只讨论与系统设计有关的问题。频率扫描天线一般采用弯曲波导蛇形螺旋慢波线，波导在阵列的一侧（或两侧）或后面与天线单元相连，通过改变发射频率的可控变化在天线口径面上产生不同的相位变化梯度，通过电控的方法使波束指向所需的仰角。图 7.2 所示为蛇形螺旋慢波线的原理图和结构图。该图中各辐射单元空间间距是 d，电波在弯曲的波导内所走的路程是 L，如果电波走过路程 L 后，保证各个辐射单元的相位相等（或差 2π），等相位面的法线方向就是天线波束的最大指向。由于频率变化带来传输内信号波长的变化，使相同传输路径的辐射单元的等相位面发生变化，因而改变了波束的指向。

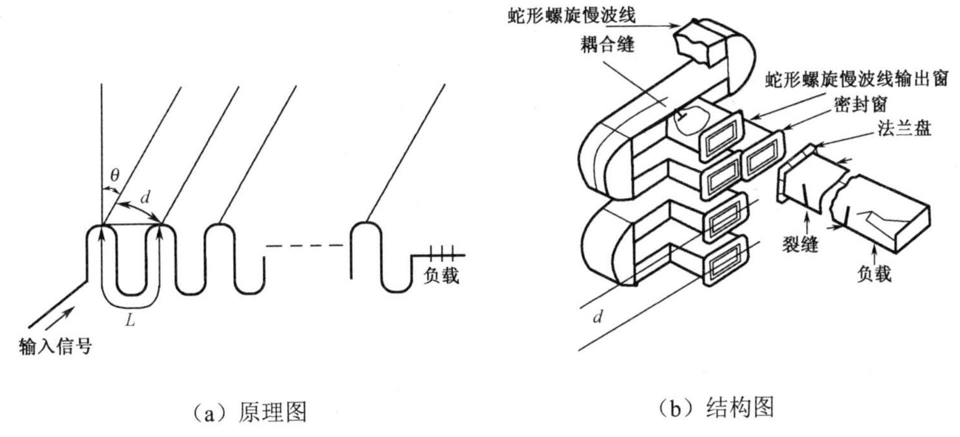

（a）原理图　　（b）结构图

图 7.2　蛇形螺旋慢波线的原理图和结构图

设输入电波的波长为 λ，波导内的波长为 λ_g，两者的关系是

$$\lambda_g = \frac{\lambda}{\sqrt{1-[\lambda/(2a)]^2}} \tag{7.5}$$

由图 7.2 可见，在空间 θ 方向上，保持各个辐射单元间电波的相位差相同（或差 2π），且与在蛇形波导内所走的相位相等的条件是

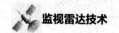

$$\frac{2\pi}{\lambda}d\sin\theta=\frac{2\pi}{\lambda_g}L-2\pi M \tag{7.6}$$

式（7.6）中，M 为正整数，称为慢波数，是频率扫描天线设计中一个十分重要的参数。

可把式（7.6）写成频率扫描天线的基本关系式，即

$$\sin\theta=\frac{\lambda}{\lambda_g}\times\frac{L}{d}-\frac{\lambda}{d}M \tag{7.7}$$

由式（7.7）可见，随着波长 λ（也是工作频率）的变化，天线的波束指向 θ 也在变化，这就是频率扫描的基本原理。本书不去深入讨论频率扫描天线的设计，这在天线专著中都有详述[1]。这里主要讨论频率扫描三坐标雷达的系统参数设计，如仰角空域范围、频率扫描带宽等参数的选择。

频率扫描雷达的重要参数是对慢波数 M 值的选择，下面用图解法进行讨论。令

$$\alpha=\frac{2\pi}{\lambda}d \tag{7.8}$$

$$\beta=\frac{2\pi}{\lambda_g}L \tag{7.9}$$

则式（7.6）改写为

$$\alpha\sin\theta=\beta-2\pi M \tag{7.10}$$

以 α 为纵轴，β 为横轴，用式（7.10）画出的频率扫描 $\alpha-\beta$ 图描述了一组在 $\theta=\pm\pi/2$ 时的不同的直线族，如图 7.3 所示。

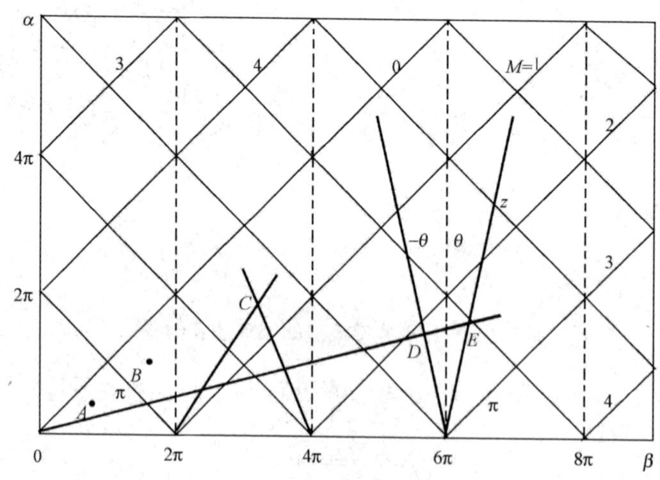

图 7.3　频率扫描 $\alpha-\beta$ 图

当 $\theta=\pi/2$ 时，$\alpha=\beta-2\pi M$；$\theta=-\pi/2$ 时，$-\alpha=\beta-2\pi M$，这就构成了图 7.3

中的细实线族；以 $\alpha=0$ ，$\beta=2\pi M$ 为起点的辐射直线是图 7.3 中的粗实线，粗实线表示了天线的波束指向；当指向 $\theta=0$ 时，$\beta=2\pi M$ 是图 7.3 中的垂直虚线族；辐射线的夹角，表示了扫描角，其线从小到大的排列表示了频率的变化。

图 7.3 中标示的 A 点，处在所有 θ 等于 $\pm 90°$ 以外的区域，不能工作；B 点在 $M=1$，θ 的 $-90°\sim+90°$ 区域，可辐射 M 为 1 的电波；C 点在 θ 的 $-90°\sim+90°$ 区域，可以以 $M=1,2$ 两个模式工作。图 7.3 中通过 C 点有两条实线，代表两个辐射方向。这就产生了一个频率两个辐射方向的多值性。这些辐射线的从小到大排列体现了频率的变化。

从坐标零点到任意一点的连线如 0E，表示式（7.10）的斜率 $\eta=\alpha/\beta$ ，称 η 为天线的慢波系数。令

$$Q=\frac{1}{\eta}=\frac{\beta}{\alpha} \tag{7.11}$$

式（7.11）中，Q 称为控制量，控制量是设计慢波结构可控制的慢波长度。式（7.7）又可写为

$$\sin\theta=Q-M\frac{\lambda}{d} \tag{7.12}$$

由式（7.5）的波导内波长 λ_g 和空间电波波长的关系可见，在扫描频带内，λ/λ_g 的变化不大，在工程设计时一般把其设为常数，这样决定控制量 Q 的主要因素就是 L/d 。在阵列天线设计中，为了使天线波束在规定的角度范围内扫描不出现栅瓣，一般取 $d=\lambda/2$ ，这样在式（7.12）中，当 $Q=2M$ 时，$\theta=0$ 。图 7.4 所示为，当 $Q=2M$ 时，不同 M 值扫描频带和扫描角的关系。例如，当扫描角为 $\pm 30°$，$M=5$ 时，扫描频带为 20%。由图 7.4 可见，同样的扫描角，M 值越小则频带越宽。

频率扫描三坐标雷达的参数选择首先要依据仰角空域范围进行设计，可在图 7.4 上，首先确定扫描角 $-\theta\sim+\theta$（考虑天线俯仰）的范围，根据扫描角和频带的要求，选择 M 值。为避免多值产生，在图 7.3 中画 $-\theta$ 和 $+\theta$ 的两条辐射线，这两条辐射线分别与 $M-1$ 和 $M+1$ 辐射线的交点为 D 和 E，称为极限工作点。根据交点坐标就可算出 λ_1 和 λ_2，得出精确的扫描频带，0E 线的斜率为慢波系数。

频率扫描三坐标雷达将较宽的频带用于扫描，空间波束指向与频率关系是固定的，其仰角空间与频率一一对应，一般不能采用脉间捷变频工作方式，易于被对方侦察和干扰，这是频扫技术体制的缺点。如果采用双蛇形慢波线，便可具有三个频率点的脉间捷变频能力，再采用工作频率与隐蔽频率分开的方式，可从一定程度满足脉间捷变频的需求。

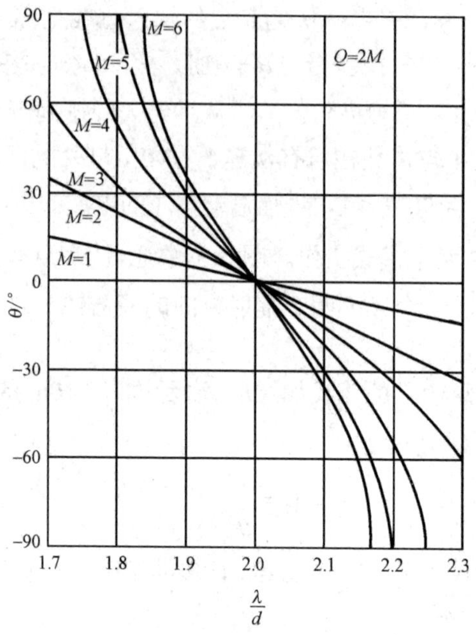

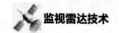

图 7.4　频率扫描频带和扫描角的关系

频扫双蛇形慢波线是把两根波导相邻缠绕，其中一根经过一个移相量为±π的移相器，如图 7.5 所示，这样就造成了辐射单元两两之间相差π的态势。可以把这个相位差等效为波导的长度变化，使得保持同一角度，产生另一频率，这实际上也可以解释为通过加移相器的办法来改变式（7.12）中的控制量 Q。在图 7.6 中，$Q=2M$ 时，$\lambda=2d$ 是法线辐射。当改变式（7.12）中的控制量 $Q=2M+1$ 和 $Q=2M-1$ 时，会出现 $\theta=\pm90^\circ$ 的双值，即频带的极限。加入了移相±π后，Q 被控制为图 7.6 中的虚线，在扫描频带内同一角度不同的移相对应三个频率，从而完成了跳频功能。更完善的捷变频方案是加移相器构成频率相位扫描方式，这将在 7.4 节中介绍。

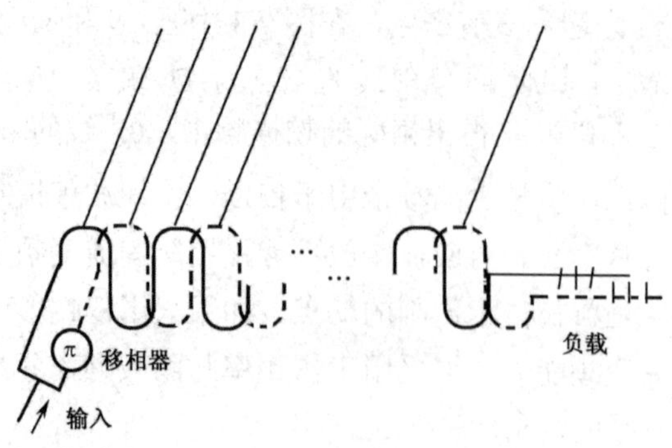

图 7.5　频扫双蛇形慢波线扫描示意图

由于频率扫描三坐标雷达是串联馈电，发射电波从输入端连续走到末端，电磁波必须传输走过所有的串联辐射单元，才能在空间形成覆盖相应空域的同时稳态波束。设 a_V 是天线扫描维孔径的长度，则传输需要时间 $t_1 = Ma_V/c$。由此可见，频率扫描天线比一般的串联馈电天线建立的时间要多 M 倍。一般频率扫描天线的稳态时间应比脉宽小 1/2。例如，天线垂直孔径的长度为 5m，$M = 5$，则建立天线稳态的时间为 0.083μs，雷达脉宽至少要大于 0.15μs。

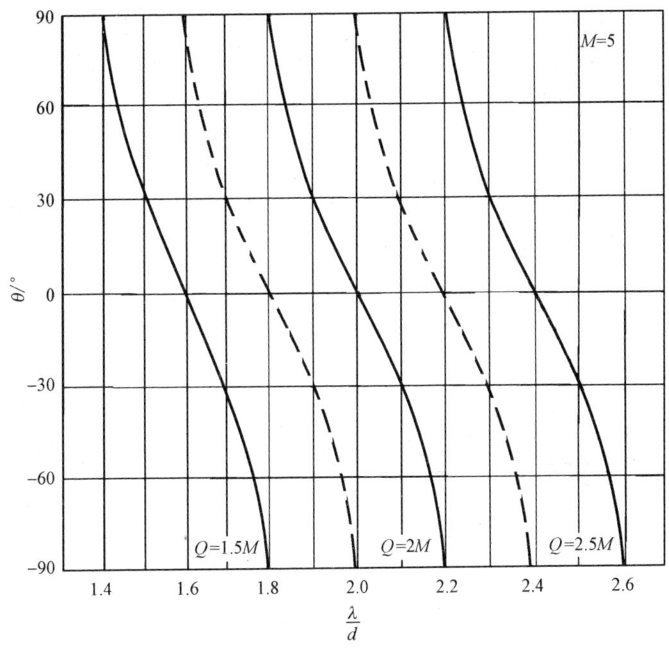

图 7.6　移相 ±π 的频率扫描跳频原理图

串联馈电频率扫描三坐标雷达的另一缺点是驻波和损失的叠加。由于馈电使每个辐射单元的反射电波相加，那么在法线方向的中心频率驻波和损失叠加为最大值，可达 3dB 以上，因此在工程设计中应注意。

频率扫描三坐标雷达慢波线采用线源扫描，不能采用旋转抛物面反射面，只能用抛物柱面反射面，由于线源阻挡，一般难以获得较低的天线副瓣电平。为了降低天线副瓣和提高雷达的机动性，频率扫描三坐标雷达大都采用波导阵列天线。频率扫描三坐标雷达的馈电方式决定了其最大优点是雷达射频系统简单，慢波线和线源都是单路系统，也不需多路转动铰链。

7.2.2　单波束脉间频率扫描三坐标雷达

单波束脉间频率扫描三坐标雷达原理如图 7.7 所示。该图中由频率源产生频率扫描激励信号，经发射机放大后由天线辐射到空间，共有 12 个频率对应 12 个

波束位置，每个波束位置驻留 M 个重复周期（图中 $M=4$），每个重复周期驻留时间为 t_0，波束位置的中心指向即为该周期的仰角。为了提高仰角精度，可在每个波束位置，采用和差波束的办法内插测角。这种体制原理简单，设备量少，如早期的 TPS-23 三坐标频率扫描雷达，舰用三坐标频率扫描雷达 SPS-39 都采用这种体制。单波束脉间频率扫描雷达一般难以解决大空域和精度、数据率的矛盾，如雷达最大作用距离 $R_{\max}=100\,\text{km}$，空域的仰角覆盖要求为 30°，仰角上共 12 个波束位置，仰角波束宽度为 2.5°，方位波束宽度为 1°，方位波束内的积累数 $N=4$，可计算出 $G_{\max}=40\,\text{dB}$（取 $k_a=25000$），代入式（6.32），得 $t_s\approx 9.5\,\text{s}$，刚好满足 6r/min 的数据率要求。但想再提高精度或增大距离，都需要增加时间而降低数据率。如果想进一步挖掘潜力并节约时间，可随着仰角增大，将距离按照式（1.4）的距离减小重复周期。设空域的高度限制在 10km 以下，用式（6.33）可计算出节约的时间为原来的1/4。

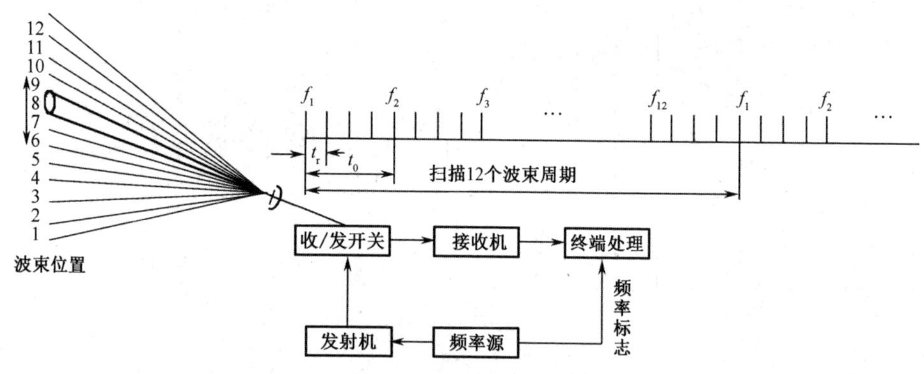

图 7.7　单波束脉间频率扫描三坐标雷达原理图

7.2.3　多波束脉内频率扫描三坐标雷达

针对远距离三坐标监视雷达，作用距离一般大于 350km，高度覆盖也在 25km 以上，用单波束脉间频率扫描显然不能满足精度、空域和数据率的要求，可采用多波束脉内频率扫描的方案解决。图 7.8 所示为多波束脉内频率扫描三坐标雷达原理图。这种体制和单波束脉间频率扫描体制最大的不同点在于，前一种是脉间频率扫描，即每个波束位置若干个重复周期为一组，一组一个频率按照重复周期依次进行仰角扫描；而多波束脉内频率扫描是在一个重复周期脉冲内扫描完整个仰角范围，且每个重复周期的波形相同，一个脉冲发射的能量覆盖整个仰角空域，多波束脉内频率扫描的 EL=1。多波束脉内频率扫描在一个重复周期内，采用多路接收机同时接收整个仰角各种频率的目标回波。由于每个接收支路对应一个仰角，为了提高仰角精度，可采用相邻两路比幅内插测角的方法。

英国 Plessey 公司研制的 AR-3D 三坐标雷达是典型的多波束脉内频率扫描体制（EL=1）雷达，如图 7.9 所示。该雷达是在 20 世纪 60 年代末期装备的，它较好地解决了空域、精度和数据率的矛盾，是一个比较成功的多波束脉内频率扫描三坐标雷达设计案例。它的仰角扫描范围是 0°～30°，工作在 S 频段，带宽为 140MHz，推算 M 值约为 10。该雷达在仰角上有 7 路接收机，其重复频率 $f_r = 250\text{Hz}$，重复周期为 4ms，最大作用距离的量程可达 600km。该雷达在方位上共有 360 个波束位置，天线转速为 6r/min，在每个波束位置的可用时间是 $10000/360 \approx 27.8\text{ms}$，其脉冲积累数 $N = 27.8/4 \approx 6.9$ 个。

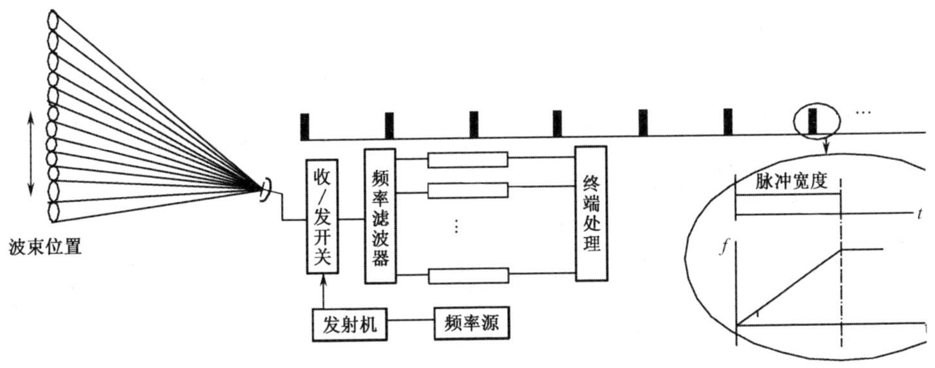

图 7.8　多波束脉内频率扫描三坐标雷达原理图

图 7.9　典型脉内频率扫描体制三坐标雷达

中国雷达设计师在 20 世纪 60 年代初，早于英国开展过多波束脉内频率扫描三坐标雷达的研制工作，研制了试验样机。

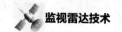

7.2.4 多波束脉间频率扫描三坐标雷达

单波束脉间频率扫描体制雷达的数据率低，而多波束脉内频率扫描体制雷达又相对复杂，多波束脉间频率扫描体制雷达是一种介于前两种体制的折中办法。多波束脉间频率扫描三坐标雷达原理如图 7.10 所示，其脉冲间仍改变频率。图 7.10 中共有 n 个波束位置，用 n 个载频$(f_1,f_2,\cdots,f_n)$构成 n 个波束位置的脉间扫描；又在 n 个载频的每个载频脉冲内调制 m 个频率，在每个脉冲做 m 路脉冲内（简称脉内）扫描，同时要有 m 路接收机去比幅测高，这种体制相当于有 $n\times m$ 个波束位置，而脉间扫描位置数可减少到 $1/m$，接收路数又比完全多波束的减少到 $1/n$。

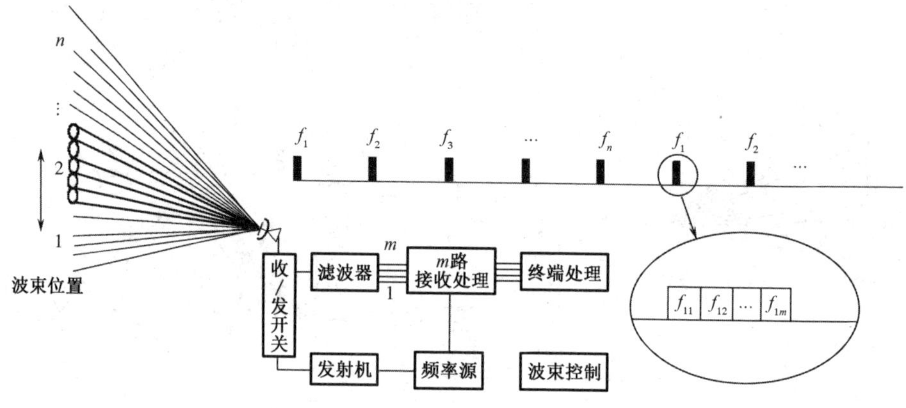

图 7.10　多波束脉间频率扫描三坐标雷达原理图

美国 ITT-Gilfillan 公司在 20 世纪 70 年代研制的 S-320 三坐标雷达是典型的多波束脉间频率扫描三坐标雷达，如图 7.11 所示，其中 $m=n=5$，共有 25 个波束位置，仰角上分为 5 个大波束位置做脉间扫描，每个大波束位置有 5 个窄波束，做脉内扫描。5 个大波束位置的重复周期和脉宽（功率）都随仰角增大而减小，重复频率由 330～1800Hz 可变。脉冲宽度低仰角为 65μs，高仰角为 31μs（分成 5 个子脉冲做脉内扫描），以达到最佳的时间和能量应用。该雷达的威力范围如图 7.11（b）所示，由图 7.11 可以看出 5 个大波束的覆盖特性。该雷达工作在 S 频段，带宽为 200MHz，天线转速为 6r/min，波束宽度为$1.5°\times1.4°$，发射平均功率为 5kW。它的方位波束位置为 $360/1.4\approx257$ 个，数据率 t_s=10s，允许仰角一次扫描的时间是 $10000/257\approx39$ms。在 5 个大波束扫描波束中，两个低仰角波束扫描用时 3ms，三个高仰角波束扫描用时 0.55ms，实际仰角一次扫描的时间为 $3\times2+0.55\times3=7.65$ ms，允许的脉冲积累数为 $N=39/7.65\approx5.1$ 个。该雷达利用多波束覆盖、变重复频率和变脉冲宽度的办法较好地解决了空域、精度和数据率的矛盾，且设备量适中，从能量和数据率的观点看，是一个设计比较成功的三坐标雷达。

（a）外形图

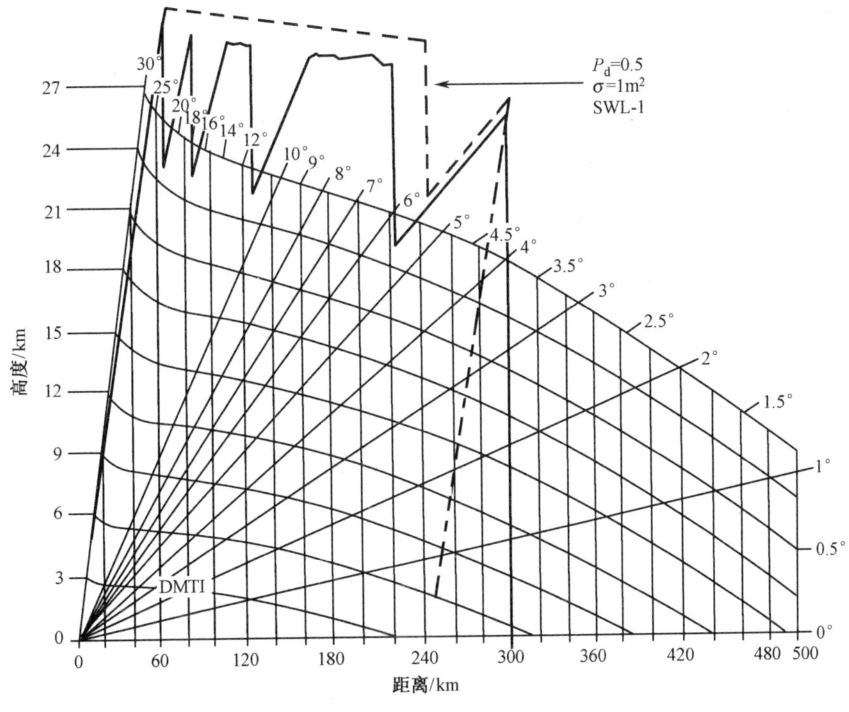

（b）威力图

图 7.11　典型脉间频率扫描三坐标雷达及威力图

7.3　堆积多波束三坐标雷达

堆积多波束三坐标雷达在仰角上形成同时覆盖整个仰角的多个堆积笔形波束，仰角面波束不扫描，因此没有扫描体制的选择问题，它涉及的主要问题是波束形成网络的选择及设计，以及如何减少设备的复杂性，提高雷达的可靠性。

7.3.1 堆积多波束原理

堆积多波束三坐标雷达在仰角上不扫描，其仰角扫描波束数EL = 1，因由多个笔形波束堆积覆盖整个仰角面，也称为堆积波束雷达。该体制雷达在仰角上没有消耗扫描时间，它的数据率和两坐标雷达相同，在三坐标雷达里是最高的，这种体制特别适于远距离、高精度、大覆盖空域的三坐标雷达采用。堆积多波束三坐标雷达的组成原理如图7.12所示，其发射信号通过发射波束形成网络，馈往天线阵面或天线馈源。对采用集中式大功率发射机而言，发射网络由若干功率分配器组成，各路分配的功率和相位不同，按照空域覆盖合成发射天线波束图。对采用固态发射机而言，可由各路发射单元直接经线源馈电，每路的功率相同而相位按照波束形成要求不同。N 路天线阵面或天线馈源经收/发开关（T/R）后，进入接收波束形成网络，由 N 路合成为 M 路输出，接收波束形成网络按照合成信号形式可分为抛物面多波束形成网络、射频波束形成网络、中频波束形成网络和数字波束形成网络（后面将另外介绍），合成后每条接收支路对应一个仰角，其仰角测量和测高一般采用相邻波束比幅内插方式。堆积多波束三坐标雷达系统设备量较大，结构复杂，其设计重点之一是在保证测高精度的条件下，如何减少堆积波束数，减少系统设备量。

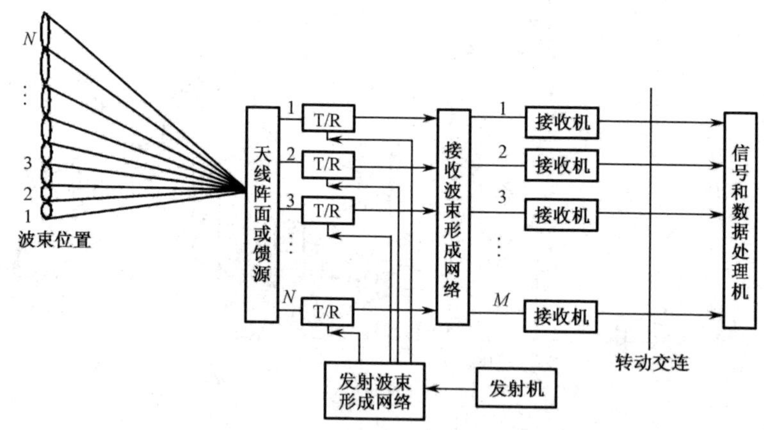

图7.12 堆积多波束三坐标雷达的组成原理

仰角测量误差是式（7.3）中测高误差的主要来源。如果不考虑测距误差，式（7.3）为

$$\sigma_{\mathrm{H}} = \sigma_{\varphi} R\cos\varphi \tag{7.13}$$

按照式（1.4）的要求，设计三坐标雷达时，采用保持等测高误差的设计原则，即随仰角的增大和距离值的减小，将高仰角对应距离值减小，则仰角测量误差允许

增大，如果其他参数保持不变，则高仰角波束可以增宽，雷达仰角-距离关系图如图 7.13 所示。如果保持测高误差不变，由式（1.4）计算距离和仰角，以式（7.13）保持σ_H为常数，可得等高精度约束下波束可展宽倍数与仰角的关系，如图 7.14 所示。设仰角范围为 20°，测高精度要求的合格范围在 200km 以内（考虑目标信噪比的要求），则高仰角的波束可展宽倍数一般取 2～3 倍比较合适。对于仰角覆盖大的三坐标雷达，高仰角波束可展宽倍数可达 5～7 倍。

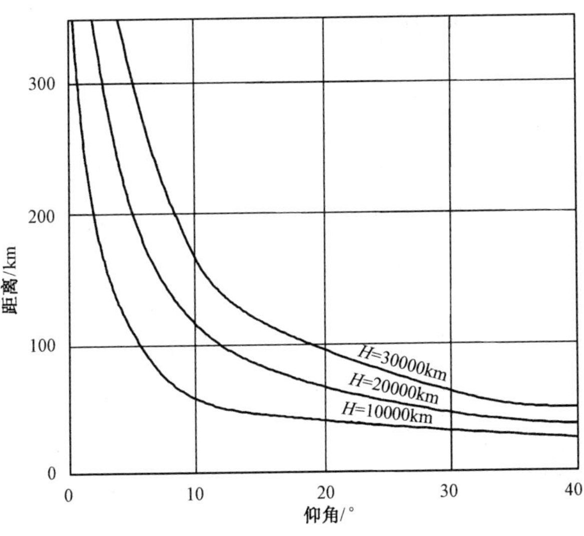

图 7.13　雷达仰角-距离关系图

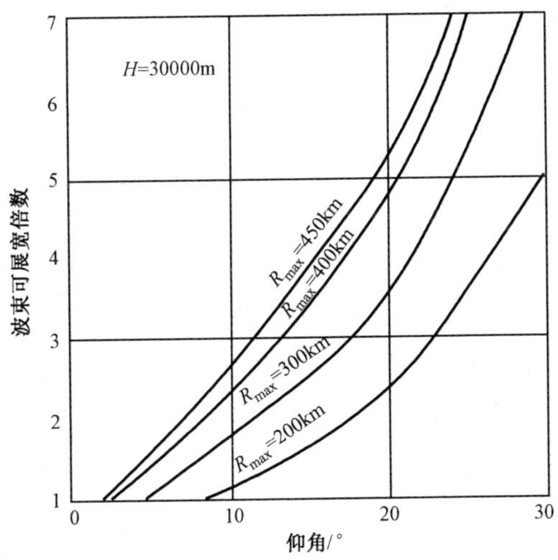

图 7.14　等高精度约束下波束可展宽倍数与仰角的关系

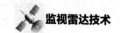

多波束三坐标雷达一般采用相邻接收支路比幅测角的方式，对于采用接收射频波束形成网络处理方法来说，需要解决波束合成后多路接收机的幅度平衡问题，为保持多路接收机的幅度平衡，一般在接收支路耦合参考信号进行统一比差的办法进行自动调整或幅度补偿。对于中频波束合成和数字波束形成网络来说，其参与形成的接收支路信号要同时进行幅度、相位的校正和补偿。

接收支路增益平衡对测高误差的影响，在第 6 章已做论述。

7.3.2 抛物面堆积多波束三坐标雷达

抛物面堆积多波束三坐标雷达是在抛物面焦点附近放置多个堆积馈源照射抛物面，通过堆积馈源设计形成合成网络，从而形成多个波束，如图 7.15 所示。一般抛物面的焦距孔径比 f/D 选择在 0.35 左右，但在多波束抛物面中，为了在大偏焦时波束性能不致变坏太多，要采用 0.7 左右的长焦距的反射面，这样，距焦点较远的喇叭也可得到较好的波瓣性能。

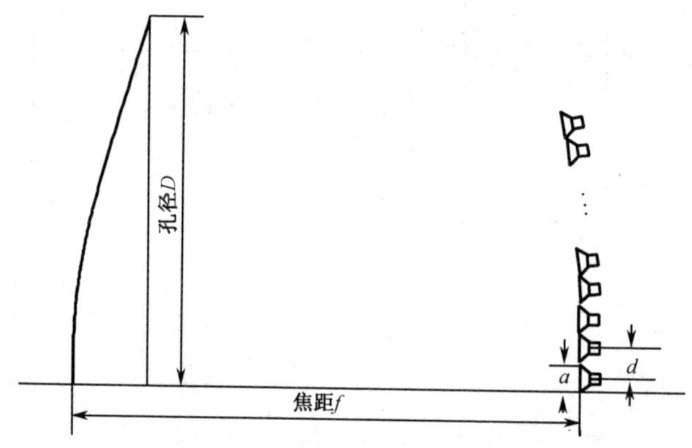

图 7.15　抛物面堆积多波束示意图

抛物面堆积多波束天线低仰角的几个波束，一般不进行波束合成，在工程设计上主要是控制好波束交点电平问题，图 7.16 所示为 3 种不同交点电平波束合成的结果，其中图 7.16（a）是两个单馈源直接照射形成的波束，如果保持抛物面的均匀分布，则相邻波束具有-13dB 的副瓣和-4dB 的相交电平。为了提高相交电平需要加大照射喇叭的口面尺寸 a（见图 7.15），以得到较低的副瓣和较宽的波束宽度，提高相交电平，但这样势必引起间距 d 的加大，使相邻波束间距加大，又使相交电平降低，如果适当地选取抛物面的焦距和设计好喇叭的口面分布，可把相交电平提高到-3.5dB 以上。

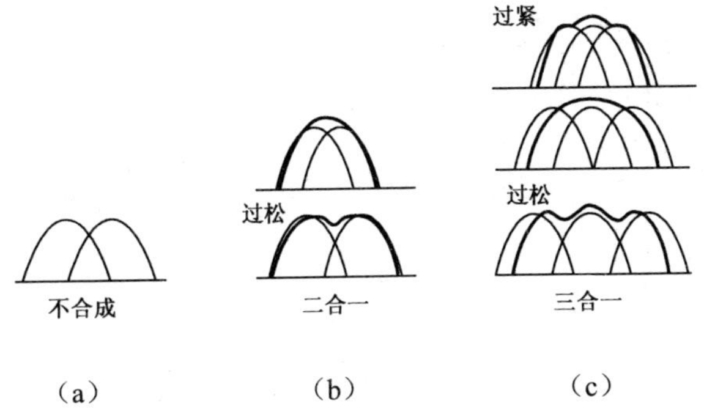

图 7.16　3 种不同交点电平波束合成的结果

图 7.16（b）所示为二合一波束。二合一波束就是把两个单波束的1/2同相相加，其物理意义是两个喇叭共用了口面，可看作在增大了口面的同时，间距 d 没有增加。结果增宽了波束宽度，提高了波束相交电平。由于单个波束的副瓣相加，因此合成波束的副瓣较差。在二合一波束中，单个波束的相交电平也不能太低，否则耦合过松的波束会出现凹口，由此会引起比幅差曲线双值。二合一波束的实质是加大了初级的口面，降低了抛物面的孔径辐射效率，使得接收增益下降，这在系统设计时应予以注意。

图 7.16（c）所示为三合一波束。三合一波束就是把相间的两个单波束的1/2和相邻的单波束全部同相相加。与二合一波束一样，单波束耦合过紧和过松都会发生合成波束的变形。在实际应用时，合成波束的形状受到诸多限制，不会太理想，只要比幅差曲线不出现双值就可以了。耦合过松带来的另一个问题是相间波束在第二交点相交不上，由此造成该测角区域不能比幅内插，称为比幅测角盲区。在系统设计时一定要把测角盲区控制在系统精度允许的范围内。

对抛物面堆积多波束天线而言，无论哪种合成方法，选好初级喇叭馈源的口面 a 和间距 d 非常重要。在高仰角波束需要展宽的倍数较多时，单波束间距拉得较开，但只要比幅差曲线单值就可用。

中国研制的 JY-8 三坐标监视雷达（简称 JY-8 雷达）就是典型的抛物面堆积多波束三坐标雷达。JY-8 雷达工作在 C 波段，波束宽度为 $0.82^\circ \times 0.6^\circ$，有很高的测角精度。该雷达虽然只有很窄的方位波束宽度，但由于采用抛物面堆积波束技术体制，具有较好的扫描数据率，当重复频率为 400Hz 时，仍能保证脉冲积累数 $N = 5$。JY-8 雷达的多波束天线焦距孔径比为 0.7，16 个喇叭照射反射面形成 16 个初级单波束，JY-8 雷达的仰角发射波束图如图 7.17（a）所示。在图 7.17（b）中则给出了合成波束中每一路的功率分配比值。

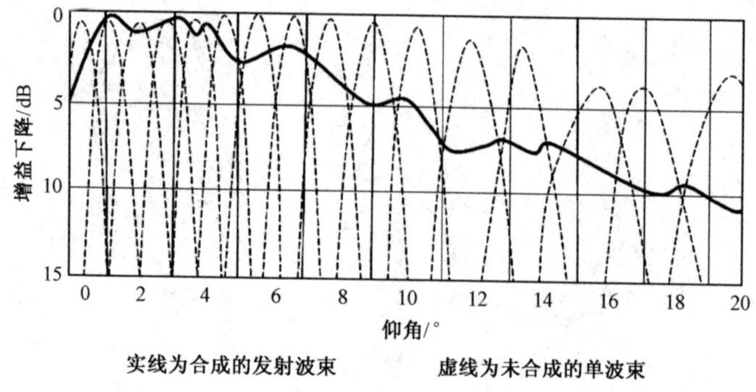

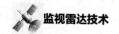

（a）JY-8 雷达的仰角发射波束图

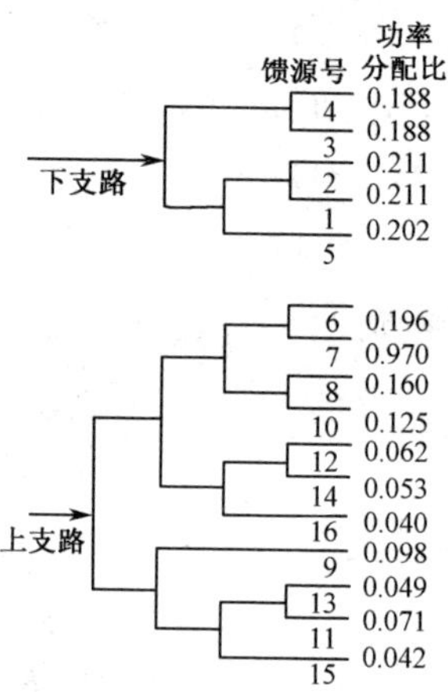

（b）发射波束的功率分配器

图 7.17　典型抛物面堆积多波束三坐标雷达发射波束图

JY-8 雷达接收波束及其波束形成网络如图 7.18 所示。该图中用 16 个初级单馈源合成 12 个接收波束，12 个接收波束中在仰角上采用不均匀分布，在保证等测高精度的前提下对高仰角波束进行展宽；6° 以下低仰角采用 7 个波束覆盖，6° ～20° 的高仰角采用 5 个波束覆盖。图 7.18 中同时标出了每一路的波束宽度、波束指向和增益损失。第 12 个合成波束最大展宽 3 倍，与图 7.14 中 $H = 20\,\text{km}$、$R_{\max} = 300\,\text{km}$ 的曲线吻合。高仰角波束由于波束展宽增益下降较多，但高仰角的探测距离较近，大气衰减比低仰角约小 3dB。在雷达系统设计时要综合考虑探测距离、接收增益和大气衰减等，按照空间威力覆盖能力进行发射功率分配，形成与威力覆盖范围相匹配的发射波束，达到能量资源的最佳利用。

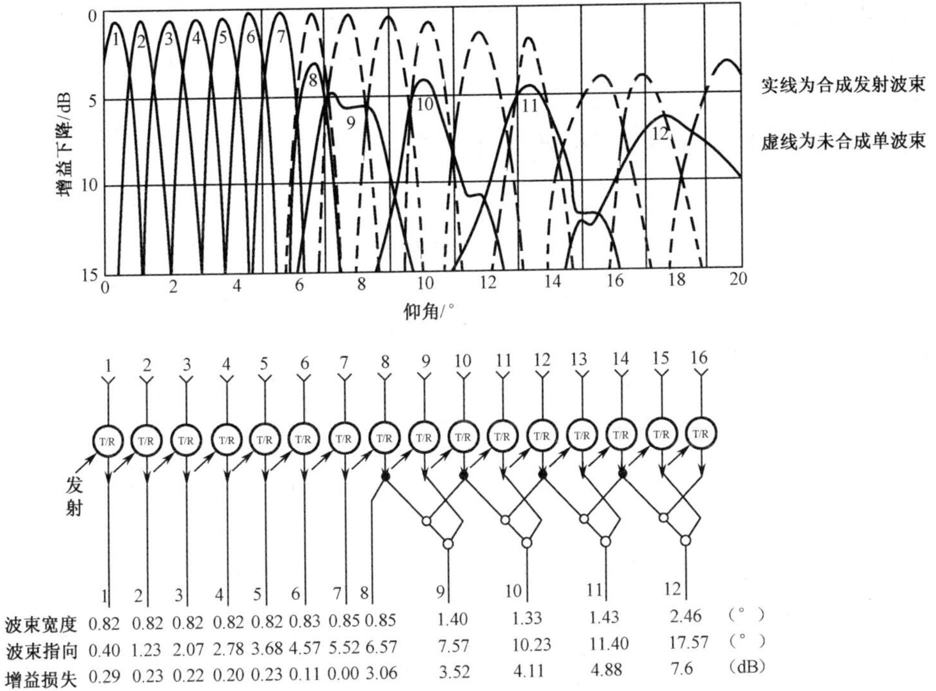

图 7.18　典型抛物面堆积多波束三坐标雷达（JY-8）接收波束图

JY-8 雷达的收/发波束形成网络采用无源波导元件实现，性能稳定、可靠性高，但设备复杂。图 7.19 仅给出了典型抛物面堆积多波束三坐标雷达（JY-8）部分保持各路等长的波导补偿段。JY-8 雷达采用集中式发射机和 12 路接收机，设备量较大。图 1.4（a）所示的图片就是 JY-8 雷达的天线收/发车，可以明显地看出车顶的长焦距天线反射面的曲率很小。

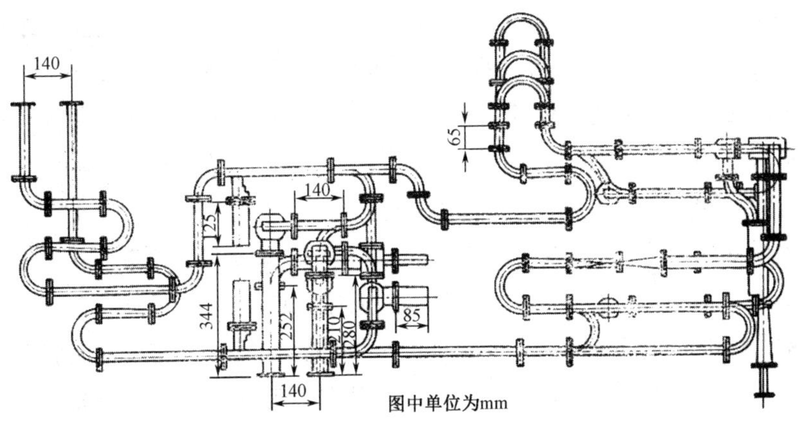

图 7.19　典型抛物面堆积多波束三坐标雷达（JY-8）收/发波束波导网络

20 世纪世界各国研制了多部抛物面堆积多波束体制的三坐标雷达，除了中国的 JY-8 雷达，还有中国的 JY-14 雷达和美国的 TPS-43 雷达。

7.3.3 阵列多波束三坐标雷达

抛物面堆积多波束技术利用堆积偏馈喇叭形成的反射面合成波束形成辐射图，其合成波束性能和灵活性均受到很大的局限。直接利用辐射单元信号的波束合成网络作为波束合成的阵列多波束雷达，具有更好的波束形成性能和灵活性。它不用借助抛物面的二次辐射合成波束，而是通过阵列天线的行线源接收信号进行波束合成，可以得到比较理想的波束形状。阵列多波束天线阵面一般由 N 个辐射线源平铺构成，线源将射频信号直接馈入波束形成网络进行波束合成。阵列多波束天线阵面设计在很多雷达天线著作中均有详尽论述，本章仅对阵列多波束形成网络的工作原理和设备组成进行阐述。

一般阵列多波束雷达天线由 N 个行单元（一般为几十个）波导裂缝线源或偶极子线源平铺（以下以波导线源为例介绍）组成，阵列多波束合成主要解决俯仰面的多波束覆盖问题，故波导线源的长度和裂缝数目主要由水平波束宽度和副瓣电平决定。假设垂直方向上的 N 路线源输入信号中，每一路都对合成波束有贡献，如果需要 M 个接收波束，那么就必须把 N 路中每一线源的输入信号分成 M 路信号，称为功分取样过程。这样就可获得来自 N 个样本功分的 M 组输入信号，射频波束形成网络示意图如图 7.20 所示。每路输入信号经过移相器和衰减器（也可在设计中将幅度权值代入）再进行信号合成，合成信号即为接收波束信号。每组样本输入信号共通过 N 个移相器，各移相器的移相量线性增加，形成一个倾斜的等相位面，成为与波束指向角相吻合的对应波束。衰减器的作用是形成幅度加权，实现所要求的幅度分布函数，决定波束的形状和副瓣。输入的功率分配器（简称功分器），一般由一分为二的功分器组合而成，总量为 $M \times N$ 个，同理输出的功率合成器的总量为 $N \times M$ 个。图 7.20 中的 N 路输入信号可以是射频信号，其波束形成称为射频波束合成；也可以是中频信号，其波束形成称为中频波束合成。射频波束合成网络的损失较大，N 路信号在进入波束合成网络前，需进行低噪声放大以降低系统的噪声系数。同时，为了满足合成网络的系统误差要求，在波束形成网络前检测提取幅/相误差信号，反馈到移相器和衰减器中，进行合成信号的增益调节和相位修正，射频波束合成网络移相器可采用线段来调整解决。

中频波束的形成网络频率低，移相器可用超声延时线或采取调整两路正交的幅度来解决，如图 7.21 所示。该图中 3dB 前的衰减用于阵面的幅度加权，通过 3dB 分配器后，形成 I/Q 支路，控制好每一路的正负和衰减，可得到 0°～360°

的移相。如果合成采用数字波束形成（DBF），其幅度和相位误差与合成加权可统一处理，这将在 7.5 节中阐述。

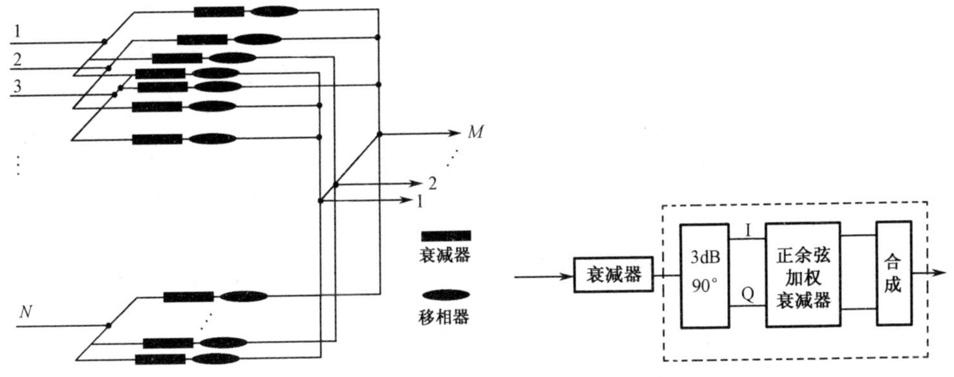

图 7.20　射频波束形成网络示意图　　　　图 7.21　中频波束形成的幅度与相位加权

图 7.22 所示为一个 $N=32$、$M=8$ 的半波束合成中频波束形成网络的结构图。按系统设计的要求，其中合成网络分为 A、B 两个半波束合成组件，每个组件处理 16 路输入信号，其中 A 组合成 1～31 的奇数信号，B 组合成 2～32 的偶数信号。每个合成组件由 16 块 8 路印制板功率分配器和 8 块 16 路印制板功率合成器构成。8 块印制板功率合成器包含 16 路 I/Q 移相器和不同电阻加权网络，形成 16 路加权和移相功能，成为半个波束的波束合成。16 块功率分配印制板水平堆叠，8 块功率合成印制板竖立堆叠，各印制板功率分配器和合成印制板间用 128 对同轴接头连接。在 B 组印制板功率合成器内，增加一组功率合成器，把两个半波束相加，就形成了 8 路波束的输出。

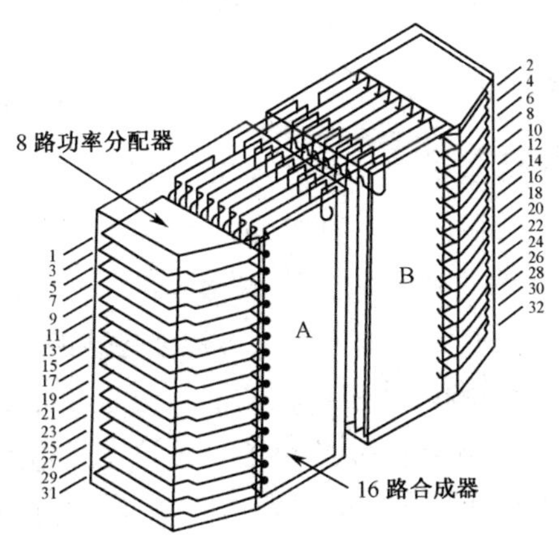

图 7.22　中频波束形成网络结构图

美国西屋（Westinghouse）公司早期研制的TPS-70雷达是在TPS-43抛物面堆积多波束三坐标雷达基础上改进形成的阵列多波束三坐标雷达，采用$N=36$、$M=6$的射频波束形成网络和阵列天线，发射机仍采用行波速调管。后期推出的TPS-75SS采用全固态发射机，是典型的全固态射频阵列多波束三坐标雷达。

英国马可尼（Marconi）公司研制的Martello雷达系列S-713、S-723、S-743和S-753是典型的中频波束形成三坐标雷达。它与TPS-43雷达的循序改进不同，而是采用同一技术，根据用户不同的要求，设计了不同的天线尺寸和威力范围构成系列产品，有改进型，也有派生型。这里介绍的S-723雷达是该系列中的典型产品（见图7.23）。

图7.23　英国Marconi公司研制的S-723雷达

S-723雷达天线结构及其波束形成处理原理如图7.24所示。它的工作频率为L波段（1300MHz），采用平均功率为5kW的全固态发射机；天线尺寸为7.1m×12.2m，天线转速为6r/min，水平波束宽度为1.4°。天线阵列分成4个天线子块，每个天线子块由10根波导线源组成，每根波导线源有80个裂缝。阵面垂直方向上共排列40根波导线源，线源接收的回波信号经低噪声放大、混频、中放后送给$N=40$、$M=8$的中频波束形成网络，形成8个接收波束。S-723雷达按照500km的仪表量程计算分析，方位波束宽度内一次扫掠可获得13个扫描积累脉冲，具有良好的探测能力，从此设计案例可看到多波束雷达大威力、高数据率的优点。

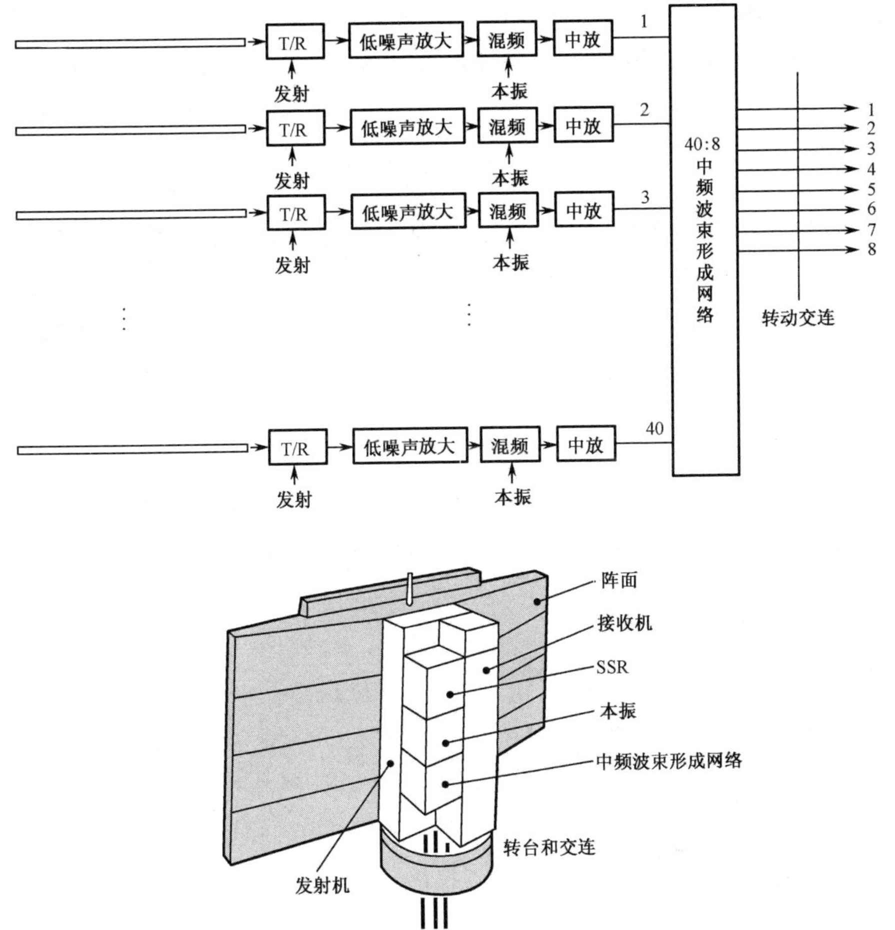

图 7.24　S-723 雷达天线结构及其波束形成处理原理

7.4　相位扫描三坐标雷达

相位扫描（简称相扫）三坐标雷达是在方位上采用机械旋转，俯仰上采用相位扫描形成笔形波束来覆盖仰角空域并测量仰角。相位扫描三坐标雷达一般分为单波束相位扫描三坐标雷达、多波束相位扫描三坐标雷达和频率相位扫描三坐标雷达。

7.4.1　相位扫描原理

相位扫描三坐标雷达一般在仰角上进行一维扫描，它由阵列天线单元馈电功率分布（幅度分布）调整波束形状和副瓣电平，根据各单元间的相对相位梯度变化进行波束指向调整。如图 7.25 所示，设单元间距为d，波长为λ，单元间的相移量为Φ，最大辐射方向和天线法线方向的扫描夹角为θ，则Φ应符合以下关系

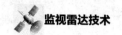

$$\Phi = \frac{2\pi d}{\lambda}\sin\theta \tag{7.14}$$

对于单元间的相移量Φ为固定值，式（7.14）在严格意义上仅在中心频率成立。

设计时单元间的相移量Φ如果不能随频率变化而自动调节和补偿，在频带内由于频率变化带来波束色散效应，在无补偿的情况下，对N个单元的线阵，其波束色散为[2]

$$\frac{\Delta\theta}{\theta_{0.5}} = 2N\frac{\Delta f}{f}\sin\theta \tag{7.15}$$

由式（7.15）可见，在同样的工作频带中，单元数N和扫描角θ越大，如果不采用相位补偿措施，波束色散效应就越大。相位扫描三坐标雷达的波束色散效应原理在一般相控阵原理书籍均有介绍[3]，限于篇幅，本书不做详细论述。

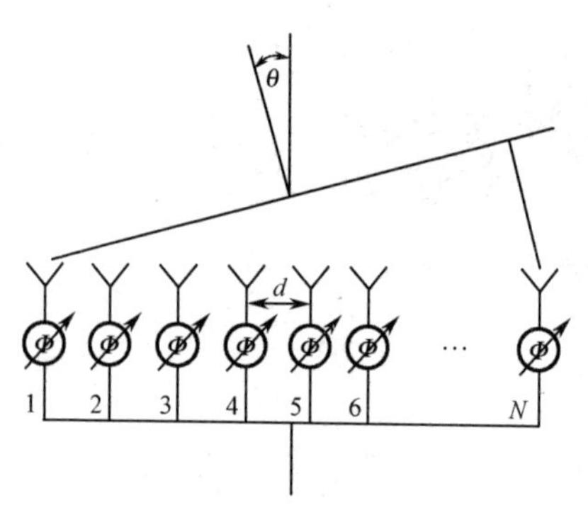

图 7.25　波束相位扫描原理图

相位扫描三坐标雷达是移相器技术发展带来的新型三坐标雷达体制，其波束扫描与频率扫描三坐标雷达原理相同，均是在俯仰面各单元间产生波束扫描的等相位面，只是实现扫描相位变化梯度的方式不同。下面将详细分析各种典型相位扫描三坐标雷达的工作原理和实现方法。

7.4.2　单波束相位扫描三坐标雷达

相位扫描三坐标雷达的扫描方式与频率扫描三坐标雷达工作原理类似，也有单波束脉间扫描、多波束脉内扫描和多波束脉间扫描 3 类。其解决空域、精度和数据率矛盾的能力与频率扫描体制相同。但是，与频率扫描三坐标雷达相比，相位扫描三坐标雷达由于采用移相器实现单元间扫描相位变化，避免了频率扫描体制利用不同频率实现扫描相位变化的方式，工作频率不再受扫描仰角的约束，可以采用频率捷变等抗干扰措施。

典型的单波束相位扫描三坐标雷达是美国 GE 公司（现 Lockheed Martin 公司）研制的 TPS-59 雷达，1985 年开始列装部署，如图 7.26 所示。TPS-59 雷达采

用单波束相位扫描方式，工作频率为 L 波段，工作带宽比为 14%，作用距离范围为 5～560km，仰角范围为 0°～19°，天线有 6r/min 和 12r/min 两种转速。垂直面由 54 个行馈线源及行馈发射单元组成，每个发射单元功率为 840W，工作比为 18%，平均功率为 6.3kW，天线口径为垂直 9.1m×方位 4.9m，垂直波束宽度为 1.4°（低仰角）～1.7°（高仰角），水平波束宽度为 3.4°。

TPS-59 雷达为解决远距离探测和 30km 高度的大覆盖空域与探测数据率的矛盾，采取多种技术手段和均衡设计方法。为增加波束驻留时间，采取把方位波束宽度增加到 3.4°的办法，减少方位扫描波位数同时增加波束内积累脉冲数，但同时降低了方位精度和方位分辨率。

为满足天线 12r/min 的高数据率要求，TPS-59 雷达采取等高威力覆盖高仰角波束的展宽设计，在高仰角通过降低重复周期、减少脉冲宽度和脉冲个数的办法，减少高仰角的时间资源消耗。TPS-59 雷达的信号形式如图 7.27 所示。

图 7.26　美国 GE 公司研制的 TPS-59 雷达

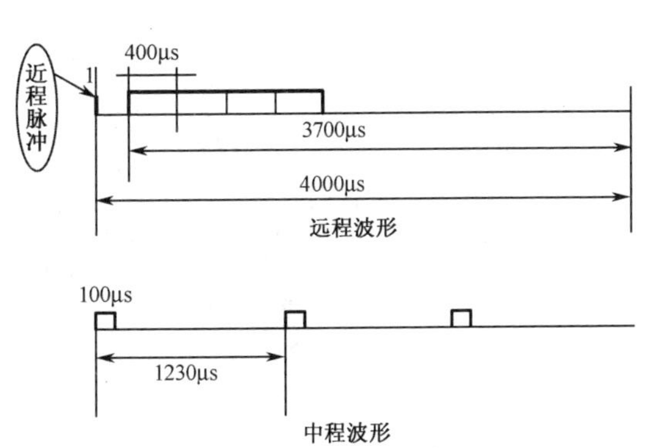

图 7.27　TPS-59 雷达的信号形式

在图 7.27 中，远程波形中的 4 个子脉冲是随着扫描仰角增大、距离减小而减少的，其具体分段如下：

（1）460～560km 的重复周期为 4000μs，脉冲宽度为 4 个频率不同的 400μs 的线性调频脉冲。（频差为 3.75MHz，线性调频脉冲带宽为 640kHz）。

（2）370～460km 的重复周期为 4000μs，脉冲宽度为 3 个频率不同的 400μs 的线性调频脉冲。（频差为 3.75MHz，线性调频脉冲带宽为 640kHz）。

（3）185～370km 的重复周期为 4000μs，脉冲宽度为 2 个频率不同的 400μs 的线性调频脉冲。（频差为 3.75MHz，线性调频脉冲带宽为 640kHz）。

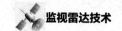

由以上设计数据可见，随着仰角增大和探测距离的降低，可以用减少脉冲宽度和子脉冲个数的办法来控制时间与能量。

TPS-59 雷达中程波形为：185km 以下的重复周期为 1230μs，脉冲宽度为一个 100μs 的线性调频脉冲（线性调频脉冲带宽为 2.5MHz）。

TPS-59 雷达近程波形为：在远程波形中加入周期 300μs、脉宽 1μs 的简单脉冲是为了解决近程探测问题。

TPS-59 雷达的仰角扫描方法如图 7.28 所示，它由 8 个重复周期为 4000μs 的远程波束和 11 个重复周期为 1230μs 的中程波束轮流扫描，仰角一次扫描时间为 $8\times4.0+11\times1.23=45.53\ \text{ms}$，中程波形的 11 个波束扫描时间仅为远程波形的 8 个波束的 1/3，节约了大量的扫描时间。水平波束扫描位置是 $360/3.4\approx105$ 个，天线转一周的扫描总时间为 $105\times45.3=4756.5\ \text{ms}$，满足数据率 5s（12r/min）的要求，天线转速可以达到 12r/min。如果 TPS-59 雷达能采用第 6 章的等威力覆盖设计方法，随仰角再连续降低重复周期，还可降低时间消耗。

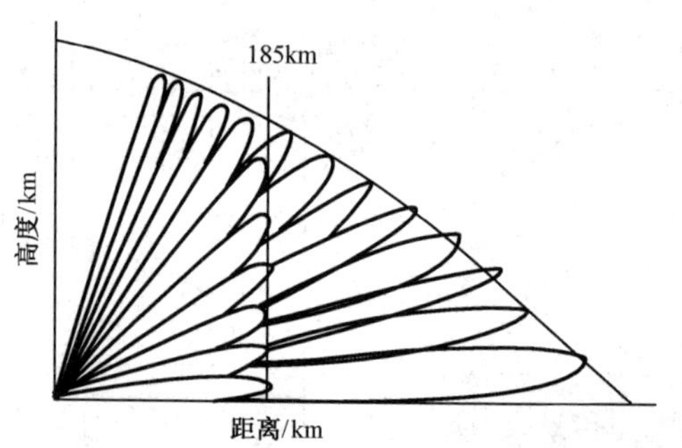

图 7.28　TPS-59 雷达的仰角扫描方法

为解决脉冲 $N=1$ 时的检测概率不足的问题，在低仰角远距离时，用 4 个子脉冲分集是比较好的设计办法。随着探测距离的缩短，子脉冲数从 4 到 2 逐步减少，以达到节约时间和功率的目的。由于只有一个脉冲，仰角上采用和差波束测角。

TPS-59 雷达采用了在仰角面按照不同仰角逐步降低时间资源的方法，节约了时间和能量，同时满足了较大空域覆盖和数据率的要求，是一个设计比较成功的单波束相位扫描三坐标雷达。该雷达至今已装备了 17 个国家共约 120 部，并有多种派生型号，如 GE-592 雷达和 FPS-117 雷达等。从分析可知，TPS-59 雷达的设计把单波束相位扫描的时间资源基本用尽，要进一步提高数据率，只能采用多波束扫描体制。

7.4.3　多波束相位扫描三坐标雷达

典型的多波束相位扫描三坐标雷达是意大利 Alenia 公司研制的 RAT-31S 雷达，如图 7.29 所示。RAT-31S 雷达工作在 S 波段，最大作用距离为 300km，仰角覆盖范围为 0°～20°，发射机采用前向波放大管，脉冲重复频率为 450Hz，脉冲宽度为 2.6μs，平均功率为 4.2kW，天线有 6r/min 和 12r/min 两种转速，天线尺寸为 4.7m×4.0m，波束宽度为1.5°×1.5°。

图 7.29　意大利 Alenia 公司研制的 RAT-31S 雷达

RAT-31S 雷达采用多波束相位扫描技术体制，俯仰面采用 3 个波束同时扫描覆盖，其重复周期$t_{\mathrm{r}}=1/450\approx 2.22\,\mathrm{ms}$，水平波束位置数为$360/1.5=240$个，若天线转速为 12r/min，则在一个方位波束内完成仰角扫描的时间为$5000/240\approx 20.8\,\mathrm{ms}$，在 1.5° 的方位波束内，可获得$20.8/2.22\approx 9.37$次扫描。

RAT-31S 雷达采用 3 套独立移相器分别控制 3 个独立多波束进行扫描，图 7.30 所示是在一个方位波束宽度内 9.4 次波束扫描的顺序图。该图中轮流扫描的顺序用黑、灰、白 3 种颜色表示。在一个方位波束宽度内，波束 1 负责低仰角的两个仰角波束扫描位置，在 9.4 次仰角扫描中可得 4.75 个方位脉冲积累；波束 2 负责中仰角的 3 个仰角波束位置，在一个方位波束位置的 9.4 次仰角扫描中可得 3.16 个方位脉冲积累；波束 3 负责高仰角的 4 个波束位置，在一个方位波束位置内的 9.4 次仰角扫描中，可得 2.38 个方位脉冲积累。RAT-31S 雷达采用减少高仰角脉冲数 N 的办法来节约时间和能量。

RAT-31S 雷达威力图如图 7.31 所示，从图中可以看出 3 组独立波束扫描能量-时间关系未完全与威力覆盖相匹配。

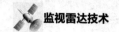

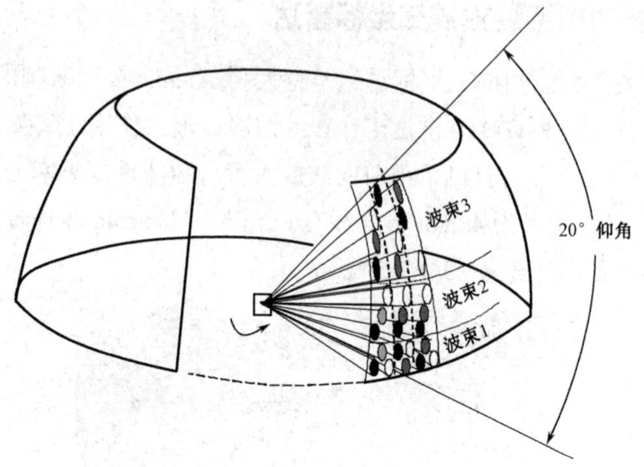

图 7.30 RAT-31S 雷达扫描顺序图

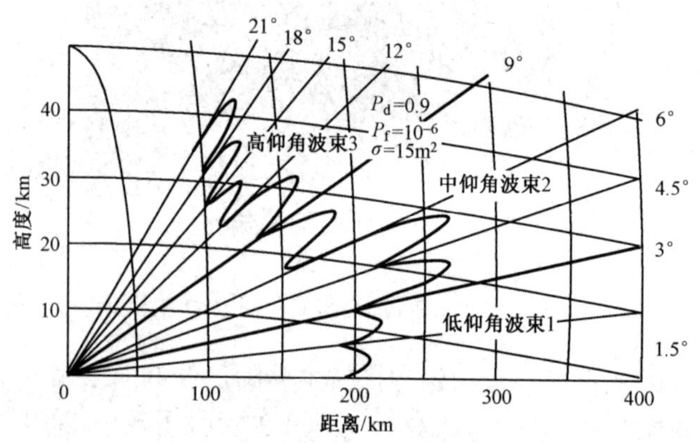

图 7.31 RAT-31S 雷达威力图

RAT-31S 三坐标雷达采用射频网络馈电，整个射频馈电网络由波导元件和铁氧体移相器组成，其馈电网络如图 7.32 所示。从图 7.32（a）可见，其波束合成网络具有 3 套独立的移相器，使每个波束可以独立控制，从而完成图 7.30 所示的扫描。行线源馈电采用了并联馈电方式，避免了串馈带来的频率色散效应，可采用脉间捷变频工作模式。发射信号经功率分配器先分成 3 路，3 路功率分配后信号再独立进行二次功率分配，二次功率分配后的行馈信号经移相后，再把 3 路信号合成分别馈入阵列行馈线源。整个结构置于阵列天线的后背，如图 7.32（b）所示。

RAT-31S 雷达和 TPS-59 雷达的数据率相同，其仰角波束宽度也大致相当，但方位波束宽度仅为 TPS-59 雷达的 1/2.26，RAT-31S 雷达用 3 套同时波束扫描设备，换来了方位精度提高 2.26 倍的好处。

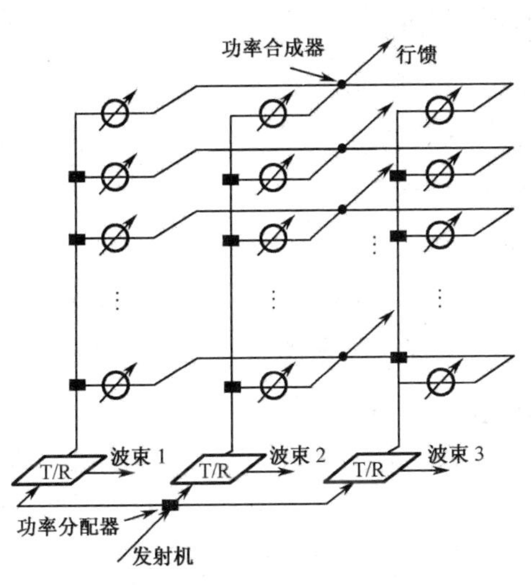

（a）原理图

（b）外形图

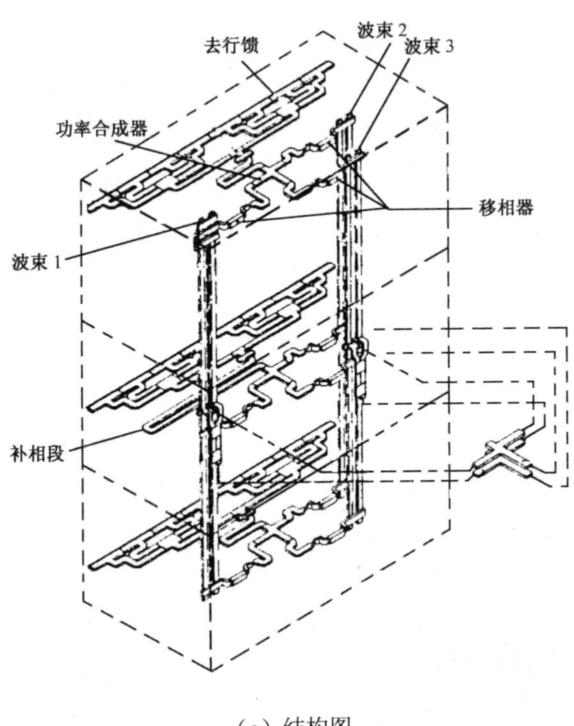

（c）结构图

图 7.32　RAT-31S 雷达馈电网络

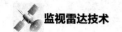

7.4.4 频率相位扫描三坐标雷达

由于脉内频率扫描技术体制数据率高（EL=1），较好地解决了探测威力覆盖与数据率的矛盾，扫描时间资源设计裕度大，可降低方位波束宽度获得较好的方位精度和分辨率，但带来的设计缺陷是频率资源用于扫描，难以采用捷变频工作方式。而采用频率相位扫描技术则可较好地解决频率扫描雷达的捷变频难题。

AR-320 三坐标雷达（简称 AR-320 雷达）是在 AR-3D 三坐标雷达的基础上，由英国 Plessey 公司和美国 ITT Gilfillan 公司联合研制的频率相位扫描体制三坐标雷达，如图 7.33 所示。AR-320 雷达工作频率为 S 波段，其最大作用距离为 300km，仰角覆盖范围为 0°～20°，天线转速为 6r/min。重复周期可变，其最大值为 3.13ms。脉冲宽度为 66μs，平均功率为 20kW，天线尺寸为 5m×5m，波束宽度为 1.2°×1.3°，垂直波束位置为 12 个，按 10s 数据率计算，脉冲积累数为 11.5 个。可见，频率相位扫描体制和 AR-3D 三坐标雷达一样，在采用脉内频率扫描的同时获得了较高的测量精度和数据率。

AR-320 雷达在每个频率扫描蛇形慢波线的输出端口，增加一列移相器（见图 7.34），这些移相器不是用来进行相位扫描，而是用来对不同的频率进行补偿，等效控制频率扫描的 Q 值，以实现脉内频率扫描的多点跳频。在裂缝天线阵的负载端，设计采用耦合波导获得相位监测信号，用来监测、校准移相器的相位变化。AR-320 雷达的波束宽度为 1.2°×1.3°，从测量精度指标上优于 TPS-59 雷达和 RAT-31S 雷达，设备也比较简单，可实现多点捷变频工作方式。但 AR-320 雷达发射平均功率达 20kW，在同规模三坐标雷达中是较大的，与其他雷达相比应达到的威力和空域覆盖不足，主要是由于它的大功率移相器和蛇形慢波线损失较大。

图 7.33 英国 Plessey 公司和美国 ITT Gilfillan 公司联合研制的 AR-320 三坐标雷达

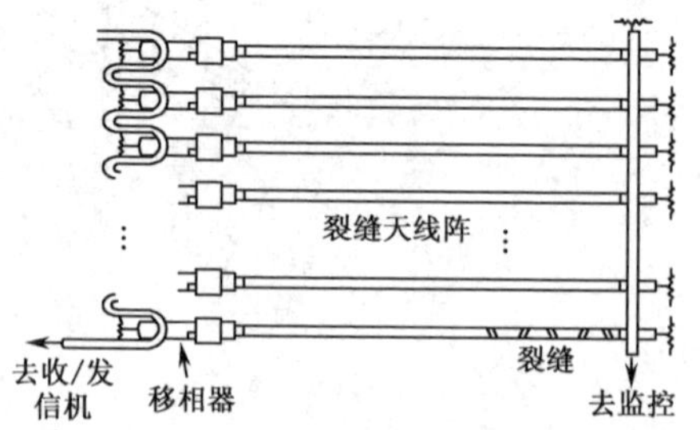

图 7.34 频率相位扫描天线工作原理与组成图

7.5　数字波束形成三坐标雷达

随着超大规模集成电路水平的发展和计算能力的提高，可将线源射频信号下变频做数字采样或直接进行射频数字采样，在数字域进行波束合成和扫描控制，这种方式称为数字波束形成（DBF）。数字波束形成三坐标雷达波束合成设备简单、可靠性高，其波束变化的灵活性是传统硬件波束合成网络无法比拟的，特别是在同一波束内，DBF 可实现不同距离的波束参数变化，获得较好的雷达探测性能和波束变化的灵活性，目前已在三坐标雷达的工程应用中得到推广。

7.5.1　数字波束形成原理

数字波束形成（DBF）技术把图 7.20 所示的波束形成网络的功率分配与合成，变化到数字域后进行了数字幅/相加权处理，通过乘、累加等的数字计算来实现波束形成。DBF 技术实现路径简单，把图 7.20 中的移相器、衰减器转换成一组加权函数，把单元 A/D 变换后的信号和多组权函数相乘，然后分别按组进行数字累加，即可获得所需的合成波束（可以是单个、多个和多波束）。

图 7.35 所示为由 N 个阵列单元形成 M 路波束的数字波束形成的工作原理及计算流程图，该图中标出的各点信号运算表达式清晰映射出数字波束的形成过

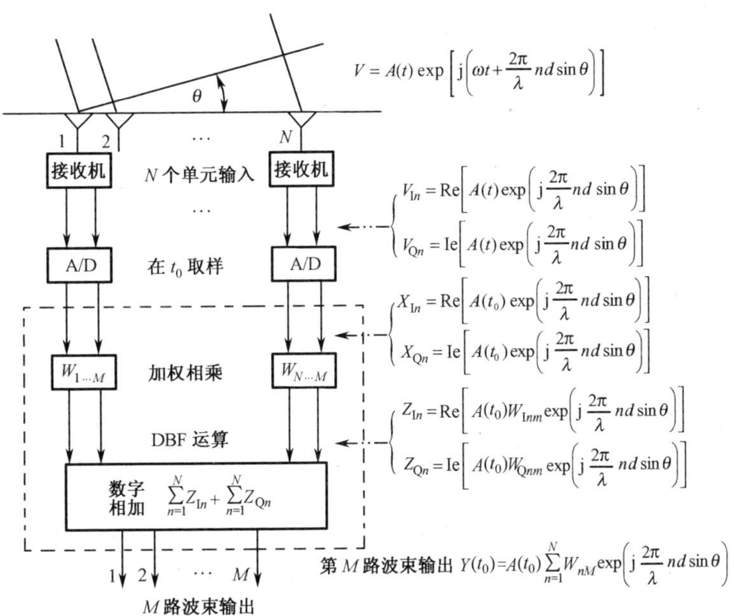

图 7.35　数字波束形成的工作原理及计算流程图

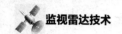

程。DBF 在工程实现上有多种运算方法，一般有频域 FFT 和时域两类算法。频域 FFT 算法可降低运算量，宜在多天线单元两维波束形成时应用，但其波束形成数目和间隔固定，灵活性不够；时域算法灵活可变，在系统运算能力满足要求时，其波束形成能力和多应用场景更好。目前由于计算能力的提高，一般均采用时域算法进行波束合成。数字波束形成方式与其他波束形成技术体制一样，通道幅/相误差直接影响波束的指向精度和副瓣电平，必须将数字阵列各通道幅/相控制在允许误差范围内，一般在每路发射输出端和接收输入端采用耦合信号与参考路进行幅/相误差比较，提取各路的幅/相误差形成幅/相校准系数，如果采用发射波束合成发射幅/相误差同样需要校准，通常将幅/相校准系数与波束加权系数在计算中合并处理。

7.5.2 数字波束形成三坐标雷达

目前采用数字波束形成的三坐标雷达较多，其中较为典型的是 JYL-1 数字波束形成三坐标雷达，如图 7.36 所示。该雷达工作频率为 S 波段，最大作用距离为 350km，仰角范围为 0°～30°。重复频率为 290～2000Hz 可变，最大脉冲宽度为 200μs，平均功率为 6.8kW。天线尺寸为水平 7.4m×垂直 3.2m；波束宽度为方位 1.4°、仰角 2°（窄波束）。

图 7.36　JYL-1 数字波束形成三坐标雷达

JYL-1 数字波束形成三坐标雷达（简称 JYL-1 雷达）采用了“发射相位扫描+接收 DBF”的技术体制，其工作原理框图如图 7.37 所示，其发射支路利用相位控制实现俯仰向 30° 的赋形波束覆盖俯仰面，也可实现变形宽波束、烧穿窄波束等灵活的波束覆盖相应空域。接收支路采用 DBF 技术，垂直面 40 路线源信号经 40 路数字化接收机形成各路独立的数字 I/Q 信号，在工作计算机中进行 DBF 处理，同时形成 $M=10$ 个接收波束，覆盖俯仰面相应的探测空域。

JYL-1 雷达 DBF 处理采用时域算法，其原理如图 7.38 所示，该方法可以较好兼顾处理设备量和较高的处理速度。数字波束形成输入 A/D 变换后的数字回波信号，必须解决好大容量、高速率数据传输和实时处理问题，该雷达采用了低压差分信号（Low Voltage Differential Signaling，LVDS）传输接口电路和光纤传输，较好地解决了多路数字中频采样数字回波信号与波束形成器的数据传输问题，使数字波束形成和处理可以远端实现。JYL-1 雷达采用超大规模 FPGA（Field Programmable Gate Array，现场可编程门阵列）构建实时波束形成的电路系统；采用通用 DSP（Digital Signal Processor，数字信号处理器）完成通道校正并形成电路所需的加权系数。目前随着计算能力的提高、存储技术与容量的发展，使得在计算机系统中采用全软件化波束形成和处理成为可能，可实现回波信号数字化后+光纤传输+服务器的全软件化数字波束的形成和处理。

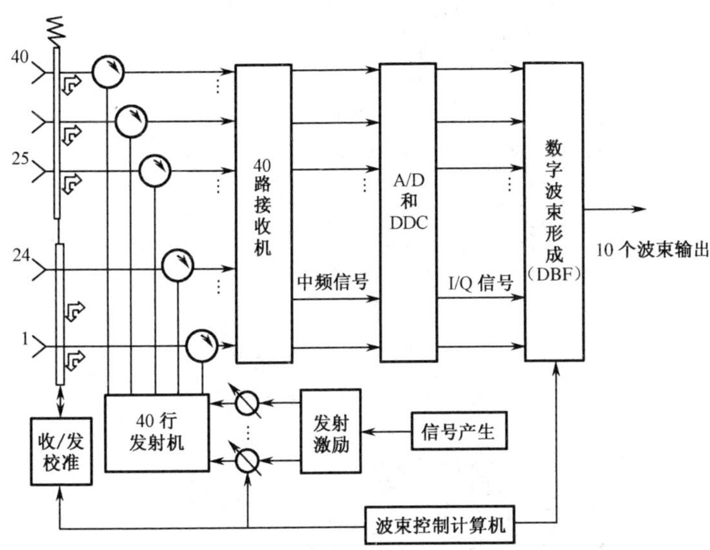

图 7.37　JYL-1 数字波束形成三坐标雷达工作原理框图

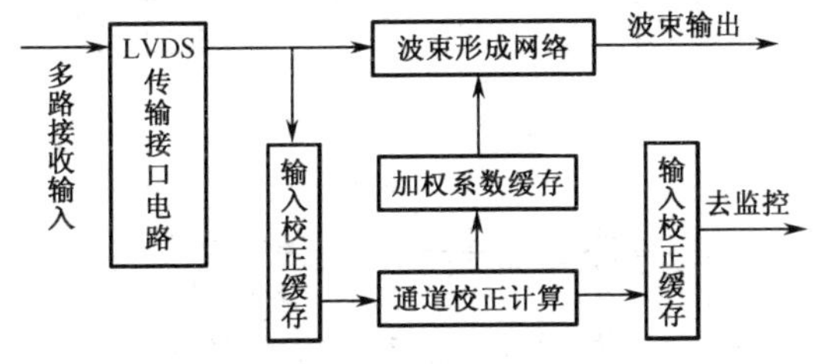

图 7.38　JYL-1 数字波束形成三坐标雷达的 DBF 原理框图

从技术实现原理上，数字波束形成技术体制将堆积多波束体制和相位扫描体制有机地结合起来，数字波束形成技术体制既有堆积多波束体制的高数据率（EL=1）的优点，也具有相位扫描体制的简单、灵活的优点。

JYL-1 雷达根据不同的工作任务和使用环境，设计了 4 种工作模式：

（1）正常模式，用于正常监视；

（2）变宽模式，用于远距离监视；

（3）烧穿模式，用于抗有源干扰；

（4）脉冲多普勒模式，用于强杂波干扰。

这 4 种工作模式的威力覆盖图如图 7.39 所示，从该图中可见采用 DBF 技术，可以按照不同的模式工作，灵活控制接收波束形成的数目、形状、交点电平等，获得较好的探测威力、测量精度和数据率等雷达系统性能。

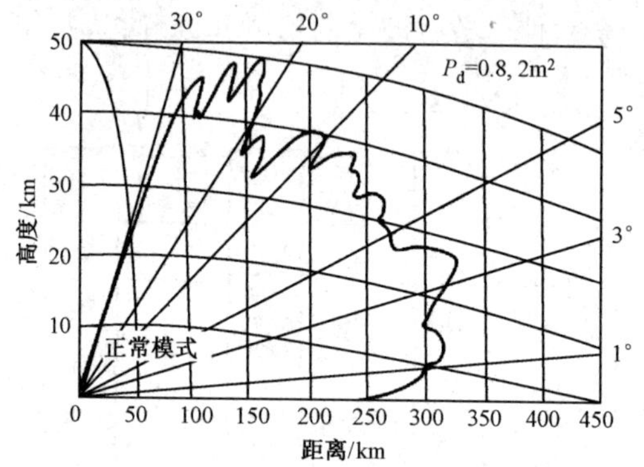

（a）正常模式

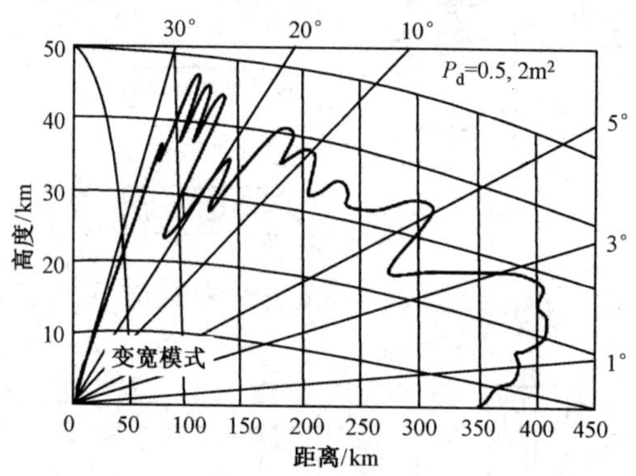

（b）变宽模式

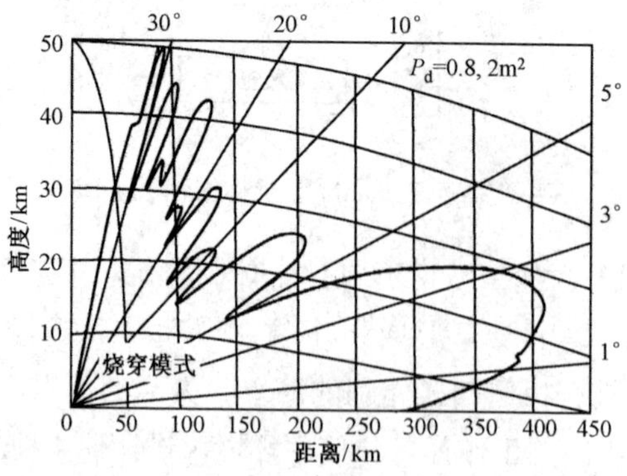

（c）烧穿模式

图 7.39 JYL-1 雷达 4 种工作模式的威力覆盖图

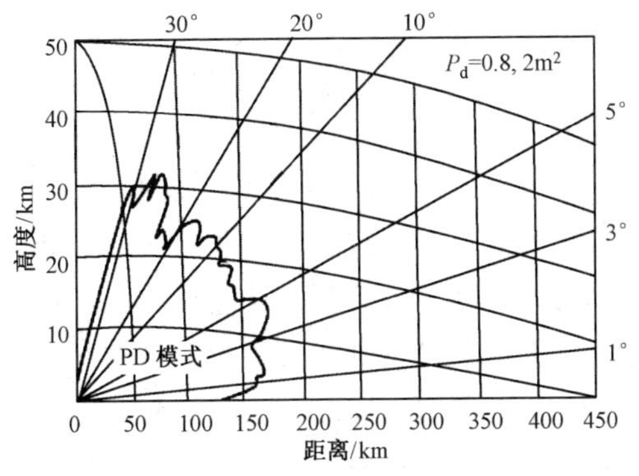

（d）脉冲多普勒模式

图 7.39　JYL-1 雷达 4 种工作模式的威力覆盖图（续）

常规的堆积多波束或相位扫描雷达要保持等高精度覆盖，需根据不同的仰角随高度覆盖的变化来改变波束宽度，但波束形状设计主要是考虑仰角覆盖，其距离缩减是通过降低重复周期、减少脉冲数和减小脉冲宽度来实现的，即波束形状设计是依据仰角函数变化进行设计而不是依据距离函数变化设计的。JYL-1 雷达接收波束合成采用 DBF 技术可以依据距离函数进行设计，按照 5 个不同的距离段，采用不同的波束形状、波束指向和波束数量，即 DBF 技术的波束数量和加权系数可随距离改变，这为雷达的设计带来了极大的灵活性。表 7.1 所示为 JYL-1 雷达在变宽模式下不同距离段的波束空间设计示例。

表 7.1　JYL-1 雷达在变宽模式下不同距离段的波束空间设计示例

距离/km	波束数量	波束指向/°									
0～50	10	1.2	3.7	6.7	9.7	12.7	15.7	18.7	22.0	25.4	29.0
100～150	10	0.7	3.2	5.7	8.5	11.3	14.5	18.1	21.7	25.3	29.0
150～250	8	0.7	1.8	3.03	4.45	5.87	7.3	8.7	10.13	—	—
250～350	6	0.7	1.3	1.9	2.5	3.1	3.7	—	—	—	—
350～400	4	0.5	1.1	1.7	2.3	—	—	—	—	—	—

从图 7.39（b）可见，JYL-1 雷达在变宽模式中，远区空域对应的仰角范围较小，在高度 30000m、距离 400km 处仅为 3°，在最远的 350～400km 距离范围仅设计了 4 个波束，为保证远区探测的精度和威力，采用充分利用孔径面积的幅度均匀加权，来获得较高的天线增益和较窄的波束宽度，从而增加了检测信噪比和提高了测量精度。随着探测距离的缩减，不断增加同时形成波束数目，并对近距离低空区域采用“和波束对”的方式进行低空测高，以减少多路径的影响，提高低空测高精度。在干扰环境中，可以在仰角面上形成随距离和仰角变化的干扰零点，实现较好的抗干扰能力。

7.6 发展前景

三坐标监视雷达的诞生已有 60 多年的发展历史，从雷达技术和装备的发展历程看，无论是推动雷达技术的发展，还是装备数量占比和能力的体现，三坐标雷达都发挥了重要作用。本章基于三坐标雷达技术发展过程，详细阐述了各种三坐标监视雷达技术的体制，通过详细分析已装备使用的各种不同技术体制的典型三坐标雷达，提出空域覆盖、测量精度和数据率是三坐标雷达设计需要解决的三大核心问题。不同技术体制三坐标雷达其实是不同技术发展时期解决相同技术问题的不同工程实现方法，雷达设计师充分利用当时的技术研究开发了不同的扫描技术体制。例如，20 世纪 70 年代中国研制的 JY-8 雷达，采用了偏馈源堆积多波束技术体制，在保证威力覆盖和数据率的条件下，采用较少设备量获得了较高的测量精度。美国在 20 世纪 70 年代末研制的 TPS-59 雷达，虽然当时移相器技术取得了发展，但为了获得更为灵活的波束扫描能力，没有采用堆积多波束技术体制，且因受到早期器件水平和设备复杂因素的限制，也没有采用多波束相扫技术体制，使系统时间资源设计接近极限。随着集成电路等器件水平的发展，AR-320 雷达和 RAT-31S 雷达都采用了多波束扫描方式，较好地解决了空域、精度和数据率的矛盾，并解决了频率捷变抗干扰的问题。随着超大规模集成电路水平的发展和计算能力的提高，在设计成本允许的情况下，以 JYL-1 雷达为代表的数字波束形成三坐标雷达成为当前监视雷达发展的首选体制，相对频率扫描、堆积多波束和相位扫描等常规三坐标雷达，综合性能有了质的飞跃。这些典型三坐标雷达装备是不同时期、不同技术体制的代表，从一定程度上也反映了三坐标雷达的技术发展历程。

功率孔径积是监视雷达的最大资源约束，不同的探测威力和覆盖范围需要不同的功率孔径积，在前面分析各雷达技术体制的基础上，图 7.40 列出了上述几种典型三坐标雷达的功率孔径积，从技术发展回顾的角度对不同技术体制雷达进行了相对比较。例如，从平均功率维度来看，发射功率最大的是 AR-320 雷达，发射功率最小的是 JY-8 雷达，AR-3D 雷达和 TPS-59 雷达在一个功率量级；从孔径面积维度来看，各雷达变化梯度比较明显，其中天线面积最大的是 S-723 雷达，最小的是 TPS-75SS 雷达。其中属于大型雷达的功率孔径积约为 56dB(Wm^2)，典型代表有 S-723、TPS-59、AR-320 和 AR-3D 等雷达；属于中型雷达的功率孔径积约为 46dB(Wm^2)，典型代表有 S-320、RAT-3lT、TPS-75SS 和 JY-8 等雷达。虽然雷达功率孔径积的大小与当时的器件水平状况密切相关，但也从一定程度上反映了不同技术体制间的差异。

随着隐身技术的发展和多类高威胁目标的出现，地面对空监视雷达不仅要探测常规战斗机、轰炸机，还要面对隐身飞机、巡航导弹、蜂群无人机、战术弹道导弹（TBM）及临近空间高超声速飞行器等新型目标的威胁。新型威胁目标具有 RCS 小（RCS 比常规战斗机小 2～3 个数量级，极度隐身目标达到 0.01m^2 量级、目标速度快（较常规战斗机提高 1 倍以上，达到 1.5～2.5Ma）、机动性高（其最大机动过载超过 9Ma），对监视雷达目标远距离探测和跟踪提出了巨大的挑战。但相对于搜索空域覆盖范围、测量精度和数据率来说，现代监视雷达面临的问题又是不变的，无论技术体制如何发展，监视雷达所要解决的问题基本相同，只是随着目标特性的变化其技/战术指标有所改变。

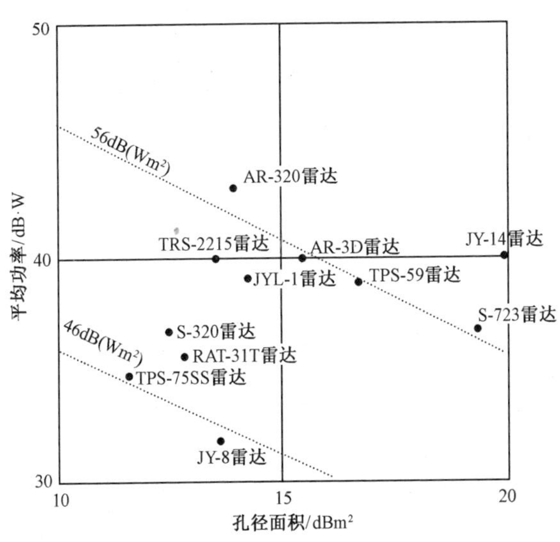

图 7.40　典型三坐标雷达的功率孔径积的比较

同时，随着监视雷达所要完成任务量的增加和功能的增强，常规的三维坐标可能已不再满足对空监视作战的需求，要求雷达有更高的测量精度和更灵活的波束扫描方式，在技术实现能力提高和计算处理速度提升的推动下，探测目标更高维度成为可能，如已出现的 4 维参数监视雷达［如第 9 章介绍的综合脉冲孔径雷达（Synthetic Impulse and Aperture Radar，SIAR）］。需要重点提及的是，21 世纪初，国内研制的 JYL-1 雷达开创性地应用数字波束形成技术，是中国三坐标雷达技术体制跨越式发展的标志，不仅为一维波束灵活合成提供了可能，同时也为二维空间波束合成提供了基础。当前，数字波束形成技术的广泛应用，推动着三坐标监视雷达朝着防空、反导、空间监视等多功能方向发展。

参考文献

[1] SKOLNIK M I. 雷达手册[M]. 王军，林强，宋慈中，等译. 2 版. 北京：电子工业出版社，2003.

[2] DRABOWITCH S. Electronic scanning antennas[C]. IRSI 83 Proceeding, 1983: 368-382.

[3] 张光义，赵玉洁. 相控阵雷达技术[M]. 北京：电子工业出版社，2006.

第 8 章
数字阵列监视雷达

本章从数字阵列监视雷达［简称数字阵列雷达（DAR）］的基本原理、系统组成等出发，介绍数字阵列雷达的系统设计方法、发射数字波束形成和接收数字波束形成技术与性能分析，在“有源阵面技术”一节中给出了数字阵列雷达天线设计、数字收/发系统与数字阵列模块（Digital Array Module，DAM）的设计方法及通道幅/相校正技术。结合数字阵列雷达灵活的波束形成能力介绍数字阵列雷达的多功能模式设计、自适应波束形成与处理方法等。最后对数字阵列雷达的发展前景进行简要分析。

8.1 概述

数字阵列雷达是采用全数字方式实现发射、接收波束的阵列多功能监视雷达，相比较经典的地面监视雷达其最本质的区别是波束形成方式不同，经典的监视雷达一般采用馈电网络、移相器、延时器或微波合成网络来实现波束的空间覆盖和空间扫描，由于数字阵列雷达采用 DBF 技术，在数字域实现幅/相加权，其具有良好的灵活性和重构性。

数字阵列雷达作为阵列监视雷达的最新发展，其发射、接收波束均采用数字运算的方式实现任意波束合成和扫描，极大地提高了监视雷达的波束控制的灵活性和波束的组合能力，提高了监视雷达可使用资源的自由度，使监视雷达的波束覆盖、数据率和测量精度得到很好的兼容。数字阵列雷达由于采用数字波束形成技术支持各种波束形状形成及其波束组合，提供按需设计的波束形成能力，支持各种阵列信号处理算法实现，所以数字阵列雷达也是一种多功能监视雷达。

8.1.1 数字阵列雷达基本原理

数字阵列雷达的波束形成原理和相控阵天线波束形成原理类似，都是通过控制阵列天线每个阵元激励信号的幅度和相位形成波束，传统的相控阵雷达是依靠移相器实现单元间的阵内相位差来进行空间扫描的[1,2]，数字阵列雷达接收和发射波束则是通过在数字域进行幅度相位加权来实现波束合成和扫描的。数字阵列雷达是一种收/发全数字波束形成的全数字化相控阵雷达，它把本振源、波形产生信号、激励信号产生、数字收/发组件、A/D 变换等集成为一体，将阵列信号无失真地传递到数字域，在数字域实现幅/相加权。

数字阵列雷达的基本工作原理是：发射时，由实时信号处理机产生每个天线单元的幅/相控制字，对各数字T/R组件的信号产生器进行控制，产生一定频率、相位、幅度的射频信号，输出至对应的天线阵列单元；再由各阵列单元的辐射信号在空间合成所需的发射方向图。接收时，每个数字 T/R 组件接收天线各单元的射频信号，经过下变频形成中频信号，再经中频采样处理后输出回波信号；多路数字 T/R 组件输出的数字化回波信号，通过高速数据传输系统传送至波束形成和信号处理机；最后完成自适应波束形成和软件化信号处理。

数字阵列雷达一般由天线单元、天线阵面及校正网络、数字 T/R 组件（含 A/D 变换）、收/发校正单元、数字波束形成处理器和光纤传输等组成。设阵列天线由一维单元间距为 d 的 N 个等距阵列单元排列组成，考虑 p 个远场窄带信号入射到阵列天线，假设阵列单元与接收通道数相同，即各阵元接收的信号经混频、A/D 采样后独立传输到数字波束形成处理器，数字阵列雷达基本组成及原理框图如图 8.1 所示。

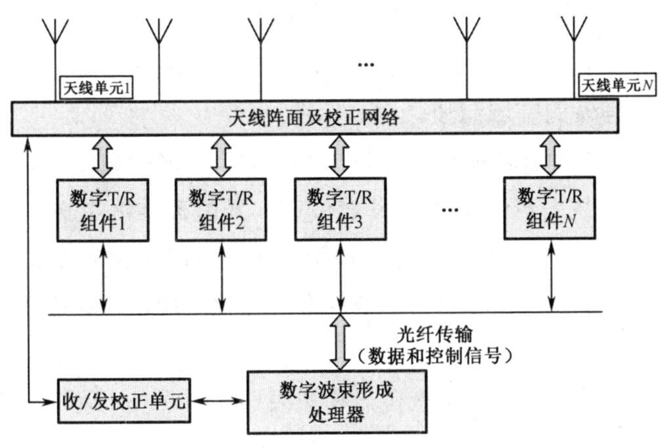

图 8.1　数字阵列雷达基本组成及原理框图

此时数字波束形成处理器接收来自 N 个通道的数字信号。接收信号矢量可表示为[3]

$$\boldsymbol{X}(t)=\boldsymbol{A}\cdot\boldsymbol{S}(t)+\boldsymbol{N}(t) \tag{8.1}$$

式（8.1）中，$\boldsymbol{X}(t)=\left[x_1(t),x_2(t),\cdots,x_N(t)\right]^{\mathrm{T}}$ 为阵列接收数据矢量，$\boldsymbol{S}(t)=\left[s_1(t),s_2(t),\cdots,s_N(t)\right]^{\mathrm{T}}$ 为信号矢量，$\boldsymbol{N}(t)=\left[n_1(t),n_2(t),\cdots,n_N(t)\right]^{\mathrm{T}}$ 为噪声矢量，$\boldsymbol{A}$ 为导向矢量，假设信号的入射波方向为 θ，则导向矢量为

$$\boldsymbol{A}=\left[\boldsymbol{a}(\theta_1),\boldsymbol{a}(\theta_2),\cdots,\boldsymbol{a}(\theta_p)\right] \tag{8.2}$$

式（8.2）中，第 i 个信号的导向矢量为

$$\boldsymbol{a}(\theta_i)=\left[1,\exp\left(\frac{2\pi}{\lambda}d\sin\theta_i\right),\cdots,\exp\left(\frac{2\pi}{\lambda}(N-1)d\sin\theta_i\right)\right]^{\mathrm{T}},\quad i=1,2,\cdots,p \tag{8.3}$$

对于单个目标的回波$s(t)$，雷达天线可看作平面波，此时仅考虑入射波方向θ，接收的信号矢量为

$$\boldsymbol{X}(t)=\boldsymbol{a}(\theta)\cdot\boldsymbol{S}(t)+\boldsymbol{N}(t) \tag{8.4}$$

数字波束形成即对采样数据进行加权求和，加权后天线阵的输出为

$$\boldsymbol{y}(t)=\boldsymbol{W}^{\mathrm{H}}\boldsymbol{X}(t)=\boldsymbol{S}(t)\boldsymbol{W}^{\mathrm{H}}\boldsymbol{a}(\theta)+\boldsymbol{W}^{\mathrm{H}}\boldsymbol{N}(t) \tag{8.5}$$

式（8.5）中，$\boldsymbol{W}=\left[w_1,w_2,\cdots,w_N\right]^{\mathrm{T}}$为 DBF 的加权矢量。在实际 DBF 处理中，为了降低合成波束的副瓣电平，一般对加权矢量$\boldsymbol{W}$进行加窗滤波处理，有

$$\boldsymbol{W}=\boldsymbol{a}(\theta_0)\odot\boldsymbol{K}_{\mathrm{win}} \tag{8.6}$$

式（8.6）中，$\boldsymbol{K}_{\mathrm{win}}$为长度为$N$的窗函数矢量，运算符$\odot$表示求两个矢量的点积。

当对方向θ_0形成波束，即对方向为θ_0的信号进行同相相加

$$\boldsymbol{W}=\boldsymbol{a}(\theta_0) \tag{8.7}$$

$\boldsymbol{y}(t)$输出信号最大，即在方向角θ_0形成所需的指向波束，也可以理解为波束形成实现了对方向角θ_0的空域滤波。

发射数字波束形成是将传统阵列雷达发射波束形成的幅度加权和移相器通过数字处理来实现，从而形成所需的发射波束。发射数字波束形成的核心是利用 DDS 技术将基准源、波形产生、幅/相控制、变频处理在数字 T/R 组件内融于一体，通过数字域的复加权计算获得所需的幅度和相位加权，完成发射波束的形成和波束扫描。

发射数字波束的形成按照空域覆盖和波束形成的要求，确定波束指向和相应的幅/相控制字，幅/相控制字需要同时考虑低副瓣要求的幅度加权、波束扫描要求的相位加权及校正电路给出的幅/相误差校正系数，形成统一的频率、幅/相控制字，再通过 DDS 来实现所需的射频激励信号。

8.1.2 数字阵列雷达技术的特点

数字阵列雷达采用收/发全 DBF 处理，是目前技术体制较为先进的监视雷达，从根本上改变了监视雷达的资源需求和系统设计模式，其核心是采用收/发全 DBF 技术，包括如下 5 个技术特点[4]。

（1）发射数字波束形成和扫描通过数字域加权实现，波束形状任意控制，波束扫描方式灵活、扫描速度更快。

（2）利用 DDS 灵活产生各个天线单元的激励信号，无移相器接入，相位控制精度高，波束指向精度高，极易实现波束的低副瓣电平。

（3）可形成密集接收多波束，且波束交点电平任意控制，从根本上解决了监视雷达空域覆盖与测量精度的矛盾。

（4）收/发通道的幅/相误差通过校正电路采集并纳入 DDS 控制字和 DBF 加权因子即可实现对波束的精确控制，提高了系统的测角精度误差。

（5）在干扰方向可自适应形成波束自适应“零点”，在不同的距离单元可进行不同的副瓣加权处理，降低了副瓣杂波电平。

对于采用收/发全 DBF 技术的数字阵列雷达来说，其带来的技术优势和战术性能提高非常明显，主要技术特点表现在以下 6 个方面。

（1）资源利用率高，雷达探测性能优越。数字阵列雷达在数字域形成波束，波束加权方式灵活可控，且可分段进行空域、时域的二维加权处理，降低了能量的加权损失；也可采用密集同时多波束技术最大限度地接收/发射能量，降低接收波束形状损失；提高了能量资源利用率；利用波束合成的灵活性，较好地解决了传统监视雷达的空域覆盖与数据率的矛盾。此外，其还可以基于同时多波束的特点，采用最大似然检测方法提高探测精度。研究结果表明，利用同时多波束，降低扫描损失，搜索截获能力可以提升 9%；按距离分段加权，降低加权损失，搜索跟踪威力提升 10%以上；利用波束域最大似然检测方法，跟踪精度可以提升 16%以上。

（2）波束控制灵活，具备灵活的多任务能力。通过数字域幅/相加权可灵活控制收/发波束，实现不同波束赋形、同时或分时多波束工作能力，具备搜索、跟踪、制导等不同的多任务能力，以支撑各种工作方式的组合应用，最大限度满足用户多任务场景下的应用需求。数字阵列雷达对于不同距离段采用不同波束形成和不同波束加权处理，对不同距离段目标实现了不同的探测精度和数据率，同时多波束增加了波束驻留时间，提高了强杂波背景中对弱小目标的检测能力，从而可同时满足对近程、中程和远程目标不同的探测需求。

（3）系统动态范围大，利于对弱小目标的检测。数字阵列雷达系统动态取决于雷达数字接收通道数，对于采用单元级接收和波束合成的数字阵列雷达，其系统瞬时动态范围远大于模拟相控阵体制和多波束体制雷达，如对于 1 万个单元规模的数字阵列雷达来说，其系统瞬时动态范围比模拟相控阵体制雷达大 40dB，较大的动态范围能够无损失地保留不同距离段大小目标的回波信息，极大地提高强杂波背景下对弱小目标的检测能力。

（4）空间自由度高，抗有源干扰能力强。数字阵列雷达在数字域保留了所有阵元的空间信息，可对数字域抗干扰处理提供更高的空间自由度，为抗干扰设计提供了灵活性和系统资源裕度，再结合干扰源分析和自适应波束置零方法，可在空间多个方向进行空间干扰对消和形成自适应零点，对干扰信号进行“空域滤波”，极大地提高了监视雷达的抗干扰能力。

（5）精准控制幅/相，易于实现低副瓣和精确波束指向。幅/相控制精度对雷达波束副瓣电平和波束指向的影响很大，数字阵列雷达波束控制的移相精度由DDS 控制位数（或 A/D 变换位数）决定，DDS 控制位数或 A/D 变换位数典型值为 12～14 位，相控阵雷达移相器典型位数为 6～7 位，数字阵列雷达精确幅/相控制极易实现超低副瓣电平。同时，数字阵列雷达可实现精确的波束指向精度和波束交点电平设计，由第 6 章测量精度相关内容可知，精确的波束指向精度和波束交点电平是提高测角精度的基本条件。

（6）并联模型架构，任务可靠性高；模块化设计，维修性好。数字阵列雷达体系架构中主要节点如数字阵列模块、数字波束形成、信号处理、数据处理及任务管理等体现出并联模型架构的特点，具备较高的任务可靠性。这些系统均采用模块化设计，全部可实现在线实时故障检测，通过查看监控分系统故障模式智能诊断与维修辅助信息，可快速定位维修，具备良好的维修性。

8.2 系统设计

数字阵列雷达是采用全数字方式实现发射、接收波束的阵列多功能监视雷达，其系统架构清晰简单、设备组成具有良好的重构性。

8.2.1 系统组成

数字阵列雷达的系统架构简单清晰，所有的数字阵列雷达均可设计为数字有源阵面+光纤传输+高性能计算平台的系统，其系统架构如图 8.2 所示[5]。

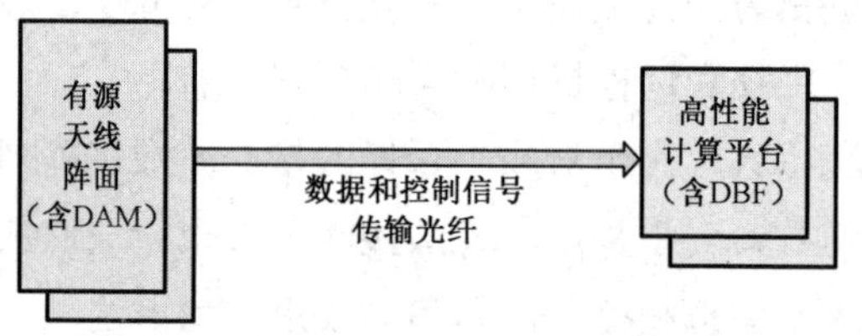

图 8.2　数字阵列雷达系统架构图

数字阵列监视雷达的基本组成在系统功能组成上与传统的监视雷达基本相同，但在物理形式上变化很大，其中有源天线阵面主要由天线单元阵子、数字阵列模块（Digital Array Module，DAM）、校正网络、传输电缆/光缆和结构件等组成。在数字阵列雷达系统中，为实现多路传输/控制信号的集成和降低设备量，将多路数字 T/R 组件进行集成设计，产生一种新的多功能雷达模块，称为DAM，它替代了传统监视雷达的馈线系统、发射/接收射频波束形成网络、发射功率组件、低噪声放大器和 A/D 采样等。每个 DAM 一般集成 8～16 路数字 T/R 组件、时序控制电路、波形产生电路、多通道控制电路、数字接收机、A/D 变换器、电源模块等，是一个可模块化生产的高度集成多功能单元。DAM 是数字阵列雷达的关键核心模块，发射时对各 T/R 组件的信号产生器进行控制，产生形成发射波束的相位、幅度的射频信号。接收时每个 T/R 组件接收天线各单元的射频信号，经过下变频形成中频信号，再经 A/D 采样处理后输出多路数字化回波信号。一般数字阵列雷达系统组成框图如图 8.3 所示。

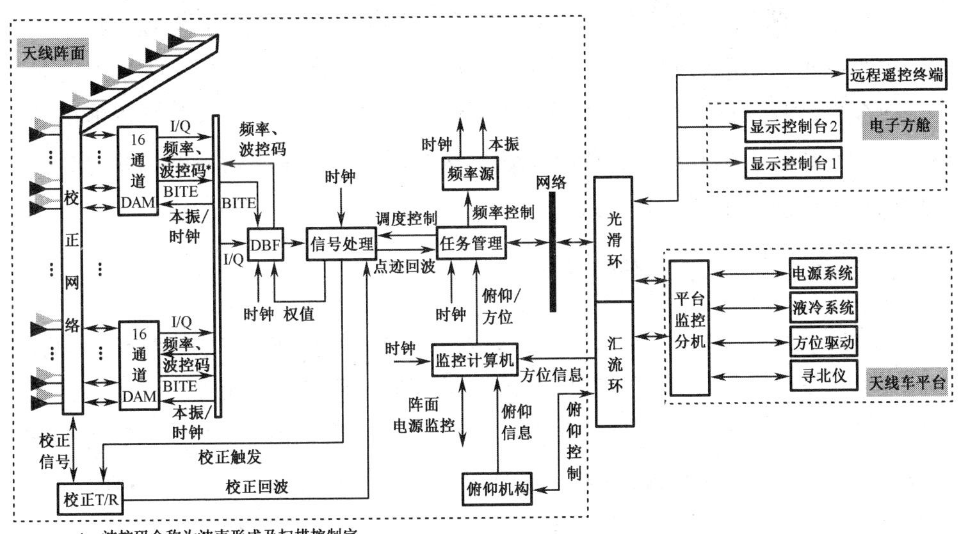

图 8.3　一般数字阵列雷达系统组成框图

由于数字阵列雷达将所有单元信号数字化，所以多通道或大带宽数字信号传输是数字阵列雷达的关键技术之一。目前，一般都采用具有宽带特性和稳定性好的光纤传输，实现回波信号数据从天线端向高性能计算平台的传输，在 DAM 和高性能计算平台之间所有的频率、波控码（波束形成及扫描控制字）、BITE 和数据也都通过光纤传输。高性能处理主要包括时序控制、DBF 板卡和刀片服务器等，其主要完成包括 DBF、数字信号处理、数据处理和显示控制台等，采用高性能计算平台可实现各种先进算法的实时处理。基于光纤信号传输的数字阵列模块设计技术可以采用“搭积木”的方式进行规模扩充，方便构建大型复杂相控阵雷达，具有模块化、可扩充、易重构和高任务可靠性的鲜明特征，极大地提升了监视雷达的系统性能和使用范围。

8.2.2　主要工作模式的波束设计

数字阵列雷达发射和接收均可实现数字波束形成，也称为全数字相控阵雷达。数字阵列监视雷达的主要技术功能与常规监视雷达相同，其实现的主要技/战术指标也类似，由于波束形成的灵活性和波束的精准控制，其在波束扫描覆盖、数据率和测量精度等方面具有较大的技术优势。其工作模式设计相对灵活，为了与其他监视雷达主要功能相对应，给出其防空预警监视模式下的主要波束覆盖设计。

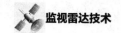

1. 宽发射波束和多接收波束

为了实现监视雷达的搜索功能，数字阵列雷达可在俯仰面展宽发射波束设计，覆盖满足要求的仰角，接收时采用 DBF 技术实现多个密集接收波束覆盖整个发射波束，减少搜索空域所需的时间资源，如图 8.4 所示。其与常规堆积多波束三坐标雷达和阵列多波束三坐标雷达工作原理相同，解决的问题和获得的性能指标也基本相同，不同的是波束形成方式不同。

2. 收/发均为单波束工作模式

数字阵列雷达灵活的波束形成方式为其雷达系统功能的扩展提供了技术基础，对于已搜索截获目标，数字阵列雷达可立即转入跟踪模式工作，以获得更多的目标信息和更精确的测量精度，并在方位维度（水平）和俯仰维度（垂直）分别实现独立的单波束工作模式，如图 8.5 所示。其中接收波束采用和波束接收检测，以获得最大的目标检测得益；采用差波束进行测角，以获得最好的测角精度。

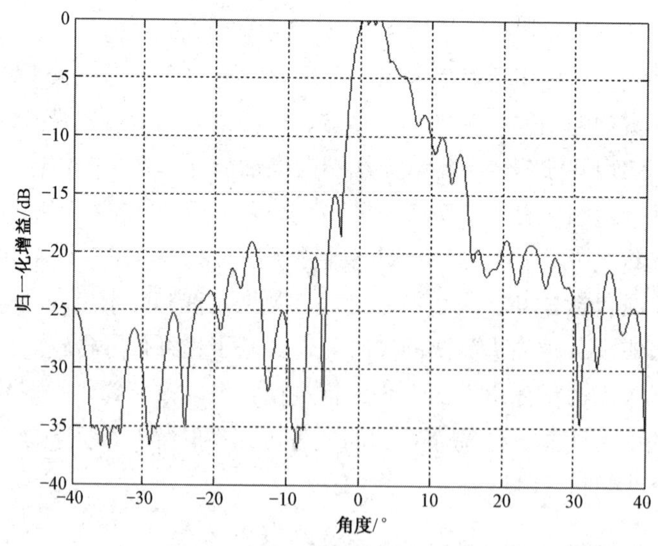

（a）数字阵列雷达宽发射波束方向图

图 8.4　数字阵列雷达宽发射波束和接收波束方向图

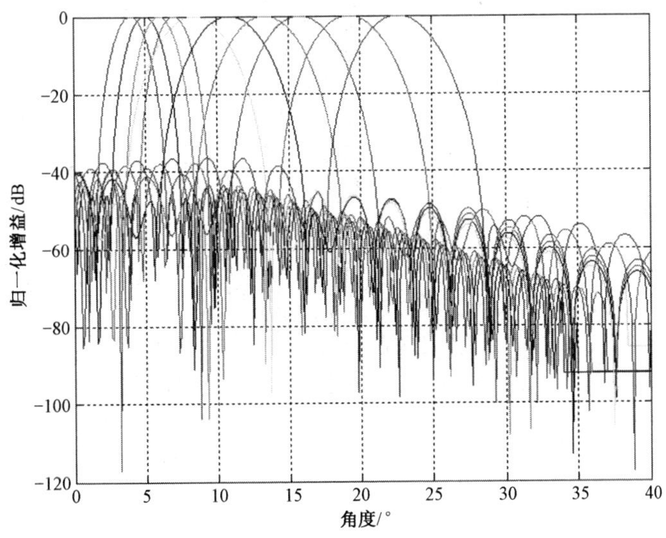

（b）数字阵列雷达接收多波束方向图

图 8.4　数字阵列雷达宽发射波束和接收波束方向图（续）

另外，由于数字阵列雷达灵活的波束形成方式，其工作模式设计本质上仅是系统幅/相控制字的不同加载，所以数字阵列雷达具备搜索、跟踪、制导等不同的多任务能力，这将在本章后续部分做详细介绍。

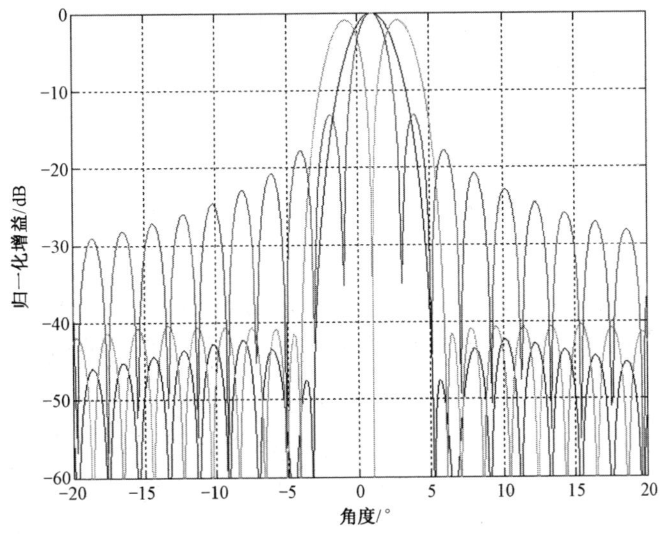

（a）水平和差波束方向图

图 8.5　数字阵列雷达收/发单波束工作模式方向图

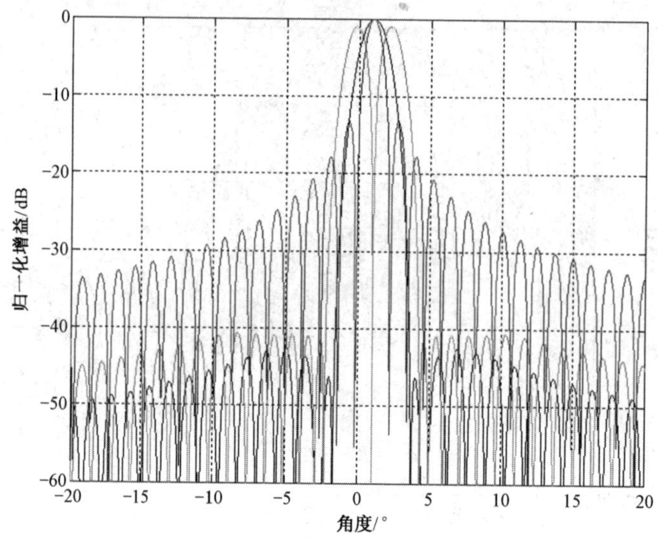

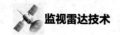

（b）垂直和差波束方向图

图 8.5 数字阵列雷达收/发单波束工作模式方向图（续）

8.2.3 关键技术

数字阵列雷达具有非常明显的技术性能优势，数字阵列雷达在发射、接收波束形成技术原理方面与传统监视雷达没有区别，数字阵列雷达的核心是将整个雷达系统纳入一个大的幅/相稳定系统中，其波束形成过程贯穿整个雷达从射频到数字的处理过程，包括如下 4 种主要关键技术[1,4]。

1）通道幅/相稳定与通道均衡技术

数字阵列雷达的波束形成功能贯穿整个雷达系统，包括 DAM、光纤传输、DBF 处理器等都是波束形成系统的有机组成部分，所以数字阵列雷达的幅度、相位一致性、稳定性是整个系统性能保证的关键。数字阵列雷达的通道特性会受到天线、限幅器、低噪声放大器、模拟带通滤波器等射频前端和 A/D 变换器本身等的影响，同时A/D 采样之后的数字正交解调也会进一步引入幅/相特性的波动。这些因素的影响导致通道幅/相传输特性的失真和各通道之间频率特性的不一致，会严重降低 DBF 处理的性能。为了校正通道特性的不一致，需要在每个通道中增加一个均衡滤波器。尤其是针对相对工作频段较宽的数字阵列雷达，其宽带通道均衡特性的好坏直接决定了雷达系统性能。宽带通道均衡的工程实现需要解决宽带通道特性测试、均衡滤波器系数计算和均衡滤波器硬件实现等问题。一般采用的典型方法是向各接收通道注入 LFM（Linear Frequency Modulation，线性调频）测试信号，利用数字接收机输出结果计算各个通道的频率响应，并结合通道频率响应特性，获得均衡滤波器的期望频率响应。从目前实际雷达系统中应用的均衡滤波器来看，对于相对带宽不大（一般小于 500MHz 的情况），可获得较好的均衡滤波效果；对于高分辨目标特性测量雷达，其带宽通常会大于 1GHz，此时需要的均衡滤波器阶数很大，还需要针对宽带阵列雷达系统研究更为有效的通道均衡方法。

2）数字阵列模块技术

数字阵列模块（DAM）是数字阵列雷达的核心技术支撑，它是一种采用集成化和数字化技术，将射频收/发单元、数字收/发单元、分布式电源、本振功分单元、分布式参考源等功能电路一体化设计并整合进一个物理功能模块，完成数字化收/发、数据预处理及数据传输等功能。DAM 的射频、数字一体化的电磁兼容设计是一个核心技术，DAM 通常包括多路（一般为 8～16 路）相互独立的模拟收/发通道、多通道数字接收机、多通道数字波形产生器，以及本振功分（功率分配）器、时钟分配、分布式电源、数据传输和光电转换等部分。DAM 的热设计是另一个关键技术，它采用大功率微波功放（功率放大）模块，进行高密度电路垂直堆叠式设计，并集成了多个高性能处理芯片等。DAM 的时钟、射频、数字信号高度集成，其模块的通道均衡性、稳定性和一致性等也均是关键技术。

3）大容量数据传输与处理技术

数字阵列雷达为了获得更好的波束形成性能，一般采用单元级数字化设计，其从有源天线阵面输出的数字化回波信号是每路接收机的输出信号总和，对于远程数字阵列监视雷达来说，其单元数和接收通道数达数千甚至上万个，每路接收机输出数字 I/Q 信号（一般为 16bit），即使是窄带系统的每路几兆赫采样带宽和数据率，全阵面数据传输带宽也达到 1000Gb/s 以上，同时传输时延和传输误码率必须满足一定的要求，否则将严重影响 DBF 的性能，所以解决大容量数据传输是数字阵列雷达的关键技术之一。通过大量技术攻关和试验研究，目前采用多路复用光纤传输较好地解决了这个问题，但对于更大带宽、更多单元雷达系统来说，仍然是一个不小的技术挑战。

4）其他关键技术

数字阵列雷达将所有阵列单元进行独立控制，其单元级控制信号的同步精度和控制信号传输、多路高速率电光/光电转换也是关键技术之一。另外，目前窄带数字波束形成技术已经在工程上得到普遍应用，但宽带数字波束形成技术的工程化应用仍然需要进行技术探索。

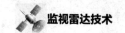

8.3 波束形成技术

数字阵列监视雷达采用全数字方式实现发射、接收波束，其接收和发射波束形成原理一样，但实现过程不同，解决的技术问题和雷达设计过程的基本约束也不同，本节将对收/发波束形成技术进行论述。

8.3.1 接收 DBF 技术

1. 窄带接收 DBF 技术

监视雷达一般采用窄带波形进行搜索。接收 DBF 就是在接收模式下以 DBF 技术来形成接收波束，接收 DBF 系统主要由有源天线阵面及单元、控制单元、校正单元、数字接收组件、A/D 变换器和 DBF 波束形成处理器等组成。在数字阵列雷达中，接收 DBF 系统将天线阵列各单元接收到的射频信号无失真地放大、下变频，经 A/D 变换转换成数字信号，在波束形成处理器内形成所需要的接收波束，其信号流程框图如图 8.6 所示。DBF 原理在 8.1.1 节已经做了介绍，这里不再展开分析。

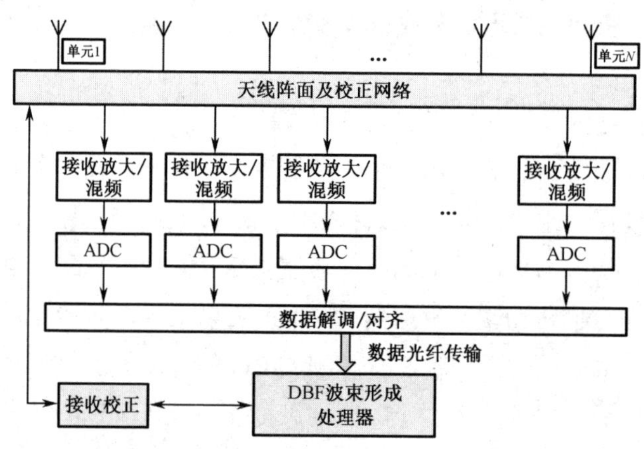

图 8.6　接收波束形成信号流程框图

8.1.1 节以一维线阵为例分析了 DBF 的基本原理，对于常规数字阵列，雷达一般为二维平面阵。设数字阵列雷达为平面阵列天线，其天线单元按照矩形布阵方式排列，整个平面在 y–z 平面共排列 M 行 N 列个天线单元，其水平和垂直单元间距分别为 d_y 和 d_z，远场 P 点反射的回波信号与阵面法线的夹角为 θ（仰角）和 φ（方位），则每个天线阵元接收信号的相位（形成波束扫描的空间相位差）有

$$\phi_{nm} = \frac{2\pi n d_{\mathrm{y}} \cos\theta \sin\varphi}{\lambda} + \frac{2\pi m d_{\mathrm{z}} \sin\theta}{\lambda} \tag{8.8}$$

式（8.8）中，行序号 $n = 0,1,\cdots,N-1$，列序号 $m = 0,1,\cdots,M-1$。

设接收回波信号为 $S(t)$，则接收波束形成的表达式为

$$y(t) = \sum_{n=0}^{N-1}\sum_{m=0}^{M-1} k_{nm} S_{nm}(t) \exp\left[-\mathrm{j}2\pi\left(n d_y \cos\theta \sin\varphi + m d_z \sin\theta\right)/\lambda\right] \tag{8.9}$$

$$S_{nm}(t) = S(t)\exp\left[\mathrm{j}2\pi\left(n d_y \cos\theta_0 \sin\varphi_0 + m d_z \sin\theta_0\right)/\lambda\right] \tag{8.10}$$

式（8.10）中，k_{nm} 为阵元加权系数。数字接收波束立体波瓣图如图 8.7 所示。

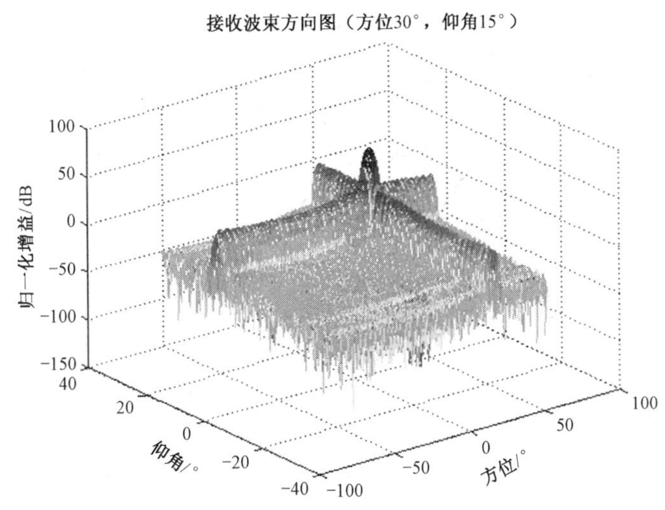

图 8.7　数字接收波束立体波瓣图

数字阵列雷达的接收波束形成利用 DBF 的优势，在俯仰维度形成多个接收波束或单个接收波束，覆盖仰角探测空域。多个接收波束在覆盖空域其波束是独立波束，通过调节波束交点电平形成要求的威力覆盖要求。数字阵列雷达搜索工作模式常用多波束覆盖，以解决空域覆盖、数据率与测量精度的矛盾，它与堆积多波束三坐标雷达工作原理相同，其仰角接收多波束工作原理在 8.2.2 节的多波束工作模式已做介绍，在此不再赘述。

单波束接收波束形成是 DBF 的独特优势，数字阵列雷达可利用 DBF 技术波束形成的灵活性，形成独立波束覆盖探测空域，如图 8.8（a）所示，其不仅可形成独立接收波束，也可形成独立发射波束，而形成的高增益波束可同时完成目标探测和跟踪任务，这是数字阵列雷达的技术优势带来的战术性能提升。在图 8.8（b）中给出了覆盖相同空域且采用 DBF 技术形成的独立波束，其中给出了法线方向

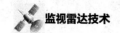

波束和扫描到 45° 方向的波束。由该图可见，其波束扫描展宽效应与常规相控阵雷达相同。

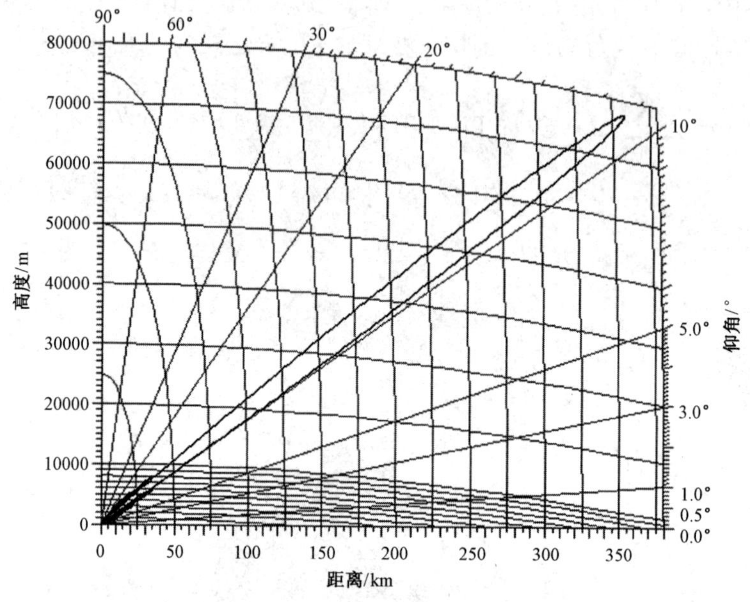

（a）空域覆盖图

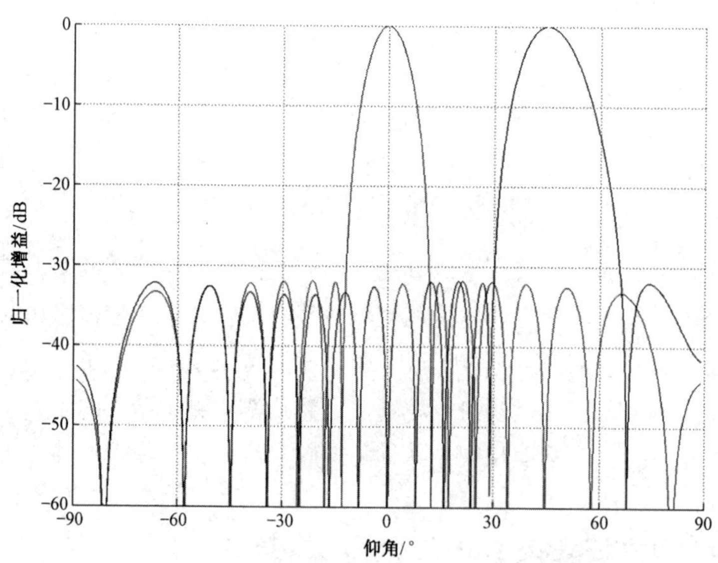

（b）法线方向波束和扫描到 45° 方向的波束

图 8.8　接收 DBF 空域覆盖与波束方向图

接收波束形成要求各个天线单元、各路接收通道和各路 A/D 变换的幅度相位特性完全一致，这样才能保证数字化的基带信号具有与进入天线完全相同的幅度和相位关系。但实际上，由于通道均衡性和电路离散性的影响，各路的幅度和相位总存在不一致性，因而必须采用校正网络对从天线单元到 A/D 变换输出的各路 I/Q 信号进行校正和补充处理，以获得较好的波束合成性能。接收校正时，数字阵列雷达一般采用串行校正网络进行雷达系统接收通道的幅/相校正。采用内场校正方式时，校正通道按工作频率点依次发射校正点频信号，经校正模块产生射频校正信号通过校正网络依次馈入各路接收通道中，接收通道同时提取每个接收通道各个工作频率点的幅/相校正误差数据，在 DBF 控制电路中进行补偿处理。在 DBF 器中，将校正后的通道幅/相误差数据与不同波束指向计算出的幅/相加权值进行复数相乘并累加，最后形成需要的数字接收波束。

2. 宽带接收 DBF 技术

宽带接收 DBF 原理和主要设备组成与窄带的基本相同，但宽带射频器件的频率和幅/相特性在工作频带内变化较大，宽带接收 DBF 需要做通道均衡处理以对通道的带内不一致性进行补偿。同时，宽带接收 DBF 需要考虑和补偿天线孔径渡越时间，一般采用时延滤波器对孔径渡越时间进行补偿，并通过移相和幅度加权实现相位补偿，以实现合成波束的低副瓣电平，其处理流程如图 8.9 所示。

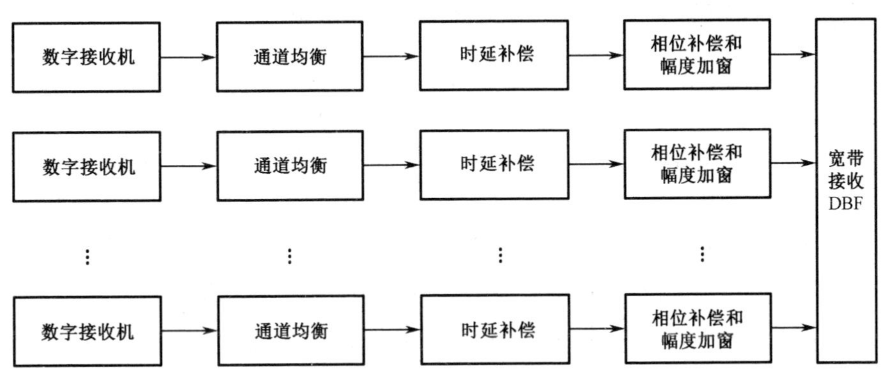

图 8.9　宽带接收 DBF 处理流程

自适应通道均衡器，即以某种方法测出各个通道间频率幅/相响应的不一致性，并用 FIR 滤波器进行校正。常用的测量通道不一致性的方法是在天线接收端向各通道注入同样的一定带宽的标准信号（如线性调频信号），对信号进行 A/D 变换，并选取某一通道作为参考通道，所有通道都测出相对于此参考通道的幅/相失配，并用 FIR 滤波器进行校正。阵列信号处理的自适应通道均衡的校正标准是要达到各通道间频率响应相同。即选一通道为参考通道，在其他通道中接入一个具有自适应权系数的 FIR 滤波器，使它们的频率响应均与参考通道一致，通道均衡处理流程框图如图 8.10 所示。

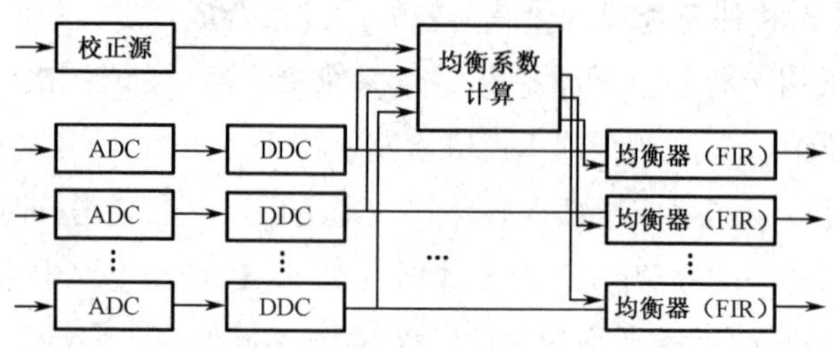

图 8.10　通道均衡处理流程框图

其中的宽带孔径渡越时延补偿采用时延滤波器实现，滤波系数根据时延量产生。时延量 $t_{\mathrm{d}}(m,n)$ 和相位补偿量 $\mathrm{ph}(m,n)$ 根据波束扫描角和阵列参数计算，计算方法为

$$t_{\mathrm{d}}(m,n)=(y_{mn}\sin\theta\cos\varphi+z_{mn}\cos\varphi)/c \tag{8.11}$$

$$\mathrm{ph}(m,n)=-\frac{2\pi}{\lambda}(y_{mn}\sin\theta\cos\varphi+z_{mn}\cos\varphi) \tag{8.12}$$

式中，(m,n) 表示天线阵面的第 m 行第 n 列阵元，阵元坐标以 (y_{mn},z_{mn}) 表示，阵元列间距和行间距分别用 d_y 和 d_z 表示，θ 和 φ 分别表示波束方位角和仰角。

8.3.2　发射 DBF 技术

1. 窄带发射 DBF 技术

DBF 技术同样适用于数字阵列雷达的发射模式，传统的相控阵雷达发射波束形成和扫描所需的幅度和相位是通过衰减器和移相器来实现的，随着 DDS 技术的发展，利用 DDS 技术可将幅度和相位控制与信号产生融为一体，从而实现数字化的幅度加权和移相。

DDS 技术是一种把一系列数字信号通过 D/A 变换器转换成模拟信号的信号合成技术，数字阵列雷达发射信号数字波形的产生就是采用 DDS 技术实现的[6,7]，其理论依据是采样定理，即对于任意一个带宽为 B 的线性调频信号 $f(t)$，只要满足取样间隔 $T<1/2B$，则线性调频信号 $f(t)$ 可以用它的离散取样值无失真恢复。对于线性调频信号 $f(t)$，信号的频率可以用其相位的斜率来表征，当取样频率一定时，信号的相位与时间满足线性关系，不同的取样点也反映了信号的不同相位（$\varphi=\omega n\Delta t$），以满足采样定律的取样频率作为信号波形存储器的读取时钟，输出

数据进行 D/A 变换和匹配滤波后，即产生具有一定频率的线性调频信号 $f(t)$。DDS 信号产生原理框图如图 8.11 所示。

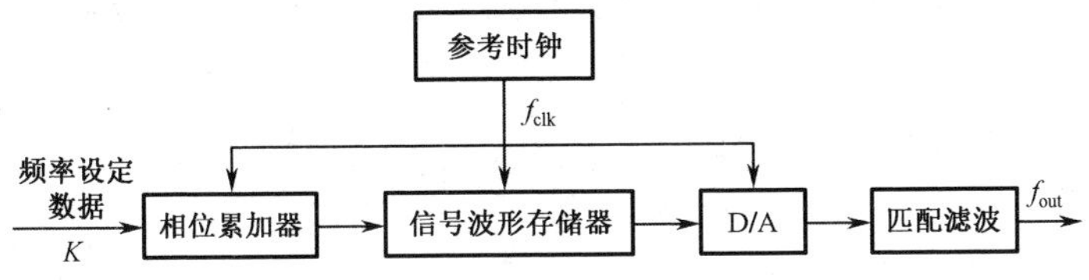

图 8.11　DDS 信号产生原理框图

图 8.11 中，对于 M 个相位取样的正弦波信号波形存储器，累加器的长度为 N bit，频率设定数据为 K，读出一个周期的信号需要 $2^N/K$ 个参考时钟，则合成信号的频率为[6]

$$f_{out}=f_{clk}\cdot K/2^N \tag{8.13}$$

当 $K=1$ 时，DDS 输出最低频率 $f_{out}=f_{clk}/2^N$，即为合成线性调频信号的最小频率分辨率。

数字阵列雷达的发射波束形成系统是一个多通道系统，采用发射 DBF 技术，每路数字化 T/R 通道通过改变 DDS 产生的激励波形初始相位完成相位控制，每个通道的频率、相位、调制形式和脉宽等均为独立可控，发射信号经混频/放大后，经过环行器进行收/发隔离，馈入到天线阵面的每个发射天线单元，发射到空中形成控制产生的发射波束。发射 DBF 技术为数字阵列雷达发射波束设计带来了很大的灵活性。发射 DBF 系统信号流程如图 8.12 所示。

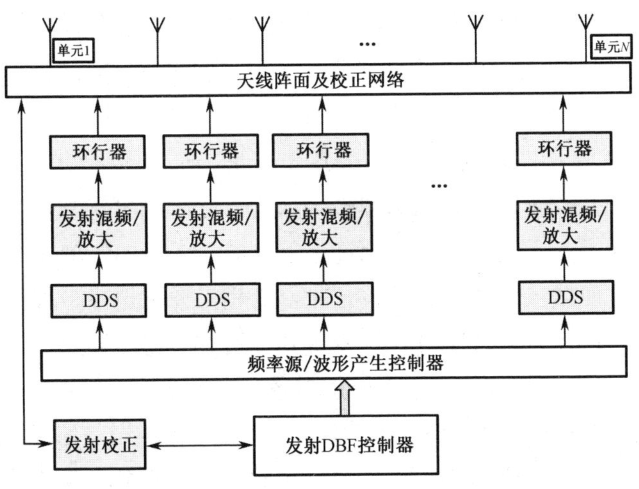

图 8.12　发射 DBF 系统信号流程

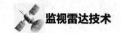

发射波束形成时，由发射 DBF 控制器根据指令产生波束控制字送 DDS 形成相应的阵元幅/相控制码，并通过光纤送入 DAM 中，形成满足要求的幅度、相位大功率射频信号，在空间形成所需的发射波束。其发射数字波束立体波瓣图（法线方向）如图 8.13 所示。

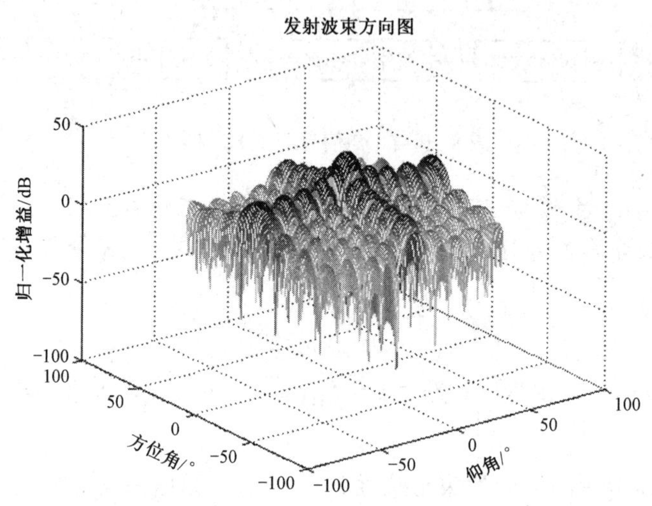

图 8.13　发射数字波束立体波瓣图（法线方向）

数字阵列雷达利用 DBF 的优势，在俯仰维度形成多个接收波束，覆盖整个仰角空域，与堆积多波束三坐标雷达仰角多波束覆盖原理相同，但其波束在仰角空域是独立波束，通过调节波束交点电平形成所需的威力覆盖要求。如图 8.14 所示，在仰角上形成 4 个波束覆盖 40° 的俯仰空域，其形成的发射波束仰角威力覆盖与 DBF 的发射波束覆盖的空域完全对应，调整 DBF 发射波束形成的波束数量和波束交点电平可实现不同的仰角覆盖。

与接收 DBF 一样，发射 DBF 要求各个天线单元、各路发射通道与各路 DDS 的幅度/相位特性完全一致，这样才能保证 DDS 产生的数字基带信号保持相同的幅度和相位关系进入天线单元。为保证发射 DBF 所需的幅度相位关系，需要对发射通道进行发射校正处理。发射校正时，工程上通常选择串行校正网络进行雷达发射通道校正；雷达系统发射内场校正时，所有主雷达发射通道按频率点依次发射校正点频信号，该信号经校正网络依次馈入发射校正模块中的校正接收通道，由该通道分时提取每个发射通道的各频率点的幅/相误差信息，送 DBF 控制器，并与波束指向加权计算出分配各发射通道的相位值进行复数乘累加处理，获得形成发射波束所需的幅/相信号，放大后的高功率射频信号经天线单元辐射在空间形成发射波束。

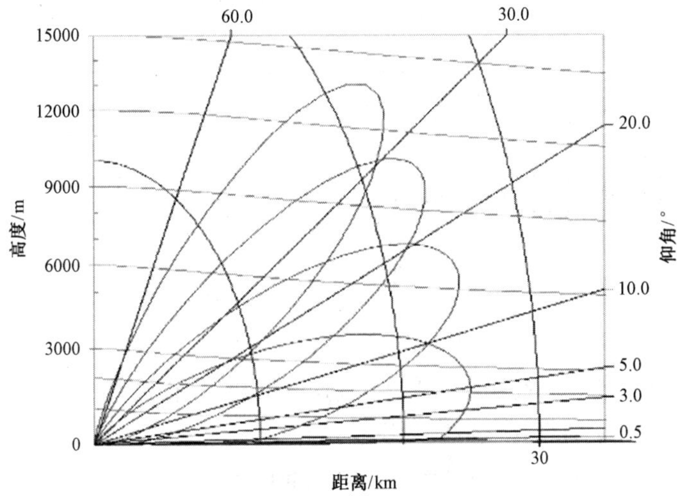

（a）仰角多波束威力覆盖图

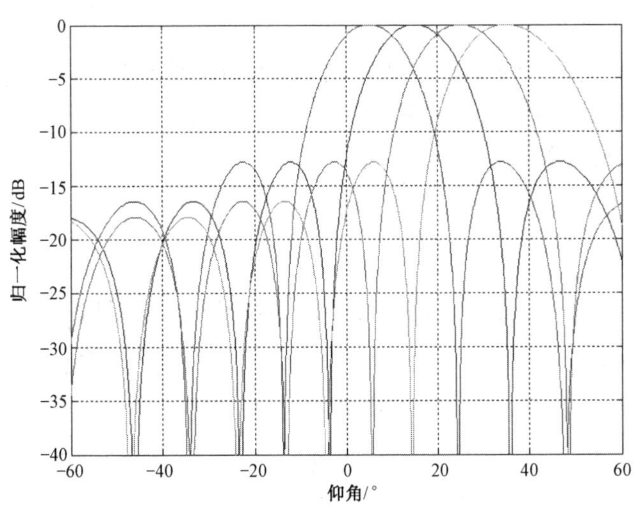

（b）仰角多波束方向图

图 8.14　发射 DBF 威力覆盖及波束方向图

2. 宽带发射 DBF 技术

与宽带接收 DBF 技术相同，宽带发射 DBF 技术需要考虑发射通道均衡和宽带孔径渡越带来的时延补偿。其中，宽带通道均衡技术与接收通道处理技术相同，这里不再展开分析。宽带发射 DBF 中需要进行发射通道均衡，并补偿波束扫描引起的孔径渡越时间和相位差，其处理流程框图如图 8.15 所示。

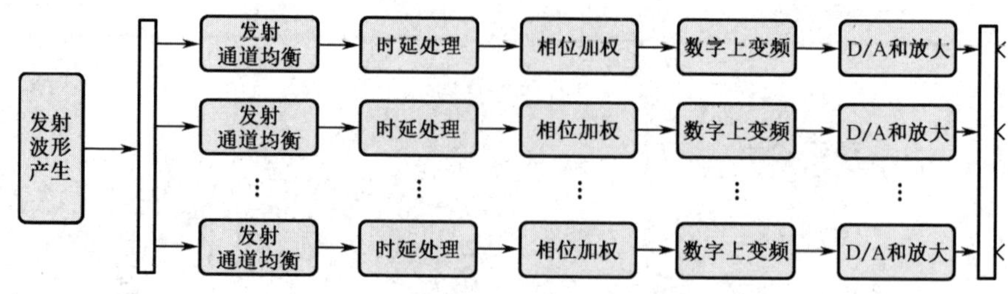

图 8.15　宽带发射 DBF 处理流程框图

下面就宽带发射 DBF 时延补偿进行分析。

考虑发射信号处理过程：先产生发射基带信号，再进行上变频。假设阵元 i 信号的基带信号为$s_i(t)$，发射射频信号可以表示为

$$s_i'(t)=s_i(t)\cdot\exp(\mathrm{j}2\pi f_0 t) \tag{8.14}$$

为使阵元信号的包络对齐，需对相邻阵元信号进行延时，延时量为

$$\tau=\frac{d\sin\theta}{c} \tag{8.15}$$

信号时延通过时延滤波器实现。以均匀线阵为例，假定阵元间距为d，阵元数为N，系统工作频率为f_0，信号频率为f，信号从散射体反射到阵元k需要的时间为$\tau(k)$，阵元k接收到的信号为

$$x_k(t)=\exp\{\mathrm{j}2\pi(f+f_0)[t-\tau(k)]\} \tag{8.16}$$

信号经混频后变为

$$x_k(t)=\exp\{\mathrm{j}2\pi f[t-\tau(k)]\}\cdot\exp[-\mathrm{j}2\pi f_0\tau(k)] \tag{8.17}$$

在窄带波束形成中，式（8.17）右边第一项中的$\tau(k)$可以忽略，通过对阵元信号补偿相位项$\exp[-\mathrm{j}2\pi f_0\tau(k)]$，即可实现各阵元信号的相参积累。在宽带情况下，式（8.17）右边第一项中的$\tau(k)$不能忽略，需先对信号进行时延处理，并补偿相位项$\exp[-\mathrm{j}2\pi f_0\tau(k)]$，才能实现各阵元信号的相参积累。

8.4　有源阵面技术

8.2.1 节给出了数字阵列雷达的系统架构图，由图 8.2 可知，有源天线阵面是数字阵列雷达的核心和关键所在，数字阵列雷达本质上是全数字相控阵雷达[7,8,9]，相控阵天线工作原理及一般设计方法在本套丛书其他分册已做介绍，这里不再重复论述。本节就数字阵列雷达天线设计、数字收/发系统与 DAM 设计、通道幅/相校正技术等方面展开讨论。

8.4.1　数字阵列雷达天线设计技术

与其他相控阵雷达相似，数字阵列雷达天线设计主要包括天线布阵设计、波束综合设计、天线单元设计、天线校正设计和天线罩设计等。综合雷达探测威力、覆盖范围、副瓣电平、扫描角度等战术要求，数字阵列雷达天线设计重点介绍天线布阵设计和天线副瓣与幅/相误差控制设计等。

1）天线布阵设计

与传统监视雷达常采用的行馈源阵列天线不同，数字阵列雷达为获得最大的空间自由度和波束形成灵活性，一般采用全阵面独立阵列单元设计，普通规模的数字阵列雷达一般有几千到上万个天线单元，每个天线单元对应一路数字收/发通道，如何在保证天线性能的前提下尽量减少天线单元数，从而达到降低系统成本和改善阵面热设计成为数字阵列雷达天线设计的关键所在，这需要在保证天线增益、副瓣电平、扫描范围的前提下有效减少天线单元乃至收/发模块的数量，即对天线的布阵栅格形式进行优化设计。

对于平面相控阵天线，为工程设计方便，单元的排列方式常采用规则栅格形式，目前常见的单元排列方式有两类：一种是矩形栅格，如图 8.16（a）所示；另一种是三角形栅格，如图 8.16（b）所示。在采用矩形栅格布阵时，在集中功分网络馈电的无源阵列天线中，系统可简化为功分网络的设计，这在无源相控阵雷达中较多采用。数字阵列雷达采用数字收/发通道，其天线为有源天线阵面，在天线阵面单元数较多的大型有源数字相控阵中，采用三角形栅格可以减少辐射单元及 T/R 组件数目，经多部数字阵列雷达设计验证，当采用等边三角形栅格布阵时，可比矩形栅格布阵减少约 13.4% 的辐射单元数，从而有效降低系统设备量和系统成本。

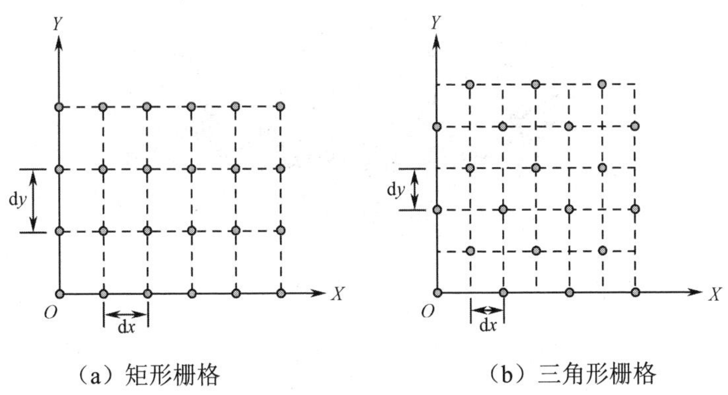

（a）矩形栅格　　（b）三角形栅格

图 8.16　平面阵列天线两种栅格布阵方式

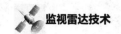

对于单元布阵形式和间距满足扫描不出现栅瓣，天线口径、加权函数、布阵单元形式相同的天线来说，矩形栅格和三角形栅格布阵的天线波瓣特性基本相同，这里不再展开论述，可参考其他雷达天线设计文献。但不同的天线口径形式其立体波瓣会产生不同的主轴面，如图 8.17 所示。从该图可见，天线的口径形状影响空间副瓣的分布，对于数字阵列雷达来说，一般采用矩形天线口径设计，其最大副瓣在天线主轴面，对于天线最大增益和波束轴向精度具有优势，但对于主轴面副瓣杂波抑制是不利的。

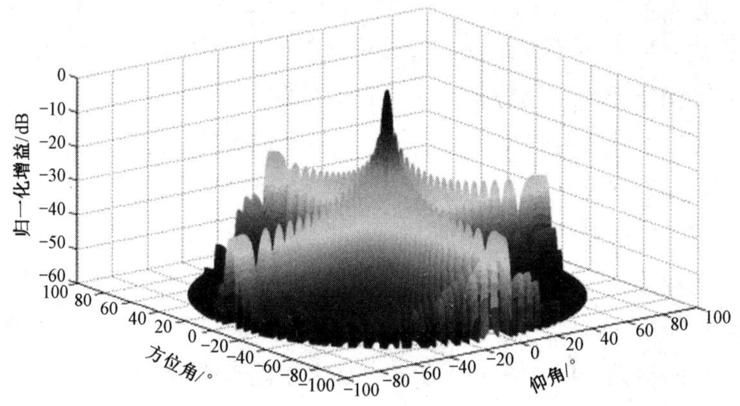

（a）矩形口径

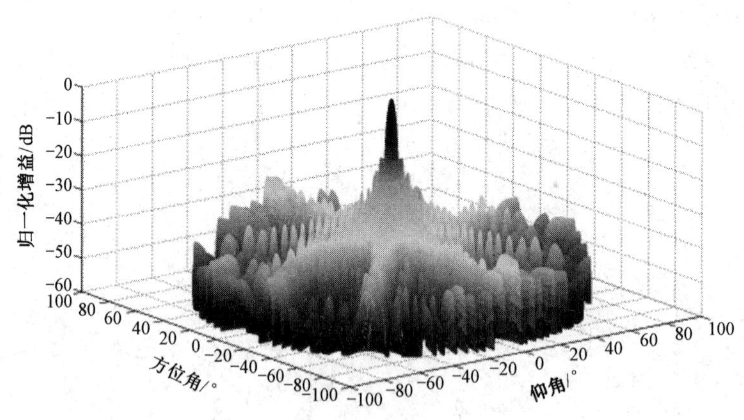

（b）八边形口径

图 8.17　不同天线口径形状立体波瓣图

为减少天线单元数量和数字通道数量，数字阵列雷达常采用三角形栅格布阵。在三角形栅格形式设计时，一般由两维联立确定，根据栅格的布阵取向，三角形栅格还可分为正三角形栅格和侧三角形栅格两种形式，一种是由俯仰面（YOZ 面）的扫描角确定 d_y 后，再由整个扫描区域优化 d_x 的正三角形栅格；另一种是先由方位面（XOZ 面）扫描角确定 d_x 后，再由整个扫描区域优化 d_y 的侧三角形栅格，如图 8.18 所示。

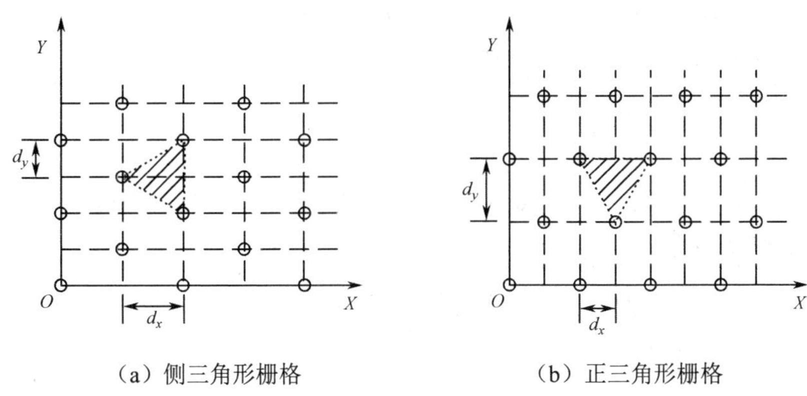

（a）侧三角形栅格　　（b）正三角形栅格

图 8.18　两种三角形栅格布阵形式

分析表明，对于大角度扫描，若采用侧三角栅格，天线的方位维远区副瓣有较大抬高，产生此现象的原因是侧三角栅格在方位向的等效单元间距大于正三角栅格布阵。同样，对于俯仰维大角度扫描，采用侧三角栅格布阵可以获得较低的远区副瓣电平。

天线辐射单元形式的选取要保证满足天线波束的扫描特性和良好的辐射特性，即天线单元具有良好的宽频、宽角幅频特性和驻波特性。天线单元在最大扫描情况下，驻波一般控制在 2～2.5，对天线波束的增益损失最小，天线单元波束宽度一般应达到$120°\times120°$的立体角，以满足有源天线阵面 ±60° 的扫描范围需求，同时考虑天线在宽角扫描的情况下，减小有源驻波的影响，单元间的互耦应尽量小，这些需要在阵中对单元进行匹配和降互耦设计，以保证良好的波束扫描特性。

2）天线副瓣与幅/相误差控制设计

与相控阵雷达相似，数字阵列雷达的波束设计主要包括发射垂直、水平及其扫描波束，接收垂直、水平及其扫描波束等。发射波束为获取最大功率增益，在垂直和俯仰两个面一般采用等加权设计；接收波束一般采用笔形波束和多个笔形波束交叠，为减少空间有源干扰和降低杂波强度，接收波束一般采用低副瓣窗函数进行加权。例如，为实现二维-30dB 低副瓣电平，可采用水平面-35dB、垂直面-35dB 的泰勒加权，为实现二维-30dB 的“零深”，接收差波束可采用-30dB 贝利斯幅度加权。

数字阵列雷达天线副瓣电平主要受天线系统结构变形误差和通道幅/相误差影响，在数字阵列雷达天线中，结构变形误差通常可以分为缓变误差和随机误差两类。缓变误差主要指阵面变形误差，阵面的缓变变形可能引起周期性栅瓣的出现，对天线性能影响较大且无法克服，在天线系统设计时必须严格控制；随机误差影响因素较多，主要有天线阵面的安装精度、天线单元三维安装精度、单元间距、单元形变等，需要在设计和制造过程中进行严格控制。数字阵列雷达天线副瓣电平除受天线结构变形误差影响外，主要受数字收/发通道带来的幅/相误差影响。数字收/发通道集成大量的有源电路元件，其电路元件因频响特性、参数变化、互耦影响、温度漂移等因素带来致命的幅/相误差，所以数字阵列雷达必须采用完善的幅/相校正电路来解决这个问题，校正电路及校正网络设计将在本节后面部分介绍。

数字阵列雷达引入了高集成的 DAM 模块，其主要误差包括通道的幅度、相位校正残差、校正网络本身的幅/相精度、耦合幅/相精度、DAM 通道间的隔离度及 DDS 产生的通道移相精度等。对数字阵列雷达波束电平一般要求为低副瓣或超低副瓣电平，其有源通道的幅/相校正误差是主要误差源，目前工程上校正后的幅/相误差的等效相位误差均方根值在 3°～6°，等效幅度误差均方根值在 0.2～0.5dB。

从提高效率、降低成本等因素考虑，DAM 发射通道的设计一般在幅度上采用均匀加权控制，天线的参考口径分布在幅度上采用等幅加权。考虑幅/相校正误差后的数字阵列雷达发射波瓣图如图 8.19 所示。从该图中可见，采用等幅加权的发射波瓣在主轴面上的副瓣电平控制在-14dB 左右。在反强地物杂波和低截获工作场景，一般采用降低副瓣电平的不等幅加权，其发射副瓣可控制在-25dB 以下，但发射增益略有下降。因为改善副瓣电平是以降低天线发射效率为代价的。对于监视雷达来说，提高检测概率是最大的性能需求，所以目前对数字阵列雷达发射波瓣一般采用等幅加权。

监视雷达所要面对的是一个复杂的工作环境，包括地杂波、海杂波、云雨杂波还有对方施放的有源干扰等，所以与其他各种监视雷达相同，数字阵列雷达接收副瓣一般采用低副瓣或超低副瓣电平设计，如采用 DBF 技术，其副瓣电平理论上取决于校正后幅/相残差和副瓣加权函数，易于实现接收波束的低副瓣电平。

如果要获得方位向和俯仰向均为-35dB 的接收副瓣电平，天线接收和波束需分别采用方位-40dB、俯仰-40dB 的泰勒加权，如图 8.20 所示，接收副瓣在方位主轴面法线和俯仰主轴面法线方向，副瓣电平控制在-35dB 以下。

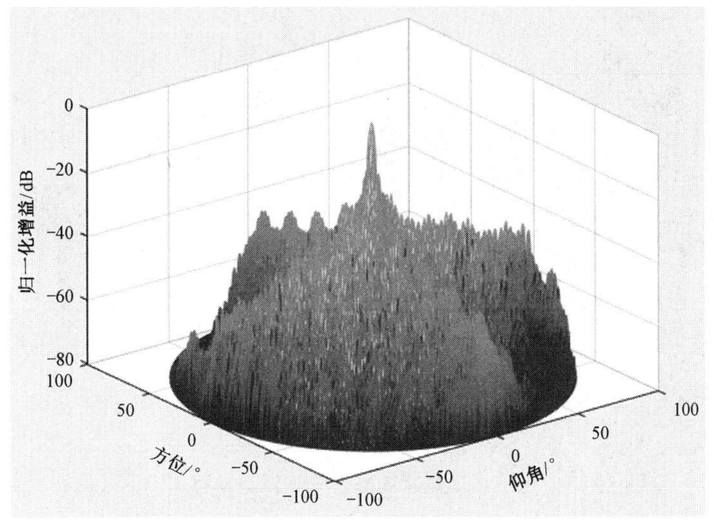

（a）发射立体波瓣图

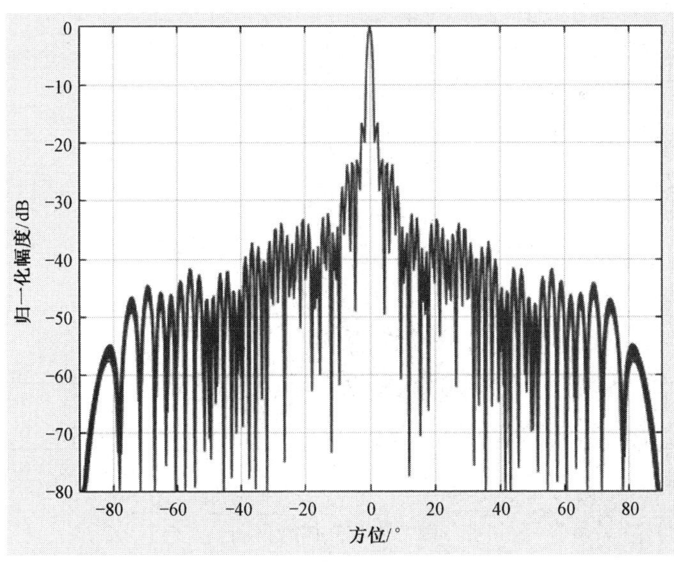

（b）水平法线波瓣图

图 8.19　幅/相校正误差后的数字阵列雷达发射波瓣图

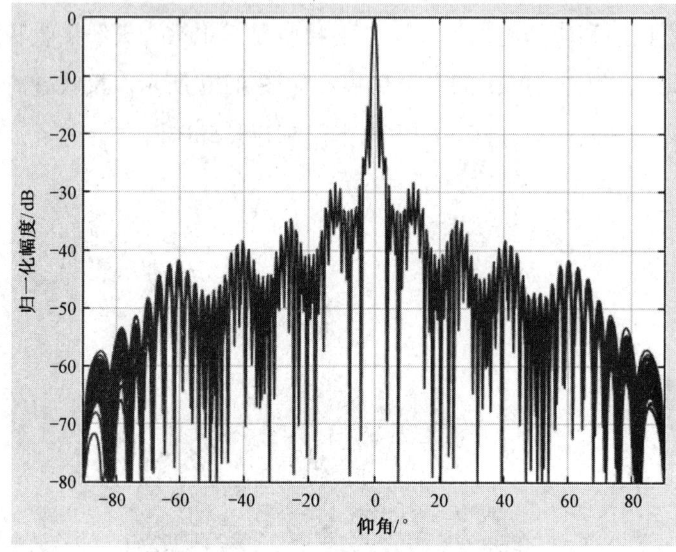

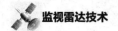

（c）垂直法线波瓣图

图 8.19　幅/相校正误差后的数字阵列雷达发射波瓣图（续）

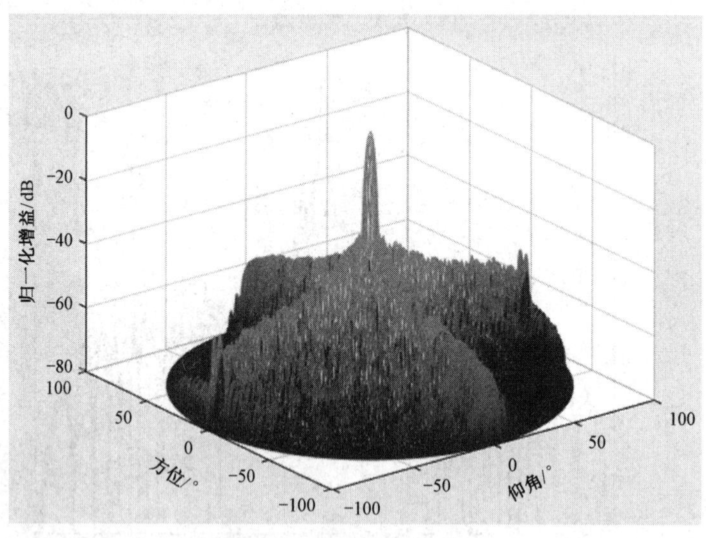

（a）接收立体波瓣图

图 8.20　数字阵列雷达接收波瓣图

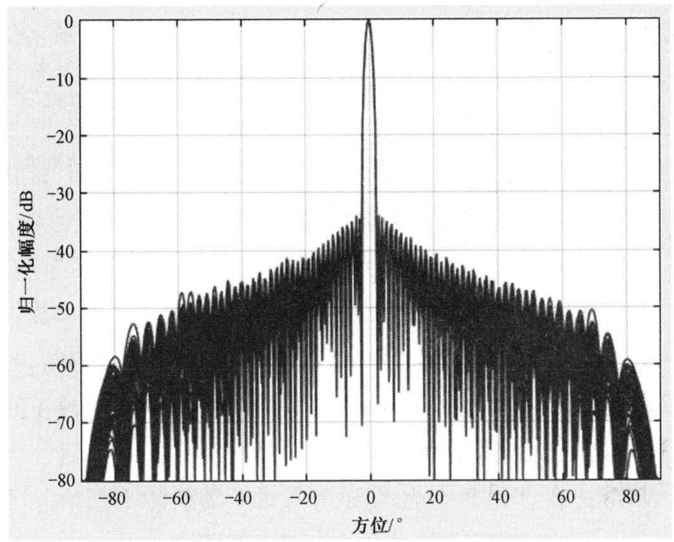

（b）水平法线波瓣图

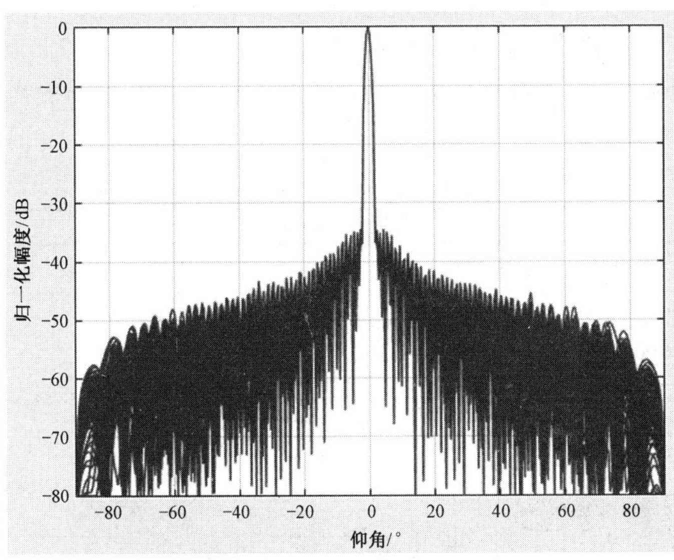

（c）垂直法线波瓣图

图 8.20　数字阵列雷达接收波瓣图（续）

8.4.2　数字收/发系统与 DAM 设计

1. 数字收/发系统

数字阵列雷达的收/发系统是整个雷达信号接收、放大和波束形成的核心设备，是一个多通道的数字化收/发分系统。DBF 要求对每个数字收/发通道的信号进行数字化处理，从而做到发射波形产生与接收信号处理的全数字化。同时，每个通道发射及接收波形所需要的幅/相数据等参数均在数字域实现了单独可控，使得收/发波束的形成灵活、准确。

数字收/发系统直接与天线阵列的天线单元连接，经过环形器后形成接收和发射两个独立通道。接收通道完成回波信号的接收、放大、下变频、滤波处理，经 A/D 变换后形成数字基带信号，由数字波束形成分系统实现接收 DBF；发射通道利用 DDS 完成雷达波形的形成、变频、滤波放大，经功率放大后送天线阵面，其 DDS 波形形成技术能够实现高精度相位控制及发射 DBF。校正通道为有源阵面及数字收/发通道提供校正和幅/相误差信号提取，利用校正通道提供有源数字收/发通道的测试和故障监测。频率源一般采用高稳定、低相噪、恒温晶体振荡器为频率基准，在产生数字收/发通道变频所需要的本振信号的同时，还产生信号处理、数据处理、波束与时序控制所需要的各种参考同步时钟信号，保证雷达整机系统的相参性。典型数字阵列雷达收/发分系统工作原理如图 8.21 所示。从该图可知，发射通道的核心是 DDS 的数字波形产生，接收通道的核心是宽带、高速 A/D 变换，而整个数字收/发通道系统由校正通道保证系统的幅/相一致性和稳定性。

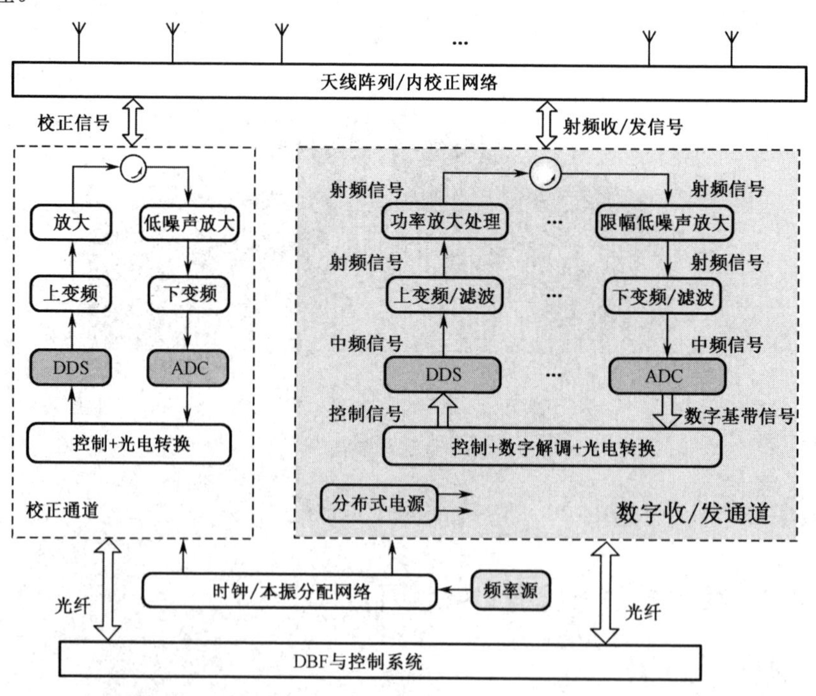

图 8.21　典型数字阵列雷达收/发分系统工作原理

接收时，数字化接收机接收来自天线单元的回波信号，模拟接收通道首先对回波信号进行一系列的处理，包括限幅低噪声放大、下变频/滤波等。经过模拟接收通道处理后的回波信号送入数字接收机，由高速率 ADC 对模拟回波信号进行采样和量化，采样后的数字信号在数字下变频芯片或在 FPGA 中完成回波信号数字解调处理，输出数字基带信号。同时，为了与后续的信号处理机进行匹配处理，往往还要对高速率采样的数字信号进行抽取和进一步的数字匹配滤波。通常情况下，为满足系统的动态范围，A/D 变换的分辨率应作为器件选型首要考虑的因素，同时兼顾射频带宽、采样速率等指标。目前工作频率在 C 波段以下，可以实现对射频信号直接数字化，但是高射频采样率会使信噪比等指标降低，所以工程实现时要综合考虑系统动态、功耗、成本等因素，选择射频直采、混频还是射频直接解调接收体制。

发射时，数字化发射通道主要包括 DDS、上变频/滤波和功率放大处理，由 DDS 芯片直接产生雷达所需的激励信号波形，其频率、带宽、调制形式、脉冲宽度和初始相位等信号特征均由外部参数控制。DDS 输出的波形信号首先经过匹配滤波，完成信号的过滤和提纯处理，滤除系统不需要的频谱成分。上变频器完成频率变换，功率放大一般可分为前级放大和末级放大，是发射通道的核心部分。在 X 波段以下，目前主要采用 GaN 固态功率器件，其在输出功率、幅频特性、工作效率、热流密度等方面具有良好的性能；在 X 波段以上，目前以 GaAs 固态功率器件为主。在发射通道中另一个重要部件就是环行器或隔离器，其功能是实现收/发通道隔离及发射信号与端口反射信号的隔离，在相控阵雷达中，发射波束的扫描会引起天线有源驻波的变化，在发射通道设计时应予以关注。

校正通道是完成数字阵列雷达内、外校正的辅助功能通道。在进行发射校正时，其处理流程与正常发射通道处理相似，主要完成对校正信号的幅度、相位信息提取的功能；在接收校正时，其处理流程与正常接收通道处理相似，主要完成校正信号的产生功能。同时，校正通道还可以产生用于雷达系统测试用的模拟目标信号和机内自检信号等，方便雷达的测试、状态监测和检修。

2. 数字阵列模块技术

1）DAM 组成与框图

在数字阵列监视雷达系统中，发射和接收不再是传统体制雷达中相对独立的接收系统和发射系统，而是采用集成化和数字化技术，将射频收/发单元、数字收/发单元、分布式电源、集中式电源、本振功分单元、分布式参考源等功能电路一体化集成设计，构建了模拟与数字一体、发射与接收一体、光与电一体、处理与传输一体的新型雷达功能模块，简称为数字阵列模块（DAM）[4]。DAM 的概念和处理流程改变了传统相控阵雷达的系统架构和设备组成形式，具有高集成、模块化、可扩充、可重构的技术特征，典型 DAM 组成框图如图 8.22 所示。

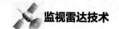

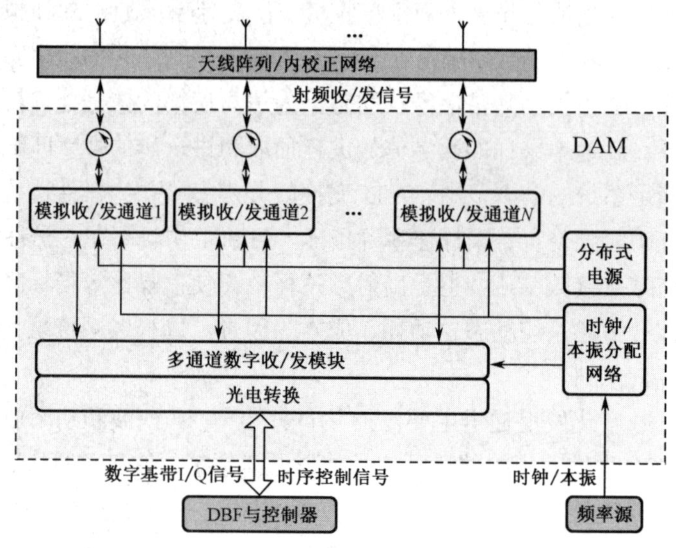

图 8.22　典型 DAM 组成框图

在工程设计中，为了与天线阵列单元安装匹配，DAM 一般集成 8 或 16 路相互独立的收/发模拟通道，以 8 通道 DAM 为例，其中包括 8 通道数字接收机，8 通道数字波形产生模块，以及分布式本振源、本振功率分配网络，供电电源，数据传输光电转换等部分。多通道射频数字化接收机一般采用多通道并行射频采样 ADC、高性能 FPGA 和高速光传输接口集成一体化设计来实现。为了详细说明 DAM 的电路实现过程，以接收通道为例给出比较成熟的工程设计 DAM 和单通道电路，如图 8.23 所示为 16 通道射频数字化接收机功能框图。

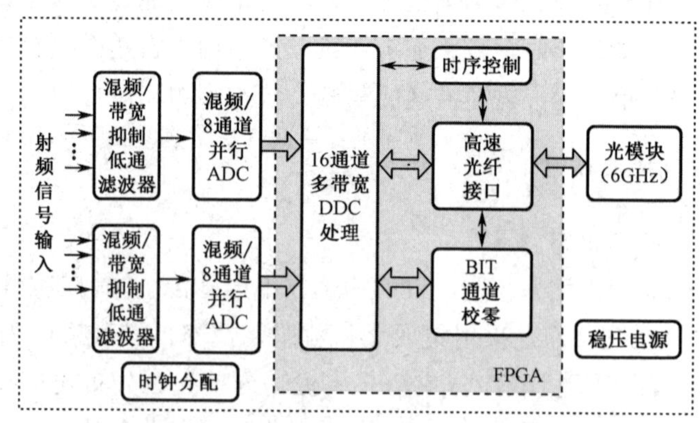

图 8.23　16 通道射频数字化接收机功能框图

该射频数字化接收机主要包括混频/带宽抑制低通滤波器、混频/8 通道并行 ADC、基于 FPGA 实现的 16 通道多带宽数字下变频（Digital Down-Converter，DDC）处理、高速光纤接口、时序控制和稳压电源等。其中，带宽抑制低通滤波器采用表贴式基于 LTCC 技术的低通滤波器来限制 ADC 的模拟输入信号带宽，以抑制带外干扰。

2）单通道 DAM

（1）DAM 单个收/发通道电路。如图 8.24 所示，其中每个独立的基本数字收/发单元设计将接收支路和发射支路有机结合起来，整个通道分为限幅/低噪声放大、功率放大、变频系统、数字收/发等几个单元，外加一些无源滤波器、电桥和隔离器等组成。显然，这种方式有利于小型化和单片集成化设计。

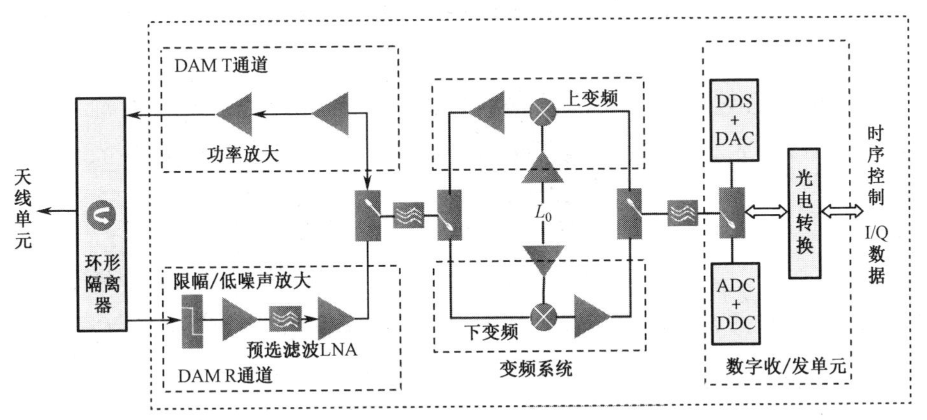

图 8.24　DAM 单个收/发通道电路框图

（2）单通道灵敏度和动态计算。噪声系数和动态范围是数字阵列雷达接收系统的主要指标，在系统带宽确定的情况下，噪声系数决定了系统的临界灵敏度。数字阵列雷达为多通道数字收/发系统相控阵雷达，按相控阵雷达接收系统噪声系数的计算方法，它应该等效为一个单通道接收系统来进行计算。由于系统的波束形成是在数字域完成的，合成损失对系统噪声系数影响很小，因此系统总噪声系数主要取决于单路接收机的噪声系数。在具体设计系统噪声系数时，应结合动态范围等其他指标综合考虑。

数字阵列雷达中单通道数字接收机是一个多级传输网络，含射频前端和数字化接收机，任何一级都会产生噪声，定义 T_e 为接收机内部噪声折合到接收机输入端的噪声温度，则接收机内部噪声折合到输入端有效噪声功率 P_r 为（接收机带宽为 B_r）[3,6]

$$P_r = kT_e B_r \tag{8.18}$$

式（8.18）中，k 为玻尔兹曼常数。设计接收机时，使用噪声系数比较方便。噪声系数的工程定义为：若线性两端口网络具有确定的输入端和输出端，且输入端源阻抗处于 290K 时，输入端信噪比与网络输出端信噪比的比值定义为该网络的噪声系数。其明确的物理意义是，网络的噪声系数是网络输出对输入信号的信噪比恶化的倍数。用 S_i/N_i 表示接收机输入信噪比，S_o/N_o 表示输出信噪比，则噪声系数 NF 的表达式为（其中 G 为接收机增益）

$$\mathrm{NF} = \frac{S_i/N_i}{S_o/N_o} = \frac{N_o}{GN_i} = \frac{N_{ao} + N_{ro}}{GN_i} = \frac{GN_i + GN_{ri}}{GN_i} = \frac{N_i + N_r}{N_i} = 1 + \frac{T_e}{T_0} \tag{8.19}$$

式（8.19）中，$N_i = kT_0B$ 为天线噪声的输入噪声功率，$N_r = kT_eB$ 为接收机输出噪声功率折合到输入端的噪声功率，因此噪声系数大小与信号功率无关，它取决于输入/输出噪声功率的比值。

一般接收机由多级放大器、混频器和滤波器等组成，级联电路的噪声系数或噪声温度由式（8.20）表示（其中 G 为放大器增益或变频/滤波器损失的倒数）

$$\mathrm{NF}_e = \mathrm{NF}_1 + \frac{\mathrm{NF}_2 - 1}{G_1} + \frac{\mathrm{NF}_3 - 1}{G_1G_2} + \cdots + \frac{\mathrm{NF}_n - 1}{G_1G_2\cdots G_n} \tag{8.20}$$

例如，以某数字阵列雷达接收机噪声系数计算示例，一般接收机中低噪声放大器后端噪声系数最大为 1.3dB，限幅器和 PIN 开关两者共同插入损失大约为 0.4dB，电桥插入损失大约为 0.2dB，射频接头及内部连接损失 $0.1 + 0.05 + 0.05 = 0.2$dB，预选滤波损失约为 0.7dB，这样整个接收系统的总噪声系数为 2.8dB。

根据系统动态和灵敏度的要求，对系统通道增益合理设计后，从 DAM 输入端开始的接收通道，包括低噪声放大器的噪声系数为

$$\mathrm{NF} = 10\log(F) \tag{8.21}$$

设激励信号带宽为 1MHz，则接收通道的灵敏度为

$$S_{\min} = -114 + 10\log(B) + \mathrm{NF} \tag{8.22}$$

根据式（8.22）有：对应噪声系数为 2.8dB、激励信号带宽 1MHz 时接收灵敏度为-111.8dBm。

接收机动态范围需要根据雷达系统总动态范围要求及雷达系统体制和信号处理方式等决定。雷达总动态范围为

$$D = D_r + D_\sigma + D_{snr} + D_f \tag{8.23}$$

式（8.23）中，D_r 为目标回波信号随距离远近的变化范围；D_σ 为目标 RCS 变化范围，它由目标、杂波的起伏特性决定；D_{snr} 为目标检测所需信噪比，与工作模式及检测目标类型相关；D_f 为接收机带宽失配动态要求增加量。

数字阵列雷达目前一般采用基于射频数字化技术的全数字相控阵雷达体制，在单元级实现有源接收、ADC 采样、数字下变频处理后进行数字域 DBF 处理，后续进行脉冲压缩及多脉冲相干积累处理。假设 DBF 处理得益为 D_{DBF}，数字脉压得益为 D_{DPC}，多脉冲积累得益为 D_{CI}，则对于数字相控阵雷达单通道接收机瞬时动态 D_{dr}（接收机最大输出 SNR）的要求为

$$D_{\mathrm{dr}} = D - D_{\mathrm{DBF}} - D_{\mathrm{DPC}} - D_{\mathrm{CI}} \tag{8.24}$$

而传统模拟相控阵雷达在模拟域进行接收波束合成后进行 ADC 采样处理和后续信号处理，如果后续信号处理方式相同，模拟相控阵雷达接收机的瞬时动态 D_{ar} 要求为

$$D_{\mathrm{ar}} = D - D_{\mathrm{DPC}} - D_{\mathrm{CI}} \tag{8.25}$$

因此，相同系统动态要求下，数字相控阵雷达接收机动态要求比模拟相控阵雷达接收机动态要求低 D_{DBF}；或者在接收机动态相同的情况下，数字相控阵雷达系统总动态将比模拟相控阵雷达高 D_{DBF}，数字相控阵雷达可以极大地提高系统的总动态。确定了接收机瞬时动态范围要求后，就可以进行接收机的动态范围设计了。

数字化接收机动态范围常用的表示方法有 1dB 压缩点动态范围 DR_{-1}（接收机线性动态范围）和无失真信号动态范围 $\mathrm{DR}_{\mathrm{SFDR}}$。

1dB 压缩点动态范围 DR_{-1} 的定义为：当接收机输出功率大到产生 1dB 增益压缩时，输入信号功率与最小可检测信号或等效噪声的比值，即

$$\mathrm{DR}_{-1} = \frac{P_{\mathrm{i-1}}}{P_{\mathrm{i\,min}}} = \frac{P_{\mathrm{o-1}}}{GP_{\mathrm{i\,min}}} = \frac{P_{\mathrm{o-1}}}{GS_{\mathrm{min}}} = \frac{P_{\mathrm{o-1}}}{GKT_0\mathrm{NF}BM} \tag{8.26}$$

式（8.26）中，$P_{\mathrm{i-1}}$ 为产生 1dB 压缩时接收机输入端的信号功率，$P_{\mathrm{o-1}}$ 为产生 1dB 压缩时接收机输出信号功率，G 为接收机增益，NF 为接收机噪声系数，B 为接收机带宽，$M=1$ 为识别因子，T_0 为热力学温度，经推导可得

$$\mathrm{DR}_{-1}(\mathrm{dB}) = P_{\mathrm{o-1}}(\mathrm{dBm}) + 114 - \mathrm{NF}(\mathrm{dB}) - 10\log B(\mathrm{MHz}) - G(\mathrm{dB}) \tag{8.27}$$

$$\mathrm{DR}_{-1}(\mathrm{dB}) = P_{\mathrm{i-1}}(\mathrm{dBm}) + 114 - \mathrm{NF}(\mathrm{dB}) - 10\log B(\mathrm{MHz}) \tag{8.28}$$

数字化接收机射频通道动态设计时，要求接收机动态与雷达系统进入接收机中的信号动态相匹配，即要求接收机模拟射频通道动态与接收机输入信号的动态相匹配；同时要求射频通道的动态还与 ADC 的动态相匹配。数字化接收机射频通道动态范围和灵敏度是两个互相关联、互相制约的重要设计指标，需要通过合理分配通道增益、合理选择模拟器件指标、合理选择 ADC 指标来进行设计。

理想 ADC 动态范围一般可表示为

$$\mathrm{DR}_{\mathrm{ADC}}(\mathrm{dB}) = 10\log\frac{P_{\max}}{P_{\min}} = 10\log\frac{2^{2N}Q^2/8}{Q^2/8} = 20N\log 2 = 6N \tag{8.29}$$

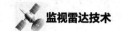

要求射频前端的动态与 ADC 动态相匹配就要求接收机增益设计时最大输入信号不致让 ADC 饱和，同时最小信号输入并经过射频前端增益放大后能够被 ADC 充分量化而不致接收机的噪声系数恶化。接收机大线性动态范围设计需要从两个方面入手，即合理分配接收机的各级增益，设计或选择动态范围大的器件。

现代数字阵列监视雷达一般都有多种工作模式及与之相对应的瞬时信号带宽，有时有宽/窄带兼容工作模式（比如“目标搜索+精密跟踪”，目标宽带成像识别等工作模式），为了简化接收机设计，接收通道往往是按照最大带宽来进行设计，在宽带模式下保证系统的灵敏度要求和动态要求；而窄带工作模式的灵敏度和瞬时动态可以通过后续多速率信号处理来获得，这要求 ADC 的输出 I/Q 信号要保证足够的噪声位；这种宽/窄带一体化接收机设计可以同时获得高灵敏度和大线性动态范围，区别于传统模拟接收机的设计方式。

3）一体化数字接收机和数字波形产生

如图 8.24 所示，DAM 为了实现一体化的数字接收和发射功能，将图中的数字收/发单元在一块印制板上进行集成，采用专用 ASIC 或 FPGA 进行多功能软件设计，集成 DDS 和多通道 ADC，实现 8 或 16 通道的数字化接收机和 8 或 16 通道的数字波形产生。

对于数字化接收通道，目前一般采用数字化接收机技术来实现 I/Q 数字正交解调，采用 DDC 器件直接实现数字正交解调，包括 NCO 及可编程高效数字滤波器（主要由 FIR 低通滤波和抽取功能组成）。因此，在采样时钟确定的情况下，可在较宽范围内实现多种中心频率和带宽信号解调。数字 I/Q 正交解调实现框图如图 8.25 所示[4]。

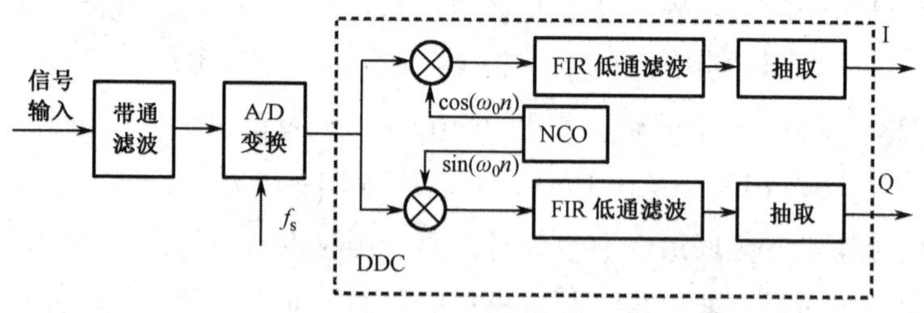

图 8.25　数字 I/Q 正交解调实现框图

基于 DDS 的幅/相控制和波形产生是数字收/发单元的关键技术之一，它既要实现雷达各种复杂信号的产生，又要实现对信号的高速、高精度幅/相控制。数字阵列雷达的多种工作方式要求雷达信号具有多种波形，往往在一个重复周期内发射多个脉冲，如在一个重复周期内发射长短不一的脉冲分别照射远距离与近距离的不同目标；为适应对更复杂的雷达信号进行能量管理，不仅需要通过改变信号的脉冲宽度，同时也要通过改变信号幅度来合理分配能量。这就要求雷达的波形形成非常灵活，而 DDS 的灵活性刚好能满足这一要求。从理论上讲，DDS 可以产生任意信号波形，也就是说 DDS 技术可以直接对产生的信号波形参数（如频率、相位、幅度）中的任何一个、二个或三个同时进行直接调制，这是 DDS 技术所独具的技术特点。以调频为例，对于一个 DDS 系统其输出频率为

$$f_{\text{out}} = k\frac{f_{\text{cl}}}{2^N} \tag{8.30}$$

式（8.30）中，k 为频率控制字，f_{cl} 为 DDS 输入时钟信号频率（f_{cl} 也称为 f_{s}），N 为相位累加器的位数。对于给定的 DDS 系统，相位累加器的位数是一个固定值，当输入时钟频率设定后，其输出频率仅随控制字 k 而变化。所以只要使频率控制字 k 按照调制信号的规律进行改变就可实现所需要的调频。

由此也可以看出，DDS 输出信号频率分辨率为 $f_{\text{s}}/2^N$，一般 $N>32$，因此，DDS 输出信号频率分辨率非常高。

上述是 DDS 的简单工作过程，在采样时钟的控制下，N 位相位累加器以频率控制字 FTW 进行累加，经相位/幅度转换器，输出相应的 D 位幅度信息，完成波形相位到幅度的转换。输出的波形幅度信息通过 D/A 变换器得到相应的模拟信号输出，再经低通滤波器滤除杂散分量，保证输出波形的纯度。

实际工程中，由于 DDS 需要输出复杂波形，实现起来比上述过程要复杂。当前 DDS 的各项技术已日臻成熟，一般 DDS 信号流程框图如图 8.26 所示。

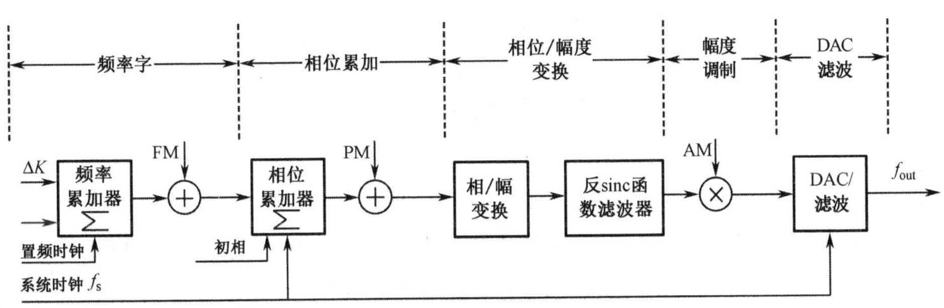

图 8.26　一般 DDS 信号流程框图

早期，相位/幅度转换器本质是一个波形查找表，将波形存在存储器中，经 N 位的相位累加器，截取其高 M 位作为地址，完成相位/幅度转换。如果要提高波形信号的精细度，需要大容量的存储器，波形要求越精细，存储器的容量就越大，这给工程实现带来问题。目前采用多次迭代算法逼近真实值，只需移位和

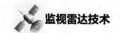

加减运算即可完成，易于由数字电路实现，精度较高，且所耗电路资源也比较适度。

对于常用监视雷达来说，其频段大多数工作在 C 波段及以下，DAM 的发射通道一般采用基于数字直接合成技术的“DDS+DAC”方案，这样可简化系统组成，发射通道中最关键的是大功率模块的设计，其发射支路系统组成框图如图 8.27 所示。固态发射技术在本丛书《雷达发射机技术》分册中有详细介绍，本章不再赘述。

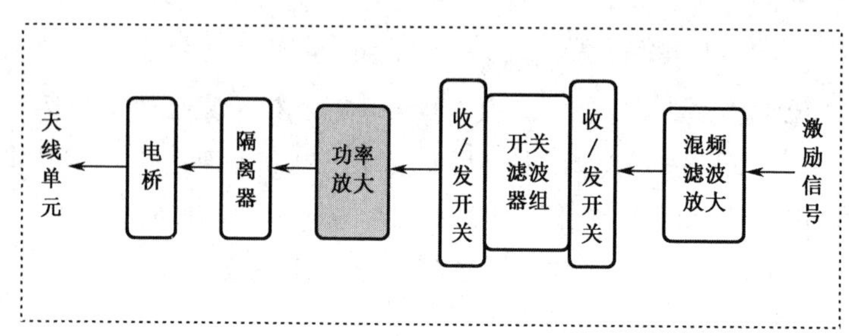

图 8.27　发射支路系统组成框图

8.4.3　通道幅/相校正技术

由于数字阵列雷达是多天线单元、多接收通道系统，实现的关键是各个通道间的幅度、相位一致性和通道本身的稳定性，在数字波束形成器运算之前，首先要确保目标信号从天线接收射频信号到接收放大、混频、滤波、ADC 进入 DBF 系统，各路信号的相位、幅度不产生较大的变化。

1）幅/相校正原理

在数字阵列雷达中，通道幅/相误差分为两大部分，一部分是各接收通道的误差，该误差由环形器、PIN 开关、DBF 接收机、电缆等幅/相不一致和数字接收机时序偏差引起，会跟随环境的变化、组件的故障等发生变化，这些误差将会破坏天线方向图特性，造成天线增益下降、副瓣电平抬升、波束指向精度变差，需要进行校正；另一部分是阵面天线单元间的精度误差，该误差主要由天线单元的安装精度引起，一般在安装测量后计入系统误差。幅/相校正主要对前一种误差进行校正处理，其校正系统组成框图如图 8.28 所示。

从上面的分析可以得出，通道之间幅/相不一致与通道带内频率特性失配对数字波束形成的波束指向、副瓣电平有很大的影响，同时通道带内频率特性失配对输出信噪比也有很大的影响。在数字阵列雷达波束形成系统中，阵列的接收波束是在数字基带上形成的，每一阵元都有独立完成的接收通道，包括耦合器、功分器、射频处理、中频处理到 A/D 变换器。显然，让成千上万的接收通道器件做到完全一致，非但不可能也是不经济的。接收通道各组成部分幅/相不一致最终会反映到通道传输函数中的幅/相不一致，因此校正不是针对通道某一部分，而是需覆盖整个通道的传输函数。通道的传输函数与工作频率有关，一般需在整个频带内对所有频率进行校正。但对于窄带系统，工程上对于带宽较窄的系统如果对波束指向和副瓣电平要求不高，只需在中心频率和上、下边频上进行校正即可。

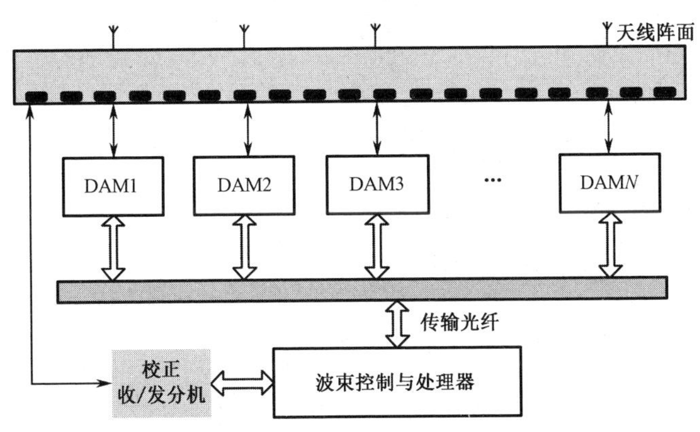

图 8.28　幅/相校正系统组成框图

数字阵列雷达的通道幅/相校正，既包括发射通道的校正，也包括接收通道的校正。由于发射和接收时的校正技术实现路径互易，所以下面以接收通道的校正为例来阐述。按照校正时加入参考信号位置的不同，又可将校正方法分为远场校正和内场校正。远场校正是将校正信号从远场发射，经天线后在接收机的数字信号处理部分计算出幅/相误差，然后给予校正；内场校正则是将校正信号直接馈入天线系统的校正网络送入接收机后进行校正。雷达信号按照工作带宽通常分为窄带信号和宽带信号，由于它们有着不同的传输特性，对于宽、窄带信号通道校正，通常采用不同的校正处理方法，如宽带信号校正通常要做通道均衡处理。鉴于监视雷达主要采用窄带信号工作方式，即认为窄带信号满足条件

$$B/f_0 \ll 1 \tag{8.31}$$

式（8.31）中，B 为信号带宽，f_0 为中心频率。对于窄带信号，当通道幅/相失配时，在一般副瓣电平和测量精度的要求下，不需要对不同频率的信号分别校正，其误差值可依据中心频率 f_0 校正值进行补偿，所以只要在各个通道引入一个幅度误差因子和相位误差因子即可。对于通道 i，其复传输系数为[3,6]

$$H(\omega)=\left|H(\omega)\right|\cdot\exp\left[\mathrm{j}\angle H(\omega)\right] \tag{8.32}$$

式（8.32）中，$\left|H(\omega)\right|$ 为复传输系数的幅度，$\angle H(\omega)$ 为复传输系数的相位。设阵

列理想输入矢量为 $\boldsymbol{X}=\left(X_1,X_2,\cdots,X_M\right)^{\mathrm{T}}$，则经接收通道传输后的含幅/相误差的阵矢量为

$$\boldsymbol{X}'=\boldsymbol{G}\boldsymbol{X} \tag{8.33}$$

式（8.33）中，$\boldsymbol{G}=\operatorname{diag}\left[H_1(\omega)\ H_2(\omega)\ \cdots\ H_M(\omega)\right]$ 为通道传输矩阵，其中 $\operatorname{diag}(\bullet)$ 表示对角矩阵。

为了校正误差引入后的通道失配，由含幅/相误差的阵矢量 $\boldsymbol{X}'$ 恢复无误差的阵矢量 $\boldsymbol{X}$ 的函数关系，首先设定 $H_1(\omega)$ 为参考通道。设参考通道在中心频率的传输系数为

$$H_1(\omega)=\left|H_1(\omega)\right|\cdot\exp\left[\mathrm{j}\angle H_1(\omega)\right] \tag{8.34}$$

则 $\boldsymbol{G}$ 可表示为

$$\boldsymbol{G}=H_1(\omega)\cdot\operatorname{diag}\left[1\quad \frac{H_2(\omega)}{H_1(\omega)}\quad\cdots\quad\frac{H_M(\omega)}{H_1(\omega)}\right] \tag{8.35}$$

校正测得 $H_i(\omega)/H_1(\omega)$ 后，令

$$\boldsymbol{C}=\operatorname{diag}\left[1\quad \frac{H_2(\omega)}{H_1(\omega)}\quad\cdots\quad\frac{H_M(\omega)}{H_1(\omega)}\right]^{-1} \tag{8.36}$$

将其作用于阵矢量 $\boldsymbol{X}'$，得到误差校正后的阵矢量为

$$\boldsymbol{X}''=\boldsymbol{C}\boldsymbol{X}'=\boldsymbol{C}\boldsymbol{G}\boldsymbol{X}=H_1(\omega)\boldsymbol{X} \tag{8.37}$$

则 DBF 处理公式如下

$$B(k)=\sum_{n=0}^{N-1}X_nC_nW_n(k)S_n(k),\quad k=1,2,\cdots \tag{8.38}$$

式（8.38）中，X_n 为多路阵元通道回波信号；C_n 为通道校正系数；$W_n(k)$ 为形成波束的加权系数，一般对称且为实数；$S_n(k)$ 为波束指向系数；$B(k)$ 为 DBF 合成以后的各波束数据。X_n 经过实时 ADC 采样得到；$W_n(k)$ 和 $S_n(k)$ 则根据不同需要预先计算得到；C_n 需要通过内、外场接收校正得到。

多路接收信号进行波束合成之前，首先需要对各个通道数据的幅度和相位进行校正；这个校正的计算工作由通用 DSP 完成。通用 DSP 在校准期间将各个接收机输出的幅度和相位记录下来，经过一定计算后形成各个接收通道校正需要的系数。DSP 将波束指向和加权系数等系数合成，形成波束形成系数，并送到 FPGA 电路供数字波束形成实时处理采用。

2）校正工程实现方法

数字阵列雷达校正系统由校正收/发分机（或称为校正通道）、内校网络、DAM 和 DBF 及电缆、光缆等组成[10]。其中，校正通道是完成数字阵列雷达内、

外校正的辅助功能通道。在进行发射校正时，完成对校正信号的幅度、相位信息提取的功能；在接收校正时，完成校正信号的产生功能。同时，校正通道还可以产生用于雷达系统测试用的模拟目标信号和机内自检信号等，方便雷达的测试、状态监测和检修。

在系统校正工作模式下，系统校正工作流程是收/发校正分机按照系统校正控制协议接收控制指令，设置校正分机和 DAM 状态为校正状态，在校正时序控制下采集 DAM 各通道接收的校正信号进行校正数据处理，完成校正过程。校正的信号流程是按照系统校正控制命令，进行校正时序产生与控制，产生控制字和校正工作时序，分别产生工作频段内各频率点的射频校正信号，经过内校正耦合网络送入 DAM 各通道中，各 DAM 通道完成校正信号数据采集，依次改变频率点，完成工作频段内各频率点的内场校正数据采集，并通过光纤送到 DBF 分机进行校正数据处理。校正数据处理是用参考通道与各 DAM 通道校正幅/相数据相除，得到通道幅/相误差校正系数，系统校正系数的获取，必须结合内校正网络本身的幅/相特性数据解算出的系统幅/相校正系数，存到 DBF 分机中进行相关处理。系统校正工作流程及信号流程如图 8.29 所示。

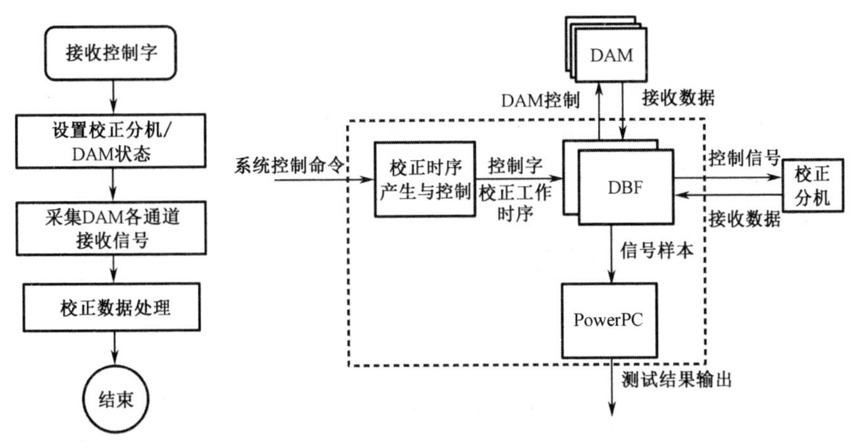

（a）系统校正工作流程　　（b）系统校正信号流程

图 8.29　系统校正工作流程及信号流程

在系统接收校正模式下，接收幅/相校正系数的数据处理计算方法如下。

假设阵元 N 的基带校正样本表示为

$$x_k(n) = A_k \exp\left\{\mathrm{j}\left[\omega t(n) + \varphi_k\right]\right\} \tag{8.39}$$

式（8.39）中，ω 为测试信号的角频率，A_k 和 φ_k 分别为第 k 个接收通道的接收信号的幅度和初相。

校正系数按如下步骤计算。

【步骤 1】对阵元校正样本进行 FFT，即

$$y_k = \mathrm{FFT}\left(x_k\right) \tag{8.40}$$

式（8.40）中，函数$\mathrm{FFT}(\cdot)$表示快速傅里叶变换处理，y_k为 FFT 处理结果。

【步骤 2】取校正系数

$$c_k = \frac{1}{\max\left(y_k\right)} \tag{8.41}$$

式（8.41）中，c_k表示第k个接收通道的校正系数，函数$\max(\cdot)$表示取序列的幅度最大值。

3）校正网络设计

数字阵列雷达是一个从天线到数字波束形成系统均需要进行幅/相控制的系统，系统幅/相校正对于保证有源阵列天线及其通道的幅/相性能是非常必要的。有源天线和通道由于器件、制造、组装公差，元器件老化、更换或失效，系统热变形、振动等原因，常常会使天线呈现较大的相位误差，从而引起天线增益下降、副瓣电平升高、波束指向产生偏差等，需要进行相位校正和补偿。

该天线采用的是逐一自检的校正方法。所谓逐一自检法，就是利用 T/R 模块收/发独立控制和耦合器逐一检测各通道收/发状态下的幅/相参量。本方案中，可以利用 DAM 中的收/发开关来逐一检测，不需外加开关设备，对检测出来的各单元通道内的幅/相误差可进行补偿并通过反演算法获得天线远场方向图。该方法的优点是实现原理简单，可实现各路不同状态的逐一检测，校正精度高。

图 8.30 给出了某数字阵列雷达校正网络的设计框图，数字阵列雷达的天线是单元排列天线，为对全部天线单元及 DAM 各通道逐一进行校正，需要设计行校正网络和列校正网络，在该逐一自检校正中，先是要校正每一横排的N路输出端口的校正网络（终端接匹配负载），然后在垂直方向用一列校正网络与M行校正网络的出口相连。

逐一自检校正法的基本工作原理是：发射校正时，由时钟、波控分别控制所有收/发通道的每一路处于发射状态，而其余的通道处于关断状态（负载态），然后由 T/R 校正模块中的校正接收机接收通道幅/相值，经信号处理后与该通道所需幅/相进行比较，并由 DBF 补偿各单元相应的差值（ΔAt_{ij}和$\Delta\phi t_{ij}$，其中，i和j表示第i行第j个单元）；同理，接收校正时，由任务管理控制所有收/发通道的每一路处于接收状态，然后由 T/R 校正模块中的校正信号源发出一个校正信号，在接收机中对接收到的每一路信号进行处理，信号处理后与该通道所需的幅/相进

行比较，并由 DBF 补偿各单元相应的差值。

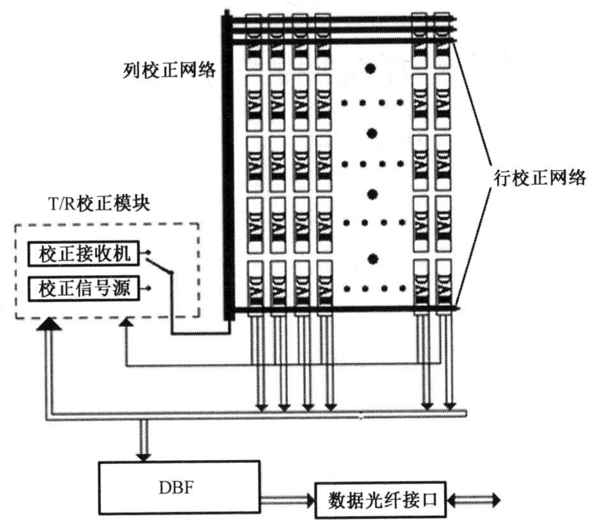

图 8.30　数字阵列雷达校正网络的设计框图

上述收/发校正的做法只是对校正传输线后端传输线的幅/相进行了修正，校正耦合传输线前端至单元的不一致性也是存在的，而这更需要进行修正。这一部分修正可以采用远场校正的方法，即在满足远场条件的距离以外，假设一个射频源信号（喇叭）到达天线阵面的电磁波为平面波，阵面各单元接收的为等幅同相的信号，将 DAM 中每一个通道设置为接收状态，在接收机中得到各单元相应的差值（ΔAu_{ij} 和 $\Delta\phi u_{ij}$，其中 i 和 j 表示第 i 行第 j 个单元）。

在校正处理中，上述的各单元不一致性的补偿差值(ΔAu_{ij}, $\Delta\phi u_{ij}$)应在外界影响较小的室内远场或室外高架场进行，测得的值作为一组固定值写进校正软件中，而(ΔAt_{ij}, $\Delta\phi t_{ij}$)、(ΔAr_{ij}, $\Delta\phi r_{ij}$)由实际工作过程中实时测得，用于完成对通道的校正。

8.5　先进设计与处理技术

数字阵列雷达本质上是数字相控阵雷达，相控阵雷达灵活的波束形成能力支撑多工作模式，而数字阵列雷达在工程实现上将阵列单元进行全单元数字化处理，其波束形成本质上仅是系统幅/相控制字的不同加载，理论上可在空、时、频三个维度独立实现任意波束，这为数字阵列雷达的多功能应用奠定了技术基础。本节就数字阵列雷达的系统能量分布与多功能模式设计、先进处理技术两个比较突出的技术应用进行论述，与常规监视雷达系统设计和信号处理设计相同的部分在本书之前部分已做详细介绍，这里不再展开论述。

8.5.1 系统能量分布与多功能模式设计

1. 系统最佳能量分布

数字阵列雷达采用全数字方式实现发射、接收波束形成，其灵活的波束设计可实现监视雷达的最佳探测能量分布。

由 6.1 节内容可知，监视雷达的能量分配优化配置即通过改变每个波束位置的天线增益、功率和驻留时间来达到最佳能量分布设计。

为方便分析，不失一般性，设 $F_{\mathrm{t}}=F_{\mathrm{r}}=L_{\mathrm{s}}=C_{\mathrm{B}}=1$，$G_{\mathrm{r}}=4\pi A_{\mathrm{r}}/\lambda^2$，则雷达方程可简化为

$$R_{\max}=\left[\frac{P_{\mathrm{t}}\tau G_{\mathrm{t}}A_{\mathrm{r}}\sigma}{(4\pi)^2 kT_{\mathrm{s}}V_0}\right]^{1/4} \tag{8.42}$$

式（8.42）中，A_{r} 是接收天线孔径，V_0 是可见度因子。其空间能量分布用相对距离 $R_{\mathrm{s}}(\varphi)$ 表示为

$$R_{\mathrm{s}}(\varphi)=\begin{cases}R_{\max}/R_{\max}=1 & \varphi_{\min}\leqslant\varphi<\varphi_0\\ R(\varphi)/R_{\max} & \varphi_0\leqslant\varphi\leqslant\varphi_{\max}\end{cases} \tag{8.43}$$

式（8.43）中，$R(\varphi)$ 表示相对探测距离，它是仰角的函数。

$R_{\mathrm{s}}(\varphi)$ 是设计中应该保证在仰角为 φ 时，相对于 $R_{\max}$ 的距离。令 E_0 为最大距离 $R_{\max}$ 的能量，设计者可按照 $E(\varphi)=E_0R_{\mathrm{s}}^n(\varphi)$ 的规律来分配仰角能量。

可见度因子 V_0 是根据检测概率和虚警概率来确定的最小可检测信噪比，一般表示为

$$V_0=\frac{(P_{\mathrm{t}}\tau)A_{\mathrm{r}}}{R_{\max}^4}\times\frac{\sigma G_{\mathrm{t}}}{(4\pi)^2 kT_{\mathrm{s}}}=k_1\frac{(P_{\mathrm{t}}\tau)G_{\mathrm{t}}A_{\mathrm{r}}}{R_{\max}^4} \tag{8.44}$$

式（8.44）中，$k_1=\dfrac{\sigma}{(4\pi)^2 kT_{\mathrm{s}}}$ 是一个与仰角无关的常数，$P_{\mathrm{t}}\tau$ 是单个发射脉冲的能量。

可以理解最佳能量分布指在整个探测空域保持最小可检测信噪比恒定，按照雷达方程来推算，为保持用户给定的探测空域有相同的检测概率和虚警概率，其能量分布为

$$E(\varphi)=E_0R_{\mathrm{s}}^4(\varphi) \tag{8.45}$$

即能量-仰角函数与雷达方程完全匹配，能量随仰角增大成 4 次方下降，达到最

佳能量分布。

$E(\varphi)=E_0$ 表示在各仰角方向能量相等，这种分布对主要探测飞机类目标的监视雷达来说能量利用率很低，一般不予采用；但在导弹防御监视、空间目标监视雷达中，常在一个仰角区采用等能量分布设置搜索屏，以保证某一方位区域相同的截获概率。

$E(\varphi)=E_0R_s^4(\varphi)$ 的能量分布规律可以保证在整个探测空域有相同的检测概率和虚警概率，可见度因子 V_0 是一个常数，它是一种最佳的能量分布的形式。这种分布保证了最大探测包络边沿是等信噪比的，但在最大包络边沿以内空域的检测信噪比还是随距离减小而增加的。数字阵列雷达灵活的波束设计使其探测能量分布可按照 $E(\varphi)=E_0R_s^4(\varphi)$ 来进行波束覆盖设计，所以对于数字阵列雷达来说，其能量利用因子定义为

$$\eta_E=\frac{E_0}{E}=\frac{R_{\max}^n(\varphi_{\max}-\varphi_{\min})}{\int_{\varphi_{\min}}^{\varphi_{\max}}R^n(\varphi)\mathrm{d}\varphi} \tag{8.46}$$

式（8.46）中，φ 的单位为 rad，R 的单位为 km。若只考虑噪声背景环境，数字阵列雷达的波束形成可按照不同距离单元、不同波束指向进行波束形成计算，单个脉冲发射能量 $P_t\tau$ 中脉冲宽度 τ 可以在波形产生时依据观测距离任意设计，所以数字阵列雷达的波束设计可完全拟合 $E(\varphi)=E_0R_s^4(\varphi)$，即数字阵列雷达可取 $n=4$，按最佳能量分布设计，获得最佳能量利用。

2. 多功能探测波束设计

数字阵列雷达具有灵活的波束形成方式，其具有多种功能探测工作模式，具备搜索、跟踪、制导等不同的多任务能力，支撑各种工作方式的组合应用。这里主要介绍其特殊的工作模式设计，其常用模式设计在本书第 6 章和第 7 章已做描述。

防空工作模式是监视雷达的主要工作模式，数字阵列雷达除常规的空域监视功能外，由于采用数字波束形成技术，因此也可以设计更为灵活的其他探测工作模式。

1）笔形波束与赋形联合覆盖波束设计

对于探测威力较远或低空探测和仰角覆盖也要求较高的现代监视雷达设计，利用数字波束形成优势，可以在低空设计若干个（图 8.31 给出 3 个）笔形波束来覆盖低空远程探测空域，如图 8.31 所示，以获得最大的探测威力和良好的测量精度及抗干扰能力。在高仰角利用赋形波束设计解决空域覆盖数据率问题，这对于

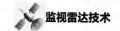

采用射频/中频波束形成网络的常规监视雷达来说是难以实现的。该种工作模式具有远程警戒和引导功能。例如，某数字阵列雷达的模式可全程采用 AMTI 处理模式，在应对强体杂波区或者阵地架高对低空目标进行探测时可采用 PD 处理模式。在发射时，在低仰角区域形成 3 个笔形波束覆盖 0°～4.5°空域；在 4.5°～45°空域发射赋形波束，使得在接收时同时用多个波束覆盖发射波束空域。

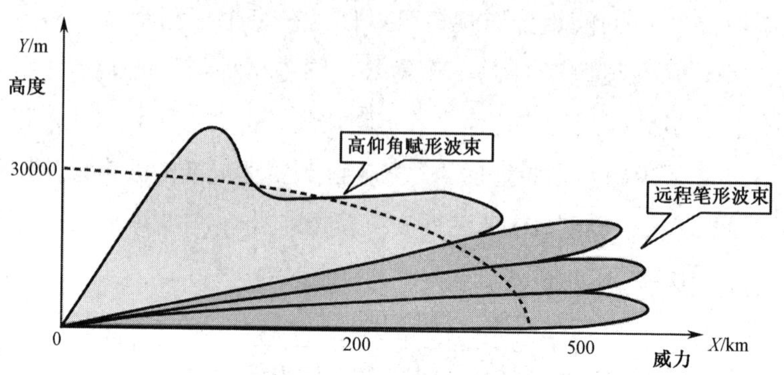

图 8.31　笔形波束与赋形波束仰角联合覆盖波束设计图

2）仰角分区波束设计

由于 VHF 频段雷达波束受地面/海面多径反射的影响，带来主波束上翘和波束分裂的问题，因此数字阵列雷达可利用灵活的数字波束形成技术在仰角面分区进行独立波束设计，利用多个波束的仰角叠加覆盖解决传统 VHF 频段雷达低空盲区大和空域覆盖凹口问题[10]。仰角分区覆盖波束设计如图 8.32 所示，它反映了某 VHF 频段雷达在探测空域的 3 个仰角分区独立波束的设计，利用 DBF 技术形成的仰角叠加波来覆盖，较好地解决了 VHF 频段雷达因地面反射产生波束分裂凹口，在全高度层、全空域、全量程段的目标检测、跟踪连续率大于 95%。

3）距离分区波束设计

对于监视雷达探测空域，不同的探测距离段面临的目标分布、地杂波/云雨杂波分布差异很大，数字阵列雷达利用灵活的数字波束形成优势，在不同的距离段可采用不同的加权函数形成不同副瓣电平的波束，对于反地杂波/云雨杂波具有极大的优势。同时，对特定的多目标距离段可以利用密集波束覆盖，采用 TWS 工作模式解决多目标探测与联合跟踪问题；对于高威胁目标可采用单波束增程或“烧穿”工作模式；对于低空强杂波区可采用低副瓣电平波束设计，提高杂波区的目标检测概率。其距离分区覆盖波束设计图如图 8.33 所示。

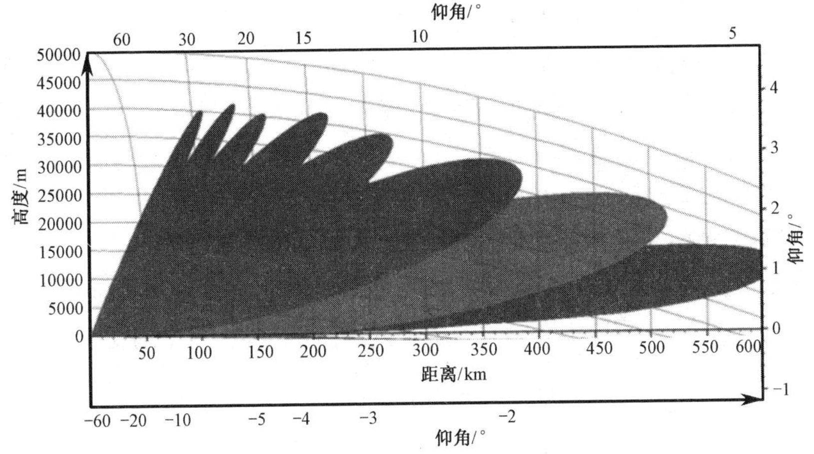

图 8.32　仰角分区覆盖波束设计图

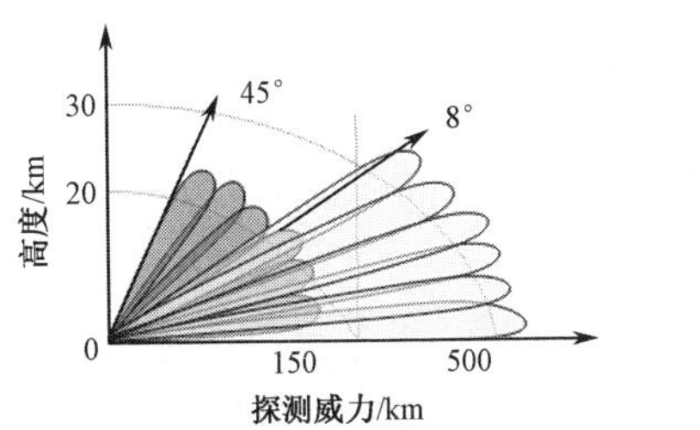

（a）搜索多波束不同仰角距离分区设计

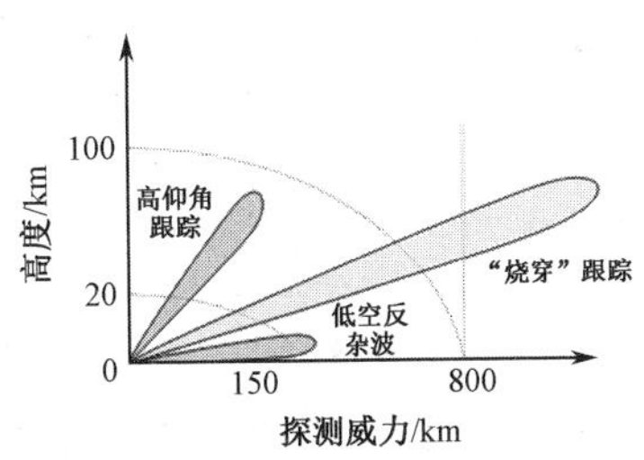

（b）跟踪波束不同仰角距离分区设计

图 8.33　距离分区覆盖波束设计图

4）搜索+跟踪模式波束设计

对于探测空域的高威胁气动目标或飞机目标与战术弹道目标并存的探测场景，数字阵列雷达可以采用搜索同时跟踪（TAS）的防空/反导一体化波束设计，利用同时多波束形成技术形成仰角达 40° 的搜索多波束覆盖，同时可以对重点目标形成独立跟踪波束或同时多跟踪波束，在满足搜索功能的空域覆盖、数据率的同时，形成对重点目标的高数据率跟踪，提高跟踪稳定性和测量精度，如图 8.34 所示。

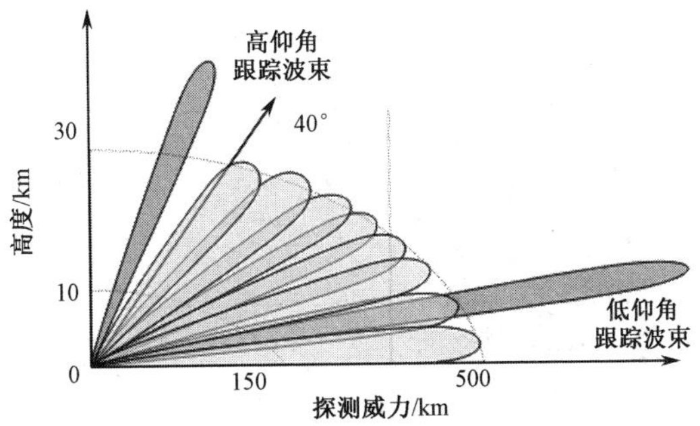

图 8.34　搜索+跟踪模式波束设计图

5）水平搜索屏截获+跟踪模式波束设计

随着低空巡航导弹和低空无人机蜂群目标的出现，给监视雷达提出了更高的作战使用要求，对于承担反巡航导弹/反无人机和战术反导任务的监视雷达，需要建立低空搜索屏模式截获目标并立即转跟踪，而数字阵列雷达可利用其波束形成的灵活性和多波束形成能力，同时多波束形成对同一阵列单元数据的不同加权和，采用同一时刻在不同运算单元进行计算，或在同一运算单元进行多次计算。在低仰角区建立覆盖一定方位面的水平低空搜索屏，截获穿屏巡航导弹或低空无人机目标并立即进行跟踪识别。水平搜索屏截获+跟踪模式波束设计如图 8.35 所示。

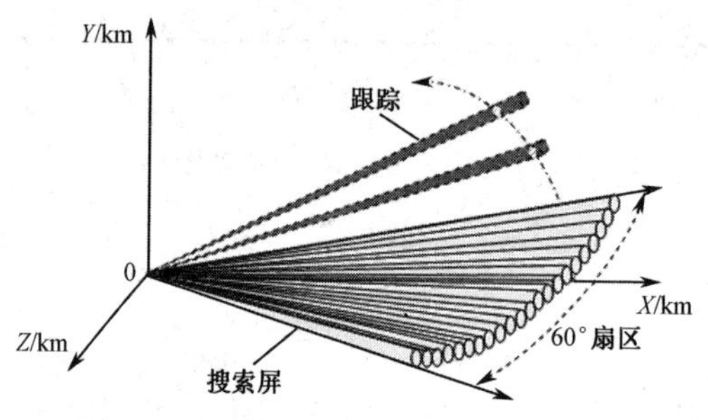

图 8.35　水平搜索屏截获+跟踪模式波束设计图

6）垂直搜索屏截获+跟踪模式波束设计

随着低轨卫星星座的快速发展和空天跨域打击武器的出现，数字阵列雷达需要在高仰角区设计沿经度跨越的垂直波束搜索屏，截获轨道倾角 10° 以上（与雷达阵地位置有关）的所有低轨穿屏目标并立即转跟踪，其波束设计在经度方向覆盖 10° ～85° 天顶角，如图 8.36 所示。在纬度方向的波束宽度取决于穿屏目标的截获概率，可以采用同时多波束设计，也可以采用扫描波束设计。数字阵列雷达利用 DBF 的技术优势，较好地实现了不同场景、不同运动目标、不同截获方式的多功能雷达探测能力。

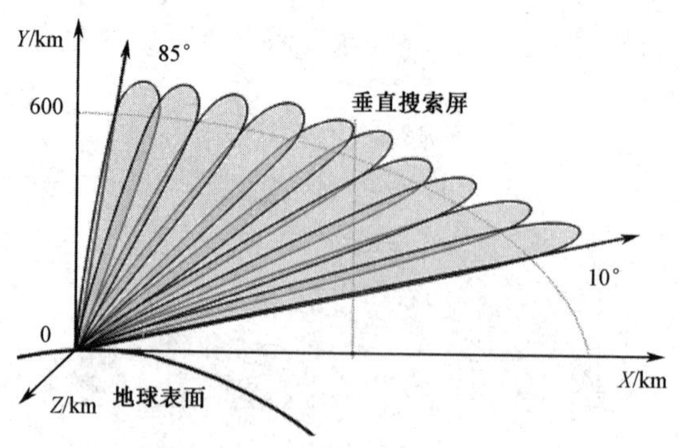

图 8.36　垂直搜索屏截获+跟踪模式波束设计图

8.5.2 先进处理技术

1. 自适应数字波束形成技术

数字阵列雷达一般采用单元级全数字收/发处理技术，其波束形成的最大自由度是可按照不同距离单元、不同波束指向进行波束形成计算。数字阵列雷达面临的是一个非常复杂的信号环境，不仅存在目标信号，还存在干扰和噪声影响，尤其是针对有源干扰，其信号强度一般远高于目标回波信号，波束形成输出的目标信号常被干扰信号所淹没，要降低干扰的影响，最好的办法就是使天线方向图零点位置始终对准干扰方向，即形成干扰方向空域滤波。自适应数字波束形成（ADBF）技术是自适应阵列天线用于复杂信号环境，利用信号、干扰和噪声在空间分布、强弱的不同，对阵列数据进行加权获得期望信号，以抑制干扰和噪声。ADBF 与 DBF 处理的区别就在于 ADBF 能够自适应按照设定准则进行波束形成，可在干扰方向形成“零点”，而 DBF 处理是按照设定准则进行数字波束形成。

ADBF 技术融合了自适应信号处理和空域信号处理技术，在数字阵列雷达中得到广泛应用和发展，其原理框图如图 8.37 所示[3]。

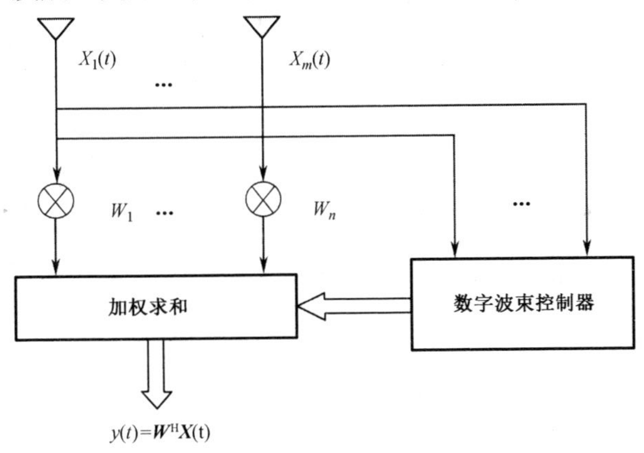

图 8.37　ADBF 处理原理框图

ADBF 主要是在数字波束形成系统中增加了自适应处理器，而自适应处理器是用来调整波束形成器的可变加权系数的，它包括信号处理器和自适应算法控制器。ADBF 正是用改变空间滤波特性来改变目标信号与干扰、噪声的输出功率比。由波束形成原理可知，自适应 DBF 就是对阵列天线输入信号进行加权求和，即

$$y(t)=\boldsymbol{W}^{\mathrm{H}}\boldsymbol{X}(t) \tag{8.47}$$

式（8.47）中，$y(t)$ 为自适应波束形成输出结果，$\boldsymbol{W}$ 为计算后的加权矢量，$\boldsymbol{X}(t)$为阵列输入的信号矢量。对于平稳随机信号，阵列天线波束输出信号功率为

$$E\left[y(t)\right]^2=E\left\{\boldsymbol{W}^{\mathrm{H}}\boldsymbol{X}(t)\left[\boldsymbol{W}^{\mathrm{H}}\boldsymbol{X}(t)^{\mathrm{H}}\right]\right\}=\boldsymbol{W}^{\mathrm{H}}E\left[\boldsymbol{X}(t)\boldsymbol{X}^{\mathrm{H}}(t)\right]\boldsymbol{W}=\boldsymbol{W}^{\mathrm{H}}\boldsymbol{R}_x\boldsymbol{W} \tag{8.48}$$

式(8.48)中，函数$E(\bullet)$表示求期望运算；$\boldsymbol{R}_x = E\left[\boldsymbol{X}(t)\boldsymbol{X}^{\mathrm{H}}(t)\right]$为阵列协方差矩阵，它包含阵列信号的所有二阶统计信息。自适应波束形成是在某种准则下寻求最优权矢量$\boldsymbol{W}^{\mathrm{H}}$，常用的最佳波束形成准则有最小均方误差（MMSE）准则、最大信噪比（MSNR）准则、线性约束最小方差（LVMV）准则等。

1）最小均方误差准则

最小均方误差准则是利用参考信号求解最优权矢量的准则，参考天线可以从主天线阵列中选取，也可以采用辅助天线。最优权矢量的求解是使得参考信号与阵列加权相加求和的信号之差均方根值最小。所以最优权矢量为

$$\boldsymbol{R}_x\boldsymbol{W}_{\mathrm{opt}} = \boldsymbol{r}_{\mathrm{xd}} \tag{8.49}$$

式（8.49）中，$\boldsymbol{R}_x = E\left[\boldsymbol{X}(t)\boldsymbol{X}^{\mathrm{H}}(t)\right]$为阵列协方差矩阵，$\boldsymbol{r}_{\mathrm{xd}} = E\left[\boldsymbol{X}(t)\boldsymbol{d}^*(t)\right]$为输入信号矢量$\boldsymbol{X}(t)$与期望信号$\boldsymbol{d}(t)$的互相关矢量，若$\boldsymbol{R}_x$满秩，则最优权矢量为

$$\boldsymbol{W}_{\mathrm{opt}} = \boldsymbol{R}_x^{-1}\cdot\boldsymbol{r}_{\mathrm{xd}} \tag{8.50}$$

2）最大信噪比准则

最大信噪比准则为

$$\mathrm{SNR}_{\max} = \max_{w}\frac{\boldsymbol{W}^{\mathrm{H}}\boldsymbol{R}_{\mathrm{s}}\boldsymbol{W}}{\boldsymbol{W}^{\mathrm{H}}\boldsymbol{R}_{\mathrm{n}}\boldsymbol{W}} \tag{8.51}$$

式（8.51）中，$\boldsymbol{R}_{\mathrm{s}}$为信号自相关矩阵，$\boldsymbol{R}_{\mathrm{n}}$为噪声自相关矩阵且为正定厄密特矩阵。所以式（8.52）最优权矢量为

$$\boldsymbol{R}_{\mathrm{s}}\boldsymbol{W}_{\mathrm{opt}} = \lambda_{\max}\boldsymbol{R}_{\mathrm{n}}\boldsymbol{W}_{\mathrm{opt}} \tag{8.52}$$

式(8.52)中，$\lambda_{\max}$为$\boldsymbol{R}_{\mathrm{n}}$输出最大SNR的最大特征值。基于最大信噪比准则的最优权矢量$\boldsymbol{W}_{\mathrm{opt}}$是矩阵$\left[\boldsymbol{R}_{\mathrm{s}},\boldsymbol{R}_{\mathrm{n}}\right]$的最大广义特征值对应的特征矢量。

3）线性约束最小方差准则

线性约束最小方差准则是通过最小化阵列输出的噪声方差来取得对信号$\boldsymbol{X}(t)$的最优增益。对于阵列信号$\boldsymbol{X}(t)$，其加权后波束形成器的输出功率为

$$P_{\mathrm{out}} = E\left[\left|y(t)\right|^2\right] = E\left[\boldsymbol{W}^{\mathrm{H}}\boldsymbol{X}(t)\boldsymbol{W}^{\mathrm{H}}\boldsymbol{X}^{\mathrm{H}}(t)\right] = \boldsymbol{W}^{\mathrm{H}}\boldsymbol{R}_x\boldsymbol{W} \tag{8.53}$$

式（8.53）中，为了确保对信号$\boldsymbol{X}(t)$的最大增益，最优权矢量必须在$\boldsymbol{X}(t)$方向产生增益。常用的约束方法是使波束滤波响应对期望信号响应满足平稳恒定，即

$$\boldsymbol{W}^{\mathrm{H}}\boldsymbol{a}(\theta) = g \tag{8.54}$$

式（8.54）中，$\boldsymbol{a}(\theta)$是期望信号的导向矢量，g是复增益。则最优权矢量为

$$\boldsymbol{W}_{\mathrm{opt}} = \frac{g\boldsymbol{R}_{\mathrm{n}}^{-1}\boldsymbol{a}(\theta)}{\boldsymbol{a}^{\mathrm{H}}(\theta)\boldsymbol{R}_{\mathrm{n}}^{-1}\boldsymbol{a}(\theta)} \tag{8.55}$$

虽然上述三种自适应波束形成中最优权矢量准则原理和实现方法不同，但这

些准则下的最优权矢量一般可以表示为维纳解，在具体应用中，可根据不同的已知条件和应用方法采用不同的准则，一般均可以获得较好的输出结果。

2. 自适应副瓣对消技术

自适应副瓣对消技术是抑制从副瓣区进入有源干扰的方法。自适应副瓣对消系统由一个阵列雷达主天线和若干个低增益辅助天线组成，利用主、辅天线接收的不同方向干扰信号的相关性，根据某种准则实时地调整辅助天线的相位和幅度加权，用主天线的输入干扰信号与各辅助天线接收的干扰信号幅/相加权和相减，对消主通道中从副瓣进入的干扰信号。自适应副瓣对消处理框图如图 8.38 所示。

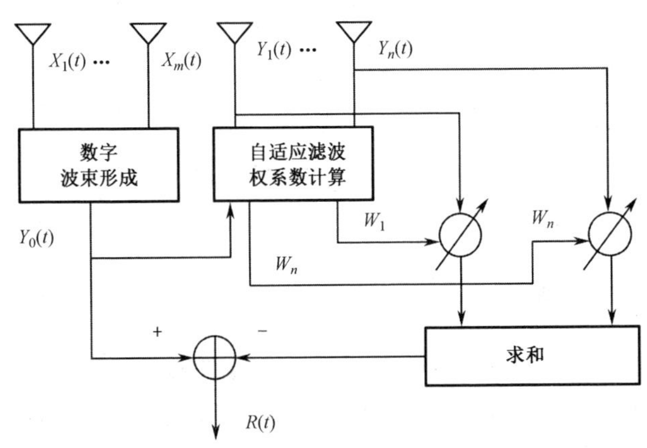

图 8.38　自适应副瓣对消处理框图

辅助天线的选取是副瓣对消系统性能的重要因素，对于数字阵列雷达来说，可以不需要独立的辅助天线，而是从主天线阵面中抽取部分天线作为辅助天线。由于数字阵列雷达大都采用单元天线形式，所以一般从天线阵面中抽取一定阵元作为辅助参考天线，辅助天线的位置对对消性能的影响较大。

一般对辅助天线的位置有如下基本要求。

（1）将辅助天线置于离主天线相位中心尽可能近的地方，以保证其获得的干扰信号取样与雷达天线副瓣接收的干扰信号相关，即数值上应满足主天线和辅助天线的相位中心间距与光速之比远小于雷达频带及干扰频带两者的小者。

（2）辅助天线应置于主天线之中或其周围，一方面用以形成与主天线方向图副瓣形状相匹配的方向图，另一方面用于缩短相位中心的距离，从而大大降低主辅通道内干扰信号之间的非相关性。

（3）辅助天线应非规则排列，以避免产生栅瓣。

辅助天线数目的确定，需根据副瓣对消理论，使辅助天线数目大于或等于干扰源个数。以某雷达为例，系统要求至少对消 3 个干扰，在考虑多径效应的因素下，理论上应该采用 6 个辅助天线。主天线的相位中心位于阵面中心，因此，辅助天线应尽量选取面阵中心天线单元，且分布在面阵中心周围，一方面用以形成与主天线方向图副瓣形状相匹配的方向图，另一方面利于缩短相位中心的距离，从而大大降低主辅通道内干扰信号之间的非相关性。为了避免栅瓣，辅助天线应按照非规则排列，即不同的辅助天线应不在同一行或同一列。

设 $y_0(t)$ 为主天线接收信号，$y_1(t), y_2(t), y_3(t), y_4(t), y_5(t), y_6(t)$ 为辅助天线的接收信号，则对消剩余信号 $z(t)$ 为

$$z(t) = y_0(t) - \sum_{n=1}^{5} w_n^* y_n(t) \tag{8.56}$$

自适应副瓣对消的最优权值表达式为

$$\boldsymbol{W}_{\text{opt}} = \boldsymbol{R}^{-1}\boldsymbol{r} \tag{8.57}$$

式（8.57）中，$\boldsymbol{R}$ 表示各辅助通道间的协方差矩阵，$\boldsymbol{r}$ 表示主通道与辅助通道的互相关矢量。

3. 超分辨测角技术

现有的米波雷达测高方法主要包括波瓣分裂法和阵列超分辨方法。波瓣分裂法利用直达波和地面反射波产生的分裂波瓣数据经查表估计出低仰角目标的仰角，但是这种方法对反射阵的平坦度要求高。目前，阵列超分辨技术已应用于多径信号的波达方向估计问题中，如线性预测算法、空间平滑 MUSIC（多重信号分类）类算法及最大似然（ML）类估计算法。线性预测算法是一种简单的角度估计方法，但是角度分辨率不高，并且搜索中会出现伪峰；MUSIC 类算法需要较高的信噪比门限和较多的快拍，而空间平滑会在一定程度上损失阵列的有效孔径，导致波束展宽和分辨率下降。最大似然类估计算法是一种能达到 Cramer-Rao 界的渐进无偏估计，具有低信噪比门限和所需快拍数少的优点，在相关信号的角度估计中能得到较好的结果，仿真和实测数据分析结果都表明，在传统的阵列超分辨算法中，最大似然类估计算法的测高性能是最优的[3]。

对于阵列接收数据，采样数据的联合概率密度函数为

$$f(\boldsymbol{X}) = \prod_{l=1}^{L} \frac{1}{\pi \det\left[\sigma^2 \boldsymbol{I}\right]} \cdot \exp\left[-\frac{1}{\sigma^2}\left|\boldsymbol{x}(t_l) - \boldsymbol{A}(\boldsymbol{\theta})\boldsymbol{s}(t_l)\right|^2\right] \tag{8.58}$$

式（8.58）中，$\det[\cdot]$ 为求矩阵构成的行列式的值。忽略常量后的对数似然函数为

$$L_{\text{f}} = -LN\log\sigma^2 - \frac{1}{\sigma^2}\sum_{l=1}^{L}\left|\boldsymbol{x}(t_l) - \boldsymbol{A}(\boldsymbol{\theta})\boldsymbol{s}(t_l)\right|^2 \tag{8.59}$$

式（8.59）中，N 为相控阵天线的方位（俯仰）单位数，L 为快拍数。为了计算最大似然函数，需要根据未知参数最大化对数似然函数，首先固定 $\boldsymbol{\theta}$ 和 $\boldsymbol{s}$，根据估计 σ^2 使得 L_{f} 最大化，可得

$$\hat{\sigma}^2 = \frac{1}{LN}\sum_{l=1}^{L}\left|\boldsymbol{x}(t_l) - \boldsymbol{A}(\boldsymbol{\theta})\boldsymbol{s}(t_l)\right|^2 \tag{8.60}$$

把式(8.60)代回对数似然函数里，忽略常数项，则最大似然估计可以通过解下面的最大化问题得到，即

$$\max_{\boldsymbol{\theta},\boldsymbol{s}}\left\{-LN\log\left[\frac{1}{LN}\sum_{l=1}^{L}\left|\boldsymbol{x}(t_l) - \boldsymbol{A}(\boldsymbol{\theta})\boldsymbol{s}(t_l)\right|^2\right]\right\} \tag{8.61}$$

因为对数函数是单调函数，则最大化问题可转化为最小化问题，即

$$\min_{\boldsymbol{\theta},\boldsymbol{s}}\sum_{l=1}^{L}\left|\boldsymbol{x}(t_l) - \boldsymbol{A}(\boldsymbol{\theta})\boldsymbol{s}(t_l)\right|^2 \tag{8.62}$$

下面固定 $\boldsymbol{\theta}$，根据 $\boldsymbol{s}$ 的估计使得式（8.62）最小化，可得

$$\hat{\boldsymbol{s}}(t_l) = \left[\boldsymbol{A}^{\mathrm{H}}(\boldsymbol{\theta})\boldsymbol{A}(\boldsymbol{\theta})\right]^{-1}\boldsymbol{A}^{\mathrm{H}}(\boldsymbol{\theta})\boldsymbol{x}(t_l) \tag{8.63}$$

把式（8.63）代入式（8.62），可以得到最小化问题为

$$\min_{\boldsymbol{\theta},\boldsymbol{s}}\sum_{l=1}^{L}\left|\boldsymbol{x}(t_l) - \boldsymbol{A}(\boldsymbol{\theta})\left[\boldsymbol{A}^{\mathrm{H}}(\boldsymbol{\theta})\boldsymbol{A}(\boldsymbol{\theta})\right]^{-1}\boldsymbol{A}^{\mathrm{H}}(\boldsymbol{\theta})\boldsymbol{x}(t_l)\right|^2 \tag{8.64}$$

该式可以重写为

$$\min_{\boldsymbol{\theta},\boldsymbol{s}}\sum_{l=1}^{L}\left|\boldsymbol{x}(t_l) - \boldsymbol{P}_{\boldsymbol{A}(\boldsymbol{\theta})}\boldsymbol{x}(t_l)\right|^2 \tag{8.65}$$

式（8.65）中，$\boldsymbol{P}_{\boldsymbol{A}(\boldsymbol{\theta})}$ 是由矩阵 $\boldsymbol{A}(\boldsymbol{\theta})$ 的列向量张成的空间投影，其表达式为

$$\boldsymbol{P}_{\boldsymbol{A}(\boldsymbol{\theta})} = \boldsymbol{A}(\boldsymbol{\theta})\left[\boldsymbol{A}^{\mathrm{H}}(\boldsymbol{\theta})\boldsymbol{A}(\boldsymbol{\theta})\right]^{-1}\boldsymbol{A}^{\mathrm{H}}(\boldsymbol{\theta}) \tag{8.66}$$

因此，参数 $\boldsymbol{\theta}$ 的最大似然估计可以通过最大化式（8.59）的对数似然函数得到，即

$$L_{\mathrm{f}}(\boldsymbol{\theta}) = \sum_{l=1}^{L}\left|\boldsymbol{P}_{\boldsymbol{A}(\boldsymbol{\theta})}\boldsymbol{x}(t_l)\right|^2 \tag{8.67}$$

式（8.67）可简化为

$$\begin{aligned}L_{\mathrm{f}}(\boldsymbol{\theta}) &= \sum_{l=1}^{L}\left|\boldsymbol{P}_{\boldsymbol{A}(\boldsymbol{\theta})}\boldsymbol{x}(t_l)\right|^2 = \sum_{l=1}^{L}\boldsymbol{P}_{\boldsymbol{A}(\boldsymbol{\theta})}\boldsymbol{x}(t_l)\boldsymbol{x}^{\mathrm{H}}(t_l)\boldsymbol{P}_{\boldsymbol{A}(\boldsymbol{\theta})}^{\mathrm{H}} \\ &= \boldsymbol{P}_{\boldsymbol{A}(\boldsymbol{\theta})}\sum_{l=1}^{L}\boldsymbol{x}(t_l)\boldsymbol{x}^{\mathrm{H}}(t_l)\boldsymbol{P}_{\boldsymbol{A}(\boldsymbol{\theta})}^{\mathrm{H}} = \mathrm{tr}\left[\boldsymbol{P}_{\boldsymbol{A}(\boldsymbol{\theta})}^{2}\sum_{l=1}^{L}\boldsymbol{x}(t_l)\boldsymbol{x}^{\mathrm{H}}(t_l)\right]\end{aligned} \tag{8.68}$$

式（8.68）中，函数 $\mathrm{tr}(\bullet)$ 表示求矩阵的迹（对角线元素的和）。又因为投影矩阵 $\boldsymbol{P}_{\boldsymbol{A}(\boldsymbol{\theta})} = \boldsymbol{P}_{\boldsymbol{A}(\boldsymbol{\theta})}^2$ 和 $\hat{\boldsymbol{R}} = \frac{1}{L}\sum_{l=1}^{L}\boldsymbol{x}(t_l)\boldsymbol{x}^{\mathrm{H}}(t_l)$，则 $\boldsymbol{\theta}$ 的最大似然求解即最大化式为

$$\max_{\boldsymbol{\theta}}\ \mathrm{tr}\left[\boldsymbol{P}_{\boldsymbol{A}(\boldsymbol{\theta})}\hat{\boldsymbol{R}}\right] \tag{8.69}$$

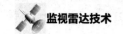

通过计算式（8.69）即可得到目标的到达角$\boldsymbol{\theta}$。

在利用最大似然类估计算法测高计算中，需要进行多维空间谱搜索，即在直达角和反射角的两维空间谱寻找最大值。

假设天线阵元接收的反射波信号的地面反射点在同一水平面上，是理想的平坦阵地，满足镜面反射的条件，如图 8.39 所示。在镜面反射条件下，可根据其几何关系，由搜索直达角计算对应的反射角。设当前搜索仰角为ϕ_i，由于$R_s \approx R_d$，可得对应的镜像反射角度ϕ_j为

$$\phi_j = \arcsin\left[\sin(\phi_i) + 2h_r / R_d\right] \tag{8.70}$$

这样将两维角度搜索简化为一维角度搜索，显著减少了运算量。

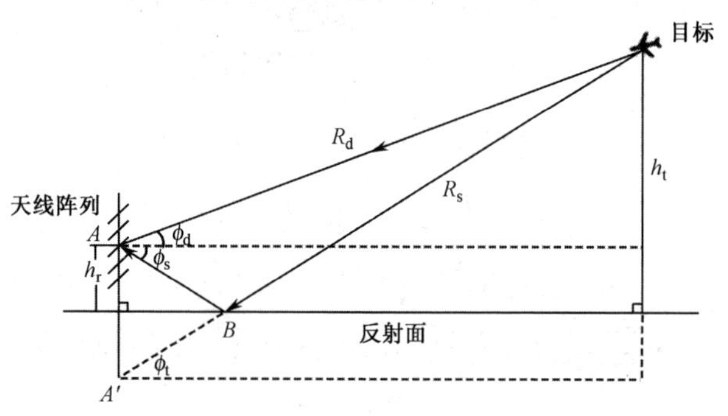

图 8.39　理想反射面接收信号电波传播示意图

8.6　发展前景

自从 21 世纪初数字阵列雷达原理样机诞生以来，由于其突出的技术优势带来的技/战术性能的极大提高，成为地基监视雷达的技术体制首选，目前相继有十余种型号的地基数字阵列雷达研制成功并担负使命任务，获得了用户的认可和好评。数字阵列雷达从最初的利用行线源的一维DBF，到现阶段的不同频段、不同用途的数字阵列雷达均采用全单元阵列的二维DBF，无论从技术水平、实现方法、收/发模块的高集成度到波束形成及其他各类算法的技术成熟度，数字阵列雷达已成为监视雷达的主流产品。

随着电子信息技术的快速发展，微波器件水平的提升和集成度的提高、高性能计算服务器的能力提升，数字阵列雷达必将产生第二次革命，带来第二次更大的技术进步和发展，进一步扩展雷达的应用范围、系统能力、多功能定义和物理形态等。从数字阵列雷达发展趋势[9-12]看：

（1）数字阵列雷达支撑全软件化雷达形态的生成。随着高性能计算平台的能

力不断提升，在阵列单元信号数字化后，可以让所有数字化信号进入计算平台，由高性能计算平台完成全部雷达后端处理功能，实现全软件化雷达形态，为更多的处理算法应用、更多的智能处理方法应用奠定基础。

（2）数字阵列雷达支撑智能化雷达生成。随着越来越多的基于机器学习、大数据挖掘和知识图谱的人工智能算法在雷达中的应用，数字阵列雷达在检测、跟踪、识别等方面获得了更多维度的信息增量和得益。基于数字阵列的智能雷达处理目前已初具雏形，随着计算能力的提升和智能算法的工程化应用，能自适应感知环境信息，依据环境和任务自适应最优资源调度（获得最优的空间覆盖和数据率）和最佳目标检测及跟踪数据率实时分配等功能，使数字阵列雷达技/战术能力进一步提升。

（3）数字阵列雷达的单元级阵列布阵及通道数字化处理，为多功能一体化应用提供了良好的应用条件，单元级的阵列自由度+自适应波束形成+多功能的计算处理，可以将探测、通信、干扰和电子侦察等多种功能同时或分时集成于一体，使得同一电子设备发挥最大能力。

（4）数字阵列雷达本质上是将过去的局部幅/相稳定系统扩展到整个雷达系统，使用系统校正确保雷达系统的幅/相稳定。随着宽带通信和同步技术的发展，雷达阵列单元的规则布局被打破、阵列单元的分散化布阵将是雷达系统新的发展形态，原理上规则阵列的数字阵列雷达系统是分布式网络化数字阵列雷达系统的特例，其中 MIMO 雷达就是构型简单的分布式网络化数字阵列雷达成功应用的范例。数字阵列雷达是雷达技术发展的一个阶段，必将推动雷达技术向着更好的前景发展。

参考文献

[1] SKOLNIK M I. 雷达系统导论[M]. 左群声，徐国良，等译. 3 版. 北京：电子工业出版社，2014.

[2] 张光义. 相控阵雷达原理[M]. 北京：国防工业出版社，2009.

[3] 陈伯孝. 现代雷达系统分析与设计[M]. 西安：西安电子科技大学出版社，2016.

[4] 葛建军，张春城. 数字阵列雷达[M]. 北京：国防工业出版社，2017.

[5] Digital Array Radar Research In Naval Postgraduate School Vol.1,2[R]. 合肥：中国电子科技集团公司第三十八研究所，2007.

[6] 张明友. 数字阵列雷达和软件化雷达[M]. 北京：电子工业出版社，2008.

[7] 吴曼青. 数字阵列雷达的发展与构想[J]. 雷达科学与技术，2008, 6(6): 401-405.

[8] WANG Y, WU M. Development of DBF Phased Array Radar System[C]. Beijing: 2001 CIE International Conference on Radar Proceeding, 61-64.

[9] 陈增平，张月，包庆龙. 数字阵列雷达及其关键技术进展[J]. 国防科技大学学报，2010, 6(32): 1-7.

[10] 吴剑旗. 先进米波雷达[M]. 北京：国防工业出版社，2015.

第 9 章
双基地和 MIMO 监视雷达

本章主要介绍两种特殊体制的监视雷达，前面部分介绍双基地监视雷达的基本原理和目标散射特性，以及双基地监视雷达基本性能及参数选择，讨论双基地监视雷达设计的三大同步等关键技术，最后讨论双基地监视雷达的应用形式。本章后面部分介绍多发多收（MIMO）监视雷达，MIMO 监视雷达按照天线单元在空间的不同分布发展出了统计 MIMO 监视雷达和相参 MIMO 监视雷达两种主要体制。其中收/发分置的相参 MIMO 监视雷达就是双基地监视雷达的一种形式。这里主要讨论统计 MIMO 监视雷达形式。统计 MIMO 监视雷达是利用多个发射天线同步发射相互正交波形，同时利用多个接收天线接收回波信号并进行综合处理的一种新型体制监视雷达，具有空间分集、波形分集、频率分集、极化分集和编码分集等多种分集得益，相对常规监视雷达可显著提高检测、跟踪、参数估计和目标识别能力。

9.1 双基地监视雷达

双基地监视雷达（简称双基地雷地）是发射站与接收站分置并相隔有一定距离的雷达系统。双基地雷达的 3 个显著特征是收/发分置、接收站无源被动接收和侧向散射能量的利用。典型的双基地雷达系统包括一个发射站和一个接收站（见图 9.1），接收站与发射站之间的连线称为基线，收/发两站与目标连线的夹角 β 称为双基地角。双基地雷达的目标特性、定位精度、分辨率等与基线长度 L、双基地角 β 和目标的位置等有关。基线长度 L 和双基地雷达的等效作用距离 R_m 同量级，双基地雷达的等效作用距离 R_m 指具有相同发射机和接收机参数的单基地雷达的作用距离。

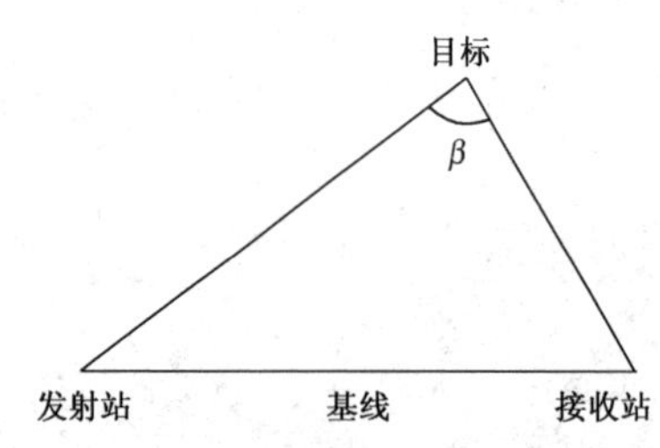

图 9.1　双基地雷达收/发站空间构型

根据基线距离的长短，可以把双基地雷达分为短基线、中长基线、长基线和超长基线 4 种双基地雷达。

（1）短基线双基地雷达：$0.1R_m \leqslant L < 0.7R_m$；

（2）中长基线双基地雷达：$0.7R_m \leqslant L < 1.4R_m$；

（3）长基线双基地雷达：$1.4R_m \leqslant L < 2R_m$；

（4）超长基线双基地雷达：$L \geqslant 2R_m$。

中长基线双基地雷达最能够体现双基地雷达的特点，是最常见、最典型的双基地雷达。短基线和长基线雷达只能发挥双基地雷达的某些优势特点。双基地雷达可采用各种类型的发射机作为系统的照射源。根据照射源的类型，双基地雷达可分为：采用专用发射机配合工作的合作式双基地雷达，采用随机照射源的非合作式双基地雷达。

9.1.1　双基地雷达基本原理

1. 几何关系

典型的双基地雷达的空间几何关系如图 9.2 所示。由发射站（T_X）、接收站（R_X）和目标（T_g）3 点构成的平面称为双基地平面。发射站到目标的距离为 R_T，接收站到目标的距离为 R_R，φ_T 为目标相对于发射站与基线的夹角，φ_R 为目标相对于接收站与基线延长线的夹角。一般双基地雷达可以测量的参数至少包括目标到收/发两站的距离和 R_S（$R_S = R_T + R_R$），目标相对发射站的方位角 φ_{T0}（相对于基线）、仰角 θ_T，以及目标相对于接收站的方位角 φ_{R0}（相对于基线延长线）、仰角 θ_R 等。为简便起见，设已测得 R_S 和 φ_T，则依据图 9.2 的几何关系，可求得

$$R_R = \frac{R_S^2 + L^2 - 2R_S L\cos\varphi_T}{2\left(R_S - L\cos\varphi_T\right)} \tag{9.1}$$

$$R_T = \frac{R_S^2 - L^2}{2\left(R_S - L\cos\varphi_T\right)} \tag{9.2}$$

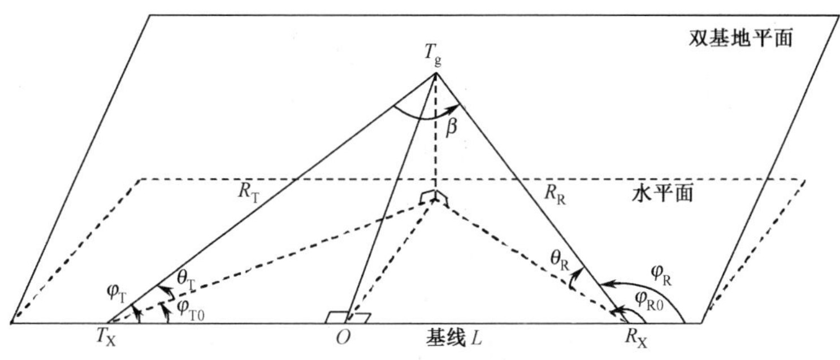

图 9.2　典型的双基地雷达的空间几何关系

如果已测得 φ_{T0}、θ_T 或 φ_{R0}、θ_R，依据图 9.2 的几何关系可求出 φ_T 和 φ_R 为

$$\varphi_T = \arccos\left(\cos\varphi_{T0}\cos\theta_T\right) \tag{9.3}$$

$$\varphi_R = \arccos\left(\cos\varphi_{R0}\cos\theta_R\right) \tag{9.4}$$

2. 能量关系

双基地雷达的能量方程与单基地雷达的能量方程形式上相似。两者主要区别体现在 3 个方面：①双基地雷达方程中，目标到发射站和接收站的距离之积取代了单基地雷达方程中目标到雷达的距离平方项，这一差别导致双基地雷达和单基

地雷达探测性能的覆盖显著不同，双基地雷达信噪比等值线为卡西尼卵形线，而不再是单基地雷达情况下的圆。②双基地雷达的距离和等值线为一个椭圆，它不与双基地雷达信噪比等值线共线。而在单基地雷达情况下，两者是共线的圆。另外，双基地雷达方程中用双基地的 RCS 取代单基地的 RCS，用发射站和接收站的天线增益取代了单基地雷达收/发合一的天线增益项。③双基地雷达由于收/发分置，发射和接收方向图传播因子因为传输的路径不同而有所不同，而对于单基地雷达通常相等。

1）双基地雷达方程

双基地雷达的距离方程式（2.50）可写为

$$\left(R_{\mathrm{T}}R_{\mathrm{R}}\right)_{\max}=\sqrt{\frac{P_{\mathrm{t}}G_{\mathrm{t}}G_{\mathrm{r}}\lambda^{2}\sigma_{\mathrm{b}}F_{\mathrm{t}}^{2}F_{\mathrm{r}}^{2}}{(4\pi)^{3}kT_{\mathrm{s}}B_{\mathrm{n}}\left(S/N\right)_{\min}L_{\mathrm{t}}L_{\mathrm{r}}}} \tag{9.5}$$

式（9.5）中，大部分参数与单基地雷达距离方程的相同，只是用下标 t 表示发射站的参数，用下标 r 表示接收站的参数。σ_{b} 为双基地的 RCS，它是目标双基地角 β 的函数。T_{s} 为双基地雷达接收站的接收机系统噪声温度，B_{n} 为接收站接收机检波器前滤波器的噪声带宽，F_{t} 和 F_{r} 分别为发射路径与接收路径的方向图传播因子，L_{t} 和 L_{r} 分别是雷达信号在发射路径和接收路径及处理中的损失。

2）双基地雷达信噪比等值线

自由空间下单基地雷达的信噪比等值线是以雷达为圆心的圆，而双基地雷达的信噪比等值线却是卡西尼卵形线。卡西尼卵形线定义为对边长度不变、与顶点相邻两边乘积为常数的三角形顶点的轨迹。

当目标一定时，对一个固定参数的双基地雷达系统，式（9.5）可改写成

$$\left(R_{\mathrm{T}}R_{\mathrm{R}}\right)^{2}=\frac{k_{\mathrm{b}}}{\left(S/N\right)_{\min}} \tag{9.6}$$

式（9.6）中，k_{b} 是表示双基地雷达目标探测系统的一个参数，目标一定，雷达参数确定时可视为常数

$$k_{\mathrm{b}}=\frac{P_{\mathrm{t}}G_{\mathrm{t}}G_{\mathrm{r}}\lambda^{2}\sigma_{\mathrm{b}}F_{\mathrm{t}}^{2}F_{\mathrm{r}}^{2}}{(4\pi)^{3}kT_{\mathrm{s}}B_{\mathrm{n}}L_{\mathrm{t}}L_{\mathrm{r}}} \tag{9.7}$$

式（9.7）表明，对一定的接收信噪比，双基地雷达探测目标到收/发两站的距离之乘积为一常数，其目标位置位于卡西尼卵形线上。对不同的接收信噪比，分别可有不同的一组卡西尼卵形线。

图 9.3 中举例画出了信噪比（S/N）等值线从 10～30dB 取不同值的卡西尼卵形线族。我们注意到，当 $\sqrt{R_{\mathrm{T}}R_{\mathrm{R}}}=0.5L$ 时，此卡西尼卵形线变为一双扭线，或称 Lemniscat 曲线，它的交叉点与基线交于一点，称为歧点。当 $\sqrt{R_{\mathrm{T}}R_{\mathrm{R}}}<0.5L$ 时，双

基地的 S/N 等值线则变成以收/发两站为中心的两条小卵形线，只有当 $\sqrt{R_{\mathrm{T}}R_{\mathrm{R}}}>0.5L$ 时，该等值线才是围绕发射站和接收站的卵形曲线，即通常的双基地雷达的工作区域。

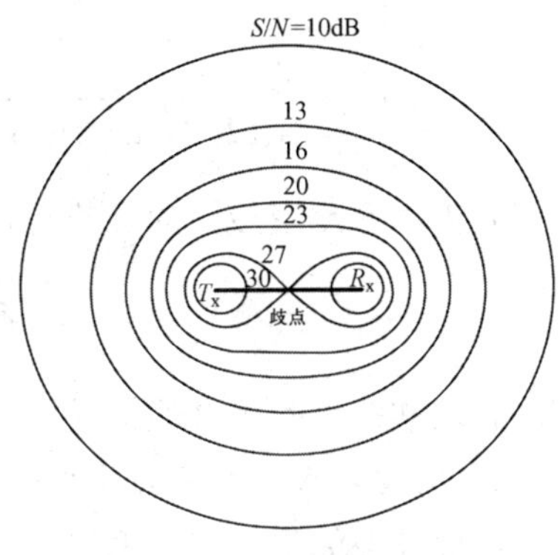

图 9.3　双基地探测信噪比等值线-卡西尼卵形线族

3. 威力覆盖范围

双基地雷达的威力覆盖范围是指目标可被接收站探测到并且目标在发射站和接收站的视线范围内。顾名思义，双基地雷达的威力范围受视线距离约束和能量约束两个方面的约束。

1）视线距离约束下的威力覆盖范围

考虑地球曲率影响时，双基地雷达所观测的目标必须同时位于发射站和接收站的视线区域内。对于给定的目标高度，收/发两站观测目标的视线要求由以各站为圆心的覆盖圆来决定。

对于 4/3 地球模型，忽略多径效应，设 h_{t} 为目标高度，h_{R} 为接收天线高度，h_{T} 为发射天线高度，则这些覆盖圆的半径近似为

$$\begin{cases} r_{\mathrm{T}}=4.12\left(\sqrt{h_{\mathrm{t}}}+\sqrt{h_{\mathrm{T}}}\right) \quad (\mathrm{km}) \\ r_{\mathrm{R}}=4.12\left(\sqrt{h_{\mathrm{t}}}+\sqrt{h_{\mathrm{R}}}\right) \quad (\mathrm{km}) \end{cases} \tag{9.8}$$

式（9.8）中，h_{t}、h_{T} 和 h_{R} 的单位均为米（m）。

若不考虑地形遮挡等因素，视线距离约束下的双基地雷达威力覆盖范围是指以目标高度 h_{t} 为参数，两覆盖圆在空间所有交点的集合。若以上述地球模型球心为圆心建立直角坐标系，设发射基地的坐标为$(x_{\mathrm{T}},y_{\mathrm{T}},z_{\mathrm{T}})$，接收基地的坐标为$(x_{\mathrm{R}},y_{\mathrm{R}},z_{\mathrm{R}})$，目标所在点的坐标为$(x_{\mathrm{t}},y_{\mathrm{t}},z_{\mathrm{t}})$，地球的曲率半径为 R_{e}，则有

$$\begin{cases} h_{\mathrm{t}}=\sqrt[3]{x_{\mathrm{t}}^2+y_{\mathrm{t}}^2+z_{\mathrm{t}}^2}-R_{\mathrm{e}} \\ h_{\mathrm{T}}=\sqrt[3]{x_{\mathrm{T}}^2+y_{\mathrm{T}}^2+z_{\mathrm{T}}^2}-R_{\mathrm{e}} \\ h_{\mathrm{R}}=\sqrt[3]{x_{\mathrm{R}}^2+y_{\mathrm{R}}^2+z_{\mathrm{R}}^2}-R_{\mathrm{e}} \end{cases} \tag{9.9}$$

$$\begin{cases} R_{\mathrm{T}}=\sqrt[3]{\left(x_{\mathrm{t}}-x_{\mathrm{T}}\right)^2+\left(y_{\mathrm{t}}-y_{\mathrm{T}}\right)^2+\left(z_{\mathrm{t}}-z_{\mathrm{T}}\right)^2} \\ R_{\mathrm{R}}=\sqrt[3]{\left(x_{\mathrm{t}}-x_{\mathrm{R}}\right)^2+\left(y_{\mathrm{t}}-y_{\mathrm{R}}\right)^2+\left(z_{\mathrm{t}}-z_{\mathrm{R}}\right)^2} \end{cases} \tag{9.10}$$

将式（9.10）代入式（9.8）和式（9.9），可得

$$\begin{cases} r_{\mathrm{T}} = 4.12\left(\sqrt{\sqrt[3]{x_{\mathrm{t}}^2 + y_{\mathrm{t}}^2 + z_{\mathrm{t}}^2} - R_{\mathrm{e}}} + \sqrt{\sqrt[3]{x_{\mathrm{T}}^2 + y_{\mathrm{T}}^2 + z_{\mathrm{T}}^2} - R_{\mathrm{e}}}\right) \\ r_{\mathrm{R}} = 4.12\left(\sqrt{\sqrt[3]{x_{\mathrm{t}}^2 + y_{\mathrm{t}}^2 + z_{\mathrm{t}}^2} - R_{\mathrm{e}}} + \sqrt{\sqrt[3]{x_{\mathrm{R}}^2 + y_{\mathrm{R}}^2 + z_{\mathrm{R}}^2} - R_{\mathrm{e}}}\right) \end{cases} \tag{9.11}$$

双基地雷达探测空域内的点若同时满足式

$$\begin{cases} R_{\mathrm{T}} \leqslant r_{\mathrm{T}} \\ R_{\mathrm{R}} \leqslant r_{\mathrm{R}} \end{cases} \tag{9.12}$$

则所有这样的点的集合就构成了视线约束条件下的双基地雷达威力覆盖范围。

2）能量约束下的威力覆盖范围

前面述及的卡西尼卵形线为双基地雷达在双基地平面上的空间探测范围，在其他参数相同的情况下，该范围与收/发天线的方向图有密切关系。

当收/发波束在方位和仰角二维上可以任意扫描时，则收/发天线的最大方向可以指向任一方向。此时空间探测范围是平面上卡西尼卵形线围绕基线旋转后形成的卡西尼曲面所围的空间。如果接收站和发射站均为陆基或海基，则空间探测范围为该空间的上半部分。

当收/发天线在仰角上不扫描且有特定方向图时，收/发天线的方向图因子对双基地雷达的空间探测范围影响较大。对一般两坐标雷达，其方位波束宽度较窄而仰角波束宽度较宽，且通常是固定的。收/发两站在方位面上因为扫描需要解决空间的同步以获得在方位面的最大探测范围；而在仰角面上则需视收/发波束在仰角面上的形状而定。在式（9.5）和式（9.7）中，仰角面上天线增益的变化已体现在方向性传播因子 F_{t} 和 F_{r} 中，在计算不同仰角层面的双基地雷达探测范围时应加以考虑。

因而，空间任意一目标能否被双基地雷达探测到，首先必须保证该目标是否在双基地雷达的视线距离内，其次是该目标到收/发基地的距离积是否小于能量约束下的最大距离积。正是由于这种情况，双基地雷达的站址选择很重要，特别是探测低空和海上目标的双基地雷达，只有保证足够的视线距离才能充分发挥双基地雷达的威力。

4. 测量精度

目标测量精度是双基地雷达的重要技术指标之一，与单基地雷达一样，双基地雷达的测量精度包括距离、角度和多普勒频移等测量精度。在双基地雷达中，这些参数是以接收基地的测量数据为基准的。由于双基地雷达的测量精度与距离和 R_{S}、基线长度 L、角度β等参数有关，所以双基地雷达的测量精度分析与单基地雷达有所差别。

1）双基地雷达的定位方法

在双基地雷达中，目标距发射站的距离 R_{T} 或接收站的距离 R_{R} 不能够直接测得，可以直接测量的参数是双基地距离和 R_{S}（$R_{\mathrm{S}}=R_{\mathrm{T}}+R_{\mathrm{R}}$）、基线长度 L、发射站目标方位角和仰角，以及接收站目标方位角或仰角等参量。双基地雷达的定位方法有多种，如距离和–角度定位法，角度–角度定位法及双曲线定位法。这里重点讨论距离和–角度定位法。

事实上，式（9.1）～式（9.4）中已完全地描述了用距离和 R_{S}、基线长度 L 和目标相对于发射站的夹角 φ_{T} 来确定目标位置的关系。如果用基线长度 L 与距离和 R_{S} 的比值，即椭圆的离心率 $e=L/R_{\mathrm{S}}$ 来表示，可得

$$R_{\mathrm{R}}=\frac{L\left(1+e^{2}-2e\cos\varphi_{\mathrm{T}}\right)}{2e\left(1-e\cos\varphi_{\mathrm{T}}\right)} \tag{9.13}$$

$$R_{\mathrm{T}}=\frac{L\left(1-e^{2}\right)}{2e\left(1-e\cos\varphi_{\mathrm{T}}\right)} \tag{9.14}$$

若已知双基地距离和与接收站的目标视角 φ_{R}，同理也可得出目标距离发射站和接收站的距离 R_{T} 与 R_{R}。

双基地雷达的基线长度 L、距离和 R_{S} 及目标视角的测量方法有多种，下面简述它们的测量方法。

（1）距离和的测量。

双基地距离和的测量方法通常有两种：第一种是直接法，就是借助专用的稳定时钟同步设备对发射站和接收站进行时间同步，在接收站测得发射脉冲经目标再到接收站的时间间隔 ΔT_{TT}；第二种是间接法，就是直接测量出发射脉冲经目标到接收机和发射脉冲直达波到达接收机的时间差 ΔT_{RT}。上述两种方法测得的距离和分别为

$$R_{\mathrm{S}}=R_{\mathrm{T}}+R_{\mathrm{R}}=c\cdot\Delta T_{\mathrm{TT}} \tag{9.15}$$

$$R_{\mathrm{S}}=R_{\mathrm{T}}+R_{\mathrm{R}}=c\cdot\Delta T_{\mathrm{RT}}+L \tag{9.16}$$

第二种方法测量需要收/发站之间必须在视线距离以内，以保证发射直达波能到达接收站。第一种方法只需要收/发站之间能进行时间同步，是否需要收/发站保持视距要视所使用的同步系统而定，如采用微波中继站或用北斗、GPS 信号同步则收/发之间的距离可远大于视距。

（2）基线距离的测量。

双基地的基线测量可以通过多种方法实现。

① 通过测量发射站和接收站的空间坐标来确定基线长度 L。运用全球定位系统或其他定位手段，可瞬时测得发射站和接收站的坐标，通过计算便可得到 L。

② 通过时延测量来确定基线长度L。若发射站和接收站通过北斗、GPS 或微波通信链路建立时间同步，便可直接测量出信号由发射站到接收站的延迟时间，从而算出L。

（3）目标视角的测量。

从式（9.3）和式（9.4）可以看出，在目标仰角较小时，双基地雷达的目标视角与目标相对于发射站（或接收站）的方位角相差很小，此处方位角的参考线是基线而不是正北方向，通常雷达相对于正北方向的方位角需加以校正。因而一般用两坐标雷达测量方位角的方法就可直接测量双基地雷达的目标视角φ_T或φ_R。若目标仰角较大，则还需测量出目标的仰角θ_T或θ_R，然后用式（9.3）和式（9.4）精确求得目标视角。

2）双基地雷达直接测量参数的精度

双基地雷达直接测量的参数包括距离和、角度、多普勒频移和基线长度。其中，基线长度可以看作是双基地雷达的系统参数。

双基地雷达测量距离和、角度和多普勒频移的机理与单基地雷达相同，所以，单基地雷达中对距离、角度和多普勒频移的误差分析方法同样适用于双基地雷达。

（1）距离和的测量精度。

双基地雷达的距离和通过测量发射脉冲到目标再散射到接收站的信号延迟时间t_R（或ΔT_{TT}）来得到，即

$$R_S = c \cdot t_R \quad 或 \quad R_S = R_T + R_R = c \cdot \Delta T_{TT} \tag{9.17}$$

式（9.17）中，R_S为目标到发射站和接收站的距离和，c为电磁波传播速度，t_R为信号由发射站到目标再到接收站的延迟时间。所以双基地雷达的距离和测量与单基地雷达的距离测量一样，只是信号的传播路径和目标的散射特性不同。

对于双基地雷达，信号由发射站到目标和目标到接收站的传播路径不同，传播引起的测距误差主要包括对流层折射、电离层折射和多径效应引起的测距误差，结合第 6 章单基地雷达的测距误差分析方法，再根据双基地雷达的结构及目标位置分别考虑发射站到目标和目标到接收站的传播误差，便可得到双基地雷达的传播误差。

由于双基地雷达的目标 RCS 是电波入射角和散射视角的函数，所以双基地雷达的目标散射特性不同于单基地雷达。由目标特性引起的误差称为目标误差，它主要包括幅度起伏、目标闪烁和极化引起的误差，其中目标闪烁将引起测距误差。

除上述的传播误差和目标闪烁引起的测距误差外，双基地雷达测量距离和误

差的其他来源均与单基地雷达相同。

双基地雷达的距离和测量误差理论值与单基地雷达相同，所谓误差理论值指的是仅考虑接收机噪声引起的时延估值均方根误差。该误差是测距误差的极限值，实际测距误差均大于此数值。双基地雷达测量距离和的理论误差表示为

$$\sigma_{R_S} = \frac{c}{\beta\sqrt{2E/N_0}} \tag{9.18}$$

式（9.18）中，$2E/N_0$ 为匹配滤波器输出端最大信噪比；E 为信号能量；N_0 为噪声单边带功率密度；β 与波形相关，它是信号带宽 B 的函数。当发射波形为带宽有限信号的矩形脉冲时，$\beta=\sqrt{2}B$；当发射波形为线性调频信号时，$\beta=\pi B/\sqrt{3}$。

（2）角度测量精度。

双基地雷达的测角精度的误差因素也和单基地雷达基本相同，但传播路径的不同将导致双基地雷达与单基地雷达的测角精度略有差异。双基地雷达由于收/发分置，所以由折射和多径效应产生的传播误差小于单基地雷达。同时目标误差引起的测角精度不同于单基地雷达。当双基地雷达工作在大双基地角时，由于目标闪烁较单基地雷达小，所以测角误差也小于单基地雷达。但是双基地雷达由于正交极化分量所产生的测角误差大于单基地雷达（这是因为收/发分置），收/发天线极化方向很难保持一致，正交极化分量对测角误差影响增大。

若仅考虑由接收机热噪声引起的测角误差，双基地雷达的测角误差理论值与单基地雷达的测角误差理论值相同。对搜索模式雷达，测角误差理论值均方根值为

$$\sigma_0 = \frac{\lambda}{\gamma\sqrt{2E/N_0}} \tag{9.19}$$

式（9.19）中，γ 为天线的均方根孔径宽度。设 $\Delta\theta$ 为天线方向图半功率宽度，当天线口面为等幅分布时，$\gamma=0.51\pi\lambda/\Delta\theta$；当天线口面为余弦分布时，$\gamma=0.69\pi\lambda/\Delta\theta$。

测角误差理论值不仅与信噪比有关，还与天线的波束宽度有关，当信噪比一定时，天线的波束宽度越窄，测角误差越小。

（3）多普勒频移的测量精度。

在双基地雷达中，目标的多普勒频移是目标相对发射站和接收站位置的函数，它是散射信号的总路径长度随时间的变化率的函数。与距离和及角度的测量精度分析相类似，双基地雷达的多普勒频移测量误差除传播误差和目标误差与单基地雷达不同外，其余的误差源和单基地雷达相同。

由热噪声引起的多普勒频移测量理论误差表达式为

$$\sigma_f = \frac{1}{a\sqrt{2E/N_0}} \tag{9.20}$$

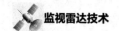

式（9.20）中，a 为与脉冲宽度有关的常数。由此可见，多普勒频移的测量理论误差除与信噪比有关外，还与信号的等效时宽有关。

3）接收距离的精度

上面讨论的距离和角度测量方法是先要直接测量出距离和 R_S、基线长度 L 和视角 φ_T，再通过式（9.1）或式（9.2）求解出目标至接收站的距离 R_R（或至发射站的距离 R_T）。本节讨论 R_S、L、φ_T 测量误差对接收距离 R_R 总误差的影响。

设 R_S、L 和 φ_T 测量误差的均方根值为 σ_{R_S}、σ_L 和 σ_{φ_T}，并相互独立，目标接收距离 R_R 的均方根误差为 σ_{R_R}，按照式（6.46），σ_{R_R} 可写为

$$\sigma_{R_R}=\left[\left(\frac{\partial R_R}{\partial R_S}\sigma_{R_S}\right)^2+\left(\frac{\partial R_R}{\partial L}\sigma_L\right)^2+\left(\frac{\partial R_R}{\partial \varphi_T}\sigma_{\varphi_T}\right)^2\right]^{\frac{1}{2}} \tag{9.21}$$

把式（9.1）的参数代入，得

$$\frac{\partial R_R}{\partial R_S}=\frac{1-2e\cos\varphi_T+L^2\cos(2\varphi_T)}{2(1-e\cos\varphi_T)^2} \tag{9.22}$$

$$\frac{\partial R_R}{\partial L}=\frac{2e-e^2\cos\varphi_T-\cos\varphi_T}{2(1-e\cos\varphi_T)^2} \tag{9.23}$$

$$\frac{\partial R_R}{\partial \varphi_T}=\frac{e(1-e^2)\sin\theta_T}{2(1-e\cos\varphi_T)^2} \tag{9.24}$$

为了研究 R_S、L 和 φ_T 对 σ_{R_R} 的影响，可对式（9.21）各斜率项逐一进行研究，以 e 为参变量，由式（9.22）、式（9.23）、式（9.24）可绘出以发射站视点 φ_T 为变量的 $\partial R_R/\partial R_S$、$\partial R_R/\partial L$ 和 $\partial R_R/\partial \varphi_T$ 的曲线，分别如图 9.4、图 9.5 和图 9.6 所示。

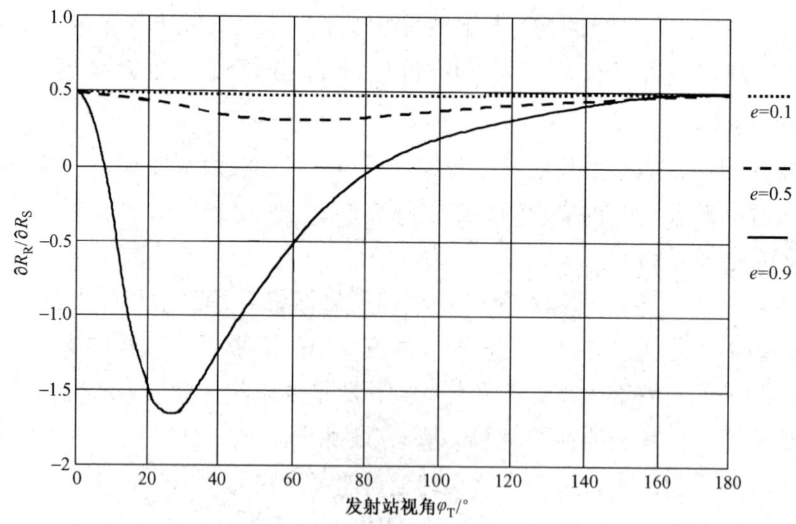

图 9.4　不同发射站视角的误差斜率 $\partial R_R/\partial R_S$

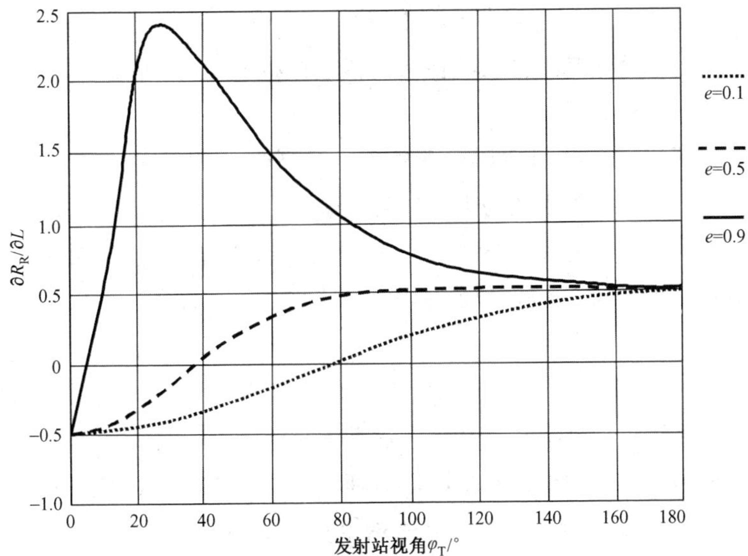

图 9.5 不同发射站视角的误差斜率 $\partial R_R/\partial L$

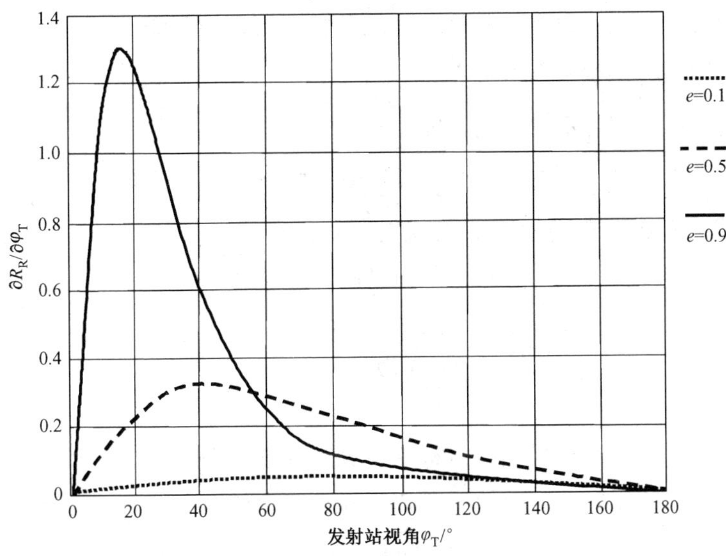

图 9.6 不同发射站视角的误差斜率 $\partial R_R/\partial \varphi_T$

由图 9.4、图 9.5 和图 9.6 可以看出以下明显规律：

（1）单个测量误差 σ_{R_S}、σ_L、σ_{φ_T} 对接收距离误差 σ_{R_R} 的贡献是不等权的，并与目标所处位置有关，其影响在空间各点是不同的。

（2）若 $e=1$，$L=R_S$，此时各误差斜率为无限大或不定值，这说明在基线上的区域，双基地雷达无法对目标测距。

（3）对其他所有的 e 值，当 $\varphi_{\mathrm{T}}=0^{\circ}$ 或 $\varphi_{\mathrm{T}}=180^{\circ}$ 时，误差斜率均收敛于某一恒定值。说明目标处于基线延长线任何位置上，各因素对接收距离误差的影响都是相同的。

（4）一般情况下，各斜率误差在 $0^{\circ}<\varphi_{\mathrm{T}}<90^{\circ}$ 范围内，目标位于靠近发射站的区域，将出现误差斜率的最大值和最小值。

实际上双基地雷达还可以用多组参数对目标进行定位，对于距离和-角度定位法还可用 R_{S}、L、φ_{R} 这组参数测量[1]，可仿照上述方法分析。

5. 分辨率

双基地雷达的角分辨率与单基地雷达基本相同，都取决于雷达天线的波束宽度和目标信噪比。不同的是，双基地雷达利用的是单程接收波束，单基地雷达利用的是收/发双程波束，双基地雷达的 3dB 波束宽度相当于单基地雷达的 6dB 波束宽度，因此双基地雷达的角分辨率略差于单基地雷达。

双基地雷达的距离分辨率和速度分辨率与单基地雷达有很大的不同，它不仅和雷达波形密切关联，也和双基地雷达的参数有很大的关联。

这里仍用模糊函数来研究双基地监视雷达的分辨率。设信号波形为 $s(t)$，其模糊函数定义已在第 1 章中给出，即

$$\chi(\tau, f_{\mathrm{d}})=\int_{-\infty}^{+\infty} s(t)\cdot s(t+\tau)\cdot \exp\left(\mathrm{j}2\pi f_{\mathrm{d}} t\right)\mathrm{d}t$$

式中，双基地雷达多普勒频移 f_{d} 定义为：以波长为归一化的散射信号的总路径长度随时间的变化率。因为总路径长度是距离和（$R_{\mathrm{T}}+R_{\mathrm{R}}$），故双基地雷达的多普勒频移为

$$f_{\mathrm{d}}=\frac{1}{\lambda}\left(\frac{\mathrm{d}R_{\mathrm{T}}}{\mathrm{d}t}+\frac{\mathrm{d}R_{\mathrm{R}}}{\mathrm{d}t}\right) \tag{9.25}$$

图 9.7 所示为双基地平面上目标多普勒频移的几何关系，即双基地平面上速度矢量关系图。矢量 $\boldsymbol{V}$ 为目标速度在双基地平面上的投影分量，视线角 δ 以双基地角平分线为基准逆时针旋转为正。可以看出目标相对于发射站和接收站的径向速度为

$$\begin{cases}\dfrac{\mathrm{d}R_{\mathrm{T}}}{\mathrm{d}t}=\boldsymbol{V}\cos\left(\delta+\beta/2\right)\\[2ex]\dfrac{\mathrm{d}R_{\mathrm{R}}}{\mathrm{d}t}=\boldsymbol{V}\cos\left(\delta-\beta/2\right)\end{cases} \tag{9.26}$$

所以由目标引起的多普勒频移 f_{d} 为

$$f_{\mathrm{d}}=\frac{\boldsymbol{V}}{\lambda}\left[\cos\left(\delta+\beta/2\right)+\cos\left(\delta-\beta/2\right)\right]=\frac{2\boldsymbol{V}}{\lambda}\cos\delta\cos\frac{\beta}{2} \tag{9.27}$$

双基地角 β 取决于双基地的参数，因此多普勒频移可表示为

$$f_{\rm d} = f\left(R_{\rm S}, L, \varphi_{\rm R}\right) \tag{9.28}$$

双基地雷达距离分辨率定义为双基地雷达能够分辨的两个目标的最小距离间隔，这里用双基地雷达距离单元 $\Delta R_{\rm B}$ 来表示。单基地雷达的 $\Delta R_{\rm B}$ 对矩形脉冲而言为脉冲宽度，即等于 $c\tau/2$。在双基地雷达中就比较复杂了，目标的 $\Delta R_{\rm B}$ 如图 9.8 所示。

$$\Delta R_{\rm B} = \left(R_{\rm T1} + R_{\rm R1}\right) - \left(R_{\rm T2} + R_{\rm R2}\right) \tag{9.29}$$

$\Delta R_{\rm B}$ 与双基地的参数 $R_{\rm S}$、L、$\varphi_{\rm R}$ 有关，可把 $\Delta R_{\rm B}$ 表示为

$$\Delta R_{\rm B} = \frac{c}{2}\tau\left(R_{\rm S}, L, \varphi_{\rm R}\right) \tag{9.30}$$

把式（9.29）、式（9.30）代入式（1.12），得

$$\chi\left(\tau, f_{\rm d}\right) = \int_{-\infty}^{+\infty} s(t) s^{*}\left[t + \tau\left(R_{\rm S}, L, \varphi_{\rm R}\right)\right] \exp\left[{\rm j}2\pi f_{\rm d}\left(R_{\rm S}, L, \varphi_{\rm R}\right) t\right] {\rm d}t \tag{9.31}$$

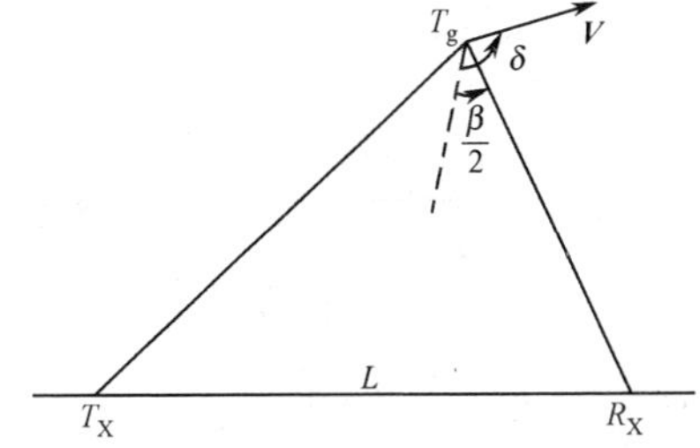

图 9.7　双基地平面上速度矢量关系图

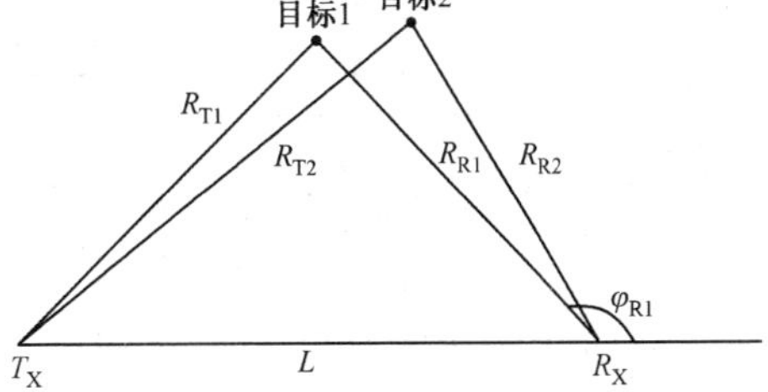

图 9.8　双基地雷达的距离分辨率

对发射波形如式（1.19）的矩形脉冲串信号，取 $N=3$，用式（9.32）计算双基地雷达 4 种典型目标位置情况，如图 9.9 所示。

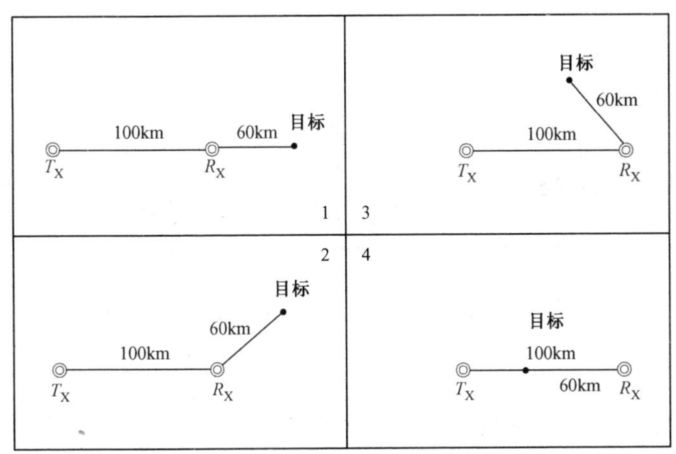

图 9.9　双基地雷达 4 种典型目标位置图

双基地雷达探测 4 种典型目标位置的模糊图如图 9.10 所示。

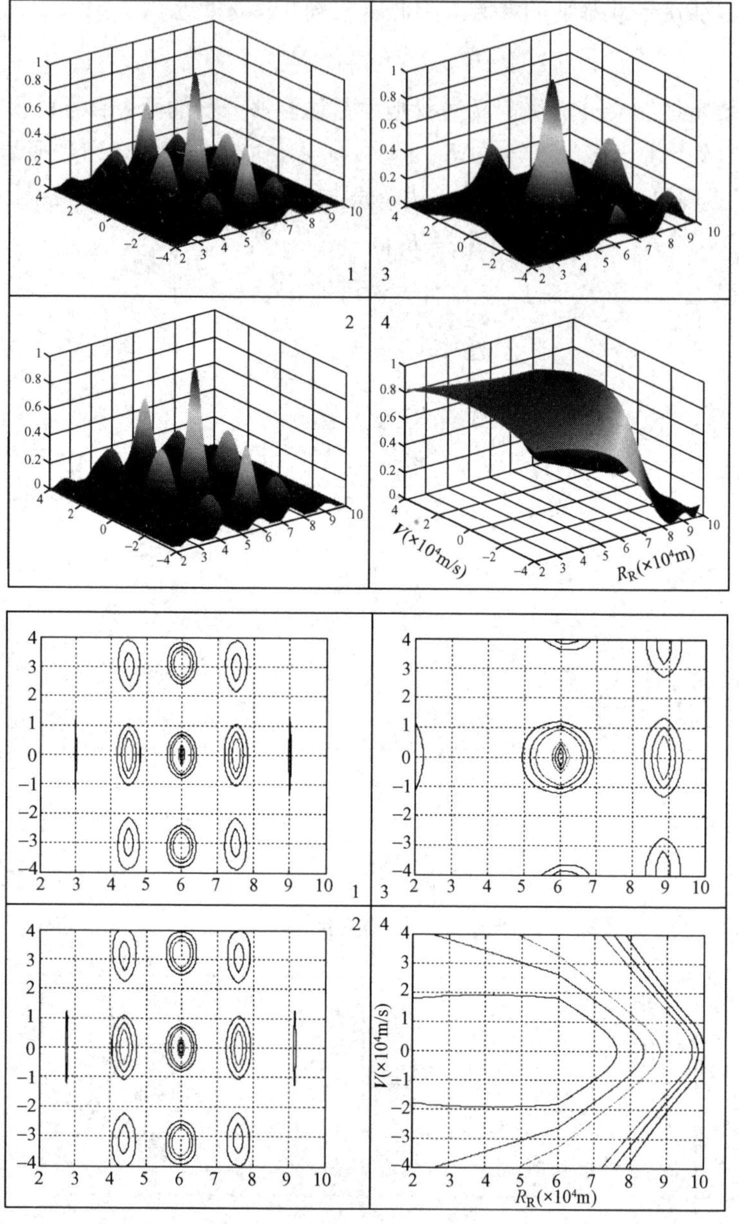

图 9.10　双基地雷达探测 4 种典型目标位置的模糊图

由图 9.10 可见：

（1）双基地雷达的分辨率不同于单基地雷达，它除与波形有关外，还与双基地雷达的参数及目标位置有关。

（2）情况 1 在 $\varphi_R = 0°$ 时的模糊图和单基地雷达的模糊图是相同的。说明目标在基线延长线上时，双基地雷达的分辨率与单基地雷达相同。

（3）情况 2 和情况 3 在 $0^\circ < \varphi_R < 180^\circ$ 时，双基地雷达的分辨率随着 φ_R 的加大而变差。

（4）情况 4 在 $\varphi_R = 180^\circ$ 时，即目标处在两站之间的基线上时，双基地雷达不能分辨目标。其物理意义也很明显，这时无论目标在基线的任何位置，距离和都是一个常数。

9.1.2　双基地雷达的电子对抗能力

如在第 5 章中所说，单基地雷达采用频率捷变、低副瓣天线和副瓣抑制、副瓣消隐技术是其抗干扰的重要手段。在双基地雷达中，除采用单基地雷达的各种技术外，双基地雷达本身还有其抗干扰的特点。

1. 抗噪声干扰分析

噪声干扰包括阻塞式和瞄准式两种：阻塞式干扰的作用是以噪声功率阻塞雷达接收机使其失去正常工作能力或降低其性能，只要干扰停止，雷达接收机仍可恢复正常工作；瞄准式干扰与阻塞式干扰的差异是其干扰频带较窄，干扰能量集中，是针对雷达频道进行干扰的。为不失一般性，这里主要考虑阻塞式干扰。

在第 5 章的分析中，由式（5.25）可得进入雷达接收机的干扰功率为

$$P_{\text{jmin}} = \frac{P_{\text{j}}}{B_{\text{j}}} \times \frac{G_{\text{j}} G_{\text{rj}} \lambda^2}{(4\pi)^2 R_{\text{j}}^2 L_{\text{R}} L_{\text{j}}} B_{\text{n}} \tag{9.32}$$

式（9.32）中，$P_{\text{j}}/B_{\text{j}}$ 是干扰机的干扰功率密度（W/Hz），G_{j} 是干扰机天线增益，G_{rj} 是雷达在干扰机方向的接收天线增益，R_{j} 是干扰机距雷达的距离（m），λ 是雷达波长（m），L_{j} 是干扰能量的损失，L_{R} 是雷达接收通道对干扰能量的损失，B_{n} 是雷达接收有效噪声带宽（Hz）。

在双基地雷达收/发分置的情况下，干扰机对双基地雷达的不同干扰模式如图 9.11 的几种几何位置关系所示。为了增强干扰效果，干扰机总是以主波束方向对雷达实施干扰。同样，为了有效探测目标，雷达也以主波束对准目标。通常根据目标和干扰机的位置关系可以分为自卫式干扰［目标和干扰机在一起，如图 9.11（a）、图 9.11（b）所示］和支援式干扰［目标和干扰机不在一起，如图 9.11（c）、图 9.11（d）所示］。自卫式干扰可分为干扰机主瓣对接收机主瓣的干扰［见图 9.11（a）］和干扰机副瓣对接收机主瓣的干扰［见图 9.11（b）］两种。支援式干扰也可分为干扰机主瓣对接收机副瓣的干扰［见图 9.11（c）］和干扰机副瓣对接收机副瓣的干扰［见图 9.11（d）］两种。这相当于以下 4 种情况：

（1）目标及干扰机天线主瓣对发射及接收机天线主瓣的干扰；

（2）目标及干扰机天线主瓣对发射机天线主瓣、副瓣及对接收机天线主瓣的

干扰；

（3）目标处于发射、接收机天线主瓣，干扰机天线主瓣对发射、接收机天线副瓣的干扰；

（4）目标处于发射、接收机天线主瓣，干扰机天线主瓣对发射机天线主瓣、副瓣及对接收机天线副瓣的干扰。

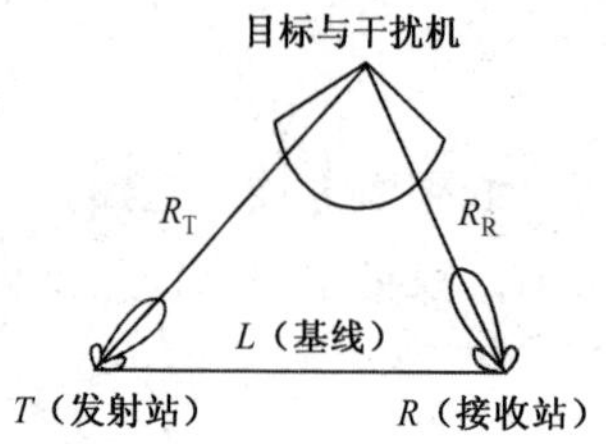

（a）干扰机主瓣对接收机主瓣的干扰

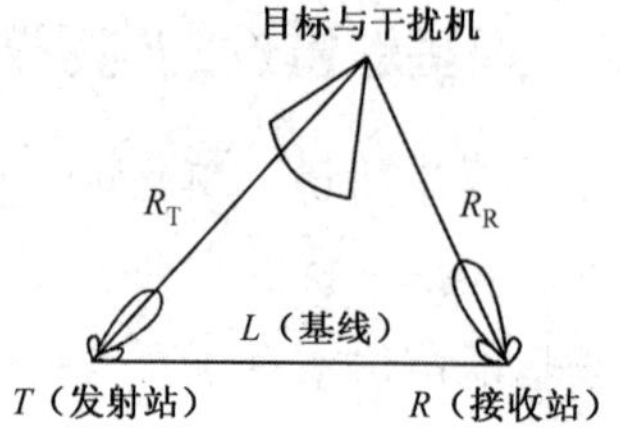

（b）干扰机副瓣对接收机主瓣的干扰

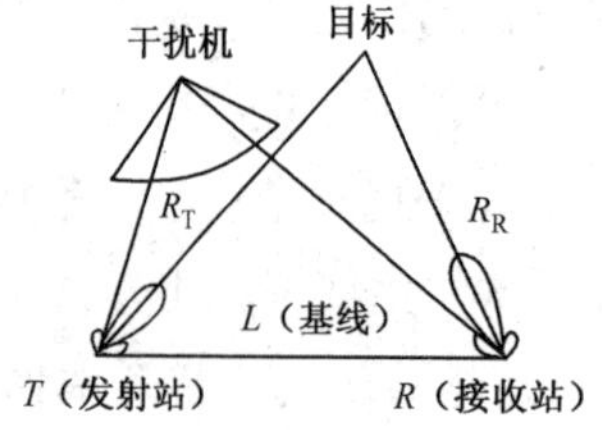

（c）干扰机主瓣对接收机副瓣的干扰

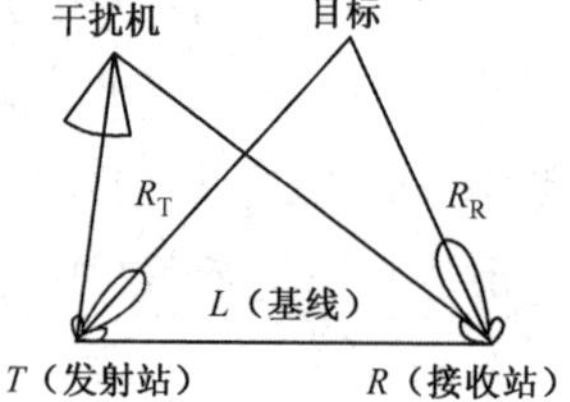

（d）干扰机副瓣对接收机副瓣的干扰

图 9.11　干扰机对双基地雷达的不同干扰模式

下面举例说明单/双基地雷达对抗压制干扰的特点。设干扰机参数为$P_j = 500\,\text{W}$，$G_j = 16\,\text{dB}$，$B_j = 500\,\text{MHz}$，$L_j = 3\,\text{dB}$，干扰机副瓣$G_{sj} = -6\,\text{dB}$；雷达的技术参数为$\lambda = 0.1\,\text{m}$，$G_R = 33\,\text{dB}$，$kT_s = 6\times10^{-21}\,\text{W/Hz}$，在无干扰条件下，等效的单基地雷达的作用距离$R_M = 100\,\text{km}$，双基地雷达的收/发距离积$R_T \cdot R_R = 10000\,\text{km}^2$，干扰机距离$R_j = 180\,\text{km}$，接收站副瓣$G_{SR} = -3\,\text{dB}$，基线长度$L = 100\,\text{km}$。考虑干扰机主瓣对准发射站进行干扰的情况，计算出的等效单基地雷达情况下干扰机主瓣对雷达主、副瓣，以及双基地雷达情况下干扰机副瓣对雷达主、副瓣的检测力等值线。图 9.12 是干扰条件下的单、双基地目标检测力等值线。

在自卫式压制干扰的情况下，单基地雷达的探测范围缩小为$R_M = 11\,\text{km}$的圆，而对于双基地雷达来说，如果发射机天线的主瓣和接收机天线的主瓣都对准干扰机的天线，双基地雷达的观察范围分裂为接收机和发射机附近的两个小卵形线，其近似半径为$R_0 = k_B/L = 11\,\text{km}$（图 9.12 中只画出接收站附近的小卵形线）。在支援式压制干扰，即所谓的副瓣干扰的情况下，只有在雷达接收机波束指向干扰机的瞬间，即图 9.12 中的凹形扇面处才形成主瓣干扰。一般来说，在有干扰的条件下，雷达系统做出的反应不是等待烧穿，而是判别干扰机方位，并和邻近雷达组成三角定位系统对干扰机进行无源跟踪。所以双/多基地雷达和雷达网具有更好的抗干扰能力，因双、多基地雷达本身就有联网能力，它们也易实现有源雷达和无源侦察的一体化。

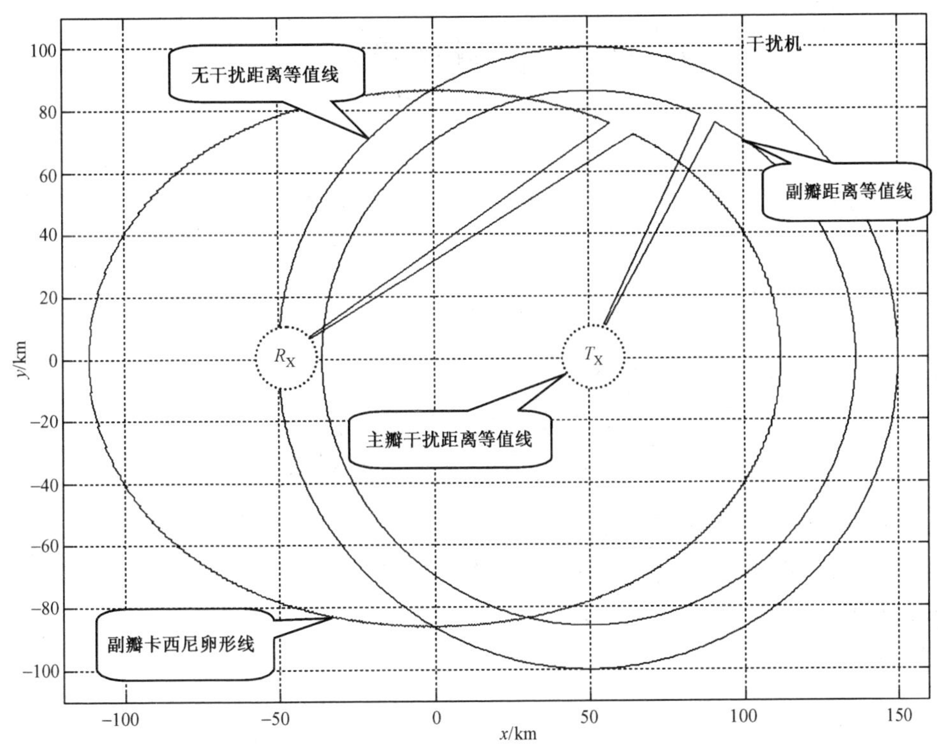

图 9.12　干扰条件下单、双基地目标检测力等值线

2. 抗欺骗干扰分析

欺骗干扰是模拟或转发雷达辐射信号，构建虚假辐射信号从而影响雷达系统的工作。有源欺骗式干扰有应答式和转发式两种。欺骗干扰要能产生效果必须满足干扰信号和雷达信号相似，即干扰信号与雷达信号具有基本相同的形式，同时还要掺杂假信号以达到欺骗效果。

例如，$\{\tau_j,T_j,B_j,\rho_j,\alpha_{Tj},\alpha_{fj}\}=\{\tau_R,t_R,B_R,\rho_R,\alpha_{TR},\alpha_{fR}\}$，另一部分特征参量两者应有差别，即 $\{f_j,t_j,\theta_j\}\neq\{f_R,t_R,\theta_R\}$。这里，$\tau_j$ 和 τ_R 分别为干扰机和雷达信号的脉冲宽度；T_j 和 t_R 分别为干扰机和雷达信号的重复周期；B_j 和 B_R 分别为干扰机和雷达信号的带宽；ρ_j 和 ρ_R 分别为干扰机和雷达信号的极化形式；α_{Tj} 和 α_{TR} 分

别为干扰机和雷达信号的幅度调制形式；α_{fj} 和 α_{fR} 分别为干扰机和雷达信号的频谱结构；f_j 和 f_R 分别为干扰机和雷达信号的载频，$f_j \neq f_R + f_d$ 以造成速度欺骗；t_j 和 t_R 分别为干扰机和雷达信号的延迟时间，$t_j \neq t_R$ 以造成距离欺骗；θ_j 和 θ_R 分别为干扰机和雷达信号的视角，$\theta_j \neq \theta_R$ 以造成角度欺骗。

下面分析双基地雷达对抗欺骗干扰的特性。

1）信号干扰比

依据式（2.32），雷达收到的干扰功率可写为

$$P_J = \frac{P_j G_{jR} G_{Rj} \lambda^2 B_n}{(4\pi)^2 B_j R_j^2 L_R L_j} \tag{9.33}$$

式（9.33）中，G_{jR} 是干扰机天线在雷达接收方向上的增益。相应雷达收到的目标信号功率为

$$P_S = \frac{P_T G_T G_{Rt} \sigma \lambda^2}{(4\pi)^3 R_T^2 R_R^2 L_T L_R} \tag{9.34}$$

由式（9.33）和式（9.34）可得

$$\frac{S}{J} = \frac{P_S}{P_J} = \frac{\sigma}{4\pi} \cdot \frac{P_T G_T}{P_j G_{jR}} \cdot \frac{G_{Rt}}{G_{Rj}} \cdot \frac{L_R L_j}{L_T L_R} \cdot \frac{R_j^2}{R_R^2 R_T^2} \cdot \frac{B_j}{B_n} \tag{9.35}$$

一般情况下，欺骗式干扰由自卫式目标携带，其作战态势如图 9.11（a）和图 9.11（b）所示，此时 $R_j = R_T = R_R = R$。对于单基地雷达，干扰机主瓣对准接收机主瓣干扰，一般有 $G_{Rt} = G_{Rj}$，$\sigma = \sigma_M$，则

$$\left(\frac{S}{J}\right)_M = \frac{\sigma_M}{4\pi R^2} \cdot \frac{P_T G_T}{P_j G_{jR}} \cdot \frac{L_j}{L_T} \cdot \frac{B_j}{B_n} \tag{9.36}$$

对于双基地雷达，一般情况下，干扰机主瓣对准发射站，副瓣对准接收站，如图 9.11（b）所示。在自卫式干扰时，双基地雷达接收机天线主瓣对准干扰机（即目标）的副瓣，因此，$G_{Rt} = G_{jR}$，$R_j = R_R$，$\sigma = \sigma_B$；干扰机天线在接收站方向的增益（即干扰机天线副瓣）远小于双基地雷达接收增益，$G_{Jr} \ll G_{Rj}$，则双基地雷达接收机接收到的信号干扰比为

$$\left(\frac{S}{J}\right)_B = \frac{\sigma_B}{4\pi R_T^2} \cdot \frac{P_T G_T}{P_j G_{jR}} \cdot \frac{L_j}{L_T} \cdot \frac{B_j}{B_n} \tag{9.37}$$

比较式（9.36）和式（9.37）可以看出，如果 $G_T \gg G_{Jr}$，双基地雷达与等效单基地雷达相比，抗欺骗干扰方面具有一定的优势。总之，由于双基地雷达收/发分置，接收站无源探测，干扰机无法侦察接收站的位置，双基地雷达要比等效单基地雷达获得近 10～20dB 的有效得益。当然，在基线延长线的小角度范围内，双基地雷达的抗干扰性能提高有限。

2）单、双基地雷达抗欺骗式干扰的概率

关于欺骗式干扰机复制雷达信号的问题，可以采用概率准则来评价。假设干扰机能够顺利截获、识别雷达信号并正确地复制雷达信号。在双基地雷达中，目标的多普勒频移和速度是非线性的，且是目标位置的函数。由于双基地雷达无源接收，干扰机无法侦察接收机位置，也就无法复制出合适的欺骗信号；另外，双基地雷达接收机主要收到干扰机的副瓣干扰，信干比（信号干扰比）达到要求的概率也比单基地雷达小。所以仅从上述两个原因来看，双基地雷达就比单基地雷达在对抗欺骗式干扰方面具有显著优势。

3. 反隐身能力分析

双基地雷达的反隐身能力主要基于以下 3 个因素：

（1）利用目标的侧向散射能量；

（2）利用目标的前向散射增强功能；

（3）利用目标多普勒拍频。

目前主要的目标隐身措施是采用外形设计和涂敷吸波材料，其中外形设计可将大部分入射雷达波散射到其他方向，而保证飞行器具有较小的后向散射能量，只是在为保证飞行器的气动性能而无法改变外形的一些关键部件上涂敷吸波材料。所以，隐形目标的侧向/前向散射能量一般远大于后向散射能量。这些侧向散射能量单基地雷达无法接收，而双基地雷达刚好利用侧向散射能量。如果采用双/多基地雷达组网，则能够有效地克服散射方向波束窄、难以连续接收的问题。

当目标与双基地雷达收/发站形成的双基地角接近 180° 时，接收站可获得前向散射能量，由于前向散射能量增强导致目标 RCS 明显增大，不论是金属还是涂有吸波材料的目标，其前向散射都有以下公式，即

$$\sigma_F = 4\pi A^2 / \lambda^2$$

式中，σ_F 为目标前向散射的 RCS，A 为目标的投影面积。

若目标在收/发站基线上，双基地雷达不具有目标的距离和多普勒分辨能力，因而既不能确定目标距离，也无法通过频域滤波的方法将目标和地物区分开来。但目标的前向散射和一般辐射体一样，除了主瓣还有副瓣辐射，其范围也很宽。大量测试数据证明，当双基地角 $\beta \geqslant 135^\circ$ 时，隐身目标 RCS 较后向散射明显增强，一般认为双基地雷达的前向散射增强区从 135° 开始。

在基线附近，双基地雷达工作受直达波、脉冲宽度和杂波随机运动形成的多普勒盲区的影响。一般双基地雷达在基线附近的模糊区为±(3°～5°)内，其大小随雷达参数和目标速度的不同而不同，一般其界限为 $\beta \geqslant 175^\circ$，而目标的前向散射

区为$\beta \geqslant 135^\circ$，所以可以利用的双基地雷达前向散射增强区为$135^\circ \leqslant \beta \leqslant 175^\circ$，这一区域内，双基地雷达对隐形目标仍有很好的探测能力。俄罗斯的“栅栏”系统正是利用这一原理组成雷达告警系统的。

在双基地雷达试验初期，研究人员注意到无论目标从哪个方向穿越基线，所产生的多普勒频率都有变化，而且在过基线时为零。于是，人们利用双基地雷达组网，采用拍频接收机可检测这一零拍频，记下其发生时刻，再通过多点推算可求出目标的航迹。

9.2 目标的双基地 RCS

目标的双基地 RCS σ_B 是目标朝接收方向散射能量的度量。双基地雷达的 RCS 可以由单基地 RCS 推广得到。设 E_i 是发射机以(θ_T, φ_T)为入射方向入射到目标处的电磁强度，E_s 是目标以(θ_R, φ_R)为散射方向散射到接收机（距离目标为 R_R）处的电场强度，则双基地 RCS 定义为

$$\sigma_B = \lim_{R_R \to \infty} 4\pi R_R^2 \left| \frac{E_s(\theta_R, \varphi_R)}{E_i(\theta_T, \varphi_T)} \right| \tag{9.38}$$

与单基地 RCS 一样，双基地 RCS 除与目标的几何形状、表面电磁波散射系数等物理特性有关外，还与雷达工作频率、极化方式和目标相对雷达的姿态角等因素有关。同样，依据目标特性差异，双基地雷达的目标类型可分为点目标、面目标和体目标 3 类。双基地雷达一般都是窄带低分辨体制，其探测对象一般都是点目标。

与单基地雷达相比，双基地雷达的主要优势在于大双基地角的目标 RCS 增强效应带来的作用距离提升。

9.2.1 点目标的双基地 RCS

除了与单基地 RCS 相类似的特性外，双基地 RCS 还是收/发基地视线角和双基地角的函数，可以将双基地 RCS 作为双基地角 β 的函数分为 3 个区域：准单基地区（或伪单基地区）、双基地区和前向散射区[1,2]。

1. 准单基地区的 RCS

在这个区域内，通常采用双基地、单基地等效原理，即平均的双基地 RCS 可等效于从双基地角平分线上测得的单基地 RCS 值。这一等效原理对小的双基地角是成立的。其“小”的极限取决于目标的复杂性和载频波长。对于电尺寸很小且外形简单的目标，如点源或球的准单基地区扩大到超过 $\beta = 90^\circ$。

对 5～10 个波长的中型目标，准单基地区的范围将减小到$\beta = 6^\circ \sim 120^\circ$ [5]。而对于结构比较复杂的目标，准单基地区的范围大大缩小。这里所谓的复杂目标的定义是具有多种离散散射中心的集合体，包括简单散射中心（如平板）、反射型散射中心（如角反射器）和斜反射中心（如夹角不等于 90° 的角反射器及爬行波的驻相区域）。文献[1]指出，这类复杂目标的准单基地区一般限制在$0^\circ \leqslant \beta \leqslant 5^\circ$的双基地角范围内。而且，当采用单基地 RCS 数据作为目标视角的函数绘图时，可用一种简单方法从单基地 RCS 数据推导出双基地 RCS 数据：沿目标视角轴线平移所需的双基地角的一半时，就可得出相同极化的双基地 RCS 数据。

2. 双基地区的 RCS

双基地区指的是准单基地区与前向散射区之间的双基地角区域，双基地区的目标散射特性与上述两区域不同，此时可以用单基地雷达高频区的局部性散射原理来进行分析，即当目标的尺寸远大于入射波长时，电磁波与目标的相互作用就显出局部特性，而与目标的形状密切相关。一个复杂目标的电磁散射机理主要包括：

- 镜面与准镜面反射；
- 表面不连续性的散射，如直边缘、弯曲边缘和尖端等；
- 表面导数不连续性的散射；
- 爬行波或阴影边界的散射；
- 凹形区域的散射，如进气道、两面角和三面角等结构；
- 相互作用散射，如相互靠近孤立散射源间的多次散射等。

以上散射机理中，两面角、三面角及镜面反射是强散射机理，而直边缘、弯曲边缘等为次强散射机理。

对于飞机、舰船等复杂目标，决定其主要散射源的局部强散射源可以用多散射中心来等效，因此高频区可以近似用多散射中心来分析目标的散射特性；高频区复杂目标的 RCS 可近似表示为

$$\sigma(\theta,\varphi)=\left|\sum\sqrt{\sigma_n(\theta,\varphi)}\exp\left[\mathrm{j}\varphi_n(\theta,\varphi)\right]\right|^2 \tag{9.39}$$

式（9.39）中，$\sigma_n(\theta,\varphi)$和$\varphi_n(\theta,\varphi)$分别是第 n 个散射中心的散射幅度和相对相位，相对相位取决于散射中心在空间的实际位置；式(9.39)中的散射中心数目是随观察角而变化的，因为散射中心之间的相互遮挡效应，可能会减少或增加某些有贡献的散射中心；此外，单个散射中心的幅度$\sigma_n(\theta,\varphi)$和相位$\varphi_n(\theta,\varphi)$对观测角很敏感，并且还随雷达频率而变化，因此使总的目标 RCS 随角度急剧变化。在双基地区，双基地 RCS 具有如下特性：

（1）在该区域的大部分角度范围内，比视线角在双基地角平分线上的单基地 RCS 小，据文献[2]所推测的数据，双基地角每增大 1°，RCS 约下降 0.3dB，而最大下降值约为 12dB。

（2）对某些几何形状的目标，在该区域的某些角度范围内，可能会出现双基地 RCS 增大的现象，这会发生在单基地 RCS 低的角度。

（3）在该区域内，双基地 RCS 的闪烁效应减小。

特性（1）和（2）说明目标的双基地 RCS 明显不同于单基地 RCS。这是由于：

（1）各离散散射中心间的相对相位发生变化。这一点与单基地 RCS 随目标视线角变化而起伏相似，但此时各离散散射中心的相位变化是由于双基地角的变化引起的。

（2）各离散散射中心的辐射强度发生变化。离散散射中心向外散射的能量具有一定的方向性，可用散射波束的概念来表示，通常后向散射能量较强。当接收基地位于散射波束的边缘或外面时，接收到的能量较小。

（3）各离散散射中心的存在情况发生变化，旧的散射中心的消失或新的散射中心的出现，将引起双基地 RCS 的变化。这种情况一般是由遮蔽引起的，如飞机机体的某一部分阻挡了某一条双基地路径，即从发射站或接收站到散射中心的视线，而此散射中心在单基地情况下是可以看到的。

特性（3）表明双基地区的目标闪烁效应较单基地情况减少了。目标闪烁是指目标回波的视在相位中心的角位移，它是由雷达分辨单元内两个或多个主要散射中心之间的相位干涉引起的。当双基地区中来自主要散射点的回波信号减小时，闪烁源及闪烁漂移的幅值也将减小。

3. 前向散射区的 RCS

双基地 RCS 的前向散射区指的是双基地角接近 180° 时的区域，此时目标位于基线附近，在该区域中，由于前向散射的作用，RCS 显著增大，使小 RCS 目标可能被探测到。当 $\beta=180°$ 时双基地 RCS 达到最大，当雷达波长 λ 小于目标尺寸时，目标前向散射区的 RCS 为 $\sigma_{\mathrm{F}}=4\pi A^2/\lambda^2$，其中 A 为目标在入射方向上的 RCS 或投影面积。当 $\beta<180°$ 时，目标前向散射区的 RCS 将小于 σ_{f} 值。对于复杂目标来说，前向散射区的范围和 σ_{f} 的大小都较为复杂，不少学者为此付出了艰辛的劳动，给出了一些仿真和试验的结果[1]。

9.2.2 隐身目标的双基地 RCS

对于对海兼低空警戒型双基地雷达，由于其对空最大作用距离有限，准单基地区域较小（对复杂目标而言），可不考虑；而在双基地角 $\beta=180°$ 基线附近时

（即发射站、目标、接收站近似共线），双基地雷达工作受到 3 个因素限制：①由发射机到接收机的直达波造成的角度盲区；②脉冲宽度限制的距离盲区；③杂波随机运动形成的多普勒盲区。综合以上 3 个因素，双基地雷达在基线附近的模糊区为±(3°～5°)，其大小随雷达参数和目标速度的不同而不同，一般其界限可取为 $\beta \geqslant 175°$；而目标的前向散射增强区为 $\beta \geqslant 135°$，因此双基地雷达前向散射区大致为 $135° \leqslant \beta \leqslant 175°$。在此区域，对任意目标的 RCS 均有增强效应，因此有利于对隐身目标的检测。除前向散射区外，由于隐身目标特有的外形设计，有利于雷达在双基地区对此类目标的检测，下面具体分析。

1. 隐身飞机的双基地区散射特性

前面分析已述及目标隐身技术的核心在于尽量减缩飞行器的RCS，采取的主要措施有外形结构设计、吸（透）波结构材料的采用、吸波涂层及有源对消技术的应用等。F-117A、F-22 和 F-35 都是典型的采用隐身结构设计和涂敷吸波材料的隐身飞机。从图 5.5 和图 5.6 可见，F-117A 在微波频段具有良好的隐身性能，在鼻锥方向±45° 范围内，其 RCS 值都很低；在远离鼻锥方向，其 RCS 值会出现许多较大的峰值点，而这些峰值与 F-117A 外形特征相对应；图 9.13 所示为 F-117 隐身飞机 1:1 模型的 RCS 计算值，它是利用电磁计算得到的结果，其与暗室中缩比模型的测量结果基本一致。

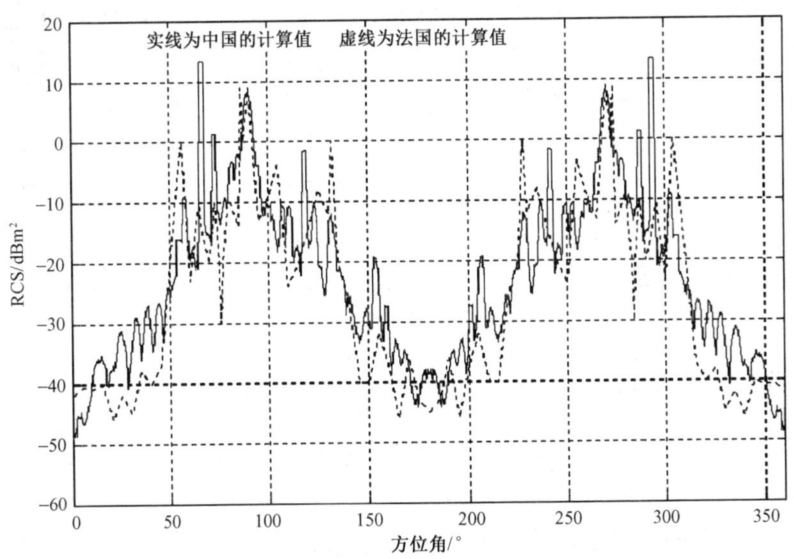

（a）F-117 隐身飞机 1:1 模型的 RCS 直角坐标分布图

（水平极化，α=0°，β=0°，f=10GHz）

图 9.13　F-117 隐身飞机 1:1 模型的 RCS 计算值

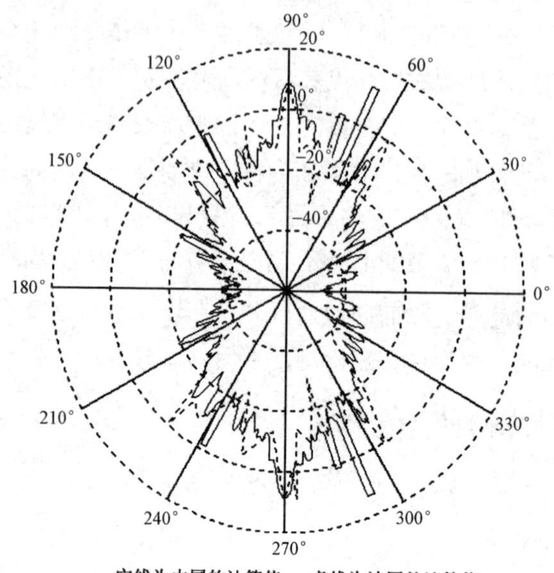

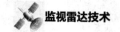

实线为中国的计算值　虚线为法国的计算值

（b）F-117 隐身飞机 1:1 模型的 RCS 极坐标分布图

（水平极化，α=0°，β=0°，f=10GHz）

图 9.13　F-117 隐身飞机 1:1 模型的 RCS 计算值（续）

隐身飞机的 RCS 减缩技术的核心是尽量减小飞机的后向散射能量，它针对的是处于目标正前方±45°、垂直±30°的单基地雷达，而在其他方向其 RCS 通常存在“空域窗口”，一般增加在 10dB 以上，最强的侧向点约增加 20dB，这是因为飞行器的外形设计（即整形）不可避免地使电磁波折射到对目标构成威胁较小的几个方向上去，以躲避单基地雷达系统的探测。目前已通过对 F-117A、F-22 等效缩比模型的实验室测试，测试结果基本与理论分析结论相符。据报道，海湾战争期间沙特阿拉伯的防空导弹系统中的目标指示雷达、英国驱逐舰上的马可尼-1022 型 L 波段舰载防空监视雷达均曾发现并跟踪过 F-117A 隐身飞机，其他国家列装的米波段远程监视雷达也多次发现 F-22 等隐身飞机，这进一步证明了隐身飞机“频域窗口”“空域窗口”的存在。

2. 隐身舰船目标的双基地区散射特性

对传统舰船而言，其上层建筑、舰舷、舰船与海面相互作用形成的二次反射等是主要的强散射中心。目前，对海监视雷达及掠海飞行的反舰导弹是舰船的主要威胁，因此舰船隐身设计的目的是减少电磁波水平入射时船体主要强散射中心的后向散射，如“拉斐耶特”护卫舰，除进行了结构设计和采用吸波材料外，还采用了共型通信天线和多用途隐形天线等多种技术途径；另外，隐形战舰“海影”号也采用了类似技术途径，该舰外形酷似 F-117A，舷侧倾斜 45°，舰体表面涂有 2.5～4t 吸波材料。但由于舰船目标形体庞大，在大入射角或双基地观测下的 RCS 仍会很大，就是采用隐形措施的导弹快艇类目标，其水平观测方向的 RCS 可达 100m^2 以上，如用机载、星载或双基地雷达进行探测时，将会有很好的探测效果。

9.3 双基地雷达的关键技术

双基地雷达由于收/发站在空间上分开部署，而工作时要求收/发站协同工作，需要解决双基地雷达中的时间同步、相位同步和空间同步等问题。本节主要介绍双基地雷达的时间、相位和空间同步及显示校正、数据融合等关键技术。

9.3.1 时间、相位和空间同步技术

由于双基地雷达设备收/发站分开部署，工作时要求收/发站协同工作，带来了“时间同步、相位同步和空间同步”三大同步的问题，因此从设备和功能构成上来看，双基地雷达比单基地雷达多了同步分系统设备，其主要的作用是完成收/发站间的同步和信息传递。

1. 时间同步

雷达是依据接收的回波相对发射信号的时延来测量目标距离的，所以发射机和接收机之间要保持严格的时间同步，通常要求的时间同步精度为发射脉冲宽度（脉冲压缩后的脉宽）的几分之一的量级。对于双基地雷达，时间同步不仅是测距所必需，也是收/发天线波束空间同步的基准。双基地雷达的时间同步，是指发射机向接收机提供触发脉冲和发射天线波束指向的时间信息。实现时间同步的方案主要有直接同步、间接同步和独立同步等方法。

1）直接同步法

直接同步法是将发射机的触发脉冲经微波数传通道直接送至接收机。数传应有高的数据率和很低的误码率；触发脉冲经编码调制后由数传通道传送到接收机，数据传输率为 0.1～10Mb/s。接收机收到时间同步码后再进行解调、放大和整形处理，或者直接用作定时信号或者用作基准去同步接收机产生的时序信号。直接时间同步法既适用于固定的脉冲发射周期，也适用于周期捷变的情况。

数传通道可以是微波中继、卫星通信、有线传输和微波通信等。几种数传方式各有特点，应根据具体情况选用。微波通信的频率高、带宽大、容量大、自然干扰和广播电视干扰小，有较低的误码率，而且可采用窄波束的定向天线加强保密性。但微波通信受视距限制站间距离较短，采用中继接力可增加通信距离，但设备费用增加。所以微波通信适用于中、短基线的双基地雷达，在长基线双基地雷达中应用受到限制。卫星通信也工作于微波波段，它具有微波通信的优点，而

且其作用范围大，不受视距限制。但卫星通信在空间链路上的固定时延太大，约500ms，不适合雷达定时工作的要求。有线通信主要是近年来发展迅速的光纤通信，它具有容量大、码速高、抗干扰、误码率低、保密性好的优点，光纤通信适用于固定阵地的双基地雷达。短波通信利用电离层散射可有很远的通信距离，而要求的发射功率小，设备不复杂；但短波通信频带窄、容量小、码速低，由于电离层的扰动通道参数不稳定，误码率较高，另外短波通信易受各种民用电台的干扰。近年来的研究发展使短波通信在抗干扰、降低误码率和提高稳定性方面已有很大改进。短波通信可用于数据率要求不高的长基线双基地雷达。

直接同步法时间同步精度主要取决于数传通信信道引入的误差，光纤和微波信道的时间误差能小于0.1μs，而短波通信误差大于1μs。

2）间接同步法

在发射和接收站各设置一个相同的高稳定度的时钟，以时钟作为时间基准也能实现双基地雷达的时间同步，这种方法称为间接同步法。用作时间基准的时钟可以是原子钟和高稳定度的石英晶体振荡器，收/发两地的时钟要定期用同一时间基准来校准。用作校准的时间基准的精度要更高一些，它们可以是北斗、GPS、罗兰C或利用专用发射台发射的时间基准信号，其中以北斗和GPS信号最方便、精度最高。

这种间接法仅适用于采用固定发射脉冲重复周期（恒定PRF）或预先设定的伪随机序列（接收机也知道这一变化规律）的双基地雷达。间接同步法的精度取决于所用时钟的稳定度和收/发两地时钟校准的周期。要求时钟既要有好的短期频率稳定度，又要有高的长期频率稳定度。如若要求定时精度为$\Delta\tau = 0.1\,\mu s$，则时钟的短期频率稳定度应优于10^{-8}/ms，而长期频率稳定度应优于10^{-12}/ms。原子钟和高稳定度的石英晶体振荡器可满足这一要求。

3）独立同步法

以上两种同步方法，在双基地雷达使用合作式（专用或非专用）发射机时，才能实现。当双基地雷达接收机采用非合作方式工作时，则须独立解决同步问题，这就是独立同步方法。当发射机和接收机有直视距离，且发射天线副瓣电平较高或做匀速圆周扫描时，双基地雷达接收机可采用辅助的接收通道截获发射机的直达信号，从中提取同步信息。非合作双基地雷达接收机也可从固定地物的散射杂波中提取3个同步所需的信息。美国的BAC计划和英国伦敦大学在1979—1982年的试验方案——独立双基地接收机试验方案都是采用这种同步方法的。一般情况下，独立式同步方法很难获得高的同步精度，因而非合作双基地雷达接收机一般只用作告警和粗测。

2. 相位同步

双基地雷达的发射机和接收机还必须在频率上保持同步，尤其对于捷变频的工作方式。只有保持收/发频率同步，接收机才能很好地接收和放大回波信号。另外，对于脉压和动目标显示等相参工作方式，双基地雷达还必须像单基地雷达那样，保证收/发在相位上的同步，即保持相参性。

实现频率和相位同步的方法与实现时间同步的方法相同，有直接法和间接法。直接法是将发射机的射频编码和频率基准信号经由数传通信机传递到接收机。间接法是由收/发两基地原子钟分别为发射机和接收机提供频率和相位相参的基准信号。

独立式接收机也可以从发射机直达波或地物散射波中提取相位同步信息，但其工作质量受直达信号信杂比的影响较大，与前两种方法比较，其稳定性和精度都较差。

相位同步的精度要求取决于雷达工作方式。例如，动目标显示要求高的短期频率稳定度，50dB 的 MTI 改善因子要求稳定本振的频率稳定度为1.0×10^{-10}/ms。合成孔径雷达一般要求在秒级的相干积累时间内，相位误差$\Delta\varphi<90^\circ$，对于$f_0=10$ GHz 的发射机，频率稳定度为2.5×10^{-10}/s。直接同步法若采用光纤或微波通信作为数传信道，它们引入的附加相位误差很小，都能满足以上要求。在间接同步法中，采用原子钟做基准信号源，收/发两站的相位同步可达到0.1°/s。原子钟的短期频率稳定度为1.0×10^{-12}/ms，相位噪声为−100dBc/Hz（$f_{\rm m}=5$ Hz 处）、−137dBc/Hz（$f_{\rm m}=10$ kHz 处）。两原子钟进行频率比对的校频精度可达10^{-12}。所以，双基地雷达相位同步的精度能满足信号相参处理的要求。双基地雷达也可以实现脉冲压缩、脉冲多普勒和合成孔径等相参工作方式。

对于长基线远程警戒的双基地雷达系统来说，可采用北斗、GPS 定位和定时技术，由北斗、GPS 提供两基地的位置信息和完成收/发站间的时间和相位同步。在发射站和接收站各放置一台定位、定时的北斗、GPS 接收机和铷原子钟。两个北斗、GPS 接收机对同一卫星时间同步后，由各自输出的标准脉冲去锁定两个铷原子钟产生的雷达定时电路，从而完成收/发站间的同步。由北斗、GPS 统一比对的两个铷原子钟分别经分频、倍频、混频产生收/发站设备的频率源。两个铷原子钟的稳定性可以保证收/发站信号的相参性。

对于中、短基线的双基地雷达来说，可采用微波/光纤链路来传送收/发站的时间相位同步信号及两站间的工作方式等信息。下面介绍一种实用的将直接同步法和间接同步法相结合的时间和相位同步方案，其工作原理如图 9.14 所示。该系统时间同步采用微波双向传递测试法，由发射站、接收站的两个原子钟各自产生稳定度和准确度与原子频标同量级的定时脉冲，通过微波/光纤信道双向传递定时脉冲，采用高精度远程时间比对和频率比对技术，测量远程定时脉冲和本地定时脉冲之间的精确时间差（精度可达 ns 级）。测量出的时间差包括主、从站的微波系统硬件引入的时间差、空间传播时间差和收/发站的定时脉冲间的时间差，由于硬件误差和空间延迟误差是固定的，可以把收/发站定时脉冲的时间差测量出来，采用 DDS 技术，对原子钟加一个频率修正和相位修正，完成两站定时脉冲同步。在收/发站时间同步后，测量发射站发射触发脉冲的产生时间，送至接收站，接收站可以复制出同样的触发脉冲序列，该序列作为双/多基地雷达接收站的整机工作时序基准，最终的发射触发同步精度为 ns 量级。相位同步由分别放置在收/发站的两个铷原子钟实现，用原子钟的高精度和高稳定性实现雷达系统的相参信号处理，铷原子钟同时作为收/发站的频率基准。同时，发射站将频率码、方位信号、视频信号、工作方式等信息通过信号接口转换至复分接设备传送到接收站，协同收/发站的工作状态。这种将直接同步法和间接同步法相结合的方法，进一步提高了同步系统的精度和稳定性。

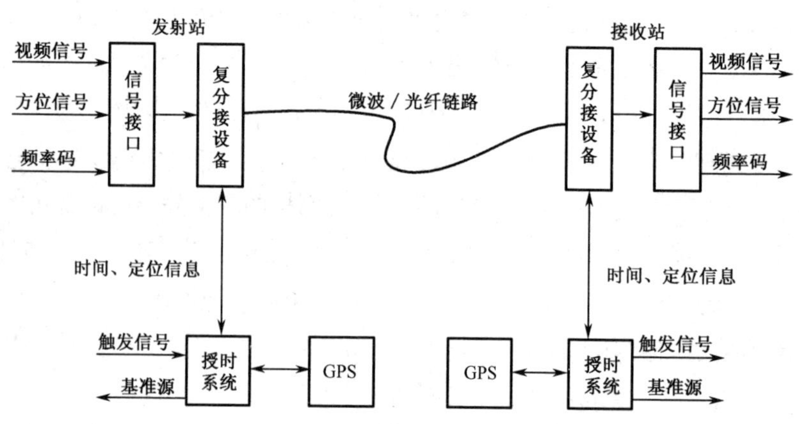

图 9.14　双基地雷达同步系统工作原理图

3. 空间同步

收/发天线波束之间的空间同步是双/多基地雷达的关键技术之一。由于收/发天线分开部署在不同的位置，在收/发过程中天线波束只能单程利用。与单基地雷达相比较，双基地监视雷达的天线波束扫描需解决下列难题：①只有在收/发波束交叠区的目标才能被探测到，发射功率和天线的收/发增益难以全部利用，目标数据率较低；②实现收/发波束扫描同步的技术较复杂，不能采用简单的匀速扫描方法；③副瓣影响较大，扫描过程中发射天线主瓣和接收天线副瓣、发射天线副瓣和接收天线主瓣相交都将产生较强的杂波干扰。

双基地雷达应选择合适的扫描方式和天线波束形状来克服以上限制。采用低副瓣的天线对双基地雷达尤为必要。双基地雷达常用的几种主要的同步扫描方式有：①发射窄波束扫描，接收宽波束泛光照射；②发射窄波束扫描，接收机多波束接收；③发射天线宽波束泛光照射，接收天线窄波束扫描；④发射天线泛光照射，接收机多波束接收；⑤发射窄波束和接收窄波束同步扫描，也称为数字脉冲追赶。前面 4 种同步扫描方式相对简单，下面将详细讨论窄波束发射和窄波束接收的数字脉冲追赶技术。

脉冲追赶是从双基地雷达技术中发展起来的一种性能较好、系统复杂度和成本较低的双基地雷达收/发空间同步技术。其特点是采用少量窄接收波束，同步跟踪窄波束发射的脉冲在空间传播到达的位置，既充分利用了收/发天线增益和发射功率，也提高了测量精度和分辨率。双基地雷达脉冲追赶工作原理如图 9.15 所示。

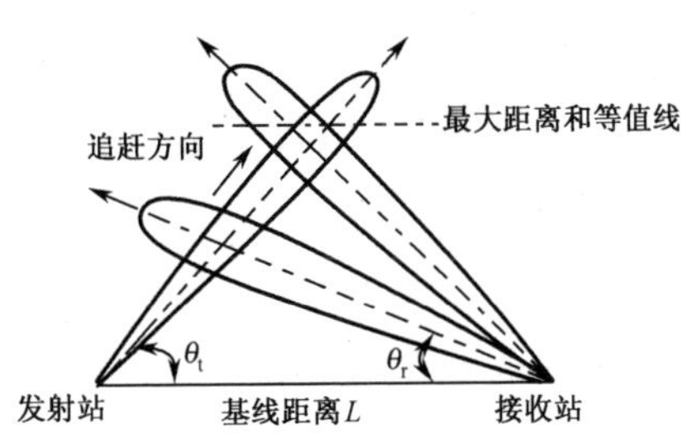

图 9.15　双基地雷达脉冲追赶工作原理图

双基地雷达探测目标的基本要求是发射波束、接收波束必须同时照射到目标，接收站的接收机才能接收到目标的侧向散射信号。所谓脉冲追赶，实际上就是用接收波束去实时扫描跟踪发射波束内发射脉冲在空间的每一位置，以得到发射波束照射空间内所有目标的回波信号。所以，采用脉冲追赶还必须考虑时间与空间的同步问题，如图 9.16 所示。其基本过程是，在系统实现定时与相位同步的前提下，根据接收站收到的触发脉冲与实时的方位数据（同步系统提供），在波束控制器的控制下，实时地选择追赶权值进行运算，从发射脉冲的零距离开始到最大作用距离完成一个追赶全过程，使所有可能的回波均被接收到。在每一发射脉冲期间，对发射波束照射的空域，采用接收波束快速扫描，可覆盖发射波束。要求接收波束扫描速度快于一般电扫描天线。这里采用的是用 DBF 技术的数字阵列天线。

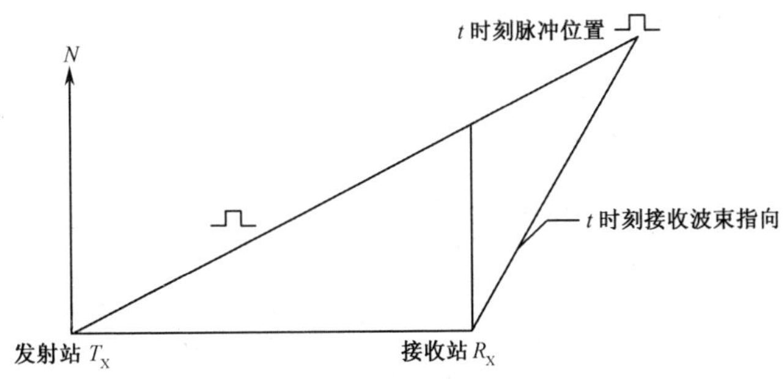

图 9.16　双基地雷达脉冲追赶示意图

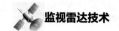

工程上实现脉冲追赶存在诸多问题，如收/发站的架设、波束控制器的设计、脉冲追赶法的验证等，设计中应考虑收/发站的配置和追赶波束的控制两个问题。

1）收/发站的配置

双基地雷达的性能与收和发两站的几何位置密切相关，脉冲追赶法的实现，还与接收阵的性能特征和架设方式有关。考虑接收阵的电扫描范围为±45°，从图 9.17 中可以看出，只有当发射波束落在接收波束的范围内，才能实现脉冲追赶。这种方式的作用距离如该图中阴影所示，因此实现全方位的追赶尚存在接收阵的架设问题。可能的途径是采用多站接收的 TR-R 体制，并进行四边形布阵，拓展双基地雷达的覆盖范围。

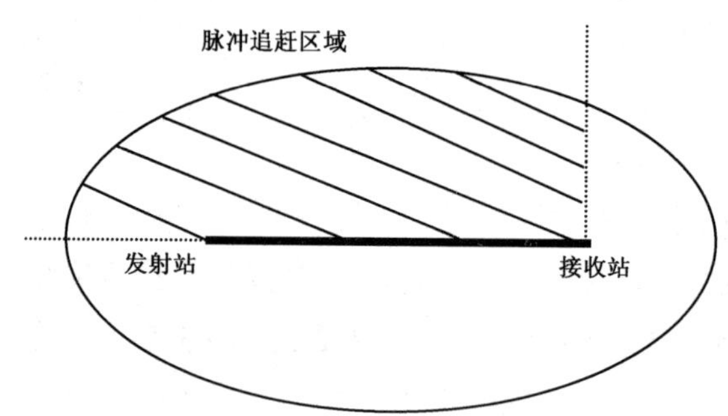

图 9.17　双基地雷达脉冲追赶作用范围

2）追赶波束的控制

（1）波束驻留时间的计算。

由于接收天线的波束有一定的宽度，脉冲追赶可以步进式进行，那么相邻两步的两个接收波束驻留时间差是 $\Delta t_i = t_{i+1} - t_i$，这里 t_{i+1} 和 t_i 分别是第 $i+1$ 和第 i 个接收波束的驻留时间。这个差值 Δt_i 表示相邻两步的接收波束移动了角度 θ_{ri}，造成距离不同而存在的时间差，如图 9.18 所示。Δt_i 是接收波束宽度和发射波束方位角 φ_{T} 的函数，Δt_i 的计算如下

$$\begin{cases} \Delta t_i = \dfrac{\left(R_{\mathrm{T}(i+1)} + R_{\mathrm{R}(i+1)}\right) - \left(R_{\mathrm{T}i} + R_{\mathrm{R}i}\right)}{c} \\ R_{\mathrm{T}i} R_{\mathrm{R}i} \leqslant a \end{cases} \tag{9.40}$$

式（9.40）中，a 为常数，即

$$\left(R_{\mathrm{T}} R_{\mathrm{R}}\right)^2 = \frac{P_{\mathrm{t}} G_{\mathrm{t}} G_{\mathrm{r}} \lambda^2 \sigma_{\mathrm{b}}}{(4\pi)^3 P_{\mathrm{r\,min}} L L_{\mathrm{r}} L_{\mathrm{s}}} = a^2 \tag{9.41}$$

$R_{\mathrm{T}i}$ 和 $R_{\mathrm{R}i}$ 均为 $\theta_{\mathrm{R}i}$ 和 φ_{T} 及 L 的函数。

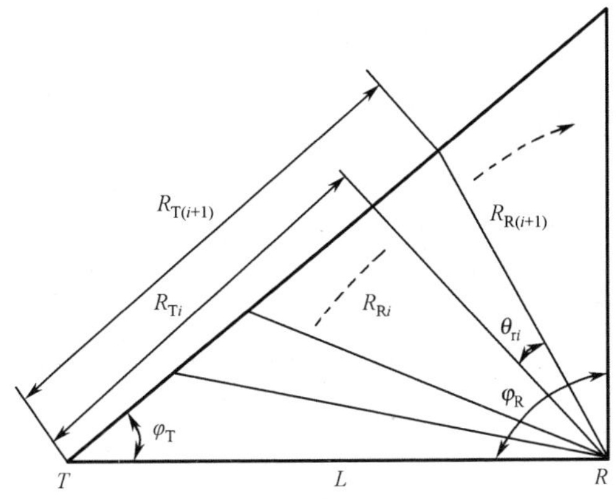

图 9.18　脉冲追赶波束驻留时间计算示意图

在整个接收的范围 φ_{R} 内，共有 M 个追赶接收波束位置，即

$$\varphi_{\mathrm{R}} = \sum_{i=1}^{M} \theta_{\mathrm{r}i} \tag{9.42}$$

在一个发射波束位置 φ_{T}，依式（9.42）可求得第 i 个接收波束的驻留时间差 Δt_i，从而构成了一组有 M 个驻留时间差的驻留时间表。显然发射波束指向另一位置，又将形成另一组不同内容的时间表。

（2）波束宽度的考虑。

求解波束驻留时间差 Δt_i 时，φ_{T} 的取值是以发射天线水平宽度（$\Delta\theta_{\mathrm{T}}$）为单位进行的，这样共需要 $180/\Delta\theta_{\mathrm{T}}$ 组时间表，而接收波束的步进值按接收波束的宽度来确定。

（3）DBF 计算权值的控制。

按上述方式构成了时间表之后，在发射波束下，根据相应的方位数据选取对应的一组时间表，同时通过距离计数器对该组时间表寻址获得权值的相对驻留时间差，控制相应的权值参与 DBF 的计算。然而，在实际工作中，还有一些因素必须考虑：①自适应波束形成还需要对权值进行修正；②为了克服接收通道的幅/相不平衡，需要定期校正，取得校正系数后，对权值也需要修正。因此，权值的存储宜采用乒乓结构。

9.3.2　显示校正技术

在单基地雷达中，雷达至目标的距离 R 与目标回波时延 Δt 之间有简单的线性关系，即

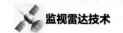

$$R = \frac{c \cdot \Delta t}{2} \tag{9.43}$$

由于双基地雷达目标定位与收/发两站均相关，远比单基地雷达复杂，影响定位精度的因素也很多，由图 9.19 所示双基地雷达空间几何结构图可以推导出，在已知基线长度（L）、距离和长度（$R_T + R_R$）、发射角（φ_T）以后，可以利用余弦定理求解双基地三角形，得到目标与发射站（以发射站为中心的距离值 R_T）或接收站（以接收站为中心的距离值 R_R）间的位置关系，从而进行距离校正。

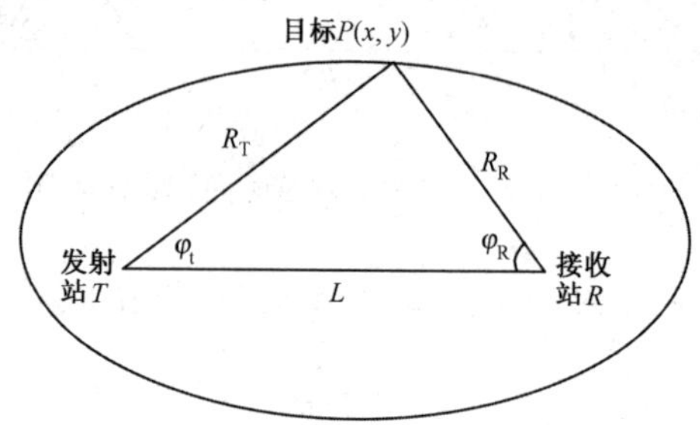

图 9.19　双基地雷达空间几何结构图

所用的余弦公式如下所示

$$R_T = \frac{1}{2} \frac{R_S^2 - L^2}{R_S - L\cos\varphi_T} \tag{9.44}$$

式（9.44）中，L 为收/发站的基线长度，$R_S = R_T + R_R$ 为距离和长度，φ_T 为发射角。由式（9.44）可以看出，在双基地雷达中 R_T 与时延 Δt（反映在 R_S 的数值上）之间不再是线性正比关系，而是与 R_S、L、φ_T 都有关系的三元非线性函数。如果采用传统的单基地显示器的显示方法，必然造成严重的非线性失真，其等距离线不再是同心圆，而是成为鸡心形状的曲线，收/发点 R_X、T_X 收缩为一点，这种显示上的失真是双基地雷达体制特有的问题，需要采用校正措施，才能正确地在终端上显示出目标与收/发站间的相对关系。

可以采用数字解算的方法实现双基地雷达显示校正的问题，这里给出一种比较简单的数字实现对目标定位的方法。采用数字信号处理芯片来完成显示距离校正，用软件编程进行显示校正，便于实现，灵活性大，可靠性好，双基地雷达显示距离校正的电路原理如图 9.20 所示。

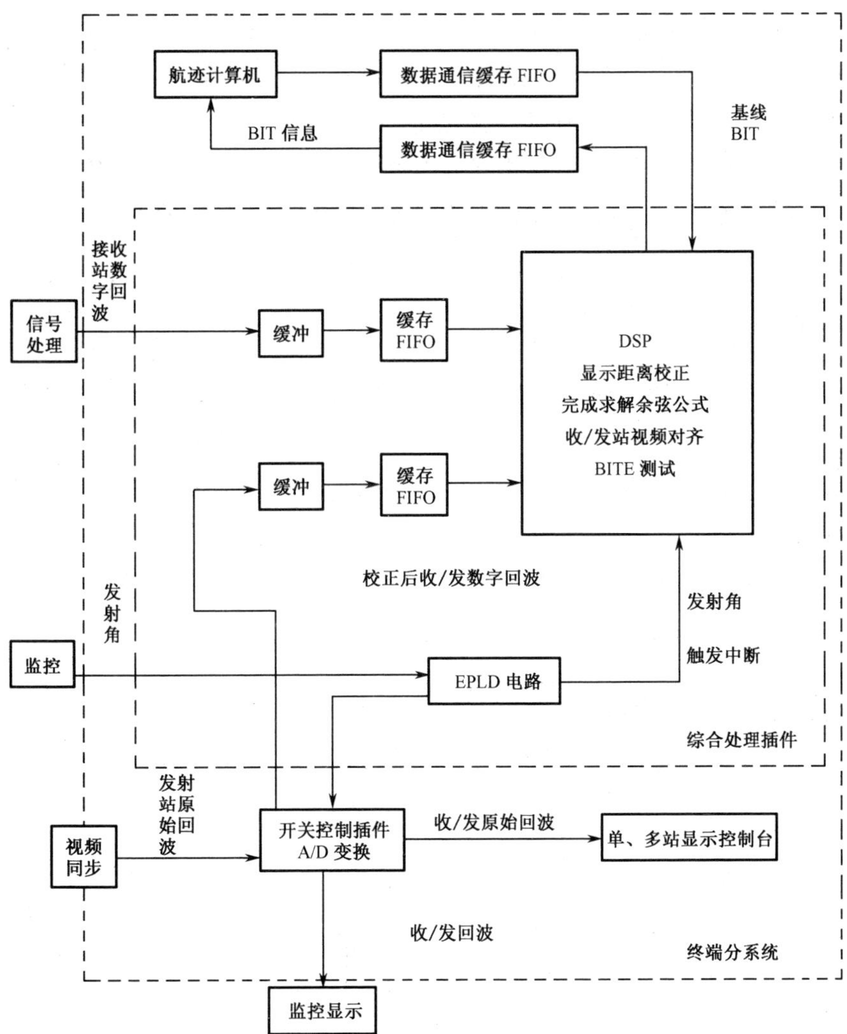

图 9.20　双基地雷达显示距离校正的电路原理图

9.3.3 数据融合处理技术

双/多基地雷达系统可采用多部接收机同时接收同一目标的散射信号，它为目标的检测和跟踪提供了多种手段和多组测量数据。多基地雷达系统的目标跟踪数据融合处理主要有分布式和集中式两种类型。

分布式处理是以每个双基地接收机为基础组成的，系统中每个接收站都对目标数据进行点迹凝聚和航迹相关，再将各接收站得到的点迹、航迹数据送到数据融合处理中心，数据融合处理中心再对各接收站的点迹和航迹数据综合计算和加权，确认最终目标航迹。

集中式处理是将各个接收站的目标信号数据，不管是真目标或假目标，一起送至融合处理中心进行信号级融合处理。由融合处理中心集中处理，完成点迹相关、航迹相关、滤波和预测外推，建立统一的目标航迹。

综合上述两种处理方式，集中式处理性能好但系统复杂，需要宽带通信和大容量计算处理等技术支撑，技术实现难度大。下面主要讨论一种实用的分布式处理方法。

1. 系统结构

一发多收方式的多基地雷达数据处理系统中，多个接收站的数据融合处理结构如图 9.21 所示。这种体系结构可以同时处理多个接收站的点迹和航迹数据，其中数据关联和相关模块是此体系结构的核心模块，负责将多个接收站的观测数据筛选或相关成一组，其中每一组表示与一个单一可分辨实体相关的数据。确定每组数据属于哪个已知实体或是新的实体的观测数据。所以点迹融合处理技术是此数据关联的核心技术。

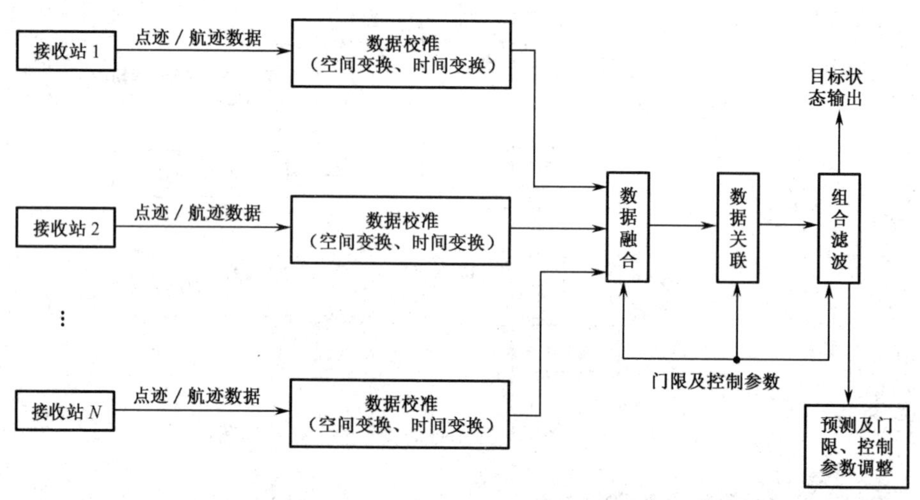

图 9.21　多个接收站的数据融合处理结构

2. 点迹融合

多基地雷达的点迹融合处理方法可分为两类：点迹数据压缩合并方法和点迹数据串行处理方法。对于多基地雷达，多站扫描周期和数据处理间隔相同，适合采用点迹数据压缩合并方法。点迹数据压缩首先需要对各站点航迹数据校准，这包括空间校准和时间校准。空间校准就是采用精度较高的球极坐标投影技术，将各接收站送来的航迹数据由它们各自的坐标系转换成统一坐标系下表示的直角坐

标系 X、Y 值。在转换过程中主要是进行正北方向的修正、地图投影的修正及中心点的平移等，把各接收站的经、纬度转换到系统直角坐标系平面上。

时间校准就是对各接收站送来的测量数据进行时间对齐，消除由于数据传输等原因带来的系统误差，补偿各站数据的时间漂移。

点迹压缩合并前首先要对点迹进行互联处理，确定互联点迹。在多目标情况下一个接收站可能和另一个站的多个点迹互联，此时一般运用最近邻域方法（Nearest Neighbor Algorithm）来确定互联点迹。对已确认为互联点迹的点迹数据，用最小二乘法估计合成。令

$$\boldsymbol{Z}=\begin{bmatrix} z_1 \\ z_2 \\ \vdots \\ z_n \end{bmatrix} \quad \boldsymbol{H}_n=\begin{bmatrix} h_1 \\ h_2 \\ \vdots \\ h_n \end{bmatrix} \quad \boldsymbol{R}=\begin{bmatrix} \sigma_1^2 & 0 & \cdots & 0 \\ 0 & \sigma_2^2 & \cdots & 0 \\ \vdots & \vdots & \ddots & \vdots \\ 0 & 0 & \cdots & \sigma_n^2 \end{bmatrix}$$

式中，$\boldsymbol{Z}$ 为观测向量，$\boldsymbol{H}_n$ 为已知系数矩阵，$\boldsymbol{R}$ 为观测误差矩阵。则对多个接收站观测的点迹数据合成的最小二乘估计为

$$\hat{\boldsymbol{X}}=\left(\boldsymbol{H}_n^{\mathrm{T}}\boldsymbol{R}^{-1}\boldsymbol{H}_n\right)^{-1}\boldsymbol{H}_n\boldsymbol{R}^{-1}\boldsymbol{Z} \tag{9.45}$$

点迹数据压缩的过程就是数据求精的过程，它能使点迹的质量更高，从而使点航迹配对的正确性更高，这样大大提高了跟踪维持的精度。

3. 数据关联

多基地雷达点迹数据融合处理的核心是数据关联。怎样对来自多个接收站的点迹和航迹数据进行聚类，其中类的个数就是发现目标的批数，这就是数据关联所要解决的问题。此时，每个扫描周期中类的个数可能不同，目标数据到达时可能会出现下述几种情况：

（1）初始阶段，没有形成任何目标航迹，所以接收的数据都是新目标，由此建立新航迹；

（2）已经有目标航迹建立，有些观测数据是这些目标航迹的后续点，有些是新目标的观测数据，需要建立新航迹；

（3）所有的观测数据都是已建立目标航迹的后续点。

数据关联处理主要是确定新观测量与已知目标航迹之间的相关性，其一般处理步骤为：

【步骤 1】在航迹文件库中查找备选航迹文件。一般只考虑与新观测量在方位上比较接近的航迹文件。

【步骤 2】把备选航迹的运动状态外推到新观测量 $Y_i\left(t_i\right)$ 的时刻。

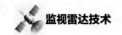

【步骤 3】确定相关性处理算法，计算新观测量 $Y_i(t_i)$ 与每一个备选航迹在“ t_i 时刻的估计位置 $N(t_i)$ 之间的相关性，形成关联矩阵。

【步骤 4】根据关联结果，将新观测量 $Y_i(t_i)$ 分配给某个航迹，再利用状态估计技术，更新航迹的运动状态。

在数据关联处理中，所使用的相关性准则有最近邻域滤波方法、模糊综合函数航迹关联算法及多目标跟踪的模糊滤波算法。在实际处理中，使用多级相关体制，综合使用这几种关联算法，解除模糊相关，提高相关成功率。

9.4 双基地雷达的应用

双/多基地雷达可用于各种对空、对海监视雷达和边、海防雷达组网，将能改善预警系统的性能，也可对空、天雷达组成双基地监视雷达。近来发展较快的利用外辐射源的雷达，在突破了检测能力后，也需按双基地雷达的原理来组成实用的雷达。

9.4.1 区域防御双/多基地雷达

1. 双/多基地雷达

双/多基地雷达的发射机和接收机是专门设计的，因而都能有最佳的技术参数来充分发挥双基地系统的优势。接收天线可以做到低副瓣和自适应波束控制，一方面，可以采用高重复频率的大时宽频宽的信号波形等。另一方面，采用专用发射机的双/多基地雷达，自然都是最新布置的系统，因而在系统几何配置上也可保证最大限度地发挥双基地系统的优势。当然，这种使用专用设备的双/多基地雷达花费的费用要大一些，但今后双基地雷达大量应用时，这种专门设计的系统将具有更好的效费比。为了充分利用电磁资源，应以多部接收机配合一部发射机工作。图 9.22 所示为多部接收机配合一部发射机的空间配置构型图。

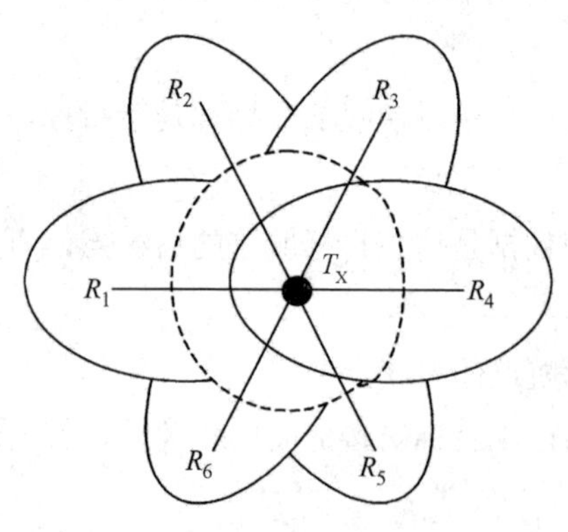

图 9.22　多部接收机配合一部发射机的空间配置构型图

2. 复合式双基地雷达

利用现役单基地雷达，增设一部与之配合的接收站（及相应的信号处理设备）可组成 TR-R 体制的复合式双基地雷达，如图 9.23 所示。

在和平时期可用双基地接收站补充原有雷达网的观察盲区，在战时可用隐蔽机动的双基地接收站来加强现役雷达系统的警戒范围和反对抗能力。所以，利用现役单基地雷达组成双基地系统，既具有实战意义，也是一种平战结合改造现有装备的好方法。但受单基地雷达的限制，这种系统不能充分发挥双基地雷达的优势。在这种双基地雷达系统中，现役单基地雷达保持其原有工作能力和参数，数传机同时将单基地雷达的信号传送到双基地接收中心，以进行综合处理。这种由单基地雷达和双基地接收机组成的 TR-R 系统，一方面扩大了系统的作用范围，另一方面又提高了系统电子战能力和工作质量。它复合应用了单基地和双基地雷达的能力，综合了两者的优点，所以称其为复合式双基地雷达。

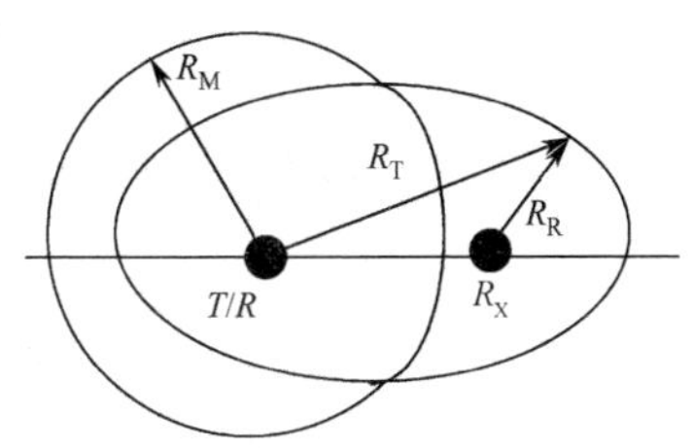

图 9.23　TR-R 体制的复合式双基地雷达

9.4.2　反隐身栅栏雷达

隐身目标多是利用结构上的特殊形态和特殊涂层来削弱目标的后向散射能量，从而使得雷达接收回波信号极其微弱、探测威力大幅减小，以达到隐身的目的。但是，隐身目标的侧向和前向散射并未削弱，特别是当目标的双基地角大于 135° 时，目标的前向散射会大大增强，与单基地雷达相比有 15dB 以上的好处，因此利用双基地雷达的合理布站结构，组成栅栏雷达网，可有效发现隐身目标。

前向散射栅栏一般这样构成：一是工作于大 β 角区域，此时目标的前向散射 RCS 明显增大；二是 β 角覆盖区域之外的更大的靠近基线的区域，取 5° 的范围，在该区域内杂波和直接路径信号都很强，目标多普勒频率低，目标距离产生模糊，无法确定。图 9.24 是双基地雷达工作在大 β 角时的双基地三角形构型关系图。一般定义前向散射 RCS 增强区域是 $\beta \in [135°, 175°]$ 的范围。

将多个收/发站单元按照双基地雷达主要工作在大 β 角时来布站，即可构成前向散射栅栏雷达网，一般可采用梯形、三角形和折线来组织栅栏雷达网络结构，它可以沿国境线（防御线）建设部署，发射站 T 或单基地雷达可放置在后方的高山上或升空，将接收站放置在前沿阵地或海面岛屿上。三角形结构的双基地栅栏雷达网如图 9.25 所示。收/发站间的距离应满足视距条件的约束。

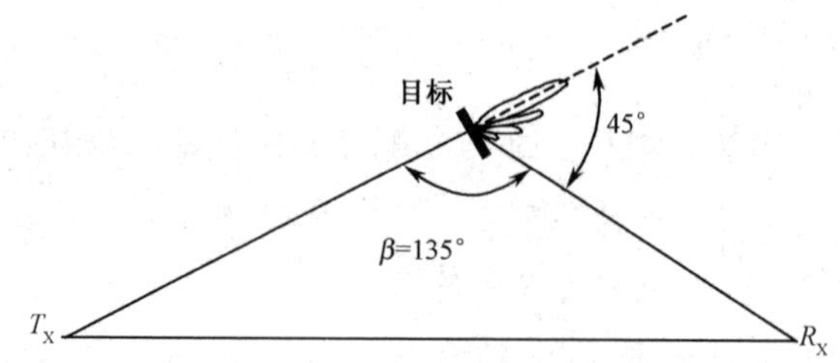

图 9.24　双基地雷达工作在大 β 角时的双基地三角形构型关系图

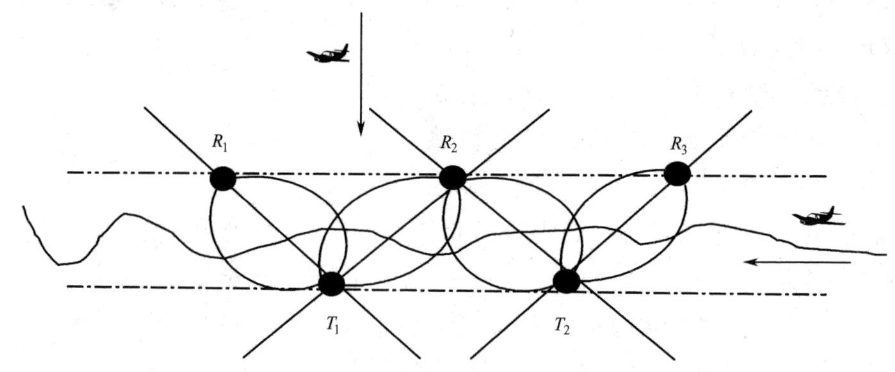

图 9.25　三角形结构的双基地栅栏雷达网

从图 9.25 中可以看到，相邻的各个发射站和接收站间的前向散射工作区之和基本上覆盖了雷达网的全部范围，而且还有多处重叠的区域。整个雷达网的覆盖区域构成了一个条带的布防结构，这种双基地栅栏雷达可以利用目标的侧向散射和多普勒拍频效应来检测隐身目标，并可通过多站点的组网与数据融合完成对隐身目标的警戒和跟踪。它与覆盖同样范围的单基地雷达网相比，具有较强的隐蔽性、“四抗”能力突出的特点。

9.4.3　分布式协同探测双基地雷达

随着电子信息技术的发展，雷达探测系统向着分布式网络化协同探测方向发展，针对临空高超声速、空天跨域打击等新型目标的探测，除解决探测覆盖性，还需解决探测时效性和协同性，对于分布式协同探测雷达系统要求所有雷达节点均具有时空同步、网络数传等功能，其中相邻雷达必须具有双/多基地协同探测模式和工作体制，双基地雷达技术体制的协同工作模式可解决雷达网的抗复杂电子干扰、抗摧毁的问题：①抗 ARM 配置，两雷达相距不远，同步或交替发射一组相互正交的编码脉冲信号，形成相参两点源抗 ARM 体制；②抗电子干扰，两雷达相距较远，各自独立工作，主要干扰方向雷达可采用发射不接收工作模式，而相距较远双基雷达采用接收工作模式，可极大地提高探测系统的抗干扰性能；

③协同探测增大作用范围配置，两雷达各自独立工作，在共视区采用协同探测工作模式提高探测性能；④采用发射源雷达后置、接收站前置的双/多基地探测模式。例如，采用 3 部双基地接收机配置在前沿半径为 R_{M} 的圆弧上，各基地间方位相隔 60° 配置，3 部双基地接收机具有宽频带自适应工作能力，它们的工作方式包括：①与两部单基地雷达协同工作于双基地体制；②3 部接收机联网组成无源定位系统；③工作于独立式双基地雷达，利用入侵敌机的雷达辐射做非合作发射机来探测目标。

9.5 MIMO 监视雷达

多输入多输出（MIMO）概念于 20 世纪末首次在通信领域提出，2004 年首次将其引入雷达中。MIMO 雷达按照天线单元在空间的不同分布发展出了统计 MIMO 雷达和相参 MIMO 雷达两种主要体制。本节主要讨论具有特殊优势的统计 MIMO 雷达。统计 MIMO 雷达是利用多个发射天线同步发射相互正交波形，同时利用多个接收天线接收回波信号并进行综合处理的一种新型体制雷达。统计 MIMO 雷达具有空间分集、波形分集、频率分集、极化分集和编码分集等多种分集得益。统计 MIMO 雷达天线既可以是独立的单元天线，也可以是天线子阵，它按照天线布置的“远近”分为集中式布阵 MIMO 雷达（简称集中式 MIMO 雷达）和分布式布阵 MIMO 雷达（简称分布式 MIMO 雷达）两大类。

分布式 MIMO 雷达的收/发天线相距较远，其中主要利用分布式接收天线收到的多个统计独立观察通道获得分集得益，通过分集得益来提高雷达系统的检测能力和参数估计能力，其中包括空间分集、频率分集、时间分集和极化分集等。分布式 MIMO 雷达既可进行相参处理也可进行非相参处理，前者需要所有天线单元满足时间、相位同步。

集中式 MIMO 雷达的天线布阵相对集中在一个区域，每个发射天线发射正交信号波形，也可发射部分正交信号，但其波形设计相对复杂，利用接收天线接收信号进行发射与接收信号的合成，由于发射信号正交只能在空间形成低增益的全向波束覆盖，为了获得与传统雷达相同的检测信噪比，需要进行长时间积累以获得相同的相参积累得益和检测性能。集中式 MIMO 雷达天线单元可采用收/发共置方式，也可采用收/发分置方式，目前已有成熟的雷达装备，其中综合脉冲孔径雷达（SIAR）即是典型的多载频同时发射与接收处理的集中式 MIMO 雷达，例如，综合脉冲孔径雷达就是一种集中式 MIMO 雷达，下面将重点介绍其工作原理、设备组成和性能分析、信号处理技术和系统设计等。

9.5.1 典型 MIMO 雷达系统

综合脉冲孔径雷达（SIAR）是一种典型的集中式布阵统计 MIMO 雷达，其基本布阵形式是在相对集中范围内稀疏部署独立的发射与接收天线，发射激励信号采样正交编码信号，使各天线单元的发射信号在空间不能进行相参叠加；接收依据编码识别和分离出各辐射分量，然后按分辨单元分别对各辐射分量做相应的延时补偿后求和，进行接收脉冲和波束综合，达到综合脉冲与孔径的目的[3,4]。SIAR 的主要关键技术有稀疏布阵技术、正交编码技术、脉冲综合技术、波束综合技术等。其主要处理为发射全向波束、接收数字波束形成和长时相干处理，具有发射低截获概率、反侦察能力强的特点，又具有良好的目标检测能力和参数估计能力。该雷达采用米波工作频段，具有良好的反隐身、抗反辐射导弹的优势，克服了普通米波雷达角分辨率差、测角精度低等缺点。典型的常规天线阵列如相控阵，其基本原理是天线各阵元的相参信号在空间相参合成天线方向图；为了避免空间栅瓣出现，单元间距受到限制。所谓稀布阵，是突破常规相控阵天线阵元间距的限制，大幅度降低阵元密度的阵列。

9.5.2 正交编码

SIAR 由若干个发射和接收阵元组成，它和常规天线阵列的本质区别是为了确保发射阵对空间进行全向辐射，要求对各个发射阵元的信号进行正交编码，即在整个积分时间内这种信号的互相关乘积为零。这样处理的目的是使信号在空间不会形成相参相加，无相参斑出现。事实上，这种编码并不复杂，只要各个发射阵元发射不同频率的信号，就可以达到目的。

例如，设 SIAR 由 N_e 个阵元组成，第 i 个发射阵元的发射信号为

$$S_i(t)=\mathrm{rect}(t)\exp\left[\mathrm{j}2\pi\left(f_0+i\Delta f\right)t\right] \quad i=0,1,\cdots,N_e-1 \tag{9.46}$$

式（9.46）中，Δf 为相邻两个阵元间的频率间隔，rect(t)为矩形函数，即

$$\mathrm{rect}(t)=\begin{cases}1 & 0\leqslant t\leqslant T_e\\ 0 & 其他\end{cases}$$

式中，T_e 为脉冲持续时间。各阵元发射信号具有式（9.46）所示的相位关系。如果补偿掉各发射阵元到空间上某一点的距离差，对 N_e 个信号的合成是一个宽度为 T_e/N_e 的窄脉冲信号。

第 i 个发射阵元到达空间一点的信号可以写为

$$S_i\left(t-\tau_i\right)=\mathrm{rect}\left(t-\tau_i\right)\exp\left[\mathrm{j}2\pi\left(f_0+i\Delta f\right)\left(t-\tau_i\right)\right] \tag{9.47}$$

式（9.47）中，τ_i 为第 i 个发射阵元到该点的时延。式（9.47）中包括包络时延和相位时延两个部分。由于各发射单元采用了异频发射的方式，因而系统合成信号的

距离分辨率仅与发射信号的总带宽有关。为了避免出现栅瓣效应，取 $T_e = 1/\Delta f$。如果 $\Delta f = 40\,\text{kHz}$，$T_e = 25\,\mu\text{s}$，一般阵列孔径相对较小，如在 100～200m 以内，所以各阵元发射的包络时延可以认为是相等的，式（9.47）可以写为

$$S_i(t-\tau_i) = \text{rect}(t-\tau)\exp\left[\text{j}2\pi(f_0 + i\Delta f)(t-\tau_i)\right] \quad i = 0,1,\cdots,N_e - 1 \tag{9.48}$$

式（9.48）中，若 $\tau = \tau_i$，则任意两个阵元 (i,j) 所辐射的信号到达空间任一点处的互相关积分为

$$\int_{\tau}^{T_e+\tau} S_i(t-\tau_i) S_j^*(t-\tau_i)\,\text{d}t = \sqrt{\frac{2}{\pi}} \frac{\sin\left[2\pi T_e(i-j)\Delta f\right]}{2\pi(i-j)\Delta f} \cdot \text{e}^{\text{j}2\pi f_i(\tau_i - \tau)} \cdot \text{e}^{\text{j}2\pi f_j(\tau_j - \tau)} \tag{9.49}$$

式（9.49）中，$f_i = f_0 + i\Delta f$。从式（9.49）中可以看出，只要 $T_e \cdot \Delta f$ 为一个整数，则各个发射阵元的信号就是正交的，这就意味着这种发射方式，虽然各个发射阵元都发射了一个宽脉冲 T_e，但每个发射阵元将是按照窄脉冲（脉宽为 T_e/N_e）的整个频谱分割成 N_e 等份，分配给 N_e 个互不相关且位置上是分开的发射阵元辐射出去，各阵元信号是正交的，所有发射信号的总带宽为 $N_e\Delta f$，合成信号的宽度为 T_e/N_e。

9.5.3　脉冲与孔径综合

由于发射正交编码信号，所以发射阵列在空间不形成波束，保证了空间的全向辐射性能。接收阵元接收了 N_e 个发射信号，调整它们之间的时间延迟，使之满足式（9.46）的相位关系，那么合成的信号就成为一个大振幅的窄脉冲，因而可以在接收机中以信号处理的方式来等效地形成发射波束。为了便于分析，这里以均匀发射阵为例进行讨论，且接收为单个全向单元。设该均匀发射阵由 N_e 个全向单元组成，阵元间距为 d，在与发射阵元的同一基线上，还有一个全向接收单元，它与坐标原点的距离为 d_r，如图 9.26 所示。考虑远场情况，该全向接收信号为

$$S_r = \sum_{i=0}^{N_e-1} \text{rect}(t-\tau_i-\tau_r)\exp\left[\text{j}2\pi f_i(t-\tau_i-\tau_r)\right] \tag{9.50}$$

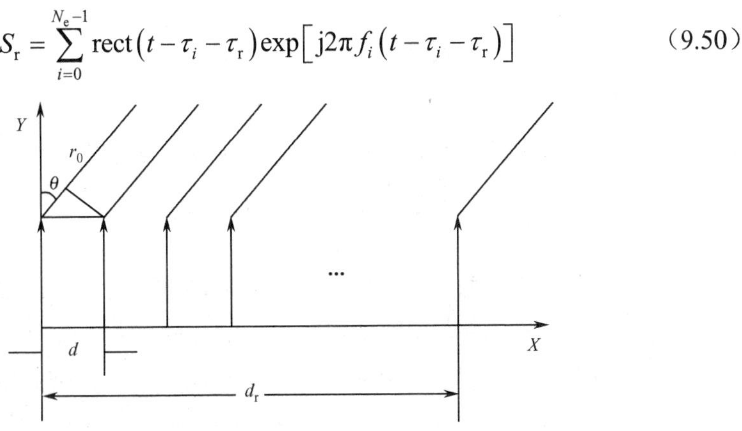

图 9.26　均匀直线阵收/发示意图

式（9.50）中，τ_i 是第 i 个发射阵元到目标的时延，τ_r 是目标到接收阵的时延。

从式（9.50）可以看出，如果接收采用多路接收，每一路都分别谐振在某一个频率上，于是，可将式（9.50）中的信号分辨开来，即对应于第 i 个频率通道的接收信号为

$$S_\mathrm{r}(t)=\mathrm{rect}\left(t-t_i-t_\mathrm{r}\right)\exp\left[\mathrm{j}2\pi f_i\left(t-t_i-t_\mathrm{r}\right)\right] \tag{9.51}$$

可见各个不同频率（即对应各个不同发射阵元）的回波不仅初相不同，而且包络时延也不相同。由前面的分析可知，在通常情况下，这种包络时延上的差异是可以忽略的，即认为包络对准。然而，它们在相位上的差异则是可以利用的。将式（9.51）中的各路信号变换到基频，可得各个频率脉冲信号的复包络值为

$$S_{\mathrm{r}i}=\exp\left[-\mathrm{j}2\pi f_i\left(\tau_i+\tau_\mathrm{r}\right)\right] \tag{9.52}$$

由于是单个阵元，τ_r 对所有发射频率信号都相同。τ_i 包含了发射阵列的全部几何特征和目标位置信息，对它进行补偿可获得等效发射波束，其等效方向图为

$$f(\theta,R)=\left|\sum_{i=0}^{N_\mathrm{e}-1}\exp\left(-\mathrm{j}2\pi f_i\Delta\tau_i\right)\right| \tag{9.53}$$

式（9.53）中，$\Delta\tau_i=\tau_i-\tau_i'$ 是目标估计位置相对于各个发射阵元的时延。不难看出，如果用作延迟补偿的 τ_i' 等于 τ_i（$i=0,1,\cdots,N_\mathrm{e}-1$），则各个信号恢复为式（9.46）的相位关系，即式（9.53）的求和等于 N_e；对于一定的 τ_i'，若实际的 τ_i 与它不相等，求和的幅度会下降。因此，式（9.53）的结果是目标位置的函数，它与角度的关系即等效为发射方向图，同时它还与距离有关。另外，如果不按式（9.46）发射，而是有一定的相位，只要在接收端补偿这一相位，也可以得到相同的结果。

考虑图 9.26 所示均匀直线阵的情况，令 $\tau_i=(r_0-id\sin\theta)/c$，$\tau_i'=(r_0'-id\sin\theta')/c$，其中，$r_0$ 和 θ 分别为目标的距离和方向，r_0' 和 θ' 分别是拟估计的目标距离和方向，将上式代入式（9.53）得

$$f(\theta,R)=\left|\sum_{i=0}^{N_\mathrm{e}-1}\exp\left\{-\mathrm{j}2\pi f_i\left[\Delta r-\Delta u_i(\theta)\right]/c\right\}\right| \tag{9.54}$$

式（9.54）中，$\Delta r=r_0-r_0'$，$\Delta u_i(\theta)=id\sin\theta-id\sin\theta'$，$r_0'$ 和 θ' 分别是目标估计距离和估计方向。对于常规发射方向图，可由下式直接给出

$$f(\theta,R)=\left|\sum_{i=0}^{N_\mathrm{e}-1}\exp\left[-\mathrm{j}2\pi f_i id\left(\sin\theta-\sin\theta'\right)/c\right]\right| \tag{9.55}$$

这里由接收阵形成的发射波束与常规的发射脉冲波束有一定的差别，体现在：即使对远场而言，SIAR 的方向图不仅与目标的方向有关，而且与目标所处的距离也有关系，为说明其特性，应采用“三维参数图”，除常规的方位、仰角外，还有距离参数，要对距离做补偿。在讨论波束形成时，假设距离已做了补偿。但

是，事先并不知道目标所对应的 τ_i 和 τ_r，因此在处理中可事先将空间按一定的规则划分为许多个三维分辨单元，如图 9.27 所示，并将每个单元中心所对应的一组 τ_i 和 τ_r' 存储起来，作为所有落入该单元的目标位置的补偿时延估值，从而对接收信号按分辨单元进行补偿。对于全方位警戒，这种计算量是巨大的，因此，系统计算及处理速度成为 SIAR 系统的一个关键问题之一。随着大规模集成电路和快速信号处理的应用，这个问题已得到很好的解决。

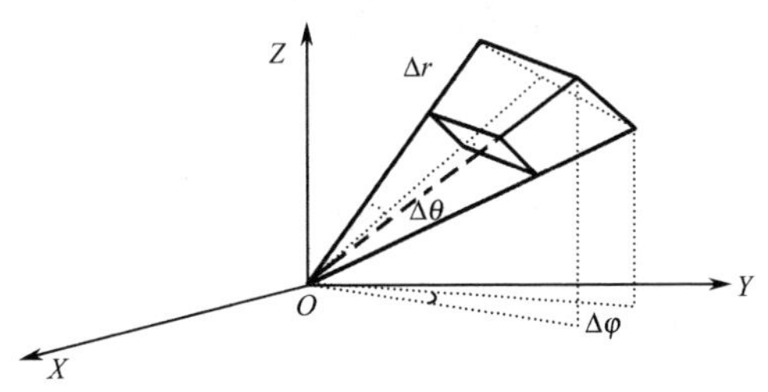

图 9.27　三维空间分辨单元示意图

SIAR 系统中，在完成发射波束综合的同时完成脉冲综合（脉冲压缩），针对式（9.52），用 τ_i' 和 τ_r' 来补偿 τ_i 和 τ_r，得

$$S_{ri}=\exp\left\{-j2\pi f_i\left[2\Delta r-\Delta u_i(\theta)\right]/c\right\} \tag{9.56}$$

对式（9.56）做傅里叶变换得

$$H(\theta,l)=\sum_{i=0}^{N_e-1}S_{ri}\exp\left(-j2\pi l\cdot i/N_e\right)\quad 0\leqslant l\leqslant N_e-1 \tag{9.57}$$

如果在 θ 方向做了正确补偿，即 $\Delta u_i=0$，则有

$$H(\theta,l)=\exp\left(-j2\pi f_0\frac{2\Delta r}{c}\right)\frac{\sin\pi y}{\sin\left(\pi y/N_e\right)}\exp\left(j\frac{N_e-1}{2}\frac{2\pi y}{N_e}\right) \tag{9.58}$$

式（9.58）中，$y=\dfrac{2\Delta r\Delta f N_e}{c}-l$。对式（9.58）求模得

$$\left|H(\theta,l)\right|=\left|\frac{\sin\pi y}{\sin\left(\pi y/N_e\right)}\right| \tag{9.59}$$

式（9.59）中，峰值出现在 $y=0,\pm N_e,\pm 2N_e$ 等处，对应的距离为 $\Delta r=\dfrac{cl_0}{2N_e\Delta f}$、$\dfrac{c(l\pm N_e)}{2N_e\Delta f}$ 和 $\dfrac{c(l\pm 2N_e)}{2N_e\Delta f}$ 等，其中 l_0 是峰值处的 l 值。由式（9.59）可以看出，这种发射波束综合法在距离上存在着栅瓣，且相邻两栅瓣间的距离为

$$\Delta R=\frac{c}{2\Delta f}=\frac{cT_e}{2}$$

即发射脉冲宽度所对应的距离。如果接收信号也用该宽度加窗，使栅瓣都处于窗外，则不会有影响。通常 $\Delta r\leqslant\Delta R$，$\Delta r$ 与同频率馈电相比，距离分辨率提高了 N_e 倍。“栅瓣效应”也说明了距离补偿具有周期性，实际上为分段离散化补偿，即在一个脉冲压缩宽度内只做一种补偿，而以发射脉冲宽度做周期性的重复。

9.5.4 系统分辨性能

由以上分析可以看出，全向辐射方向图为

$$f(\theta,R)=\left|\sum_{i=0}^{N_e-1}\exp\left[-j2\pi fi\left(\Delta r_i+\Delta\tau_r\right)\right]\right| \tag{9.60}$$

定向辐射系统的方向图为

$$f'(\theta)=\left|\sum_{i=0}^{N_e-1}\exp\left[-j2\pi f_0\left(\Delta r_i+\Delta\tau_r\right)\right]\right| \tag{9.61}$$

两者的差别在于后者为同频率馈电，而前者为异频率馈电。$f(\theta,R)$ 又可以写为

$$f(\theta,R)=\left|\sum_{i=0}^{N_e-1}\exp\left[-j2\pi f_0\left(\Delta r_i+\Delta\tau_r\right)\right]\cdot\exp\left[-j2\pi i\Delta f\left(\Delta r_i+\Delta\tau_r\right)\right]\right| \tag{9.62}$$

在主瓣范围内，对所有的 i，$i\Delta f(\Delta\tau_i+\Delta\tau_r)$ 的值都很小，也就是说 $\exp\left[-j2\pi i\Delta f\left(\Delta r_i+\Delta\tau_r\right)\right]\approx 1$，所以式（9.62）和式（9.61）基本相同，两者的方向图也基本相同。但是当远离主瓣区时，上述因子会起作用，从而使全向辐射系统方向图的远区旁瓣与定向辐射系统有所不同。由于异频馈电是全向辐射能量的，所以各阵元辐射的能量在空间的任一点上都是功率相加，即功率为 N_e（考虑归一化幅度情况），而同频率馈电的阵列在最大辐射方向上（波束顶点）的能量是电压相加，即功率为 N_e^2，所以后者的增益比前者大 N_e 倍。但定向发射只对辐射方向上的目标有效，而全向辐射则同时覆盖整个空间。

如果接收也采用分布式阵列天线，并用波束形成技术同时形成多个波束，指向多个目标（同时在接收端形成相对应的等效发射波束），则能量在一定场合下可以得到更为充分的利用。如果目标数为 M，用全向辐射时，各目标可利用的功率均为 N_e；用定向辐射时，对 M 个目标只能按时序工作，每一个目标的平均功率为 N_e^2/M。可见，如果 $M>N_e$，则全向辐射功率利用率比定向辐射功率利用率还要高。

此外，这种全向发射阵列还可以获得很长的相干积累时间[1,5]，与常规发射中的波束扫描时间无关。因此，它可以对目标进行更为精细的多普勒分辨，更有利于从杂波中区分出运动目标。

9.6 SIAR 系统的组成与性能

SIAR 采用全向天线单元稀疏布阵、宽脉冲全向辐射，在接收处理中对回波进行空时匹配滤波处理，综合形成发射阵方向图和窄脉冲。它可以方便地通过加大阵列天线的等效孔径来提高雷达的角分辨率和测角精度，同时可以采用自适应数字波束形成技术和长时间相干积累技术来有效对付有源干扰。SIAR 是一种全

（发射和接收）计算波束形成的雷达，如工作在 VHF 频段时，既具有米波雷达在反隐身和抗反辐射导弹等方面的优势，又克服了常规米波雷达角分辨率差、测角精度低和抗干扰能力弱的缺点，具有卓越的电子对抗性能和生存能力。

SIAR 除能测量目标的距离、方位、高度三维信息外，采样长时间相干处理还具有精细的多普勒频移(瞬时速度)分辨能力，可以获得较好的速度测量信息，是一种四坐标雷达。天线孔径加大还可获得较高的角度分辨率，从而可以将 SIAR 作为一种中远程搜索、拦截引导和跟踪一体化的先进米波雷达使用。

本节重点讨论 SIAR 的系统组成与基本性能，信号处理分系统在 9.7 节讨论，SIAR 系统和发展前景在 9.8 节讨论。

9.6.1 SIAR 的系统组成

SIAR 系统与常规雷达一样由发射系统和接收系统组成，其基本组成如图 9.28 所示。SIAR 系统与常规雷达的主要区别在于天馈分系统的发射阵元和接收阵元，发射阵元与接收阵元在空间分开布置，发射系统主要发射不同频率编码的发射信号。接收系统主要由接收阵元、接收前端与 A/D 变换，多普勒滤波、接收 DBF 与脉冲综合，目标检测与跟踪等功能单元组成，其中，SIAR 系统的接收 DBF 与脉冲综合处理与常规雷达不同，这也是 SIAR 体制的主要技术特征所在。

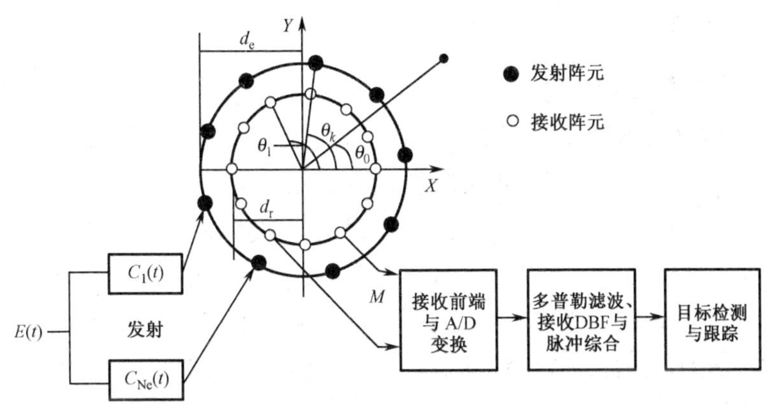

图 9.28 SIAR 的系统基本组成

SIAR 的天线系统可以随机布阵，也可以采用均匀分布在两个圆周上的 N_e 个发射天线单元组成的发射天线阵和 N_r 个接收天线阵元组成的接收天线阵构成。SIAR 系统的工作原理如图 9.29 所示。激励信号 $E(t)$ 是宽度为 T_e 的脉冲，它经编码网络 $\{c_k(t)\}$（即调制）后形成不同载频信号，并分配给各个不同的发射阵元，第 k 个阵元发射的信号频率为 $f_k = f_0 + c_k\Delta f$ 。其中，f_0 为中心载频；Δf 为发射信号频率间隔；C_k 为编码网络 $\{C_k(t)\}$ 第 k 个阵元发射信号频率编码，

$C_k \in \{-[N_e/2],\cdots,-1,0,1,\cdots,[N_e/2]\}$，且 $C_i \neq C_j(i \neq j)$，其中“$[\cdot]$”为取整运算符（下同）。

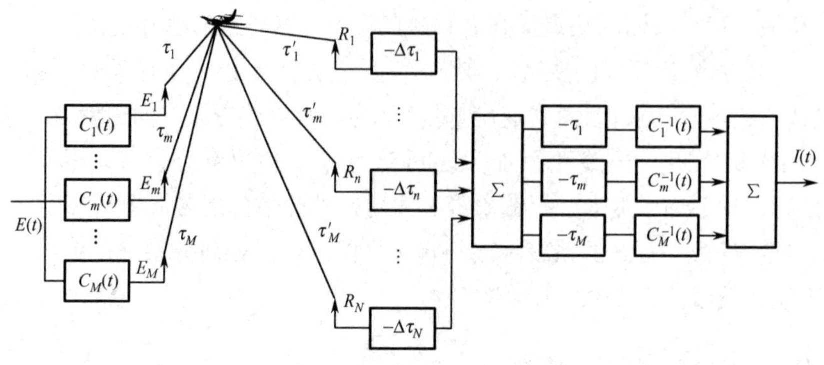

图 9.29　SIAR 系统的工作原理图

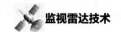

SIAR 系统除 N_e 个发射机和 N_r 个接收机外，其信号处理分系统主要完成 A/D 变换与正交采样、多普勒滤波、接收 DBF、发射脉冲综合和目标检测等，数据处理分系统主要完成点迹凝聚、目标跟踪和综合显示等。

9.6.2　SIAR 的基本性能

1. 探测性能

SIAR 在目标探测性能方面主要有两个方面的技术优势：①工作在米波波段。由目标电磁特性理论，当波长处于目标谐振区时，可获得稳定的目标 RCS 增大效应。对于一般飞机目标，米波波段的 RCS 比 S 波段的 RCS 要高 15～30dB，相应地，米波段雷达作用距离会提高 1 倍以上。②SIAR 体制采用长时间相干积累技术，是一种搜索同时跟踪（TAS）的雷达，即搜索与跟踪可以完全相互独立，有效地解决了搜索时需要长的相干积累时间和跟踪机动目标需要高数据率的矛盾，具有极大的灵活性，大大提高了系统的灵敏度，从而有利于对微弱信号的检测。尽管它发射的能量在空间是分散的，在相同发射功率下，发射能量只有常规雷达的 $1/N_e$，但只需 N_e 个脉冲积累就可以补偿全向发射的损失。而 SIAR 的相干积累时间比常规雷达要长得多，所以可以通过长时间观察以进行时间能量积累，达到探测远程低可观测目标的效果。

SIAR 由于采用米波频段（因为飞机隐身技术对米波波段的雷达隐身效果不明显）和大型稀疏布阵天线阵列，既克服了米波雷达角分辨率低的固有缺点，又利用其探测低可观测目标效果好的特点，做到了集搜索和高精度跟踪于一体。另外，采用长时间相干积累技术，克服了发射能量分散的弱点，极大地改善了信噪比，显著提高了在干扰背景下检测小目标的能力。同时大大降低了被反辐射导弹及侦察机截获的概率，不易受到干扰和攻击。

2. 抗干扰能力

对雷达实施干扰的方法很多，在第 5 章已经进行了详细讨论，一般来说干扰分为有源干扰和无源干扰两大类。对于无源干扰，可以通过提高雷达的分辨率和杂波改善因子解决。真正对雷达生存构成威胁的是有源干扰，特别是噪声阻塞式干扰。由于 SIAR 信号形式的特殊性，所以有着良好的抗干扰能力，主要表现在正交编码信号、长相干积累、自适应干扰置零和大时宽带宽积信号 4 个方面。

1）正交编码信号

SIAR 的脉冲和孔径综合处理，只对它自身所采用的编码形式的信号起作用，对其他形式的信号处理没有得益，因而 SIAR 对干扰是一种低灵敏度接收，其发射单元越多，这种效果越明显。例如，当 $M=25$ 时，对于干扰信号接收的灵敏度比目标信号低 14dB。

2）长相干积累

由于 SIAR 可以获得长时间的相干积累，相干积累数可以达到几千个，远超过常规雷达的相干积累的脉冲数。例如，$N_{\rm i}=1024$，则相干积累后，信噪比改善可达 $10\lg N_{\rm i}\approx 30$ dB。但对于干扰信号则不能形成相干积累处理，相干积累脉冲数越多，信干比改善越大。

3）自适应干扰置零

SIAR 为稀疏布阵阵列天线雷达，可以进行自适应干扰置零处理，与常规 DBF 相似，可以在 SIAR 接收波束中加入自适应处理，只要接收机不饱和，可以在干扰方向上自适应地形成零点。一般接收机线性动态范围在 80～90dB，这对 SIAR 抗干扰性能起着很好的保障作用。

4）大时宽带宽积信号

SIAR 采用大时宽带宽积信号。对于有源噪声干扰，采用大时宽带宽积信号可以有效地改善信号/干扰+噪声比（简称信干噪比）。通常在 SIAR 系统中信干噪比可改善约 40dB，故其相对常规雷达，具有良好的有源噪声干扰抑制能力。

SIAR 可以充分利用时域、频域和空域等手段进行干扰对消，在抗干扰方面比常规雷达的手段丰富得多，有着较强的抗干扰能力。

3. 抗摧毁性能

雷达的抗摧毁性能包括两个方面的内容：一方面是抗 ARM，另一方面是抗轰炸（激光制导、空对地导弹和巡航导弹等的攻击）。现代战争中，两种手段往往是并用的。SIAR 采用米波段（数十兆赫兹到 300MHz），因受导引头小口径角分辨能力的限制，目前列装的 ARM 难以攻击工作频率在 400MHz 以下的雷达。对于抗摧毁能力，SIAR 系统具有如下所述优势。

1）低截获概率（LPI）

由于 SIAR 系统采用了宽脉冲全向辐射，辐射脉冲功率非常低，其采用的综合脉冲孔径方法，达到与常规监视雷达同样的检测性能（设目标 RCS 和 P_d、P_{fa} 一定），在侦察接收机处所能侦察到的信号功率要小得多。假设发射阵元为 25，则与同频发射相比，在侦收点的信噪比要低 14dB，同时，SIAR 采用了长相干积累技术，较之常规雷达，其积累数要多出很多，因而单个脉冲能量必然很低。SIAR 被侦察到的最远距离约为同频发射雷达的 1/8。而且发射单元越多，LPI 性能会更好。良好的 LPI 性能有利于避免被侦察后交叉定位。

2）隐蔽性

SIAR 的各个天线单元形式简单（一般采用振子天线或双锥天线），雷达阵地隐蔽性较好，采用稀疏布阵相互距离较远，不易被侦察到。

3）易修复性

SIAR 采用的天线单元、发射单元和接收单元完全相同且构造简单，设备备份简单且容易修复，同时由于天线阵列的稀疏性，损坏几个天线单元仍可降性能工作，系统具有较好的鲁棒性。

4）可搬移性

SIAR 采用稀疏布阵水平孔径较大，由分置的独立天线单元采用稀疏布阵而成，因而架设、拆收都很容易，阵地转移性能较好。

总之，SIAR 由于采用米波频段（隐身技术对米波频段雷达效果不明显），具有良好的反隐身效果，其采用的大型稀疏布阵天线阵列，克服了米波雷达角分辨率低的固有缺点，实现了米波雷达一体化搜索和高精度跟踪能力；另外，SIAR 采用全向天线辐射和长时间相干积累技术，大大降低了被反辐射导弹及侦察机截获的概率，不易受到攻击。同时，长相干积累技术极大地改善了信噪比，提高了在干扰背景下对小目标的检测能力；而 SIAR 系统采用单元级全固态发射，具有低峰值发射功率，无机械扫描结构装置，使用可靠性很高。

9.7 SIAR 信号处理分系统

SIAR 作为一种全新的 MIMO 雷达技术体制，其信号处理分系统除完成常规雷达信号处理功能外，还需具有发射阵波束综合、发射正交子脉冲信号的脉冲综合处理和基于 MIMO 体制的长时间相干处理等功能。

9.7.1 处理方案

SIAR 作为一种全新的 MIMO 雷达技术体制，其信号处理分系统具有极其重要的作用，是 SIAR 系统的核心处理设备。信号处理要完成中频正交采样、频域滤波与检测、DBF、综合处理（发射阵波束形成与脉冲综合）、CFAR 检测等工作，同时满足发射波形产生、多通道接收处理、多通道 DBF 及长时间相干处理等功能。

SIAR 的信号处理有两种基本方案：一种是先做 DBF，再对每一波束做 FFT 以完成相参积累，然后再完成发射及脉冲综合（称为时频实现方案）；另一种是先完成 FFT 处理，再做 DBF，然后再完成发射及脉冲综合处理（称为频域实现方案）。SIAR 系统信号处理原理框图如图 9.30 所示。这两类处理方案的选择视要求而定：当“堆积”波束数较少时（小于接收阵元数），采用第一种方案，否则采用第二种方案。在实际工程应用中，波束数一般比较多，多采用第二种方案。

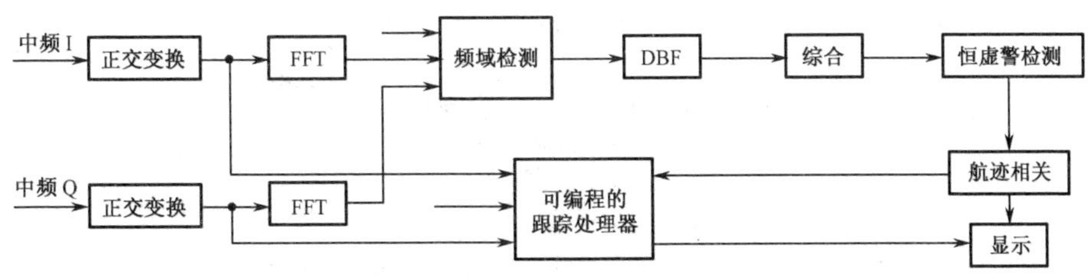

图 9.30　SIAR 系统信号处理原理框图

SIAR 为发射全向覆盖，天线增益和功率利用率低，须靠增加脉冲积累数来补偿，即多普勒通道数多。由于不知道目标的速度，故应在方位、仰角、距离和多普勒上做“四维”搜索，处理量大。为了减少处理设备量，采用先在多普勒域做频率跟踪，然后再做 DBF 和综合、检测处理。

9.7.2 幅/相校正

幅/相校正系统一般包括发射校正和接收校正，收/发校正一般分内校和外校系统，内校一般不包括天线单元及连接器等；外校系统由外部信标源（射频时延应答器）、多路数据采集器和计算机组成。SIAR 系统幅/相校正原理框图如图 9.31 所示。各路发射机的射频脉冲信号经过射频时延与幅度调整后，由外部信标天线发射出去，这一校正发射信号被各路接收机接收，接收机中频输出经多路数据采集器后，依次进行 I/Q 形成、谱分析、各发射通道和接收通道的幅/相计算，最后进行 DBF 和发射综合的权值计算，得出的权值可写入实时信号处理系统的校正权值存储器中。

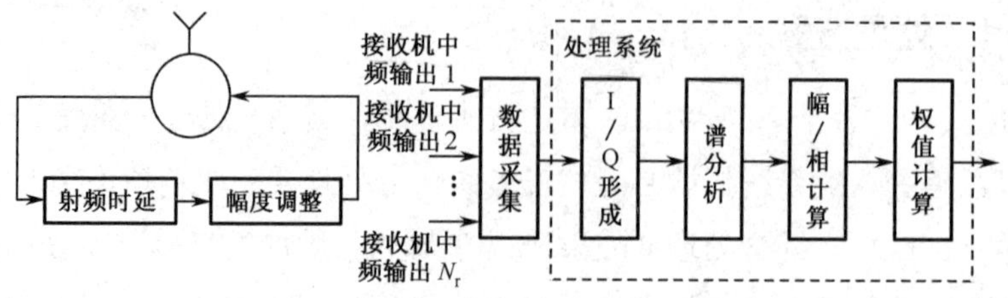

图 9.31　SIAR 系统幅/相校正原理框图

SIAR 的幅/相校正系统与常规相控阵雷达的 DBF 是不同的，除要求各接收通道需要校正外，还要对各发射通道进行校正。因此，在考虑校正方法时，既要能测量各接收通道的幅/相特性，还要能测量各发射通道的幅/相特性。由于 SIAR 系统往往采用收/发分置方式，必须采用外部校正的方法，其工作原理如图 9.32 所示。

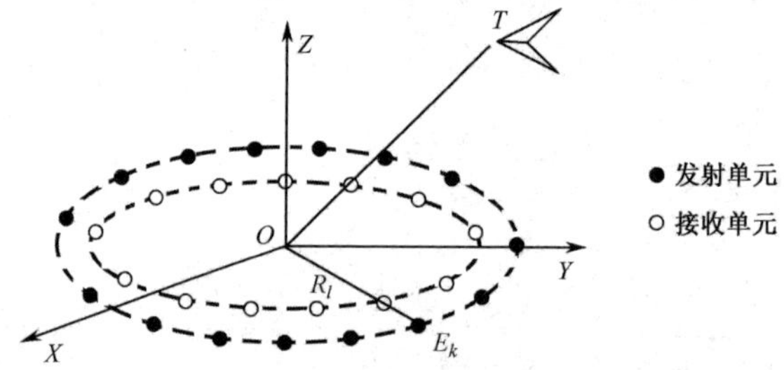

图 9.32　SIAR 系统天线收/发阵工作原理示意图

SIAR 系统接收的信号为

$$\begin{aligned}S_\Sigma(t)=&\sum_{k=1}^{N_e}\sum_{l=1}^{N_r}A_{ek}A_{rl}\,\mathrm{rect}\left(t-\tau_{OT}\right)\exp\left[\mathrm{j}2\pi f_k\left(t-\tau_{OT}\right)+\varphi_{ek}+\varphi_{rl}\right]\times\\&\exp\left[\mathrm{j}2\pi f_k\mathbf{OT}\cdot\left(\mathbf{OE}_k+\mathbf{OR}_l\right)/c\right]\end{aligned}\tag{9.63}$$

式（9.63）中，A_{ek} 和 A_{rl} 分别为各路发射和接收信号的归一化幅度，τ_{OT} 为阵参考中心到点目标 T 的时延，f_k 为各发射单元对应的发射频率，φ_{ek} 和 φ_{rl} 分别为各路发射和接收信号的初始相位，向量 $\mathbf{OT}$ 为参考中心 O 到点目标 T 的单位向量，向量 $\mathbf{OE}_k$ 和 $\mathbf{OR}_l$ 分别为中心 O 到各发射单元和各接收单元的向量，c 为电磁波传播速度。

第 l 路接收机接收的信号可以表示为

$$\begin{aligned}S_l(t)=&\sum_{k=1}^{N_e}A_{ek}A_{rl}\,\mathrm{rect}\left(t-\tau_{OT}\right)\exp\left[\mathrm{j}2\pi f_k\left(t-\tau_{OT}\right)+\varphi_{ek}+\varphi_{rl}\right]\times\\&\exp\left[\mathrm{j}2\pi f_k\mathbf{OT}\cdot\left(\mathbf{OE}_k+\mathbf{OR}_l\right)/c\right]\\=&\sum_{k=1}^{N_e}A_{ek}A_{rl}\,\mathrm{rect}\left(t-\tau_{OT}\right)\exp\left[\mathrm{j}2\pi f_k\left(t-\tau_{OT}\right)\right]\exp\left(\mathrm{j}\Phi_k\right)\end{aligned}\tag{9.64}$$

式（9.64）中，$\Phi_k = \varphi_{ek} + \varphi_{rl} + \mathrm{j}2\pi f_k \mathbf{OT}\cdot(\mathbf{OE}_k + \mathbf{OR}_l)/c$。对式（9.64）进行离散傅里叶变换，得

$$S_l(m) = \frac{1}{N}\sum_{n=0}^{N-1} S_l(n)\mathrm{e}^{-\mathrm{j}\frac{2\pi}{N}mn} = \frac{1}{N}\sum_{k=1}^{N_e}\sum_{n=0}^{N-1} A_{ek}A_{rl}\mathrm{e}^{\mathrm{j}\left[\frac{2\pi}{N}(k-m)n+\Phi_k\right]} \tag{9.65}$$

式（9.65）中，N 为在发射脉宽 T_e 内的取样点数。考虑各发射分量相互正交的前提，令 $m=k$，由式（9.65）可得

$$S_l(k) = \frac{1}{N}\sum_{n=0}^{N-1} A_{ek}A_{rl}\exp\left(\mathrm{j}\Phi_k\right)\exp\left(-\mathrm{j}\frac{2\pi}{N}n\right) \tag{9.66}$$

如果确定目标 T 的方向，由式（9.66）可以得到第 k 个发射分量的幅度谱和相位谱。确定各发射分量的幅/相关系后，再对各路接收信号重复以上分析，即可得到各接收信号的幅/相关系。得到这些相对幅度和相位关系后就可以用作系统的幅/相校正。

9.7.3　距离模糊函数

假设有一目标 T，其与阵列中心距离为 R_0。在窄带情况下，第 l 路接收信号的复包络为

$$\begin{aligned} S_l(t) = {} & \exp\left(-\mathrm{j}2\pi f_0\tau_0\right)\exp\left(\mathrm{j}2\pi f_0\tau_{rl}\right)\cdot\sum_{k=1}^{N_e}\mathrm{rect}\left(t-\tau_0\right)\times \\ & \exp\left[\mathrm{j}2\pi c_k\Delta f\left(t-\tau_0\right)\right]\cdot\exp\left(\mathrm{j}2\pi f_k\tau_{ek}\right),\quad l=1,2,\cdots,N \end{aligned} \tag{9.67}$$

这里仅以一个接收单元为例来说明问题。假定脉冲综合过程中与目标方向有关的延时 τ_{ek} 已经补偿。根据模糊函数的定义，SIAR 的距离模糊函数为

$$\begin{aligned} \chi(\tau) &= \int_{-\infty}^{+\infty} s_l(t)s_l^*(t+\tau)\mathrm{d}t \\ &= \frac{T_e-|\tau|}{T_e}\exp\left[-\mathrm{j}\pi\left(N_e-1\right)\Delta f\tau\right]\frac{\sin\left(\pi\Delta f\tau N_e\right)}{\sin\left(\pi\Delta f\tau\right)} + \\ &\quad \sum_{k=1}^{N_e}\sum_{i=1}^{N_e}\exp\left[-\mathrm{j}\pi\left(c_k+c_i\right)\Delta f\tau\right]\frac{\sin\left[\pi\left(c_k-c_i\right)\Delta f\left(T_e-|\tau|\right)\right]}{\pi\left(c_k-c_i\right)\Delta f\left(T_e-|\tau|\right)},\quad |\tau|<T_e \end{aligned} \tag{9.68}$$

式（9.68）中，第二项为频率耦合距离旁瓣，其中，$i\neq k$。从式（9.68）第一项可以看出：当 $T_e\Delta f=1$ 时，不存在距离栅瓣；当 $T_e\Delta f=M>1$（M 为整数）时，在 $\Delta f\,|\tau|=m(m=1,2,\cdots,M-1)$ 时刻出现距离栅瓣，即

$$\tau = \pm\frac{m}{\Delta f} = \pm\frac{m}{M}T_e,\quad m=1,2,\cdots,M-1 \tag{9.69}$$

另外，式（9.68）中因子 $\dfrac{\sin\left(\pi\Delta f\tau N_e\right)}{\sin\left(\pi\Delta f\tau\right)}$ 的脉宽（在−4dB 处）为 $T_1'\approx\dfrac{1}{N_e\Delta f}=\dfrac{1}{B}$。在

SIAR 系统中，有 $T_e B \gg 1$，因此，经脉冲综合后，脉宽 $T_1 \approx T_1'$，则脉压比为

$$D = \frac{T_e}{T_1} \approx T_e B = N_e T_e \Delta f \tag{9.70}$$

9.7.4 长时间相干积累

1. 长时间相干积累及其存在的问题

提高对低可观测目标的检测性能是雷达技术永恒不变的课题，且随着隐身和极低隐身技术的发展显得尤为重要。单纯依靠增加发射功率来提高探测能力是有限的，必须着眼于采用新的雷达体制、新的信号处理机理、新的波形设计和相应的信号积累方式。SIAR 最突出的优势是采用全向发射，发射波束空间不合成，因此 SIAR 可以采用长时间相干获得较大的积累得益，这对提高雷达低可观测目标探测能力具有重要意义。

常规雷达由于发射波束合成，为解决空间覆盖必须进行机械或电扫描方式，其对特定的空间目标回波脉冲数一般只有十几个。SIAR 系统通过发射波束全向覆盖，发射和接收波束采用计算波束形成，因此，SIAR 系统的脉冲综合可以设定为任意方向的计算，等效为把雷达波束固定在某些方向上，如果计算能力足够就可以采用全空间覆盖方式。因此，可以在接收端形成覆盖特定空间的多个波束，甚至可以充满整个空间而无须波束扫描，如果计算能力足够，可以在整个观测空间采用类似于常规雷达的凝视工作方式。由于 SIAR 系统没有波束扫描问题，积累时间只受目标运动和雷达参数限制，而与波束对目标的扫描时间无关。

虽然 SIAR 系统不需要进行波束扫描就可以获得长时间相干积累得益，但是 SIAR 系统进行长时间相干积累处理必须考虑 3 个技术问题。

1）发射信号带宽限制了相干积累的脉冲数

在 SIAR 系统同时发射的 N_e 个频率信号中，最大频率和最小频率引起的多普勒频率误差为 $\varepsilon_{fd} = (2B/c) \cdot v_r$。若径向速度 $v_r = 600\,\text{m/s}$，带宽 $B = 0.5\,\text{MHz}$，则积累时间不能超过 0.5s。对此若采用先综合后 FFT 处理，可以克服多普勒扩散现象。然而，由于长时间积累，目标可能移动了几个距离单元，并且目标的速度未知，难以对其进行包络补偿。

2）目标长时间运动存在多普勒频率的变化

目标以速度 v 穿过固定波束，如图 9.33 所示，得目标回波的多普勒频率为

$$f_d = 2v\cos\varphi_v(t)/\lambda \tag{9.71}$$

式（9.71）中，$\varphi_v(t)$ 为目标运动方向与雷达视线的夹角。

由于观察时间的增长，即使对匀速直线运动的目标，也会因夹角 $\varphi_{\mathrm{v}}(t)$ 的改变而产生多普勒频率的变化，更何况长时间运动中加速度的影响。积累时间越长，多普勒频率的变化越大，因为长时间相干积累时，多普勒回波信号是大BT值（时宽带宽积)信号，采用适于小BT值信号的DFT处理方法要带来一定的损失。

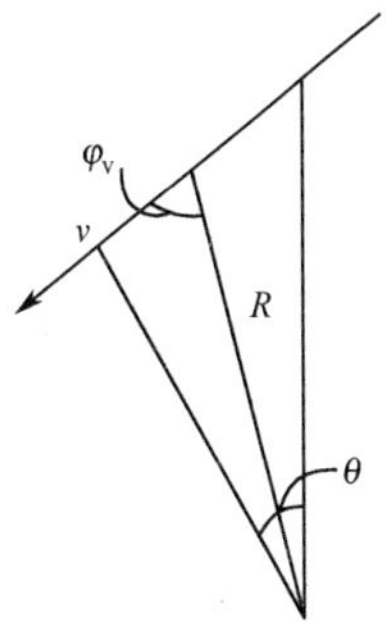

图9.33　目标穿过固定波束示意图

3）目标穿过一个分辨单元的时间限制

目标在一个分辨单元内的回波数，受到目标纵向和横向穿过这个分辨单元的时间限制。若分辨单元为 ΔR，则目标纵向穿过这个分辨单元所需要的时间为

$$T_1=\frac{\Delta R}{v_{\mathrm{r}}}=\frac{\Delta R}{v\cos\varphi_{\mathrm{V}}} \tag{9.72}$$

而目标横向穿过这个分辨单元所需要的时间为

$$T_2=\frac{R\theta_{\mathrm{b}}}{v\sin\varphi_{\mathrm{V}}} \tag{9.73}$$

则目标在某个单元内回波个数为

$$N_{\mathrm{p}}=\min\{T_1 f_{\mathrm{r}},\ T_2 f_{\mathrm{r}}\} \tag{9.74}$$

若脉宽为 $2\mu\mathrm{s}$，$\Delta R=300\ \mathrm{m}$，当距离 R 值较大时，一般都有 $T_1<T_2$。若目标以600m/s 的速度相对雷达做切向飞行，则穿过波束的时间可能大于 5s（设 $R=100\mathrm{km}$），即积累时间可达 5s；当脉冲重复频率 $f_{\mathrm{r}}=600\ \mathrm{Hz}$ 时，其脉冲数可达 3000 个，若目标对着雷达站径向飞行，则对上述设定目标速度的积累时间为0.5s，只有 300 个脉冲可进行相干积累，因此，必须采用运动补偿措施，才能有更多的脉冲可供积累。

2. 基于运动补偿和时频分析的长时间相干积累方法

针对长时间运动存在多普勒频率变化的 LFM 信号检测，通常采用 Radon-Wigner 变换（Radon-Wigner Transform，RWT），因为它有基于线性调频的快速算法，即将信号乘以 $\exp\left(-\mathrm{j}\frac{1}{2}\mu t^2\right)$（$\mu$ 以各种不同值做搜索），并做快速傅里叶变换（FFT）。针对前一页问题 1）和 2）可以先进行脉冲综合，后按 Dechirping 方法予以解决，但难以对其进行包络补偿；不过，可以在包络移动时进行补偿。针对前述问题 1）和 3)，先对所有回波分组进行多普勒滤波，再对所有多普勒通道输出信号进行脉冲综合处理，然后对各组中相同多普勒通道信号采用 Dechirping 方法

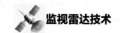

进行组间相干积累。当然，在相干积累前要进行运动补偿，即包络对齐。对上述问题的处理流程如图 9.34 所示。

图 9.34　SIAR 系统相干积累处理流程图

经过以上处理后，信噪比的改善为：$10\lg(N_e N_r MN)$ (dB)。由于 SIAR 系统存在探测距离与距离分辨率之间的矛盾，利用长时间相干积累技术，可以采用频率步进脉压技术和 SIAR 系统脉冲综合处理相结合的办法，以加大发射信号的时宽带宽积。但是，步进频率对运动速度较为敏感，因此必须在包络对齐前进行因运动速度导致的步进频率补偿。这样，图 9.34 所示的处理流程要更新为图 9.35 所示的处理流程。

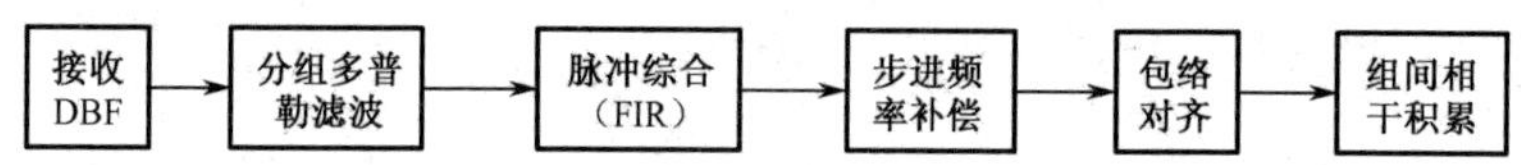

图 9.35　采用步进频率的 SIAR 系统相干积累处理流程图

9.7.5　自适应数字波束形成

雷达要满足日益复杂的电磁环境适应性，必须要有高效的抗干扰措施。针对大功率有源干扰，SIAR 由于稀疏布阵难以获得良好的低副瓣性能，一般难以通过低副瓣有效抑制副瓣进入的有源干扰，因此必须采用自适应数字波束形成（ADBF）技术。对于工作在米波波段的 SIAR 来说，遇到的有源干扰较多，虽然 SIAR 可以通过长时间相干积累来达到一定的抗干扰性能，但是在一般条件下，针对强干扰信号仅通过相干积累来抗干扰是不够的。所以在 SIAR 中实现 ADBF 很有必要。由于 SIAR 的接收采用阵列处理，这使得在 SIAR 中采用 ADBF 技术成为可能。

所谓 ADBF 技术，就是通过对各个天线的输出信号进行加权合成，使得天线阵的输出对所关心的方向信号的增益最大，而对于不需要的方向信号的增益最小或接近于零，并且加权因子可以根据环境变化而自适应地变化。ADBF 是通过不同的自适应算法来实现的，自适应算法主要有开环算法和闭环算法。在早期，人们主要集中于闭环算法的研究，包括最小均方（Least Mean Square，LMS）算法，差分最陡下降（DSD）算法和加速梯度（AG）算法等。闭环算法实现简单、性能可靠、不需要数据存储，但是收敛速度慢，在变化较快的环境中，闭环算法往往难以适用。因此，在后期人们对开环算法进行了广泛的研究。SIAR 系统的

ADBF 开环算法和原理框图如图 9.36 所示。最著名的开环算法是 Reed 等人提出的采样协方差矩阵求逆（Sampling Covariance Matrix Inversion，SCMI）算法，该算法具有较快的收敛速度，但是该算法的运算量大，并且稳健性差。因此，人们又提出了基于特征空间的正交投影算法，该算法与 SCMI 算法相比，收敛速度更快，稳健性更强。但是该算法需要事先知道干扰源的个数及进行矩阵特征分解，运算量也较大。在 20 世纪 80 年代初期，Hung 提出了一种快速自适应波束形成算法，即正交化算法，该算法运算简单，且能有效地对消干扰，具有很强的适应性。为了对付运动干扰和宽带干扰，人们又提出了将导数约束和正交化算法相结合的方法，即约束正交化算法。

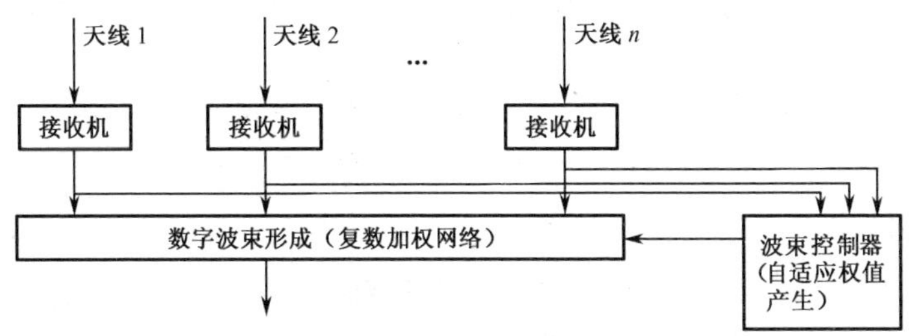

图 9.36　SIAR 系统的 ADBF 开环算法和原理框图

下面分别就 SCMI 算法、正交投影算法、正交化算法进行讨论。

1）SCMI 算法

设 $\boldsymbol{x}(t_i)$ 为 t_i 时刻阵列接收的数据矢量，则由有限次估计得到的列协方差矩阵为：$\hat{\boldsymbol{R}}=\dfrac{1}{k}\sum\limits_{i=1}^{k}\boldsymbol{x}(t_i)\boldsymbol{x}^{\mathrm{H}}(t_i)$。其中，$k$ 为快拍的次数，H 表示矩阵的共轭转置，由 $\hat{\boldsymbol{R}}$ 可求得自适应权矢量为

$$\boldsymbol{W}=\alpha\hat{\boldsymbol{R}}^{-1}\boldsymbol{\alpha}_{\mathrm{c}} \tag{9.75}$$

式（9.75）中，α 为非零复常数，$\boldsymbol{\alpha}_{\mathrm{c}}$ 为约束导向矢量。

2）正交投影算法

将 $\hat{\boldsymbol{R}}$ 进行正交分解（同 SCMI 算法），可以得到 P 个大特征量（P 为干扰个数）和 $N-P$ 个小特征量（N 为阵元个数），设把 P 个大特征值所对应的特征向量作为矩阵 $\boldsymbol{Q}$ 的列向量，则自适应权矢量为

$$\boldsymbol{W}=\beta\left[\boldsymbol{I}-\boldsymbol{Q}\boldsymbol{Q}^{\mathrm{H}}\right]\boldsymbol{\alpha}_{\mathrm{c}} \tag{9.76}$$

式（9.76）中，β 是非零复常数，$\boldsymbol{I}$ 为 $N\times N$ 的单位矩阵，$\boldsymbol{\alpha}_c$ 同上。

3）正交化算法

令 $\boldsymbol{Q}=\left[x(t_1),x(t_2),\cdots,x(t_p)\right]$，对 $\boldsymbol{Q}$ 的列向量进行 Gram-Schmidt 正交化并组成新的矩阵 $\boldsymbol{Q}_1$，则自适应权矢量为

$$W = \beta\left[I - Q_1 Q_1^{\mathrm{H}}\right]\alpha_{\mathrm{c}} \tag{9.77}$$

因为Q_1的列向量中含有噪声的成分，所以Q_1的列向量所张成的子空间并不是真正的干扰子空间，因此正交化算法的性能与最优自适应算法相比有一定的损失。

由于 SIAR 为脉冲体制雷达，可以在脉冲休止期采样数据估计协方差阵，此时采样快拍时间里仅有干扰信号和噪声，而不含目标信号，这种条件下的自适应波束形成算法主要有 SCMI 算法、正交投影算法和正交化算法等，如有目标信号，要采用 SCMI 算法、基于特征空间的自适应算法及干扰对消算法等。

9.8 SIAR 系统和发展前景

自从 20 世纪 80 年代法国国立宇航研究院和 Thomson-CSF/Air-Sys 提出并验证了综合脉冲孔径雷达（SIAR）系统关键技术后，多个国家开展了相关技术研究和试验系统构建，其中中国针对 SIAR 系统开展了系统性研究并构建了试验系统，后续又利用该项技术开展了相关雷达设备的研制，均取得了较好的探测功能，并具有良好的应用和发展前景。

9.8.1 试验系统

在 20 世纪 80 年代初期，法国人就开展了对 SIAR 系统的原理和相关技术的研究工作。为了验证该系统对于对空警戒能力的应用，法国国立宇航研究院和 Thomson-CSF/Air-Sys 共同建造了一个 SIAR 试验系统，如图 9.37 所示。它有两个稀疏布阵的圆形阵列，阵列单元安装在白色的竖直桅杆上。

图 9.37 法国的 SIAR 试验系统

1989 年的巴黎国际雷达会议和 1992 年的伦敦国际雷达会议上，法国人公布了他们的一些试验结果，证明了 SIAR 系统在雷达空域覆盖、天线仰角波束、目标定位、分辨率和目标跟踪等方面的理论分析与实验结果是相吻合的。图 9.38 所示为该试验系统的原理图[13]。该试验系统工作在米波波段，包括稀疏布阵的圆形阵列，其半径约为几百米。圆形阵列布置的每个发射单元辐射相干正交信号，每个接收单元接收各个发射信号，其收/发系统射频放大和接收处理功能主要由 T/R 构成。对接收通道接收的回波信号进行 A/D 变换、多普勒滤波和 DBF 处理，图 9.38 中的显示模块包括了信号处理、CFAR、目标检测录取和显示等功能。此外，该试验系统还用了 1～2 部跟踪雷达（取决于实验项目）作为试飞时对目标精确位置数据的参考。

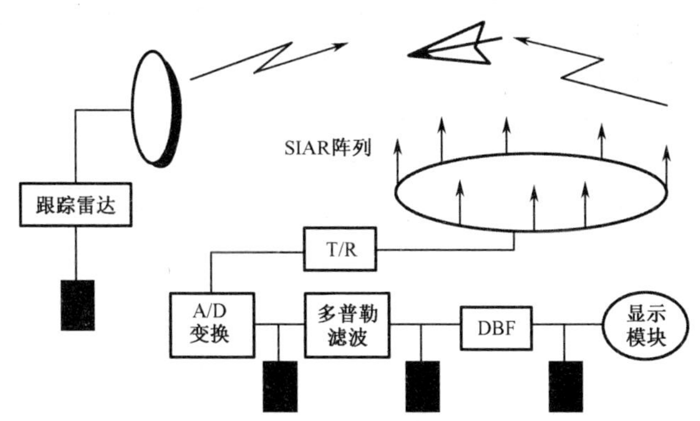

图 9.38　法国 SIAR 试验系统原理图

图 9.39～图 9.41 是发表于伦敦国际雷达会议上的一些试验曲线[6]，表明试验系统成功地实现了对飞机目标的 4 个坐标（距离、方位、仰角和速度）的探测，其性能与理论分析相符合。

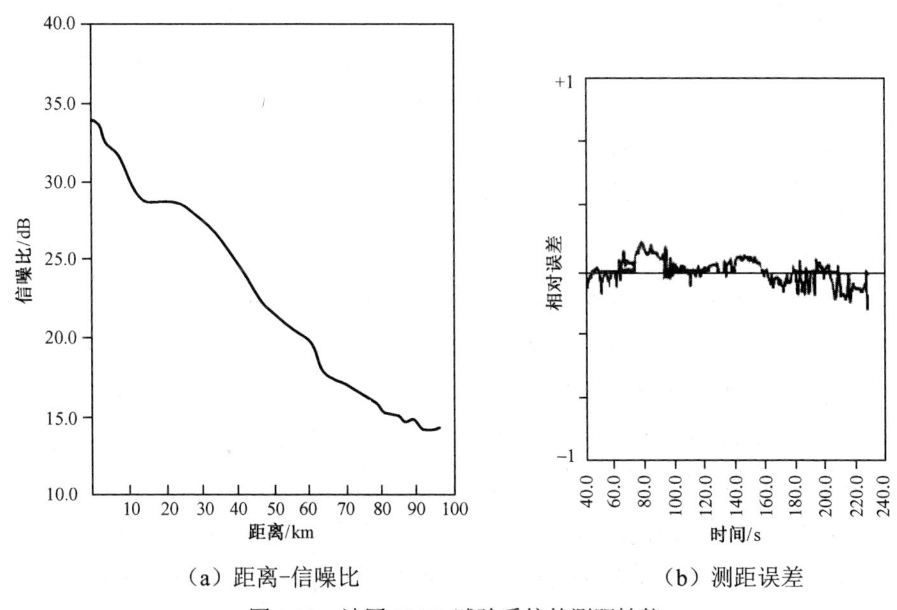

（a）距离-信噪比　　（b）测距误差

图 9.39　法国 SIAR 试验系统的测距性能

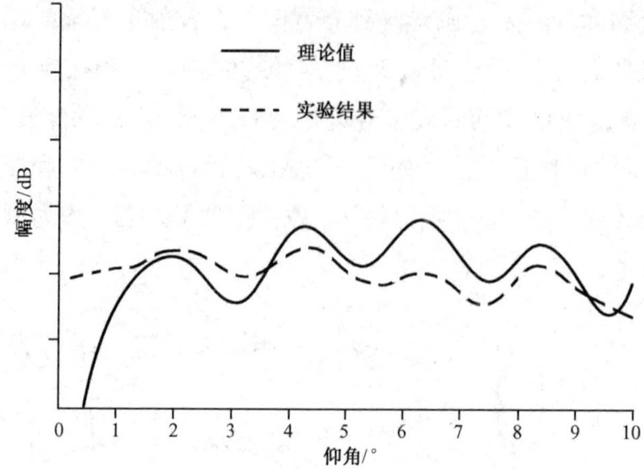

图 9.40 法国 SIAR 试验系统对仰角波束干涉因子的验证

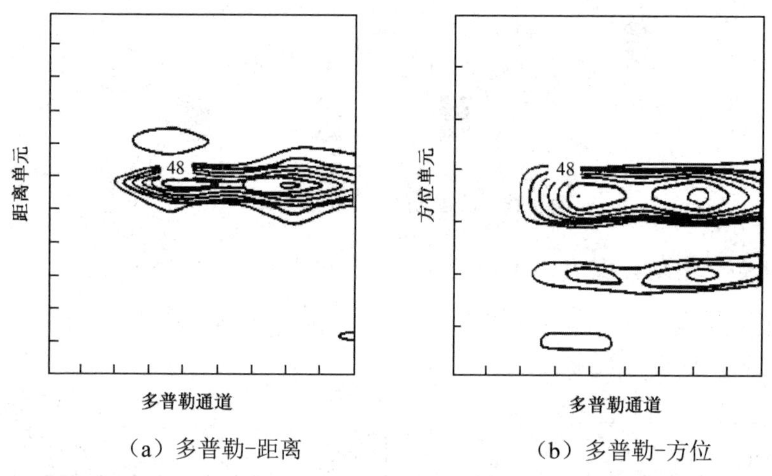

（a）多普勒-距离　　（b）多普勒-方位

图 9.41 法国 SIAR 系统对两架速度不同飞机的多普勒分辨

中国从 21 世纪初也对 SIAR 技术进行了广泛和深入的研究，构建了试验系统并开展了相关试验验证工作。图 9.42 所示是中国 SIAR 试验系统的原理框图。频率源产生 M 路发射激励信号分别送每路发射机进行功率放大，再经各自发射天线辐射出去；回波信号经接收天线接收后分别进入 N 路接收机，经 A/D 变换成数字信号进行正交变换处理，生成 I/Q 信号经 FFT 处理、接收 DBF、脉冲与孔径综合处理，完成距离上脉冲综合和方位上孔径综合，再与正交变换输出的信号进行 FFT、DBF 和综合处理，完成俯仰孔径综合，经检测后送终端进行显示。其中幅/相校正处理前文已经详述，这里不再展开描述。

图 9.43 所示为中国国内试验系统对 SIAR 基本体制的验证，即分别在距离上进行脉冲距离综合，在天线方位孔径进行波束孔径综合，在天线俯仰孔径进行波束孔径综合和对速度（多普勒频率响应）的综合处理等。图 9.44 所示是中国国内

SIAR 试验系统与试配的 C 波段常规三坐标监视雷达对同一目标的跟踪航迹的对比。

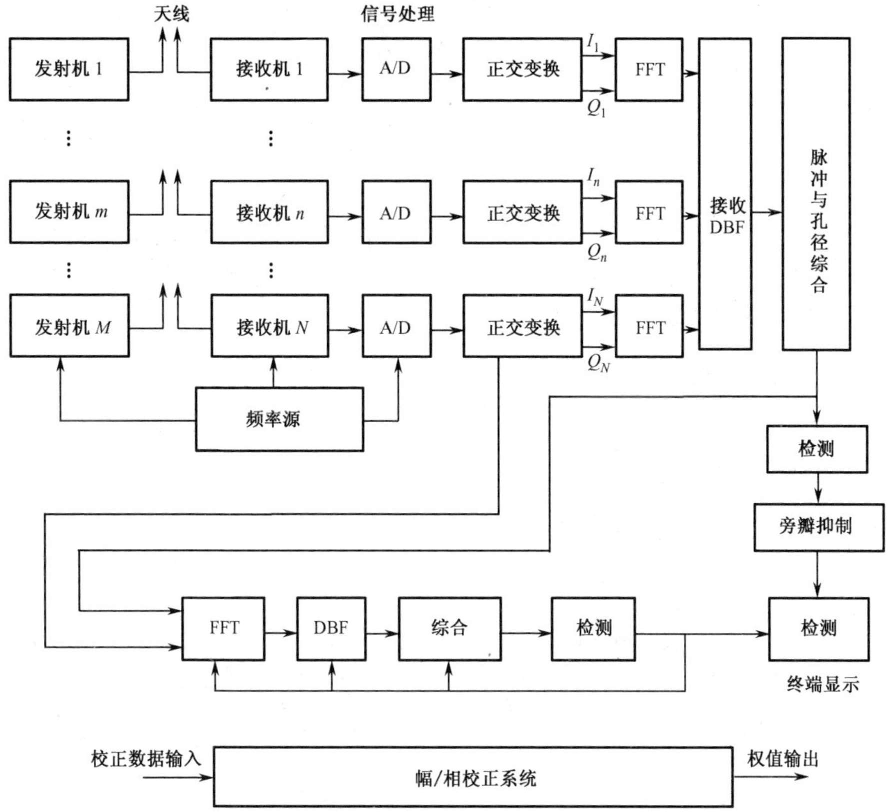

天线
信号处理
发射机 1
接收机 1
A/D
正交变换
I_1
Q_1
FFT
发射机 m
接收机 n
A/D
正交变换
I_n
Q_n
FFT
接收 DBF
脉冲与孔径综合
发射机 M
接收机 N
A/D
正交变换
I_N
Q_N
FFT
频率源
检测
旁瓣抑制
FFT
DBF
综合
检测
检测
终端显示
校正数据输入
幅/相校正系统
权值输出

图 9.42　中国 SIAR 试验系统的原理框图

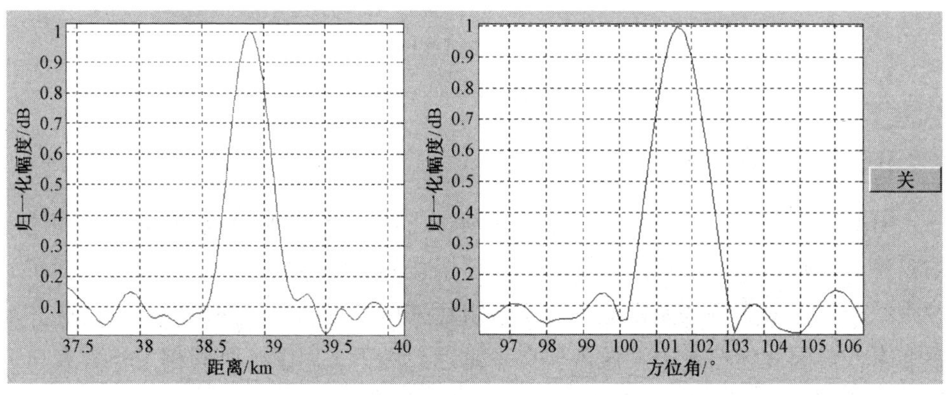

（a）脉冲距离综合　　　　（b）方位波束孔径综合

图 9.43　中国国内 SIAR 试验系统的脉冲距离综合、波束孔径综合和多普勒频率响应

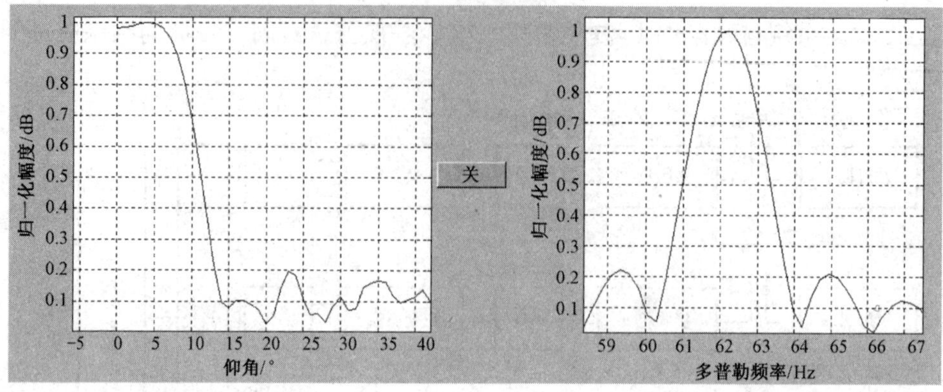

（c）俯仰波束孔径综合（指向 4.2°）　　（d）多普勒频率响应

图 9.43　中国国内 SIAR 试验系统的脉冲距离综合、波束孔径综合和多普勒频率响应（续）

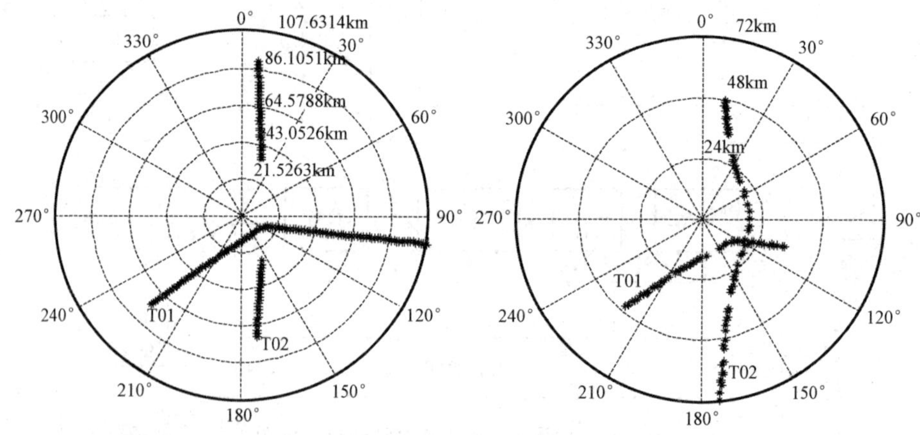

（a）某常规雷达记录的两条航迹　　（b）SIAR 实验系统记录的两条航迹

图 9.44　中国国内 SIAR 试验系统与试配的 C 波段常规三坐标监视雷达对同一目标的跟踪航迹的对比

9.8.2　发展前景

SIAR 是一种典型的集中式布阵 MIMO 雷达，具有空间三维坐标参数和速度的精确测量能力，是一种四坐标雷达，可以作为一种搜索、引导（或目标指示）和跟踪一体化的先进米波雷达。由于该雷达采用了宽脉冲全向发射，辐射脉冲功率非常低，因此它还是一种低截获概率雷达。由于采用了长时间相干积累和自适应波束形成技术，这种雷达具有良好的抗干扰能力；真正做到了搜索同时跟踪（TAS），有效地解决了搜索时需要长时间相干积累和跟踪机动目标需要高数据率的矛盾，具有极大的灵活性；且可全固态、低脉冲功率工作，无机械扫描、无移相器，具有较高的可靠性。

SIAR 系统由于其独特的技术性能具有良好的应用前景，可以用作：

（1）反隐身国土防空雷达，具有警戒、引导/目标指示和跟踪能力；

（2）舰载共型阵防空雷达，具有警戒、引导/目标指示和跟踪能力；

（3）高可靠的四坐标航管一次雷达；

（4）低截获概率的雷达系统；

（5）分布式网络化探测系统。

SIAR 是一种全新体制的雷达，具有优良的探测性能、良好的抗干扰能力和高可靠性，设备构成和维护简单，发展前景广阔。

参考文献

[1] SKOLNIK M I. 雷达手册[M]. 王军，林强，宋慈中，等译. 2 版. 北京：电子工业出版社，2003.

[2] NATHANSON F E. 雷达设计原理——信号处理与环境[R]. 郦能敬，等译. 2 版. 合肥：电子工业部第三十八研究所，1991.

[3] 保铮，张庆文. 一种新型的米波雷达——综合脉冲孔径雷达[J]. 现代雷达，1995, 17(1): 1-13.

[4] 吴剑旗，阮信畅. 稀布阵综合脉冲孔径雷达主要性能分析[J]. 现代电子，1994(3): 1-6.

[5] 陈伯孝. SIAR 四维跟踪及其长相干积累技术研究[D]. 西安：西安电子科技大学，1997.

[6] LUCE A S, MOLINA H, MULLER D, et al. Experimental Results on RIAS Digital Beamforming Radar[C]. RADAR'92: 74-77.

第 10 章
外辐射源监视雷达

外辐射源监视雷达是一种利用己方或敌方雷达发射机、广播电台、电视台、通信基站、数据链和 GPS 等卫星信号等非合作式辐射源进行目标探测的监视雷达，其本质是一种特殊体制的无源雷达。外辐射源监视雷达具有优良的探测性能、抗有源干扰性能、低截获性能和抗打击毁伤能力等，在防空预警系统中地位独特，与常规有源雷达协同互补，形成了有源、无源一体的防空预警网。

在外辐射源监视雷达中，目标到接收站的距离无法直接测量，需要借助于其他的测量值，通过基于空间几何约束关系解算获得。常用的做法是通过距离和-角度、角度-角度以及双曲线定位等方法实现目标定位，其中，距离和-角度法是外辐射源雷达实现目标定位的基本方法。本章从距离和-角度定位出发，分别阐述外辐射源监视雷达的目标定位原理、可用外辐射源、系统组成、关键技术、参数测量精度以及发展前景。

10.1　目标定位原理

本节主要介绍外辐射源雷达的目标定位原理，其中针对单源、多源分别介绍其目标定位原理，给出外辐射源雷达目标距离、角度的测量原理及方法。

10.1.1　单源目标定位原理

常规单基地雷达通过测量回波时延得出目标的距离，通过测量回波到达角得到目标的方向。外辐射源雷达本质上是一种双基地雷达，其目标定位方式相比常规单基地雷达更为复杂。作为一种特殊体制的双基地雷达，其辐射源一般选择空间位置可知的辐射源，而雷达端接收目标的反射回波。因为外辐射源雷达必须截获辐射源的发射信号，所以外辐射源雷达至少包括两个信号接收通道。一般称获取辐射源发射信号的通道为参考通道，而获取目标回波的通道为回波通道。

单源外辐射源雷达空间几何关系如图 10.1 所示，图中由辐射源（发射站）、接收站和目标构成双基地平面。辐射源和接收站之间的连线称为基线 L，辐射源 T_x、接收站 R_x 与目标 T_g 连线之间的夹角为双基地角 β，R_t 和 R_r 分别表示目标到发射站和接收站的距离，θ_t 和 θ_r 分别表示目标相对于发射站和接收站的仰角，φ_t 和 φ_r 分别表示目标相对于发射站和接收站的方位角，φ_{t0} 和 φ_{r0} 分别表示双基地平面上目标相对于发射站和接收站的空间夹角。

$$R_r = \frac{1}{2}\frac{R_s^2 - L^2}{R_s - L\cos\varphi_r} \tag{10.1}$$

式（10.1）中，$R_s = R_t + R_r$ 称为双基地雷达距离和，$\cos\varphi_r = \cos\theta_r \times \cos\varphi_{r0}$。

虽然辐射源是非合作的，其发射信号形式和参数不受控，但位置可以提前获得。在单源外辐射源雷达系统中，目标到辐射源和接收站的距离之和为R_s，构成的等距离和椭圆曲线如图 10.2 所示。由该椭圆与接收天线指向角的交点，便可获得对目标定位的唯一解。

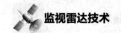

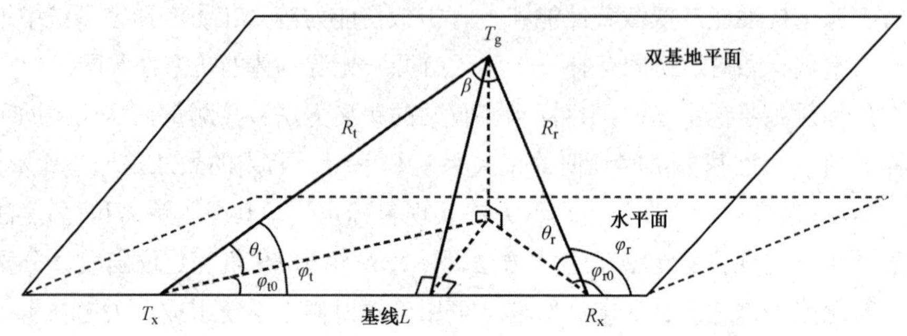

图 10.1　单源外辐射源雷达空间几何关系图

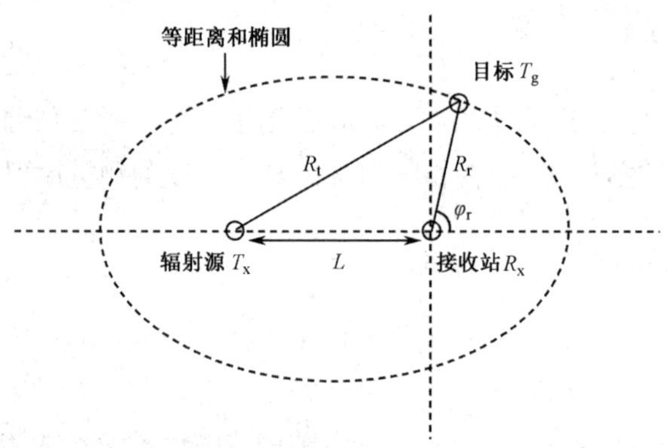

图 10.2　外辐射源雷达距离和-角度定位原理

10.1.2　多源目标定位原理

单源外辐射源雷达的发展方向，必然是构建多源多站、网络化协同的分布式外辐射源雷达探测系统。分布式外辐射源雷达既可以提高系统的覆盖范围，也可以提高重叠覆盖区域的定位精度。获得多个不同的测量值，综合解得目标在给定坐标系（直角坐标系、球坐标系或是柱状坐标系）的坐标。

下面以两个不同位置分布的辐射源为例，并简化在一个如图 10.3 所示的双基地平面内来说明。

目标位置为(x,y)，雷达位置为(x_0,y_0)，两个辐射源位置为$\left[(x_1,y_1),(x_2,y_2)\right]$，$r_0$表示目标到雷达接收天线的距离；$r_i$表示目标到第$i(i=1,2)$个辐射源天线的距离；$r_{si}$表示目标到雷达接收天线和第$i(i=1,2)$个辐射源天线的双基地距离和，它们满足

$$\begin{cases} r_0 = \sqrt{(x - x_0)^2 + (y - y_0)^2} \\ r_i = \sqrt{(x - x_i)^2 + (y - y_i)^2} \quad i = 1,2 \\ r_{si} = r_i + r_0 \end{cases} \tag{10.2}$$

相对于单源 T-R 系统常用的角度/距离和定位方法，多源 T^2–R 系统利用接收站采集的两个外辐射源的距离和进行定位，定位精度高。从图 10.3 可以看出，两个距离和椭圆的交点有 2 个，存在定位模糊问题，需要联合雷达接收天线角度信息解模糊。

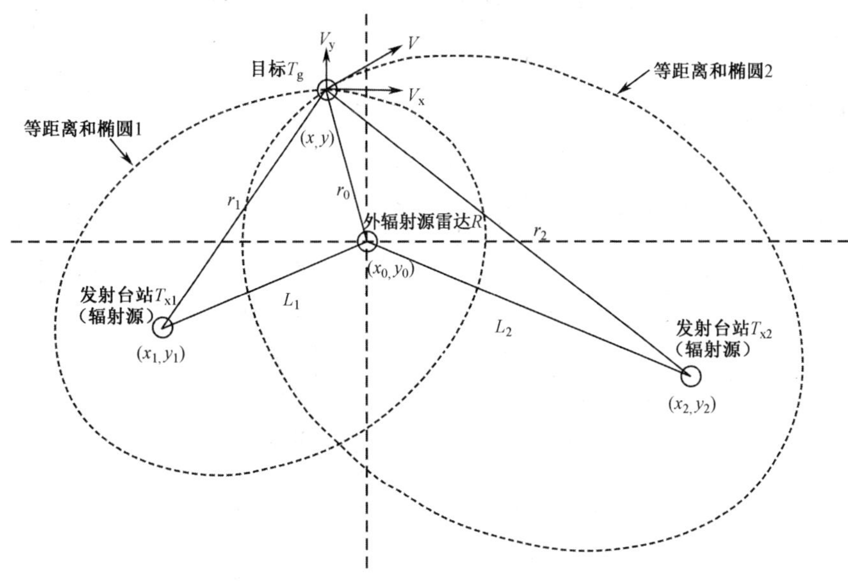

图 10.3　T^2–R 外辐射源雷达距离和椭圆定位原理图

10.1.3　距离和的测量

外辐射源雷达的辐射源和接收站之间无法建立同步链路，无法采用常规的直接同步法和间接同步法，而是在接收端设计一个辅助的接收通道（参考通道）截获辐射源的直达波信号 $s_{\text{ref}}(t)$，将其与目标回波信号（回波通道）$s_{\text{echo}}(t)$ 进行相关处理，以检测目标回波的相对时延[1]。因此有

$$\chi(\tau, f_{\text{d}}) = \int_0^{T_0} s_{\text{echo}}(t)\, s_{\text{ref}}^*(t-\tau)\, \mathrm{e}^{-\mathrm{j}2\pi f_{\text{d}} t} \mathrm{d}t \tag{10.3}$$

式（10.3）中，T_0 表示做相关处理时截取的参考信号时间长度，f_{d} 表示目标运动速度引起的多普勒频移，τ 表示发射信号经目标反射到达接收机与发射信号直接到达雷达接收机的时间差，可表示为

$$\tau = \frac{R_s - L}{c} \tag{10.4}$$

式（10.4）中，L 为辐射源和接收站之间的连线长度，c 表示电磁波传播速度。

10.1.4 角度测量

由图 10.1 所给的几何关系可知目标相对于接收站的角度 φ_r 可表示为

$$\varphi_r = \arccos(\cos\varphi_{r0}\cos\theta_r) \tag{10.5}$$

由式（10.5）可知，当目标仰角较大时，需要同时测量出目标相对于接收站的方位角 φ_{r0} 和仰角 θ_r 才能精确解算出接收视角 φ_r，此时需要外辐射源雷达具备三坐标测量能力；当目标仰角较小时，φ_{r0} 近似等于 φ_r。

1. 视角测量

由于调频广播和电视等民用辐射源的发射天线为全向发射，接收站一般采用同时多波束技术，覆盖所需的探测空域，同时兼顾了数据率和积累时间的要求，如图 10.4 所示。

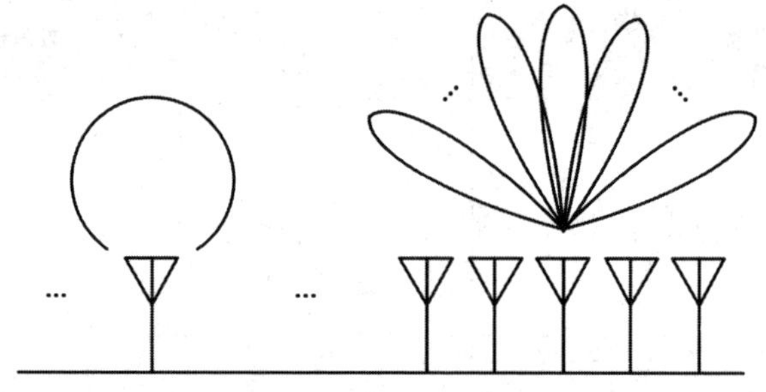

图 10.4　外辐射源全向发射、同时多波束接收示意图

最基本的测向方法是比幅和比相法。比幅法通过对信号的幅度进行比较提取信号方向，比相法通过对信号的相位进行比较提取信号方向，它利用不同天线在空间的不同物理位置完成方向角到信号相位之间的变换，然后通过测量相位差获取信号的方位角信息[2,3]。

2. 仰角对距离和测量的影响[1]

如图 10.5 所示，如果只获得方位角，在平面空间进行目标的距离测算，获得的目标位置落在等距离和椭圆平面的 C 点 (X_i, Y_i)。该点不仅与目标三维空间实际位置有误差，而且到接收站的距离（斜距）也存在偏差，即有

$$\Delta R = \frac{R_s^2 - L^2}{2}\left(\frac{1}{R_s - L\cos\varphi_r} - \frac{1}{R_s - L\cos\theta}\right) \tag{10.6}$$

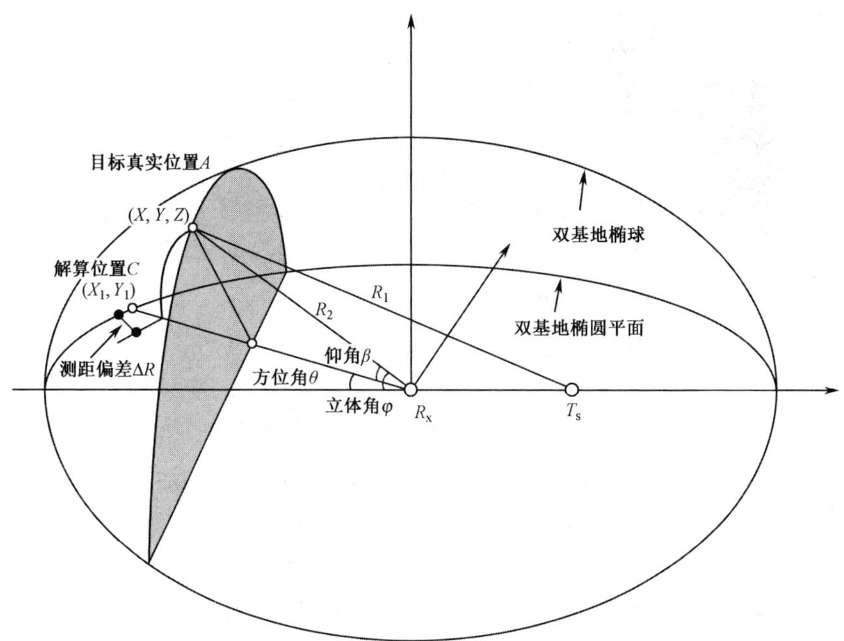

图 10.5　外辐射源雷达的测距偏差解算示意图

偏差的分布与目标高度、距离远近、双基地布站位置相关：

- 收/发基线越短，误差越小；
- 目标高度（仰角）越低，误差越小；
- 目标距离越近，测距偏差越大；
- 目标处于发射站一侧时的测距偏差大于接收站一侧。

该偏差对于远距离目标，相对较小。对于高仰角或者近程探测系统，测距偏差必须加以考虑。

10.2　可用外辐射源分析

理论上，任何电磁辐射源均可作为外辐射源雷达的可用辐射源。工程中，一般要求选择的发射方式、信号形式和参数等信息清楚，同时以辐射强度和覆盖区域能够满足需求的辐射源作为参考信号源。下面重点介绍调频广播信号、模拟电视信号和 OFDM 调制数字广播电视信号三种典型可用外辐射源。

10.2.1　调频广播信号

调频广播信号是分布最广的可用外辐射源。频率在 VHF 频段的 87.5～108MHz，间隔 100kHz 或 200kHz。发射功率在 100W 到数十千瓦之间。极化方式一般是水平线极化或垂直线极化，也有少量圆极化。调频广播发射系统基本设备组成如图 10.6 所示。

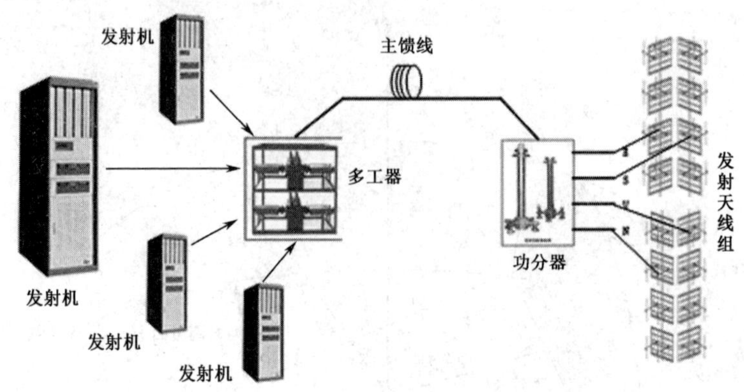

图 10.6　调频广播发射系统基本设备组成

为实现全向覆盖，很多 3kW 以上的调频广播和电视的发射天线使用多组单元组阵。典型组阵方式是 4 面 4 层或 4 面 6 层排布方式。以米波广播电视常见的双偶极子天线为例，不考虑传输线、多工器等损耗，4 面 4 层排布的天线增益标称值为 7.5dBd（即 9.65dBi）。

式（10.7）是典型调频广播信号 x_{FM} 的一般表达式，其中，A 是信号幅度，体现了调频广播信号的恒模特性；ω_{c} 为电台信号的载频，而瞬时频率 $\omega_{\mathrm{c}}+Ma(t)$ 则受音频调制信号 $a(t)$ 的直接影响而起伏，M 为调制度，即有

$$x_{\mathrm{FM}}=A\cdot\exp\left\{\mathrm{j}\left[\omega_{\mathrm{c}}t+M\cdot\int a(t)\mathrm{d}t\right]\right\} \tag{10.7}$$

调频广播信号的时域和频域波形如图 10.7 所示，不同音频信号调制的调频广播信号频谱如图 10.8 所示[1]。

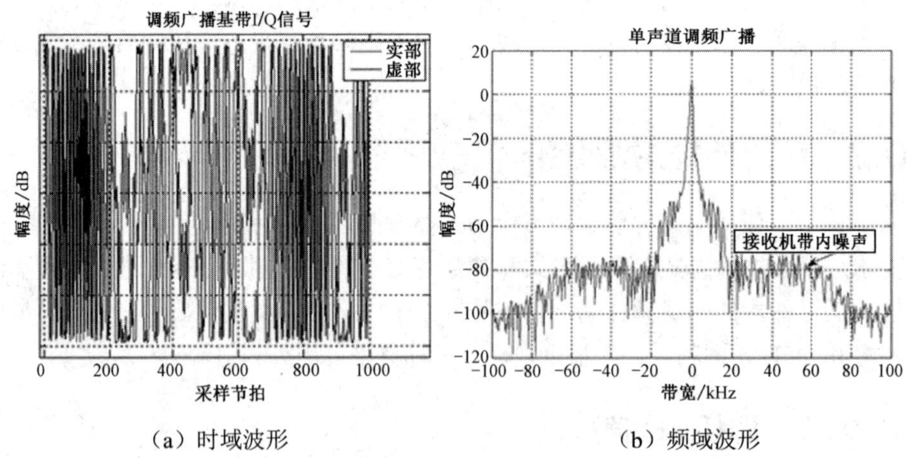

（a）时域波形　　　　（b）频域波形

图 10.7　调频广播信号的时域和频域波形

图 10.9（a）所示为典型调频广播信号的理论模糊图，底部坐标轴分别对应距离（时延）维和速度（多普勒频率）维。从中可以看出，稳定的调频广播信号模糊函数的图形具有类似图钉形状。对实际采集数据进行模糊函数分析，得到实测

模糊函数图如图 10.9（b）所示。由于其调制特性，在多普勒维会有一系列杂谱扩展，而且随着调制信号的变化，这些杂谱的数量、位置和强度都会不同。多普勒杂谱相对主瓣在-15dB 以下（本组数据为-20dB）。当有近程的强回波时，多普勒杂谱可能会正好掩盖邻近单元内的小目标回波。

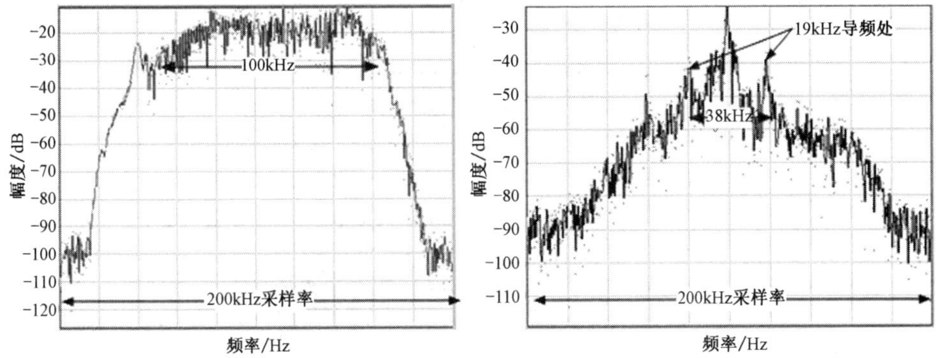

图 10.8　不同音频信号调制的调频广播信号频谱

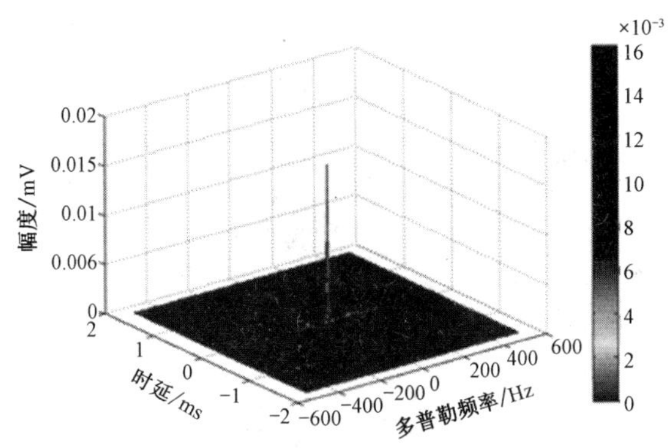

（a）理论模糊图

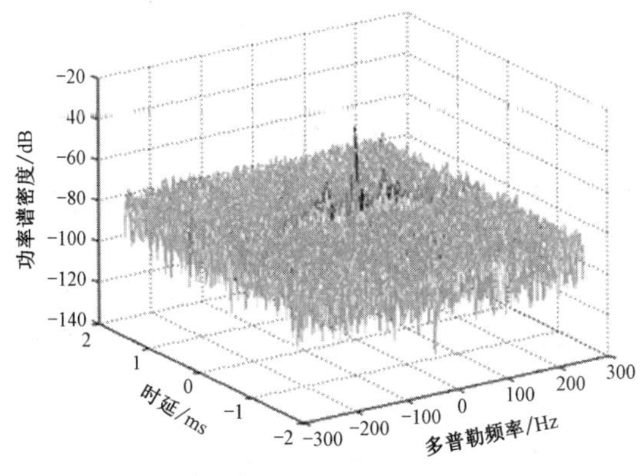

（b）实测模糊图

图 10.9　典型调频广播信号的模糊图

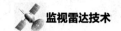

对调频广播信号模糊图的零多普勒通道做切片，如图 10.10 所示，可以看出这些多普勒杂散并非完全在零距离上，而是存在时延扩散的。

图 10.11（b）和图 10.11（c）所示是在距离-速度二维平面下，当瞬时带宽较窄时的调频广播信号模糊函数。尤其是在距离维，副瓣展宽到 100ms 以上，距离分辨能力严重恶化。

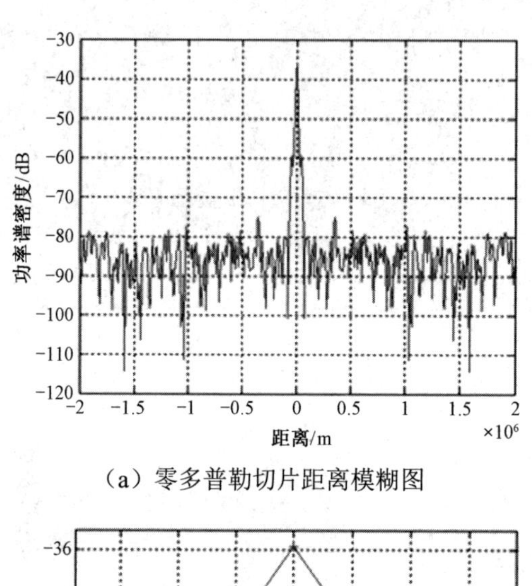

（a）零多普勒切片距离模糊图

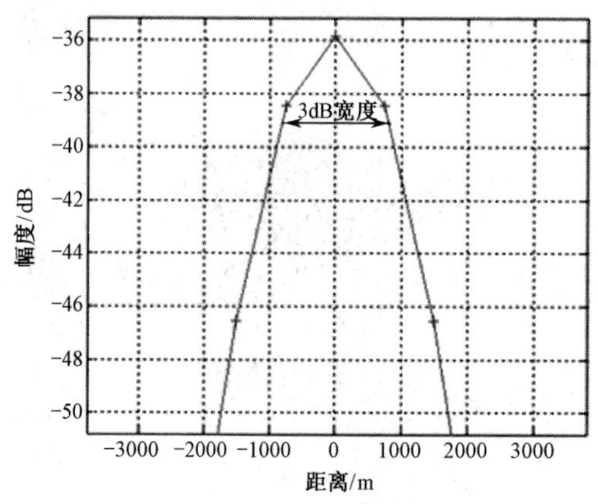

（b）距离分辨能力

图 10.10　调频广播信号模糊图的零多普勒切片

调频广播信号会根据调制的广播信号而不断变化，信号的瞬时带宽是不稳定的。同时，辐射源信号的快速起伏变化，会使直达波对消器无法收敛到最佳状态的对消性能。

长时间积累能够得到较理想的速度分辨能力，而且目标速度的测量精度也相应提高。但是，对高速机动目标，则会由于距离单元跨越和多普勒跨越而产生信号跨越损失。

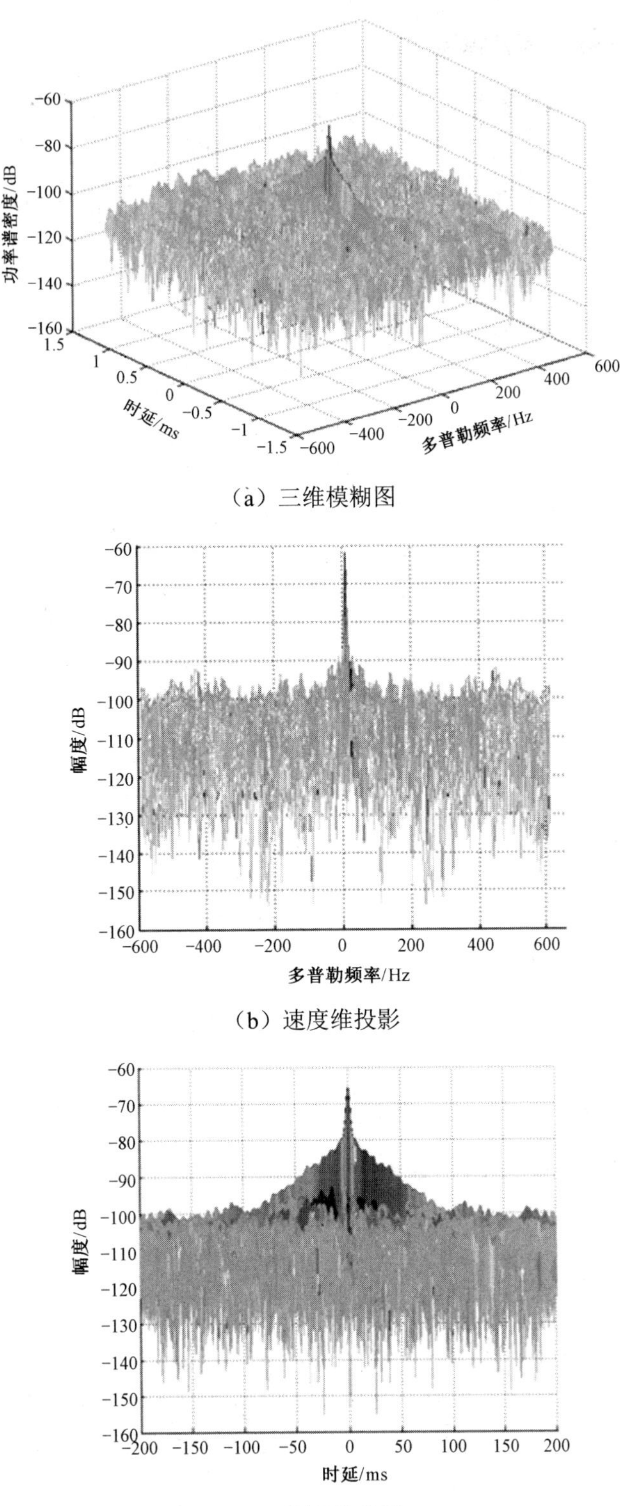

（a）三维模糊图

（b）速度维投影

（c）距离维投影

图 10.11　调频广播信号三维模糊图及其速度维和距离维投影

10.2.2 模拟电视信号

模拟电视信号包括图像和伴音两个部分，其中，伴音信号采用调频方式。

电视系统为完成图像信号的传输和重现原图像，除必须传送图像信号这一主体信号之外，还必须传送复合同步信号、复合消隐信号、槽脉冲和前后均衡脉冲等信号。这些信号属于辅助信号。以上主体信号与辅助信号，统称为全电视信号。黑白电视信号与彩色电视信号的图像信号兼容，只是色度信号有区别。

图像信号主要具有如下两个特点。

（1）含直流，即图像载频处能量最大。图像信号的背景亮度是由零频直流分量决定的。换句话说，它的平均值总在零值以上或零值以下的一定范围内变化，不会同时跨越零值的上下两个区域，这一特征又可称其为“单极性含直流”。由于任意图像景物总是有一定的背景亮度，这就构成了模拟电视信号的直流分量。即使是活动图像，由于动作缓慢，图像信号中也有一个频率几乎为零的频率分量。所以，零频(直流)就是图像信号频带的低频段，即图像载频附近能量最大。

（2）对于一般活动图像，相邻两行信号具有较强的相关性。即相邻两行图像信号差别很小，可认为是周期信号。将以上介绍的图像信号、复合同步、复合消隐、槽脉冲和均衡脉冲等叠加，即构成了全电视信号，PAL 制式全电视信号波形如图 10.12 所示。中国现行电视标准规定：以同步信号顶的幅值电平为 100%；则黑电平和消隐电平的相对幅度为 75%；白电平的相对幅度为 10%～12.5%；图像信号电平介于白电平与黑电平之间；各脉冲的宽度为：行同步 4.7μs；场同步 160μs；均衡脉冲 2.35μs；槽脉冲 4.7μs；场消隐脉冲 1612μs；行消隐脉冲 11.8μs。其中，*H* 为行同步信号周期。

图 10.13 和图 10.14 分别为实际的全电视信号和电视图像信号的频谱，图 10.13 中的标记“1”为图像信号的频谱，标记“2”为色度副杂波的频谱，标记“3”为伴音信号的频谱，标记“0”为噪声信号的频谱。

通过分析可知，图像同步加白信号指的是电视的行同步脉冲信号、行消隐信号（黑电平）及白电平，此种波形可以看作是一组复杂的脉冲串。而就是这种脉冲串的周期性（以 64μs 的行周期为主）导致其模糊图时延轴上每隔 64μs 就出现一个模糊峰，从而导致最大不模糊距离仅为 9.6km。图 10.15 所示为实测电视图像信号的频谱函数图和时域图。从图 10.15（a）可以看出，虽然电视信号标称的图像带宽是 6MHz，但是其绝大部分的能量集中在中心频率附近。从图 10.15（b）可以看出模拟电视图像信号是以 64μs 为周期的周期信号。

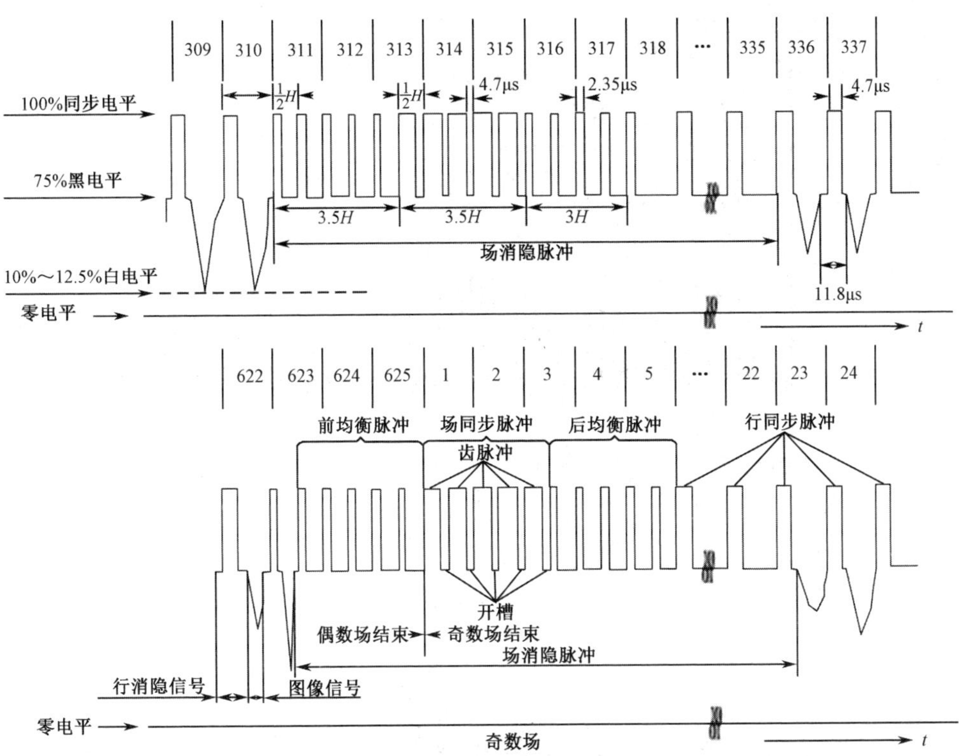

图 10.12　PAL 制式全电视信号波形

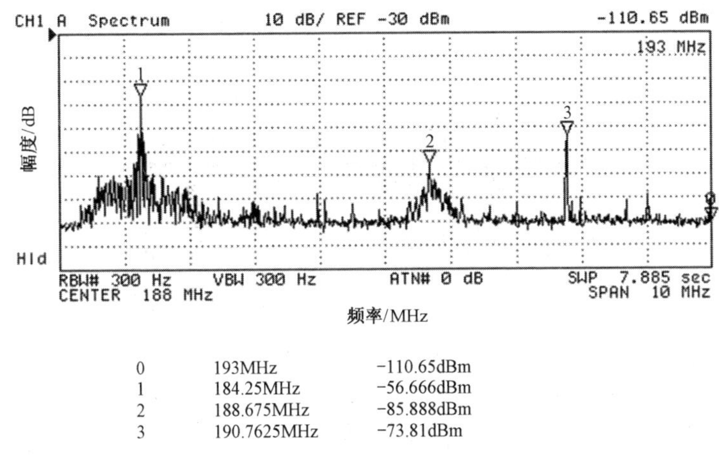

图 10.13　全电视信号的频谱

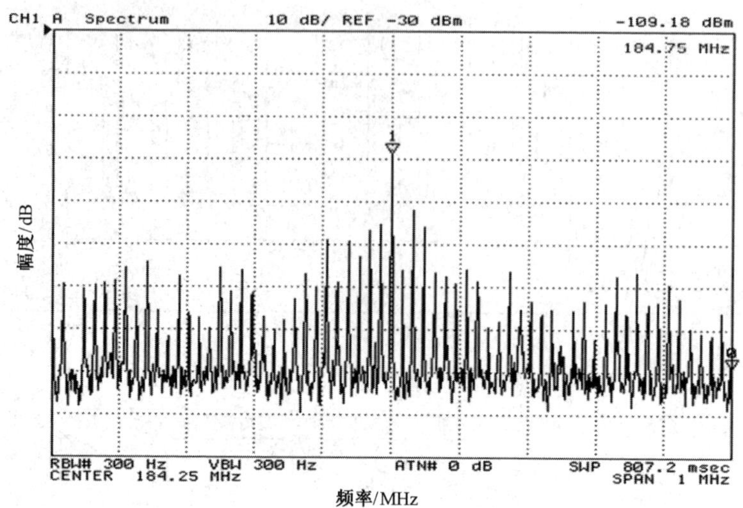

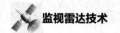

图 10.14　实际的电视图像信号的频谱

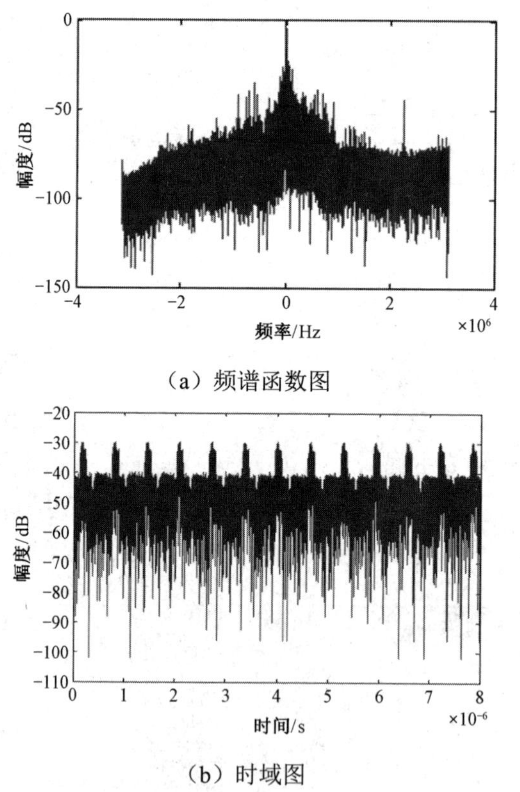

（a）频谱函数图

（b）时域图

图 10.15　实测电视图像信号的频谱函数图和时域图

图 10.16 所示为实测电视图像信号的模糊图，从图中可以看出其在时延维上具有很高的副瓣。特别是每隔 64μs 的时延处，有一个与主瓣一样高的模糊副

瓣。导致利用电视图像信号最大不模糊探测距离仅为 19.2km（双基地收/发距离和，对应单程距离为 9.6km）。

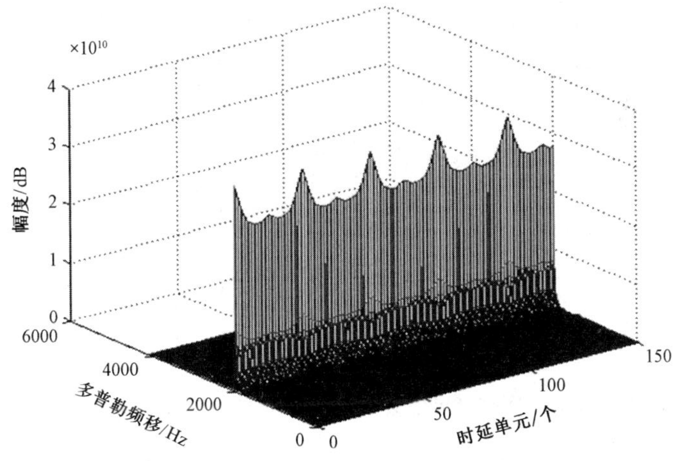

图 10.16　实测电视图像信号的模糊图

为了抑制这些模糊距离副瓣，可以利用失配滤波技术进行处理[1]。图 10.17 所示为利用失配滤波处理后的距离-多普勒二维输出结果，从该图中可以看出，模糊副瓣得到了抑制，并看到了目标的主瓣。但是利用失配滤波会带来较大的处理损失。

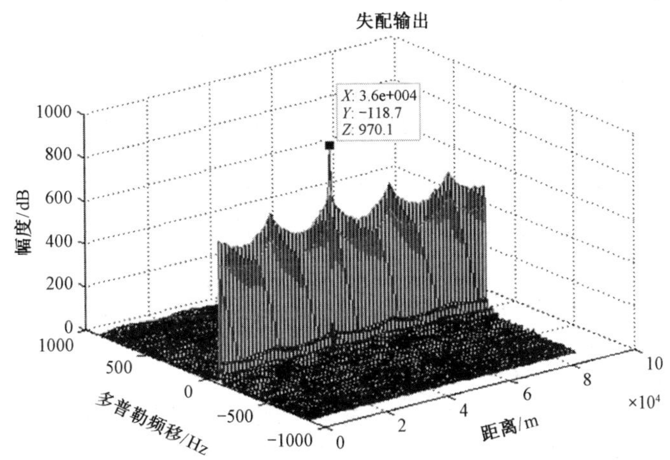

图 10.17　利用失配滤波处理的距离-多普勒二维输出结果

图 10.18 所示为采用失配滤波和匹配滤波以后在距离维上的输出结果对比。

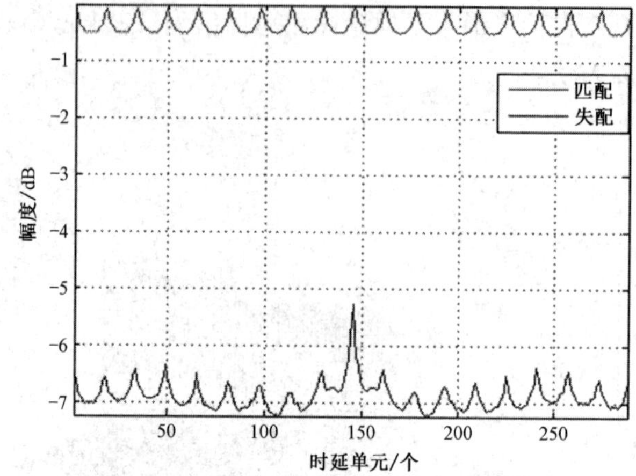

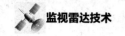

图 10.18　采用失配和匹配滤波以后在距离维上的输出结果对比

从以上的分析可以看出，模拟电视的伴音信号具有类似理想的图钉状模糊函数，适合用作外辐射源雷达的机会照射源信号。但是，伴音信号的发射功率只占据整个模拟电视系统发射功率中的较小一部分。利用失配滤波技术虽然能够抑制图像信号的距离模糊，但是会产生比较大的失配信噪比损失[1]。

10.2.3　OFDM 调制数字广播电视信号

随着数字调制广播电视逐渐取代模拟广播电视，基于正交频分复用（Orthogonal Frequency Division Multiplexing，OFDM）调制辐射源信号的外辐射源雷达系统也成为研究热点[4]。目前，采用 OFDM 技术的广播电视和通信系统主要有 DVB、DAB、Wi-Fi 和 LTE 等。从 OFDM 信号的伪随机特性的角度，可认为 OFDM 信号更易形成近似理想的“图钉形”模糊函数[5,6]，并且从 OFDM 信号中设计保护间隔和训练序列（包括时域导频和频域导频）能够有效地对抗多径衰落的角度，可以认为利用外辐射源雷达时能获得信号同步信息、信道估计，使均衡变得简单。

同时，OFDM 调制数字广播电视信号存在两个特殊问题：

（1）OFDM 中大量的训练序列，如导频信号、PN 序列等，这些序列在时域或频域中的周期或随机插入，而且不同制式的数字电视和广播信号，这些序列存在较大差异。复杂的导频序列会在模糊函数中产生大量副峰[5]，在原本就存在模糊性帧结构中，对目标检测处理造成困难。

（2）单频网（Single Frequency Network，SFN）是数字广播电视的主要组网方式，SFN 中所有发射机采用同一发射频率，它能够提升广播行业自身的频谱利用率和扩大覆盖面积。虽然 SFN 提供了一种分布式 MIMO 结构的愿景，而且 SFN 中一般采用空时编码（STBC）结构，发射信号帧头部分相互正交，但是外辐射源监视雷达接收回波中各辐射源信号互相干扰，加剧了原本复杂的电磁信号环境，仍是需要进一步研究的问题。

中国的数字广播电视信号都是延续原来 VHF 和 UHF 频段电视频道的资源，常用的有以下 3 种：

（1）数字电视地面广播（Digital Television Terrestrial Broadcasting，DTTB），这是对所有地面数字电视广播的统称。

（2）地面数字多媒体广播（Digital Terrestrial/Television Multimedia Broadcasting，DTMB），是国家标准（GB 2060—2006）《数字电视地面广播传输系统帧结构、信道编码和调制》规定的标准名称，频段范围为 48.5～862MHz。

（3）中国移动多媒体广播（China Mobile Multimedia Broadcasting，CMMB）。它主要供 7 英寸以下小屏幕、小尺寸、移动便携的手持式终端使用，发送广播电视节目与信息服务等业务，信道物理层带宽有 8MHz 和 2MHz 两种选项。

DTMB 等数字电视广播的信号，由于其瞬时带宽的稳定性优势，相对模拟制式的广播电视信号，可以得到较好的目标距离分辨能力和定位精度。DTMB 的电视信号频谱如图 10.19 所示。

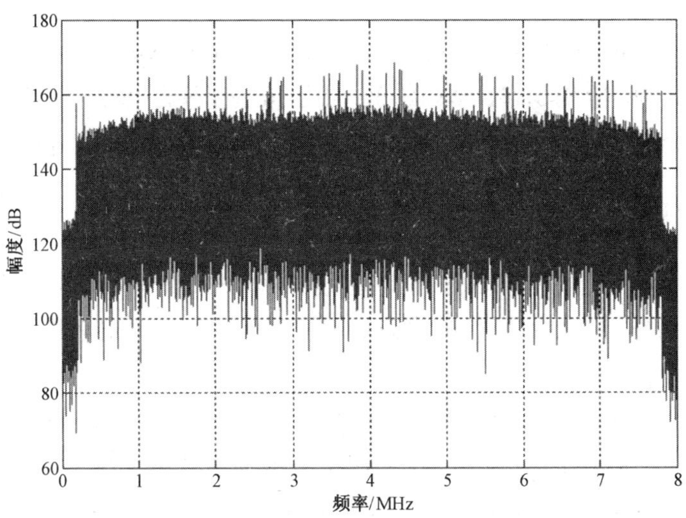

图 10.19　DTMB 的电视信号频谱

DTTB 的 4 层数据帧结构如图 10.20 所示。其中，数据帧结构的基本单元为信号帧，信号帧由帧头和帧体两部分组成。超帧定义为一组信号帧。分帧定义为一组超帧。帧结构的顶层称为日帧（Calendar Day Frame，CDF）。信号结构是周期的，并与自然时间保持同步。

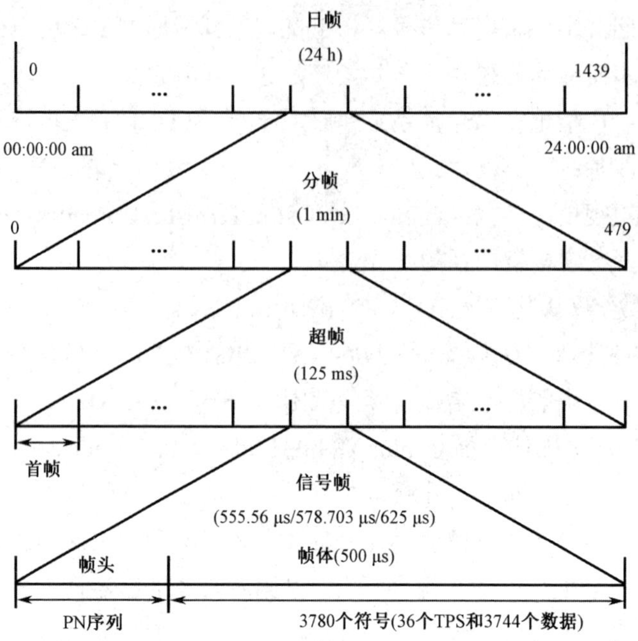

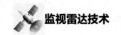

图 10.20　DTTB 信号的 4 层数据帧结构

在 OFDM 的保护间隔，插入长度为 420（或 595、945）的 PN 序列作为帧头，称为 PN420、PN595、PN945 模式，如图 10.21 所示。帧头与帧体组合成时间长度为 555.56μs（或 578.703μs、625μs）的信号帧，单载波与复载波的模糊函数有一定差异。主要体现在由帧头结构引起的各种副峰。单载波对于 PN595，帧头副峰归一化功率为 $P_{帧头}=-17.3\text{dB}$，帧头周期为 125ms/216 ≈ 578.703μs。对于 PN420 或 PN945，帧头副峰归一化功率为 $P_{帧头}=-20\text{dB}$ 或-14dB，帧头周期为 555.56μs 或 625μs。在外辐射源雷达中这些周期性的序列造成模糊函数中的副峰，影响目标检测。

OFDM 中通常使用训练序列来获取信道状态信息，比如导频信号、PN 序列等。这些训练序列通常是在时域或频域周期地插入，有利于通信双方的同步、信道估计和信道均衡。但是在外辐射源雷达中这些周期性的序列造成模糊函数中的副峰，影响目标检测，如图 10.22 和图 10.23 所示。

图 10.22 和图 10.23 存在大量同步导频信号的副峰干扰。具有多普勒频移的副峰电平中，大于 3600Hz 的 DTMB 固定导频最大副峰约为-15dB（相对主峰）；在 893Hz 及其谐波处的副峰小于-27.5dB。图 10.24 所示为 DTMB 信号各副峰的频率分布。

PN420模式

前同步82	PN255	后同步83

PN595模式

PN595

PN945模式

前同步217	PN511	后同步217

图 10.21　不同 OFDM 工作模式的帧头信息

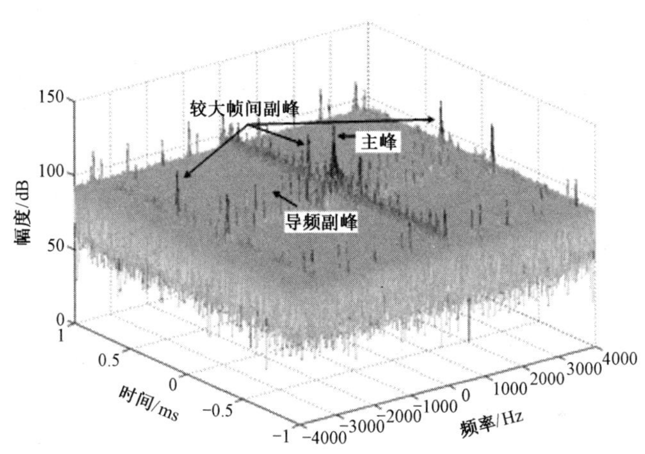

图 10.22　DTMB 实测信号模糊函数

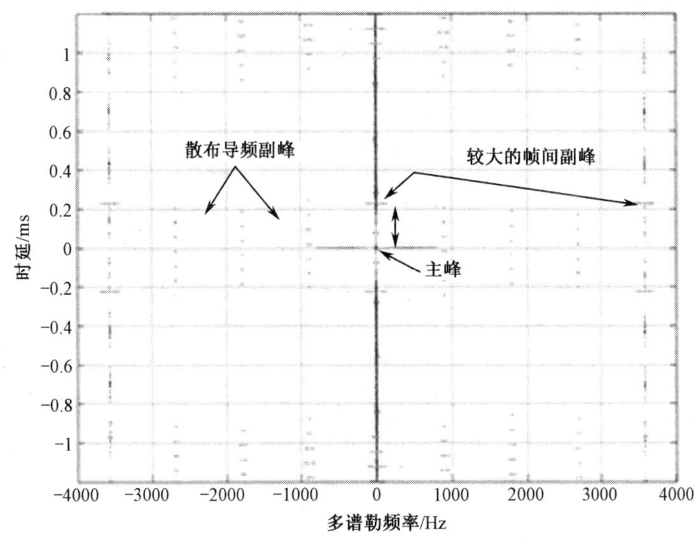

图 10.23　时延维±1.2ms 和多普勒频率维±4000Hz 的模糊函数

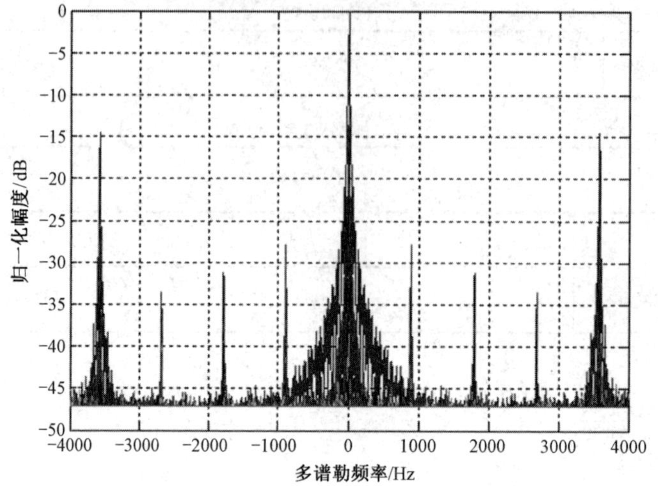

图 10.24 DTMB 信号各副峰的频率分布

分析表明，当目标速度在近 2 倍音速（-600～+600m/s）以内时，仍然会受到一系列副峰及其谐波的影响。通过识别出目标回波中的谐波副峰，是缓解目标模糊的一种手段，但是在多目标环境，尤其是存在目标间回波的大小差异和信号起伏，会造成错判和漏警。

如图 10.25 所示，将坐标轴转换为距离和速度，可以观察近距离低速区的模糊函数特性[1]。

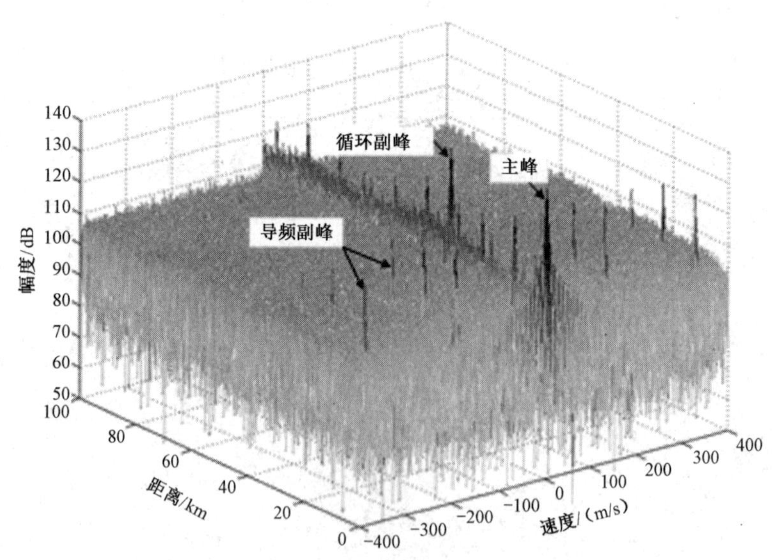

图 10.25 近距离低速区的模糊函数

在目标速度降低到-400～+400m/s 范围时，导频副峰在频率上等间隔距离为

893Hz，相当于速度间隔为 178.6m/s（波长为 0.4m）。并且离散副峰干扰是倾斜的，通过逐帧观测，可看到副峰是在频道内沿距离缓慢移动的。零速距离上主要副峰是 224μs 有效数据帧的副峰，该副峰影响目标探测。针对各种导频扩散副峰，必须通过先验知识，在信号处理时予以提取填零，或者采用“模板”方式，逐帧在相应区域剔除。

10.3　系统组成

外辐射源监视雷达在系统架构上除没有常规监视雷达的发射设备外，其他部分基本相同。它主要分为有源接收阵面和信息处理系统两大部分，两者之间一般通过光纤进行回波数据的传输。有源接收阵面包括接收主天线阵列和接收机、参考天线和参考接收机；信息处理系统则包括信号处理分系统、数据处理分系统、终端分系统及监控分系统。其系统组成框图如图 10.26 所示。

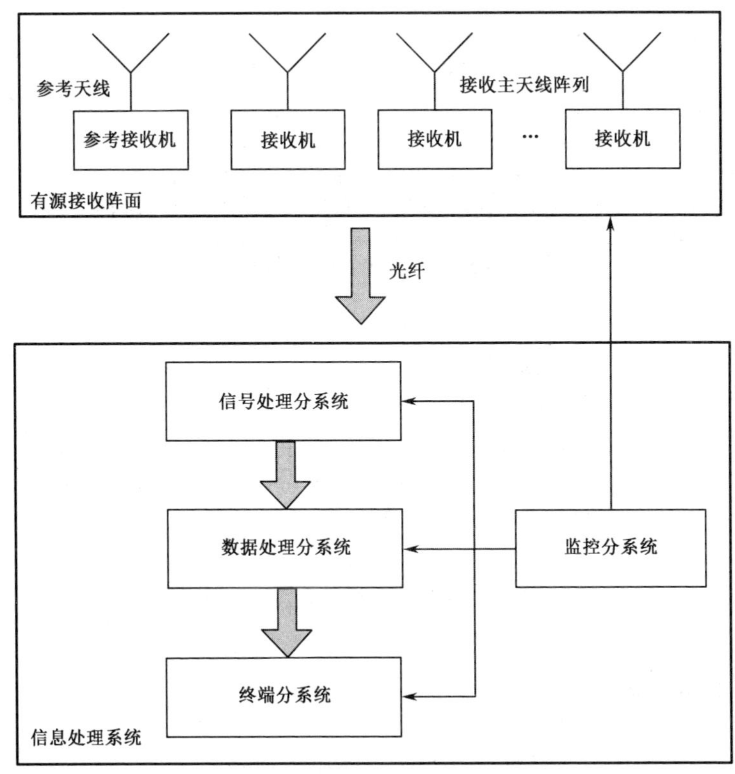

图 10.26　外辐射源监视雷达系统组成框图

参考天线和接收主天线阵列分别将接收的直达波信号和目标回波信号送相关接收机，经过滤波、放大以及 A/D 采样，将射频信号转换成基带信号经光纤传输到信号处理系统。

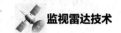

由于目前主流的外辐射源监视雷达均采用数字阵列技术体制，每个接收通道所需的幅/相数据等参数均独立可控，因此可在信号处理中同时形成多个波束覆盖探测区域。根据需求，系统可以在每个波束内设置相应的辐射源、相干积累时间以及处理方式等参数。

信息处理系统流程主要包括数字波束形成（DBF）、直达波对消、距离-多普勒处理、CFAR 处理、点迹凝聚以及角度测量等。经信号处理所得目标的点迹信息送后续的数据处理分系统，在其中完成航迹处理和目标关联，最后将处理结果送终端分系统，形成目标信息和目标态势信息。外辐射源监视雷达信息处理系统流程如图 10.27 所示。

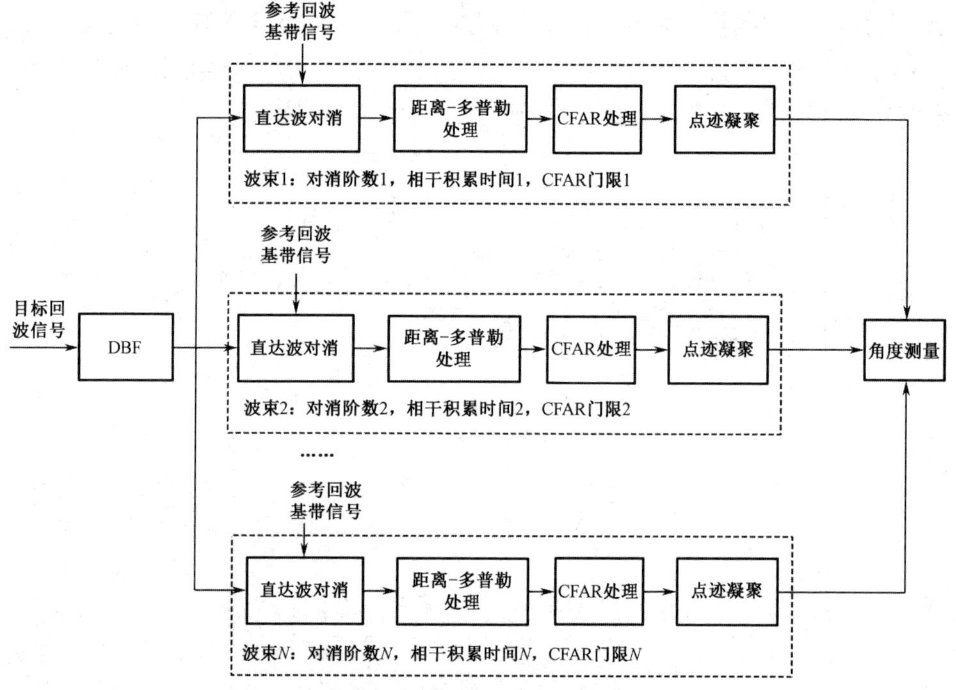

图 10.27　外辐射源监视雷达信息系统流程

10.4　关键技术

本节介绍外辐射源雷达的关键技术，其中主要包括直达波与多径干扰抑制、弱信号相干检测等关键技术。

10.4.1　直达波与多径干扰抑制技术

常用外辐射源的辐射信号一般为连续波信号，回波通道除接收目标回波信

号，还将接收较强的辐射源直达波信号，即 $s_{\text{echo}}(t)$ 可表示为

$$s_{\text{echo}}(t)=as(t-\tau_{\text{s}})\mathrm{e}^{\mathrm{j}2\pi(f_0+f_{\text{d}})t}+bs(t-\tau_{\text{d1}})\mathrm{e}^{\mathrm{j}2\pi f_0 t}+c(t)+n(t) \tag{10.8}$$

式（10.8）中，$s_{\text{echo}}(t)$ 为辐射源发射信号，等式右侧各项依次为目标回波、直达波、地物杂波及噪声信号。在实际应用中，直达波信号强度通常可比目标回波信号强 60～140dB，因此对于外辐射源雷达来说，直达波信号抑制是决定雷达探测性能的关键。在直达波抑制处理中，经过距离-多普勒处理后，直达波仍然具有远的距离和高的多普勒旁瓣，这些旁瓣会遮盖目标回波信号，因此应从系统角度出发，采用空域、时域及频域多种信号处理方法，再结合接收站的优化部署，减小直达波干扰对目标检测的影响。

基于参考通道和目标回波通道的信号强相关特性进行直达波抑制处理。自适应滤波是外辐射源雷达抑制强直达波的主要措施之一，图 10.28 给出了自适应对消器的原理框图。该图中 $\boldsymbol{x}(n)$ 表示第 n 时刻参考通道的输入信号向量，$\boldsymbol{d}(n)$ 表示回波通道的输入信号向量，$\boldsymbol{e}(n)$ 表示误差向量（即对消后输出），经自适应算法计算输出形成自适应滤波器的权向量 $\boldsymbol{w}(n)$，对参考信号进行滤波处理后输出自适应滤波信号 $\boldsymbol{y}(n)$。

$$\begin{cases}\boldsymbol{x}(n)=\left[x(n),x(n-1),\cdots,x(n-M+1)\right]^{\mathrm{T}}\\ \boldsymbol{w}(n)=\left[w(n),w(n-1),\cdots,w(n-M+1)\right]^{\mathrm{T}}\\ \boldsymbol{d}(n)=\left[d(n),d(n-1),\cdots,d(n-M+1)\right]^{\mathrm{T}}\\ \boldsymbol{e}(n)=\left[e(n),e(n-1),\cdots,e(n-M+1)\right]^{\mathrm{T}}\\ \boldsymbol{y}(n)=\left[y(n),y(n-1),\cdots,y(n-M+1)\right]^{\mathrm{T}}\end{cases} \tag{10.9}$$

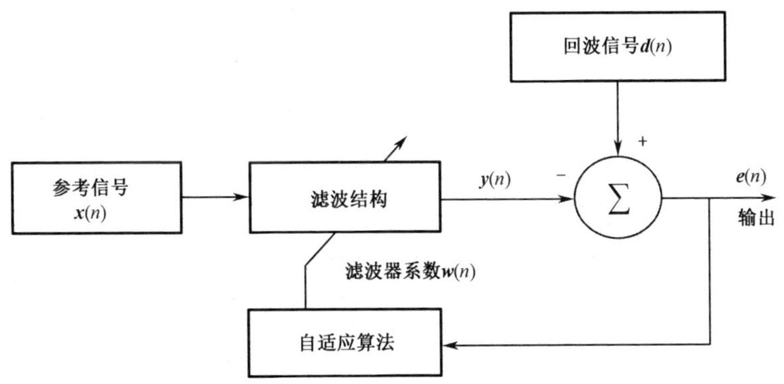

图 10.28　自适应对消器的原理框图

自适应滤波器的输出信号 $\boldsymbol{y}(n)$ 是对期望信号 $\boldsymbol{d}(n)$ 进行估计，滤波器系数受误差信号 $\boldsymbol{e}(n)$ 的控制并自行调整，使 $\boldsymbol{y}(n)$ 的估计值等于所期望的响应值 $\boldsymbol{d}(n)$，

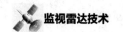

从而实现对直达波的抑制。

最小均方（Least Mean Square，LMS）算法和递归最小二乘（Recursive Least Squares，RLS）算法[7,8]是经典的自适应滤波算法。其中，LMS 算法是使滤波器的输出信号与期望信号之间的均方误差最小，而 RLS 算法是使估计误差的加权平均和最小。当在辐射源信号及多径干扰信号变化相对较大的环境时，需要加快自适应滤波器的跟踪收敛速度。

1. 对消器原理

对于图 10.29 所示的横向自适应滤波器原理图，滤波器设计的最小均方差准则能使期望响应 $\boldsymbol{d}(n)$ 和滤波器输出信号 $\boldsymbol{y}(n)=\boldsymbol{w}^{\mathrm{H}}(n)\cdot\boldsymbol{x}(n)$ 之间误差均方值 $E\left[\left|\boldsymbol{e}(n)\right|^2\right]$ 最小[8]。

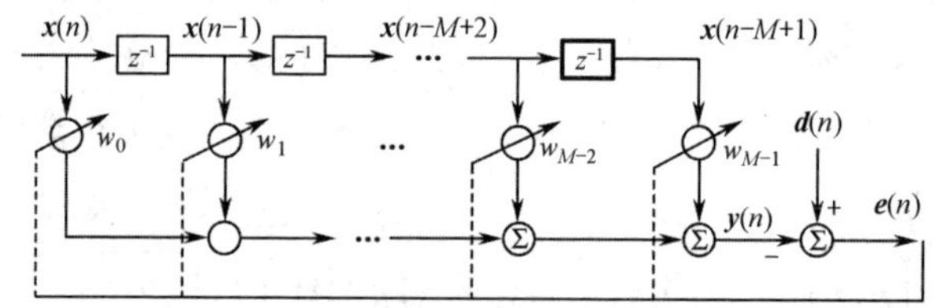

图 10.29　自适应横向滤波器原理图

令 $\boldsymbol{e}(n)=\boldsymbol{d}(n)-\boldsymbol{w}^{\mathrm{H}}\boldsymbol{x}(n)$，表示滤波器在 n 时刻的估计差，定义均方差为

$$J(n)=E\left[\left|\boldsymbol{e}(n)\right|^2\right]=E\left[\left|\boldsymbol{d}(n)-\boldsymbol{w}^{\mathrm{H}}\boldsymbol{x}(n)\right|^2\right] \tag{10.10}$$

最广泛使用的自适应算法形式为“下降算法”，其权向量的更新形式可表示为

$$\boldsymbol{w}(n)=\boldsymbol{w}(n-1)+\mu(n)\boldsymbol{v}(n) \tag{10.11}$$

式（10.11）中，$\boldsymbol{w}(n)$ 为第 n 次迭代（也即第 n 时刻）的权向量，$\mu(n)$ 为第 n 时刻的更新步长，$\boldsymbol{v}(n)$ 为第 n 时刻的更新方向向量。

LMS 算法的下降算法采用最陡下降法，即更新方向向量 $\boldsymbol{v}(n)$ 取第 $n-1$ 次迭代的代价函数 $J\left[\boldsymbol{w}(n-1)\right]$ 的负梯度。最陡下降法的统一形式为

$$\boldsymbol{w}(n)=\boldsymbol{w}(n-1)-\frac{1}{2}\mu(n)\nabla\boldsymbol{J}(n-1) \tag{10.12}$$

LMS 算法是用瞬时梯度向量 $\hat{\nabla}\boldsymbol{J}(n-1)$ 代替真实梯度向量 $\nabla\boldsymbol{J}(n-1)$，即

$$\boldsymbol{w}(n)=\boldsymbol{w}(n-1)+\mu(n)\boldsymbol{e}^*(n)\boldsymbol{x}(n) \tag{10.13}$$

式（10.13）中，$\boldsymbol{e}(n)=\boldsymbol{d}(n)-\boldsymbol{w}^{\mathrm{H}}(n-1)\boldsymbol{x}(n)$。

计算步骤如下：

【步骤 1】初始化：$n=0$，$\boldsymbol{w}(0)=0$。

【步骤 2】更新：$n=1,2,\cdots$ 时刻，有

$$\begin{cases}\boldsymbol{e}(n)=\boldsymbol{d}(n)-\boldsymbol{w}^{\mathrm{H}}(n-1)\boldsymbol{x}(n)\\ \boldsymbol{w}(n)=\boldsymbol{w}(n-1)+\mu(n)\boldsymbol{e}^{*}(n)\boldsymbol{x}(n)\end{cases} \tag{10.14}$$

基本 LMS 算法中，步长 $\mu(n)$ 为常数。由于 LMS 算法采用反馈的形式，存在稳定性问题，稳定性能取决于两个因素：自适应步长参数 $\mu(n)$ 和输入信号矢量 $\boldsymbol{x}(n)$ 的自相关矩阵 $\boldsymbol{R}$。步长 $\mu(n)$ 的大小决定着算法的收敛速度和达到稳态的失调量的大小，对于常数 $\mu(n)$ 值来说，收敛速度和失调量是一对矛盾，要想得到较快的收敛速度可选用大的 $\mu(n)$ 值，这将导致较大的失调量；如果要满足失调量的要求，则收敛速将受到制约，因此要根据实际情况来选择步长 $\mu(n)$。直达波自适应对消滤波器的阶数均与杂波距离相关。当对消器阶数与杂波距离、收/发基线相匹配时，对消性能能够保障。一般情况下，阶数通常取需要对消的最远距离杂波采样点数的 2 倍以上。

相同的杂波距离、收/发基线时，不同类型外辐射源的信号带宽差异很大，信号带宽与分辨距离单元数相关。信号带宽越大时，距离采样率也会越高。自适应对消滤波器的阶数的增加，使自适应对消的运算量大幅上升。

2. 二次对消技术

当目标探测天线同时受到直达波和同邻频干扰时，由于同邻频干扰通常比直达波干扰小，隐藏在直达波干扰之下，若仍采用常规对消处理方法，自适应滤波器对干扰源信号的抑制能力非常有限。干扰信号绝大部分的能量出现在滤波器的输出端，从而导致无法实现对目标的有效探测。图 10.30 所示为时域干扰抑制处理框图，它以二阶对消为例说明工作原理。

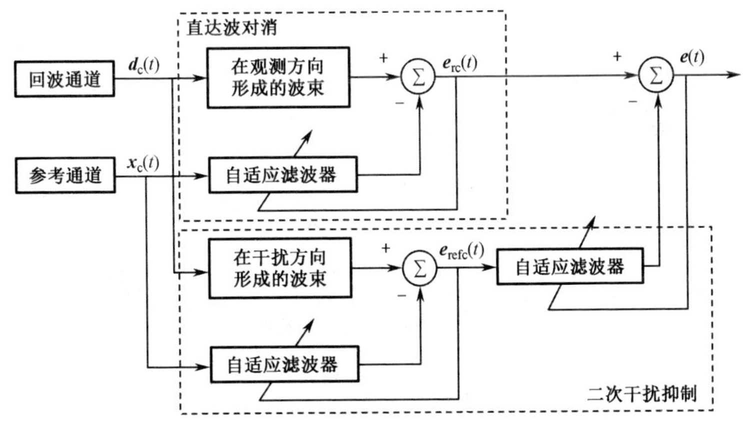

图 10.30　时域干扰抑制处理框图

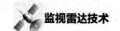

目标回波信号与参考信号进行对消处理，以抑制本地发射台站（辐射源）的直达波信号，获得对消剩余$\boldsymbol{e}_{\mathrm{rc}}(t)$，这个过程与常规处理过程是一致的。

然后将在目标波束的对消剩余$\boldsymbol{e}_{\mathrm{rc}}(t)$与参考信号的对消剩余结果$\boldsymbol{e}_{\mathrm{refc}}(t)$，再次对消处理，获得最终的对消输出$\boldsymbol{e}(t)$。$\boldsymbol{e}(t)$为

$$\boldsymbol{e}(t)=a_1 s(t)+a_2' r_1'(t)+a_3' r_2'(t)+n_r(t) \tag{10.15}$$

此时，再将对消剩余$\boldsymbol{e}(t)$与参考信号$\boldsymbol{x}_{\mathrm{c}}(t)$进行相关。由于本地发射台站信号和干扰发射台站信号不相关，所以相关性$\phi_{x_c e}$可以表示为

$$\phi_{x_c e}=a_1 b_1 \phi_{r_1 s}+a_2' b_1 \phi_{r_1 r_1'}+a_3' b_2 \phi_{r_2 r_2'} \tag{10.16}$$

由于需要的辐射源信号$r_1(t)$与其对消剩余$r_1'(t)$不相关，干扰发射台站信号$r_2(t)$与其对消剩余$r_2'(t)$不相关，则相关性$\phi_{x_c e}$可进一步化简为

$$\phi_{x_c e} \approx a_1 b_1 \phi_{r_1 s} \tag{10.17}$$

分析可知，采用以二次对消干扰抑制的方法，可有效地抑制干扰信号，提高干扰环境下的适应能力。

3. 调频广播信号对消示例

调频广播信号是外辐射源雷达最常用的辐射源信号，其直达波的抑制好坏直接关系到外辐射源雷达的主要探测性能，一般要对直达波抑制 70～90dB 才能满足探测需求，调频广播信号直达波强度如图 10.31 所示。首先，需通过选取适当的接收站位置通过空间滤波衰减可把直达波减小 40～50dB，图 10.32 所示为调频广播信号直达波对消前后的情况，通过对消可抑制直达波 40dB 左右[1]。

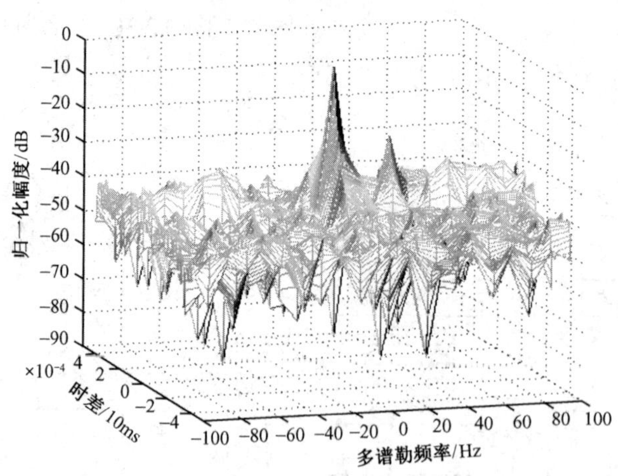

图 10.31 调频广播信号直达波强度

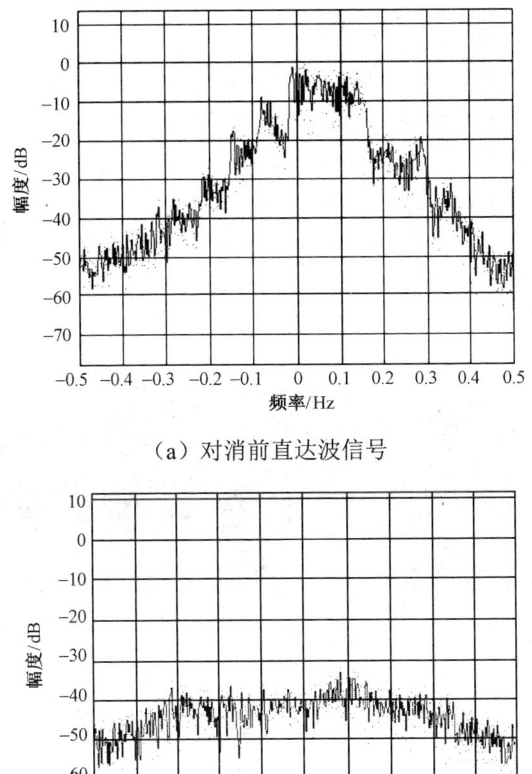

图 10.32　调频广播信号直达波对消前后图

4. 数字电视信号对消示例

数字电视信号是目前比较广泛采用的可利用外辐射源信号，前面已经对数字电视信号进行了详细分析。针对高采样率的数字电视信号，由于信号本身的稳定性，收敛处理速度相对较快。数字电视信号的对消比更加稳定，这与理论分析相符。为了更好地分析实际环境下的数字电视信号自适应对消的效果，对连续采集的 10 组数据进行了对消试验，见图 10.33。数字电视信号的平均对消比为 43dB，多组数据的对消比归一化均方差为 3.56%，如图 10.34 所示。

采用实际接收的信号来分析目标回波、直达波和地物杂波信号。虽然目标回波和杂波位于不同的多普勒单元，但是一般杂波较强，即使是杂波的旁瓣也高于目标回波的主瓣，所以在进行多普勒脉压前必须进行杂波抑制，在抑制杂波主瓣的同时压低旁瓣，使剩余杂波的旁瓣低于信号回波的主瓣，达到可检测目标的水平。DTMB 信号对消前后距离-频率维相关副峰图如图 10.35 所示。

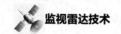

虽然多普勒零通道上地物杂波很强，对消抑制了近区的地物杂波，在对消器对应的距离范围上留下了一条“沟”。该区域主要覆盖一定范围的强地物杂波和直达波多径信号。对消明显降低了杂波旁瓣电平，能够检测到目标回波。实测目标通道对消后剩余副峰与目标回波如图 10.36 所示。

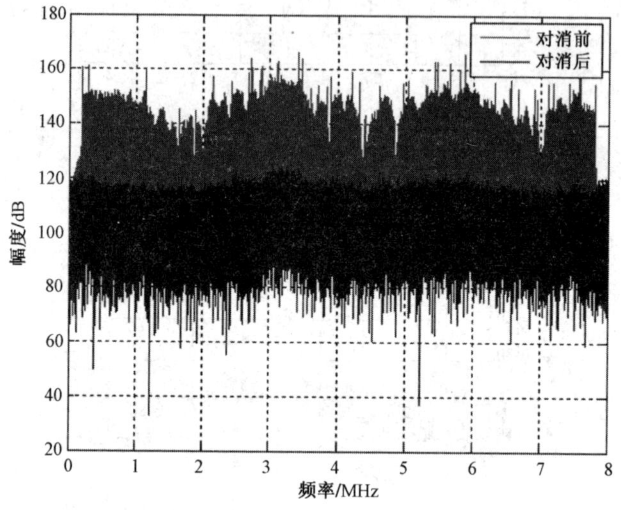

（a）对消前后信号的频谱

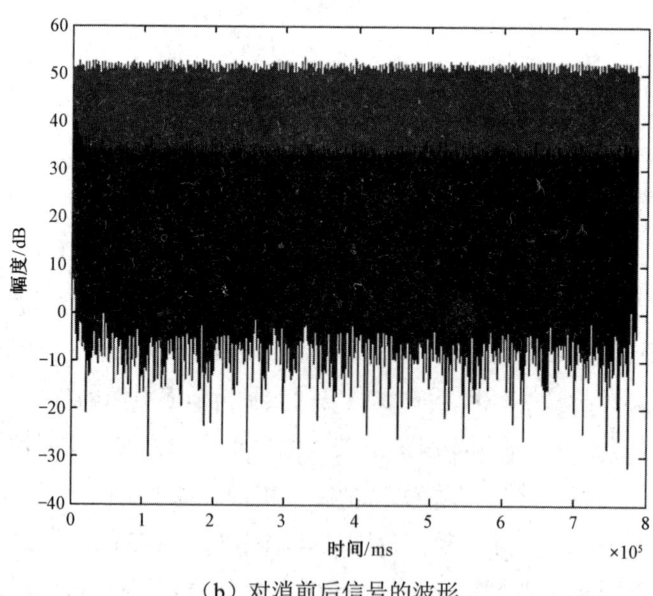

（b）对消前后信号的波形

图 10.33　数字电视信号直达波对消前后结果

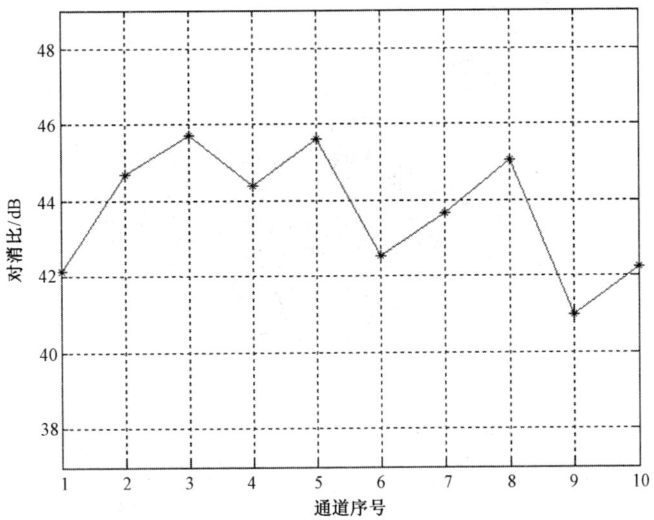

图 10.34 数字电视信号对消比

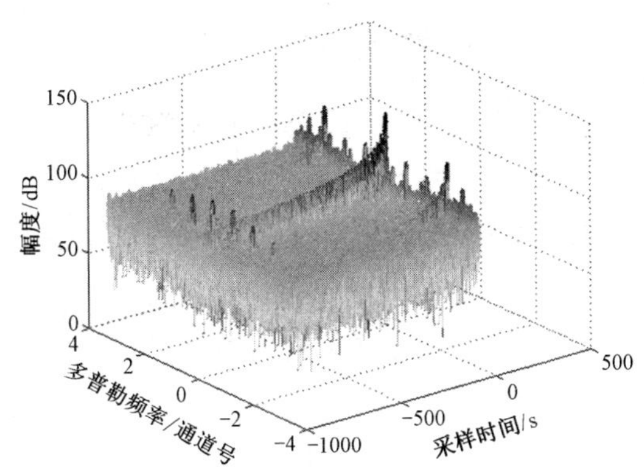

（a）对消前距离-频率维细节

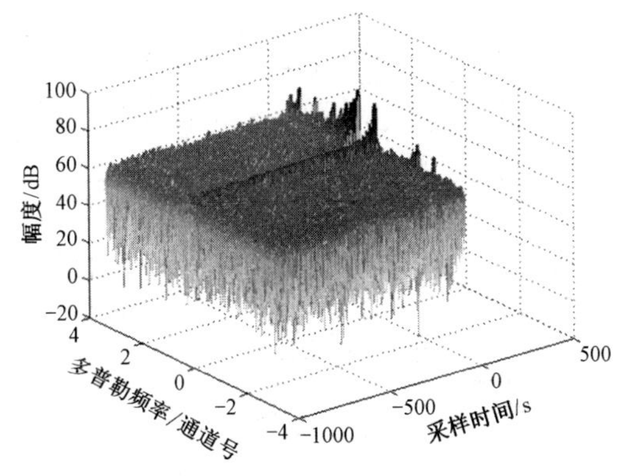

（b）对消后距离-频率维细节

图 10.35 DTMB 信号对消前后距离-频率维相关副峰图

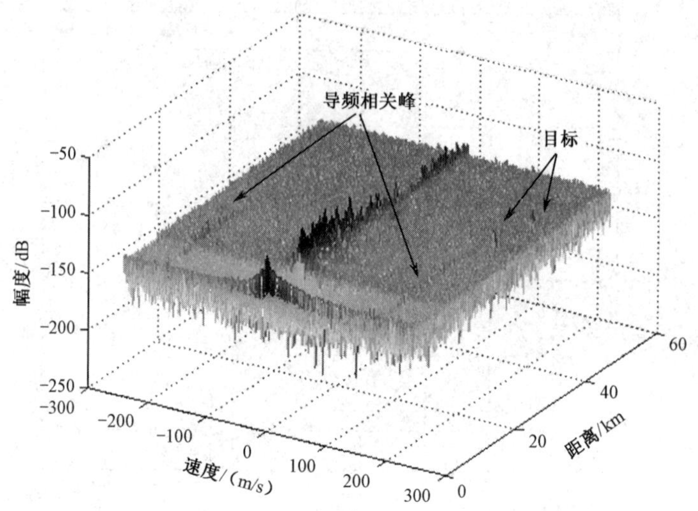

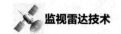

图 10.36　实测目标通道对消后剩余副峰与目标回波

10.4.2　弱信号相干检测技术

外辐射源雷达的发射波形并不是为了进行目标探测而设计的，其信号波形具有很强的随机性，外辐射源雷达探测处理中弱信号相干检测是关键技术之一。在接收端难以独立产生与发射信号完全相干的匹配滤波器系数。匹配滤波器实现信号处理输出端的信噪比最大，需要一副单独的参考天线获取辐射源匹配系数，将参考信号与目标回波相关处理，以获得目标的时延和多普勒参数。外辐射源雷达匹配滤波基本原理如图 10.37 所示。

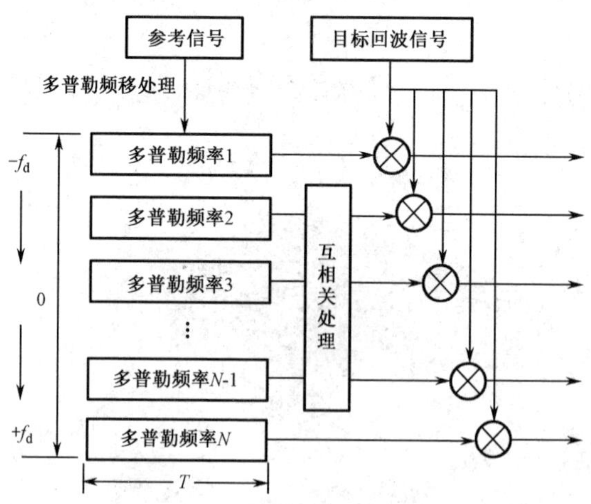

图 10.37　外辐射源雷达匹配滤波基本原理

通过将参考通道与回波通道做广义相关处理，还可以沿多普勒轴将动目标与直达波及地物杂波分离开。可以以离散形式表示为

$$y(l,p)=\sum_{i=0}^{N}s_{\text{echo}}\left(i\cdot\Delta T\right)s_{\text{ref}}^{*}\left(i\cdot\Delta T+l\cdot\Delta T\right)\mathrm{e}^{\mathrm{j}2\pi pi/N} \tag{10.18}$$

式（10.18）中，ΔT 表示采样间隔，N 表示对参考信号的采样点数，$T_0=N\Delta T$。式（10.18）的离散域距离-多普勒处理流程如图 10.38 所示，该图中各抽头延迟线的输出表示不同距离单元的多普勒分布。

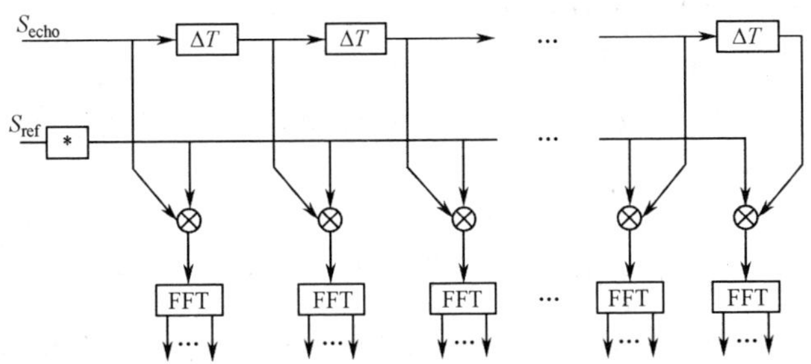

图 10.38　离散域距离-多普勒处理流程图

由于大多数外辐射源的发射功率和天线增益较低，常需要足够的积累时间以满足探测威力需求。若直接按照式（10.18）进行距离-多普勒两维相关处理，运算量较大，难以满足实时处理的要求，需要根据辐射源的信号特点，采取快速算法实现对运动目标的检测。

10.5　参数测量精度

外辐射源监视雷达是一种特殊体制的双基地雷达，双基地雷达对距离和角度的精度分析方法同样适用于外辐射源雷达，并且这些参数是以接收站的测量数据为基准的。

10.5.1　距离和测量精度

距离和测量精度可表示为

$$\sigma_{R_{\text{s}}}=\sqrt{\left(\frac{\partial R_{\text{s}}}{\partial\tau}\sigma_{\tau}\right)^2+\left(\frac{\partial R_{\text{s}}}{\partial L}\sigma_{L}\right)^2}=\sqrt{\left(c\sigma_{\tau}\right)^2+\left(\sigma_{L}\right)^2} \tag{10.19}$$

式（10.19）中，σ_τ 和 σ_L 表示时间测量精度和基线测量精度，因此距离和测量精度包括噪声误差、距离单元采样误差、接收机延迟误差、传播误差、目标闪烁误差、量化误差及基线测量误差[2]。

噪声误差是仅考虑接收机热噪声引起的时延测量误差，该误差代表距离和测量误差的上限，亦称为理论误差，可表示为

$$\sigma_{R_{\text{s}}0}=\frac{c}{\beta\sqrt{2E/N_0}} \tag{10.20}$$

式（10.20）中，$2E/N_0$ 表示匹配滤波器输出端最大信噪比，E 表示信号能量，N_0 表示噪声功率，β 是与信号波形相关的函数，即

$$\beta = \sqrt{\frac{\int_{-\infty}^{+\infty} \omega^2 \left|S(\omega)\right|^2 \mathrm{d}\omega}{\int_{-\infty}^{+\infty} \left|S(\omega)\right|^2 \mathrm{d}\omega}} \tag{10.21}$$

式（10.21）中，$S(\omega)$ 是发射信号的频谱。

传播误差主要包括对流层折射、电离层折射和多径效应引起的误差，应当根据外辐射源雷达结构以及目标位置，分别考虑辐射源到目标及目标到接收站的传播误差。

10.5.2 角度测量精度

角度误差包括噪声误差、天线指向误差、目标闪烁误差和量化误差。其中，噪声误差是仅考虑接收机热噪声引起的角度测量误差，该误差代表角度测量误差的上限，亦称为理论误差，可表示为

$$\sigma_{\varphi_\mathrm{r}0} = \frac{\lambda}{\gamma\sqrt{2E/N_0}} \tag{10.22}$$

式（10.22）中，λ 表示波长，$2E/N_0$ 表示匹配滤波器输出端最大信噪比，γ 表示天线的均方根孔径宽度。若接收站的天线方向图半功率宽度为 $\Delta\varphi$，当天线口面为等幅分布和余弦分布时，γ 可分别表示为 $\gamma = 0.51\pi\lambda/\Delta\varphi$ 和 $\gamma = 0.69\pi\lambda/\Delta\varphi$。

10.5.3 接收距离测量精度

对接收距离的定义式进行全微分得

$$\mathrm{d}R_\mathrm{r} = \frac{\partial R_\mathrm{r}}{\partial R_\mathrm{s}}\mathrm{d}s + \frac{\partial R_\mathrm{r}}{\partial L}\mathrm{d}L + \frac{\partial R_\mathrm{r}}{\partial \varphi_\mathrm{r}}\mathrm{d}\varphi_\mathrm{r} \tag{10.23}$$

因此，接收距离测量误差可表示为

$$\sigma_{R_\mathrm{r}}^2 = \left(\frac{\partial R_\mathrm{r}}{\partial R_\mathrm{s}}\right)^2 \sigma_{R_\mathrm{s}}^2 + \left(\frac{\partial R_\mathrm{r}}{\partial L}\right)^2 \sigma_L^2 + \left(\frac{\partial R_\mathrm{r}}{\partial \varphi_\mathrm{r}}\right)^2 \sigma_{\varphi_\mathrm{r}}^2 \tag{10.24}$$

式中

$$\begin{cases} \dfrac{\partial R_\mathrm{r}}{\partial R_\mathrm{s}} = \dfrac{R_\mathrm{s}^2 + L^2 - 2R_\mathrm{s}L\cos\varphi_\mathrm{r}}{2\left(R_\mathrm{s} - L\cos\varphi_\mathrm{r}\right)^2} \\ \dfrac{\partial R_\mathrm{r}}{\partial L} = \dfrac{\left(R_\mathrm{s}^2 + L^2\right)\cos\varphi_\mathrm{r} - 2LR_\mathrm{s}}{2\left(R_\mathrm{s} - L\cos\varphi_\mathrm{r}\right)^2} \\ \dfrac{\partial R_\mathrm{r}}{\partial \varphi_\mathrm{r}} = \dfrac{-L\left(R_\mathrm{s}^2 - L^2\right)\sin\varphi_\mathrm{r}}{2\left(R_\mathrm{s} - L\cos\varphi_\mathrm{r}\right)^2} \end{cases} \tag{10.25}$$

综上所述，当双基地系统中收/发站点空间位置一定后，对目标距离 R_r 的精度由距离和测量精度、基线测量精度及测角精度决定，并且随着距离和、基线长度和方位的不同，在探测定位平面的分布各不相同。

10.6 发展前景

外辐射源监视雷达的主要优点如下：

（1）生存能力强。由于外辐射源大多采用目前已经存在的民用信号，辐射信号地域广阔、分布普遍，故敌方难以判断和加以摧毁，也减少了被干扰的可能性，从而提高了雷达的生存能力。

（2）大多数外辐射源的信号具有频率较低、覆盖范围广、低空盲区小的特点，这有利于发现隐身飞机和巡航导弹等目标。同时，利用不同频段的双基地雷达组网，不仅能够扩大雷达的覆盖范围，而且可以提高对隐身目标的探测和跟踪能力，是一种有效的反隐身途径。

（3）广播、电视、通信基站和 GPS 等外辐射源工作时受天气变化影响小，能够全天候、全天时工作，工作可靠，且系统兼容性好。

（4）选择理想的外辐射源，无须建立专门的通信、测量系统，因而减少了系统的设备量，可节约大量经费。

（5）利用外辐射源信号，对于完全保持无线电静默的目标也能进行隐蔽探测。

外辐射源监视雷达根据所采用的各种外辐射源信号形式的不同，其系统组成和处理方式存在一定的差异，同时探测能力也存在较大差异。但它们也有共同的特点，即通过接收天线接收辐射源的直达波和目标的反射回波，经过处理后提取目标回波的多普勒频率、距离延时和到达角，完成对目标的定位和跟踪。

目前，对外辐射源监视雷达的研究主要是针对广播、电视信号开展的，如美国 Lockheed Martin 公司研制的“寂寞哨兵”（Silent-Sentry）外辐射源雷达（如图 10.39 所示）。该系统接收调频广播和电视信号（50～800MHz），天线孔径为 8（ft）× 25（ft）的相控阵天线，可以覆盖方位 105°、俯仰 50° 的空域，具有良好的测向精度。该系统可测量目标的到达角、多普勒频移及目标信号与直达信号的时间差，进而对目标进行探测、定位与跟踪，数据率为每秒 8 次，对 RCS 为 $10m^2$ 的目标探测距离达到 180km。Lockheed Martin 公司已建立了一个存储着世界上的 55000 个调频广播电台和电视台位置与工作频率的大型数据库。

图 10.39　美国 Lockheed Martin 公司研制的“寂寞哨兵”外辐射源雷达

1999 年，英国的 Howland PE 发表了基于电视信号的双基地雷达试验系统的研究成果。他搭建的试验系统以伦敦 Crystal Palace（水晶宫）电视台为发射站，接收设备布置在英国的 DERA Pershore。其接收设备包括 2 个子阵，每个子阵由 8 个八木天线组成，分别构成两个接收信道，两个接收信道均接收目标散射回波信号，构成单基线相位干涉仪来对目标进行测向。接收设备的信号处理分系统对目标方向、方向变化率和多普勒频移、多普勒频移变化率分别进行处理，可直接测量 DOA（到达方向）和多普勒频率，对目标定位并形成目标航迹。利用伦敦水晶宫电视台的 BBC 电视信号进行基于电视信号的外辐射源雷达探测实验显示，其对空中目标的探测距离积可达 150km×260km。

英国利用 GSM（Global System for Mobile Communications，全球移动通信系统）手机基站为外辐射源的 CELLDAR 雷达探测系统，如图 10.40 所示。该雷达采用多部 GSM 手机发射基站为辐射源，采用多个接收相控阵天线和声学传感器，由中央处理站来集中处理和协同工作，可探测野外 10～15km 的地面目标及 100km 处的大型飞机。

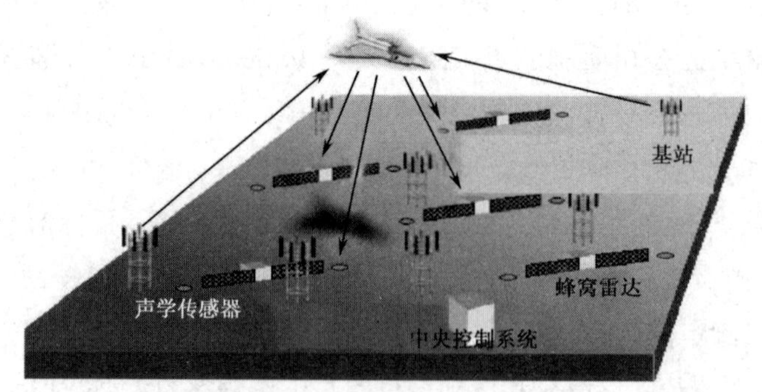

图 10.40　基于 GSM 手机基站的外辐射源 CELLDAR 雷达探测系统示意图

本章介绍了外辐射源监视雷达技术的工作原理、典型外部辐射源的信号特征分析、关键技术和测量精度分析等。其中，讨论的主要外辐射源为各种民用广播、电视通信类的辐射信号，而在实际外部电磁空间存在诸多雷达辐射信号，也是可以利用的辐射源。雷达辐射信号作为外辐射源即可以是合作式，也可以是非合作式。对于合作式雷达辐射源，外辐射源监视雷达可实时获取辐射源信号的工作状态和参数变化，以获得更稳定的探测性能；对于非合作式或对方的雷达辐射源，系统需通过直达波通道实时对雷达辐射源信号进行侦收，以获取辐射源准确信息。

外辐射源监视雷达的未来发展有两个主要发展方向，一是外辐射源雷达采用多频段接收系统，可以将空间各种外部民用广播、电视、雷达辐射源信号进行综合利用，对匹配接收到的相应多频段回波信号进行综合处理，提高目标定位、跟踪及识别能力，形成宽频段、隐蔽寂静的探测系统；二是与有源雷达协同工作，构成有源/无源一体化探测系统，不仅能够提高预警探测体系应对复杂电磁环境下的战场适应能力，而且一体化系统能够通过对多频段异构有源雷达信号的提纯识别，实现对多源回波信号的匹配处理和综合，提高目标定位、跟踪及识别能力。

参考文献

[1] 郑恒，王俊，江胜利，等. 外辐射源雷达[M]. 北京：国防工业出版社，2017.

[2] SKOLNIK M I. 雷达手册[M]. 王军，林强，等译. 2 版. 北京：电子工业出版社，2003.

[3] SKOLNIK M I. 雷达系统导论[M]. 左群声，徐国良，等译. 3 版. 北京：电子工业出版社，2001.

[4] BAKER C J, GRIFFITHS H D, Papoutsis I. Passive coherent location radar systems. Part 2: Waveform properties[J]. IEE Proceedings on Radar, Sonar and Navigation, 2005, 152(3): 160-168.

[5] HOWLAND P. Special Issue on Passive Radar Systems[J]. IEE Proceedings on Radar, Sonar and Navigation, 2005, 152(3): 106-223.

[6] RINGER M A, FRAZER G J. Waveform analysis of transmissions of opportunity for passive radar[C]. Signal Processing and Its Applications, 1999. Proceeding of Fifth International Symposium, Brisbane, Queensland: IEEE, 1999.

[7] 张贤达. 现代信号处理[M]. 北京：清华大学出版社，2002.

[8] HAYKINS. 自适应滤波器原理[M]. 郑宝玉，等译. 4 版. 北京：电子工业出版社，2003.

第 11 章 监视雷达总体工程设计

监视雷达的总体工程设计是雷达研制工作程序的工程实施环节，其输入是工程实施方案，输出是工程设计方案和图纸。总体工程设计直接决定监视雷达的产品形态、主要性能和质量属性。

11.1　总体工程设计

当监视雷达的工程实施方案被确定后，即可进入总体工程设计和分系统工程设计阶段。一般来说，其研制工作程序如图 11.1 所示，这里认为雷达研制的关键技术攻关已在拟定工程实施方案之前完成。工程实施方案是对系统研制方案的工程化、产品化，它不仅明确了总体布局、各分系统的详细设计和详尽的技术指标要求，还明确了附属设备、配套设备的连接及其要求。总之，工程实施方案是雷达整机进行工程设计的大纲和蓝图。如图 11.1 所示，在工程实施方案拟定后，分 3 条线展开工程设计工作：一是总体工程设计，这是本节所要详细叙述的；二是各分系统的工程设计，这是全机工程设计中工作量最大的环节；三是工程管理规范的制定和实施，它是协调和支撑全机工程设计的基本要素，包括全机标准化大纲、可靠性保证大纲、维修性保证大纲、全机各种设计统一性规定及环境试验规定等。实际上，这 3 条线的工作不是独立的，而是相互依存、彼此渗透的。本节主要介绍监视雷达的总体工程设计，重点是电信工程设计的主要内容。

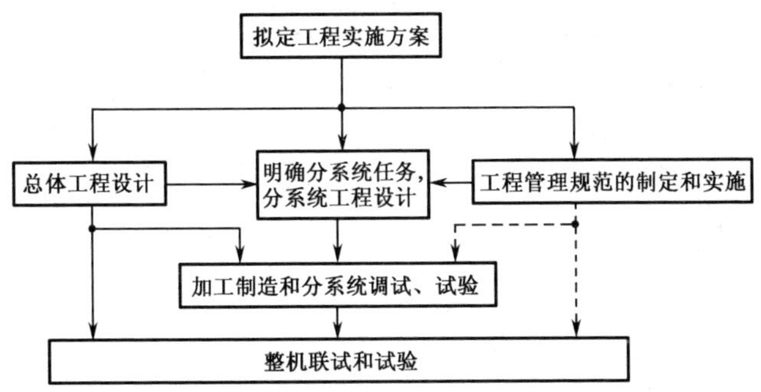

图 11.1　雷达研制工作程序

11.1.1　雷达系统框图的拟定

完成雷达总体技术方案论证后，监视雷达总体工程设计一般给出系统原理框图，包括雷达天线/馈线、发射机、收/发双工器、接收机、信号处理、数据处理、监视/控制和各种通信接口等设备，如图 11.2 所示。随着雷达技术的发展，监视雷达的功能、作用都发生了很大的变化。

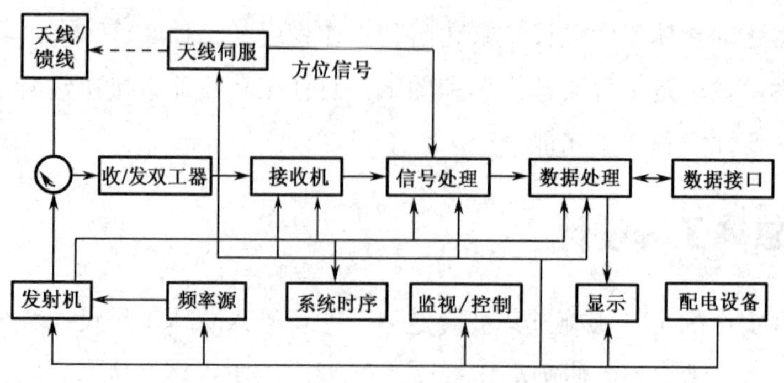

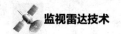

图 11.2　常规监视雷达系统组成框图

图 11.3 给出了采用阵列多波束技术体制的典型三坐标监视雷达系统框图。由该图可见，监视雷达的处理流程和功能模块对于一个不同用途的具体雷达来说，在每一个功能方块内的内容是不同的。我们按工程实施方案所拟制的雷达系统框图，就必须反映该雷达本身的特点和它所采用的具体技术。雷达系统框图必须反映雷达的工作体制、主要信号流程、雷达各分系统的技术实施方案及其所有技术实现方法。

11.1.2　各分系统方案和指标的确定

雷达作为复杂的电子设备，由许多不同功能的子设备所组成，把这些子设备称为雷达整机的分系统。一般监视雷达的分系统主要有：

- 天馈或天线分系统；
- 发射分系统；
- 接收分系统；
- 信号处理分系统；
- 数据处理分系统；
- 显示与控制分系统；
- 伺服/机电分系统；
- 供/配电分系统；
- 配套设备。

为详细说明雷达各分系统的组成要素，上面给出了监视雷达分系统的最大包络。需要说明的是，随着电子信息技术的发展，软件化和智能化技术在雷达中的应用，雷达分系统的概念逐渐模糊化，雷达射频部分组合成一个模块，数字部分在高性能服务器中采用全软件化处理，但雷达各部分的基本功能不可替代。

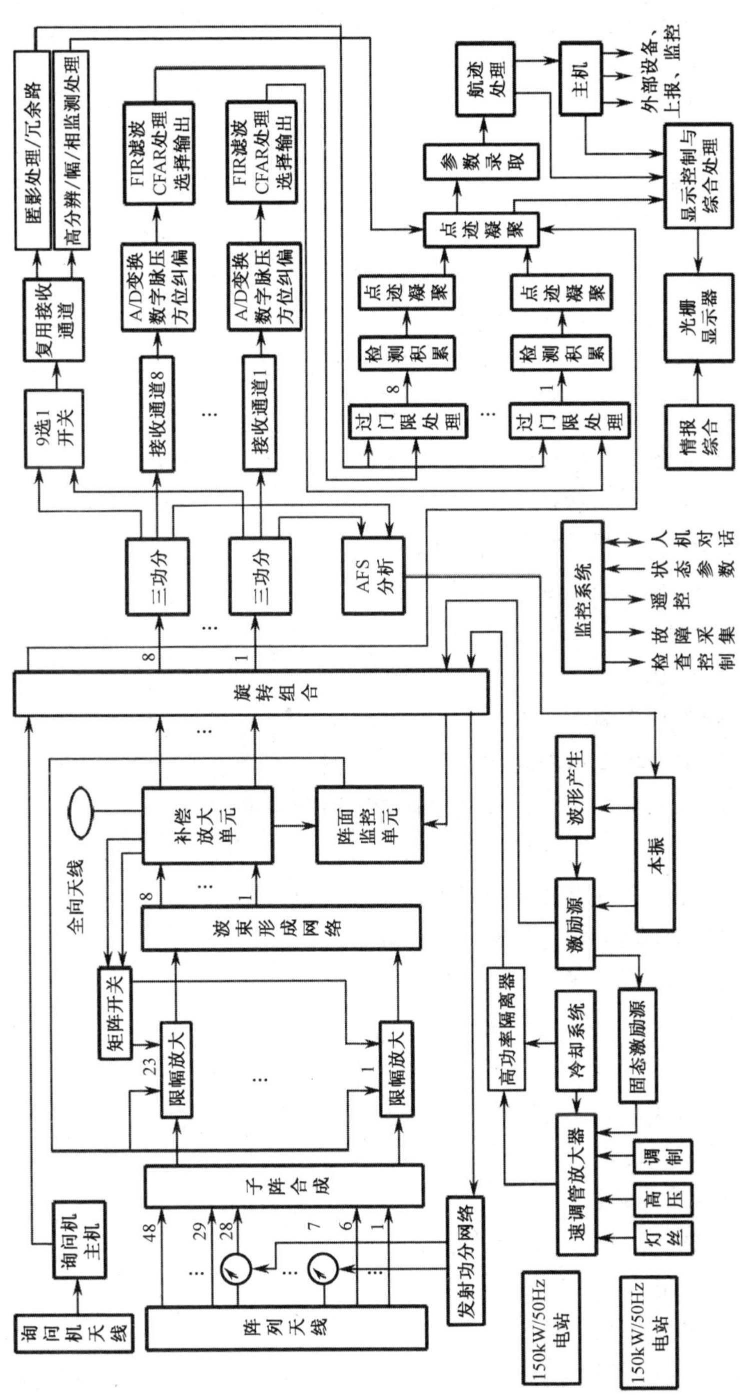

图 11.3　典型阵列多波束三坐标监视雷达系统框图

对各分系统的主要技术要求，在系统设计中已基本提出，但在工程实施中必须以任务书的形式加以明确。下面介绍几个主要分系统的一些技术要求。

1）天馈或天线分系统

- 天线形式；
- 工作频率及带宽；
- 天线增益；
- 天线波瓣宽度；
- 天线副瓣电平；
- 天线波束指向和最大扫描角；
- 天线极化方式；
- 天线单元形式及性能；
- 馈线系统组成方式；
- 馈线驻波和插入损耗；
- 馈线功率容量和接收漏过功率；
- 天线尺寸及安装要求等。

2）发射分系统

- 发射机形式；
- 工作频率及带宽；
- 最大输出功率及带内起伏；
- 发射信号频率、相位、幅度和脉冲前沿的稳定性；
- 最大工作比及发射效率；
- 发射脉冲包络及重复频率要求；
- 发射机的控制保护（简称控保）要求；
- 发射机的冷却方式；
- 发射机的结构及安装形式。

3）接收分系统

- 接收机形式；
- 工作频率和带宽；
- 接收机噪声系数；
- 线性动态范围；
- 镜像抑制能力；
- 增益控制方式及要求；
- 接收机对改善因子的限制；
- 频率源基本时钟及稳定性要求；

- 接收机结构及安装形式。

4）信号处理分系统

- 信号处理方式；
- A/D 采样及要求；
- DBF 要求；
- 脉冲压缩要求；
- 抑制杂波处理形式和要求；
- 抗干扰处理形式和要求；
- 恒虚警率处理和控制（CFAR、各种杂波图的产生和控制）；
- 信号处理损失。

5）数据处理分系统

（1）点迹处理

- 目标检测模式控制；
- 检测性能指标；
- 点迹录取方式；
- 点迹录取能力；
- 点迹录取精度。

（2）航迹处理

- 航迹处理方式；
- 最大输入点迹数；
- 最大处理航迹容量；
- 航迹处理起始要求；
- 最大跟踪目标容量；
- 跟踪数据率。

6）显示与控制（简称显控）分系统

- 显示器类型、功能、尺寸和数量；
- 量程和标志要求；
- 字符和图形要求；
- 输入/输出接口要求；
- 人工干预界面及功能。
- 全机控制功能要求；
- 控制和保护连锁要求；
- 主要性能监测项目和要求；

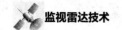

- 全机 BITE 的要求；
- 故障点设置要求；
- 故障诊断和指示。

11.1.3 全机主要时序的确定

监视雷达正在向多任务、多功能和多模式方向发展，使用的信号形式和处理方法越来越复杂，需要建立系统的时间序列来协调全机的工作，这就是全机的“时序”，典型监视雷达时序控制逻辑关系图如图 11.4 所示。监视雷达的发射信号是一个由频率源产生的脉冲线性调频信号，发射机在“发射触发”控制下发射高功率信号，发射信号结束时加一个“关断信号”；为了保护接收机的低噪声放大器（Low Noise Amplifier，LNA）不被发射信号的漏过功率所击穿，在收/发开关 T/R 后加了一个有源 PIN 限幅器（即 PIN 开关），在波形控制期间对通过信号有十几到几十分贝的衰减，而在没有控制波形时信号几乎是没有衰减地通过。在系统中，这个 PIN 的控制波形必须覆盖发射信号脉冲，因而这个波形的产生应超前发射信号；雷达的回波信号在接收机中频变成正交（I/Q）信号后要进行 A/D 变换，需要给予提供采样时钟；该雷达的信号处理分系统和数据处理分系统都是数字处理设备，需要给予提供全机的基本时钟（如 10MHz 或 20MHz 等）以及全机的同步脉冲；处理后的雷达回波信号被送到显示器显示，显示器需要显示触发；该雷达具有频率捷变功能，雷达频率的改变通常在本周期完成最大量程处的回波接收以后、下一个周期的发射信号发射之前进行，因此需要在一定的时刻给频率源送一变频信号，称为“打入脉冲”（Loding Pulse）。此外，监视雷达为了具有完善的故障诊断功能，在发射信号之前从接收机 LNA 前注入一个测试信号，这

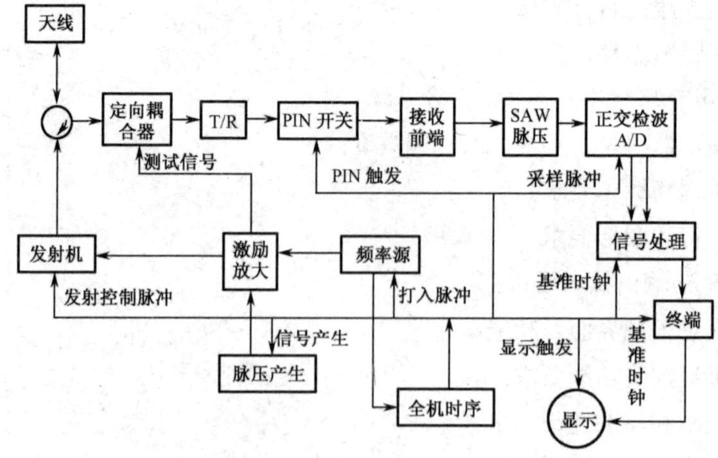

图 11.4 典型监视雷达时序控制逻辑关系图

个测试信号通过全部雷达信号流程，在不同的部位对该信号进行检测用以判断各部位的工作是否正常。

上述雷达所有需要的信号，相互间都有一定的时间关系，称为时序关系。上例中监视雷达的工作时序关系如图 11.5 所示。

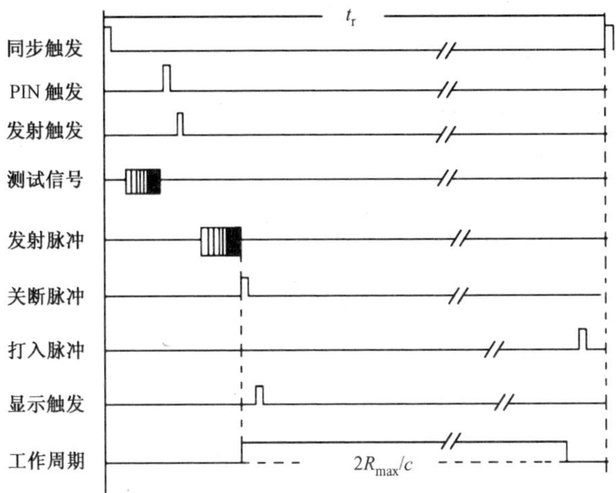

图 11.5　典型监视雷达的工作时序关系

时序是雷达全机协调工作的关键，不能有一丝一毫的差错。在全机工程设计时必须根据系统对各种信号的需求仔细计算和规划全机的时序关系，并分配到各分系统。各分系统内部所需的时序则由各分系统在其工程设计时自行考虑。

11.1.4　全机控制关系的确定

监视雷达由于其功能越来越强大，对性能的要求也越来越高，因而其控制也就越来越复杂，除开/关机的控制外，还有工作方式的控制、环境自适应控制，以及冗余控制或系统重组控制等。在全机工程设计时，应将所有需要控制的项目进行汇集和分类，并确定控制方式，有些控制项目还要设计控制时序。

1. 开/关机控制

开/关机控制是雷达的基本控制功能，一般监视雷达的开/关机有“本控”和“遥控”两种控制状态。这里所说的本控是指在分系统或分机的“本地”控制面板上的控制，遥控则是指在一个专用的控制台上完成的控制。有些无人值守或少人值守的雷达还要求有远距离的控制。一般情况下，“本控”只是在分系统或系统调机过程中使用，正常工作时只应用“遥控”状态。开/关机控制包括电源供电控制、天线驱动控制（转、停或变速、扇扫等）、发射机开/关机控制（视发射机类型的不同，发射机的开/关机步骤也会不同）。开/关机控制必须注意的是设备对开/关机步骤的严格要求，以便保障设备和人身安全。比如天线的转动控制，第一步响“警铃”，第二步是天线转动，而天线转动的转速切换又不能直接切换，必须经过“停止”后再切换到另一转速上去。又如大功率真空管发射机的开关机，由于有高压危险，还要防止大功率打火等对设备和操作人员的伤害，一是要严格执行加电步骤，在设计时要保证任何不规范的操作都不能执行，也就是在未完成上一个加电步骤时，以后的加电过程决不允许进行；二是设计必要的保护互锁装置及程序，如门开关等。

2. 工作方式控制

监视雷达一般都有多种工作方式和参数选择控制功能，以满足不同环境和战术要求。通常有：

- 工作模式选择；
- 工作频率选择；
- 信号波形选择；
- 重复频率选择；
- 天线转速选择；
- 天线极化方式选择；
- 发射机功率管理；
- 变频模式控制；
- 波束形成控制；
- 抗干扰方式选择；
- 信号处理方式选择等。

这些工作方式的控制一般都是雷达操纵人员根据雷达工作环境和对目标的探测及跟踪的要求在雷达控制台上执行的（对无人值守状态应能在远距离控制台上完成）。对其控制的要求是操作执行速度要快、执行情况应有反馈指示、工作状态转换时全机的工作不受影响，以及不允许有误操作等。

3. 环境自适应控制

这类控制大都是动态控制，主要是系统动态范围的控制和全机虚警的控制。当然这些控制都是在雷达各分系统中进行设计的，但在总体工程设计时应提出明确要求。

系统动态范围的控制主要有两种，第一种灵敏度时间控制（STC）。通常监视雷达回波幅度变化很大，不同 RCS 的目标、不同距离的杂波回波强度都不同，接收的雷达目标回波功率与目标距离的 4 次方成反比。所以近距离的雷达回波强度通常会超过雷达接收机的动态范围，这会使雷达接收机出现饱和现象。STC 就是使雷达接收机的系统动态范围随时间（距离）变化，从而使雷达回波强度与距离弱相关，始终保持回波强度在接收机的有效动态范围内。在早期监视雷达设计中，由于射频器件水平限制，STC 多在中频上实现，目前监视雷达探测距离远、使用环境复杂，导致雷达的射频动态要求一般都很大，且一般都大于接收机的射频动态范围，因此在射频采用 STC 是必需的。在一般的 STC 设计中，对接收机动态范围的控制在所有方位都是相同的，即采用的是一种固定的控制参数。随着计算机技术的发展，现在监视雷达可采用在阵地现场编制 STC 参数的方法，即根据雷达实际阵地周边环境，不同的方位具有不同的 STC 参数。

第二种动态范围控制是“自动杂波衰减”（ACA）。监视雷达 STC 的目的是控制近距离强地物回波的强度，其作用距离范围一般较近，否则会影响雷达的远去探测性能。实际上，在设计低空监视雷达天线垂直波瓣图时，一般不采用标准的余割平方波瓣，而是采用高仰角上增益提高的超余割平方天线波瓣，主要是为了解决同时满足近距离反强地物杂波与高仰角目标探测的问题，有的监视雷达采用高、低两个波束也是同一原因。那么，为了对付在较远距离上的强点杂波和强的气象杂波，使信号处理能有效地对其抑制，必须对超过有效动态的杂波信号进行增益控制。由于这种强信号通常都不是连片的，而是稀疏的或点状的，对其增益控制也是瞬间的，因而对远距离实际目标的检测基本没有影响。雷达实时检测杂波信号的强度，对超过规定动态范围的杂波信号在下一扫描就要控制使其衰减到允许的幅度以内。为了不对雷达其他区域产生影响，ACA 最小控制范围是一个雷达分辨单元。

监视雷达的虚警控制十分重要，虚警太多会影响对真实目标的检测，也会影响雷达的后续处理和雷达情报的综合，严重情况下甚至会导致系统过载或瘫痪；虚警太少又会降低雷达的探测能力，不能充分发挥雷达的潜能。现代监视雷达普遍实现了虚警概率为10^{-6}的自动恒虚警率检测，相关内容见第 3 章。

11.1.5　全机接口关系的约定

在监视雷达总体工程设计中，对雷达各分系统相互之间的输入/输出信号的接口必须有明确的规定，否则各分系统难于开展工程设计或者系统基本上无法连接。

制定全机的信号接口应首先制定各分系统和独立分机或设备的详细框图，绘制所有的信号连接图示（包括射频传输信号、回波信号、触发信号、时钟信号、监视/控制信号、通信信号和数据信号等）。所谓信号接口就是这些信号的输入/输出关系及它们的电气特性，主要包括：

- 信号的输入阻抗和输出阻抗及其匹配要求；
- 传输信号的时序关系、数据率；
- 信号的电平、脉宽、频率和极性；
- 数据格式及数据位定义等。

下面以一个典型的雷达数据处理分系统的接口为例介绍（见表 11.1～表 11.4）。

表 11.1 输入信号格式示例

信号名称	来自	信号形式	信号电平	信号脉宽	匹配阻抗	极性	备注
视频信号	接收机	—	0～3V	1μs	50Ω	—	—
数字视频	信号处理	14 位 A/D 变换	TTL	1μs	—	—	—
时钟	频率源	10MHz 连续	3V	—	50Ω	—	—
正北脉冲	监控分机	—	TTL	2μs	—	正极性	—
增量脉冲	监控分机	—	TTL	2μs	—	正极性	—
控制指令	主控台	数据	TTL	—	—	—	见表 11.2

表 11.2 主控至数据处理的数据传输格式示例

方向	序号	信号名称	功能字		数据字 1	数据字 2	备注
			D_7～D_4	D_3～D_0	D_7～D_0	D_7～D_0	
主控↓数据处理	1	通信口检查	5	0	AA	5 5	—
	2	传送出错	5	1	0 0	0 0	—
	3	故障打印	5	2	（格式另定）	（格式另定）	—
	4	冗余状态	5	3	01～0A	0 0	表示第××路冗余
	5	开机检查	5	4	0 0	0 0	按规定打印
	6	天线修正	5	5	00—正 11—负	D_7=0，D_6～D_0为角度值	—

表 11.3 输出信号格式示例

信号名称	去向	信号形式	信号电平	信号脉宽	匹配阻抗	极性	备注
综合视频	显示器	—	TTL	1μs	—	正	—
综合视频	光纤传输	—	TTL	1μs	—	正	—
正北脉冲	信号处理	—	TTL	2μs	—	负	—
正北脉冲	光纤传输	—	TTL	2μs	—	正	—
正北脉冲	显示器	—	TTL	2μs	—	正	—
方位增量	信号处理	—	TTL	2μs	—	负	—
方位增量	光纤传输	—	TTL	2μs	—	正	—

续表

信号名称	去向	信号形式	信号电平	信号脉宽	匹配阻抗	极性	备注
方位增量	显示器	—	TTL	2μs	—	正	—
显示触发	显示器	—	TTL	3.2μs	—	正	—
显示触发	光纤传输	—	TTL	3.2μs	—	正	—
数据输出	MODEM	上报数据	RS-232	—	—	—	—
监视信息	监控分机	数据	—	—	—	—	见表 11.4

表 11.4　数据处理至监控分机的数据通信格式示例

方向	序号	信号名称	功 能 字		数据字 1	数据字 2	备注
			D_7～D_4	D_3～D_0	D_7～D_0	D_7～D_0	
数据处理 ↓ 监控	1	检查回答	5	0	AA	55	—
	2	传送出错	5	1	00	00	—
	3	通道故障	5	2	01～09	00	—
	4	故障	5	3	按故障表格式填数		—

11.1.6　通信和外部接口设计

监视雷达具有情报信息上报和内部信息交互功能，需要用到通信、数据交换设备。目前，监视雷达情报的输出通过数据链方式将雷达情报数据传给指挥所或其他有关部门。内部方舱间通信一般根据实际情况采用有线电话或预留电话接口。图 11.6 所示为监视雷达的外部通信与数据传输情况。

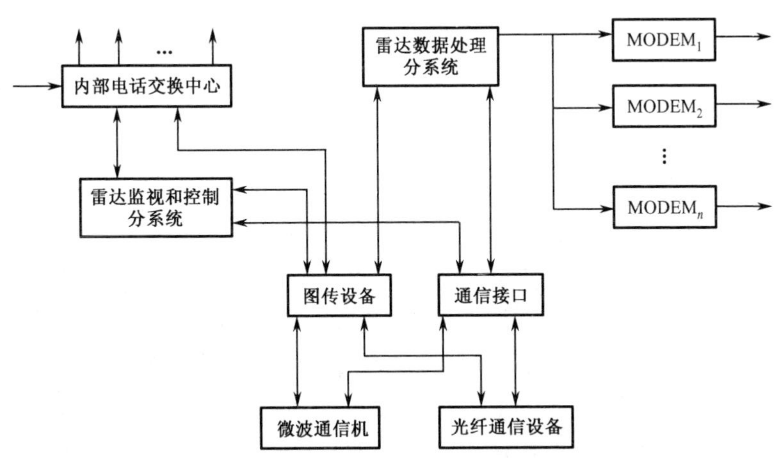

图 11.6　监视雷达的外部通信与数据传输情况

当然，不同雷达的数据传输和通信要求不同。在雷达总体工程设计时要按照所设计雷达的具体情况和用户的要求来选择。

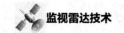

11.1.7 连接线缆设计

监视雷达系统中各功能模块之间通过信号传输和线缆连接，全机连接线缆的设计一般需要绘制线缆连接图和制作线缆连接表。

线缆连接图应分层次绘制：第一层次是按大物理单元如工作方舱之间的线缆连接，第二层次是每个工作方舱内各独立机柜之间的线缆连接，第三层次是机柜内各单元之间的连接。绘制各层次的线缆连接图，除了这些线缆本身设计的需要外，就是要明确各分系统或分机之间电信的和物理的接口关系，并防止设计出错。同时需要制定接线的一般原则，插头座及线缆的编号方法，线缆标牌的标示格式，多芯连接器的芯线使用规定，以及线缆、导线和接插件的选用规定等。

下面以一个典型例子说明雷达单元间的线缆连接图（如图 11.7 所示）和线缆连接表（如表 11.5 所示）的制作及相关准则。

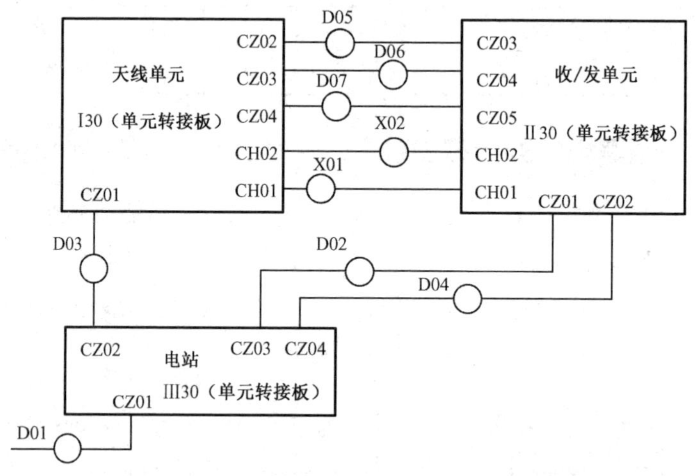

图 11.7 一种雷达单元间的线缆连接图示例

某雷达共有天线单元、收/发单元和电站 3 个工作单元。电站分别向天线单元和收/发单元供电，供电指令由收/发单元向电站发出。收/发单元向天线单元发送天线转动的警铃信号和驱动电源，还有一根控制信号线，它传送多个信号，包括有天线极化器的控制信号、产生雷达方位信号的旋转变压器信号，以及一路雷达接收机的场放电源和 PIN 限幅控制信号。这些线缆用“D”来编号。天线单元向收/发单元传送一路接收射频回波信号和一路敌我识别（Identification Friend or Foe，IFF）回波信号。这些信号线缆用“X”来编号。每个单元都有一个转接板，天线单元的转接板用“I30”编号，收/发单元的用“II30”编号，电站单元的用“III30”编号。按这个线缆连接图所制定的线缆连接表如表 11.5 所示。从这个线缆连接图和线缆连接表可以看出一些线缆连接的一般原则。

表 11.5　雷达单元之间的线缆连接表示例

<table>
<tr><th rowspan="2">线缆编号</th><th rowspan="2">线缆名称</th><th rowspan="2">线缆型号</th><th rowspan="2">信号名称</th><th colspan="2">来端</th><th colspan="2">去端</th><th rowspan="2">备注</th></tr>
<tr><th>标牌</th><th>线缆头型号</th><th>标牌</th><th>线缆头型号</th></tr>
<tr><td rowspan="4">D01</td><td rowspan="4">市电输入</td><td rowspan="4">YHC3×10+1×6</td><td>中线</td><td>—</td><td rowspan="4">（焊片）</td><td>III30CZ01-4</td><td rowspan="4">Y50DX-2404TK6</td><td>—</td></tr>
<tr><td>A～220V</td><td>—</td><td>III30CZ01-1</td><td>—</td></tr>
<tr><td>B～220V</td><td>—</td><td>III30CZ01-2</td><td>—</td></tr>
<tr><td>C～220V</td><td>—</td><td>III30CZ01-3</td><td>—</td></tr>
<tr><td rowspan="4">D02</td><td rowspan="4">收/发车总电源输入</td><td rowspan="4">YHC3×10+1×6</td><td>中线</td><td>III30CZ03-4</td><td rowspan="4">Y50DX-2404TK6</td><td>II30CZ01-4</td><td rowspan="4">Y50DX-2404TK6</td><td rowspan="4">—</td></tr>
<tr><td>A～220V</td><td>III30CZ03-1</td><td>II30CZ01-1</td></tr>
<tr><td>B～220V</td><td>III30CZ03-2</td><td>II30CZ01-2</td></tr>
<tr><td>C～220V</td><td>III30CZ03-3</td><td>II30CZ01-3</td></tr>
<tr><td rowspan="4">D03</td><td rowspan="4">天线车电源</td><td rowspan="4">SBHP4×2.5 250V</td><td>中线</td><td>III30CZ02-4</td><td rowspan="4">Q24J4PJ</td><td>I30CZ01-4</td><td rowspan="4">Q24K4PJ</td><td rowspan="4">—</td></tr>
<tr><td>A～220V</td><td>III30CZ02-1</td><td>I30CZ01-1</td></tr>
<tr><td>B～220V</td><td>III30CZ02-2</td><td>I30CZ01-2</td></tr>
<tr><td>C～220V</td><td>III30CZ02-3</td><td>I30CZ01-3</td></tr>
<tr><td rowspan="4">D04</td><td rowspan="4">供电指令</td><td rowspan="4">SBHP4×2.5 250V</td><td>电话</td><td>III30CZ02-1</td><td rowspan="4">Q24J4PJ</td><td>III30CZ04-1</td><td rowspan="4">Q24K4PJ</td><td rowspan="4">—</td></tr>
<tr><td>+12V</td><td>II30CZ02-2</td><td>III30CZ04-2</td></tr>
<tr><td>电话</td><td>II30CZ02-3</td><td>III30CZ04-3</td></tr>
<tr><td>+12V</td><td>II30CZ02-4</td><td>III30CZ04-4</td></tr>
<tr><td rowspan="4">D05</td><td rowspan="4">驱动电源</td><td rowspan="4">YHC3×2.5+1×1.5</td><td>中线</td><td>III30CZ03-4</td><td rowspan="4">P20J6Q</td><td>I30CZ02-4</td><td rowspan="4">P20K6Q</td><td rowspan="4">—</td></tr>
<tr><td>A～220V</td><td>III30CZ03-1</td><td>I30CZ02-1</td></tr>
<tr><td>B～220V</td><td>III30CZ03-2</td><td>I30CZ02-2</td></tr>
<tr><td>C～220V</td><td>III30CZ03-3</td><td>I30CZ02-3</td></tr>
<tr><td rowspan="2">D06</td><td rowspan="2">警铃</td><td rowspan="2">SBH2×1.5 250V</td><td>中线</td><td>II30CZ04-4</td><td rowspan="2">P20J6Q</td><td>I30CZ03-4</td><td rowspan="2">P20K6Q</td><td rowspan="2">—</td></tr>
<tr><td>220V</td><td>II30CZ04-1</td><td>I30CZ03-1</td></tr>
<tr><td rowspan="8">D07</td><td rowspan="8">控制信号</td><td rowspan="8">10×SYV 50-2-1</td><td rowspan="2">sinθ</td><td rowspan="2">II30CZ05-4</td><td rowspan="8">X30J320Q</td><td>II30CZ04-4</td><td rowspan="8">X30K320Q</td><td>对应地-3</td></tr>
<tr><td>II30CZ04-8</td><td>对应地-9</td></tr>
<tr><td>cosθ</td><td>II30CZ05-8</td><td>II30CZ04-13</td><td>对应地-12</td></tr>
<tr><td rowspan="2">～60V 400Hz</td><td rowspan="2">II30CZ05-13</td><td>II30CZ04-10</td><td>对应地-10</td></tr>
<tr><td>II30CZ04-20</td><td>对应地-21</td></tr>
<tr><td>极化控制</td><td>II30CZ05-10</td><td>II30CZ04-32</td><td>对应地-31</td></tr>
<tr><td>PIN 信号</td><td>II30CZ05-20</td><td rowspan="2">—</td><td rowspan="2">—</td></tr>
<tr><td>场放电源</td><td>II30CZ05-32</td></tr>
<tr><td>X01</td><td>射频回波</td><td>SFCJ-50-7-51</td><td>—</td><td>I30 CH01</td><td>N-J303</td><td>II30 CH01</td><td>N-J303</td><td>—</td></tr>
<tr><td>X02</td><td>识别回波</td><td>SFCJ-50-7-51</td><td>—</td><td>I30 CH02</td><td>N-J303</td><td>II30 CH02</td><td>N-J303</td><td>—</td></tr>
</table>

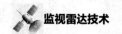

11.2 可靠性和维修性设计

本节从可靠性的基本概念出发，介绍可靠性的基本模型、可靠性预计与分配及可靠性设计方法，并给出维修性设计的定性和定量要求。

11.2.1 可靠性的基本概念

按国家标准 GB/T 2900.99—2016《可靠性、维修性术语》和中华人民共和国国家军用标准（简称国军标）GJB 451A—2005《可靠性维修性术语》，可靠性的定义是：产品在规定的条件下和规定的时间内完成规定功能的能力。通常，可靠性可用以下几个参数来表示。

1. 可靠度

可靠度是可靠性的概率度量，也就是在规定的时间、规定的条件下完成规定功能的成功概率[1]。可靠度 $R(t)$ 的一般表达式为

$$R(t)=\exp\left[-\int_0^t \lambda(t)\mathrm{d}t\right] \tag{11.1}$$

式（11.1）中，$\lambda(t)$ 是产品的失效率。理论和实际经验都证明，对于由大量电子元件构成的电子设备来说，$\lambda(t)=\lambda$ 是一个常数。实际上，典型的电子设备失效率曲线是一个所谓的“浴盆曲线”，如图 11.8 所示。

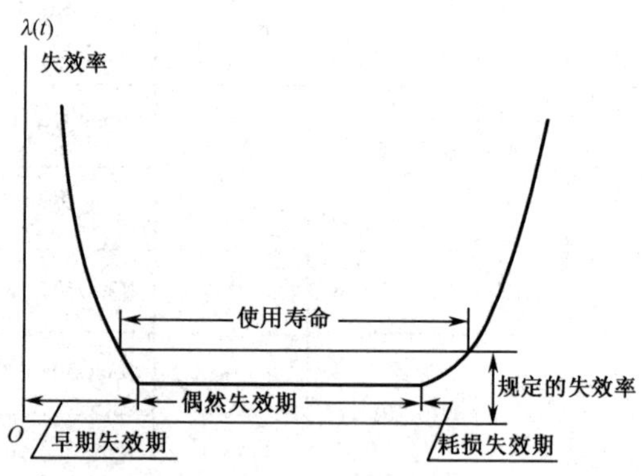

图 11.8　典型的电子设备失效率曲线

大多数电子设备的失效率都遵循这个“浴盆曲线”的规律，大体可分为 3 个阶段。

（1）早期失效期：这期间的失效规律是故障随时间的增加而明显减少。其失效机理主要有：

- 制造和装配过程不合格；
- 制造工艺技术不合格；
- 老练经验不足；
- 排除故障、缺陷不完全；
- 材料未达到标准；
- 元件未达到标准；
- 用未筛选的元件更换失效元件；
- 不适当的存储、包装和运输；
- 首次通电造成的零件失效；
- 设备制造过程污染；
- 不适当的启动等人为差错。

（2）偶然失效期：这期间的故障率降低而且稳定，近似为一个常数。在此期间发生的故障是无规则的、随机的，因而是不可预计的。其失效机理除了所用元器件本身正常的、随机的失效外，还可能有如下原因：

- 干扰或工作期间设计强度和实际应力重叠；
- 安全因子不足，出现比预期的随机负载高的事件；
- 出现比预期的随机强度低的事件；
- 漏检导致的缺陷；
- 使用者的差错；
- 误用、滥用；
- 不论通过调整或维护都不能消除的故障；
- 无法解释的原因等。

（3）耗损失效期：这一时期的故障率随时间增加而明显增加，元器件大量损坏。所以又称这一时期为衰老期、老化期。其失效机理主要有以下几种：

- 电子设备老化；
- 设备长期使用的耗损；
- 设备强度退化；
- 蠕变，即在应力不变的情况下，材料会随着时间逐渐缓慢地变形；
- 设备使用疲劳；
- 保障、维护、修理和更换不合格；
- 机械、电力、化学、液压、气动导致的变质、磨损和损坏等；
- 设计中的短寿命器件。

2. 平均故障间隔时间

对于可修复产品，其寿命的平均值为平均故障间隔时间（Mean Time Between Failures，MTBF），又称平均无故障工作时间。MTBF 与可靠度 $R(t)$ 的关系为

$$\text{MTBF} = \int_0^{+\infty} R(t)\text{d}t \tag{11.2}$$

如果 $R(t)$ 用式（11.1）表示，且 λ 又为一常数，则 $\text{MTBF} = 1/\lambda$ 。

3. 平均故障维修时间

平均故障维修时间（Mean Time To Repair，MTTR）的定义与 MTBF 相似

$$\text{MTTR} = \frac{1}{N}\sum_{i=1}^{N}\Delta t_i \tag{11.3}$$

式（11.3）中，Δt_i 是每次维修所花的时间，N 是维修次数。

4. 可用度

可用度（Availability）也称有效度，是指将产品的技术性能正常发挥和维修性能结合在一起的指标，表达式为

$$A = \frac{\text{MTBF}}{\text{MTBF} + \text{MTTR}} \tag{11.4}$$

式（11.4）中，A 表示产品维持功能的概率。式（11.4）只涉及工作时间和产品修复性维修时间，称为固有可用度；若再考虑维修前后的补给及管理的延误时间，即产品在实际使用中能工作的时间与不能工作的时间相关的可用度（称为使用可用度[2]），则有

$$A_0 = \frac{\text{MTBF}}{\text{MTBF} + \text{MTTR} + T_{i\text{PM}} + T_{i\text{L}}} \tag{11.5}$$

式（11.5）中，$T_{i\text{PM}}$ 是预防性维修所用的时间，$T_{i\text{L}}$ 是总保障延误时间。

11.2.2 可靠性模型

可靠性模型是从可靠性的角度用方框图描述系统与分系统或分机之间的逻辑关系，它是可靠性数学模型的一种图形表示。

常用的可靠性模型有串联模型和并联模型两种。

1. 串联模型

可靠性的串联模型框图如图 11.9 所示，其基本特征是，组成系统的所有单元中的任何一个单元发生故障就会导致系统故障。

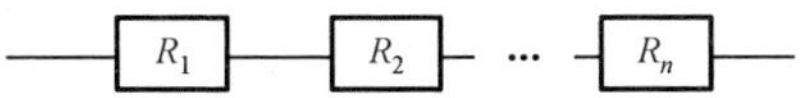

图 11.9　可靠性的串联模型框图

串联结构可靠度的数学模型为

$$R_s = R_1 R_2 \cdots R_n = \prod_{i=1}^{n} R_i \tag{11.6}$$

平均故障间隔时间为

$$\theta_s = \frac{1}{\lambda_s} = 1\Big/\sum_{i=1}^{n} \lambda_i \tag{11.7}$$

式（11.7）中，λ_s 是系统失效率，λ_i 是系统中各单元的失效率。

2. 并联模型

可靠性的并联模型有两种情况，一种是多单元并联工作，只有所有单元都发生故障才导致系统故障。比如采用多种记录设备，只要其中一种工作正常就算系统工作正常。可靠性多单元并联工作框图如图 11.10 所示，其可靠度的数学模型为

$$R_s = 1 - (1 - R_1)(1 - R_2)\cdots(1 - R_n) \tag{11.8}$$

当单元失效率为 λ，各单元平均故障间隔时间为 θ 且相同时，系统的平均故障间隔时间为

$$\theta_s = \frac{1}{\lambda}\sum_{i=0}^{n-1}\frac{1}{n-i} = \theta\sum_{i=0}^{n-1}\frac{1}{n-i} \tag{11.9}$$

第二种并联模型是备用状态并联模型，可靠性备用状态并联模型框图如图 11.11 所示。这种系统只有一个单元在工作，当工作单元故障时，通过转换装置连接到另一单元继续工作，若另一个单元也出现故障时系统才判定为故障。若各个单元的失效率都相同，且 $R = \mathrm{e}^{-\lambda t}$，则系统的可靠度为

$$R_s = \mathrm{e}^{-\lambda t}\sum_{i=0}^{n-1}\frac{(\lambda t)^i}{i!} \tag{11.10}$$

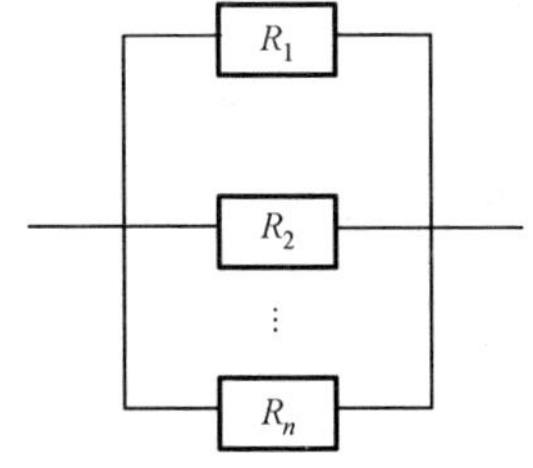

图 11.10　可靠性多单元并联工作框图

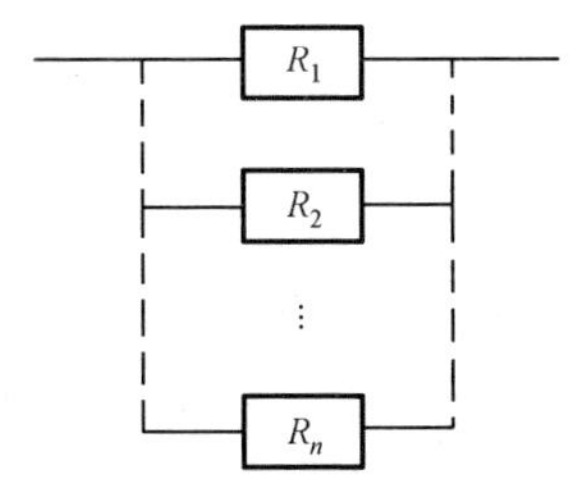

图 11.11　可靠性备用状态并联模型框图

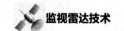

系统的平均故障间隔时间为

$$\theta_s = \frac{n}{\lambda} = n\theta \tag{11.11}$$

如果系统是现场可维修的，且 MTTR 为μ，则两个相同单元的并联系统在维修状态下的 MTBF 为

$$\text{MTBF}_s = \theta_s = \frac{\mu + 3\lambda}{2\lambda^2} \tag{11.12}$$

监视雷达一般是一个可以维修的串联模型系统，它的基本可靠性模型框图以各分系统为基础，大致如图 11.12 所示。

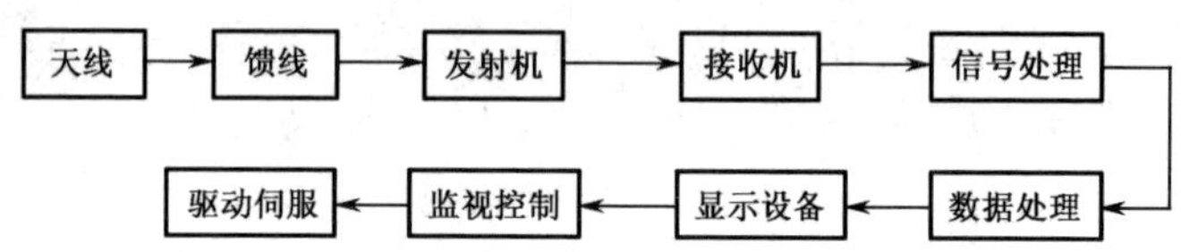

图 11.12　监视雷达的基本可靠性模型框图

无人值守监视雷达可能对发射机、接收机、信号处理和数据处理单元采用并联结构进行热备份，以提高雷达整机任务的可靠性。

11.2.3　可靠性预计和指标分配

可靠性预计和分配是监视雷达可靠性设计的重要任务之一，它在监视雷达总体设计的各阶段需反复进行多次。可靠性预计是根据组成系统的各分系统及组成分系统的分机、部件和元器件的可靠性来推测系统的可靠性，是一个综合的过程；可靠性分配则是把系统规定的可靠性指标分配给分系统、分机乃至部件、元件，这是一个分解的过程。

在监视雷达的设计中常用的可靠性预计方法有元件计数法、相似法和元器件应力分析法等。

1. 元件计数法

元件计数法适用于雷达方案论证及初步设计阶段。其计算步骤是首先计算产品中各种型号和各种类型的元器件数目，然后再乘以相应型号或相应类型元器件的基本失效率，并考虑元器件的质量等级和设备环境，最后把各乘积加起来，即可得到系统的失效率。其通用公式为

$$\lambda_s = \sum_{i=1}^{n} N_i \left(\lambda_{Gi} \cdot \pi_{Qi} \right)_i \tag{11.13}$$

式（11.13）中，λ_s 是系统总的失效率，λ_{Gi} 是第 i 种元器件的通用失效率，π_{Qi} 是第 i 种元器件的通用质量系数，N_i 是第 i 种元器件的数量，n 是设备所用元器件的种类数目。

2. 相似法

相似法是将正在研制的设备与现有的相似设备进行比较，找出差别再加以修正。与相似设备相比较的内容如下：

- 产品的功能、性能、结构特点的差异，用加权因子 W_1 表示；
- 产品使用条件的差异，用加权因子 W_2 表示；
- 功能组件数量多少的差异，用加权因子 W_3 表示；
- 器件质量等级差异，用加权因子 W_4 表示；
- 冗余设计的差别，用加权因子 W_5 表示；
- 设计年代差别，用加权因子 W_6 表示。

总的加权修正因子为

$$W = \prod_{i=1}^{6} W_i \tag{11.14}$$

对于上述各种加权因子的选取可做如下考虑：

（1）对 W_1，最好选择功能、性能基本相同的已定型或在役的产品作为对比基础，根据其差别来选择 W_1 值。比如，选择雷达体制相同，发射机、接收机、信号处理和数据处理的形式相同的定型产品，再较为详细地比较它们的差别，可确定一个 W_1 值。如果没有现成的整机用作比较（大多数情况可能是这样），那么这种比较可以以分系统为基础进行，功能、性能相似的已知可靠性指标的分系统还是较为好找的。

（2）W_2 应根据装机元器件失效率的大概比例（η）进行综合平均求得。表 11.6 是一个 W_2 的计算举例[2]，由该表可知 $W_2 = 4.348/1.941 \approx 2.24$ 。

表 11.6　相似法加权因子 W_2 计算示例

名称	定型产品(GF_1)			新研制产品(GF_2)		
	失效率比例	π_Q	备注	失效率比例	π_Q	备注
集成电路	10%	2.5	—	12%	6.5	—
二极管	10%	1.7	—	10%	5.0	—
三极管	24%	2.0	—	20%	5.5	—
电阻	5%	2.0	—	6%	3.0	—
电容	17%	2.3	平均值	18%	3.6	平均值

续表

名称	定型产品(GF_1)			新研制产品(GF_2)		
	失效率比例	π_Q	备注	失效率比例	π_Q	备注
接插件	10%	1.5	—	10%	3.0	—
印制板	6%	2.0	—	6%	4.0	—
感性元件	8%	1.0	—	6%	3.0	—
其他	10%	2.0	—	12%	3.5	—
综合平均值	—	1.889*	—	—	4.122	—

*原书此值为 2.741，疑为计算错误。

（3）W_3 为新研制的产品的组件数除以定型产品的组件数。

（4）W_4 为新研制产品的元器件 π_Q（综合平均值，可查相关国军标）除以定型产品的 π_Q（综合平均值，可查相关国军标），其综合方法类同于 W_2。

（5）W_5 为新研制的产品的故障软化因子（$0 \leqslant i \leqslant 1$）除以定型产品的故障软化因子。

（6）中国元器件可靠性水平总体上呈现上升趋势，据有关资料报道，失效率每年下降约 4%～12%，因此 $W_6 = (0.88 \sim 0.96)^n$，这里 n 为设计年份差值。

3. 元器件应力分析法

元器件应力分析法是在雷达进入详细的工程设计阶段，确定了详细的元器件使用清单、明确了电应力比和环境条件等信息时所采用的可靠性预计方法。可按相关国家军用标准中所给定的方法对每个元件的失效率做出相应修正，从而计算出组件或分机的失效率，再计算分系统的失效率，最后得到系统即整机的失效率。应注意对不同的元器件有不同的失效率模型。例如，分立半导体晶体管的失效率计算模型为

$$\lambda_p = \lambda_b \left(\pi_E \pi_Q \pi_R \pi_A \pi_{S2} \pi_C\right) \tag{11.15}$$

式（11.15）中，λ_p 是元器件的工作失效率，λ_b 是元器件的基本失效率，π_E 是环境系数，π_Q 是质量系数，π_R 是额定电流系数，π_A 是应用系数，π_{S2} 是电压应力系数，π_C 是配置系数。

微波晶体管的失效率计算模型为

$$\lambda_p = \lambda_b \left(\pi_Q \pi_A \pi_F \pi_T \pi_M \pi_E\right) \tag{11.16}$$

式（11.16）中，一些参数与式（11.15）相同，其余的 π 系数分别是：π_F 是频率及峰值工作功率系数，π_T 是温度影响的系数，π_M 是匹配网络系数。

电容器的通用失效率模型为

$$\lambda_p = \lambda_b \left(\pi_E \pi_{CV} \pi_{SR} \pi_Q\right) \tag{11.17}$$

式（11.17）中，π_{CV} 是电容值系数，是指与外壳尺寸有关的容量影响；π_{SR} 是串联电阻系数，是指某些电解电容器在电路应用时串联电阻的影响。

可靠性指标的分配应在总体工程设计初期进行，其目的是使各级设计人员明确其可靠性设计要求，根据要求估计所需的人力、时间和资源，并研究实现这个要求的可能性及办法。可靠性指标分配就是将设计师任务书上所给出的系统可靠性指标在构成该系统的若干分系统之间进行适当调配，确定各分系统合理的可靠性指标。参考文献[2]提出，系统可靠性分配关键在于求解两个不等式，即

$$R_{\mathrm{s}}\left(R_1,R_2,\cdots,R_i,\cdots,R_n\right)\geqslant R_{\mathrm{s}}^* \tag{11.18}$$

$$g_{\mathrm{s}}\left(R_1,R_2,\cdots,R_i,\cdots,R_n\right)\geqslant g_{\mathrm{s}}^* \tag{11.19}$$

式中，R_{s}^* 是要求系统达到的可靠性指标；g_{s}^* 是对系统设计的综合约束条件，包括费用、质量、体积、功耗等因素，所以它是一个向量函数关系；R_i 是第 i 个单元的可靠性指标（$i=1,2,\cdots,n$）。

在进行可靠性分配时要遵循以下原则：

（1）对于复杂度高的分系统，应分配较低的可靠性指标；

（2）对于技术上不成熟的分系统或分机、组件，应分配较低的可靠性指标；

（3）对于在恶劣条件下工作的设备，应分配较低的可靠性指标；

（4）当把可靠度作为分配参数时，对于长期工作的产品，应分配较低的可靠性指标；

（5）对于重要性高的产品，应分配较高的可靠性指标。

可靠性指标分配的方法很多，在研制工作的初始阶段，一般采用加权分配法。选择失效率 λ 为分配参数，主要考虑 4 种影响因素——复杂度、技术成熟度、信号条件和环境条件。加权值可由设计师确定，可以是百分比，可以是 0～1，也可以是其他，但标准要一致。这样分配给每个分系统的失效率为

$$\lambda_i^* = C_i\lambda_{\mathrm{s}}^* \tag{11.20}$$

式（11.20）中，λ_i^* 是要求系统达到的总的失效率；C_i 是第 i 个分系统的可靠性分配系数，C_i 由下式计算

$$C_i = \frac{W_i}{W} \tag{11.21}$$

式（11.21）中，W_i 是第 i 个分系统的加权值，可由下式计算，即

$$W_i = \prod_{j=1}^{4} W_{ij} \tag{11.22}$$

式（11.22）中，W_{ij} 是第 i 个分系统的第 j 个因素的加权系数，其中：

- $j=1$ 代表复杂度；

- $j=2$ 代表技术成熟度；
- $j=3$ 代表信号条件；
- $j=4$ 代表环境条件。

式（11.21）中的 W 是系统的加权系数，W 由下式给出，即

$$W=\sum_{i=1}^{n}W_{ij} \tag{11.23}$$

11.2.4 可靠性设计

产品的可靠性是由设计决定的。可靠性设计包括系统的可靠性设计和具体电路的可靠性设计，这里强调的只是系统的可靠性设计。监视雷达是可以现场维修的，它的可靠性指标应以使用可用度为主要要求，也就是说，除产品的固有可靠性外，还要充分考虑维修性的设计和保障性的设计，也就是要保障有足够的任务可靠度。任务可靠度定义为在任务时间内产品的正常工作概率，通常用平均致命故障间隔时间（Mean Time Between Critical Failures，MTBCF）表示。

在雷达总体工程实施方案中，可靠性设计首先要做的是确定全机的可靠性模型，进行可靠性预计和分配，这些在本章前面已介绍过。通过可靠性预计和分配，应了解在产品研制中影响可靠性指标的关键分系统、关键分机或关键模块之所在，了解全机可靠性的薄弱环节之所在，并通过以下方法向各级设计师提出具体的可靠性设计要求。

1. 简化设计

监视雷达的基本可靠性模型是一个串联系统，系统越复杂，所用的元器件越多，其固有可靠性就越低。因此，简化设计方案、减少系统中元器件数量是可靠性方案论证和设计首先要考虑的问题。简化设计要注意以下原则：

（1）在保证功能和技术性能的前提下，尽量简化系统和电路的结构，尽量减少元器件及电源的数量、品种。

（2）简化后必须保证系统和电路的安全性和稳定性，必不可少的器件、零部件不能省掉。

具体的简化措施有：

- 硬件和软件的综合利用，充分发挥软件功能以减少硬件设备；
- 提高数字电路和微波电路的集成度，减少元器件数量；
- 压缩电源的品种和数量；
- 防止追求局部高指标、高性能的过设计；

- 尽量采用成熟技术，提高产品的标准化、模块化程度；
- 在数字处理系统的设计中要优化算法和软件。

2. 元器件的选用

合理地选用元器件是保证整机可靠性的基础，选用的元器件应符合整机的工作环境和负荷方式，如温度、湿度、振动、冲击、电压和电流等。在选用元器件时一般要注意以下原则：

（1）选用能满足产品性能及可靠性要求的元器件；

（2）选用那些被实践验证过的、被选入优选手册的元器件；

（3）压缩品种规格，提高同类元器件的复用率；

（4）尽量优先选用国家标准和部颁标准的元器件，再选用厂家标准元器件，做到定点择优选用；

（5）对非优选元器件和新型元器件，应通过充分试验并确认其可靠性满足要求后方可选用。

3. 冗余设计

所谓冗余是指完成规定功能的硬件备有一套或多套，当处于工作的一套设备故障时可用人工或自动地切换到备用设备上。系统的冗余设计技术是大幅度提高系统任务可靠性的有效措施。例如，航管雷达因需要较高的任务可靠性并保障全天值勤要求，所以它的主要分系统除了天线外几乎都是双套冗余设计。冗余设计的方式较多，这里列举几例：

（1）旁待冗余。对系统可靠性影响很大的关键分机或组件、部件，一般需采用旁待冗余设计，即用一个完全相同的分机或组件、部件，与其互为备份，当工作的分机、组件、部件故障时用开关把备份切换上去。备份可以是热备份，也可以是冷备份。如果从冷备份状态进入工作状态的时间是允许的，则尽可能用冷备份，否则应用热备份。固态发射机的末前级组件是影响其可靠性的关键所在，一般希望在这里采用冗余设计。

（2）自适应冗余。具有冗余的多路工作系统，当其中某路发生故障时，自动与冗余路进行切换。例如，三坐标监视雷达的多路接收机，可以设置 1 路冗余接收机，并在所有接收机的输入/输出端口设有多路转换开关。当系统 BITE 诊断某接收机故障时，自动把冗余通道接入。如果故障通道数多于 1 路，系统也可以采取通道重组的方式，尽可能将故障通道切换到信息量较少的不太重要的通道上。

（3）并联冗余。并联是简单的冗余技术，在电路上和系统设计上均有广泛的应用。在电路应用上由于N个单元输出合并后总输出，需考虑以下几个问题：一是所有单元都正常工作和部分单元失效情况下的负载匹配问题；二是输出的容差问题；三是并联单元之间故障相互影响的问题。在系统应用上是所有的输入/输出关系问题。

其他还有双重并联、串并混联、表决冗余等，读者可参阅有关书籍和文献。冗余设计虽是提高任务可靠性的有效措施，但它也增加了设备量，会使系统成本加大、结构复杂，而且还会直接降低系统的基本可靠性。所以对冗余设计要慎重、适度，要优化。

4. 容错设计

这里主要是针对数字信息系统提高可靠性的技术。容错实质上就是屏蔽故障和差错，主要有以下措施：

（1）信息冗余。主要是在传输和处理数据中增加检验位和一部分硬件，从而达到发现错误和纠正错误的目的。

（2）时间冗余。时间冗余是利用程序卷回、重新执行等，以消除偶发性错误。

（3）软件容错。雷达计算机常因数据太多造成堵塞而出现死机现象，为避免死机，在软件上应采用一系列措施，如采用“看门狗”技术、陷阱技术、优化算法和进行软件自检，以及软件的标准化、模块化等。

（4）容错系统。重要应用技术场合的计算机系统一般都需设计成非相关容错系统。

5. 降额设计

降额就是使元器件在低于额定值的应力条件下工作。前面在介绍用元器件应力分析法来进行可靠性预计时，已说明元器件的失效率与其工作应力有较大关系，合理降额可以大幅度地降低元器件的失效率，因而降额设计是电子设备可靠性设计的有效方法之一。注意，这里说的是合理的降额，是以系统的安全性、可靠性最高作为降额设计的准则，尤其要防止过度降额引起的可靠性反而下降的情况发生。通常元器件有一个最佳降额范围，一般将这个范围划分为3个降额等级。

（1）Ⅰ级降额：最大幅度的降额。它用在环境条件特别恶劣或可靠性要求特别高的场合。

（2）Ⅱ级降额：中等幅度的降额。对于地面监视雷达，在一般环境下工作的元器件均应有中等幅度的降额设计。

（3）Ⅲ级降额：最小幅度的降额。用于工作环境良好，可靠性要求不高的场合。

在总体工程设计时，对于各分系统设计，尤其是关键分机、组件或模块的设计，总体设计师应规定其元器件的降额设计要求。

6. 故障软化设计

所谓故障软化就是当某局部故障发生、仅对整机性能略有影响时，可暂时允许该故障存在，待阶段任务结束后再进行维修。例如，一个有源阵列雷达天线局部单元失效在规定的范围内是允许的；某雷达发射机采用组合调制器，当其中少量调制器故障，但只要发射机输出功率下降在规定的范围内也是可以容忍的；再如，由多个末级组件合成的固态发射机，个别组件故障只要总输出功率的下降在规定范围内也是允许的。对于某些对可靠性影响较为关键的部件，若能用多个组件来完成其任务，而每个组件的可靠性指标又可达到很高，就是一种故障软化的设计方法。故障软化设计要注意以下几点：

（1）要确定允许的整机性能降低的范围，这需要与用户协商。当然，全性能工作时应在系统的动态范围内。

（2）组件的可靠性必须足够高。事实证明若单个组件可靠性较差，这种设计反而严重影响系统的可靠性。

（3）特别要注重维修性的设计，故障诊断要准确，要能在不中断系统正常工作的情况下更换故障组件。

7. 裕度设计

裕度设计包括性能裕度设计和可靠性指标裕度设计两项内容。性能裕度设计是雷达总体设计师必须考虑的，可靠性指标的裕度设计也是各级设计师要考虑的。在可靠性设计中，需要强调的是，一些部件的设计要留有一定的裕度。比如电源的电流容量绝对不能设计得临界，发射机高压电源的功率容量必须有一定的裕度，天线馈线系统的功率容量要有较大的余量，其他如本振功率、触发幅度、时钟频率等，凡是影响系统稳定、可靠工作的环节都必须注意要有裕度设计。当然，裕度也并不是越大越好，有些参数裕度太大反而会影响系统的稳定性和可靠性。要根据实际情况，分析元件、部件或组件在整个工作环境条件下其性能、参数的变化范围，裕度设计就是要保证在规定的环境条件下，这些元件、部件或组件都能正常工作。

8. 环境设计

所有的元器件其失效率都与工作环境有关。从前面的“元器件应力分析法”中可以了解到，元器件的大部分应力与环境有关，环境条件的恶劣会严重降低元器件的可靠性。因此为设备设计一个良好的工作条件，从而降低元器件的工作应力，是提高和保障系统可靠性的重要措施。环境设计主要包括以下内容：

（1）热设计。监视雷达的热设计应包含以下几方面的内容：一是要将所有发热的元件、部件所发出的热量排向外部空间；二是给所有工作设备一个良好的温度环境；三是给使用、操作人员一个舒适的温度环境。

（2）防振。在监视雷达工作中，振动的影响主要有：在运输和使用过程中的机械振动可能产生的共振会造成设备的损坏，包括共振损坏和疲劳损坏；振动会造成一些设计、制造不完善的设备器件松动、连接失效、结构变形等现象，严重时影响设备稳定、可靠地工作；比如高稳定本振的频率稳定度，微小的振动也会使其性能变差。设计师必须针对这些问题进行精心的防振设计。

（3）密封。监视雷达的户外工作设备必须采用密封设计，雨水的侵蚀会导致故障，如电源插头座进水会造成漏电，严重时会烧毁插头座；天线单元、转台进水将导致系统故障；车外线缆接插件和微波组件进水会使损耗和驻波加大，使系统性能下降。

（4）三防。三防是指防潮湿、防盐雾和防霉菌。在中国南方和沿海岛礁地区，潮湿、盐雾和霉菌对电子设备的腐蚀破坏作用极其严重，会造成设备性能降低乃至不能正常工作，严重时对设备的腐蚀会有毁灭性的破坏作用。雷达设计师在材料的选用、外层涂覆和三防措施上要进行精心设计。

其他需要考虑的还有防风沙、防尘土和高原低气压环境等。

11.2.5 维修性设计

维修性的定义是：产品在规定的条件下和规定的时间内，按规定的程序和方法进行维修时，保持或恢复到规定状态的能力。维修性的概率度量亦称维修度[2]。

按国军标 GJB 1770.1—1993《对空情报雷达维修性》的要求[3]，维修性的定量要求分为两类，一类维修性定量分析指标包括 4 种：

（1）平均故障维修时间（MTTR）$\bar{M}_{c}t$；

（2）百分比最大修复时间 M_{maxct}；

（3）故障检测率（Fault Detection Rate，FDR）γ_{FD}；

（4）故障隔离率（FIR）γ_{FI}。

二类维修性定量分析指标包括 12 种：

（1）可用度 A；

（2）故障虚警率（False Alarm Rate，FAR）γ_{FA}；

（3）平均预防性维修时间 $\bar{M}_{pt}$；

（4）预防性维修周期 MTBPM；

（5）恢复功能用的任务时间 MTTRF；

（6）冗余分系统切换时间 RT；

（7）站级故障修复比 γ_s；

（8）更换关键可更换件所需时间 T_c；

（9）维修工时率 M_R（或 MR）；

（10）年维修器材费 AMMC；

（11）维修保障负担率 MTUT；

（12）首次翻修期 TTFO。

监视雷达的维修性还有一些定性的要求，它们是：

（1）可达性，指在雷达系统中凡需要进行维护或修理的部位及观测窗口、检测点应有良好的可操作性。

（2）互换性，指在系统中，凡是功能相同的组件、模块或部件，应有良好的互换性。

（3）防差错及识别标记，指所有外形相近而功能不同或性能不同的零部件、可更换单元、连接部位，必须有防止操作和维护人员人为差错的装置或措施。所有的机箱、机架及其所安装的部件、器件，连接线缆的插头、插座，组件、分机或模块内安装的元器件都必须有识别标记。

（4）安全性，指设计时应充分考虑试验、工作、包装、储存、运输、维护、修理等活动的应力条件和可能发生的事件，从硬件、软件、图纸或文件方面采取针对性措施，确保使用和维护的安全。

（5）测试性，指要有完善的 BITE（机内测试设备）和故障诊断系统的设计，做到使雷达发生的故障能准确、迅速地被发现和定位。此外，为便于日常的维护和检查，应设计必要的测试点以测试若干主要的信号波形和参数。

（6）快速装拆性。对所有可更换的单个组件、部件或器件都应有良好的装拆性，必要时应设计专用的装拆工具。

维修性是与可靠性密切相关的，都是产品质量的基本保证，产品的质量意识要贯穿于产品的整个寿命周期。所以雷达设计师在设计雷达时，不仅要考虑雷达的技/战术性能，更为重要的是要考虑所研制雷达装备全寿命周期的质量性能。

11.3 BITE 设计

本节主要介绍 BITE 在雷达系统中的作用，BIT 基本设计方法、故障的诊断和隔离、故障监测点的设置和 BITE 监视内容的描述等。

11.3.1 BITE 的意义和作用

BIT 是英文“Built-in Test”的缩写，即为“机内测试”。BIT 是一种能显著改善系统或设备测试性能和诊断能力的重要手段。美军军标 MIL-STD-1309C 对 BIT 的定义如下[4]：

定义 1：BIT 就是指系统、设备内部提供的检测、隔离故障的自动测试能力。

定义 2：BIT 的含义是，系统主装备不用外部测试设备就能完成对系统、分系统或设备的功能检查、故障诊断与隔离，以及性能测试，它是联机检测技术的新发展。

BITE 则为“机内测试设备”，它主要用于实现机内测试功能的所有设备和装置。在雷达系统的维修性设计中，用于诊断测试的方法有外部诊断、内部诊断及机内诊断等。外部诊断是指使用独立于被测设备的外部测试设备，需要进行外部诊断时才与系统连接；而内部诊断就是使用 BITE 系统，在系统运行时，BITE 能连续地或间断地工作。机内诊断是内部诊断的一种常用形式，即功能组件在控制运行过程的同时实施诊断，通过 BIT 软件并行或交替实现运行和诊断功能。该系统还具有故障单元重组功能，在失效识别后可进行自动故障处理以保护其运行能力。

BIT 在系统中应用的目的主要是用于对故障的检测和隔离，对系统状态的监视和故障状态的预测，以及当某些故障发生后对系统的校正和重组。BITE 应是系统的有机组成部分，它的设计应和系统设计同步进行，一般不在“事后”进行再设计。

BITE 系统不是雷达系统主要工作单元，但它是为雷达系统正常工作“保驾护航”的，是雷达系统的一个重要组成部分，因而在设计 BITE 时应考虑：

（1）BITE 的可靠性应优于被测硬件的可靠性；

（2）BITE 应尽可能地保持简单但有效；

（3）BITE 本身的故障不能影响系统的性能，BIT 的输入和输出应与正常通道有足够的隔离；

（4）BITE 的设计应有足够低的虚假故障告警；

（5）BITE 应和系统的控制、监视统一设计，全机所有控制状态的回馈都应纳入 BIT 的范围，且应据此设计完好的系统安全和保护装置；

（6）对于危及设备及人身安全的故障应有极快的响应时间，应确保在危险尚未发生时报出故障并切断危险之源。

衡量 BITE 性能的主要参数包括：故障检测率（FDR）、故障隔离率（FIR）和虚警率（FAR）。

BITE 的故障检测率 γ_{FD} 的定义为：在 BITE 覆盖范围内，BITE 能发现的故障数与全部故障数的百分比[3]。γ_{FD} 可由下式计算[4]，即

$$\gamma_{\text{FD}} = \sum_{n=1}^{N} \lambda_n \cdot \gamma_{\text{FD}n} \Bigg/ \sum_{n=1}^{N} \lambda_n \tag{11.24}$$

式（11.24）中，N 是可更换单元数；λ_n 是第 n 个可更换单元的故障率；$\gamma_{\text{FD}n}$ 是第 n 个可更换单元的故障检测率，它可由下式计算

$$\gamma_{\text{FD}n} = \sum_{q=1}^{Q} \lambda_{nq} \Bigg/ \lambda_n \tag{11.25}$$

式（11.25）中，Q 是 BITE 故障检测和隔离的输出种数，λ_{nq} 是 BITE 在第 q 种故障检测和隔离的输出时能导致检测出第 n 个可更换单元的故障率。

BITE 故障隔离率 γ_{FI} 的定义为：将 BITE 发现的故障隔离到规定的现场可更换单元（Line Replaceable Unit，LRU），隔离成功的故障数与 BITE 发现的故障数的百分比。当系统由 N 个可更换单元组成时，γ_{FI} 可由下式计算，即

$$\gamma_{\text{FI}} = \sum_{n=1}^{N} \lambda_n \cdot \gamma_{\text{FI}n} \Bigg/ \sum_{n=1}^{N} \lambda_n \cdot \gamma_{\text{FD}n} \tag{11.26}$$

式（11.26）中，$\gamma_{\text{FI}n}$ 是第 n 个可更换单元的故障隔离率，可由式（11.27）计算，即

$$\gamma_{\text{FI}n} = \sum_{p=1}^{P} \lambda_{np} \Bigg/ \sum_{q=1}^{Q} \lambda_{nq} \tag{11.27}$$

式（11.27）中，P 是 BITE 故障隔离输出种数，λ_{np} 是第 n 个可更换单元故障由 BITE 在第 p 种故障隔离的输出时，正确地隔离到小于或等于规定的 L 个可更换单元的故障率。

BITE 虚警概率的定义为：在单位时间内，BITE 将系统工作正常判为故障的次数。美军军标 MIL-STD-2165 将其定义为：BITE 虚警是指 BITE 或其他检测模块指示被测单元有故障，而实际上该单元不存在故障的情况。BITE 虚警大致可以分为两大类：一是检测对象 A 有故障，BITE 却指示检测对象 B 有故障，即所谓“错报”；二是检测对象无故障，BITE 报有故障，即所谓“假报”。

监视雷达是复杂的电子信息装备。随着雷达技术的发展，监视雷达的功能越来越强、担负的任务越来越重，其设备也越来越复杂。监视雷达系统一般使用大量超大规模集成电路，整机有成千上万的元器件。针对这种情况，除了要做好雷

达系统可靠性设计以提高雷达的可靠性，还必须注重雷达的可维修性设计，要使 BITE 覆盖雷达系统各功能设备，当发生故障时能迅速诊断并隔离出故障部位或单元，以便快速修复故障设备。因而在进行雷达总体设计时，设计一个完善的 BITE 非常重要。

监视雷达是一个可以在工作时期进行维修的设备，为了提高雷达的可用度，必须尽可能地缩短现场故障维修时间。故障维修时间是故障检测、故障定位和隔离，故障部件的拆卸、更换新部件、重新组装和检查校验等步骤所用时间的总和。后面 4 个步骤与 BITE 虽无直接关联，但 BITE 的设计方式与所有这些维修时间以及系统的成本等都有密切的关系。在监视雷达的设计中，雷达系统的 BITE 设计，是在现场可更换单元（LRU）的故障检测及隔离的基础上进行的，因而对 LRU 的选择和设计非常重要。LRU 的作用一是设定故障检测和判定部位，以便准确定位故障；二是因 LRU 一般为独立功能模块，更换 LRU 可大幅减少维修时间，提高系统的可用度；三是便于故障件的修复和测试，降低了现场维修的技术难度。

11.3.2 BIT 的基本方法

监视雷达 BIT 的分类方法有以下 7 种[5]：

（1）按测试的功能级别分类有系统级 BIT、子系统级 BIT、组件（或模块）级 BIT、印制板级 BIT 和部件级 BIT；

（2）按其目的或用途分类有用作故障检测的 BIT、用作故障隔离的 BIT、用作系统校正或重组的 BIT 及用作系统故障预测的 BIT；

（3）有源 BIT 及无源 BIT；

（4）在线 BIT、离线 BIT 或二者交替；

（5）归纳式 BIT 及演绎式 BIT；

（6）集中式 BIT 及分散式 BIT；

（7）软件 BIT 及硬件 BIT。

在实际的监视雷达系统设计中，大多数都是采用混合设计，即上述方法均视不同情况分别选用。图 11.13 所示是典型监视雷达的 BIT 系统框图，在这个系统中，上述各种 BIT 方式都有采用。

首先，监视雷达的各分系统都有它自身的 BIT。这些 BIT 主要是监视分系统内部各模块的工作状态和故障信息，并将这些状态和信息通过接口传给 BIT 计算机。分系统的 BIT 根据不同的设备采用不同的方法，比如接收分系统和信号处理分系统就可能是两种完全不同的 BIT 设计模式。在总体工程设计时需要明确的是

BIT 监测点的设置、冗余模块的要求、参数监测要求，以及与整机 BIT 计算机接口的通信格式约定等。

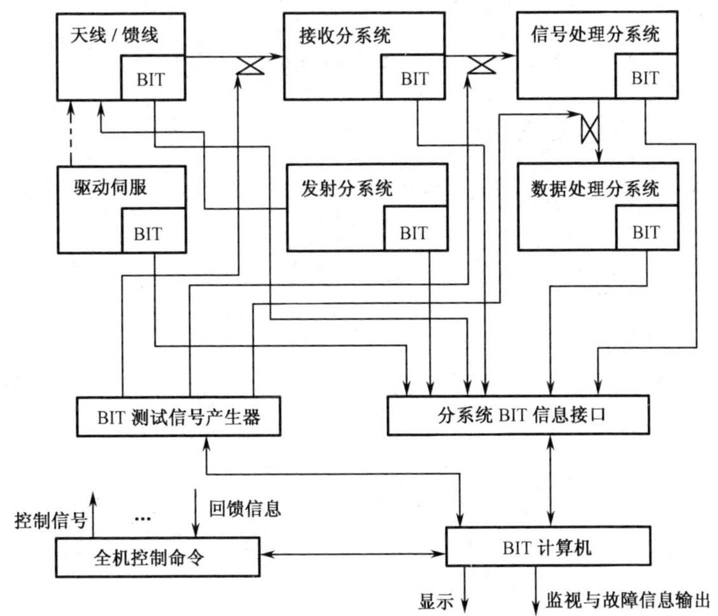

图 11.13　典型监视雷达的 BIT 系统框图

其次，为了全面监视全机状态和系统的故障诊断与隔离，由系统 BIT 产生一系列的测试信号从有关分系统或分机输入端口注入。这些测试信号一般是按雷达信号的流程在雷达的休止期进行完全与工作信号相同的处理，检测有关的输出信号可确定相关分系统或分机或模块的性能状态和故障情况。这些信息有的可由本分系统的 BIT 收集，有的则可能是由后面的有关分系统 BIT 收集。总体工程设计时要明确这些关系和要求。

再次，在监视雷达中，系统 BIT 通常是和控制/监视分系统放在一起设计的。BIT 应监视雷达的控制功能执行情况，收集各控制信号的回馈信息并用以辅助故障隔离。同时，系统 BIT 也可根据所收集的全机和各分系统的性能参数、状态信息及故障信息做出冗余切换、设备保护、局部关机或故障告警等设备控制的决断。

关于 BIT 的具体电路和设计方法，这里不做进一步描述，读者可参考有关的书籍和文章。但要说明一点：在监视雷达的 BITE 设计中，故障隔离只到 LRU。在系统设计时，故障监视也只检测到 LRU。随着电子信息技术的发展，雷达的集成化、微电子化的程度不断提高，因而 LRU 所包含的范围越来越大。所以对

LRU 的检测方法是不断变化的，雷达总体设计也一定要把握好这一点。另外一点要说明的是，在监视雷达中，LRU 是一个可以维修的模块或组件。虽然雷达系统的 BIT 只监视到 LRU，但对 LRU 的设计必须要考虑到它本身的维修性，LRU 应有它自身的 BIT，也可以设计专门的测试设备对其进行维修。

11.3.3 性能监视内容

监视雷达的 BIT 应能对雷达整机的工作状态、主要性能及工作参数进行监视。雷达当前的工作状态可包括：

- 雷达工作模式；
- 工作频率；
- 重复频率模式；
- 反干扰模式；
- 天线转速；
- 天线极化状态；
- 发射机开/关机状态；
- 各分系统低压电源状态等。

雷达的主要性能及参数有：

- 发射机输出功率；
- 馈线系统驻波；
- 接收机噪声系数或接收灵敏度；
- 天线旋转方位增量脉冲数；
- 初级电源电压等。

这些状态和参数及故障信息的指示，有的可以在各分系统或分机本地机柜或机箱的面板上用数码指示管显示，主要的状态和信息一般在显示器上集中显示，故障的指示一般采用故障字典方式或采用故障树等图形显示方式。

11.3.4 故障的诊断和隔离

对监视雷达 BIT 故障信息系统一个很重要的要求是应有非常低的故障虚警概率，并将所发生的故障准确地隔离到一个或规定的几个 LRU 中。这也就是本书在 11.3.1 节定义故障虚警概率时所说的“假报”和“错报”的问题。在这方面有不少文章和书籍有详细的探讨，这里仅就地面对空监视雷达在 BIT 设计时关于故障的诊断和隔离问题谈几点工程设计的考虑。

1. 完善的可测试性设计

监视雷达的 BIT 设计应该避免的主要问题有：BIT 模型选择不合理；设计者的条件假设不合理；在设计阶段不能事先准确掌握实际系统中的各种因素和具体情况，造成 BIT 设计与实际没能很好地吻合；BIT 设计过程中测试容差选择不当；选择了不合理的故障诊断算法，如只是采用基于硬件实现的固定阈值的瞬态判决算法等，都是严重影响正确地进行故障诊断和隔离的根本性因素，一些产品在总体设计时没有考虑 BIT 如何设计，而是把 BITE 只当成一个分机来设计。因此，不完善的测试程序、不全面的监测位置，特别是没有系统地而是孤立地判断和分析故障，是不可能有一个有效的故障诊断系统工程的。我们应在总体工程设计之初，把 BIT 设计纳入系统方案的考虑之中，应对全机提出测试性设计要求，要在系统、分系统、分机和模块（如 LRU）等各个层次上都必须考虑测试性设计；要根据部件的重要性和故障危害程度等综合因素合理地确定其参数允许的容差范围，以取得故障检测率和虚警概率的合理折中；对检测对象实行 BIT 检测的冗余设计，从而进行 BIT 故障表决，以判断是检测对象确实发生故障还是 BITE 本身故障；要完善 BIT 故障诊断算法，要从系统各层次的测试结果来系统地分析故障而不是孤立地直接由 BIT 结果确定故障。

2. 传感器的选择

监视雷达 BIT 对雷达工作状态、性能参数的检测是靠各种传感器来实现的。传感器性能对 BIT 影响很大，若传感器反应迟钝，很可能漏报故障；或因检测精度差导致虚警或“误报”。在监视雷达的 BITE 设计中所用的传感器主要有电压检测器、射频检波器、视频包络检测器、噪声系数传感器、馈线驻波检测器、位置传感器、气压计、流量计、温度传感器等。这些传感器可以是模拟传感器，也可以是数字传感器，要看产品的具体情况来选择。有的传感器需要在雷达功能模块中自行设计。

3. 故障专家系统的设计

监视雷达的 BIT 故障诊断和判定涉及系统、分系统和模块多个层次，由于雷达信号/信息流程贯穿整个系统，某一处发生的故障可能会引起多达关联故障产生，这就会造成故障判断的多值性和模糊性。在监视雷达总体设计时，应从硬件和软件两方面来设计故障诊断系统，根据雷达测试性设计的输入/输出端口，系统性地设计若干测试向量或测试信号，按其流程在所有的输出端口检测其输出信号数据。对这些数据进行分析，再加上各层次 BITE 所检测的故障信息和测试的性能参数，就可以依据故障专家系统来完成对系统的故障诊断任务。

4. 设备工作环境的设计

实践表明，恶劣的工作环境，如高温、高湿、频繁的气压变化、激烈的振动冲击及不适当的激励和干扰，如强烈的电磁干扰、电源的波动等，这些不仅影响检测对象，也会影响 BITE 本身。在诸多因素中，时间环境应力是造成现役电子设备 BIT 虚警的主要原因。比如在机载电子设备中，50%以上的故障是由各种环境因素引起的，其中温度、湿度和振动 3 项就造成大约 44%的故障。所以尽可能地给设备设计一个良好的工作环境，不仅是能提高设备的可靠性，也是降低 BIT 故障虚警的重要因素。

5. BITE 本身硬件和软件的可靠性

BITE 本身的可靠性对 BIT 的影响是严重的，这里要强调的是在 BITE 的设计中要考虑提高其硬件和软件的可靠性问题。在总体设计中也要考虑对 BITE 本身的故障的监测和检查，也就是说，应把 BITE 硬件也纳入 BIT 范畴。在一些尚不够完善的 BIT 设计的产品中，对 BITE 本身的故障还不能监测，一旦 BITE 本身出了故障，不是“错报”“假报”，就是什么故障都不报。在硬件设计上，除了注重 BITE 本身的固有可靠性外，还应在逻辑设计上防止因干扰或扰动、时间延迟、测试信号的瞬态变化及其他原因所造成的 BIT 的错误检测；在软件设计上，除了应有强的综合分析和逻辑判断能力外，软件设计要有很强的纠错能力，而且 BIT 软件需要在较长的使用中不断完善。

11.3.5 监测点的设置

BIT 监测点是故障检测及隔离的基础，检测点选择的好坏直接影响到被监测的分机或模块能否被完全监视，能否给系统的 BIT 提供可靠的测试数据。监测点选择的基本原则是，所选监测点要能使 BIT 故障检测率和隔离率最佳。

选择监测点应允许：确认故障是否存在或性能参数是否有不允许的变化；在当前修理级，确定故障位置；对一个设备或组件的功能测试保证以前的故障已经排除，性能参数不允许的变化已经消除，设备或组件已经可以重新使用。监测点应保证在制造和维修的各阶段均是适用的。

原则上各个层次的 BITE 监测点应由各个层次的分系统设计师或分机设计师来确定和实施。但在雷达总体工程设计时，总体设计师要明确在各个层次的

BITE 设计中监测点设置的具体要求。主要包括：能提供设备的工作状态，能监视设备主要的性能参数，监视雷达重要部件或器件的性能参数，便于将故障隔离到 LRU 等。对于具体的产品，由于体制、设备组成、模块划分和电路形式不尽相同，所以监测点的设置也不相同，雷达设计师要根据产品的具体情况来确定其监测点的设置。

不过监视雷达有它共同的特点，有一些监测点可能大多数雷达的 BITE 设计都是要选用的，如下所列：

- 全机基本时钟；
- 全机主要时序；
- 输入电源电压（三相）；
- 低压电源电压；
- 天线驱动机构；
- 方位码盘或旋转编码器；
- 馈线驻波；
- 发射机功率；
- 发射高压电源；
- 发射冷却设备；
- 接收机噪声系数；
- 接收机本振；
- 发射激励信号；
- 接收混频输出；
- A/D 变换输出；
- DBF 输出；
- 信号处理输出；
- 点迹输出；
- 航迹处理及输出；
- 雷达显示器等。

11.4　供配电设计

本节主要描述监视雷达系统的供电分配原则和设计要求，给出初级电源和二次低压电源的选择和使用要求。

11.4.1 供电分配

监视雷达的初级电源一般采用交流电源，除了天线驱动电机、部分机电设备（如空调器、冷却设备和其他电机等）和电真空器件发射机的高压电源等是采用交流电源外，现代雷达的大部分电子设备均采用低压直流电源。在雷达系统总体工程设计时，对供电分配要注意以下几点：

（1）较为准确地统计全机设备的用电量；

（2）尽量保持三相交流电各相之间的用电平衡；

（3）尽量保证低压直流电源的设计裕度；

（4）一般不要多个分功能系统共用同一个低压直流电源。

电子设备低压直流电源的供电可有两种方式：一种是独立单一品种的低压直流电源，另一种是所谓“集中整流、分散稳压”的多品种低压直流电源。前者是输入交流 220V 电压，输出所要求的低压直流电（有时可输出正、负两种电源）；后者是先进行 AC-DC 变换，将 220V 电压的交流电变换成一种低压直流电，如 48V、36V 和 24V 等，再在低压电源组件中通过 DC-DC 变换将其变换成分机或插件所需的各种低压电源。低压电源的供电方式可根据雷达的具体情况来选取。

但有几点是雷达设计师要注意的。

（1）在低压直流电源的分机中尽量同时采用 220V 的交流电，一是因为目前使用的直流低压最低为 12V 或 5V，220V 的交流电源走线若较长或太乱，会对低压电子电路形成交流电源干扰，影响低压电源的输出性能；二是分机中 220V 的交流电压稍有不慎就会给人员和设备带来毁灭性的损害。如果 220V 交流电必须进入分机时必须与低压电源严格分开或采取物理隔离措施，同时绝对不能与信号线混合走线！特别要注意交流电源的中线绝不能和分机内的地线相接或相碰！

（2）有许多的 DC-DC 变换器采用开关电源的方案，在要求电源纹波很高的场合要考虑这种开关电源能不能满足要求，如果在使用电源纹波抑制措施仍不能满足所需时，要用线性稳压电源或专门设计的低纹波电源。

（3）要尽量把模拟信号设备电源和数字信号设备电源分开，包括地线的连接都要分开，因为模拟信号极易受到干扰。大部分数字电路所用的电源是开关电源，它会产生较大的尖峰干扰，所以设计时需认真对待。

11.4.2 初级电源的选择

监视雷达所用的初级电源一般采用电站发电机组供电或市电供电，大部分是采用电站发电机组提供的交流电源。电站可提供工频电源和中频电源两种电源，工频电源的频率是 50Hz，电压等级是 380V/220V，供电制式是三相四线制；中频电源的频率是 400Hz，电压等级是 230V，供电制式多为三线制。如果采用市电供电方式或只有工频 50Hz 的电源，而雷达系统采用中频电源供电时，一般还应配备相应容量的中频升频机。

在雷达的总体工程设计中，对供电电站的选择首先是要估算雷达全机的耗电量。监视雷达的各个用电单元中，一般发射系统和天线伺服驱动系统耗电量最大，可以用以下方式估算发射系统和天线伺服驱动所需的用电量。

1. 发射系统用电估计

如果发射系统的设计方案已经确定，则可以较为准确地计算发射系统所需的耗电功率。在一般方案论证时，发射系统的详细方案还不能得到，但雷达所需的发射系统平均功率、发射系统的基本形式和功率器件是可以确定的。而发射系统的用电主要由发射功率管及电源、冷却及发射系统效率所决定，一般情况下，如果发射系统所用功率器件本身的效率为 35%～60%，发射机的总效率（含冷却耗电）大致是 30%～40%。

2. 天线伺服驱动用电估计

天线伺服驱动用电即是天线驱动所需的驱动电机的功率，它可以通过下式估算，即

$$P=\frac{M_{\mathrm{F}}n}{975}\quad (\mathrm{kW}) \tag{11.28}$$

式（11.28）中，M_{F} 是方位力矩，可由下式计算即

$$M_{\mathrm{F}}=\frac{V^2}{16}C_{\mathrm{M}}SL+\frac{V^2}{16}C_{\mathrm{N}}S\frac{2\pi nL}{60V}\times\frac{V}{6}\quad (\mathrm{kg}\cdot\mathrm{m}) \tag{11.29}$$

式（11.29）中，S 是天线投影面积（m^2），L 是天线特征长度（m），C_{M} 是方位风力矩系数，C_{N} 是方位风阻系数，n 是天线转速（r/min），V 是天线工作稳定风速（m/s）。

天线驱动电机的功率也可采用天线风洞试验方位力矩数据进行直接计算。

11.4.3　低压电源的选择

目前，监视雷达基本上都采用的是半导体功率器件和超大规模集成电路，因而其电源都是采用低压电源。监视雷达的低压电源供电通常采用两种基本模块，即 AC-DC 模块和 DC-DC 模块。也就是说，低压电源的供电是先将输入的交流电通过 AC-DC 模块变换成直流，再将其通过 DC-DC 模块变换成各种电路所需的低

压直流电输出到负载电路。

按照国军标 GJB 4030—2000《军用雷达和电子对抗装备低压电源用模块规范》的要求，AC-DC 模块的功能是将 220V（50Hz、400Hz）或 105V（50Hz、400Hz）单相交流电整流为直流电，其组成包括 EMI（Electro Magnetic Interference，电磁干扰）滤波器、输入浪涌电流限制电路及整流器等，模块具有吸收瞬态电压尖峰和限制输入浪涌电流及抑制传导干扰的功能，其输出端可作为 BIT 的检测点。DC-DC 模块的功能是将电压为 400V、300V、48V、24V 等直流电变换为各种功率等级、电压规格的直流电，它由高频逆变器、高频滤波器、控制及保护电路等组成。DC-DC 模块具有遥控、软启动、输出电压微调、过流和过压保护等功能，输出功率从几瓦到几百瓦的 DC-DC 模块还具有过热保护及遥测功能。DC-DC 模块的输出端同样可作为 BIT 的检测点。

监视雷达的低压电源模块选用需注意以下几点：

（1）监视雷达所大量采用的集成电路其电压量级很低。其一要注意系统和电源本身的电磁兼容性设计，应尽量避免多个分系统或多个分机、多个组件甚至多个电路共用一个低压电源；其二是要避开输入的交流高电压或直流高电压，除非不得已，最好输入交流不进入分机、不采用高的直流电压输入。否则，必须从电信和结构两方面采取措施，防止高电位对设备或电路可能会造成的毁灭性的伤害。

（2）应尽量减少低压电源模块的品种。雷达是一个非常复杂的电子设备，为提高系统的可靠性、维修性和保障性，应优化低压电源的输出电压品种。

（3）需要注意接收分系统特别是频率源所用的电源对电源纹波的要求较高，一般都要求小于 1×10^{-3} 的量级。而通常采用的开关电源输出电压纹波都较大，在 1%左右，不能满足接收机频率源的要求。这可以有两个办法解决：一是对纹波要求稍低一点的情况，可以在开关电源输出电压上再加“纹波吸收片”来降低电压纹波；二是在对纹波要求很高时必须采用线性电源或进行专门设计以满足要求。

参考文献

[1] 陈炳生，刘守勤，周德昌. 电子设备可靠性设计技术[R]. 电子工业部第二十七研究所，1984.

[2] 杨秉喜. 雷达综合技术保障工程[M]. 北京：中国标准出版社，2002.

[3] GJB/Z 20045-1991 雷达监控分系统性能测试方法（BIT 故障发现率、故障隔离率、虚警率）[S]. 中国人民解放军总参谋部四部，1991.

[4] 温熙森，徐永成，易晓山，等. 智能机内测试理论与应用[M]. 北京：国防工业出版社，2002.

[5] GJB 1770.1～1770.4—93 对空情报雷达维修性[S]. 国防科学技术工业委员会，1993.

缩略语

AC	Alternating Current	起伏（交流）分量	534
ACA	Automatic Clutter Attenuate	自动杂波衰减	212
ADBF	Adaptive Digital Beam Forming	自适应数字波束形成	395
ADS-B	Automatic Dependent Surveillance-Broadcast	广播式自动相关监视	034
AJC	Anti-Jamming Capability	抗干扰能力	245
AMTI	Adaptive Moving Target Indication	自适应动目标指示	159
AOA	Angle-of-Arrival	到达角	256
ARM	Anti-Radiation Missile	反辐射导弹	032
BIT	Built-In Test	机内测试	526
BITE	Built-In Test Equipment	机内测试设备	014
CA-CFAR	Cell Averaging Constant False Alarm Rate	单元平均恒虚警率	129
CFA	Crossed-Field Amplifier	前向波放大器	007
CFAR	Constant False Alarm Rate	恒虚警率	014
CMMB	China Mobile Multimedia Broadcasting	中国移动多媒体广播	479
CPI	Coherent Processing Interval	相参处理间隔	211
CRT	Cathode Ray Tube	阴极射线管	013
DAB	Digital Audio Broadcasting	数字音频广播	478
DAM	Digital Array Module	数字阵列模块	350
DAR	Digital Array Radar	数字阵列雷达	350
DBF	Digital Beam Forming	数字波束形成	008
DC	Direct Current	稳定（直流）分量	534
DDC	Digital Down-Converter	数字下变频	379
DDS	Direct Digital Synthesizer	直接数字式频率合成器	016
DFC	Dicke-Fix Circuit	宽限窄电路	082
DJ	Deception Jamming	欺骗式干扰	045
DOA	Direction-of-Arrival	到达方向	496
DSP	Digital Signal Processor	数字信号处理器	343

DTMB	Digital Terrestrial/Television Multimedia Broadcasting	地面数字多媒体广播	479
DTTB	Digital Television Terrestrial Broadcasting	数字电视地面广播	479
ECCM	Electronic Counter-Counter Measures	电子反对抗	082
ECM	Electronic Counter Measures	电子对抗	222
EIF	ECCM Improvement Factor	抗干扰改善因子	245
EMI	Electro Magnetic Interference	电磁干扰	536
EPROM	Erasable Programmable Read-Only Memory	可擦可编程只读存储器	219
ERP	Effective Radiated Power	有效辐射功率	225
ESJ	EScort Jamming	随队支援干扰	225
ESM	Electronic Support Measures	电子支援措施	235
FAR	False Alarm Rate	虚警率	525
FDR	Fault Detection Rate	故障检测率	524
FFT	Fast Fourier Transform	快速傅里叶变换	041
FIR	Fault Isolation Rate	故障隔离率	115
FPGA	Field Programmable Gate Array	现场可编程门阵列	343
GMTI	Ground Moving Target Indication	地面动目标显示	002
GO-CFAR	Greatest-of Constant False Alarm Rate	取大恒虚警率	130
GPS	Global Position System	全球定位系统	228
GSM	Global System for Mobile Communications	全球移动通信系统	496
HF	High Frequency	高频	018
ICV	Inter-Clutter Visibility	杂波间可见度	192
IEEE	Institute of Electrical and Electronic Engineers	（美国）电气与电子工程师协会	019
IFF	Identification Friend or Foe	敌我识别	510
IMM	Interactive Multiple Model	交互多模型	155
ISAR	Inverse Synthetic Aperture Radar	逆合成孔径雷达	033
ITU	International Telecommunication Union	国际电信联盟	017
JATS	Jamming Analyze and Transmit-frequency Select	干扰分析和发射频率选择	243
JPDA	Joint Probabilistic Data Association	联合概率数据关联	143
LFM	Linear Frequency Modulation	线性调频	358
LMS	Least Mean Square	最小均方	456

LNA	Low Noise Amplifier	低噪声放大器	504
LPI	Low Probability of Intercept	低截获概率	240
LRU	Line Replaceable Unit	现场可更换单元	527
LVDS	Low Voltage Differential Signaling	低压差分信号	342
MGST	Modified General Symbol Test	修正广义符号检验	134
MHT	Multiple Hypothesis Tracking	多假设跟踪	143
MTBCF	Mean Time Between Critical Failures	平均致命故障间隔时间	520
MTBF	Mean Time Between Failures	平均故障间隔时间	514
MTD	Moving Target Detection	动目标检测	049
MTI	Moving Target Indication	动目标显示	006
MTTR	Mean Time To Repair	平均故障维修时间	514
NCFAR	Noise Constant False Alarm Rate	噪声恒虚警率	196
NLFM	Non-Linear Frequency Modulation	非线性调频	215
NMD	National Missile Defense	国家导弹防御	023
NRL	Naval Research Laboratory	（美国）海军研究实验室	004
OFDM	Orthogonal Frequency Division Multiplexing	正交频分复用	478
PD	Pulsed Doppler	脉冲多普勒	012
PDF	Probability Density Function	概率密度函数	171
PHD	Probability Hypothesis Density	概率假设密度	149
PRF	Pulse Repetition Frequency	脉冲重复频率	012
PRS	Passive Radar Seeker	被动雷达导引头	256
RCS	Radar Cross Section	雷达散射截面积	003
RFS	Random Finite Set	随机有限集	143
RMS	root mean square	均方根（值）	162
RWT	Radon Wigner Transform	Radon-Wigner 变换	455
SCV	Sub-Clutter Visibility	杂波可见度	191
SIAR	Synthetic Impulse and Aperture Radar	综合脉冲孔径雷达	347
SCMI	Sampling Covariance Matrix Inversion	采样协方差矩阵求逆	457
SO-CFAR	Smallest-of Constant False Alarm Rate	取小恒虚警率	131
SOJ	Stand Off Jamming	远距离支援干扰 （掩护式干扰）	045
SPJ	Self Protection Jamming	自卫式干扰	044
STC	Sensitivity Time Control	灵敏度时间控制	078

TAS	Track And Search	搜索同时跟踪	002
TBD	Track Before Detect	检测前跟踪	135
TBM	Tactical Ballistic Missile	战术弹道导弹	004
TOA	Time-of-Arrival	到达时间	256
TWS	Track While Scan	边扫描边跟踪	002
TWT	Traveling-Wave Tube	行波管	007
UHF	Ultra High Frequency	超高频	007
VHF	Very High Frequency	甚高频	012

反侵权盗版声明

电子工业出版社依法对本作品享有专有出版权。任何未经权利人书面许可，复制、销售或通过信息网络传播本作品的行为；歪曲、篡改、剽窃本作品的行为，均违反《中华人民共和国著作权法》，其行为人应承担相应的民事责任和行政责任，构成犯罪的，将被依法追究刑事责任。

为了维护市场秩序，保护权利人的合法权益，我社将依法查处和打击侵权盗版的单位和个人。欢迎社会各界人士积极举报侵权盗版行为，本社将奖励举报有功人员，并保证举报人的信息不被泄露。

举报电话：（010）88254396；（010）88258888
传　　真：（010）88254397
E-mail：　dbqq@phei.com.cn
通信地址：北京市万寿路 173 信箱
　　　　　电子工业出版社总编办公室
邮　　编：100036